Dr. Etzold
Diplom-Ingenieur für Fahrzeugtechnik

So wird's gemacht

pflegen – warten – reparieren

Band 74

BMW 3er Reihe, Typ E36 Limousine/Coupé/ Touring/Compact

Benziner
1,6 l/ 73 kW (100 PS)   9/90 – 8/93
1,6 l/ 75 kW (102 PS)   8/93 – 9/00
1,8 l/ 83 kW (113 PS)   9/90 – 8/93
1,8 l/ 85 kW (115 PS)   8/93 – 5/99
1,8 l/103 kW (140 PS) 10/91 – 1/96
1,9 l/103 kW (140 PS)   1/96 – 9/00
2,0 l/110 kW (150 PS)   1/90 – 5/99
2,5 l/125 kW (170 PS)   6/95 – 9/00
2,5 l/141 kW (192 PS) 11/89 – 4/99
2,8 l/142 kW (193 PS)   1/95 – 5/99

Diesel
1,7 l/ 66 kW (90 PS)   3/95 – 9/00
2,5 l/ 85 kW (115 PS)   1/91 – 2/98
2,5 l/105 kW (143 PS)   6/93 – 5/99

Delius Klasing Verlag

Redaktion: Günter Skrobanek (Text)
Christine Etzold (Bild)

Bibliografische Information der Deutschen Nationalbibliothek

Die Deutsche Nationalbibliothek verzeichnet diese Publikation
in der Deutschen Nationalbibliografie; detaillierte bibliografische
Daten sind im Internet über http://dnb.dnb.de abrufbar.

16. Auflage / F
ISBN 978-3-7688-0733-3
© Delius Klasing & Co. KG, Bielefeld

© Abbildungen: Redaktion Dr. Etzold; BMW AG
Alle Angaben ohne Gewähr
Druck: Kunst- und Werbedruck, Bad Oeynhausen
Printed in Germany 2019

Alle in diesem Buch enthaltenen Angaben und Daten wurden von dem Autor
nach bestem Wissen erstellt und von ihm sowie vom Verlag mit der gebotenen Sorgfalt
überprüft. Gleichwohl können wir keinerlei Gewähr oder Haftung für die Richtigkeit,
Vollständigkeit und Aktualität der bereitgestellten Informationen übernehmen.

Alle Rechte vorbehalten! Ohne ausdrückliche Erlaubnis
des Verlages darf das Werk weder komplett noch teilweise
reproduziert, übertragen oder kopiert werden, wie z. B. manuell
oder mit Hilfe elektronischer und mechanischer Systeme
einschließlich Fotokopieren, Bandaufzeichnung und
Datenspeicherung.

Delius Klasing Verlag, Siekerwall 21, D-33602 Bielefeld
Tel.: 0521/559-0, Fax: 0521/559-115
E-mail: info@delius-klasing.de
www.delius-klasing.de
http://sowirdsgemacht.com

Lieber Leser,

in letzter Zeit werde ich von Autofahrern öfters angesprochen und gefragt, ob man bei den modernen Fahrzeugen überhaupt noch etwas selbst reparieren kann. Das vorliegende Buch ist meine Antwort. Seite für Seite sind Arbeiten beschrieben, die von einem fachlich interessierten Autofahrer selbst durchgeführt werden können.

Selbstverständlich hat es in den vergangenen Jahren im Automobilbau erhebliche Fortschritte gegeben, so daß erfreulicherweise viele Einstell- und Kontrollarbeiten nicht mehr erforderlich sind. Weggefallen sind beispielsweise das Einstellen der Zündung und, je nach Motor, das Einstellen des Leerlaufs und des Ventilspiels. Und durch den vermehrten Einbau von langzeitstabilen Bauteilen, zu denen beispielsweise die elektronische Zündanlage oder die elektronischgesteuerte Einspritzanlage zählen, entfällt der Austausch von Verschleißteilen. Andere Arbeiten wiederum, wie das Überprüfen elektronischer Bauteile, sind nur noch mit teuren Prüfgeräten möglich, die speziell auf den betreffenden Fahrzeugtyp abgestimmt sind und deren Anschaffung sich in der Regel für den Hobbymonteur nicht lohnt.

Obwohl also das Fahrzeug technisch immer aufwendiger und komplizierter wird, greifen dennoch von Jahr zu Jahr immer mehr Heimwerker zum »So wird's gemacht«-Handbuch. Die Erklärung dafür ist einfach: Weil die Technik des Automobils komplizierter geworden ist, kommt man bei Arbeiten am Fahrzeug ohne eine spezielle Anleitung nicht mehr aus. Das gilt auch für den Fachmann. Außerdem gibt es nach wie vor am Auto eine Reihe von Verschleißteilen, die in regelmäßigen Abständen kontrolliert und gegebenenfalls ausgewechselt werden müssen. Dazu zählen vor allem Bremsbeläge, Stoßdämpfer sowie Teile der Abgasanlage.

Grundsätzlich muß sich der Heimwerker natürlich darüber im klaren sein, daß man mit Hilfe eines Handbuches nicht automatisch zum Kfz-Handwerker wird. Man sollte also nur Arbeiten durchführen, die man sich selbst zutraut. Das gilt insbesondere natürlich bei Arbeiten, die die Verkehrssicherheit des Fahrzeugs beeinträchtigen können. Gerade in diesem Punkt sorgt das »So wird's gemacht«-Handbuch für praktizierte Verkehrssicherheit. Durch die exakte Beschreibung der erforderlichen Arbeitsschritte und den nötigen Warnhinweisen wird der Heimwerker bei der Arbeit entsprechend sensibilisiert und fachlich richtig informiert. Auch wird darauf hingewiesen, im Zweifelsfall die Arbeit lieber einem Fachmann zu überlassen.

In der Öffentlichkeit wird hin und wieder von interessierten Kreisen der Vorwurf erhoben, Heimwerker würden durch ihre Eigenarbeiten am Fahrzeug die Verkehrssicherheit negativ beeinflussen. Aus den Kontakten, die ich zu Hobbymonteuren habe, kann ich nur vom Gegenteil berichten. Derjenige Fahrzeugbesitzer, der sein Fahrzeug selbst pflegt und wartet, hat ein großes Interesse an einem verkehrssicheren, gepflegten Auto.

Vor jedem Arbeitsgang empfiehlt sich ein Blick in das vorliegende Buch. Dadurch wird schnell der Umfang und auch der Schwierigkeitsgrad der Reparatur deutlich. Außerdem erfährt man, welche Ersatz- oder Verschleißteile eingekauft werden müssen und ob unter Umständen die Arbeit nur mit Hilfe von Spezialwerkzeug durchgeführt werden kann.

Für die meisten Schraubverbindungen ist das Anzugsmoment angegeben. Bei Schraubverbindungen, die in jedem Fall mit einem Drehmomentschlüssel angezogen werden müssen (Zylinderkopf, Achsverbindungen usw.), ist der Wert **fett** gedruckt. Nach Möglichkeit sollte man jede Schraubverbindung mit einem Drehmomentschlüssel anziehen. Übrigens: Für viele Schraubverbindungen sind die neuen Innen- und Außen-Torxschlüssel erforderlich.

Auch der fachkundige Hobbymonteur, der sein Fahrzeug selbst wartet und repariert, sollte bedenken, daß der Fachmann viel Erfahrung hat und durch die Weiterschulung und den ständigen Erfahrungsaustausch über den neuesten Technik-Stand verfügt. Mithin kann es für die Überwachung und Erhaltung der Betriebs- und Verkehrssicherheit des eigenen Fahrzeugs sinnvoll sein, in regelmäßigen Abständen eine BMW-Werkstatt aufzusuchen.

Natürlich kann das vorliegende Buch nicht auf jede aktuelle, technische Frage eingehen. Dennoch hoffe ich, daß die getroffene Auswahl an Reparatur-, Wartungs- und Pflegehinweisen in den meisten Fällen die eventuell auftretenden Probleme zufriedenstellend löst.

Rüdiger Etzold

Inhaltsverzeichnis

Der Motor 11
   Die wichtigsten Motordaten 12
   Motor M40 (316i/318i) 13
   Dieselmotor M51 (325td/tds) 13
   Motor aus- und einbauen 14
   Zahnriemen aus- und einbauen 21
   Zylinderkopf aus- und einbauen (316i/318i) 24
   Zylinderkopf aus- und einbauen (318 is/ti) 30
   Zylinderkopf aus- und einbauen (320i/325i/328i) 36
   Zylinderkopf aus- und einbauen (318tds/325td) 45
   Nockenwelle aus- und einbauen (316i/318i) 52
   Nockenwelle aus- und einbauen
      (318is/ti, 320i, 325i, 328i) 53
   Nockenwelle aus- und einbauen (318tds, 325 td/tds) . . 55
   Ventil aus- und einbauen 56
   Ventilführungen prüfen 57
   Ventilsitz im Zylinderkopf nacharbeiten 57
   Ventilsitz einschleifen 58
   Keilriemen aus- und einbauen/ Keilriemen spannen . . 58
   Starthilfe 61
   Fahrzeug abschleppen 62
   Störungsdiagnose Motor 63

Die Motor-Schmierung 64
   Der Ölkreislauf 65
   Öldruck überprüfen 65
   Ölwanne aus- und einbauen 66
   Ölpumpe aus- und einbauen/prüfen 68
   Störungsdiagnose Ölkreislauf 70

Die Motor-Kühlung 71
   Der Kühlmittelkreislauf. 71
   Kühlmittelregler (Thermostat) aus- und
      einbauen/prüfen 72
   Lüfter/Lüfterkupplung aus- und einbauen 73
   Kühler aus- und einbauen 74
   Kühlmittelpumpe aus- und einbauen 76
   Störungsdiagnose Motorkühlung 77

Die Zündung/Zündkerzen 78
   Funktion der kennfeldgesteuerten Zündanlage 78
   Sicherheitsmaßnahmen zur elektronischen
      Zündanlage 79
   Zündzeitpunkt einstellen. 80
   Verteilerkappe/Verteilerläufer
      aus- und einbauen. 80
   Zündkabel prüfen/ersetzen 81
   Zündspule prüfen 82
   Impulsgeber prüfen/ersetzen 84
   DME-Steuergerät aus- und einbauen 85
   Zündkerzentechnik 86
   Technische Daten Zündanlage (DME) 87
   Störungsdiagnose Zündanlage 88

Die Kraftstoffanlage 89
   Sauberkeitsregeln bei Arbeiten an der
      Kraftstoffversorgung. 90
   Kraftstoffpumpenrelais prüfen 90
   Fördermenge der Kraftstoffpumpe prüfen 90
   Tankgeber aus- und einbauen 91
   Tankgeber prüfen 94
   Luftfiltergehäuse/Ansaugluftschlauch
      aus- und einbauen. 94

Die Benzin-Einspritzanlage 95
   Der Fehlerspeicher 96
   Sauberkeitsregeln bei Arbeiten an der
      Einspritzanlage 97
   Sicherheitshinweise zur Einspritzanlage 97
   Leerlaufdrehzahl/CO-Gehalt prüfen 97
   Gaszug einstellen 98
   Leerlaufregelventil prüfen/aus- und einbauen 99
   Kühlmittel-Temperaturfühler prüfen/
      aus- und einbauen. 100
   Ansaugluft-Temperaturfühler prüfen/
      aus- und einbauen. 101
   Tankentlüftungsventil prüfen/aus- und einbauen. . . . 102
   Einspritzventile aus- und einbauen. 102
   Einspritzventile prüfen 105
   Technische Daten Einspritzanlage (DME) 106
   Störungsdiagnose Benzin-Einspritzanlage . . . 106

Die Diesel-Einspritzanlage 108
   Das Diesel-Prinzip 108
   Der Abgasturbolader 108
   Die Einspritzpumpe. 109
   Die Kraftstoffilter-Vorwärmanlage 109
   Vorglühanlage/Glühkerzen prüfen 109
   Kraftstoffanlage entlüften. 111
   Elektrischen Absteller prüfen/aus- und einbauen . . . 112
   Einspritzdüsen aus- und einbauen 113
   Förderbeginn der Einspritzpumpe überprüfen 114
   Technische Daten Diesel-
      Vorglüh- und Kraftstoffanlage 115
   Störungsdiagnose Diesel-Einspritzanlage . . . 116

Die Abgasanlage 117
   Abgasanlage aus- und einbauen. 119
   Lambda-Sonde aus- und einbauen 121
   Funktion des Katalysators 121
   Der Umgang mit Katalysator-Fahrzeugen 121

Fahrzeug aufbocken 123

Die Kupplung ... 124
Kupplung aus- und einbauen/prüfen ... 125
Kupplungsbetätigung entlüften ... 127
Ausrücklager aus- und einbauen ... 128
Kupplungsnehmerzylinder aus- und einbauen ... 128
Störungsdiagnose Kupplung ... 129

Das Getriebe ... 130
Getriebe aus- und einbauen ... 130
Gelenkwelle aus- und einbauen ... 134

Die Schaltung ... 136
Schalthebel aus- und einbauen ... 137

Die Vollautomatik ... 138
Abschleppen von Fahrzeugen mit Automatik ... 138
Schaltseilzug einstellen ... 139

Die Vorderachse ... 140
Federbein aus- und einbauen ... 141
Federbein zerlegen,
 Stoßdämpfer/Schraubenfeder aus- und einbauen ... 142
Stoßdämpfer prüfen ... 144
Radlager vorn aus- und einbauen ... 144
Querlenker aus- und einbauen ... 145
Stoßdämpfer verschrotten ... 147

Die Hinterachse ... 148
Stoßdämpfer hinten aus- und einbauen ... 149
Die Achswelle ... 150
Achswelle aus- und einbauen ... 150
Faltenbalg für Achswelle ersetzen ... 151

Die Lenkung ... 153
Lenkrad aus- und einbauen ... 154
Spurstangenkopf aus- und einbauen ... 154
Spurstange aus- und einbauen ... 155
Lenkradzittern/Vorderwagenunruhe beseitigen ... 156

Die Fahrwerkvermessung ... 158
Fahrzeug-Höhenstand messen ... 159
Vorderachse: Vorspur und
 Spurdifferenzwinkel einstellen ... 159
Hinterachse einstellen ... 160
Sollwerte Fahrzeugvermessung ... 160

Die Bremsanlage ... 161
Der Scheibenbremssattel vorn ... 162
Bremsbeläge vorn aus- und einbauen ... 162
Bremsscheibe/Bremssattel vorn aus- und einbauen ... 166
Scheibenbremsbeläge hinten aus- und einbauen ... 167
Bremssattel/Bremsscheibe hinten aus- und einbauen ... 169
Bremsscheibendicke prüfen ... 171
Quietschgeräusche der Scheibenbremse beseitigen ... 171
Anordnung Trommelbremse ... 172
Bremstrommel aus- und einbauen ... 172
Bremsbacken aus- und einbauen ... 173
Radbremszylinder aus- und einbauen ... 176
Die Bremsflüssigkeit ... 176
Bremsanlage entlüften ... 176
Bremsleitung/Bremsschlauch ersetzen ... 178
Bremskraftverstärker prüfen ... 178
Die Feststellbremse ... 179
Bremsbacken für Feststellbremse aus- und einbauen ... 179
Handbremse einstellen ... 181
Handbremshebel/Abdeckung aus- und einbauen ... 184
Handbremsseil aus- und einbauen ... 185
Das Bremspedal ... 186
Bremslichtschalter prüfen/ersetzen ... 187
Die ABS-Anlage ... 188
Automatische Stabilitäts-Control (ASC) und Traktion ... 188
Störungsdiagnose Bremse ... 189

Räder und Reifen ... 192
Räder- und Reifenmaße, Reifenfülldruck ... 192
Scheibenrad-Bezeichnungen ... 193
Reifenbezeichnungen ... 193
Regeln zur Reifenpflege ... 193
Reifen einfahren ... 194
Auswuchten der Räder ... 194
Gleitschutzketten ... 194
Austauschen der Räder ... 194
Radschraubenschloß nachträglich einbauen ... 196
Fehlerhafte Reifenabnutzung ... 196
Störungsdiagnose Reifen ... 197

Die Karosserie ... 198
Fugenmaße ... 199
Stoßfänger vorn ... 200
Stoßfänger vorn aus- und einbauen ... 200
Pralldämpfer vorn aus- und einbauen ... 201
Hinterer Stoßfänger ... 202
Stoßfänger hinten aus- und einbauen ... 203
Frontverkleidung aus- und einbauen ... 203
Kotflügel vorn ... 204
Kotflügel vorn aus- und einbauen ... 204
Die Motorhaube ... 205
Motorhaube aus- und einbauen ... 206
Motorhaube einpassen ... 206
Die Heckklappe ... 208
Heckklappe aus- und einbauen ... 208
Heckklappenschloß/Schließzylinder hinten
 aus- und einbauen ... 209
Stoßleiste/Modellschriftzug auswechseln ... 210
Tür aus- und einbauen/einpassen ... 211
Türverkleidung aus- und einbauen ... 212
Türschloß aus- und einbauen ... 214
Türaußengriff/Schließzylinder aus- und einbauen ... 215
Türfenster aus- und einbauen (Limousine) ... 217
Türfensterscheibe einstellen (Limousine) ... 218
Türfensterscheibe aus- und einbauen (Coupé) ... 218
Türfensterscheibe einstellen (Coupé) ... 220
Fensterheber aus- und einbauen ... 224
Außenspiegel aus- und einbauen ... 225
Spiegelglas aus- und einbauen ... 225
Innenspiegel aus- und einbauen ... 226
Mittelkonsole aus- und einbauen ... 226
Handschuhkasten aus- und einbauen ... 227
Linke Fußraumabdeckung aus- und einbauen ... 228
Motor für Schiebedach aus- und einbauen ... 228
Vordersitz aus- und einbauen ... 230
Rücksitz aus- und einbauen ... 231

Seitenverkleidung hinten aus- und einbauen 231
Heckklappe aus- und einbauen (Touring) 232
Verkleidung für Heckklappe aus- und einbauen . . . 233
Dachreling aus- und einbauen (Touring) 233
Rücksitz aus- und einbauen (Touring) 234

Die Heizung 235
Temperaturfühler für Heizung aus- und einbauen . . . 236
Widerstand für Heizgebläsemotor
    aus- und einbauen/prüfen 236
Bedieneinheit für Heizung aus- und einbauen 237
Bowdenzug für Heizung aus- und einbauen 237
Luftsammelkasten aus- und einbauen 238
Heizgebläse aus- und einbauen 239
Störungsdiagnose Heizung 240

Die elektrische Anlage 241
Meßgeräte 241
Meßtechnik 242
Elektrisches Zubehör nachträglich einbauen 243
Fehlersuche in der elektrischen Anlage 244
Schalter auf Durchgang prüfen 245
Relais prüfen 245
Scheibenwischermotor prüfen 246
Blinkanlage prüfen 246
Bremslicht prüfen 247
Heizbare Heckscheibe prüfen 247
Steuergeräte und Relais 247
Sicherungen auswechseln 249
Batterie aus- und einbauen 249
Batterie prüfen 250
Hinweise zur wartungsarmen Batterie 251
Batterie laden 251
Batterie entlädt sich selbständig 252
Störungsdiagnose Batterie 253
Der Generator 254
Sicherheitshinweise für den Drehstromgenerator . . . 254
Generatorspannung prüfen 255
Generator aus- und einbauen (4-Zyl.) 255
Generator aus- und einbauen (6-Zyl. Benzin) 256
Generator aus- und einbauen (6-Zyl. Diesel) 257
Schleifkohlen für Generator/Spannungsregler für
    Generator ersetzen/prüfen 258
Störungsdiagnose Generator 259
Der Anlasser 260
Anlasser aus- und einbauen (316i, 318i) 261
Magnetschalter prüfen/aus- und einbauen 262
Störungsdiagnose Anlasser 264

Die Beleuchtungsanlage 265
Glühlampen auswechseln 265
Lampentabelle 267
Der Scheinwerfer 268
Fernlicht-/Abblendscheinwerfer aus- und einbauen . . 268
Scheinwerfer einstellen 269
Blinkleuchte vorn aus- und einbauen 270
Nebelscheinwerfer aus- und einbauen 270
Heckleuchten aus- und einbauen 270
Kennzeichenleuchte aus- und einbauen 271
Mittlere Bremsleuchte/Glühlampe wechseln 271

Die Armaturen 272
Schalttafeleinsatz aus- und einbauen 273
Glühlampen für Kontrollanzeigen und
    Instrumentenbeleuchtung aus- und einbauen . . . 273
Zeituhr aus- und einbauen 274
Blinker-/Wischerschalter aus- und einbauen 274
Lichtschalter aus- und einbauen 275
Schalter für Nebelscheinwerfer/Nebelschlußleuchte
    aus- und einbauen 276
Zündschloßschalter aus- und einbauen 277
Radio aus- und einbauen 277
Radio-Codierung eingeben 279
Lautsprecher aus- und einbauen 279
Die Antenne 280

Die Scheibenwischanlage 281
Scheibenwischergummi ersetzen 281
Pumpe für Scheibenwaschanlage prüfen/ersetzen . . 282
Scheibenwaschdüsen einstellen 282
Scheibenwaschdüse hinten
    aus- und einbauen/einstellen 282
Der Scheibenwischerantrieb 283
Scheibenwischermotor/-gestänge aus- und einbauen . 283
Scheibenwischermotor hinten aus- und einbauen . . . 286
Störungsdiagnose Scheibenwischergummi 287

Die Wagenpflege 288
Fahrzeug waschen 288
Lackierung pflegen 288
Unterbodenschutz/Hohlraumkonservierung 289
Polsterbezüge pflegen 289

Das Werkzeug 290

Wartungsplan 3er BMW 291
Pflegedienst mit Motorölwechsel 291
Wartung 291

Die Wartungsarbeiten 293
Motor und Abgasanlage 293
Motorölwechsel 293
Sichtprüfung auf Ölverlust 295
Motorölstand prüfen 295
Kühlmittelstand prüfen 295
Kühlmittel wechseln 296
Kühlsystem auf Dichtheit prüfen 297
Frostschutz prüfen 297
Kompression prüfen 297
Zündkerzen ersetzen/elektrische Anschlüsse prüfen . 298
Luftfiltereinsatz wechseln 299
Kraftstofffilter entwässern/ersetzen 300
Keilriemen prüfen/spannen,
    Zahnriemen ersetzen/spannen 301
Sichtprüfung der Abgasanlage 302
Kupplung/Getriebe/Achsantrieb 302
Kupplungsscheibe/Dicke prüfen 302
Schaltgetriebe: Öl wechseln 302
Automatisches Getriebe:
    Ölstand prüfen/Öl wechseln 303
Öl im Ausgleichgetriebe wechseln 304
Gummimanschetten der Achswellen prüfen 304

Gelenkscheiben an der Gelenkwelle prüfen 304
Bremsen/Reifen/Räder 304
Bremsflüssigkeitsstand/Warnleuchte prüfen 304
Bremsbelagdicke prüfen 305
Sichtprüfung bei allen Bremsleitungen 305
Bremsflüssigkeit wechseln 306
Feststellbremse prüfen 306
Reifenfülldruck prüfen 306
Reifenprofil prüfen 306
Reifenventil prüfen 307
Lenkung/Vorderachse 307
Staubkappen für Spurstangen-/Achsgelenke prüfen . 307
Radlagerspiel prüfen 307
Lenkungsspiel prüfen 307
Ölstand für Servolenkung prüfen 308
Befestigungsschrauben an der Lenkung nachziehen . 308
Elektrische Anlage 308
Batterie prüfen 308
Karosserie/Innenausstattung 309
Sichtkontrolle Unterboden/Karosserie 309
Prüfung aller Sicherheitsgurte 309
Schlösser schmieren 309
Mikrofilter für Heizung/Klimaanlage ersetzen 309

Schaltpläne 310
Der Umgang mit dem Schaltplan 310
Schaltpläne 311
Schaltzeichen 312

Der Motor

Der 3er BMW wird von einem Reihenmotor angetrieben, der je nach Hubraum 4 oder 6 Zylinder aufweist. Das Triebwerk ist im Motorraum längs zur Fahrtrichtung und um 30° nach rechts geneigt eingebaut. Es kann nur mit einem geeigneten Kran nach oben herausgehoben werden.

Zum Einsatz kommen je nach Modell folgende Triebwerke:

Modelle 316i/318i:

4-Zylindermotor **M40** mit 1,6 l und 1,8 l Hubraum. Ab 9/93 modifiziert (Steuerkette, Zündanlage, Saugrohr) als Motor **M43**.

Modelle 318is/318ti/318is/ti:

4-Zylinder-4-Ventil-Motor **M42** mit 1,8 l Hubraum.

Modelle 320i/323i/323ti/325i/328i:

6-Zylinder-4-Ventil-Motor **M50** mit 2,0 l beziehungsweise 2,5 l Hubraum. Ab 9/92 leicht modifiziert (**M50 VANOS**). Ab 1/95 mit Aluminium-Zylinderblock, Bezeichnung **M52**.

Modell 318tds:

4-Zylinder-Turbodieselmotor **M41** mit 1,8 l Hubraum.

Modell 325td/325tds:

6-Zylinder-Turbodieselmotor **M51** mit 2,5 l Hubraum.

In dem aus Gußeisen bestehenden Motorblock sind die Zylinderbohrungen eingelassen. Oben auf den Motorblock ist der Aluminium-Zylinderkopf aufgeschraubt. Dieses Metall verfügt über eine bessere Wärmeleitfähigkeit und ein geringeres spezifisches Gewicht gegenüber Gußeisen.

Der Zylinderkopf für die Benzinmotoren ist nach dem sogenannten Querstromprinzip aufgebaut. Das bedeutet, daß das frische Kraftstoff-Luftgemisch auf der einen Seite des Zylinderkopfes einströmt, während die verbrannten Gase auf der gegenüberliegenden Seite ausgestoßen werden. Durch die Querstrom-Anordnung ist ein schneller Gaswechsel sichergestellt. Oben im Zylinderkopf befindet sich die Nockenwelle. Angetrieben wird die Nockenwelle bei den M40-Motoren von der Kurbelwelle über einen Zahnriemen. Die Nockenwelle betätigt die Ventile über Schlepphebel, die sich an der dem Ventil gegenüberliegenden Seite auf Ventilspielausgleichern abstützen. Die 4-Ventil-Benzinmotoren besitzen zwei Nockenwellen, eine betätigt nur die Einlaßventile, die andere die Auslaßventile. Wie auch beim Dieselmotor erfolgt hier der Nockenwellenantrieb über Rollenketten. Ein- und Auslaßventile werden über wartungsfreie Hydrostößel betätigt. Bei allen Motoren entfällt das Einstellen des Ventilspiels im Rahmen der Wartung.

Seit 9/92 sind die 6-Zylinder-Benzinmotoren unter anderem mit einer variablen Nockenwellensteuerung ausgerüstet (VANOS). Durch den Einsatz von VANOS wird die Einlaßnockenwelle je nach Motordrehzahl durch eine Stelleinheit gegenüber dem Kettenrad verdreht, so daß sich bei unterschiedlichsten Motordrehzahlen optimale Ventilsteuerzeiten ergeben. Angesteuert wird die Verstelleinheit durch das Motor-Steuergerät. Weitere Motoränderungen im Hinblick auf bestmöglichen Leerlaufkomfort, Drehmomentverlauf, Abgas-Emissionswert und Verbrauch sind: erhöhte Verdichtung in Verbindung mit einer selektiven Klopfregelung, Ventilfedern mit geringeren Federkräften, leichtere Kolben mit längeren Pleueln.

Für die Motorschmierung sorgt eine Ölpumpe, die bei den 6-Zylinder-Benzinmotoren vorn in der Ölwanne sitzt und über eine Kette von der Kurbelwelle angetrieben wird. Beim 4-Zylinder- und den Dieselmotoren sitzt die Ölpumpe im Steuergehäusedeckel am Kurbelwellenende und ist mit dieser verzahnt. Das im Ölsumpf angesaugte Öl gelangt über Bohrungen und Leitungen zu den Lagern der Kurbel- und Nockenwelle sowie in die Zylinderlaufbahnen.

Die Kühlmittelpumpe sitzt vorn am Motorblock, deren Welle bei entsprechender Temperatur den Kühlerlüfter über eine Visco-Kupplung mitdreht. Der Antrieb der Pumpe erfolgt bei den 4-Ventil-Motoren sowie den Dieselmotoren über den Keilriemen, der auch den Generator antreibt, beim M40-Motor über den Nockenwellen-Zahnriemen. Zu beachten ist, daß der Kühlmittelkreislauf ganzjährig mit einer Mischung aus Kühlerfrost- und Korrosionsschutzmittel sowie kalkarmem Wasser befüllt sein muß.

Für die Aufbereitung eines zündfähigen Benzin-Luftgemisches sorgt eine elektronische Zünd- und Einspritzanlage, wodurch langzeitstabile Abgasemissionswerte garantiert werden. Beim 316i, 318i bis 8/93 ist am Zylinderkopf anstelle des Zündverteilers ein sogenannter Hochspannungsverteiler angeflanscht, der durch die Nockenwelle direkt angetrieben wird. Alle anderen Benzinmotoren haben ein ruhendes, verschleißfreies Zündsystem. Beim Dieselmotor wird die Kraftstoffzuteilung durch die DDE (Digitale Diesel-Elektronik) ebenfalls elektronisch geregelt.

Die wichtigsten Motordaten

Motor/Modell	316i	316i	318i	318i	318is/318ti	318is/318ti	318tds
Fertigung von – bis	9/90 – 8/93	8/93 – 9/00	9/90 – 8/93	8/93 – 5/99	10/91 - 1/96	1/96 – 9/00	3/95 – 9/00
Motorbezeichnung	M40	M43	M40	M43	M42	M44	M41
Hubraum cm³	1596	1596	1796	1796	1796	1895	1665
Leistung kW bei 1/min	73/5500	75/5500	83/5500	85/5500	103/6000	103/6000	66/4400
PS bei 1/min	100/5500	102/5500	113/5500	115/5500	140/6000	140/6000	90/4400
Drehmoment Nm bei 1/min	141/4250	150/3900	162/4250	168/3900	175/4500	180/4300	190/2000
Bohrung ⌀ mm	84,0	84,0	84,0	84,0	84,0	85,0	80,0
Hub mm	72,0	72,0	81,0	81,0	81,0	83,5	82,8
Verdichtung	9,0	9,7	8,8	9,7	10,0	10,0	22,0
Kraftstoff bleifrei ROZ	Normal 91	Super 95	Normal 91	Super 95	Super 95	Super 95	Diesel
Motormanagement	DME M1.7	DME M1.7	DME M1.7	DME M1.7	DME M1.7	DME M5.2	DDE
Zündfolge	1 – 3 – 4 – 2						

Motor/Modell	320i	320i	323i/323ti[4]	325i	328i	325td	325tds
Fertigung von – bis	1/90 – 4/95	9/94 – 5/99	6/95 – 9/00	11/89 – 4/99	1/95 – 5/99	1/91 – 2/98	6/93 – 5/99
Motorbezeichnung	M50	M52	M52	M50	M52	M51T	M51S
Hubraum cm³	1991	1991	2494	2494	2793	2498	2498
Leistung kW bei 1/min	110/5900	110/5900	125/5500	141/5900	142/5300	85/4800	105/4800
PS bei 1/min	150/5900	150/5900	170/5500	192/5900	193/5300	115/4800	143/4800
Drehmoment Nm bei 1/min	190/4700[1]	190/4200	245/3950	245/4700[2]	280/3950	222/1900	260/2200
Bohrung ⌀ mm	80,0	80,0	84,0	84,0	84,0	80,0	80,0
Hub mm	66,0	66,0	75,0	75,0	84,0	82,8	82,8
Verdichtung	10,5/11,0[3]	11,0	10,5	10,0/10,5[3]	10,2	22,0	22,0
Kraftstoff bleifrei ROZ	Super 95	Super 95	Super 95	Super 95	Super 95	Diesel	Diesel
Motormanagement	DME M3.1	DME	DME	DME M3.1	DME	DDE	DDE
Zündfolge	1 – 5 – 3 – 6 – 2 – 4						

[1]) 190/4200 ab Modelljahr '93 durch VANOS-Steuerung.
[2]) 245/4200 ab Modelljahr '93 durch VANOS-Steuerung.
[3]) Ab Modelljahr '93.
[4]) 323ti seit Modelljahr '98.

DME = Digitale Motor-Elektronik (Motronic),
DDE = Digitale Diesel-Elektronik.

Motor M 40

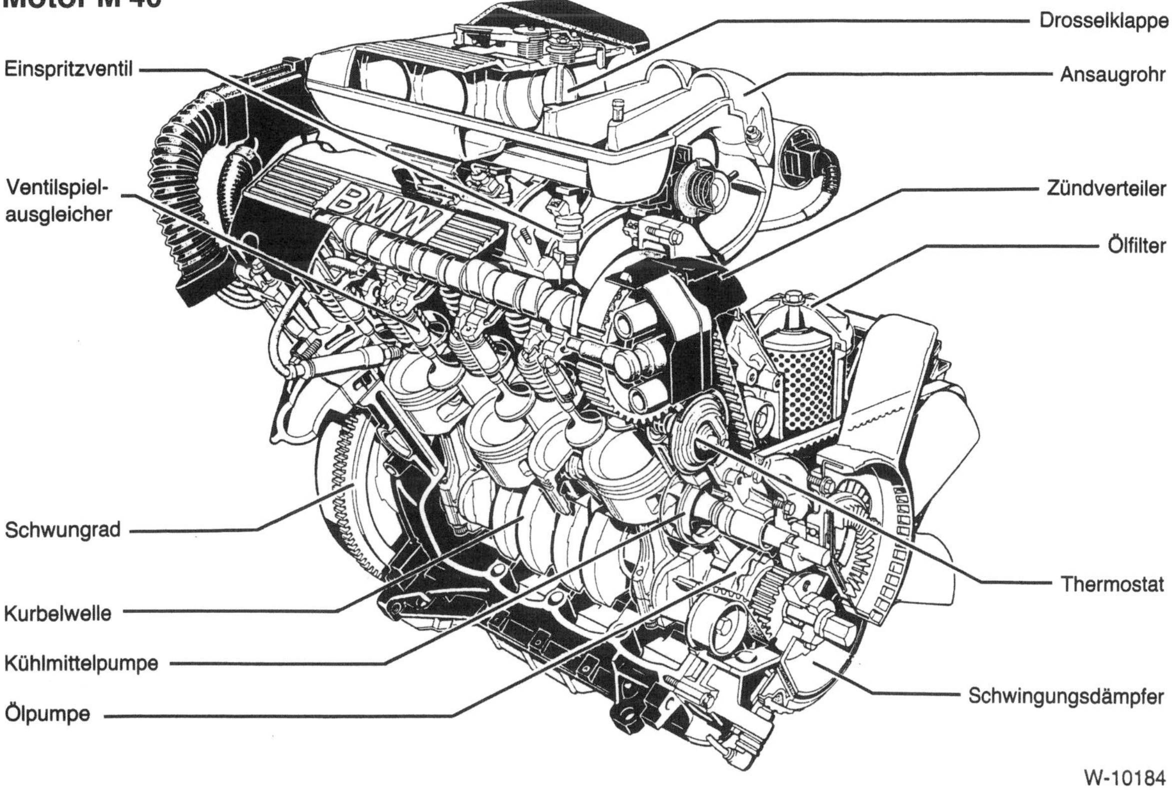

- Einspritzventil
- Ventilspielausgleicher
- Schwungrad
- Kurbelwelle
- Kühlmittelpumpe
- Ölpumpe
- Drosselklappe
- Ansaugrohr
- Zündverteiler
- Ölfilter
- Thermostat
- Schwingungsdämpfer

W-10184

Dieselmotor M51 (325 td/tds)

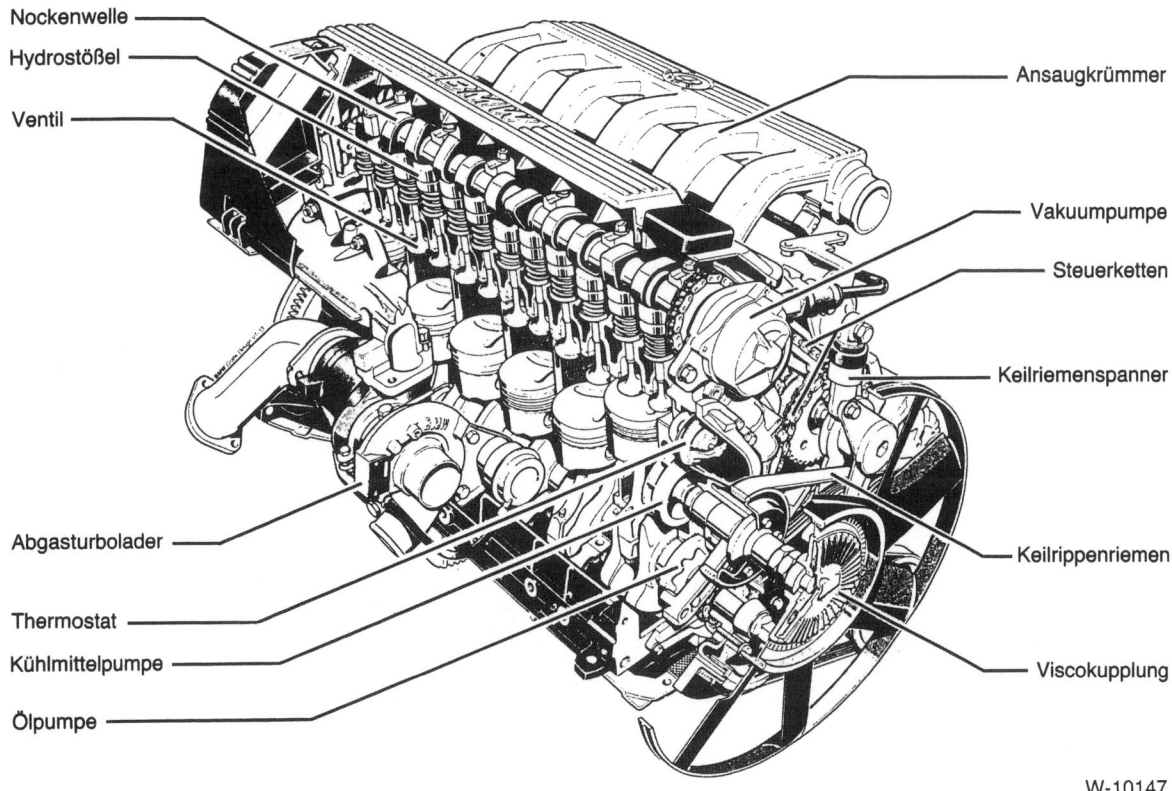

- Nockenwelle
- Hydrostößel
- Ventil
- Abgasturbolader
- Thermostat
- Kühlmittelpumpe
- Ölpumpe
- Ansaugkrümmer
- Vakuumpumpe
- Steuerketten
- Keilriemenspanner
- Keilrippenriemen
- Viscokupplung

W-10147

Motor aus- und einbauen

Vor dem Ausbau des Motors muß das Getriebe ausgebaut werden. Der Motor wird ohne Getriebe nach oben herausgehoben. Abgas- und Ansaugkrümmer sowie Generator bleiben am Motor angebaut. Zum Ausbau des Motors wird ein Kran benötigt.

Da auch auf der Wagenunterseite einige Verbindungen gelöst werden müssen, werden vier Unterstellböcke sowie zum Aufbocken des Wagens ein Rangierheber benötigt. Vor der Montage im Motorraum sollten die Kotflügel mit Decken geschützt werden.

Je nach Baujahr und Ausstattung können die elektrischen Leitungen beziehungsweise Unterdruck- oder Kühlmittelschläuche unterschiedlich im Motorraum verlegt und angeschlossen sein. Da im einzelnen nicht auf jede Variante eingegangen werden kann, empfiehlt es sich, die jeweilige Leitung mit Tesaband zu kennzeichnen, bevor sie abgezogen wird. Beschrieben wird der Ausbau am 316 i, 318 i (4-Zylindermotor) sowie am 320 i, 325 i (6-Zylindermotor). Seit 9.93 ergeben sich beim 316 i, 318 i Änderungen durch eine neue Zündanlage ohne Zündverteiler und eines modifizierten Ansaugrohrs.

Ausbau

- Getriebe ausbauen, siehe Seite 130.
- Fahrzeug ablassen.

- Motorhaube in Montagestellung bringen, das heißt senkrecht stellen. Dazu Haken lösen −Pfeil− und Motorhaube nach oben drücken. Scharniergelenk nach hinten drücken und Haube loslassen.

Achtung: Wenn die Motorhaube in Montagestellung steht, darf der Scheibenwischer nicht eingeschaltet werden. Die Wischer sind dann nicht freigängig, die Motorhaube würde verkratzt. Gegebenenfalls Sicherung für Scheibenwischer herausziehen.

- Batterie-Massekabel (−) abklemmen. **Achtung:** Dadurch wird aus dem Speicher des Radios der Code für die Diebstahlsicherung gelöscht. Die Batterie darf nur bei ausgeschalteter Zündung abgeklemmt werden, da sonst das Steuergerät der Einspritzanlage beschädigt wird. Vor dem Abklemmen sollten auch die Hinweise im Kapitel »Radio« bzw. »Batterie aus- und einbauen« durchgelesen werden.

Achtung: Bei Fahrzeugen mit 6-Zylindermotor befindet sich die Batterie im Kofferraum rechts neben dem Reserverad.

- Luftfilter mit Luftmassenmesser ausbauen. Dazu Rändelrad am Stecker nach links drehen und abziehen. Schlauchschelle am Luftschlauch sowie Schrauben −1− lösen und Luftfilterkasten herausnehmen.

- 6-Zylindermotor: Schraube für Ansaugluft/Kühlmittelthermostat an der Luftfilterkasten-Unterseite abschrauben und Fühler herausziehen.

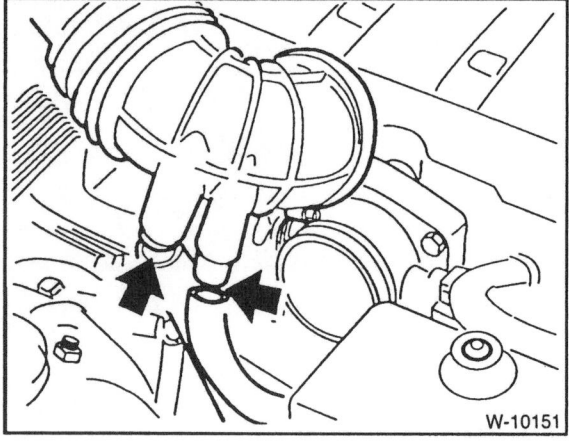

- Schläuche für Leerlaufregelventil und Kurbelgehäuse-Entlüftung am Ansaugluftschlauch abziehen. Beim 4-Zylindermotor Kabelführungen am Ansaugluftschlauch ausclipsen.

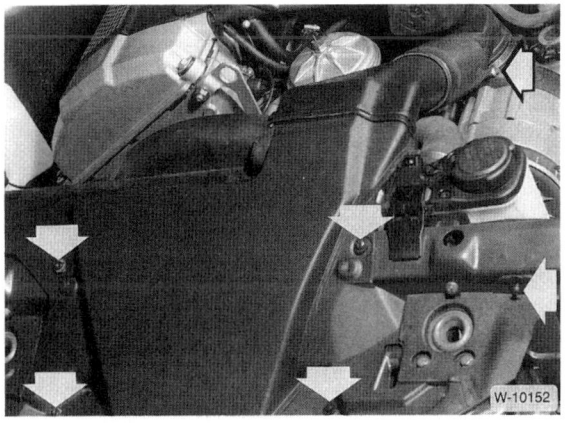

- 6-Zylindermotor: Luftführung für den Generator abschrauben −Pfeile− und herausnehmen.
- Kühlmittel ablassen, siehe Kapitel »Wartung«.
- Lüfter ausbauen, siehe Seite 73.
- Kühler ausbauen, siehe Seite 74.

Achtung: Falls die Kühlmittelschläuche durch Quetschschellen gesichert sind, Schellen mit Seitenschneider durchkneifen und beim Einbau Schraubschellen verwenden.

4-Zylindermotor

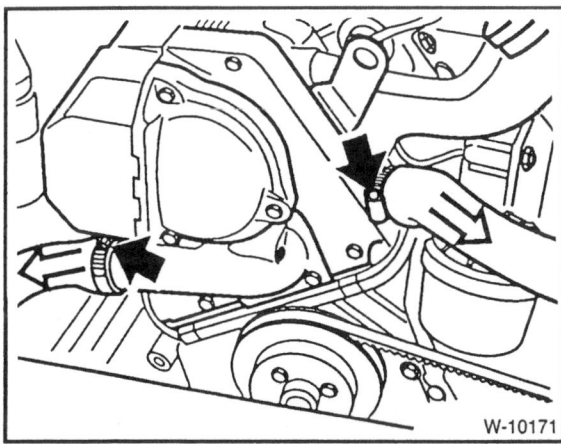

- Kühlmittelschläuche am Thermostatgehäuse abziehen, vorher Schlauchschellen öffnen.

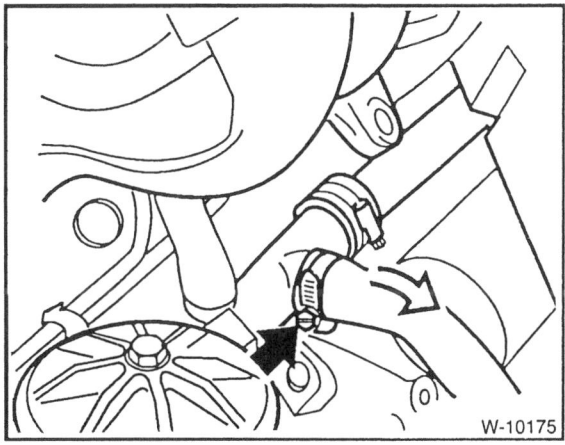

- Schlauch zum Kühlmittel-Ausgleichbehälter am Motor abbauen.

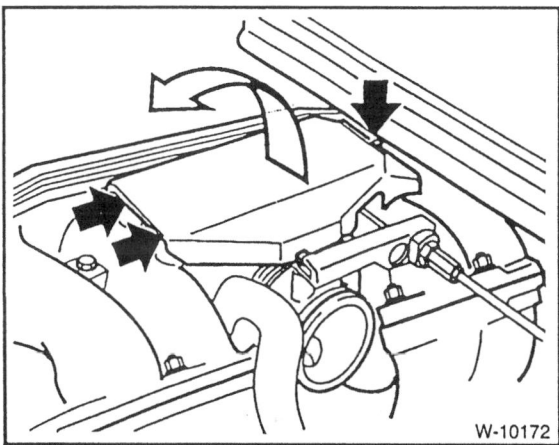

- Abdeckung für Drosselklappenhebel abbauen. Dazu Schraube lösen, Abdeckung hochklappen und die vorderen 2 Schrauben lösen.

- Gaszug −1− aushängen, dazu Halteclip in Pfeilrichtung ausclipsen. Bei Automatikgetriebe auch Seilzug −2− ausclipsen.

- Schrauben −3− herausdrehen und Seilzüge mit Halter zur Seite legen.
- Stecker −4− vom Leerlaufsteller sowie Unterdruckschläuche −5− und −6− abziehen.

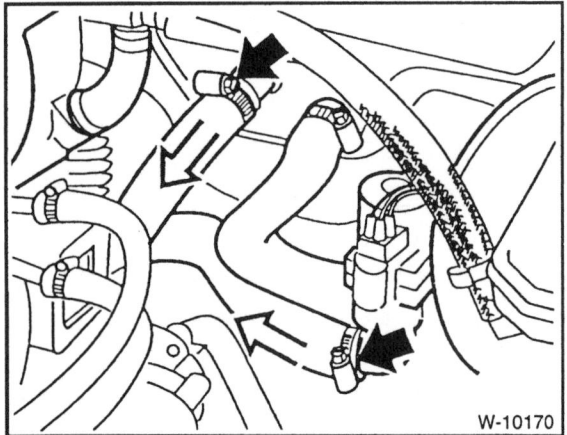

- Kühlmittelschläuche am Heizungsventil und Heizgerät abziehen, vorher Schlauchschellen öffnen.
- Frischluftschacht für Heizung ausbauen, siehe Seite 238.

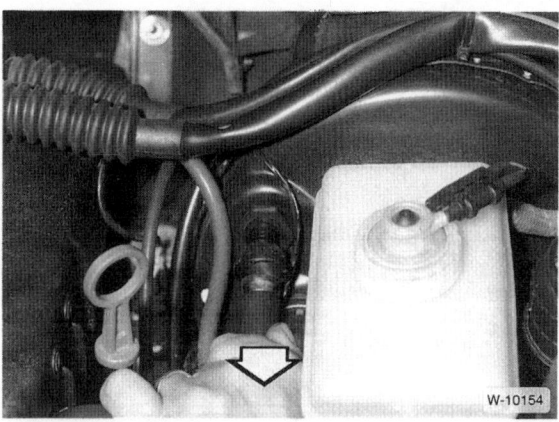

- Unterdruckschlauch am Bremskraftverstärker abziehen. Zum Abziehen ist einige Kraft notwendig. **Achtung:** Anschlußbohrung am Bremskraftverstärker mit sauberem Lappen verschließen.

6-Zylindermotor

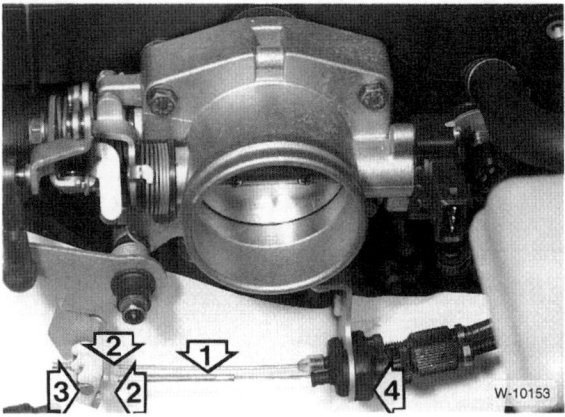

- Gaszug −1− am Drosselklappenhebel aushängen. Dazu Drosselklappenhebel in Richtung Gaszug drücken, Nippel −3− mit schmalem Schraubendreher ausclipsen. Nasen −2− des Clips zusammendrücken und aus dem Drosselklappenhebel herausziehen. Seilzug durch den Schlitz im Drosselklappenhebel nach unten herausnehmen. Falls eingebaut, zweiten Gaszug (für Sonderausstattung Geschwindigkeitsregelanlage, siehe Abbildung) in gleicher Weise ausbauen.
- Kappe vom Öl-Einfüllstutzen abnehmen.

- Kleine Abdeckungen −Pfeile− mit einem Schraubendreher abhebeln und die darunterliegenden Schrauben lösen. 2 Kunststoffverkleidungen abnehmen.

- Massekabel −1− vom Zylinderkopf abschrauben.
- Anschluß für Zylinderkopf-Entlüftung −2− abziehen, dabei Lasche am Anschluß mit einem Schraubendreher anheben.

- 2 Schrauben −1− lösen und Steckerleiste nach oben abziehen. Lage der Gummidichtungen für den Wiedereinbau merken.
- An jeder Zündspule Metallbügel −2− nach oben ziehen und Stecker abziehen, siehe Abbildung. Steckerleiste komplett mit Kabeln abnehmen.

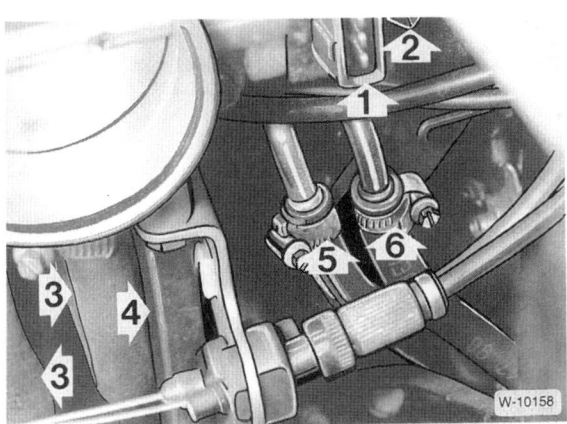

- Am Drosselklappenstutzen folgende Schläuche und Stecker abziehen. Zweckmäßigerweise Zuleitung und Anschluß vor dem Abziehen markieren, damit beim Einbau nichts vertauscht wird. Schlauchschellen aufschrauben, bei den Steckern die vorstehenden Drahtsicherungen beim Abziehen zusammendrücken. Die Abbildung zeigt den 6-Zylindermotor: −1− Stecker für Drosselklappenschalter, −2− Stecker für Temperaturfühler Luft, −3− Kühlmittelschläuche für Drosselklappenvorwärmung, −4− Schlauch für Tankentlüftung, −5− Kraftstoffzulauf (blanker Anschluß), −6− Kraftstoffrücklauf (schwarzer Anschluß). **Achtung:** Feuergefahr, nicht rauchen. Austretenden Kraftstoff mit einem Lappen auffangen.
- Kraftstoff-Vorlaufschlauch von der festen Leitung (am Motorträger) abziehen, vorher Schlauchschelle aufschrauben. Austretenden Kraftstoff auffangen.

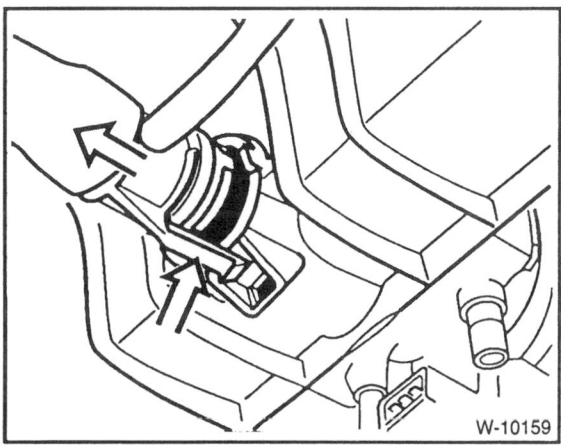

- 6-Zylindermotor: Schlauch für Leerlaufregelventil unten am Ansaugrohr ausclipsen. **Achtung:** Die Haltezunge bricht leicht ab. Der Anschluß ist nicht von oben sichtbar, die Abbildung zeigt das Ansaugrohr von unten.

4-Zylindermotor:

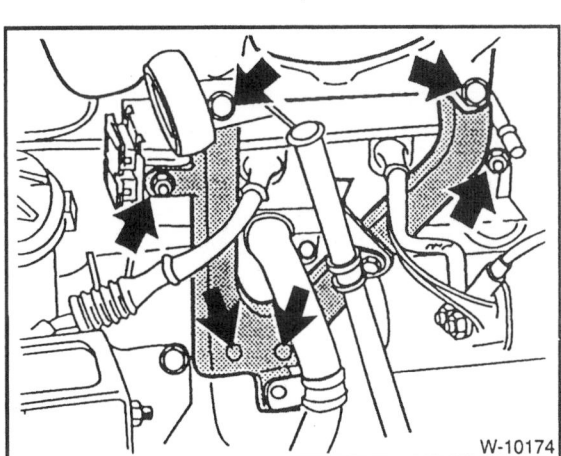

6-Zylindermotor:

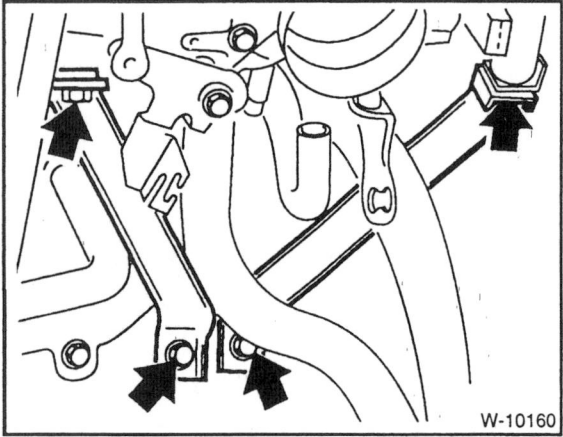

- Ansaugrohr-Stütze abschrauben.

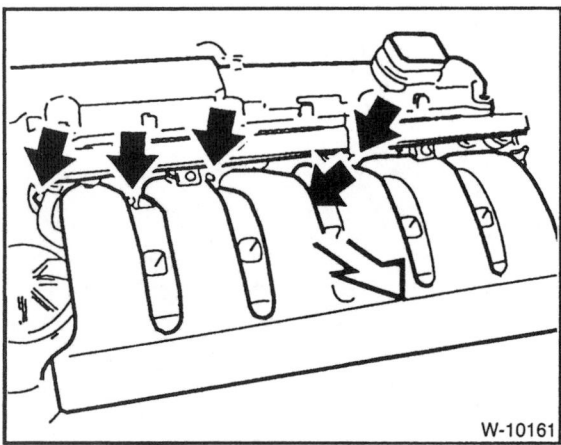

- Nur 6-Zylindermotor: Ansaugkrümmer vom Zylinderkopf abschrauben. **Achtung:** Darauf achten, daß keine Teile in die Ansaugwege fallen. Nicht entfernte Teile führen zu schweren Motorschäden.

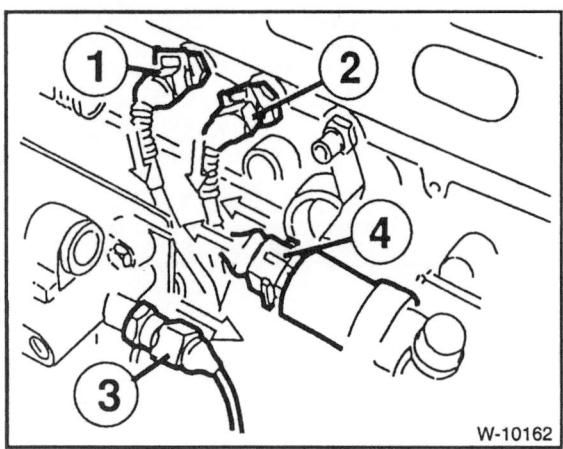

- Stecker abziehen, dabei Drahtsicherungen eindrücken. –1– Temperaturfühler, –2– Fernthermometer, –3– Öldruckschalter, –4– Leerlaufregelventil.

- Beim 4-Zylindermotor zusätzlich folgende Stecker abziehen: Zündkabel zum Verteiler an der Zündspule, Steckverbindung für Einspritzventile (am Ende des Kabelschachts), Steckverbindung am Tankentlüftungsventil (in der Leitung zwischen Aktivkohlebehälter und Ansaugrohr).

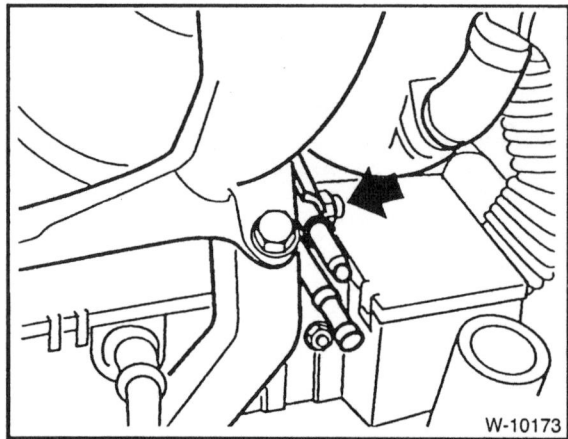

- 4-Zylindermotor: Halter für Kraftstoffleitungen abschrauben.

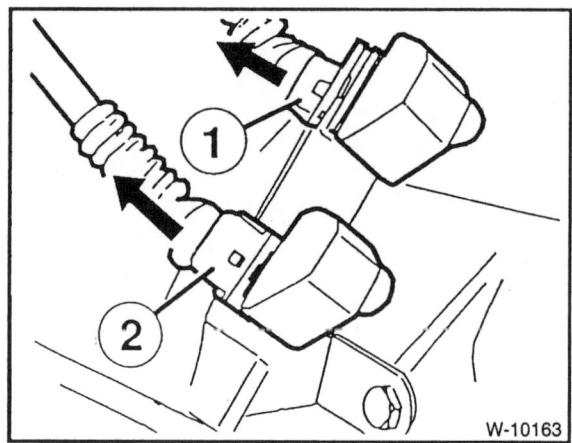

- Stecker am Schwungradgehäuse abziehen: –1– Geber für Zylinderkennung (schwarz); –2– Impulsgeber für DME (Motronic, grau).

- Anschlußkabel an Generator und Anlasser abschrauben, siehe auch Seiten 254/260.

- Kabelschacht am Motorblock abschrauben und Motorkabelbaum zur Seite legen.

4-Zylindermotor:

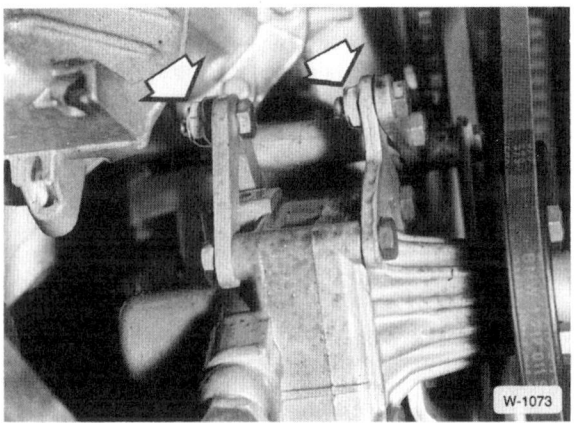

6-Zylindermotor:

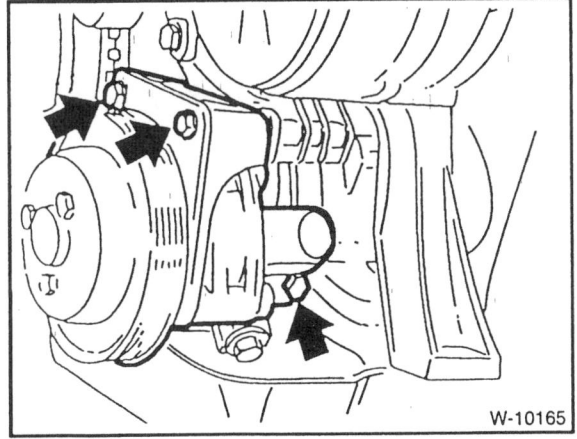

- Fahrzeuge mit Servolenkung: Keilriemen ausbauen, Hydraulikpumpe abschrauben und mit angeschlossenen Leitungen zur Seite legen. **Achtung:** Wenn die Hydraulikleitung geöffnet wird, muß das System nach dem Einbau entlüftet werden, siehe Kapitel »Wartung«.

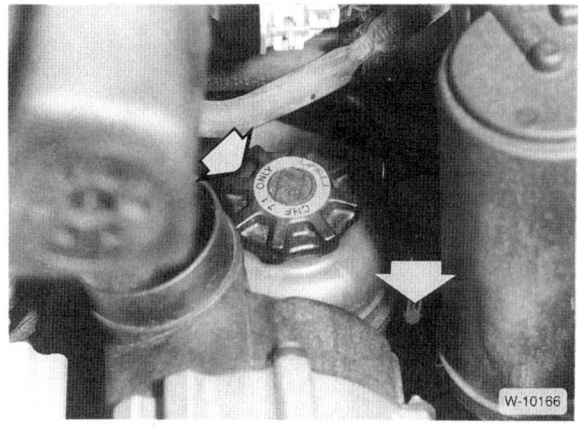

- Hydrauliköl-Behälter der Servolenkung mit 2 Schrauben am linken Motortragarm abschrauben und seitlich mit Draht aufhängen.

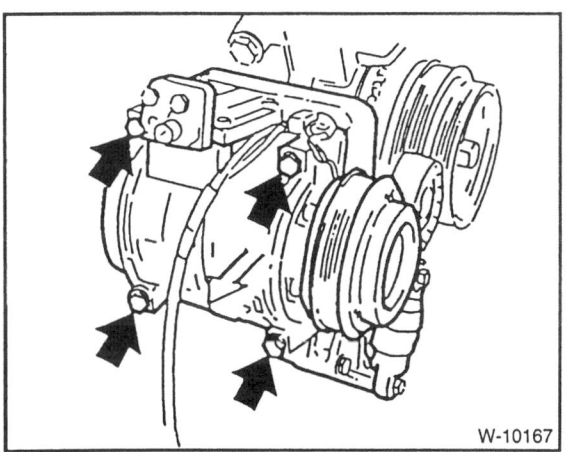

- Fahrzeuge mit Klimaanlage: Kältekompressor abschrauben und mit angeschlossenen Leitungen zur Seite legen. Zuvor Keilriemen ausbauen. **Achtung:** Der Kältemittelkreislauf darf **auf keinen Fall** geöffnet werden, da das Kältemittel Frigen enthält und bei Hautberührungen Erfrierungen verursachen kann.

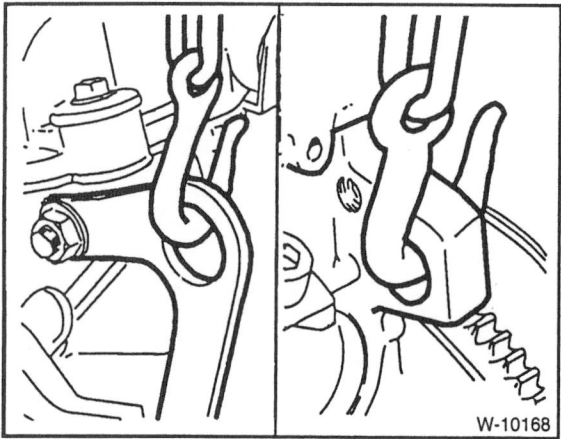

- Motor anseilen. Dazu geeignetes Seil oder eine Kette an den Aufhängeösen des Motors einhängen. Motor mit Werkstattkran leicht anheben.

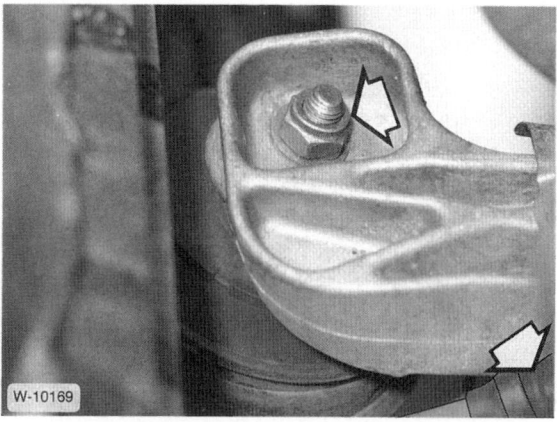

- Mutter vom rechten Motorlager sowie Motor-Massekabel —Pfeile— abschrauben.
- Mutter vom linken Motorlager in gleicher Weise abschrauben.
- Prüfen, ob sämtliche Schläuche und Leitungen, die vom Motor zum Aufbau führen, abgezogen sind. Anschließend Motor herausheben.

Achtung: Der Motor muß beim Herausheben sorgfältig geführt werden, um Beschädigungen am Aufbau zu vermeiden.

Der ausgebaute Motor darf nicht mehr als 10 Minuten auf dem Kopf stehen, da sonst die hydraulischen Ventilspielausgleicher auslaufen und funktionsuntüchtig werden. Soll der Motor umgedreht werden, Ventilspielausgleicher ausbauen.

Einbau

- Motorlager, Kühlmittel-, Öl- und Kraftstoffschläuche auf Porosität oder Risse prüfen, falls erforderlich erneuern.
- Rillenkugellager in der Kurbelwelle und Kupplungsausrücklager auf leichten Lauf und Ausrückhebel auf Leichtgängigkeit prüfen.
- Kupplungs-Mitnehmerscheibe auf ausreichende Belagdicke sowie Belagzustand prüfen. Bei hoher Laufleistung ist es sinnvoll, die Kupplung auf jeden Fall auszutauschen.
- Motor vorsichtig in den Motorraum einführen. Beim Absenken darauf achten, daß der Motor sorgfältig geführt wird, um Beschädigungen an Antriebswelle, Kupplung und Aufbau zu vermeiden.
- Muttern für beide Motorlager anschrauben, nicht festziehen.
- Fahrzeug aufbocken, siehe Seite 123.
- Getriebe einbauen, siehe Seite 130.
- Fahrzeug ablassen, siehe Seite 123.
- Motor durch Schüttelbewegungen spannungsfrei einrichten. Anschließend Motorlager festziehen. Schraube **M8 mit 22 Nm**, Schraube **M10 mit 47 Nm**. Massekabel am rechten Motorträger anschrauben.
- Falls ausgebaut, Kältekompressor anschrauben.
- Servopumpe anschrauben.
- Keilriemen einbauen und spannen, siehe Seite 58.
- Anschlußstecker für Zylinderkennung und Impulsgeber DME am Schwungrad aufstecken. Stecker für Temperaturfühler, Fernthermometer, Öldruckschalter und Leerlaufregel-Ventil aufstecken, siehe unter »Ausbau«.

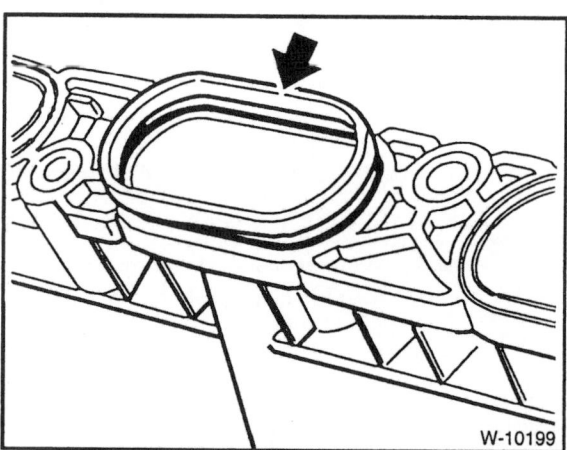

- 6-Zylindermotor: Ansaugrohr am Zylinderkopf einsetzen und anschrauben. Vor dem Einbau sollten sämtliche Dichtringe —Pfeil— erneuert werden.
- Stütze für Ansaugrohr anschrauben.
- Sämtliche elektrischen Leitungen, Unterdruck-, Kühlmittel- und Kraftstoffschläuche entsprechend den angebrachten Markierungen am Drosselklappenstutzen sowie Zylinderkopf anschließen. Schläuche mit Schellen sichern. Elektrische Leitungen mit Kabelbindern fixieren.

- Steckerleiste am Zylinderkopf ansetzen und festschrauben.
- Zylinderkopfverkleidung aufsetzen und anschrauben.
- Sämtliche Stecker und Schläuche am Drosselklappenstutzen aufschieben, siehe unter »Ausbau«. Schläuche mit Schellen sichern.
- Gaszug und, falls vorhanden, Seilzug für automatisches Getriebe am Drosselklappenhebel einhängen, siehe Seite 98.
- Unterdruckleitung am Bremskraftverstärker eindrücken.
- Frischluftschacht für die Heizung einsetzen und anschrauben, siehe Seite 238.
- Elektrische Leitungen an Generator anschrauben, siehe Seite 255.
- Abdeckung für Generator anschrauben.
- Luftfilter-Einsatz prüfen, gegebenenfalls ausklopfen oder erneuern. Luftfilter einbauen, siehe Seite 299.
- Kühlmittelschläuche an der Heizung aufschieben und mit Schraubschellen sichern.
- Kühler einbauen, siehe Seite 74.
- Lüfter einbauen, siehe Seite 73.
- Kühlmittel auf Gefrierschutz prüfen und auffüllen, siehe Seite 296.
- Ölstand in Motor und Getriebe prüfen, gegebenenfalls auffüllen.
- Massekabel (–) und Pluskabel an die Batterie anklemmen. Radio neu codieren, siehe Seite 279.
- Motor starten und auf Betriebstemperatur bringen, Kühlmittelstand überprüfen und sämtliche Schlauchanschlüsse auf Dichtheit prüfen.
- Falls vorhanden, Aggregateunterschutz anschrauben.

Zahnriemen aus- und einbauen

Modelle 316i, 318i bis 8/93

Achtung: Ein gelaufener Zahnriemen darf **nicht** wiederverwendet werden, sondern ist, wenn er einmal entspannt wurde, grundsätzlich zu ersetzen, und zwar unabhängig von der Laufleistung. Zum Einstellen der korrekten Spannung ist ein Sonderwerkzeug von BMW erforderlich.

Ausbau

- Kühlerlüfter ausbauen, siehe Seite 73.
- Sämtliche Zündkerzenstecker abziehen. Zur Erleichterung gibt es hierfür von HAZET die Zange 1849.

- Abdeckhaube –1– für Zündverteiler abnehmen. Dazu Laschen oben und unten mit Schraubendreher über die Rastnase anheben.
- Kabelschacht –2– nach oben abheben. Dazu Schraubendreher in die Aussparungen –Pfeil– einsetzen.
- Verteilerkappe abschrauben (3 Schrauben) und mit Zündkabeln abnehmen.

- Verteilerläufer –4– abschrauben und mit Abdeckring –3– herausnehmen.

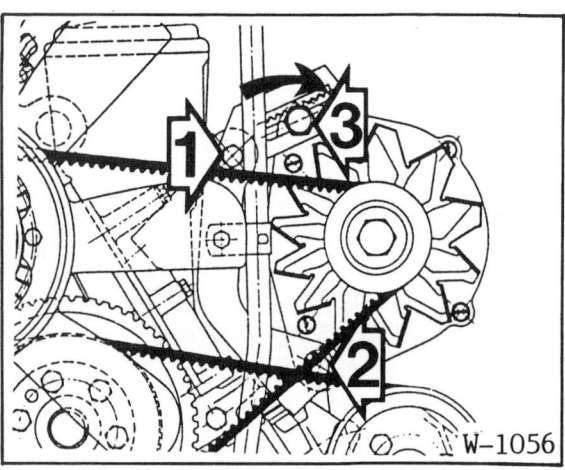

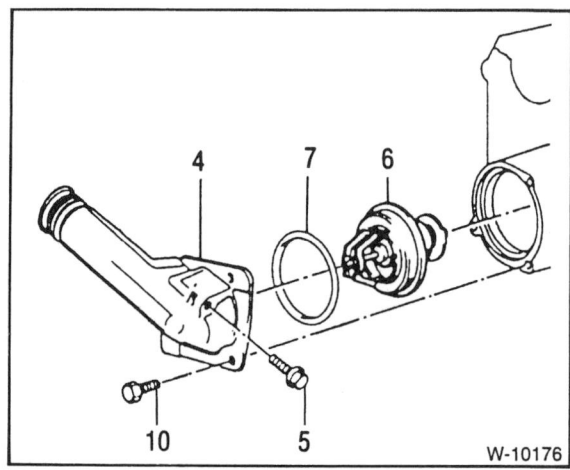

- Keilriemen vom Generator abnehmen. Dazu Schraube −1− lösen, Muttern für die Schrauben −2− und −3− lösen. Schraube −3− in Pfeilrichtung drehen und dadurch Keilriemen entspannen.

- Riemenscheibe für Kühlmittelpumpe abschrauben. Dabei Keilriemen zusammendrücken und dadurch Riemenscheibe gegenhalten.

- Kühlmittel-Thermostatgehäuse unterhalb des Verteilers abschrauben (3 Schrauben −10−) und zur Seite legen. Thermostat −6− mit Dichtung −7− herausnehmen.

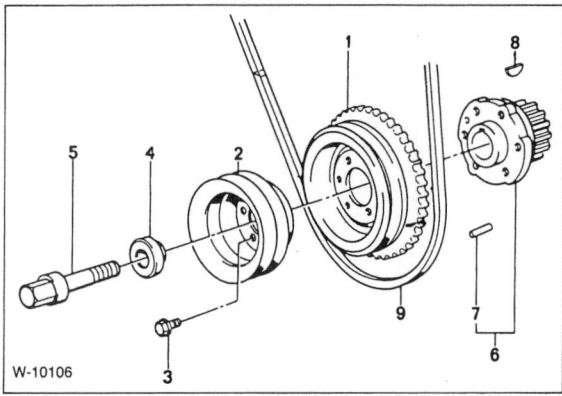

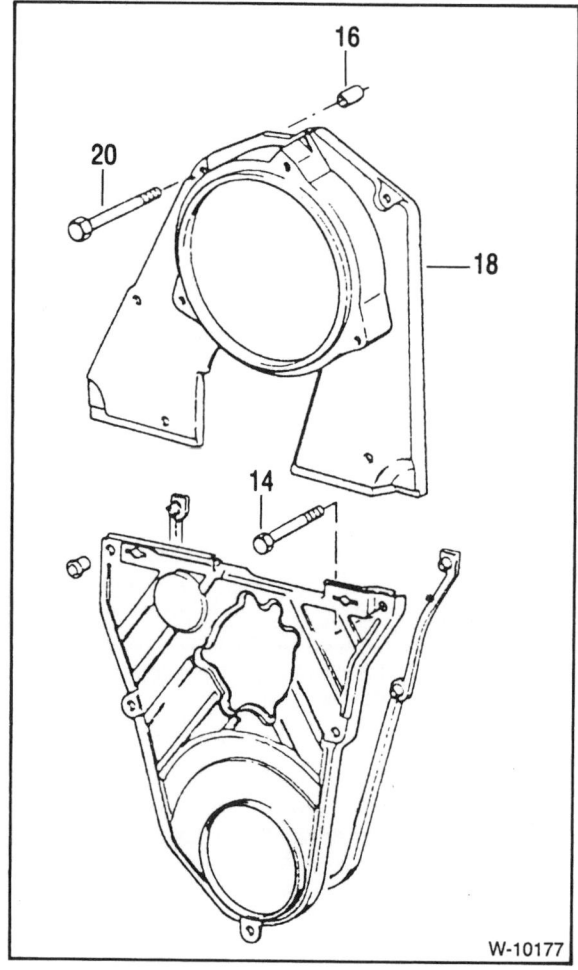

- Schwingungsdämpfer −1− von der Kurbelwelle abschrauben. Dazu 1. Gang einlegen, Handbremse anziehen und dadurch Riemenscheibe gegenhalten. Zusätzlich abgebildete Teile: 2 − Riemenscheibe, 3 − Sechskantschraube, 4 − Beilagscheibe, 5 − Zentralschraube, 6 − Zahnriemenrad, 7 − Paßstift, 8 − Scheibenfeder, 9 − Keilriemen.

- Kühlmittel ablassen, siehe Seite 296.

- 5 Schrauben −14− für untere Zahnriemenabdeckung herausdrehen. Abdeckung mit Dichtung abnehmen.

- Obere Zahnriemenabdeckung –18– mit 4 Schrauben –20– abschrauben. Darauf achten, daß die Paßhülsen –16– für die oberen Schrauben nicht verloren gehen.
- Motorsteuerung verdrehen, bis Zylinder 1 auf OT (Oberer Totpunkt) steht. Der Zünd-Verteilerfinger am Nockenwellenrad zeigt dann nach unten. OT-Stellung an der Nockenwelle überprüfen, siehe unter »Einbau«.

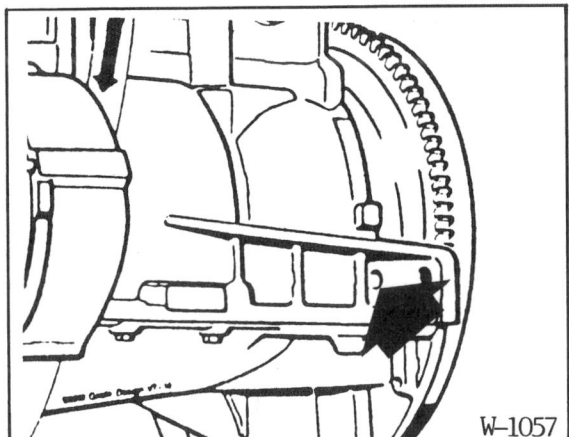

- In der OT-Stellung Kurbelwelle mit geeignetem Dorn arretieren. Dazu Dorn durch die Bohrung –Pfeil– im Motorblock in die Bohrung des Schwungrades einsetzen.

- Befestigungsschraube für Nockenwellen-Antriebsrad lösen, nicht herausdrehen. Hierzu wird eine Außentorxnuß benötigt.

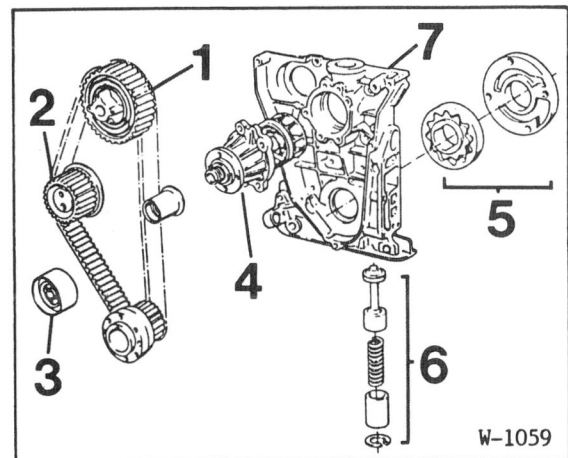

- Mutter für Spannrolle –2– lösen, Spannrolle nach innen drehen und dadurch Zahnriemen entspannen. Zusätzlich abgebildete Teile: 1 – Nockenwellen-Antriebsrad, 3 – Umlenkrolle, 4 – Kühlmittelpumpe, 5 – Ölpumpe, 6 – Öldruck-Regelventil, 7 – Steuergehäusedeckel.
- Zahnriemen abnehmen. **Achtung:** Bei ausgebautem Zahnriemen OT-Stellung des Motors möglichst nicht verändern.

Einbau

Achtung: Beim Auflegen des Zahnriemens müssen sich Kurbel- und Nockenwelle unbedingt in OT-Stellung befinden. Sonst können schwerwiegende Schäden am Motor entstehen beziehungsweise der Motor gibt nicht mehr seine volle Leistung ab.

- Zylinderkopfdeckel abschrauben, Nockenwellenabdeckung herausnehmen.
- OT-Stellung der Nockenwelle prüfen. Die Werkstatt arretiert die Nockenwelle in OT-Stellung mit dem BMW-Werkzeug 1131190. Die Nockenwelle befindet sich in OT-Stellung, wenn die Nocken für Zylinder 1 gleichmäßig nach links und rechts oben zeigen, und zwar bezogen auf die Zylinderkopfoberkante des schräg eingebauten Motors.
- Schraube für Nockenwellenrad ganz leicht mit 1 – 3 Nm anziehen. Nockenwellenrad in Drehrichtung des Motors bis zum Anschlag verdrehen, die Nase greift dann in die Nut ein.
- Mutter der Zahnriemen-Spannrolle leicht anziehen. Die Spannrolle muß sich noch verdrehen lassen.
- Zahnriemen unter Zug vom Kurbelwellenrad ausgehend über das Nockenwellenrad und weiter auf die Spannrolle auflegen. **Achtung:** Der Zahnriemen muß mittig auf allen Zahnriemenrädern sitzen.
- Meßgerät für Zahnriemenspannung auf »0« justieren.
- Meßgerät zwischen Kurbelwellen- und Nockenwellenrad so ansetzen, daß die beiden äußeren Rollen am Zahnriemenrücken anliegen und der mittlere Bolzen in einer Zahnlücke zu liegen kommt. Siehe auch Bedienungsanleitung des Meßgeräts.

Achtung: Motor muß Raumtemperatur haben (ca. +20°C).

- Spannrolle mit Innensechskantschlüssel nach links drehen und dadurch Zahnriemen vorspannen. Sollwert für BMW-Meßgerät 112080: 45 – 50 Skalenteile.
- Spannrolle mit **22 Nm** festziehen.
- Nockenwellenrad mit **60 ± 5 Nm** festziehen.

Achtung: Dorn für Motor-Arretierung, Werkzeug für Nockenwellenarretierung sowie Meßgerät für Zahnriemenspannung herausnehmen.

- Motor an der Zentralschraube der Kurbelwellen-Riemenscheibe mindestens 2 Umdrehungen im Uhrzeigersinn (Motordrehrichtung) durchdrehen.
- Kurbelwelle und Nockenwelle wieder in OT-Stellung fixieren, wie oben beschrieben.
- Schraube für das Nockenwellenrad wieder lockern.
- BMW-Meßgerät 112080 einsetzen.
- Spannrollenverschraubung lockern und den Zahnriemen kurzzeitig auf 45 – 50 Skalenteile spannen.
- Anschließend Spannrolle auf den endgültigen Wert **32±2** Skalenteile einstellen.
- Spannrolle mit **22 Nm** festziehen.
- Nockenwellenrad mit **60 ± 5 Nm** festziehen.

Achtung: Dorn für Motor-Arretierung, Werkzeug für Nockenwellenarretierung sowie Meßgerät für Zahnriemenspannung herausnehmen.

- Nachdem der Zahnriemen gespannt wurde, empfiehlt es sich, die Einstellung von Nockenwelle und Kurbelwelle nochmals zu kontrollieren.
- Nockenwellenabdeckung und Zylinderkopfdeckel einbauen.
- Obere Zahnriemenabdeckung anschrauben, dabei auf festen Sitz der Paßhülsen achten.
- Untere Zahnriemenabdeckung anschrauben, vorher Dichtung auf einwandfreien Zustand prüfen, gegebenenfalls ersetzen.
- Thermostat zum Thermostatgehäuse hin einsetzen, Dichtring auf Beschädigungen prüfen, gegebenenfalls ersetzen.
- Dichtflächen reinigen, Thermostatgehäuse mit neuer Dichtung anschrauben.
- Kühlflüssigkeit auffüllen, Kühlsystem entlüften, siehe Seite 296.
- Schwingungsdämpfer auf Kurbelwelle aufsetzen, dabei Paßbohrung des Dämpfers genau mit dem Paßstift ausrichten. Schwingungsdämpfer mit **23 Nm** anziehen.
- Riemenscheibe für Kühlmittelpumpe anschrauben, dabei Riemenscheibe mit Keilriemen gegenhalten.
- Keilriemen auflegen und spannen, siehe Seite 58.
- Muttern und Schrauben 1–3 in Abbildung W-1056 festziehen.
- Abdeckung für Nockenwellenrad einsetzen, dabei O-Ring für Abdeckung auf Beschädigung prüfen, gegebenenfalls ersetzen.

- Verteilerläufer und Verteilerkappe anschrauben, in umgekehrter Reihenfolge wie unter »Ausbau« beschrieben.
- Zündkabel in die Führungen am Isolierstück einlegen.
- Kabelschacht am Zylinderkopfdeckel eindrücken.
- Zündkerzenstecker in Zündreihenfolge Zylinder 1–3–4–2 aufschieben.
- Lüfterabdeckung mit den Laschen links und rechts unten in die Halter einsetzen. Oben links und rechts die Spreizclips einsetzen und durch Einschlagen der Kunststoffzapfen spreizen.
- Lüfter einbauen, siehe Seite 73.

Achtung: Steht das Einstell- und Prüfwerkzeug nicht zur Verfügung (Ausland, Panne), Zahnriemenspannung behelfsmäßig so einstellen, daß sich der Zahnriemen zwischen Nockenwellenrad und Spannrolle noch ca. 5–10 mm durchbiegen läßt. Die Zahnriemenspannung muß dann jedoch umgehend mit dem Prüfgerät überprüft werden. Bis dahin sind hohe Motor-Drehzahlen zu vermeiden.

Zylinderkopf aus- und einbauen
Modelle 316i, 318i

Eine defekte Zylinderkopfdichtung ist an folgenden Merkmalen erkennbar:

- Leistungsverlust.
- Kühlflüssigkeitsverlust. Weiße Abgaswolken bei warmem Motor.
- Ölverlust.
- Kühlflüssigkeit im Motoröl, Ölstand nimmt nicht ab, sondern zu. Graue Farbe des Motoröls, Schaumbläschen am Peilstab, Öl dünnflüssig.
- Motoröl in der Kühlflüssigkeit. **Achtung:** In diesem Fall muß nach erfolgter Reparatur der Kühler ausgebaut werden und mit dem Reinigungsmittel »Solvethane« durchgespült werden, um die Ölreste aus dem Kühler zu entfernen.
- Kühlflüssigkeit sprudelt stark.
- Keine Kompression auf 2 benachbarten Zylindern.

Zylinderkopf nur bei abgekühltem Motor ausbauen. Abgas- und Ansaugkrümmer bleiben angeschlossen.

Ausbau, Modelle 316i, 318i bis 8/93 (Motor M40)

Achtung: Einige Arbeiten sind im Kapitel »Motor aus- und einbauen« näher beschrieben, deshalb empfiehlt es sich, dieses Kapitel ebenfalls durchzulesen. Abweichende Arbeiten für den Motor M43 seit 9/93, siehe am Ende des Kapitels.

- Batterie-Massekabel (–) abklemmen. **Achtung:** Dadurch wird aus dem Speicher des Radios der Code für die Diebstahlsicherung gelöscht. Vor dem Abklemmen sollten auch die Hinweise im Kapitel »Radio« bzw. »Batterie aus- und einbauen« durchgelesen werden.
- Zahnriemen ausbauen, siehe Seite 21
- Zahnriemenrad an der Nockenwelle abnehmen.

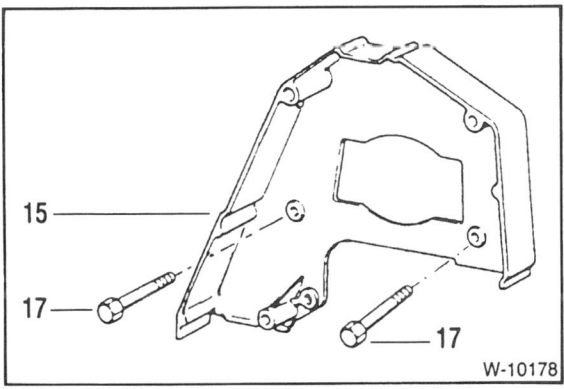

- 2 Schrauben −17− der inneren Zahnriemenabdeckung −15− am Zylinderkopf abschrauben, Abdeckung abnehmen.

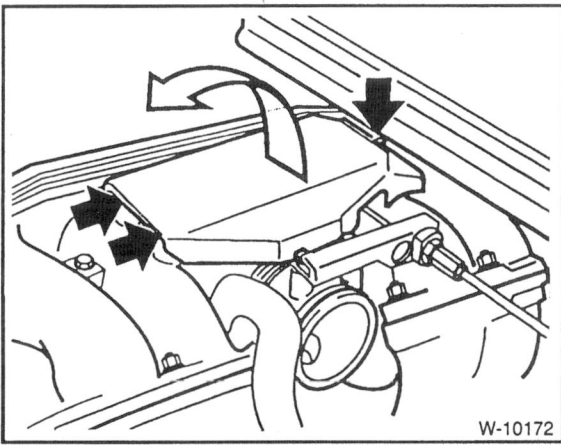

- Abdeckung für Drosselklappenhebel abbauen. Dazu Schraube lösen, Abdeckung hochklappen und die vorderen 2 Schrauben lösen.

- Gaszug −1− aushängen, dazu Halteclip in Pfeilrichtung ausclipsen.
- **Automatikgetriebe:** Seilzug −2− ausclipsen.
- Schrauben −3− herausdrehen und Seilzüge mit Halter zur Seite legen.
- Stecker −4− vom Leerlaufsteller sowie Unterdruckschläuche −5− und −6− abziehen.

- Schlauchschellen lösen und Ansaugluftschlauch abziehen.
- Stecker −1− für Luftmengenmesser nach links drehen und abziehen.
- Stecker −2− vom Tankentlüftungsventil abziehen.

- Stecker −1− für Einspritzventile und Stecker −2− für Drosselklappenschalter abziehen.
- Vorwärmschlauch −3− abziehen.
- Kraftstoffleitungen −4− abziehen und mit geeigneten Stopfen verschließen.
- Halter für Kraftstoffleitungen abschrauben.
- Befestigungsschrauben −5− für Ansaugkrümmer-Abstützung herausdrehen.
- Kühlerschlauch ausbauen.
- Fahrzeug aufbocken, siehe Seite 123.
- Vorderes Abgasrohr vom Krümmer abschrauben, siehe Seite 117.
- Kühlmittel aus dem Motor ablassen, dazu Ablaßschraube seitlich am Motorblock unter dem Abgaskrümmer herausdrehen. Nach dem Ablassen Schraube sofort wieder anschrauben und festziehen.

- Entlüftungsschlauch –1– abziehen.
- Zylinderkopfdeckel abschrauben.

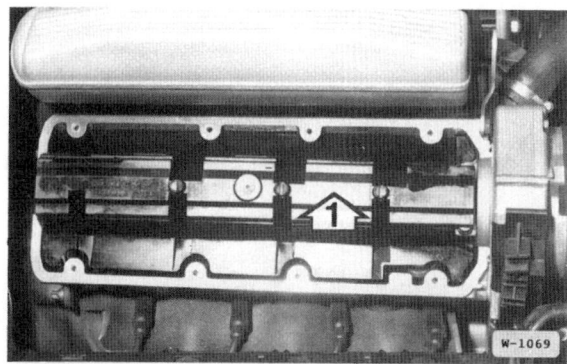

- Nockenwellenabdeckung –1– herausnehmen.

- Zylinderkopfschrauben entgegen der Reihenfolge von 10 nach 1 um ½ Umdrehung lösen und anschließend herausdrehen. Zum Herausdrehen der Zylinderkopfschrauben wird eine Stecknuß für Außentorxschrauben der Größe E12 benötigt.
- Zylinderkopf abheben.

Achtung: Zylinderkopf nach dem Ausbau nicht auf der Dichtfläche absetzen, dabei könnten voll geöffnete Ventile beschädigt werden. Deshalb Zylinderkopf auf 2 Holzleisten legen.

Einbau

- Vor dem Einbau Zylinderkopf und Zylinderblock mit geeignetem Schaber von Dichtungsresten freimachen. **Darauf achten, daß keine Dichtungsreste in die Bohrungen fallen, Bohrungen mit Lappen verschließen.**
- Zylinderkopf und Motorblock mit Stahllineal in Längs- und Querrichtung auf Planheit prüfen, gegebenenfalls nacharbeiten (Werkstattarbeit). Die maximale Planabweichung darf 0,03 mm betragen.

Modell	Zylinderkopfhöhe	
	Normalmaß	Bearbeitungsgrenze
316i, 318i	141,0 mm	140,5 mm

Achtung: Bei nachgeplantem Zylinderkopf kann, je nachdem welche Höhe der Zylinderkopf nach der Bearbeitung aufweist, eine Zylinderkopfdichtung in Originalstärke oder eine um 0,3 mm stärkere Dichtung eingebaut werden. Durch die dickere Dichtung wird eine Verkleinerung des Brennraumes vermieden. Zu beachten ist, daß auch der O-Ring –1– des Kühlmittelkanals entsprechend dicker sein muß, siehe Abbildung.

- Zylinderkopf auf Risse, Zylinderlauffläche auf Riefen überprüfen.
- Bohrungen der Zylinderkopfschrauben sorgfältig von Öl und anderen Rückständen reinigen. **Achtung:** In den Sacklöchern darf sich kein Öl befinden, da sonst die Schrauben nicht den vollen Druck auf den Zylinderkopf ausüben, obwohl sie mit dem richtigen Drehmoment angezogen wurden. Außerdem kann der Motorblock reißen.
- Zylinderkopfdichtung grundsätzlich ersetzen.
- Neue Dichtung ohne Dichtmittel so auflegen, daß keine Bohrungen verdeckt werden. Die Aufschrift »TOP« muß nach oben und »FRONT« zur Zahnriemenseite hin zeigen.
- O-Ring für Bohrung –1– im Motorblock ersetzen.
- Vor Aufsetzen des Zylinderkopfes prüfen, ob sich die Nockenwelle in OT-Stellung befindet, siehe Seite 21.
- Zylinderkopf aufsetzen.
- **Neue** Zylinderkopfschrauben leicht einölen und handfest anschrauben. Es dürfen nur neue Zylinderkopfschrauben verwendet werden.

Achtung: Das Anziehen der Zylinderkopfschrauben ist mit größter Sorgfalt durchzuführen. Vor dem Anziehen der Schrauben sollte der Drehmomentschlüssel auf seine Genauigkeit überprüft werden. Außerdem wird zum Anziehen der Zylinderkopfschrauben eine Winkelscheibe, zum Beispiel HAZET 6690, benötigt. Oder man setzt den Drehmomentschlüssel längs zum Motorblock auf die Schraube auf, mißt mit einem Winkelmesser die 90° und markiert sie mit Kreide auf dem Zylinderkopf.

- Die Zylinderkopfschrauben werden in 3 Stufen angezogen. In jeder Stufe Schrauben jeweils in der Reihenfolge von 1 bis 10 anziehen.

1. Stufe mit Drehmomentschlüssel und **30 Nm**
2. Stufe mit starrem Schlüssel **90°** weiterdrehen
3. Stufe mit starrem Schlüssel **90°** weiterdrehen

- Innere Zahnriemenabdeckung einsetzen und anschrauben.
- Zahnriemen einbauen, siehe Seite 21.
- Nockenwellenabdeckung einsetzen.
- Dichtung für Zylinderkopfdeckel auf Beschädigung prüfen, gegebenenfalls ersetzen.
- Zylinderkopfdeckel aufsetzen, Schrauben von außen nach innen über Kreuz mit 9 Nm festziehen.
- Entlüftungsschlauch aufschieben.
- Vorderes Abgasrohr mit neuer Dichtung und **neuen selbstsichernden Muttern** anschrauben. Schrauben vorher mit Kupferpaste (Heißtemperaturpaste) bestreichen. Alle Schrauben zuerst mit **30 Nm** anziehen, dann auf **50 Nm** festziehen.
- Befestigungsschrauben für Ansaugkrümmer-Abstützung anschrauben.
- Sämtliche Schläuche aufschieben und mit Schellen sichern, siehe unter Ausbau.
- Elektrische Leitungen aufstecken.
- Halter für Kraftstoffleitungen anschrauben.
- Halter für Seilzüge anschrauben, Züge einclipsen.
- Abdeckung für Drosselklappenhebel aufdrücken.
- Batterie-Massekabel anklemmen.
- Kühlmittel auffüllen, siehe Seite 296.

- Ölstand im Motor prüfen, gegebenenfalls Öl nachfüllen. Wurde der Zylinderkopf aufgrund einer defekten Zylinderkopfdichtung abgebaut, empfiehlt sich ein vorgezogener Ölwechsel einschließlich eines Ölfilterwechsels, da sich im Motoröl Kühlflüssigkeit befinden kann.

Achtung: Die Zylinderkopfschrauben dürfen nach einer Fahrstrecke von 1000 km **nicht** nachgezogen werden.

Besonderheiten 316i, 318i seit 9/93 (Motor M43)

Der Motor M43 hat zum Nockenwellenantrieb eine Rollenkette, außerdem ist kein Zündverteiler vorhanden.

- Zylinderkopfdeckel abschrauben.
- Thermostatgehäuse abschrauben und mit Thermostat abnehmen.

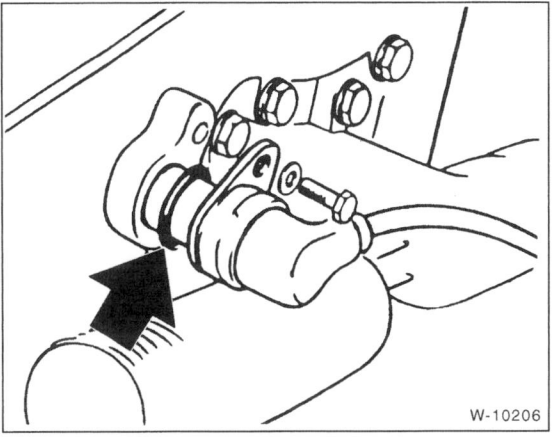

- Nockenwellen-Positionsgeber abschrauben und mit Dichtring herausziehen.

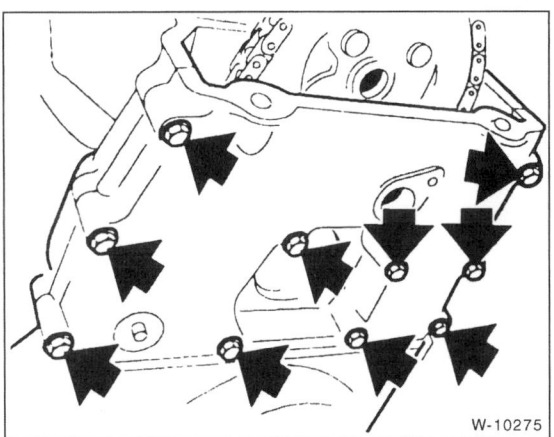

- Oberen Räderkastendeckel abschrauben und abnehmen. Gummidichtung zum unteren Deckel abnehmen.

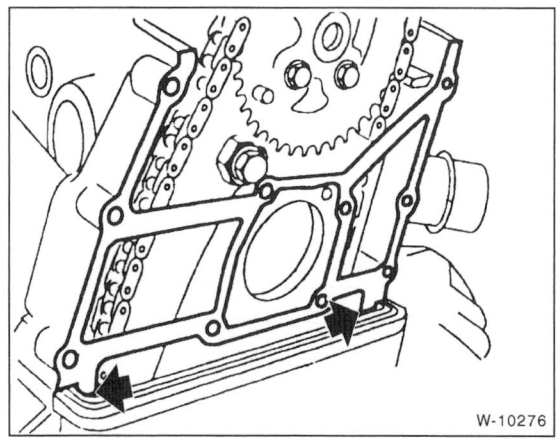

- Dichtung zum Zylinderkopf an der Oberkante des unteren Deckels von innen nach außen durchschneiden und abziehen. Die Dichtung muß erneuert werden. Als Ersatzteil ist eine getrennte Dichtung für den oberen Räderkastendeckel erhältlich.

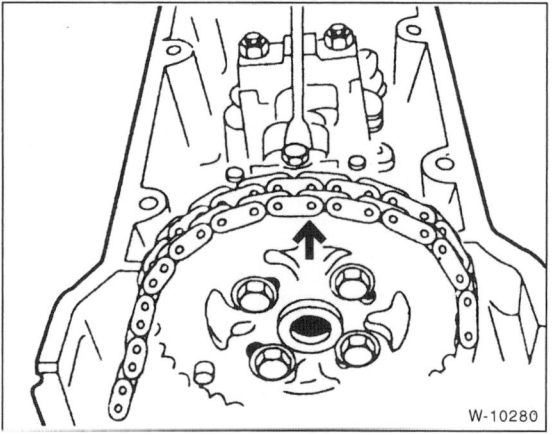

- Motor an der Zentralschraube der Kurbelwelle rechtsherum drehen, bis Zylinder 1 im Zünd-OT steht. Der Pfeil auf dem Kettenrad zeigt nach oben.

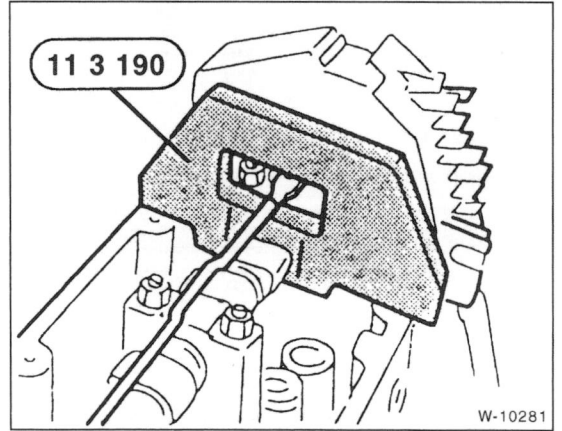

- Nockenwellen mit dem abgebildeten BMW-Werkzeug in dieser Stellung fixieren.

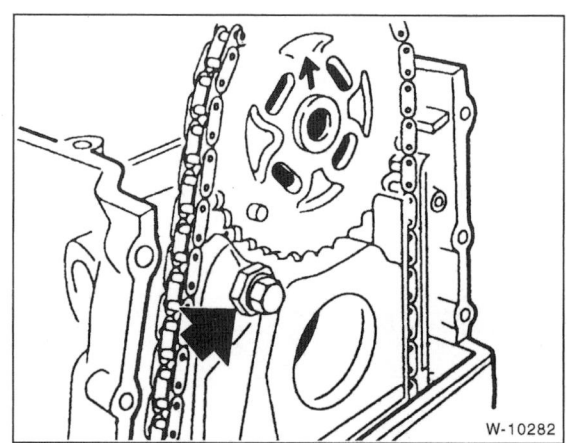

- Kettenrad an der Nockenwelle abschrauben. Spannschiene am Sechskant zurückdrücken und Kette entspannen. Kettenrad abnehmen.

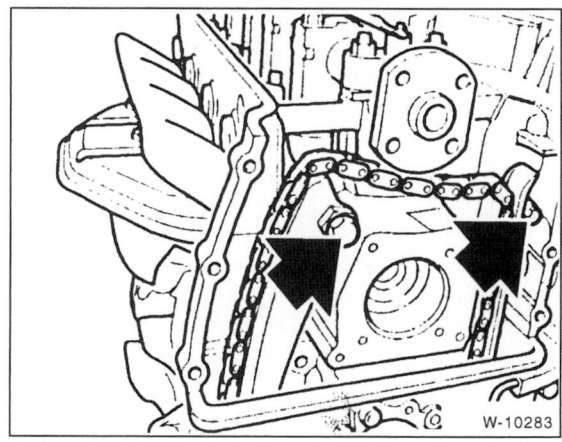

- Gleit- und Spannschiene vom Zylinderkopf lösen.

Achtung: Kurbelwelle vor Abschrauben des Zylinderkopfs ca. 45° zurückdrehen. Dadurch wird eine Berührung der Ventile mit dem Kolben vermieden. Nach Aufsetzen des Zylinderkopfs, Kurbelwelle wieder in OT-Stellung für Zylinder 1 drehen.

- Zylinderkopfschrauben von außen nach innen in mehreren Durchgängen lösen. Zum Lösen der Schrauben wird ein Spezial-Torxschlüssel benötigt, zum Beispiel BMW 11 2 250.

Einbau

- Zylinderkopf und Motorblock mit Stahllineal in Längs- und Querrichtung auf Planheit prüfen, gegebenenfalls nacharbeiten (Werkstattarbeit). Die maximale Planabweichung darf 0,03 mm betragen.

Motor	Zylinderkopfhöhe	
	Normalmaß	Bearbeitungsgrenze
M43	141,0 mm	140,55 mm

- Bohrungen der Zylinderkopfschrauben sorgfältig von Öl und anderen Rückständen reinigen. **Achtung:** In den Sacklöchern darf sich kein Öl befinden, da sonst die Schrauben nicht den vollen Druck auf den Zylinderkopf ausüben, obwohl sie mit dem richtigen Drehmoment angezogen wurden. Außerdem kann der Motorblock reißen.

- Zylinderkopf aufsetzen, dabei Spannschiene nach außen drücken.

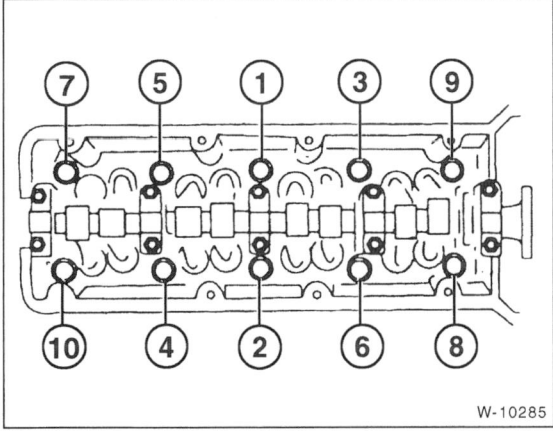

- **Neue** Zylinderkopfschrauben mit Motoröl ölen und jeweils in der Reihenfolge von 1 bis 10 in **3 Stufen** anziehen:

1. Stufe: Schrauben 1 bis 10 mit Drehmomentschlüssel **30 Nm** anziehen.

2. Stufe mit starrem Schlüssel **90°** weiterdrehen

3. Stufe mit starrem Schlüssel **90°** weiterdrehen

Achtung: Das Anziehen der Zylinderkopfschrauben ist mit größter Sorgfalt durchzuführen. Vor dem Anziehen der Schrauben sollte der Drehmomentschlüssel auf seine Genauigkeit überprüft werden. Außerdem wird zum Anziehen der Zylinderkopfschrauben eine Winkelscheibe, zum Beispiel HAZET 6690, benötigt. Steht die Winkelscheibe nicht zur Verfügung, Schlüssel ansetzen, Winkelmesser-Lineal am Schlüsselarm anlegen und mit Kreide den entsprechenden Winkel anzeichnen. Anschließend Schlüsselarm in einem Zug bis zur angezeichneten Markierung drehen.

- Gleit- und Spannschiene am Zylinderkopf festziehen.

- Kurbelwelle in OT-Stellung Zylinder 1 drehen, der Absteckdorn muß sich einsetzen lassen.
- Spannschiene am Sechskant zurückdrücken und Kettenrad mit Kette aufsetzen. Der Pfeil am Kettenrad muß nach oben zeigen, Langlöcher mittig ausrichten.
- 4 Schrauben für Kettenrad mit **10 Nm** festziehen.
- **Achtung:** Fixierwerkzeuge für Kurbelwelle und Nockenwelle abnehmen.
- Dichtflächen für oberen Räderkastendeckel säubern.
- Gummidichtung zwischen oberem und unterem Räderkastendeckel auf Beschädigung prüfen, gegebenenfalls erneuern. Dichtung auflegen. Dabei muß die Erhebung an der Dichtung in die Nut am Zylinderkopf eingreifen.
- Papierdichtung für Räderkastendeckel erneuern. Stöße der Dichtung am Zylinderkopf mit Dichtmittel »3 Bond 1209« bestreichen.

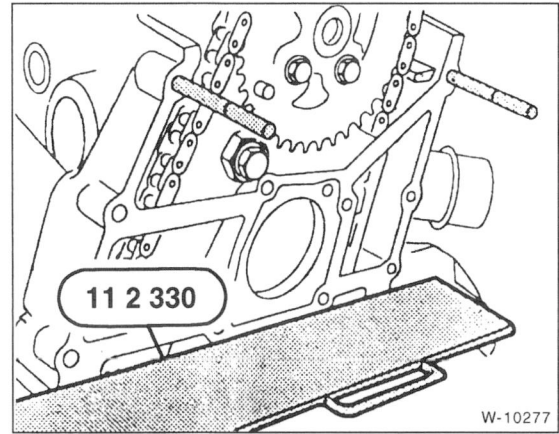

- Oberseite der Gummidichtung und BMW-Werkzeug dünn mit Fett bestreichen. Das Werkzeug wird vor Montage des Räderkastendeckels auf die Gummidichtung aufgelegt. Außerdem werden 2 Bolzen, BMW-Nr. 11 4 110, zur Führung in die oberen Gewinde eingeschraubt. Anstelle der BMW-Werkzeuge können auch ein dünnes Blech sowie 2 Gewindebolzen genommen werden.

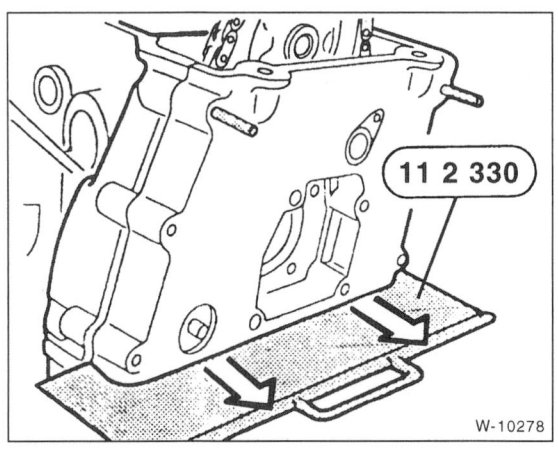

- Räderkastendeckel aufschieben, Schrauben einsetzen und einschrauben, bis der Schraubenkopf gerade anliegt. Spezialwerkzeug herausziehen.

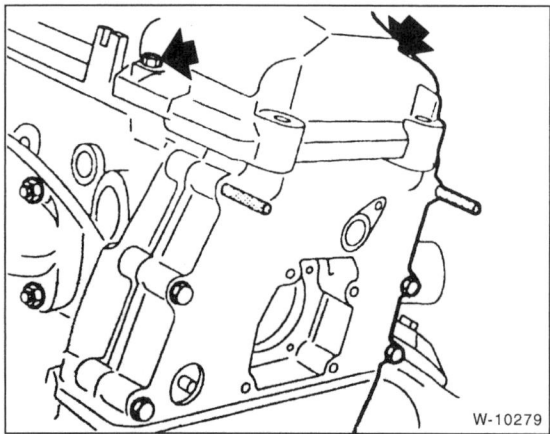

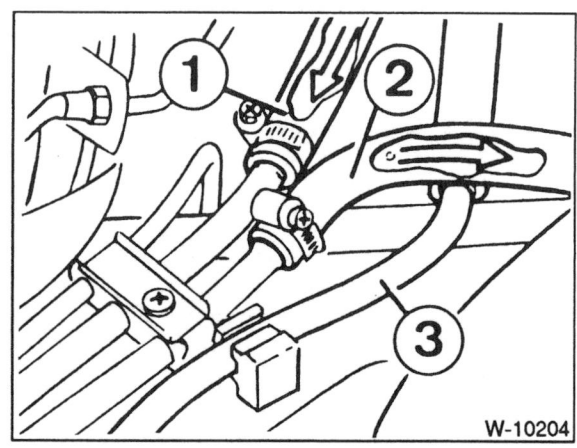

- Zylinderkopfdeckel ohne Dichtung auflegen. M6-Schrauben mit großen Beilagscheiben einschrauben –Pfeile–, dabei wird der Räderkastendeckel nach unten gedrückt, bis die Oberkanten von Räderkastendeckel und Zylinderkopf auf einer Ebene liegen. In dieser Stellung Schrauben für Räderkastendeckel mit **10 Nm** festziehen. Führungsbolzen entfernen und an diesen Stellen restliche Schrauben einschrauben, mit **10 Nm** festziehen.

- Zylinderkopfdeckel abschrauben und mit Dichtung wieder anschrauben, über Kreuz mit **10 Nm** anziehen.

Zylinderkopf aus- und einbauen

Modelle 318 is, 318ti

Eine defekte Zylinderkopfdichtung ist an verschiedenen Merkmalen erkennbar, siehe Seite 24.

Ausbau

Achtung: Einige Arbeiten sind im Kapitel »Motor aus- und einbauen« näher beschrieben, deshalb empfiehlt es sich, dieses Kapitel ebenfalls durchzulesen. Zylinderkopf nur bei abgekühltem Motor ausbauen.

- Batterie-Massekabel (–) abklemmen. **Achtung:** Dadurch wird aus dem Speicher des Radios der Code für die Diebstahlsicherung gelöscht. Vor dem Abklemmen sollten auch die Hinweise im Kapitel »Radio« bzw. »Batterie aus- und einbauen« durchgelesen werden.

- Fahrzeug aufbocken.

- Vorderes Abgasrohr vom Krümmer abschrauben, siehe Seite 117.

- Abgaskrümmer abschrauben. Der Ansaugkrümmer bleibt angeschlossen.

- Kühlmittel ablassen, siehe Seite 296.

- Kühlmittel aus dem Motor ablassen, dazu Ablaßschraube seitlich am Motorblock unter dem Abgaskrümmer herausdrehen. Nach dem Ablassen Schraube sofort wieder anschrauben und festziehen.

- Kühlmittelschläuche am Thermostat abziehen, vorher Schlauchschellen öffnen.

- Gaszug am Drosselklappenhebel aushängen, siehe Seite 98.

- Am Drosselklappenstutzen folgende Schläuche und Stecker abziehen. Zweckmäßigerweise Zuleitung und Anschluß vor dem Abziehen markieren, damit beim Einbau nichts vertauscht wird, Schlauchschellen aufschrauben: Schlauch für Tankentlüftung –3–, Kraftstoffzulauf –2–, Kraftstoffrücklauf –1–. **Achtung:** Feuergefahr, nicht rauchen. Austretenden Kraftstoff mit einem Lappen auffangen.

- Befestigungsschrauben für Ansaugkrümmer-Abstützung abschrauben.

- Kraftstoffrohr komplett mit Einspritzdüsen abbauen, siehe Seite 102.

- Elektrische Anschlußstecker von Bauteilen an Saugrohr und Zylinderkopf abziehen, dabei Drahtsicherungen niederdrücken: Leerlaufsteller, Drosselklappenpotentiometer, Kühlmittel-Temperaturgeber, Öldruckschalter.

- Abdeckung vom Zylinderkopf entfernen und Zündkerzenstecker abziehen, siehe Seite 298.

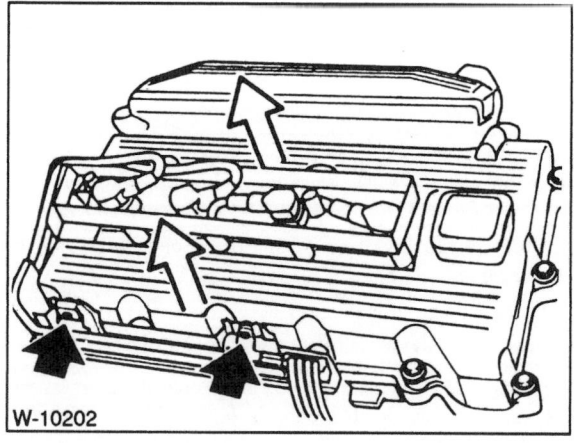

- 2 Muttern –Pfeile– lösen und Zündkabel komplett abnehmen.

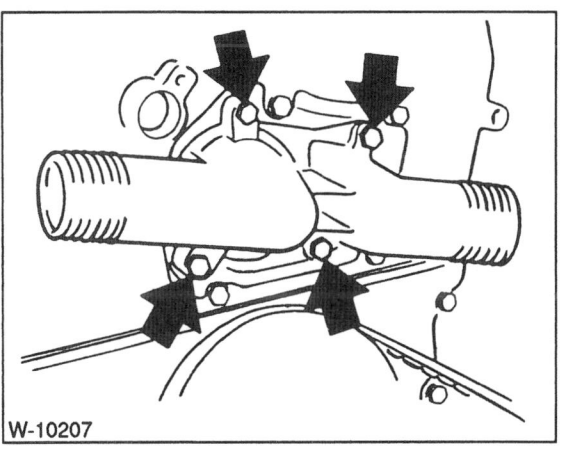

- Schlauch für Kurbelgehäuse-Entlüftung am Zylinderkopf abziehen.
- Zylinderkopfhaube abschrauben, siehe Abbildung. **Achtung:** Anordnung der Schrauben-Gummiunterlagen für späteren Wiedereinbau beachten.

- Thermostatgehäuse abschrauben und mit Thermostat abnehmen.

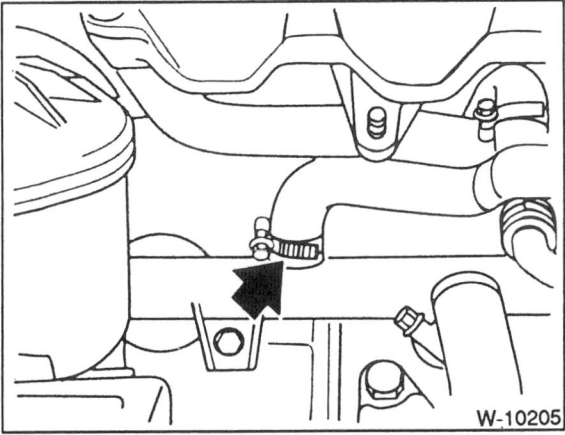

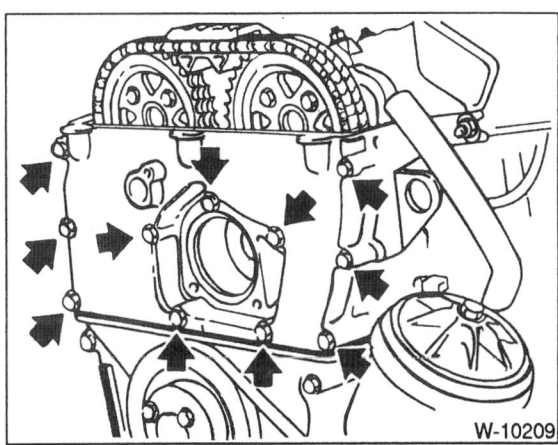

- Schlauchschelle lösen und Kühlmittelschlauch am Kühlmittelrohr abziehen.

- Oberen Räderkastendeckel abschrauben und abnehmen.
- Motor auf OT Zylinder 1 stellen. Dazu 5. Gang einlegen und Fahrzeug auf ebener Fläche vorwärts schieben, oder an der Kurbelwellenriemenscheibe in Drehrichtung durchdrehen, bis die Nockenspitzen der Ein- und Auslaßnocken von Zylinder 1 (Steuerkettenseite) zueinander zeigen. Die Pfeile auf den Kettenrädern der beiden Nockenwellen zeigen dann nach oben.

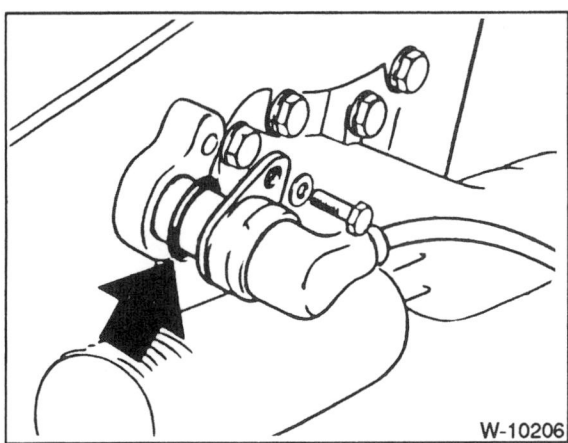

- Nockenwellen-Positionsgeber abschrauben und mit Dichtring herausziehen.

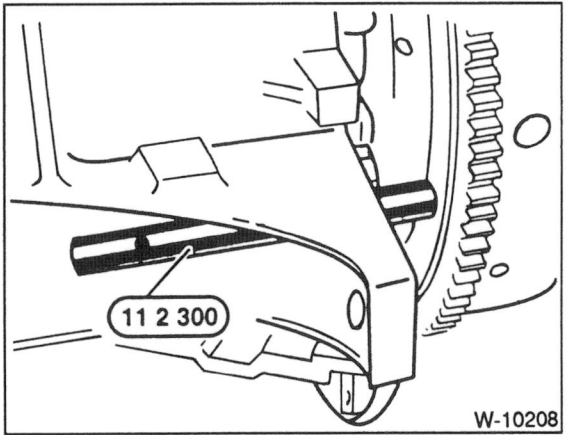

- Kurbelwelle in OT-Stellung mit BMW-Werkzeug 11 2 300 oder anderem geeigneten Dorn arretieren. Dazu Dorn durch die Bohrung im Motorblock in die Bohrung des Schwungrades einsetzen.

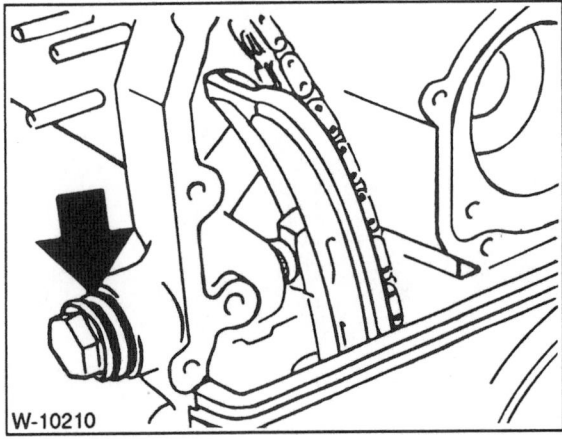

- Kettenspanner am Zylinderkopf herausschrauben. **Achtung:** Kettenspanner festhalten, er steht unter Federdruck.

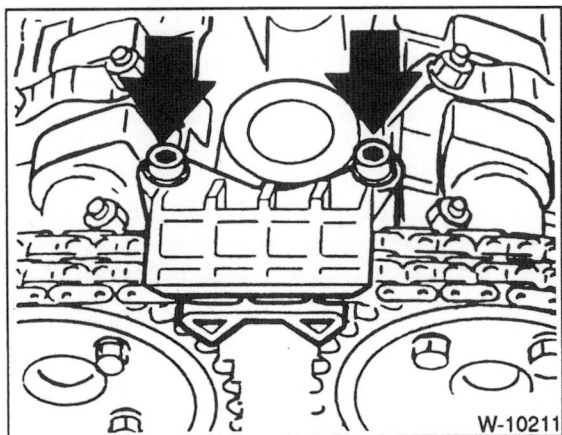

- Obere Kettenführung abschrauben.

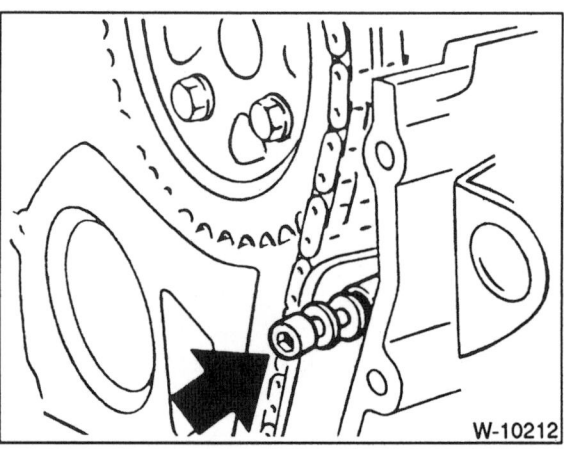

- Obere Schraube der rechten Kettenführung abschrauben.

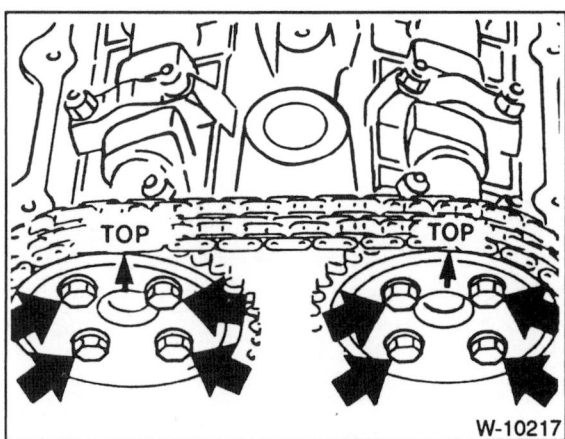

- Kettenräder abschrauben und abnehmen. Die Pfeile auf den Kettenrädern müssen nach oben weisen. Am Kettenrad der Einlaßnockenwelle befindet sich ein Geberrad. Einbaulage für Wiedereinbau beachten, der angebrachte Pfeil zeigt ebenfalls nach oben. **Achtung:** Kette mit Drahthaken gegen nach unten rutschen sichern.

- Zylinderkopfschrauben von außen nach innen in mehreren Durchgängen lösen. Zum Lösen der Schrauben wird ein Spezial-Torxschlüssel benötigt, zum Beispiel BMW 11 2 250.

Achtung: Zylinderkopf nach dem Ausbau nicht auf der Dichtfläche absetzen, dabei könnten voll geöffnete Ventile beschädigt werden. Deshalb Zylinderkopf auf 2 Holzleisten legen.

Einbau

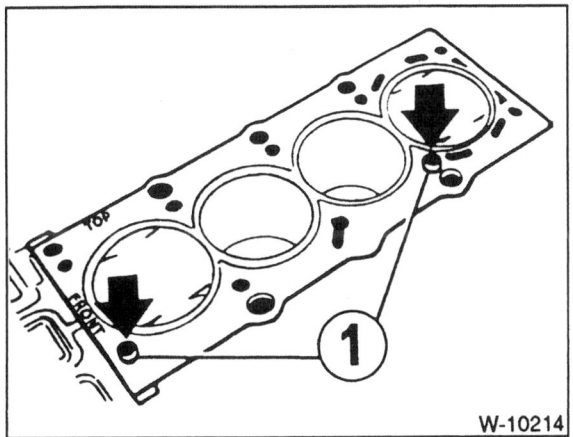

W-10214

- Dichtungsreste mit handelsüblichem Dichtungsentferner und einem Hartholzschaber entfernen. **Darauf achten, daß keine Dichtungsreste in die Bohrungen fallen. Bohrungen mit Lappen verschließen.**

- Paßhülsen –1– auf Beschädigung und richtigen Sitz prüfen. In den Gewindelöchern darf sich kein Motoröl befinden.

Achtung: Immer neue Zylinderkopfschrauben verwenden, geölt einsetzen. Die Beilagscheiben sind bei Serien-Zylinderköpfen unverlierbar, da sie eingeklemmt sind (»verstemmt«). Bei Einbau eines neuen Zylinderkopfes neue Unterlegscheiben einlegen, ohne sie zu verstemmen.

- Zylinderkopf auf Risse, Zylinderlauffläche auf Riefen überprüfen.

- Zylinderkopf und Motorblock mit Stahllineal in Längs- und Querrichtung auf Planheit prüfen, gegebenenfalls nacharbeiten (Werkstattarbeit). Die maximale Planabweichung darf 0,03 mm betragen.

Modell	Zylinderkopfhöhe	
	Normalmaß	Bearbeitungsgrenze
318 is/ti	140,0 mm	139,55 mm

Achtung: Bei nachgeplantem Zylinderkopf kann, je nachdem welche Höhe der Zylinderkopf nach der Bearbeitung aufweist, eine Zylinderkopfdichtung in Originalstärke oder eine um 0,3 mm stärkere Dichtung eingebaut werden. Durch die dickere Dichtung wird eine Verkleinerung des Brennraumes vermieden.

- Bohrungen der Zylinderkopfschrauben sorgfältig von Öl und anderen Rückständen reinigen. **Achtung:** In den Sacklöchern darf sich kein Öl befinden, da sonst die Schrauben nicht den vollen Druck auf den Zylinderkopf ausüben, obwohl sie mit dem richtigen Drehmoment angezogen wurden. Außerdem kann der Motorblock reißen.

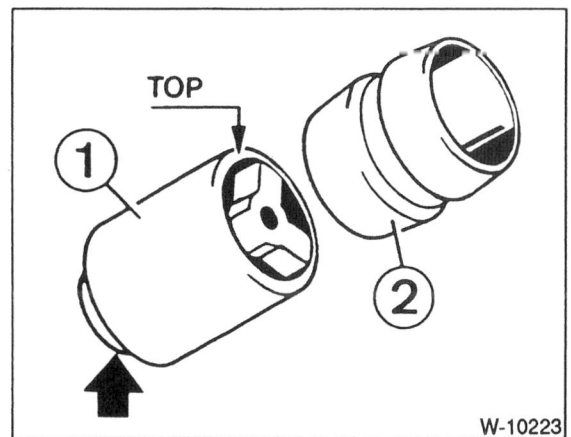

W-10223

- Falls entfernt, Öl-Rückschlagventil –1– mit dem Bund zum Kurbelgehäuse in den Ölversorgungskanal für den Zylinderkopf einsetzen. Gummierte Distanzhülse –2– einsetzen.

- Zylinderkopfdichtung grundsätzlich ersetzen. Neue Dichtung ohne Dichtmittel so auflegen, daß keine Bohrungen verdeckt werden. Die Aufschrift "FRONT" muß nach oben und "TOP" zur Kettenseite des Motors zeigen.

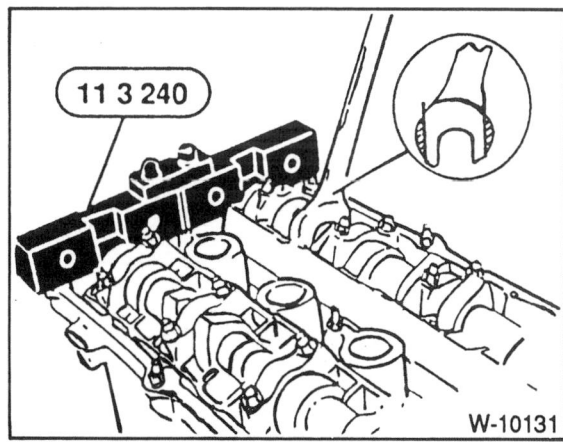

W-10131

- Nockenwellen mit dem abgebildeten BMW-Werkzeug in der richtigen Stellung fixieren. Falls nötig, Nockenwellen an dem Sechskant SW 27 verdrehen.

Achtung: Dabei Nockenwellengehäuse nicht beschädigen. Gegebenenfalls Gabelschlüssel außen abschleifen, damit er schmäler wird.

Muß die Nockenwelle dabei soweit verdreht werden, daß sich Ventile des 1. und 4. Zylinders bewegen, Kurbelwelle erst ca. 90° von der OT-Stellung in Motordrehrichtung verdrehen und erst nach dem Drehen der Nockenwelle zurückdrehen. Dadurch wird eine Berührung der Ventile mit den Kolben vermieden.

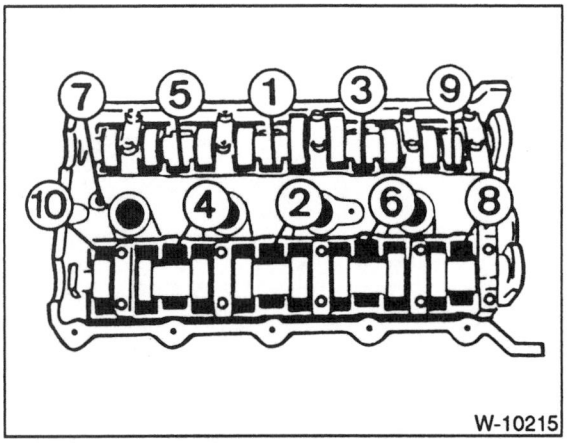

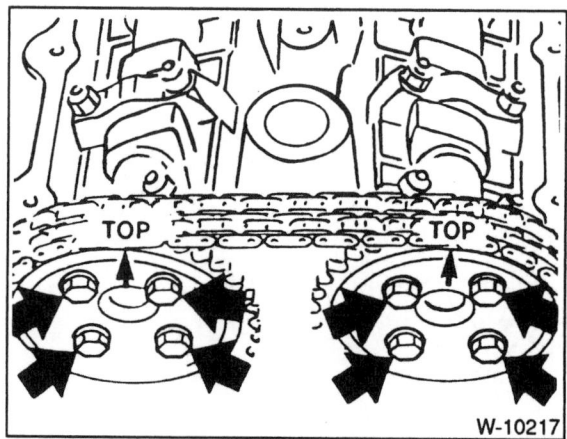

- **Neue** Zylinderkopfschrauben jeweils in der Reihenfolge von 1 bis 10 in **3 Stufen** anziehen:

1. Stufe: Schrauben 1 bis 10 mit Drehmomentschlüssel **30 Nm** anziehen.

2. Stufe mit starrem Schlüssel **90°** weiterdrehen

3. Stufe mit starrem Schlüssel **90°** weiterdrehen

Achtung: Das Anziehen der Zylinderkopfschrauben ist mit größter Sorgfalt durchzuführen. Vor dem Anziehen der Schrauben sollte der Drehmomentschlüssel auf seine Genauigkeit überprüft werden. Außerdem wird zum Anziehen der Zylinderkopfschrauben eine Winkelscheibe, zum Beispiel HAZET 6690, benötigt. Steht die Winkelscheibe nicht zur Verfügung, Schlüssel ansetzen, Winkelmesser-Lineal am Schlüsselarm anlegen und mit Kreide den entsprechenden Winkel anzeichnen. Anschließend Schlüsselarm in einem Zug bis zur angezeichneten Markierung drehen.

- Kettenräder mit aufgelegter Steuerkette an die Nockenwellenflansche anschrauben. Die Pfeile auf den Kettenrädern müssen nach oben zeigen. Schrauben mit **10 Nm**, also nicht zu fest, anziehen.

- Schraube für Kettenführung rechts anschrauben, sowie obere Kettenführung einbauen.

Achtung: Hydraulischen Kettenspanner wie folgt in Einbau-Grundstellung bringen. **Achtung:** Der Kettenspanner muß vor jedem Einbau in die richtige Grundstellung gefahren werden, da sich der Hydro-Stößel in ganz ausgefahrener Stellung verriegelt und somit keine Federwirkung mehr hat. Wird dies nicht beachtet, können schwerwiegende Motorschäden durch eine falsch gespannte oder gerissene Steuerkette entstehen.

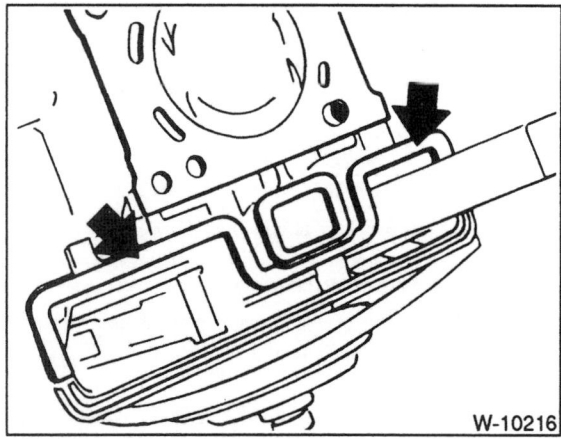

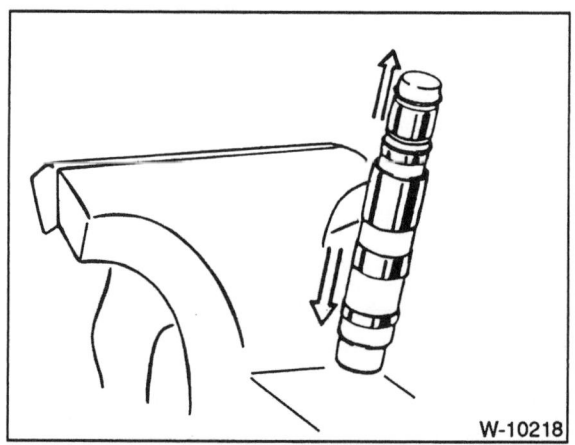

- Dichtung am Räderkasten einlegen.

- Kettenspanner mit der Außenhülse auf eine harte Unterlage (Schraubstockamboß) schlagen. Dadurch springt der Kolben aus der Arretierung.

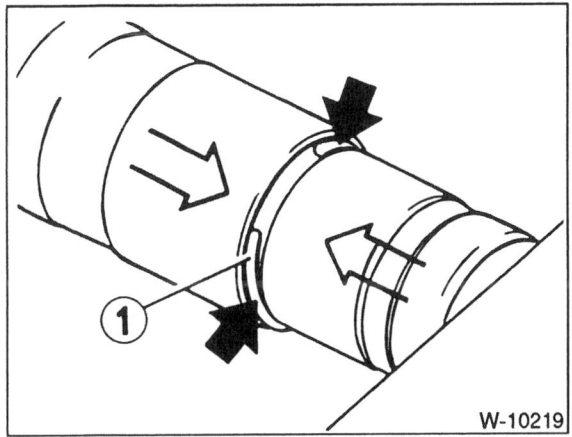

- Kettenspanner zwischen Schraubstockbacken einspannen und durch Spannen des Schraubstocks zusammendrücken. Damit die Kolben nicht beschädigt werden, Schutzbacken zwischenlegen. Beim Zusammendrücken verschwindet der Federring –1– in der Spannerhülse.

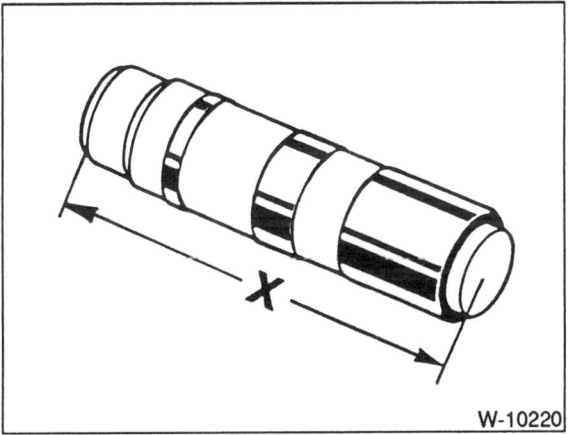

- 318is/ti bis 12/95 (1,8-l-Motor M42): Kettenspanner bis auf X = 68,5 mm zusammendrücken; in dieser Stellung rastet der äußere Federring hörbar ein. Schraubstock lösen, der Kettenspanner muß in der erreichten Stellung bleiben. Falls nicht, wurde der Rastpunkt überdrückt oder nicht erreicht, Einstellung wiederholen.
- 318is/ti seit 1/96 (1,9-l-Motor M44): Kettenspanner mit Schraubstock langsam so weit zusammendrücken, daß der äußere Federring noch vor der Hülse sichtbar ist. Schraubstock lösen und Kettenspanner nochmals in gleicher Weise zusammendrücken.
- Unteren Kettenspanner mit neuem Dichtring mit **40 Nm** einschrauben.
- Stoßfugen der Räderkastendeckel-Dichtungen mit dauerelastischer Silikon-Dichtmasse »3 Bond 1209« auffüllen.

- Räderkastendeckel mit neuer Dichtung einbauen. Dabei **Schrauben M6 mit 10 Nm und Schrauben M8 mit 22 Nm** festziehen. Beim Festziehen den Deckel wie gezeigt mit einem Schraubendreher nach unten drücken, damit die Zylinderkopf-Oberkante in einer Ebene liegt.
- Arretierwerkzeug der Nockenwellen wieder entfernen.

- Zylinderkopfdeckeldichtung auflegen, dabei besonders auf richtige Lage in den Aussparungen der Zylinderkopf-Stirnseite achten, beschädigte Dichtungen ersetzen.
- Zylinderkopfdeckel gleichmäßig anziehen. **Schraube M6: 10 Nm, Schraube M7: 15 Nm**.
- Kühlmittel-Thermostat einbauen, siehe Seite 72.
- Gaszug am Drosselklappenhebel einhängen.
- Sämtliche Kühlmittel-, Kraftstoff- und Unterdruckschläuche aufschieben und mit Schellen sichern.
- Elektrische Leitungen anklemmen, siehe unter »Ausbau«.
- Zündkabel verlegen und Kerzenstecker aufdrücken.
- Abgaskrümmer mit **neuen** Dichtungen und **25 Nm** am Zylinderkopf anschrauben. Die Dichtungssicke muß zum Zylinderkopf zeigen. Stehbolzen mit Hochtemperatur-Kupferpaste bestreichen.
- Vorderes Abgasrohr am Abgaskrümmer anschrauben, siehe Seite 117.

Achtung: Absteckdorn für OT-Einstellung vor Inbetriebnahme des Motors am Schwungrad herausziehen.

- Kühlmittel auffüllen, siehe Seite 296.
- Ölstand im Motor prüfen, gegebenenfalls Öl nachfüllen. Wurde der Zylinderkopf aufgrund einer defekten Zylinderkopfdichtung abgebaut, empfiehlt sich ein vorgezogener Ölwechsel einschließlich eines Ölfilterwechsels, da sich im Motoröl Kühlflüssigkeit befinden kann.

Zylinderkopf aus- und einbauen

Modelle 320i, 323i, 323ti, 325i, 328i (Motoren M50, M52)

Zylinderkopf nur bei abgekühltem Motor ausbauen. Abgas- und Ansaugkrümmer bleiben angeschlossen.

Eine defekte Zylinderkopfdichtung ist an verschiedenen Merkmalen erkennbar, siehe Seite 24.

Ausbau

Achtung: Einige Arbeiten sind im Kapitel »Motor aus- und einbauen« näher beschrieben, deshalb empfiehlt es sich, dieses Kapitel ebenfalls durchzulesen.

- Batterie-Massekabel (–) abklemmen. **Achtung:** Dadurch wird aus dem Radiospeicher der Code für die Diebstahlsicherung gelöscht. Vor dem Abklemmen sollten auch die Hinweise im Kapitel »Radio« bzw. »Batterie aus- und einbauen« durchgelesen werden.

Achtung: Bei Fahrzeugen mit 6-Zylindermotor befindet sich die Batterie im Kofferraum rechts neben dem Reserverad.

- Fahrzeug aufbocken, siehe Seite 123.
- Vorderes Abgasrohr vom Krümmer abschrauben, siehe Seite 117.
- Kühlmittel ablassen, siehe Seite 296.
- Kühlmittel aus dem Motor ablassen, dazu Ablaßschraube seitlich am Motorblock unter dem Abgaskrümmer herausdrehen. Nach dem Ablassen Schraube sofort wieder anschrauben und festziehen.
- Kühlmittelschläuche am Thermostat abziehen, vorher Schlauchschellen öffnen.
- Gaszug am Drosselklappenhebel aushängen, siehe Seite 98.
- Kappe vom Öl-Einfüllstutzen abnehmen.

- Kleine Abdeckungen –Pfeile– mit einem Schraubendreher abhebeln und die darunterliegenden Schrauben lösen. 2 Kunststoffverkleidungen vom Zylinderkopf abnehmen.

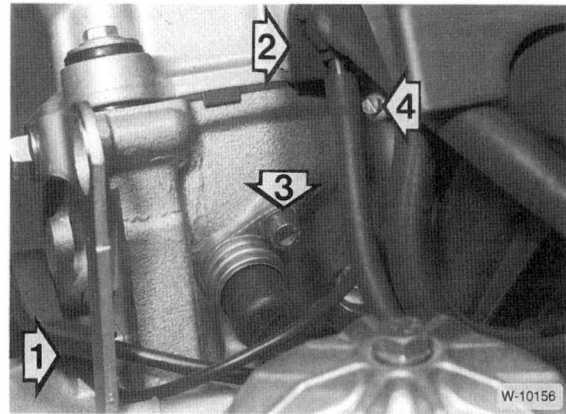

- Massekabel –1– vorn am Zylinderkopf abschrauben.
- Anschluß –2– für Zylinderkopf-Entlüftung abziehen, dabei Lasche am Anschluß mit einem Schraubendreher anheben.
- Schraube –3– abschrauben und Geber aus dem Zylinderkopf herausziehen.

- 2 Schrauben –1– lösen und Steckerleiste nach oben abziehen. Lage der Gummidichtungen für den Wiedereinbau merken.
- An jeder Zündspule Metallbügel –2– nach oben ziehen und Stecker abziehen, siehe Abbildung. Steckerleiste komplett mit Kabeln abnehmen.

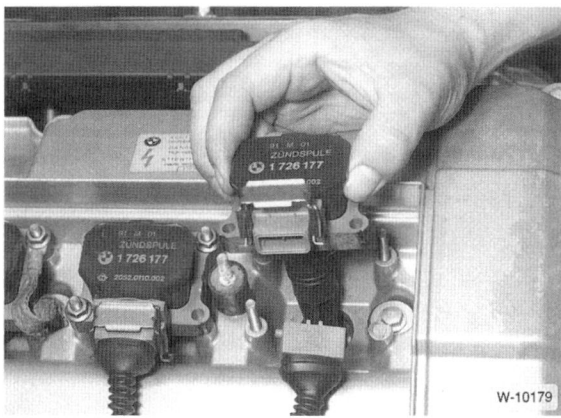

- Zündspulen am Zylinderkopf abschrauben und abnehmen. Lage der Massebänder für Wiedereinbau merken.

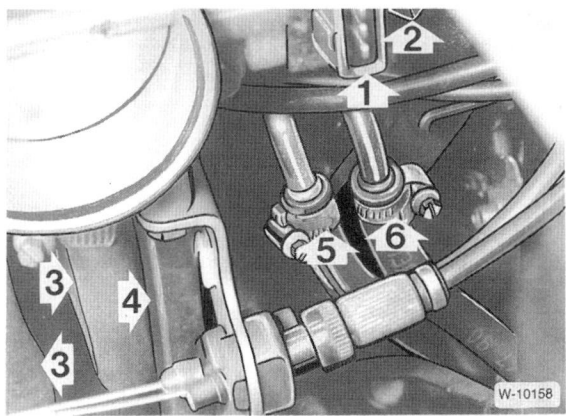

- Am Drosselklappenstutzen folgende Schläuche und Stecker abziehen. Zweckmäßigerweise Zuleitung und Anschluß vor dem Abziehen markieren, damit beim Einbau nichts vertauscht wird. Schlauchschellen aufschrauben, bei den Steckern Drahtsicherungen beim Abziehen zusammendrücken. –1– Stecker für Drosselklappenschalter, –2– Stecker für Temperaturfühler Luft, –3– Kühlmittelschläuche für Drosselklappenvorwärmung, –4– Schlauch für Tankentlüftung, –5– Kraftstoffzulauf (blanker Anschluß), –6– Kraftstoffrücklauf (schwarzer Anschluß). **Achtung:** Feuergefahr, nicht rauchen. Austretenden Kraftstoff mit einem Lappen auffangen.

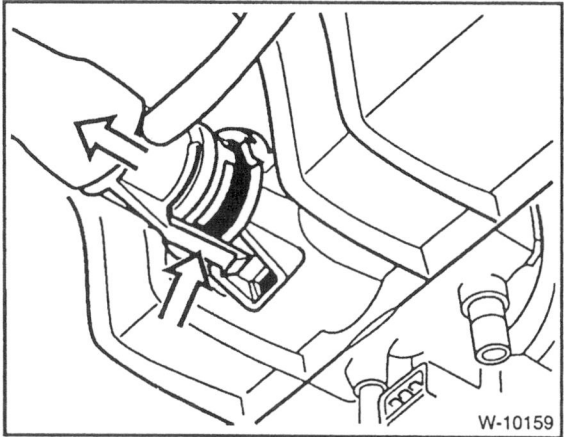

- Schlauch für Leerlaufregelventil unten am Ansaugrohr ausclipsen. **Achtung:** Die Haltezunge bricht leicht ab. Der Anschluß ist nicht von oben sichtbar, die Abbildung zeigt das Ansaugrohr von unten.

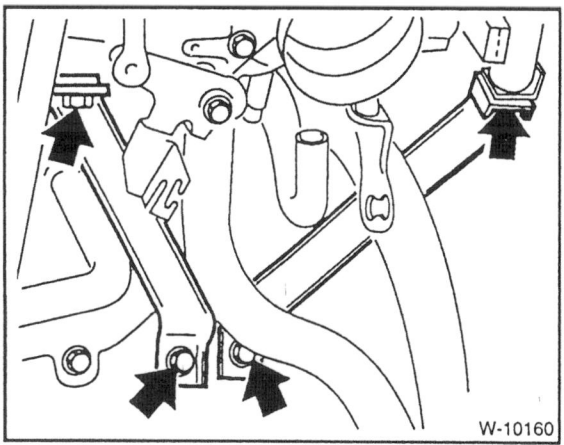

- Ansaugrohr-Stütze abschrauben.

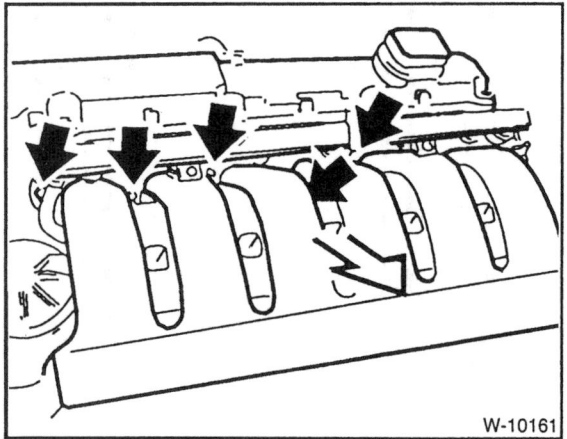

- Ansaugkrümmer vom Zylinderkopf abschrauben. **Achtung:** Darauf achten, daß keine Teile in die Ansaugwege fallen. Nicht entfernte Teile führen zu schweren Motorschäden.

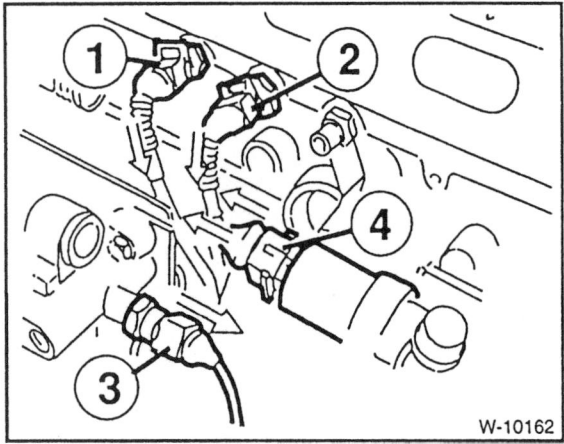

- Stecker abziehen, dabei Drahtsicherungen eindrücken. –1– Temperaturfühler, –2– Fernthermometer, –3– Öldruckschalter, –4– Leerlaufregelventil.

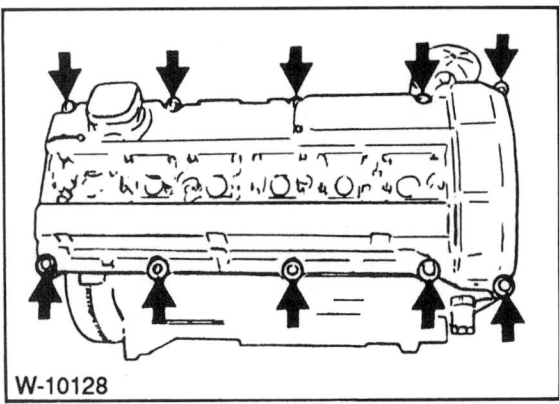

- Zylinderkopfhaube abschrauben. **Achtung:** Anordnung der Schrauben-Gummiunterlagen für späteren Wiedereinbau beachten.

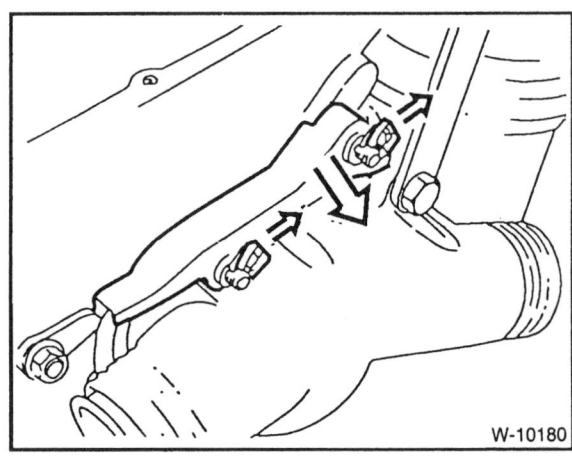

- Kabelschacht vorn am Thermostatgehäuse abbauen, dazu Clips seitlich abziehen.

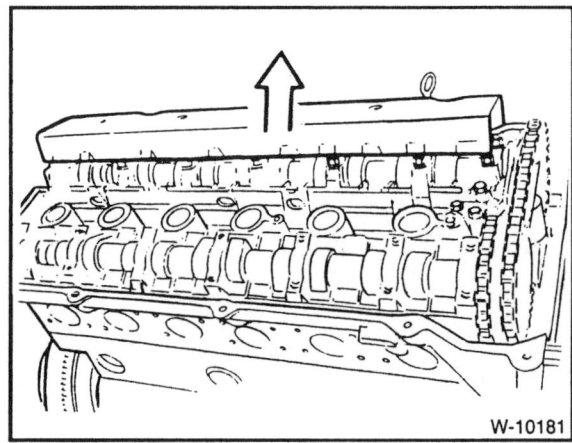

- Abdeckhaube abziehen.
- Motor auf OT Zylinder 1 stellen. Dazu 5. Gang einlegen und Fahrzeug auf ebener Fläche vorwärts schieben, oder an der Kurbelwellenriemenscheibe in Drehrichtung durchdrehen, bis die Nockenspitzen der Ein- und Auslaßnocken von Zylinder 1 (Steuerkettenseite) zueinander zeigen. Die Pfeile auf den Kettenrädern der beiden Nockenwellen zeigen dann nach oben.

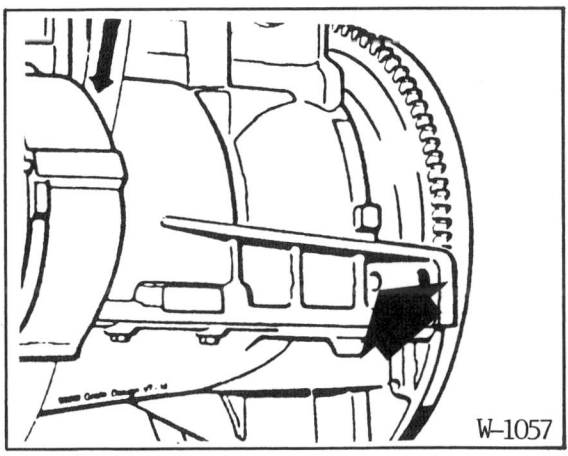

- Kurbelwelle in OT-Stellung mit BMW-Werkzeug 11 2 300 oder anderem geeigneten Dorn arretieren. Dazu Dorn durch die Bohrung im Motorblock in die Bohrung des Schwungrades einsetzen.

Modelle bis 8/92

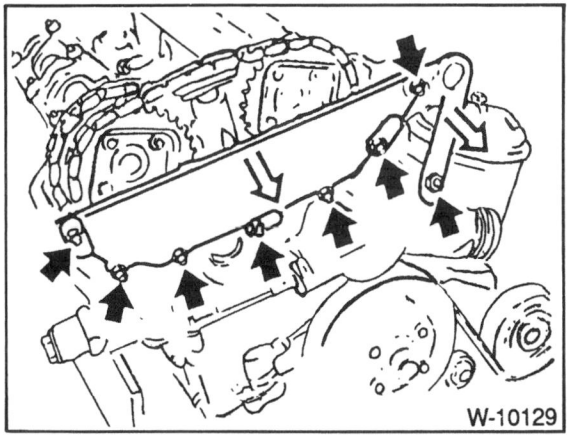

- Aufhängeöse und Räderkastendeckel oben abbauen. Lage der Paßhülsen an den beiden äußeren Schrauben für Wiedereinbau merken. Dichtung abnehmen, immer ersetzen.

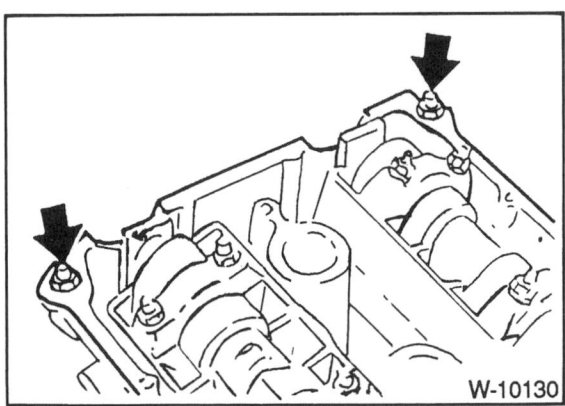

- Beide Bolzen für Ventildeckelverschraubung herausdrehen.

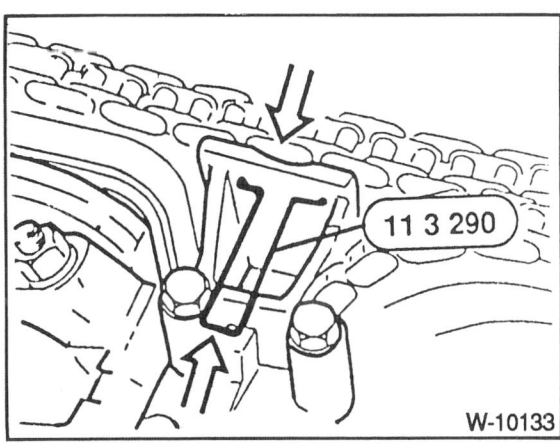

- Oberen Kettenspanner niederdrücken und durch Einstecken des BMW-Spezialwerkzeuges in dieser Stellung arretieren.

- Kettenräder abschrauben und komplett mit Kette abnehmen.

Modelle ab 9/92 (mit VANOS)

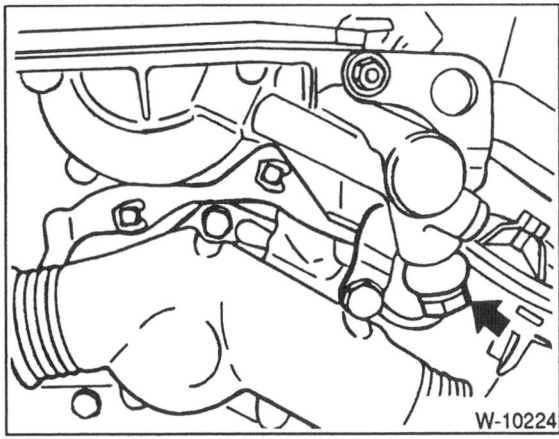

- Ölleitung an der VANOS-Stelleinheit abschrauben und mit sauberem Stopfen verschließen.

- Elektrischen Anschlußstecker am Magnetventil der VANOS-Stelleinheit abziehen.

- Verschlußschrauben aus der Stelleinheit herausdrehen.

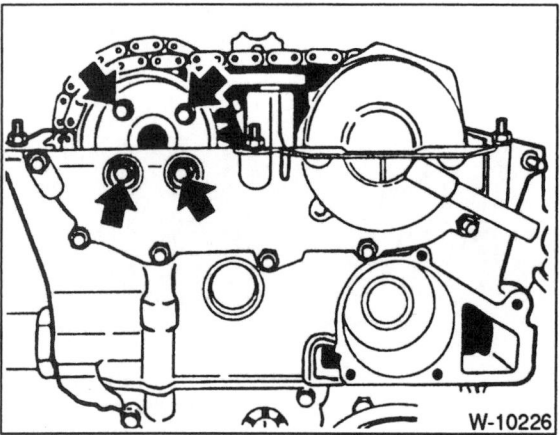

- Schrauben am Kettenrad der Auslaßnockenwelle lösen.

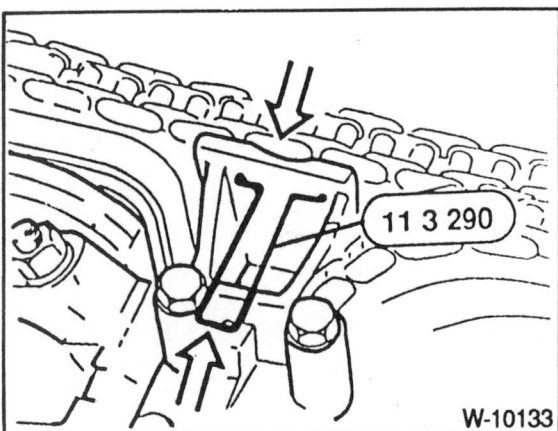

- Oberen Kettenspanner niederdrücken und durch Einstecken des BMW-Spezialwerkzeuges in dieser Stellung arretieren.

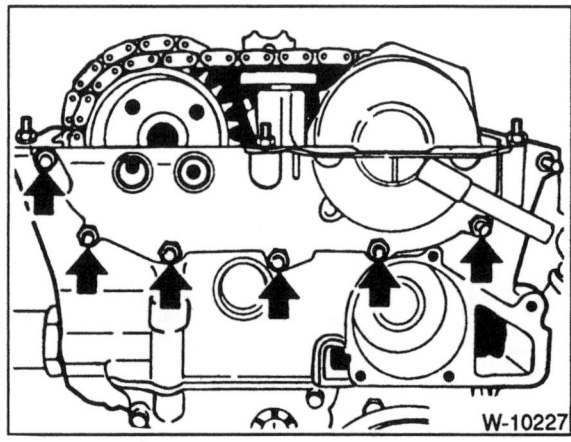

- Muttern lösen und VANOS-Stelleinheit abnehmen.

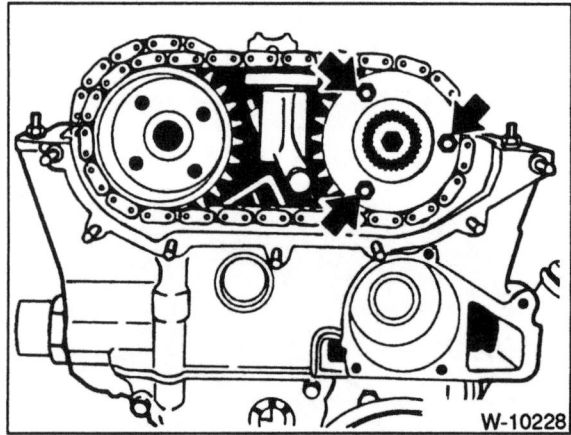

- Schrauben am Kettenrad der Einlaßnockenwelle lösen. Anlaufscheibe vom Kettenrad abnehmen.
- Beide Kettenräder mit Kette von den Nockenwellen abnehmen.

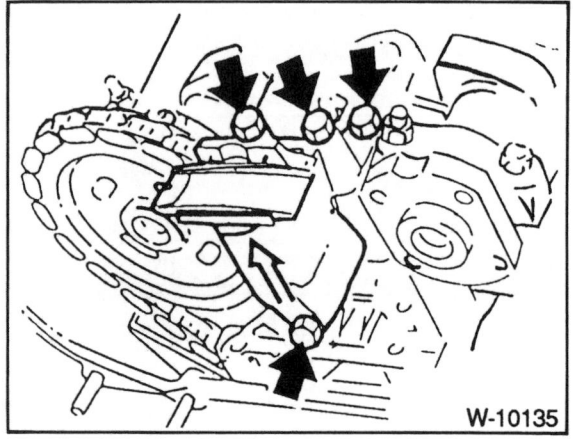

- Lagerbock für Kettenspanner oben abbauen.

- Kettenspanner am Zylinderkopf herausschrauben. **Achtung:** Kettenspanner festhalten, er steht unter Federdruck.

- Kettenführung abbauen, anschließend Kettenrad von der Auslaßnockenwelle abziehen. **Achtung:** Kette mit Drahthaken gegen nach unten rutschen sichern.

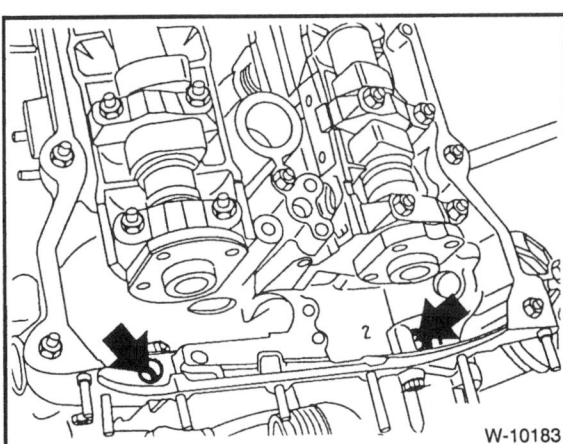

- 2 Schrauben –Pfeile– lösen.
- Zylinderkopfschrauben von außen nach innen in mehreren Durchgängen lösen. Zum Lösen der Schrauben wird ein Spezial-Torxschlüssel benötigt, zum Beispiel BMW 11 2 250.

Achtung: Zylinderkopf nach dem Ausbau nicht auf der Dichtfläche absetzen, dabei könnten voll geöffnete Ventile beschädigt werden. Deshalb Zylinderkopf auf 2 Holzleisten legen.

Einbau

- Dichtungsreste mit handelsüblichem Dichtungsentferner und einem Hartholzschaber entfernen. **Darauf achten, daß keine Dichtungsreste in die Bohrungen fallen. Bohrungen mit Lappen verschließen.**
- Paßhülsen –Pfeile– auf Beschädigung und richtigen Sitz prüfen. In den Gewindelöchern darf sich kein Motoröl befinden.

Achtung: Immer neue Zylinderkopfschrauben verwenden, geölt einsetzen. Die Beilagscheiben sind bei Serien-Zylinderköpfen unverlierbar, da sie eingeklemmt sind (»verstemmt«). Bei Einbau eines neuen Zylinderkopfes neue Unterlegscheiben einlegen, ohne sie zu verstemmen.

- Zylinderkopf auf Risse, Zylinderlauffläche auf Riefen überprüfen.
- Zylinderkopf und Motorblock mit Stahllineal in Längs- und Querrichtung auf Planheit prüfen, gegebenenfalls nacharbeiten (Werkstattarbeit). Die maximale Planabweichung darf 0,03 mm betragen.

Motor	Zylinderkopfhöhe	
	Normalmaß	Bearbeitungsgrenze
M50, M52	140 mm	139,7 mm

Achtung: Bei nachgeplantem Zylinderkopf kann, je nachdem welche Höhe der Zylinderkopf nach der Bearbeitung aufweist, eine Zylinderkopfdichtung in Originalstärke oder eine um 0,3 mm stärkere Dichtung eingebaut werden. Durch die dickere Dichtung wird eine Verkleinerung des Brennraumes vermieden.

- Bohrungen der Zylinderkopfschrauben sorgfältig von Öl und anderen Rückständen reinigen. **Achtung:** In den Sacklöchern darf sich kein Öl befinden, da sonst die Anzugswerte der Schrauben verfälscht werden. Außerdem kann der Motorblock reißen.
- Zylinderkopfdichtung grundsätzlich ersetzen. Neue Dichtung ohne Dichtmittel so auflegen, daß keine Bohrungen verdeckt werden.

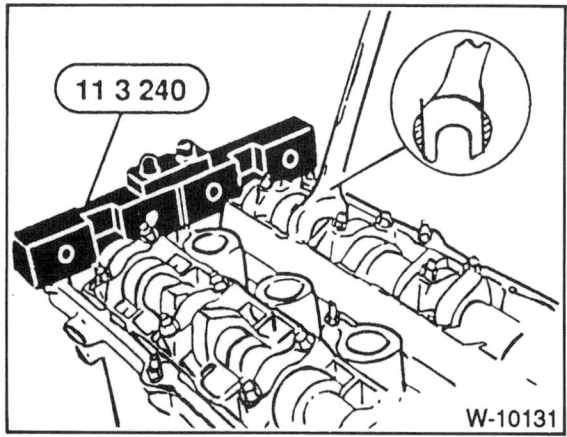

- Nockenwellen mit dem abgebildeten BMW-Werkzeug in der richtigen Stellung fixieren. Falls nötig, Nockenwellen an dem Sechskant SW 24 verdrehen.

Achtung: Dabei Nockenwellengehäuse nicht beschädigen. Gegebenenfalls Gabelschlüssel außen abschleifen, damit er schmaler wird.

Muß die Nockenwelle dabei soweit verdreht werden, daß sich Ventile des 1. und 6. Zylinders bewegen, Kurbelwelle erst ca. 30° von der OT-Stellung in Motordrehrichtung verdrehen und erst nach dem Drehen der Nockenwelle zurückdrehen. Dadurch wird eine Berührung der Ventile mit den Kolben vermieden.

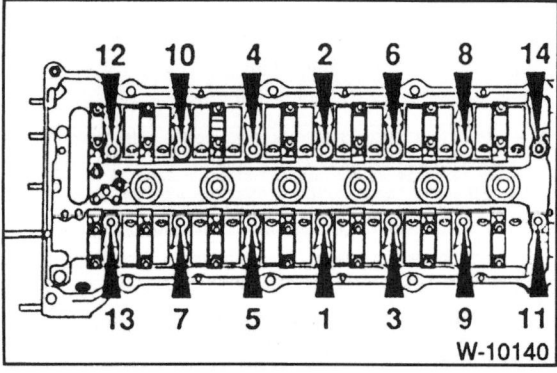

- Neue, leicht geölte Zylinderkopfschrauben jeweils in der Reihenfolge von 1 bis 14 in **3 Stufen** anziehen:

Motor M50 (bis 12/94, Stahlguß-Motorblock):

1. **Stufe**: mit Drehmomentschlüssel **30 Nm** anziehen.
2. **Stufe** mit starrem Schlüssel **90°** weiterdrehen
3. **Stufe** mit starrem Schlüssel **90°** weiterdrehen

Motor M52 (ab 1/95, Aluminium-Motorblock):

1. **Stufe**: mit Drehmomentschlüssel **40 Nm** anziehen.
2. **Stufe** mit starrem Schlüssel **90°** weiterdrehen
3. **Stufe** mit starrem Schlüssel **90°** weiterdrehen

Achtung: Das Anziehen der Zylinderkopfschrauben ist mit größter Sorgfalt durchzuführen. Vor dem Anziehen der Schrauben sollte der Drehmomentschlüssel auf seine Genauigkeit überprüft werden. Außerdem wird zum Anziehen der Zylinderkopfschrauben eine Winkelscheibe, zum Beispiel HAZET 6690, benötigt. Steht die Winkelscheibe nicht zur Verfügung, Schlüssel ansetzen, Winkelmesser-Lineal am Schlüsselarm anlegen und mit Kreide den entsprechenden Winkel anzeichnen. Anschließend Schlüsselarm in einem Zug bis zur angezeichneten Markierung drehen.

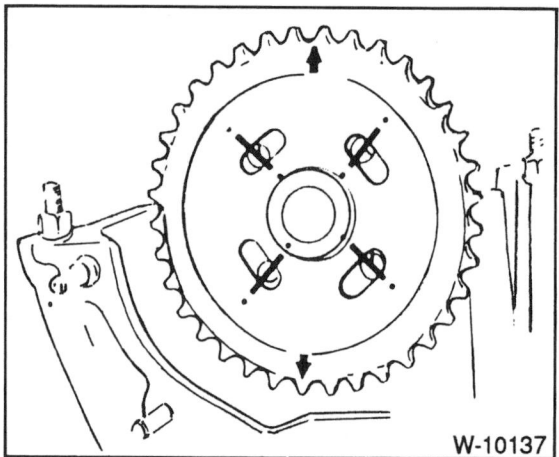

- Kettenrad an Nockenwellenflansch aufsetzen. Der Pfeil auf dem Kettenrad muß nach oben zeigen. Die Gewindebohrungen sollen auf der linken Seite der Langlöcher liegen, da beim Einsetzen des Kettenspanners das Kettenrad nach links gedreht wird.

- Kettenführung sowie oberen Kettenspanner einbauen.

- **Modelle bis 8/92:** Obere Steuerkette mit Kettenrädern einsetzen, Pfeile auf den Kettenrädern zeigen nach oben. Schrauben für Kettenräder noch nicht festziehen.

Modelle ab 9/92 (mit VANOS)

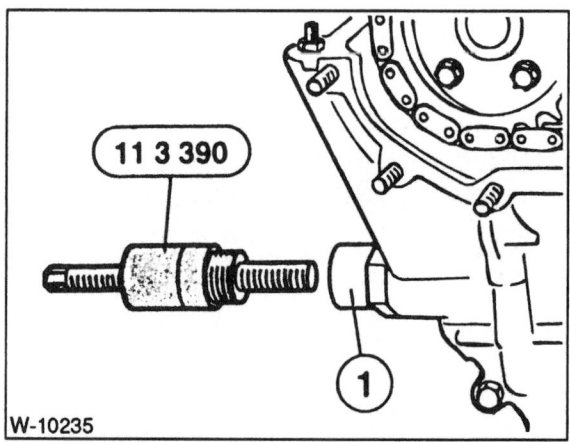

- In das Gewinde des Kettenspanners –1– das abgebildete BMW-Sonderwerkzeug einschrauben. Beim M52-Motor (Modelle seit 1/95) wird das Werkzeug BMW 11 4 220 benötigt. Dieses Werkzeug drückt gegen die Steuerkette und spannt sie etwas vor, damit die Nockenwellenräder in der Mitte der Langlöcher stehen. Mit etwas Geschick kann ein ähnliches Werkzeug auch selbst angefertigt werden. Ohne das Werkzeug ist eine korrekte Montage der Steuerkette nicht möglich.

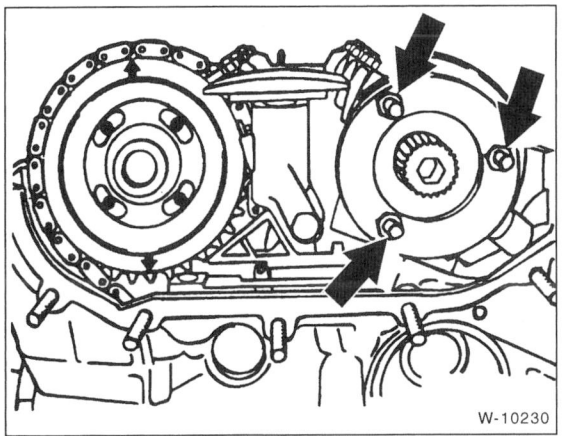

- Kettenrad der Auslaßnockenwelle anschrauben, Schrauben noch nicht festziehen.

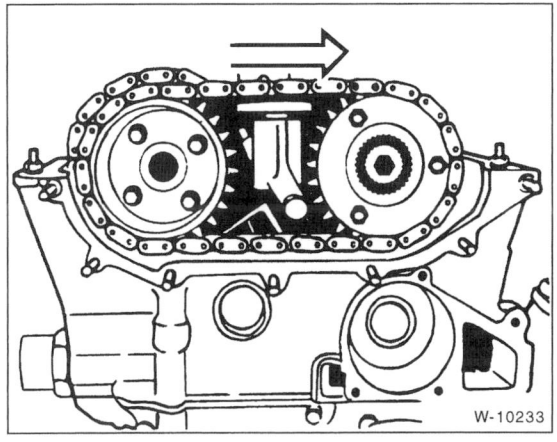

- Anlaufscheibe auf die Einlaßnockenwelle aufsetzen und festschrauben; Anzugsdrehmoment bei M6-Gewinde: **10 Nm,** bei **M7**-Gewinde: zuerst mit **5 Nm,** dann mit **20 Nm.**

- Vor der Montage der VANOS-Verstelleinheit die beiden Kettenräder bis zum Anschlag in den Befestigungs-Langlöchern nach rechts drehen.

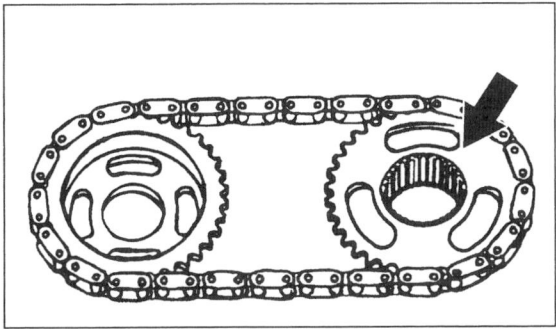

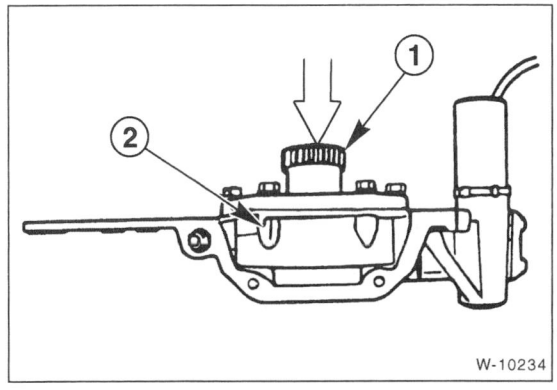

- Obere Steuerkette mit Kettenrädern aufsetzen, dabei Einbaulage beachten: Die flache Seite des Einlaßnockenwellen-Kettenrades zeigt nach außen, der Bund zur Nockenwelle.

- Vor dem Aufsetzen die VANOS-Zahnwelle mit Hydraulikkolben –1– bis zum Anschlag in Richtung Gehäuse –2– zurückdrücken.

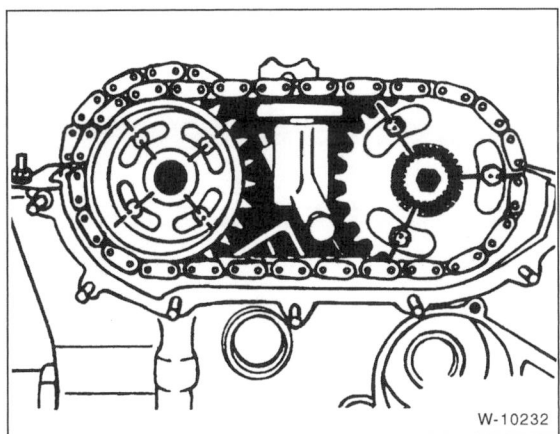

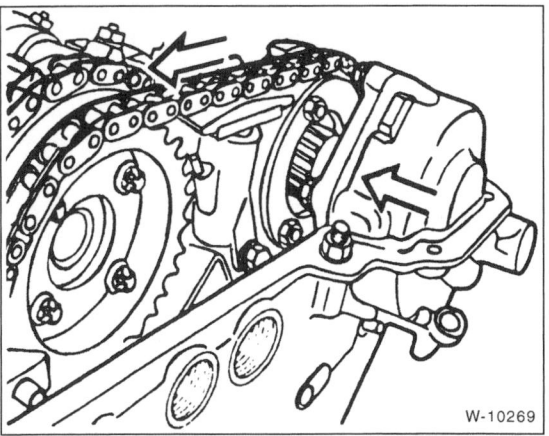

- Der Pfeil auf dem Auslaßnockenwellen-Kettenrad zeigt nach oben. Die Schrauben müssen mittig in den Langlöchern stehen.
- Anlaufscheibe auf die Einlaßnockenwelle aufsetzen und mit **20 Nm** festschrauben.

- VANOS-Verstelleinheit aufsetzen, dabei rastet die Zahnwelle in das Kettenrad ein. Gegebenenfalls Kettenrad von

Hand etwas entgegen dem Uhrzeigersinn verdrehen, damit die Zahnwelle einrastet. VANOS-Einheit in Richtung Zylinderkopf schieben, dabei verdreht sich das Kettenrad durch die Schrägverzahnung linksherum. Diese Bewegung durch Verdrehen des Kettenrades von Hand unterstützen.

- VANOS-Verstelleinheit anschrauben. Die Stoßecken der Dichtfläche zwischen Zylinderkopf und VANOS-Einheit mit Flüssigdichtung »Drei Bond 1209« abdichten.
- Oberen Kettenspanner durch Entfernen des Sonderwerkzeuges 11 3 290 entlasten, siehe unter »Ausbau«.

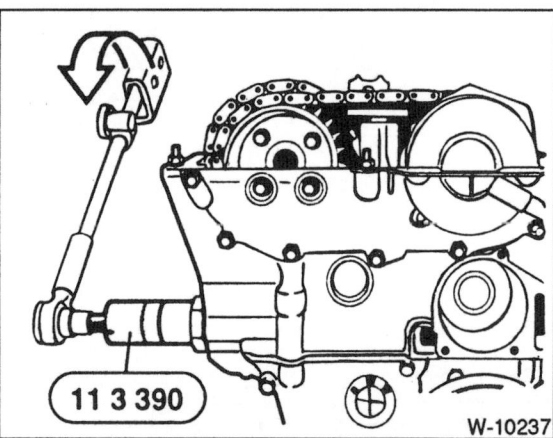

- Steuerkettenspanner durch Verdrehen der Spannschraube des Sonderwerkzeugs mit 1,3 Nm vorspannen.
- In dieser Stellung das Kettenrad der Auslaßnockenwelle zunächst leicht und dann mit **20 Nm** gleichmäßig anschrauben.
- Sonderwerkzeuge zur Arretierung der Nockenwelle und Steuerkettenvorspannung entfernen.

Achtung: Die BMW-Werkstatt prüft anschließend die VANOS-Funktion mit Hilfe von Spezialwerkzeugen. Treten nach dem Einbau keine Mängel im Fahrverhalten auf, kann auf diese Prüfung verzichtet werden, sonst BMW-Werkstatt aufsuchen.

- Öldruckleitung an die VANOS-Verstelleinheit mit neuen Dichtungen anschrauben. Elektrischen Anschlußstecker anschließen.

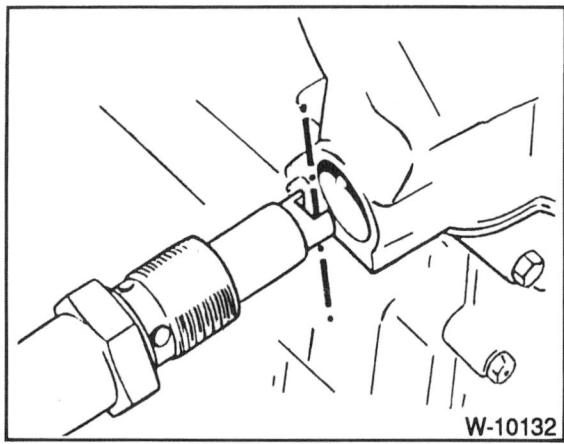

- Unteren Kettenspanner mit neuem Dichtring mit **35 Nm** einschrauben. Dabei Einbaulage beachten. Die Nut am Kolben muß senkrecht zur Spannschiene stehen. Beim Einsetzen oberen Kettenspanner entlasten.
- **Modelle bis 8/92:** Erst jetzt die Schrauben der Kettenräder über Kreuz mit **20 Nm** festziehen.
- Räderkastendeckel mit neuer Dichtung einbauen. Dabei **Schrauben M6 mit 10 Nm und Schrauben M8 mit 22 Nm** festziehen. Paßhülsen an den beiden äußeren Schrauben nicht vergessen.
- 2 Bolzen für Ventildeckelverschraubung einschrauben.
- Arretierwerkzeug der Nockenwellen wieder entfernen.

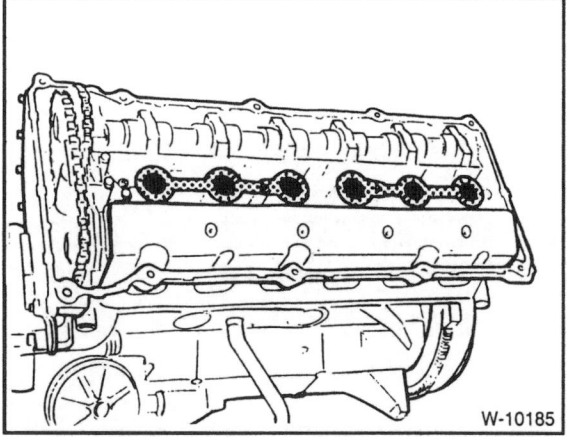

- Zylinderkopfdeckel und Ansaugrohr einbauen, in umgekehrter Reihenfolge wie unter »Ausbau« beschrieben. Beschädigte Dichtungen ersetzen, siehe Abbildung. Beim Auflegen der äußeren Zylinderkopfdeckel-Dichtung besonders auf richtige Lage in den Aussparungen der Zylinderkopf-Stirnseite achten.
- Zylinderkopfdeckel gleichmäßig mit **10 Nm** anziehen.
- Zündspulen mit Papierzwischenlage einsetzen und anschrauben, siehe Seite 298.

- Stecker für Zündspulen einrasten und mit den Metallbügeln sichern.
- Gaszug am Drosselklappenhebel einhängen.
- Sämtliche Kühlmittel-, Kraftstoff- und Unterdruckschläuche aufschieben und mit Schellen sichern.
- Elektrische Leitungen anklemmen, siehe unter »Ausbau«.
- Zylinderkopf-Verkleidungen anschrauben.
- Vorderes Abgasrohr am Abgaskrümmer anschrauben, siehe Seite 117.

Achtung: Absteckdorn für OT-Einstellung vor Inbetriebnahme des Motors am Schwungrad herausziehen.

- Kühlmittel auffüllen, siehe Seite 296.
- Ölstand im Motor prüfen, gegebenenfalls Öl nachfüllen. Wurde der Zylinderkopf aufgrund einer defekten Zylinderkopfdichtung abgebaut, empfiehlt sich ein vorgezogener Ölwechsel einschließlich eines Ölfilterwechsels, da sich im Motoröl Kühlflüssigkeit befinden kann.

Zylinderkopf aus- und einbauen

Modelle 318tds/325td/tds (Motoren M41/M51)

Der 4-Zylinder-Dieselmotor M41 kann als ein um 2 Zylinder verkürzter 6-Zylinder-Motor M51 bezeichnet werden. Beschrieben wird der Ausbau am 6-Zylinder-Motor, für den 4-Zylinder-Motor werden abweichende Hinweise gegeben.

Eine defekte Zylinderkopfdichtung ist an verschiedenen Merkmalen erkennbar, siehe Seite 24.

Ausbau

- Batterie-Massekabel (–) abklemmen. **Achtung:** Dadurch wird aus dem Speicher des Radios der Code für die Diebstahlsicherung gelöscht. Vor dem Abklemmen sollten auch die Hinweise im Kapitel »Radio« bzw. »Batterie aus- und einbauen« durchgelesen werden.
- Kühlmittel aus dem Motor ablassen, dazu Ablaßschraube seitlich am Motorblock unter dem Abgaskrümmer herausdrehen. Nach dem Ablassen Schraube sofort wieder anschrauben und festziehen.

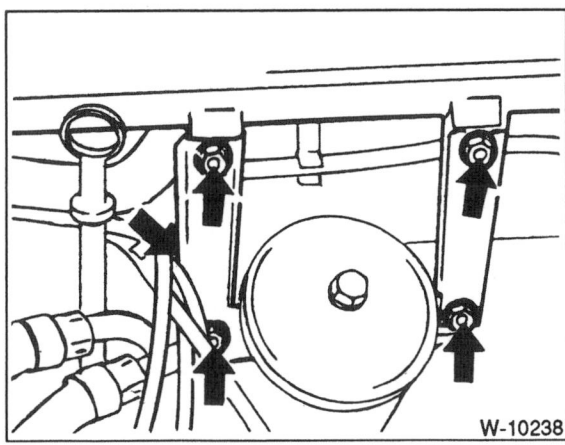

- Ansaugkrümmer-Halterungen abschrauben und ausclipsen.

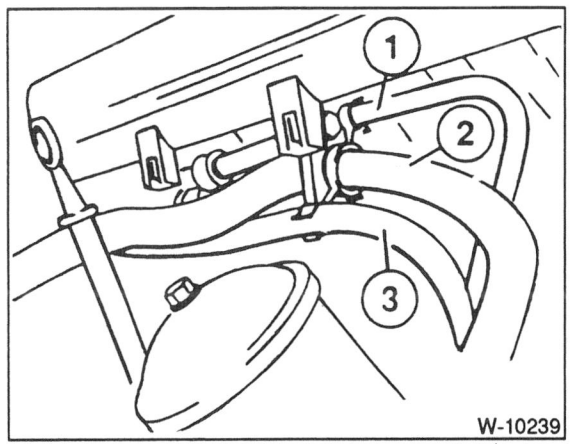

- Folgende Schläuche aus der Zylinderkopf-Halterung ausclipsen: 1– Unterdruckleitung für Bremskraftverstärker, 2– Kühlmittelschlauch für Heizung, 3 – Kraftstoffleitung zur Einspritzpumpe.
- Unterdruckschlauch am Ansaugkanal (am Abgasrückführungsventil) abziehen.
- Elektrischen Anschlußstecker für Temperaturfühler am Ansaugkrümmer abziehen, dabei Drahtsicherung niederdrücken.

- Ansaugkrümmer abschrauben.

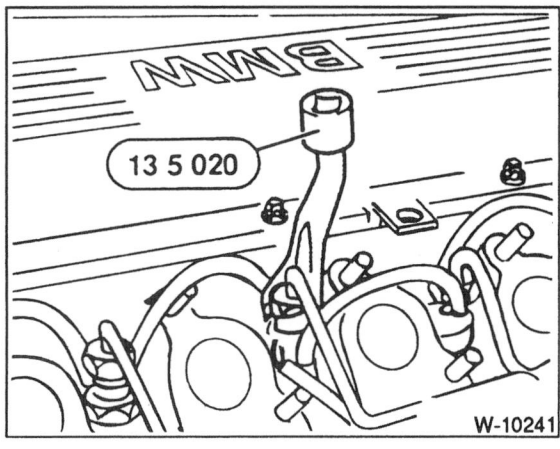

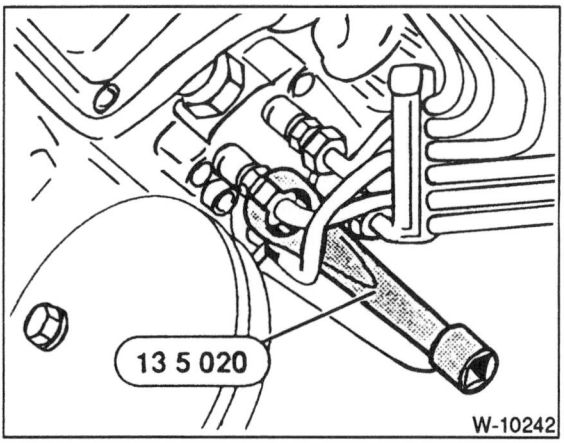

- Überwurfmuttern für Einspritzleitungen von Einspritzdüsen und Einspritzpumpe abschrauben. Dafür wird der Spezialschlüssel von BMW oder von HAZET, Nr. 4550, benötigt. Öffnungen mit Schutzkappen verschließen.

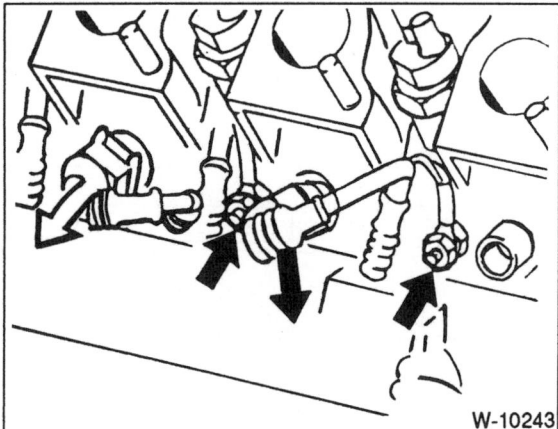

- Steckkontakte und Anschlüsse für die Glühkerzen lösen.
- Keilriemen ausbauen, siehe Seite 58.

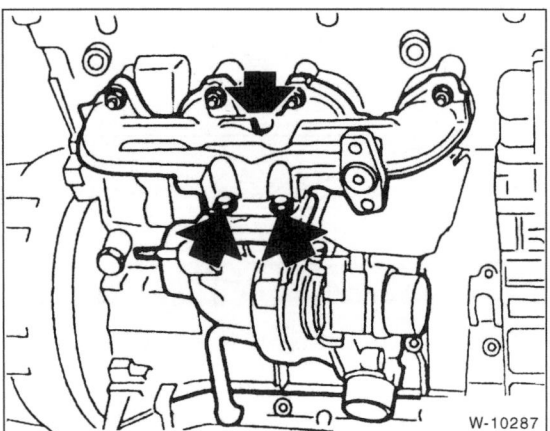

- Vorderes Abgasrohr vom Turbolader abschrauben. Beim 4-Zylinder-Motor den Turbolader vom vorderen Abgasrohr abschrauben, siehe Abbildung.

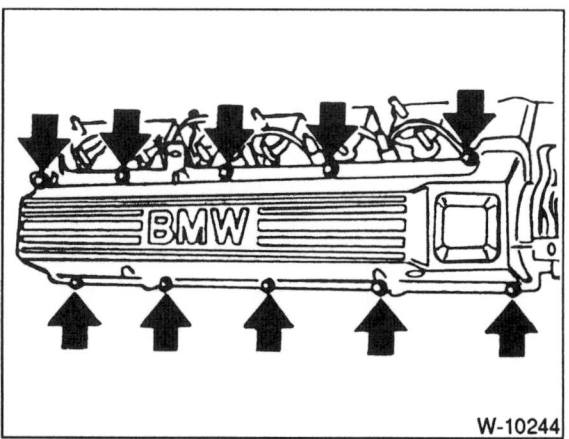

- Alle Zylinderkopfdeckelschrauben gleichmäßig zuerst ½ Umdrehung, dann ganz lösen. Beim 4-Zylinder-Motor sind nur 6 Schrauben vorhanden. Zylinderkopfdeckel abnehmen.

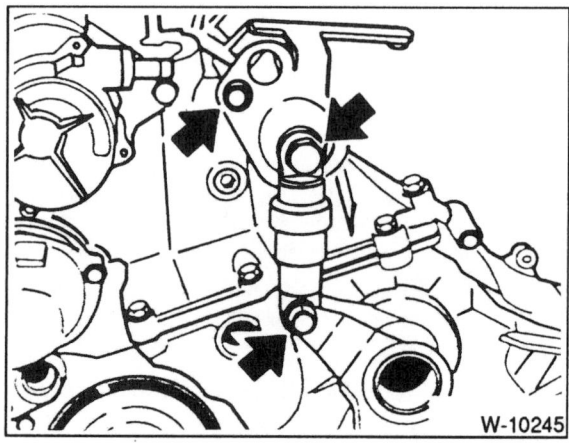

- Hydraulischen Keilriemenspanner abschrauben und Dämpfer aushängen. **Achtung:** Ausgebauten Spanner nur in Einbaulage, also stehend, lagern. Sonst können später Funktionsstörungen auftreten.

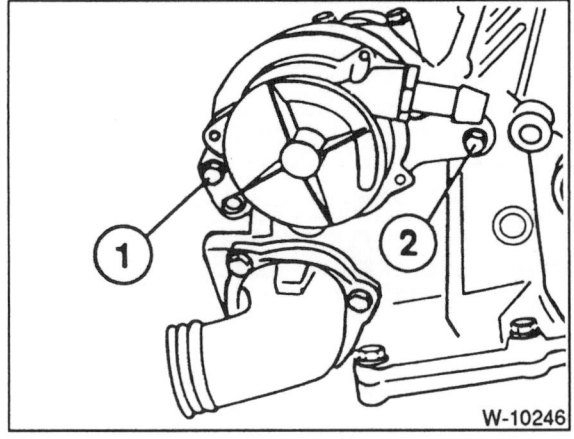

- 2 Schrauben –1 und 2– herausdrehen und Unterdruckpumpe abnehmen. Schraube –2– dient gleichzeitig als Halter für die Kettenführung. Da das Schraubengewinde abdichten muß, ist das Gewinde von neuen Schrauben beschichtet. Nach jedem Lösen muß die Schraube entweder erneuert werden, oder vor dem Einschrauben mit handelsüblicher, flüssiger Dichtmasse bestrichen werden.

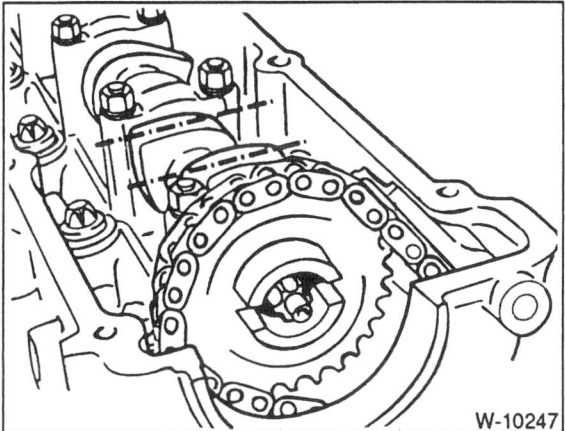

- Motor auf OT Zylinder 1 stellen. Dazu 5. Gang einlegen und Fahrzeug auf ebener Fläche vorwärts schieben, oder an der Kurbelwellenriemenscheibe in Drehrichtung durchdrehen, bis die Nockenspitzen der Ein- und Auslaßventile von Zylinder 1 (Steuerkettenseite) gleichmäßig nach oben zeigen.

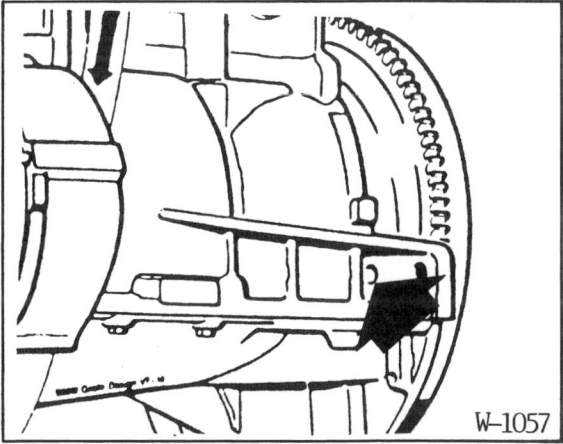

- Kurbelwelle in OT-Stellung mit BMW-Werkzeug 11 2 300 oder anderem geeigneten Dorn arretieren. Dazu Dorn durch die Bohrung im Motorblock in die Bohrung des Schwungrades einsetzen.

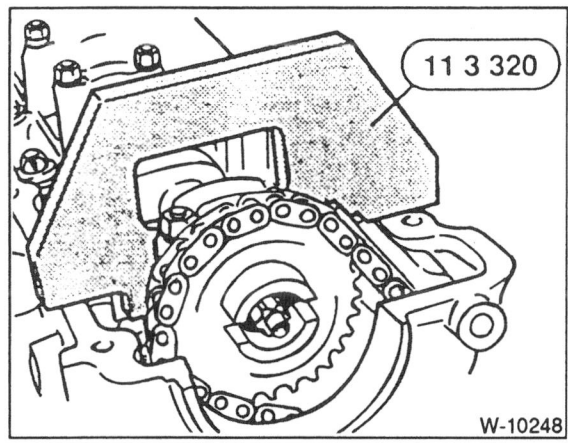

- Nockenwelle mit dem BMW-Werkzeug arretieren. Das Werkzeug ist nicht unbedingt erforderlich, allerdings muß beim Lösen des Kettenrads die Nockenwelle am Sechskant SW 27 gegengehalten werden.

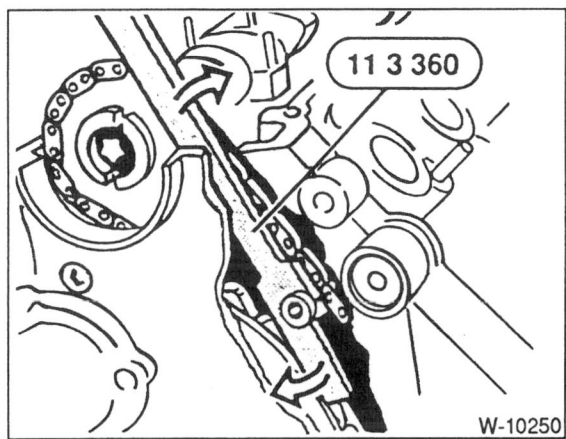

- Geeigneten Spannhebel, zum Beispiel BMW 11 3 360, an der Kettenspannschiene ansetzen und den Kettenspanner eindrücken.

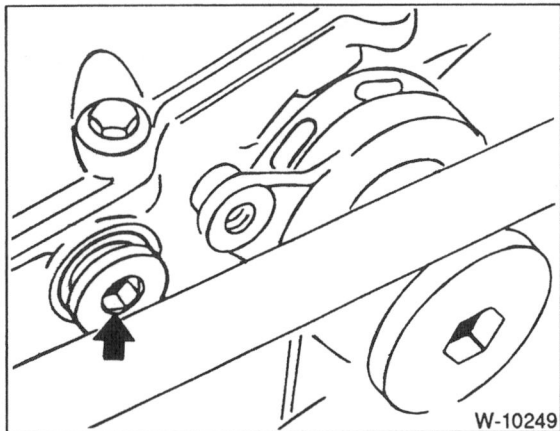

- Blindstopfen ausschrauben und Spanner in eingedrückter Stellung mit einem passenden Dorn arretieren.

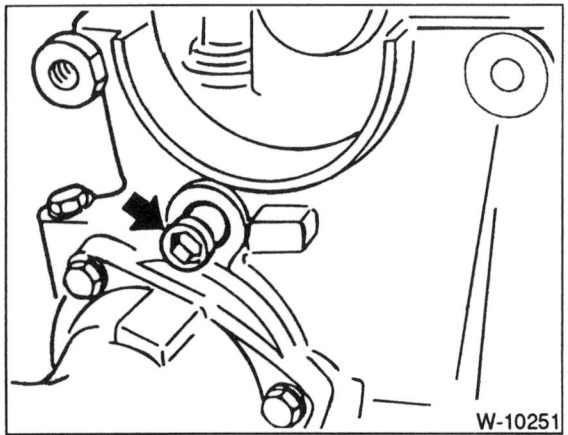

- Haltestift für Spannschiene am Zylinderkopf abschrauben und mit O-Ring abnehmen.

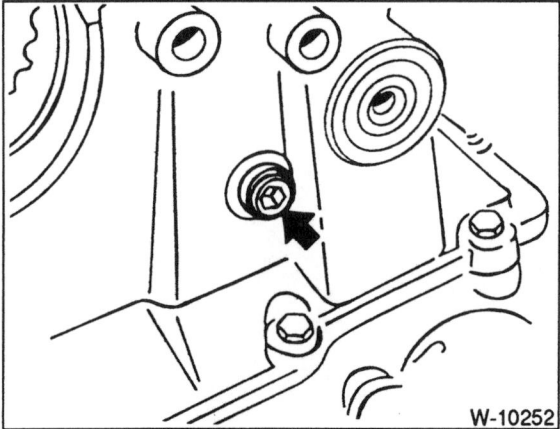

- Haltestift für Kettenführung abschrauben und mit O-Ring abnehmen.

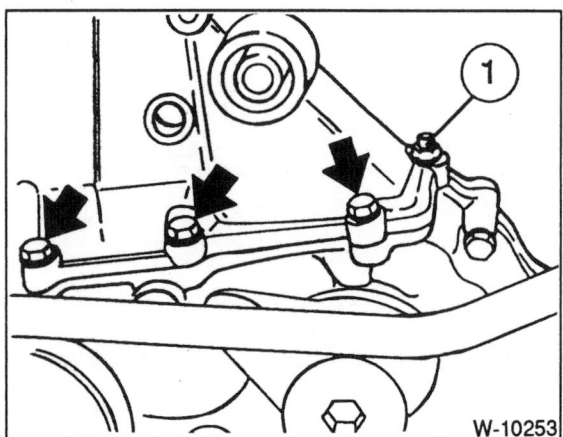

- Räderkastendeckelverschraubung lösen. Verschraubung –1– ist als Stehbolzen mit Mutter ausgeführt.

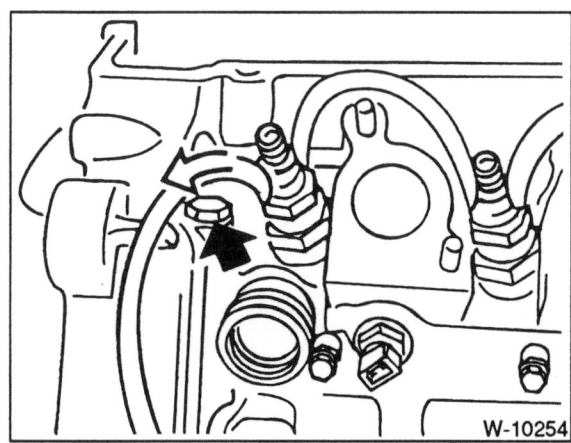

- Schraube –Pfeil– lösen sowie Leckölschlauch von der Einspritzdüse abziehen.

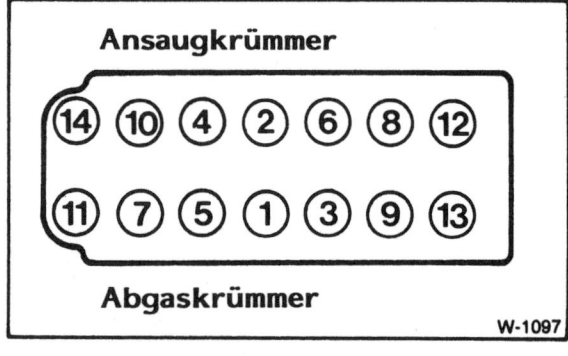

- Zylinderkopfschrauben entgegen der Reihenfolge von 14 nach 1 um 1/2 Umdrehung lösen. Anschließend in gleicher Reihenfolge herausdrehen. Zum Herausdrehen der Zylinderkopfschrauben wird eine Stecknuß für Außentorxschrauben der Größe E12 benötigt.
- Zylinderkopf abheben.

Achtung: Zylinderkopf nach dem Ausbau nicht auf der Dichtfläche absetzen, dabei könnten voll geöffnete Ventile beschädigt werden. Deshalb Zylinderkopf auf 2 Holzleisten legen.

Einbau

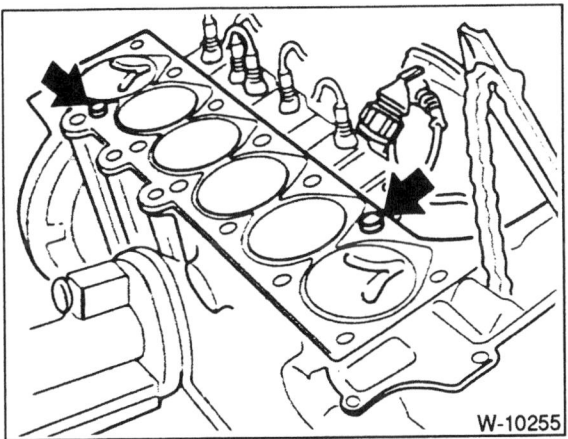

- Vor dem Einbau Zylinderkopf und Zylinderblock mit geeignetem Schaber von Dichtungsresten freimachen. **Darauf achten, daß keine Dichtungsreste in die Bohrungen fallen, Bohrungen mit Lappen verschließen.**
- Paßhülsen –Pfeile– auf richtigen Sitz überprüfen.
- Zylinderkopf und Motorblock mit Stahllineal in Längs- und Querrichtung auf Planheit prüfen. **Achtung:** Der Zylinderkopf darf nicht nachgearbeitet werden. Bei Beanstandungen ersetzen.
- Zylinderkopf auf Risse, Zylinderlauffläche auf Riefen überprüfen.
- Bohrungen der Zylinderkopfschrauben sorgfältig von Öl und anderen Rückständen reinigen. Steht keine Preßluft zur Verfügung, Lappen um Schraubendreher wickeln und Flüssigkeit in den Bohrungen auswischen. **Achtung:** In den Sacklöchern darf sich kein Öl befinden, da sonst die Schraubenanzugswerte verfälscht werden. Außerdem kann der Motorblock reißen.
- Trennfugen vom Räderkastendeckel zum Zylinderkopf mit Dichtmasse Drei Bond 1209 abdichten.

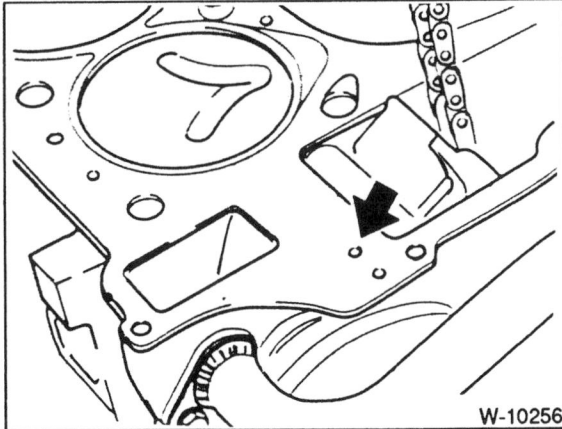

- Neue Dichtung ohne Dichtmittel so auflegen, daß keine Bohrungen verdeckt werden. Die Dichtung ist je nach Dicke mit Löchern verschiedener Anzahl markiert. Die neue Dichtung muß die gleiche Stärke (Lochzahl) wie die ausgebaute Dichtung besitzen.

- Ist unklar, welche Dichtung eingebaut werden muß, zum Beispiel nach Reparaturen am Motorblock, Kolbenüberstand mit einer Meßuhr messen. Die Zylinderkopfdichtung wird entsprechend dem höchsten Kolbenüberstand aller 6 Kolben ausgewählt. Zum Messen die Meßuhr am Punkt –A– aufsetzen und durch leichtes Hin- und Herdrehen der Kurbelwelle den höchsten Stand ermitteln. Anschließend die Messung am Punkt –B– wiederholen. Der Mittelwert aus Maß A+B ergibt den »Kolbenüberstand« eines Kolbens. Diese Messungen an allen 4 beziehungsweise 6 Kolben durchführen.

- Aus den ermittelten Werten wird der Mittelwert errechnet. Also alle Kolbenüberstände zusammenzählen und durch 4 beziehungsweise 6 teilen. Ergibt sich ein Wert **unter 0,76 mm**, so ist eine Dichtung mit **2 Löchern** zu verwenden. Ab 0,76 mm ist eine Dichtung mit 3 Löchern zu verwenden. **Achtung:** Hat einer oder haben mehrere Zylinder einen Kolbenüberstand von mehr als 0,81 mm, ist auf jeden Fall eine Dichtung mit 3-Loch-Kennzeichnung zu verwenden.

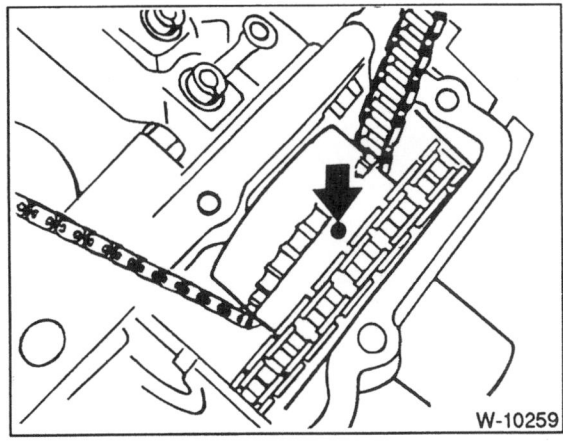

- Zylinderkopf aufsetzen. **Achtung:** Nockenwelle und Kurbelwellen durften nach dem Ausbau nicht verdreht worden sein, sonst setzen geöffnete Ventile auf den Kolben auf. Gegebenenfalls Wellen vor dem Aufsetzen in richtige Lage bringen, siehe unter »Ausbau«. Die Abbildung zeigt das Kettenrad der Diesel-Einspritzpumpe. Die Markierung muß nach oben zeigen.

- **Neue** Zylinderkopfschrauben leicht einölen und handfest anschrauben. Es dürfen nur neue Zylinderkopfschrauben verwendet werden.

Achtung: Das Anziehen der Zylinderkopfschrauben ist mit größter Sorgfalt durchzuführen. Vor dem Anziehen der Schrauben sollte der Drehmomentschlüssel auf seine Genauigkeit überprüft werden. Außerdem wird zum Anziehen der Zylinderkopfschrauben eine Winkelscheibe, zum Beispiel HAZET 6690, benötigt. Oder man setzt den Drehmomentschlüssel längs zum Motorblock auf die Schraube auf, mißt mit einem Winkelmesser den erforderlichen Winkel und markiert ihn mit Kreide auf dem Zylinderkopf.

4-Zylinder-Dieselmotor:

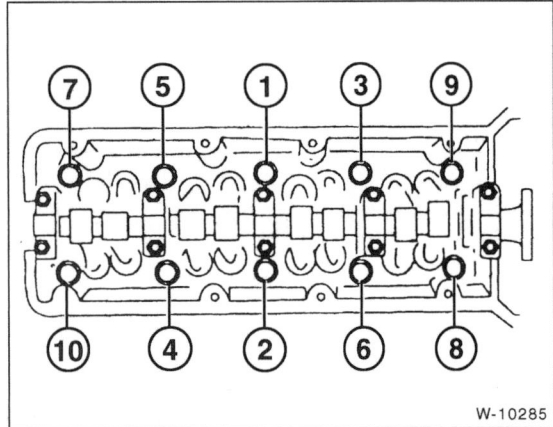

6-Zylinder-Dieselmotor:

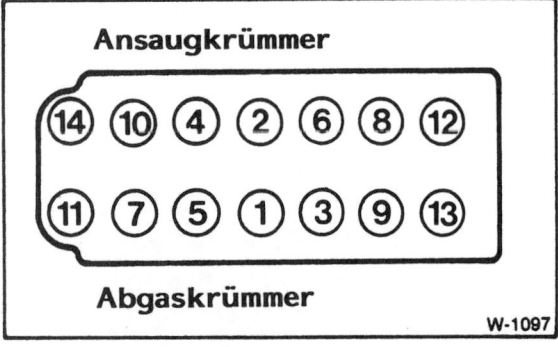

- Die Zylinderkopfschrauben werden in 6 Stufen angezogen. In jeder Stufe Schrauben jeweils in der Reihenfolge von 1 bis 14 (4-Zylindermotor: 1 bis 10) anziehen.

1. Stufe: mit Drehmomentschlüssel und **80 Nm**

2. Stufe: mit starrem Schlüssel **180°** (½ Umdrehung) **wieder lösen**

3. Stufe: mit Drehmomentschlüssel und **50 Nm**

4. Stufe: mit starrem Schlüssel **90°**

5. Stufe: mit starrem Schlüssel **90°**

Nach **25 Minuten Warmlauf** (nach Montage des Motors):

6. Stufe: mit starrem Schlüssel **90°**

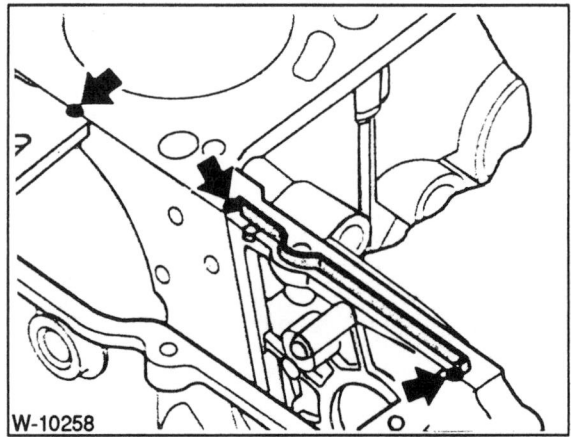

- Dichtleiste am Lagerbock für Einspritzpumpe erneuern. An den Trennstellen zum Räderkastendeckel dauerelastische Dichtmasse, zum Beispiel »3 Bond 1209«, auftragen.

- Räderkastendeckel aufsetzen, Schrauben mit 10 Nm anziehen.

- Verschraubung neben dem Einspritzventil anziehen sowie Lecköllschlauch am Einspritzventil aufschieben, siehe Abbildung W-10254 unter »Ausbau«.

- 2 Haltestifte für Spannschiene und Kettenführung mit neuen O-Ringen einschrauben.

- Kettenrad mit aufgelegter Kette an der Nockenwelle anschrauben, Schraube noch nicht festziehen. **Achtung:** Die Auflageflächen müssen fettfrei und sauber sein.

- Absteckdorn aus dem Kettenspanner entfernen, so daß die Kette gespannt wird. Blindstopfen für Absteckdorn-Öffnung in den Zylinderkopf einschrauben.

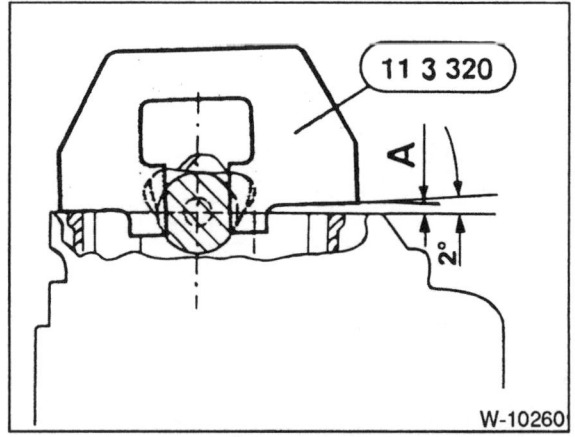

- Nur wenn die Nockenwelle mit der BMW-Einstellehre arretiert wird: Die Lehre ist zur Einstellung von Ketten bis zu einer Laufleistung von ca. 20 000 km vorgesehen. Bei Ketten mit einer höheren Laufleistung muß auf der Einlaßseite des Zylinderkopfs eine Unterlage (Fühlerlehre) mit einer Stärke von A = 4,61 mm untergelegt werden. Wird die Lehre nicht verwendet, Nockenwelle um 2° nach links drehen und in dieser Stellung am Sechskant SW 27 gegenhalten.

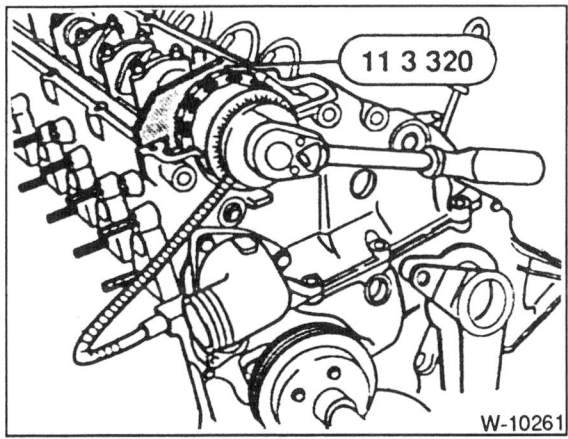

- In dieser Stellung Nockenwellenrad in 2 Stufen festziehen:

  1. Stufe: mit Drehmomentschlüssel **20 Nm**;
  2. Stufe: mit starrem Schlüssel **35° weiterdrehen.**

Achtung: Dorn am Kurbelwellen-Schwungrad und Arretierwerkzeug an der Nockenwelle entfernen. Motor einige Male von Hand durchdrehen und Steuerzeiten nochmals überprüfen.

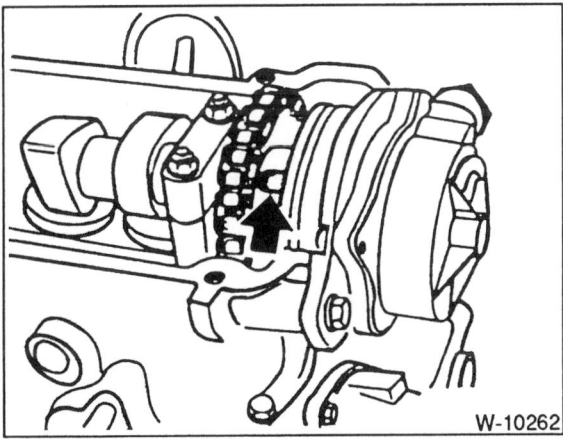

- Unterdruckpumpe mit neuer O-Ring-Dichtung einsetzen, der Mitnehmer greift in die Aussparung am Nockenwellenrad ein. **Achtung:** Die Torxschraube am Nockenwellenrad ist mit einer Ölbohrung zur Schmierung der Unterdruckpumpe versehen. Bohrung gegebenenfalls von Schmutz befreien.

- 2 Schrauben für Unterdruckpumpe mit **20 Nm** festziehen. Innere Schraube entweder erneuern, oder vor dem Einschrauben mit handelsüblicher, flüssiger Dichtmasse bestreichen, da das Gewinde abdichten muß.

- Dämpfer und Halter für Keilriemenspanner einsetzen und anschrauben.

- Keilriemen einbauen, siehe Seite 58.

- Dichtung für Zylinderkopfdeckel auf Beschädigung prüfen, gegebenenfalls ersetzen.

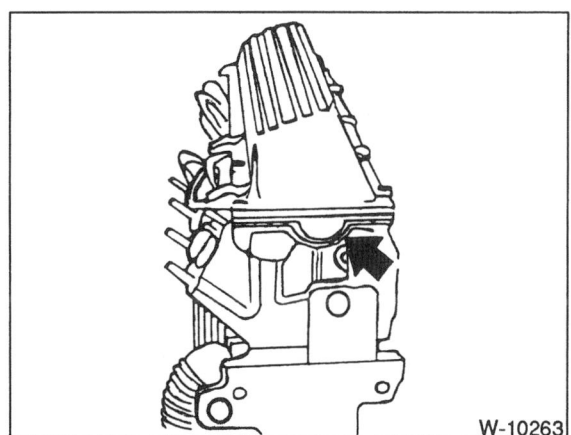

- Zylinderkopfhaube aufsetzen und über Kreuz von innen nach außen festziehen. **Schraube M6: 10 Nm, Schraube M7 und M8: 15 Nm.** Dabei auf richtigen Sitz der Dichtung an der Aussparung achten, siehe Abbildung.

- **6-Zylindermotor:** Vorderes Abgasrohr mit neuer Dichtung und **neuen selbstsichernden Muttern** am Turbolader anschrauben. Schrauben vorher mit Kupferpaste (Heißtemperaturpaste) bestreichen. Alle Schrauben mit **45 Nm** festziehen. Bei Ausführung mit Druckfedern, Muttern anziehen bis die Federn auf eine Länge von 27 mm vorgespannt sind.

- **4-Zylindermotor:** Turbolader mit **neuer** Dichtung und **neuen selbstsichernden Muttern** am Abgaskrümmer anschrauben. Schrauben vorher mit Kupferpaste (Heißtemperaturpaste) bestreichen. Alle Schrauben mit **45 Nm** festziehen.

- Anschlüsse für Glühkerzen anschrauben, Anschlußstecker aufdrücken, bis sie einrasten.

- Einspritzdüsen-Leitungen einsetzen, dabei nicht verbiegen. Überwurfmuttern mit Spezialschlüssel und **20 Nm** anziehen.

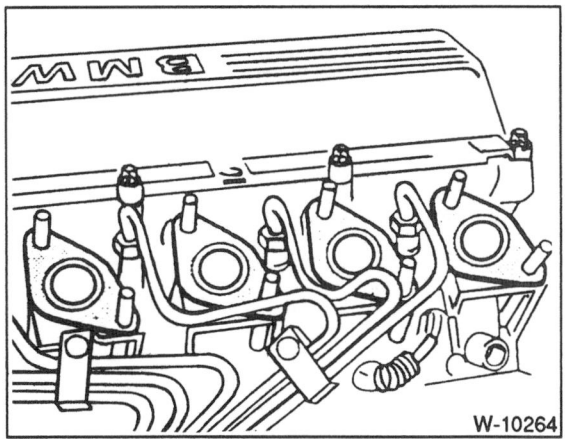

- Ansaugkrümmer-Dichtungen erneuern. Anschließend Ansaugkrümmer aufsetzen, Schrauben über Kreuz mit **25 Nm** anziehen.

- Befestigungsschrauben für Ansaugkrümmer-Abstützung anschrauben.
- Sämtliche Schläuche im Ansaugkrümmer-Halter verlegen beziehungsweise aufschieben, siehe unter »Ausbau«.
- Elektrische Leitungen aufstecken.
- Batterie-Massekabel anklemmen.
- Kühlmittel auffüllen, siehe Seite 296.
- Ölstand im Motor prüfen, gegebenenfalls Öl nachfüllen. Wurde der Zylinderkopf aufgrund einer defekten Zylinderkopfdichtung abgebaut, empfiehlt sich ein vorgezogener Ölwechsel einschließlich eines Ölfilterwechsels, da sich im Motoröl Kühlflüssigkeit befinden kann.

Achtung: Motor 25 Minuten warmlaufen lassen, Zylinderkopfdeckel abbauen und Kopfschrauben mit starrem Schlüssel in richtiger Reihenfolge wie oben angegeben anziehen.

- Zylinderkopfdeckel einbauen und Schrauben über Kreuz von innen nach außen festziehen. **Schraube M6: 10 Nm, Schraube M7: 15 Nm.**

Nockenwelle aus- und einbauen

Modelle 316i, 318i

- Gegebenenfalls Nockenwelle vermessen: Sollwert für Spiel Axial: 0,065 – 0,15 mm; Radial: 0,02 – 0,061 mm.

Ausbau

- Modelle bis 8/93 (Motor M40): Zahnriemen ausbauen und Zahnriemenrad an der Nockenwelle abschrauben, siehe Seite 21.

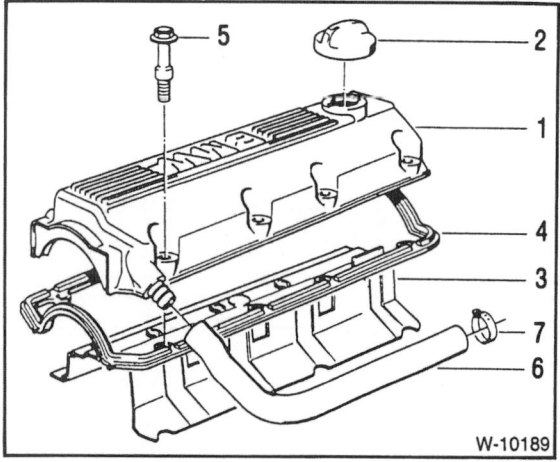

- Entlüftungsschlauch –6– vom Zylinderkopfdeckel –1– abziehen.
- Zylinderkopfdeckel abschrauben –5– und mit Dichtung –4– und Abdeckblech –3– abnehmen.

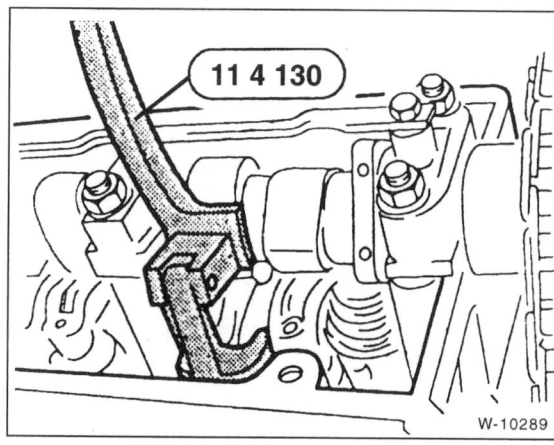

- Modelle ab 9/93 (Motor M43): Motor an der Kurbelwellen-Riemenscheibe durchdrehen, bis der Nocken der Nockenwelle über jeweiligem Schlepphebel senkrecht nach oben zeigt. In dieser Stellung BMW-Werkzeug einsetzen und Ventil niederdrücken. Schlepphebel herausnehmen und geordnet ablegen, da sie an gleicher Stelle wieder eingebaut werden müssen.
- Modelle ab 9/93 (Motor M43): Geber für Zylindererkennung am Räderkastendeckel ausbauen. Motor auf OT für Zylinder 1 stellen und Nockenwellen-Kettenrad abschrauben, siehe Seite 21.

- Schrauben –1– und –2– lösen und Ölleitung abnehmen. **Achtung:** Lage der Dichtungen an Schraube –2– für den Wiedereinbau merken.
- 4 Lagerdeckel –3– sowie Lager –F– abschrauben. Lagerdeckel geordnet hinlegen, da sie beim Einbau in gleicher Lage wieder eingebaut werden müssen.
- Nockenwelle herausnehmen.
- Alten Radialdichtring von der Nockenwelle abziehen.

Einbau

- Nockenwellenlager einölen und Nockenwelle einsetzen.

- Modelle bis 8/93 (Motor M40): Die Auflagefläche des Lagerdeckels –F– am Zylinderkopf an den schraffierten Stellen (siehe Foto) mit nichthärtendem Dichtmittel, zum Beispiel Curil, dünn bestreichen.

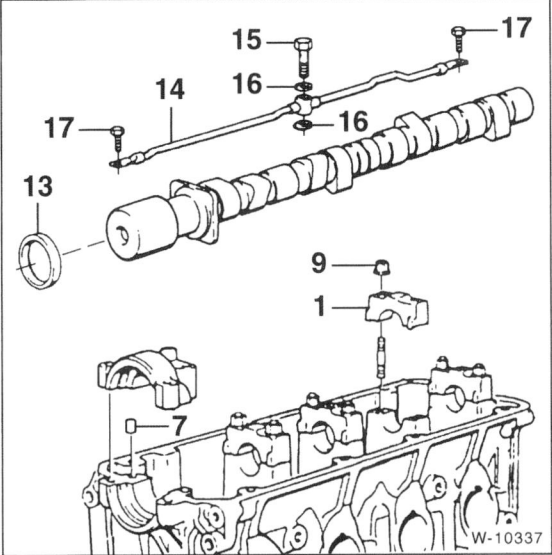

- Sämtliche Lagerdeckel –1– wieder an gleicher Stelle montieren und Muttern –9– gleichmäßig festziehen. **Mutter M6: 10 Nm, Mutter M7: 15 Nm, Mutter M8: 20 Nm**. Bei Modellen bis 8/93 (Motor M40) sicherstellen, daß die Paßhülsen –7– am ersten Lagerdeckel vorhanden sind.

- Ölleitung –14– einsetzen. Dichtungen –16– an der mittleren Hohlschraube –15– immer erneuern. Schrauben –17– mit **6 Nm**, Schraube –15– mit **11 Nm** anziehen.

- Modelle bis 8/93 (Motor M40): Neuen Radialdichtring –13– einölen und mit einem geeigneten Rohr so weit wie möglich aufschieben. Anschließend Dichtring mit dem Rohr vorsichtig bis zum Anschlag eintreiben. Die BMW-Werkstatt benutzt dazu die Treibhülse 331190.

- Gegebenenfalls Spiel der Nockenwelle prüfen: Sollwert für Axialspiel: 0,15 – 0,33 mm; Radialspiel: 0,02 – 0,054 mm; Nockenhöhe: 34,83 – 34,95 mm.

- Abdeckblech auf die Nockenwelle auflegen, Zylinderkopfdeckel mit Dichtung aufsetzen und Schrauben anziehen. **Schraube M6: 10 Nm, Schraube M7 und M8: 15 Nm**. Beschädigte Dichtung ersetzen.

- Entlüftungsschlauch am Zylinderkopfdeckel aufschieben.

- Modelle bis 8/93 (Motor M40): Zahnriemen einbauen, siehe Seite 21.

- Modelle ab 9/93 (Motor M43): Kettenrad mit Kette aufsetzen. Der Pfeil am Kettenrad muß nach oben zeigen, Langlöcher mittig ausrichten. 4 Schrauben für Kettenrad mit **10 Nm** festziehen. Geber für Zylindererkennung am Räderkastendeckel einbauen. **Achtung:** Fixierwerkzeuge für Kurbelwelle und Nockenwelle abnehmen.

- Modelle ab 9/93 (Motor M43): Motor an der Kurbelwellen-Riemenscheibe durchdrehen, bis der Nocken der Nockenwelle über dem jeweiligen Schlepphebel senkrecht nach oben zeigt. In dieser Stellung BMW-Werkzeug einsetzen und Ventil niederdrücken. Schlepphebel an gleicher Stelle wie ausgebaut wieder einbauen.

- Zylinderkopfdeckel einbauen und Motor komplettieren.

- Motor im Leerlauf drehen lassen. Falls die Schlepphebel klappern (unnormale Motorgeräusche), Motor mit Drehzahlen bis maximal 2000/min weiterlaufen lassen, bis das Klappern aufhört. Dabei füllen sich die hydraulischen Ventilspiel-Ausgleicher mit Motoröl und stellen automatisch das korrekte Ventilspiel her. **Achtung:** Ausgebaute Ventilspiel-Ausgleicher nicht länger als 10 Minuten auf den Kopf stellen, da die Motorölfüllung sonst langsam ausläuft und die Ausgleicher funktionslos werden.

Nockenwelle aus- und einbauen

Modelle 318is/ti, 320i, 323i, 323ti, 325i, 328i

Da bei diesen Modellen Spezialwerkzeug von BMW zwingend erforderlich ist, empfehle ich, die Arbeit in einer BMW-Werkstatt durchführen zu lassen. Die Nockenwelle kann sowohl bei ein- wie auch bei ausgebautem Zylinderkopf demontiert werden. Hier wird der Nockenwellenausbau bei zuvor ausgebautem Zylinderkopf beschrieben. Die Vorarbeiten sind auch bei eingebautem Zylinderkopf entsprechend dem Kapitel »Zylinderkopf aus- und einbauen« durchzuführen.

- Gegebenenfalls Nockenwellen vermessen: Sollwert für Axialspiel: 0,15 – 0,33 mm; Radialspiel: 0,02 – 0,061 mm.

Ausbau

- Zylinderkopf ausbauen, siehe Seite 30/36.

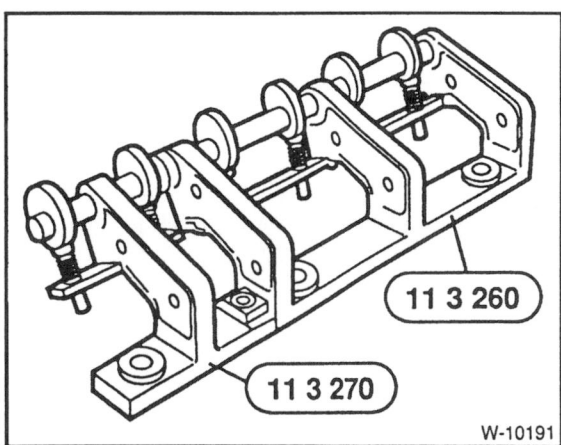

- Zum Ausbau der Nockenwellen wird die Vorrichtung BMW 113260 (318is: 113270) benötigt. Sie hat die Aufgabe, alle Nockenwellenlager in Einbauposition zu halten, wenn die Lagerschalen gelöst werden. Die Arbeitsanweisungen gelten für beide Nockenwellen in gleicher Weise, die Reihenfolge des Ausbaus ist egal.

- Zündkerzen ausschrauben.

- Vorrichtung aufsetzen und in den Zündkerzengewinden mit 25 Nm festschrauben.

- Durch Drehen an der Exzenterwelle der Vorrichtung die Lagerdeckel vorspannen. Die Abbildung zeigt den 6-Zylindermotor.
- Alle Schrauben der Lagerdeckel lösen.
- Vorrichtung entspannen und abbauen.

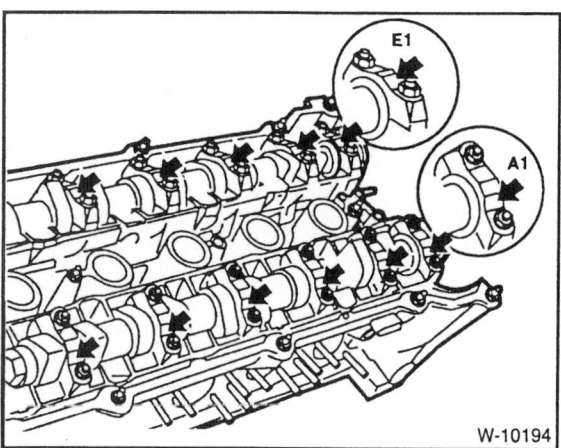

- Lagerdeckel und Nockenwelle abnehmen. Die Lagerdeckel sind mit A1 bis A7 (318is/ti: bis A5) für die Auslaß-Nockenwelle, mit E1 bis E7 (318is/ti: bis E5) für die Einlaßnockenwelle gekennzeichnet. Beim Einbau müssen sie in richtiger Lage wieder eingebaut werden.

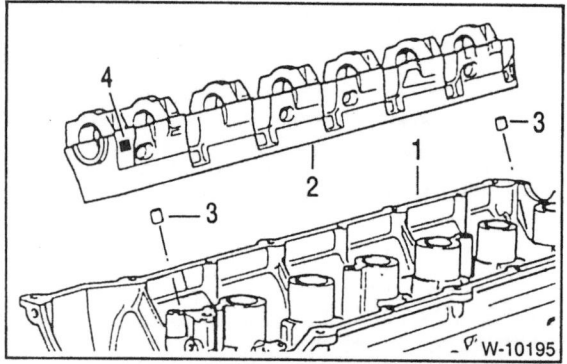

- Falls notwendig, zum Beispiel wenn Ventile ausgebaut werden sollen, komplette Lagerleiste –2– mit Ventilstößeln vom Zylinderkopf abnehmen. **Achtung:** Die Ventilstößel rutschen nach unten aus der Lagerleiste heraus, wenn sie nicht gesichert werden. Die BMW-Werkstatt benutzt Sauger, die von oben auf die Stößel aufgesetzt werden und dies verhindern. Ventilstößel kennzeichnen. Sie müssen an gleicher Stelle wieder eingesetzt werden, falls sie aus der Leiste entfernt wurden.

Achtung: Ausgebaute Ventilstößel nicht länger als 10 Minuten auf den Kopf stellen, da die Motorölfüllung sonst langsam ausläuft und der automatische Ventilspielausgleich nicht mehr funktioniert.

Einbau

Achtung: Wenn die Nockenwelle ausgebaut wurde, muß folgendes beachtet werden: Die hydraulischen Ventilstößel dehnen sich ohne Belastung durch die Nockenwelle aus und benötigen nach dem Einbau einige Zeit, um sich wieder zusammenzudrücken. Dadurch können Ventile weiter geöffnet sein, als es der Nockenwellenstellung entspricht, und am Kolben aufsetzen. Folgende Wartezeiten sind daher zwischen dem Einbau der Nockenwelle und dem Aufsetzen des Zylinderkopfs zu beachten: Bei +20° C (Raumtemperatur): 4 Minuten, bei +10° C: 11 Minuten. Nach Montage des Zylinderkopfes nochmals 30 Minuten warten, bis der Motor verdreht werden darf.

Wurde eine Nockenwelle bei angebautem Zylinderkopf ausgebaut, Kurbelwelle um ca. 30° in Motordrehrichtung (rechtsherum am Sechskant der Riemenscheibe) über den OT-Punkt weiterdrehen. Dadurch steht kein Kolben ganz oben, die Ventile können nicht aufsetzen. Nockenwellen einlegen und die genannten Wartezeiten einhalten. Erst dann die Kurbelwelle in OT-Stellung zurückdrehen und die Steuerketten montieren, siehe Kapitel »Zylinderkopf einbauen«.

- Ventilstößel auf Verschleiß (Riefen) prüfen, gegebenenfalls erneuern.

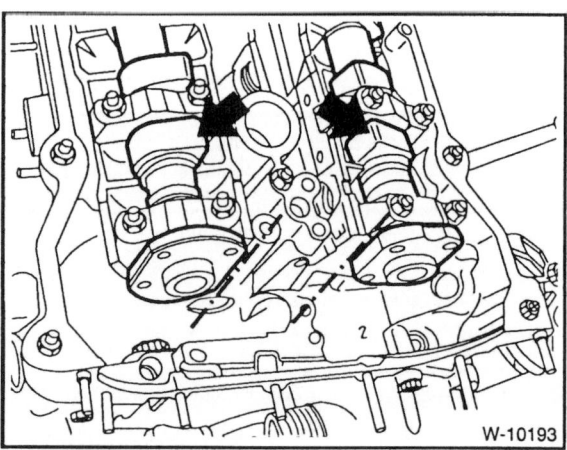

- Nockenwellenlager einölen und Nockenwellen so einsetzen, daß die Nockenspitzen für Ein- und Auslaßventile am Zylinder 1 zueinander zeigen. **Hinweis:** Unterscheidungsmerkmal Ein- und Auslaßnockenwelle: Der Flansch für das Kettenrad hat bei der Auslaßnockenwelle eine Einbuchtung. Außerdem befinden sich 2 eingeschlagene Buchstaben zwischen dem Flansch und der 1. Nocke. 1. Buchstabe A = Auslaßnockenwelle; E = Einlaßnockenwelle. Nur 6-Zylindermotoren: 2. Buchstabe A = 325i-Motor bis 8/92; B = 320i bis 8/92; C = 320i ab 9/92; D = 325i ab 9/92.

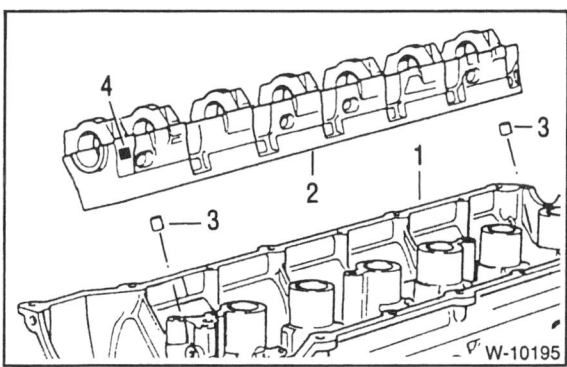

- Vorhandensein der Zentrierhülsen –3– an den Bolzen der Lagerstellen 2 und 7 (318is/318ti: 2 und 5) sicherstellen.
- Lagerleiste mit eingesetzten Ventilstößeln in den Zylinderkopf setzen. Die Lagerleiste der Auslaßnockenwelle ist an der Stelle –4– mit einem »A« gekennzeichnet, die Einlaßnockenwelle mit einem »E«.
- Lagerschalen nach angebrachten Markierungen einsetzen, sie müssen an gleicher Stelle wie vor dem Ausbau sitzen.
- Vorrichtung einsetzen und Lagerschalen vorspannen.
- Lagerschalen der Nockenwelle anziehen. **Schraube M6: 10 Nm, Schraube M7 und M8: 15 Nm.**
- Vorrichtung entspannen und abschrauben, Zündkerzen einschrauben.
- Zylinderkopf einbauen, siehe Seite 30/36.

Nockenwelle aus- und einbauen

Modelle 318tds, 325td/tds

Da beim 6-Zylindermotor Spezialwerkzeug von BMW zwingend erforderlich ist, empfehle ich, die Arbeit in einer BMW-Werkstatt durchführen zu lassen. Die Nockenwelle kann sowohl bei ein- wie auch bei ausgebautem Zylinderkopf demontiert werden. Hier wird der Nockenwellenausbau bei zuvor ausgebautem Zylinderkopf beschrieben. Wird die Nockenwelle bei eingebautem Zylinderkopf ausgebaut, dann sind die Vorarbeiten, bis auf das eigentliche Abschrauben des Zylinderkopfs, entsprechend dem Kapitel »Zylinderkopf aus- und einbauen« durchzuführen.

- Gegebenenfalls Nockenwelle vermessen: Sollwert für Radialspiel: 0,04 – 0,081 mm; Axialspiel: 0,15 – 0,33 mm.

Ausbau

- Zylinderkopf ausbauen, siehe Seite 45.

6-Zylinder-Dieselmotor:

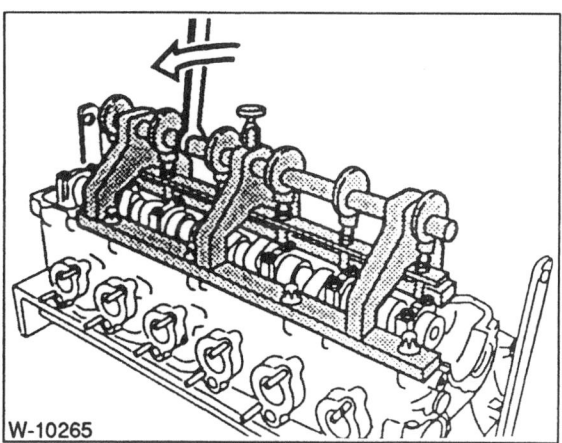

- Zum Ausbau der Nockenwelle wird die Vorrichtung BMW 113320 benötigt. Sie hat die Aufgabe, alle Nockenwellenlager in Einbauposition zu halten, wenn die Lagerschalen gelöst werden. Vorrichtung aufsetzen und mit Zylinderkopfdeckel-Schrauben anschrauben, siehe Abbildung.
- Durch Drehen an der Exzenterwelle der Vorrichtung die Lagerdeckel vorspannen.
- Alle Schrauben der Lagerdeckel lösen.
- Vorrichtung entspannen und abbauen.

- **4-Zylinder-Dieselmotor:** Lagerdeckel der Nockenwelle über Kreuz von außen nach innen gleichmäßig in Schritten von jeweils ½ Umdrehung lösen, damit sich die Nockenwelle nicht verkantet.

- Lagerdeckel und Nockenwelle abnehmen. Die Lagerdeckel sind mit 1 bis 7 (4-Zylindermotor: 1 bis 5), von der Auslaß-Seite aus lesbar, gekennzeichnet.

- Falls notwendig, zum Beispiel wenn Ventile ausgebaut werden sollen, Ventilstößel abnehmen. Die BMW-Werkstatt benutzt Sauger, die von oben auf die Stößel aufgesetzt werden, zum Herausziehen. Stößel müssen an gleicher Stelle wieder eingesetzt werden, falls sie entfernt wurden.

Achtung: Ausgebaute Ventilstößel nicht länger als 10 Minuten auf den Kopf stellen, da die Motorölfüllung sonst langsam ausläuft und der automatische Ventilspielausgleich nicht mehr funktioniert.

Einbau

Achtung: Wenn die Nockenwelle ausgebaut wurde, muß folgendes beachtet werden: Die hydraulischen Ventilstößel dehnen sich ohne Belastung durch die Nockenwelle aus und benötigen nach dem Einbau einige Zeit, um sich wieder zusammenzudrücken. Dadurch können Ventile weiter geöffnet sein, als es der Nockenwellenstellung entspricht, und am Kolben aufsetzen. Folgende Wartezeiten sind daher zwischen dem Einbau der Nockenwelle und dem Aufsetzen des Zylinderkopfs zu beachten: Bei +20° C (Raumtemperatur): 4 Minuten, bei +10° C: 11 Minuten. Nach Montage des Zylinderkopfes nochmals 30 Minuten warten, bis der Motor verdreht werden darf.

Wurde eine Nockenwelle bei angebautem Zylinderkopf ausgebaut, Kurbelwelle um ca. 30° in Motordrehrichtung (rechtsherum am Sechskant der Riemenscheibe) über den OT-Punkt weiterdrehen. Dadurch steht kein Kolben ganz oben, die Ventile können nicht aufsetzen. Nockenwelle einlegen und die genannten Wartezeiten einhalten. Erst dann die Kurbelwelle in OT-Stellung zurückdrehen und die Steuerkette montieren, siehe Kapitel »Zylinderkopf einbauen«.

- Ventilstößel auf Verschleiß (Riefen) prüfen, gegebenenfalls erneuern. Sonst an gleicher Stelle wie vor dem Ausbau wieder einsetzen.
- Nockenwellenlager einölen und Nockenwelle so einsetzen, daß die Nockenspitzen für Ein- und Auslaßventil am Zylinder 1 gleichmäßig nach oben zeigen.
- Lagerschalen nach den angebrachten Ziffern einsetzen, sie müssen an gleicher Stelle wie vor dem Ausbau sitzen.
- **6-Zylinder-Dieselmotor:** Vorrichtung einsetzen und Lagerschalen vorspannen.
- Lagerschalen der Nockenwelle gleichmäßig über Kreuz von außen nach innen in ½ Umdrehungsschritten anziehen. **Schraube M6: 10 Nm, Schraube M7 und M8: 15 Nm.**
- Vorrichtung entspannen und abschrauben.
- Zylinderkopf einbauen, siehe Seite 45.

Ventil aus- und einbauen

Alle Modelle

Ausbau

Achtung: Werden Teile der Ventilsteuerung wieder verwendet, müssen diese an gleicher Stelle wieder eingebaut werden. Damit keine Verwechslungen vorkommen, empfiehlt es sich, ein entsprechendes Ablagebrett anzufertigen.

- Zylinderkopf ausbauen, siehe Seite 21.
- Nockenwelle ausbauen, siehe Seite 53.

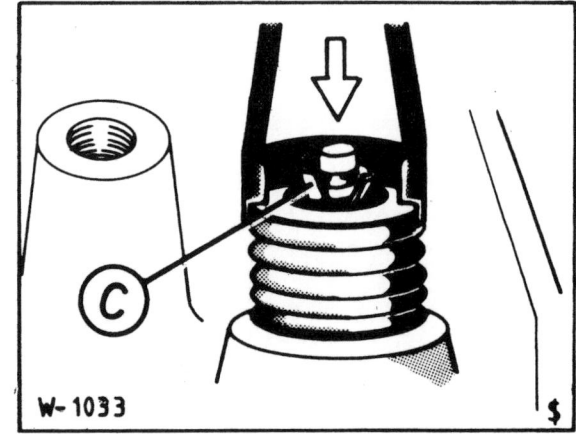

- Ventilfeder herunterdrücken und Ventilkegelstücke –C– abnehmen. Zum Spannen der Ventilfedern kann ein handelsüblicher Ventilspanner eingesetzt werden. Je nach verwendetem Werkzeug muß dann aber unter Umständen der Abgaskrümmer abgeschraubt werden.
- Feder entspannen und Federteller oben, Ventilfedern sowie Federteller unten abnehmen.
- Ventilschaftabdichtung mit Spezialzange abziehen. Hierzu eignen sich beispielsweise die Ventildichtringzange 791-5 oder der Schlagauszieher 791-2 von HAZET.
- Ventil zur Brennraumseite aus dem Zylinderkopf herausziehen.
- Nächstes Ventil ausbauen.

Einbau

Vor Einbau der Ventile Ventilführungen prüfen, eventuell Ventilsitze nacharbeiten, siehe Seite 57.

- Ventilschaft an der Anlagefläche der Ventilkegelstücke entgraten.
- Ventilschaft und Ventilführung mit Motoröl leicht einölen und Ventil einsetzen.

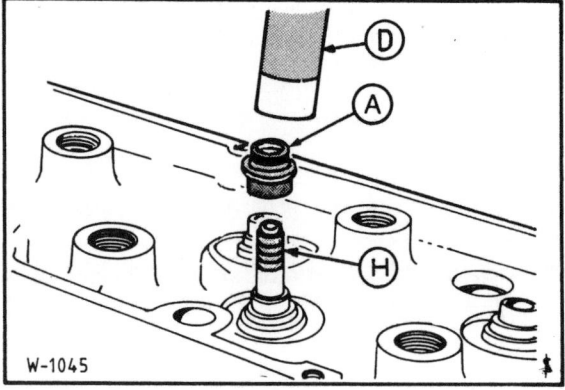

- Ventilschaft-Abdichtung –A– leicht einölen und mit geeignetem Treibdorn –D– bis zum Anschlag aufdrücken. **Achtung:** Um Beschädigungen der Ventilschaft-Abdichtung zu vermeiden, vor dem Einbau Montagehülse –H– über den Ventilschaft schieben. Steht die Montagehülse nicht zur Verfügung, Ventilschaft an den Anlageflächen der Ventilkegelstücke mit glattem Klebeband, zum Beispiel Tesafilm, abkleben. Nach dem Einbau Klebeband entfernen.

- Großen und kleinen unteren Ventilteller einsetzen.
- Ventilfedern einsetzen. **Achtung:** Sollte eine Feder beschädigt oder gebrochen sein, müssen beide Ventilfedern an diesem Ventil (Innen- und Außenfeder) ersetzt werden. Nur Innen- und Außenfedern des gleichen Herstellers mit gleicher Farbkennzeichnung verwenden.
- Ventilteller oben einsetzen.
- Ventilfedern zusammendrücken und Ventilkegelstücke einsetzen. Ventilfedern langsam entspannen und dabei auf richtigen Sitz der Kegelstücke achten.
- Anschließend nächstes Ventil einbauen. Dabei Ein- und Auslaßventil nicht verwechseln.
- Zylinderkopf einbauen, siehe Seite 24.

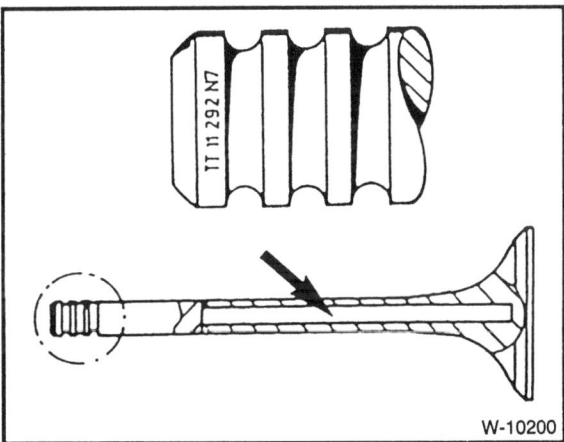

Achtung: Die Auslaßventile des 4-Zylinder-Benzinmotors sind zur besseren Wärmeabfuhr mit Natrium gefüllt. Diese Auslaßventile dürfen nicht ohne weiteres verschrottet werden, denn es besteht Explosionsgefahr beim Einschmelzen durch das Natrium. Ebenso ist die Verwendung dieser Ventile als »Werkzeug«, zum Beispiel als Treibdorn, nicht zulässig. Ich empfehle daher, diese Ventile der BMW-Werkstatt zur Entsorgung zu übergeben. Ist dies nicht möglich, vor der Verschrottung folgendermaßen vorgehen: Mit einer Eisensäge den Ventilschaft durchsägen und die Teile in einen großen, mit Wasser gefüllten Eimer werfen. Durch eine plötzlich eintretende chemische Reaktion verbrennt die Natriumfüllung, daher zurücktreten und Augen schützen.

Ventilführungen prüfen

Bei Instandsetzungsarbeiten an einem Zylinderkopf mit undichten Ventilen genügt es nicht, die Ventile und Ventilsitze zu bearbeiten beziehungsweise zu erneuern. Es ist außerdem dringend erforderlich, die Ventilführungen auf Verschleiß zu prüfen. Besonders wichtig ist die Prüfung an Motoren mit längerer Laufzeit. Verschlissene Ventilführungen gewährleisten keinen zentrischen Ventilsitz und führen zu hohem Ölverbrauch. Ist der Verschleiß zu groß, sind die Ventilführungen zu erneuern (Werkstattarbeit).

- Ventil ausbauen.
- Rückstände an der Ventilführung mit einer Reinigungsahle entfernen.
- Neues Ventil von der Brennraumseite her einsetzen. Das Ventilschaftende muß mit der Ventilführung abschließen.

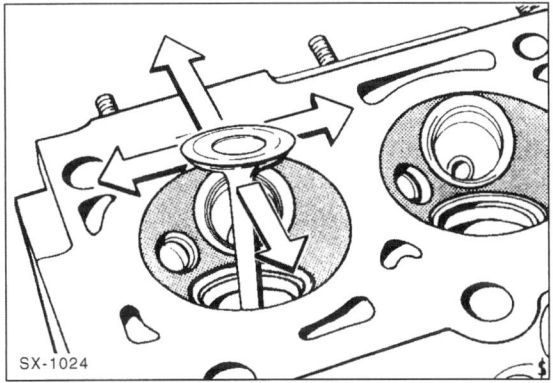

- Spiel durch seitliches Hin- und Herbewegen des Ventils prüfen.
- Zum Prüfen Stahllineal oder Meßuhr am Ventilteller anlegen. Das Spiel darf maximal 0,5 mm betragen.
- Ist das Spiel zu groß, Ventilführungen aufreiben lassen und Reparaturventile mit größerem Schaftdurchmesser einbauen. (Werkstattarbeit). **Achtung:** Wurde die Ventilführung aufgerieben oder erneuert, muß auch der Ventilsitz nachgearbeitet werden.

Ventilsitz im Zylinderkopf nacharbeiten

Das Nacharbeiten der Ventilsitze ist notwendig, wenn sie Verschleiß- oder Verbrennungsspuren aufweisen oder wenn die Ventilführung nachgearbeitet wurde. Dabei müssen bestimmte Korrekturwinkel und Sitzbreiten eingehalten werden. Ventilsitzringe können nicht mit den üblichen Werkstattmitteln ausgewechselt werden, da sie beim Einsetzen auf −150° C abgekühlt werden müssen. Für das Nacharbeiten wird ein Ventilsitz-Drehgerät benötigt. Diese Arbeiten sollte man von einer Fachwerkstatt durchführen lassen.

Ventilsitz einschleifen

Bei einwandfrei bearbeiteten Ventilsitzringen und neuen Ventilen ist das Einschleifen der Ventilsitze im Zylinderkopf nicht unbedingt erforderlich.

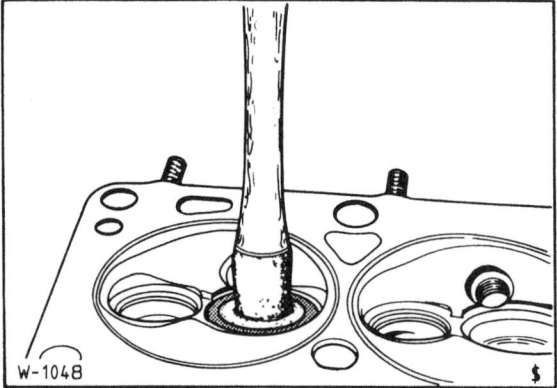

- Die Ventile dürfen nur mit feinkörniger Schleifpaste eingeschliffen werden. Für die notwendigen Drehbewegungen wird ein Gummisauger auf den Ventilteller gesetzt. Rillenbildung auf den Sitzflächen beim Einschleifen läßt sich durch häufiges Anheben und gleichmäßiges Weiterdrehen des Ventils während des Schleifvorgangs vermeiden.

Achtung: Die Schleifpaste ist nach dem Einschleifen sorgfältig zu entfernen.

- Geprüft werden kann der Schleifvorgang am Tragbild sowie mit Kraftstoff: Ventil lose in den umgedrehten Zylinderkopf einsetzen, Kraftstoff oben in den Brennraum einfüllen. Der Kraftstoff darf auch nach längerer Zeit (1 Stunde) nicht aus der Ventilführung auslaufen. Sonst Schleifvorgang wiederholen.

Keilriemen aus- und einbauen/ Keilriemen spannen

Über einen Keilriemen treibt die Kurbelwelle die Kühlmittelpumpe und den Generator an. Ist ein breiter Keilrippenriemen eingebaut, treibt er auch die Lenkhilfepumpe (Servolenkung) an. 4-Zylindermotoren bis 8/93 mit Servolenkung besitzen einen zweiten Keilriemen zum Antrieb der Lenkhilfepumpe. Ist eine Klimaanlage eingebaut, wird der Klimakompressor bei allen Modellen von einem zusätzlichen Keilriemen angetrieben. Da die Keilriemen hintereinander verlaufen, müssen zum Ausbau eines hinten liegenden Keilriemens die davorliegenden Riemen ebenfalls demontiert werden.

Ausbau

- Fahrzeug aufbocken, siehe Seite 123.
- Falls vorhanden, Motorraum-Unterschutz abschrauben.

Keilriemen für Klimakompressor ersetzen (alle Modelle)

Der Klimakompressor wird von einem breiten Keilrippenriemen (Vielzahnriemen) angetrieben, der automatisch gespannt wird.

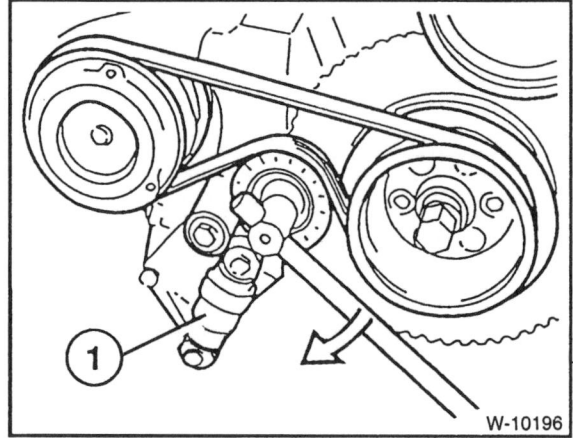

- Innensechskantschlüssel in die Schraube am Spannrad einstecken. Durch langsames Drehen im Uhrzeigersinn wird das hydraulische Spannelement –1– zusammengedrückt. Keilrippenriemen abnehmen.

- Neuen Keilrippenriemen nach abgebildetem Schema auf die Riemenräder auflegen, dabei Spannrad wie beim Ausbau ganz nach rechts drehen. Auf richtige Lage in den Rillen der Riemenräder achten.

- Spannrad durch Loslassen des Innensechskantschlüssels entlasten. Die Spannkraft wird von dem Spannelement aufgebracht, die Höhe der Spannung ist nicht einstellbar.

Keilriemen für Servopumpe ersetzen/spannen, bei Modellen 316i, 318i, 318is bis 8/93

- Schrauben –Pfeile– für Lenkhilfepumpe am Halter lösen, nicht abschrauben.

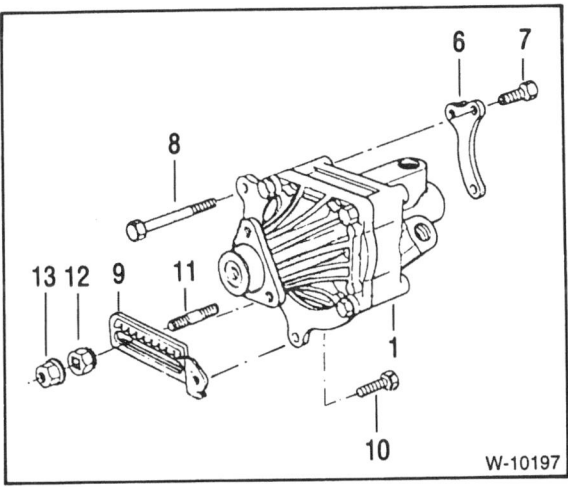

- Schraube –10– und Mutter –13– am Spannbügel –9– lösen.
- Spannrad –12– rechtsherum drehen und dadurch Keilriemen für Servopumpe –1– entspannen und abnehmen.
- Keilriemen auflegen und spannen. Spannung in gleicher Weise wie beim Keilriemen für den Generator kontrollieren. Sämtliche Schrauben anziehen.

Keilriemen für Generator ersetzen/spannen, bei Modellen 316i, 318i, 318is/ti bis 8/93

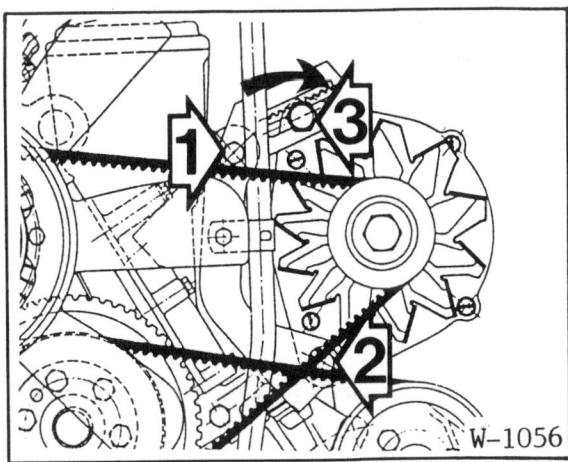

- Schraube –1– lösen, Muttern für die Schrauben –2– und –3– lösen. Schraube –3– in Pfeilrichtung drehen und dadurch Keilriemen entspannen.
- Keilriemen abnehmen. Geht der Keilriemen nicht über den Lüfter, diesen ausbauen, siehe Seite 73.
- Keilriemen auflegen und spannen.

Keilriemen spannen

- Mit Drehmomentschlüssel Spannschraube –2– entgegen der Pfeilrichtung mit **7 Nm** anziehen.
- Mutter für Schraube –3– festziehen.
- In der BMW-Werkstatt wird die Spannung des Keilriemens anschließend mit einem speziellen Prüfgerät für Keilriemenspannung kontrolliert.

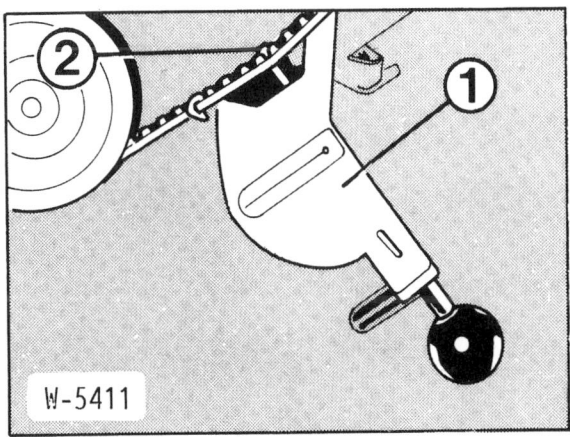

- Der Zughaken –2– des Prüfgerätes muß in der Mitte der Verzahnung aufliegen. Der Meßzeiger muß sich dann auf der Skala über dem grünen beziehungsweise dem gelben Feld für den betreffenden Motor befinden. Außerdem wird unterschieden, ob ein neuer beziehungsweise gelaufener Keilriemen gespannt wird. Falls der Zeiger des Meßgerätes nicht über dem betreffenden Skalenwert steht, Keilriemenspannung durch Verdrehen des Spannrades korrigieren.
- Steht das Prüfgerät nicht zur Verfügung, Daumenprobe machen. Keilriemen mit dem Daumen zwischen den Riemenscheiben eindrücken. Dabei darf sich der Keilriemen maximal 5 mm eindrücken lassen, sonst Spannung korrigieren. Anschließend möglichst die Einstellung mit dem BMW-Einstellgerät überprüfen und die Riemenspannung gegebenenfalls korrigieren.
- Schraube –1– und Mutter –2– festziehen. Siehe Abbildung W-1056.
- Lüfter einbauen, siehe Seite 73.

Keilrippenriemen ersetzen, 316i, 318i, 318is/ti ab 9/93, alle 320i, 323i, 323ti, 325i, 328i

Diese Motoren besitzen einen breiten Keilrippenriemen (Vielzahnriemen), der Generator, Kühlmittelpumpe und Servopumpe antreibt.

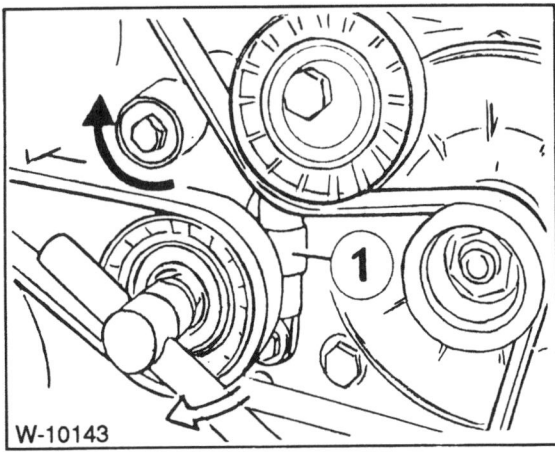

- **6-Zylindermotor:** Innensechskantschlüssel in die Schraube am Spannrad einstecken. Falls vorhanden, vorher Abdeckkappe vom Spannrad abhebeln. Durch langsames Drehen im Uhrzeigersinn wird das hydraulische Spannelement –1– zusammengedrückt. Keilrippenriemen abnehmen.

- **4-Zylindermotor:** Am Spannradhalter Gabelschlüssel ansetzen und nach links drücken. Riemen abnehmen.

Achtung: Beim 318is/ti seit 1/96 (1,9-l-Motor) ist die Spannvorrichtung geändert: Abdeckkappe vom Spannrad abhebeln. Innensechskantschlüssel in die Zentralschraube des Spannrades einstecken und Keilrippenriemen durch Linksdrehen des Schlüssels entspannen.

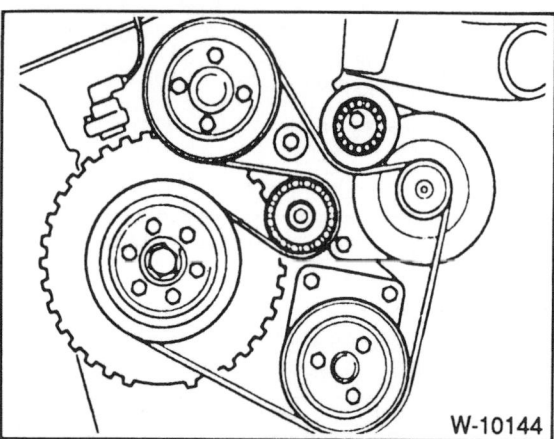

- Neuen Keilrippenriemen nach abgebildetem Schema auf die Riemenräder auflegen, dabei Spannrad wie beim Ausbau spannen. Auf richtige Lage in den Rillen der Riemenräder achten.

- Spannrad entlasten. Die Spannkraft wird von dem Spannelement aufgebracht, die Höhe der Spannung ist nicht einstellbar.

Keilrippenriemen ersetzen, Modelle 318tds/325td/tds

Der Dieselmotor besitzt einen breiten Keilrippenriemen (Vielzahnriemen), der Generator, Kühlmittelpumpe und Servopumpe antreibt.

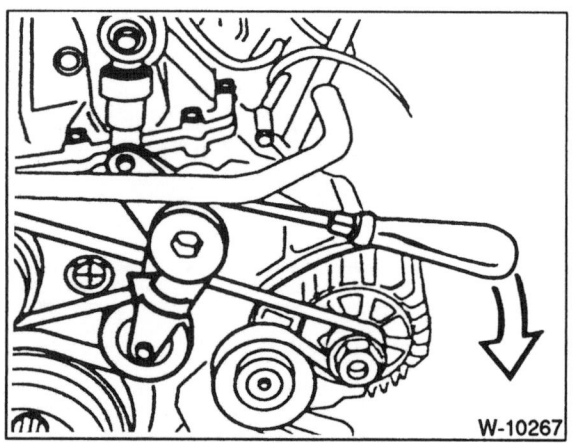

- Starken Schraubendreher oder ähnlichen Hebel am Spannelement ansetzen, siehe Abbildung. Durch Herunterdrücken den Riemenspanner zusammendrücken und Keilrippenriemen abnehmen.

- Neuen Keilrippenriemen nach abgebildetem Schema auf die Riemenräder auflegen, dabei Riemenspanner wie beim Ausbau zusammendrücken. Auf richtige Lage in den Rillen der Riemenräder achten.

- Spannrad entlasten. Die Spannkraft wird von dem Spannelement aufgebracht, die Höhe der Spannung ist nicht einstellbar.

- Falls ausgebaut, Motorraum-Unterschutz wieder einbauen.

- Fahrzeug ablassen.

Starthilfe

Bei der Starthilfe mit einem Starthilfekabel sind verschiedene Punkte zu beachten:

■ Die Starthilfekabel sollten einen Leitungsquerschnitt von 25 mm² aufweisen und mit isolierten Kabelzangen ausgestattet sein. In der Regel ist der Leitungsquerschnitt auf der Packung der Starthilfekabel angegeben.

■ Bei beiden Batterien muss die Spannung 12 Volt betragen. Die Kapazität der stromgebenden Batterie darf nicht wesentlich unter der der entladenen Batterie liegen.

■ Eine entladene Batterie kann bereits bei –10° C gefrieren. Vor Anschluß der Starthilfekabel muß eine gefrorene Batterie unbedingt aufgetaut werden.

■ Die entladene Batterie muß ordnungsgemäß am Bordnetz angeklemmt sein.

■ Während des Starthilfevorganges offene Flammen in der Nähe der Batterie vermeiden, weil aus der Batterie brennbare Gase austreten können.

■ Ist das Fahrzeug mit einem Autotelefon ausgerüstet, vor dem Starthilfevorgang sicherheitshalber das Sende-/Empfangsgerät vom Bordnetz trennen. Bei einigen Telefonen, zum Beispiel »Siemens C2«, können sonst Schäden durch Überspannung auftreten.

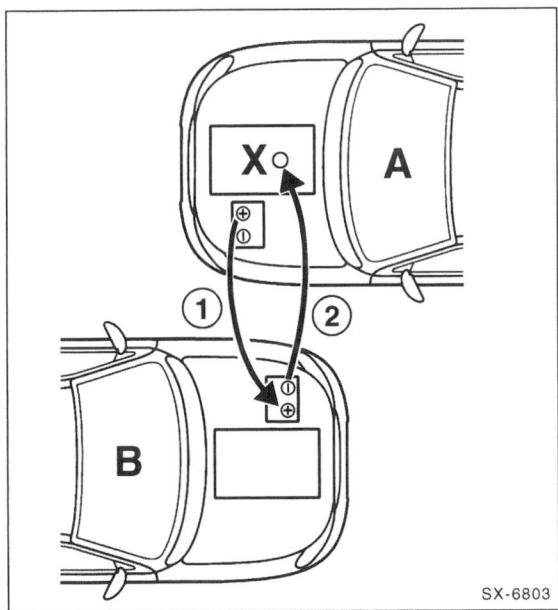

● Fahrzeuge so weit auseinanderstellen, daß kein metallischer Kontakt besteht. Andernfalls könnte bereits beim Verbinden der Pluspole (+) ein Strom fließen.

● Bei beiden Fahrzeugen Handbremse anziehen. Schaltgetriebe in Leerlaufstellung, automatisches Getriebe in Parkstellung »P« schalten.

● Alle Stromverbraucher (Licht, Radio usw.) ausschalten.

● Grundsätzlich Motor des Spenderfahrzeuges –A– ca. 1 Minute vor dem Startvorgang und während des Startvorganges mit Leerlaufdrehzahl drehen lassen. Dadurch wird eine Beschädigung des Generators durch Spannungsspitzen beim Startvorgang vermieden.

● Starthilfekabel in folgender Reihenfolge anschließen:
1. Mit dem roten Starthilfekabel –1– die Pluspole (+) beider Batterien verbinden. **Achtung:** Je nach Modell und Ausstattung befindet sich beim BMW die Batterie im Heck unterhalb vom Kofferraum. Diese Modelle besitzen einen Abgriff (Pluspol) rechts im Motorraum, siehe Abbildung. Die Abdeckkappe ist mit einem »+« beschriftet, zum Abnehmen Lasche ziehen. Starthilfekabel an diesen Pluspol anschließen.
2. Schwarzes Kabel –2– an den Minuspol (–) der stromgebenden Batterie anklemmen.
3. Das andere Ende des schwarzen Kabels an eine gute Massestelle –X–, zum Beispiel den Motorblock des Empfängerfahrzeuges, anschließen. **Achtung:** Würde das Kabel an den Minuspol (–) der leeren Batterie angeschlossen, könnte unter ungünstigen Umständen durch Funkenbildung und Knallgasentwicklung die Batterie explodieren.

Achtung: Die Klemmen der Starthilfekabel dürfen bei angeschlossenen Kabeln nicht in Kontakt miteinander kommen, beziehungsweise die Plusklemmen (+) dürfen keine Massestellen (–) wie Karosserie oder Rahmen berühren.

● Grundsätzlich Motor des Spenderfahrzeuges während des Startvorganges mit Leerlaufdrehzahl drehen lassen. Dadurch wird eine eventuelle Beschädigung des Generators durch Spannungsspitzen beim Startvorgang vermieden. Sinkt allerdings die Leerlaufdrehzahl stark ab, kann etwas Gas gegeben werden.

● Motor des Empfängerfahrzeuges (leere Batterie) starten und laufen lassen. Beim Starten Anlasser nicht länger als 15 Sekunden ununterbrochen betätigen, da sich durch die hohe Stromaufnahme Polzangen und Kabel erwärmen. Deshalb zwischendurch eine »Abkühlpause« von mindestens 1 Minute einlegen.

● Ist der Motor angesprungen, möglichst beide Fahrzeuge mit verbundenen Starthilfekabeln noch 2 bis 3 Minuten im Leerlauf weiterlaufen lassen.

Achtung: Bevor die Starthilfekabel abgeklemmt werden, am Empfängerfahrzeug –B– die Beleuchtung und die heizbare Heckscheibe einschalten, sowie das Heizgebläse auf die höchste Stufe schalten, um eine Überspannung vom Regler zu den Verbrauchern zu vermeiden.

● **Nach der Starthilfe** Kabel in **umgekehrter** Reihenfolge abklemmen, also zuerst vom Spenderfahrzeug.

Achtung: Werden die vorgeschriebenen Anschlußhinweise nicht genau eingehalten, besteht die Gefahr der Verätzung durch austretende Batteriesäure. Außerdem können Verletzungen oder Schäden durch eine Batterieexplosion entstehen. Zudem können Defekte an den elektrischen Anlagen beider Fahrzeuge auftreten.

Fahrzeug abschleppen

- Abschleppseil nur an den dafür vorgesehenen Stellen anbringen: Abdeckung im vorderen beziehungsweise hinteren Stoßfänger abhebeln. Abschleppöse (im Bordwerkzeug) in das unterhalb der Abdeckung befindliche Schraubloch fest bis zum Anschlag einschrauben.

- Das Abschleppseil soll elastisch sein, damit das schleppende und das gezogene Fahrzeug geschont werden. Nur Kunstfaserseile oder Seile mit elastischen Zwischengliedern verwenden. **Sicherer ist jedoch die Verwendung einer Abschleppstange.**

- Zündung einschalten, damit das Lenkrad nicht blockiert ist und die Blinkleuchten, das Signalhorn und gegebenenfalls die Scheibenwischer betätigt werden können.

- Da der Bremskraftverstärker nur bei laufendem Motor arbeitet, muß bei nicht laufendem Motor das Bremspedal entsprechend kräftiger getreten werden!

- Bei Fahrzeugen mit Servolenkung muß auch zum Lenken mehr Kraft aufgewendet werden, da bei stehendem Motor die Servo-Unterstützung fehlt.

- Fahrzeuge mit Abgaskatalysator dürfen nur bei kaltem Motor und nur über eine kurze Strecke durch Anschleppen gestartet werden, siehe Seite 121.

Abschleppen von Fahrzeugen mit Automatikgetriebe

- Wählhebelstellung „N".

Maximale Schleppgeschwindigkeit: 50 km/h!

Maximale Schleppentfernung: 50 Kilometer!

Beim 6-Zylindermotor (außer 325td) darf der Wagen mit maximal 70 km/h bis 150 km weit abgeschleppt werden.

- Über größere Entfernungen muß der Wagen hinten angehoben werden, oder die Gelenkwelle muß ausgebaut werden. Stattdessen kann auch zusätzlich 1 Liter ATF-Öl (Automatik-Getriebe-Öl) in das Getriebe eingefüllt werden. Grund: Bei stehendem Motor arbeitet die Getriebeölpumpe nicht, das Getriebe wird für höhere Drehzahlen und längere Laufzeiten daher nicht ausreichend geschmiert. **Achtung:** Wurde zusätzlich Öl eingefüllt, ist der Ölstand nach Instandsetzung des Fahrzeugs wieder auf Normalstand zu korrigieren.

- Das Starten des Motors durch Anschleppen ist bei Fahrzeugen mit Automatikgetriebe nicht möglich, gegebenenfalls Starthilfe durchführen.

Störungsdiagnose Motor

Wenn der Motor nicht anspringt, Fehler systematisch einkreisen. Damit der Motor überhaupt anspringen kann, müssen beim Benzinmotor immer zwei Grundvoraussetzungen erfüllt sein. Das Kraftstoff-Luftgemisch muß bis in die Zylinder gelangen und der Zündfunke muß an den Zündkerzen vorhanden sein. Als erstes ist deshalb immer zu prüfen, ob überhaupt Kraftstoff gefördert wird. Wie man dabei vorgeht, steht in den Kapiteln »Kraftstoff-« und »Einspritzanlage«.

Störung: Der Motor springt schlecht oder gar nicht an

Ursache		Abhilfe
Bedienungsfehler beim Starten	Einspritzmotor:	■ Gaspedal etwas niederdrücken und festhalten. Kupplung durchtreten.
		■ Zündschlüssel drehen und starten bis der Motor anspringt. Dann erst Zündschlüssel loslassen.
	Dieselmotor:	■ **Bei kaltem Motor:** Zündung einschalten und sobald die Kontrollampe erlischt Motor starten.
		■ **Bei warmem Motor:** Es braucht nicht vorgeglüht zu werden, der Motor kann sofort angelassen werden
Zündanlage defekt, verschmutzt oder verstellt		■ Zündanlage entsprechend Störungsdiagnose überprüfen
Kraftstoffanlage defekt, verschmutzt		■ Kraftstoffanlage entsprechend Störungsdiagnose überprüfen
Anlasser dreht zu langsam		■ Batterie laden. Falls Einbereichs-Motoröl eingefüllt ist, in der kalten Jahreszeit Winteröl einfüllen. Anlasser überprüfen
Kompressionsdruck zu niedrig		■ Motor überholen
Längung der Steuerkette		■ Steuerzeiten überprüfen, Steuerkette ersetzen
Zylinderkopfdichtung defekt		■ Dichtung ersetzen
Dieselmotor: Vorglühanlage defekt		■ Vorglühanlage entsprechend Störungsdiagnose überprüfen
Förderbeginn verstellt		■ Förderbeginn überprüfen
Einspritzdüsen defekt		■ Einspritzdüsen überprüfen
Einspritzpumpe defekt		■ Einspritzpumpe ersetzen

Die Motor-Schmierung

Für BMW-Motoren sollen Mehrbereichsöle verwendet werden. Das hat den Vorteil, daß das Motoröl nicht jahreszeitbedingt (Sommer/Winter) gewechselt werden muß. Mehrbereichsöle bauen auf einem dünnflüssigen Einbereichsöl (z. B. 15 W) auf. Durch sogenannte Viskositätsindexverbesserer wird das Öl im heißen Zustand stabilisiert, so daß für jeden Betriebszustand die richtige Schmierfähigkeit gegeben ist.

Bei Leichtlaufölen handelt es sich um Mehrbereichsöle, denen unter anderem Reibwertverminderer zugesetzt wurden, wodurch sich die Reibung innerhalb des Motors vermindert. Für das Leichtlauföl wird als Grundöl ein Synthetiköl verwendet. Beim Kauf eines Leichtlauföles sollte man darauf achten, daß es von BMW freigegeben wurde.

Anwendungsbereich/Viskositätsklassen

Die SAE-Bezeichnung gibt die Viskosität (Zähflüssigkeit) des Motoröls an. Beispiel: SAE 10W-40:
10 – Viskosität des Öls in kaltem Zustand. Je kleiner die Zahl, desto dünnflüssiger ist das kalte Motoröl.
W – Das Motoröl ist wintertauglich.
40 – Viskosität des Öls in heißem Zustand. Je größer die Zahl, desto dickflüssiger ist das heiße Motoröl.

BMW empfiehlt Motoröle der Viskositätsklassen 0W-30/40, 5W-30/40/50, 10W-40 und 15W-40.

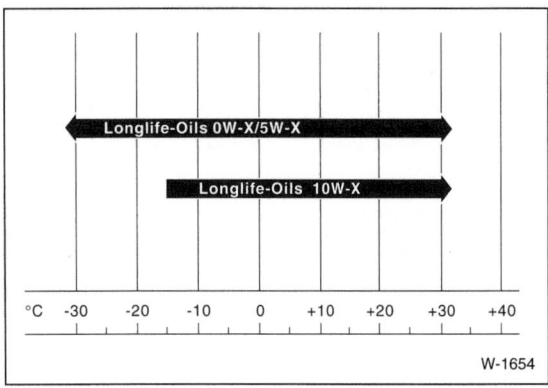

In der Abbildung wird in Abhängigkeit von der Außentemperatur die Viskosität des Longlifeöls dargestellt, das von allen Motortypen verwendet werden kann.

Da die Einsatzbereiche benachbarter SAE-Klassen sich überschneiden, können kurzfristige Temperaturschwankungen unberücksichtigt bleiben. Es ist zulässig, Öle verschiedener Viskositätsklassen miteinander zu mischen, wenn einmal Öl nachgefüllt werden muß und die Außentemperaturen nicht mehr der Viskositätsklasse des im Motor befindlichen Öles entsprechen.

Zusatzschmiermittel – gleich welcher Art – sollen weder dem Kraftstoff noch den Schmierölen beigemischt werden.

Spezifikation des Motoröls

Die Qualität eines Motoröls wird durch Normen der Automobil- sowie der Ölhersteller gekennzeichnet.

Die Klassifikation der Motoröle amerikanischer Ölhersteller erfolgt nach dem **API**-System (API: American Petroleum Institut): Die Kennzeichnung erfolgt durch jeweils zwei Buchstaben. Der erste Buchstabe gibt den Anwendungsbereich an: **S** = Service, für **Ottomotoren** geeignet; **C** = Commercial, für **Dieselmotoren** geeignet. Der zweite Buchstabe gibt die Qualität in alphabetischer Reihenfolge an. Von höchster Qualität sind Öle der API-Spezifikation **SL** für Ottomotoren und **CF** für Dieselmotoren.

Europäische Ölhersteller klassifizieren ihre Öle nach der »**ACEA**«-Spezifikation (**A**ssociation des **C**onstructeurs **E**uropéens d'**A**utomobiles), die vor allem die europäische Motorentechnologie berücksichtigt. Öle für PKW-Benzinmotoren haben die ACEA-Qualitätsklassen A1-96 bis A3-96; Dieselmotoröle von B1-96 bis B4-96. Von höchster Qualität sind Öle »**A3**« für Ottomotoren und »**B3**« für Dieselmotoren. »**B4**« ist auf Diesel-Direkteinspritzer abgestimmt, sollte aber nur verwendet werden, wenn ebenfalls die Spezifikation »**B3**« angegeben ist. »**96**« gibt den Beginn der Gültigkeit der ACEA-Klassifikation im Jahr 1996 an. Motoröle mit höheren Jahreszahlangaben können ebenfalls verwendet werden.

Achtung: Motoröle, die vom Hersteller ausdrücklich als Öle für Diesel-Motoren bezeichnet werden, sind für Ottomotoren nicht geeignet. Es gibt Öle, die sowohl für den Otto- als auch für den Diesel-Motor geeignet sind. In diesem Fall sind beide Spezifikationen (Beispiel: ACEA A3-96/B3-96 oder API SJ/CF) auf der Öldose vermerkt.

Motoröle für die 3er BMW-Motoren

Mehrbereichs- oder Leichtlauföl nach folgenden Spezifikationen verwenden. Die Spezifikation **muß** auf der Öldose angegeben sein. Motoröle höherer Qualitätsstufen können ebenso verwendet werden.

	Spezifikationen
Benzinmotoren	**API SJ/CD** oder höher **ACEA A2** oder höher **ACEA A2/B2-96** oder höher **Spezialöl** nach **ACEA A3/B3-96** **Longlifeöl** nach **ACEA A3/B3-96**
Dieselmotoren: M41, M51 bis 8/95	**ACEA A3/B3-96** **Spezialöl** nach **ACEA A3/B3-96** **Longlifeöl** nach **ACEA A3/B3-96**
Dieselmotor: M51 ab 9/95	**Longlifeöl** nach **ACEA A3/B3-96**

Spezialöle und Longlifeöle müssen von BMW freigegeben sein, sie erfüllen besondere Qualitätsanforderungen und sind ganzjährig einsetzbar. BMW unterscheidet zwischen zwei Longlifeöl-Spezifikationen: Longlife-98 und Longlife-01, wobei Longlife-01 den höchsten Qualitätsansprüchen genügt.

Ölverbrauch

Bei einem Verbrennungsmotor versteht man unter dem Ölverbrauch diejenige Ölmenge, die als Folge des Verbrennungsvorganges verbraucht wird. Auf keinen Fall ist Ölverbrauch mit Ölverlust gleichzusetzen, wie er durch Undichtigkeiten an Ölwanne, Zylinderkopfdeckel usw. auftritt.

Normaler Ölverbrauch entsteht durch Verbrennung jeweils kleiner Mengen im Zylinder; durch Abführen von Verbrennungsrückständen und Abrieb-Partikeln. Zudem verschleißt das Öl durch die hohen Temperaturen und die hohen Drücke, denen es im Motor fortwährend ausgesetzt ist.

Ferner haben auch äußere Betriebsverhältnisse, Fahrweise und Fertigungstoleranzen einen Einfluß auf den Ölverbrauch. Der Ölverbrauch darf höchstens 1,5 l/1000 km betragen.

Unbedingt muß Öl nachgefüllt werden, wenn die »Nachfüll«-Markierung erreicht ist (Nachfüllmenge dann max. 1 l).

Der Ölkreislauf

Die BMW-Motoren besitzen eine sogenannte Druckumlaufschmierung. Bei ihr saugt eine Ölpumpe über ein Ölsieb das Motoröl aus der Ölwanne an und drückt es durch einen Ölfilter. Durch die Mittelachse der Filterpatrone gelangt das gefilterte Öl in den Hauptölkanal. Bei verstopftem Ölfilter leitet ein Kurzschlußventil das Öl direkt und ungefiltert am Ölfilter vorbei in den Hauptölkanal.

Hinter dem Ölfilter regelt ein Überdruckventil (Öldruckregelventil) den Öldruck auf ca. 4 bar. Bei höherem Öldruck öffnet das Ventil, und ein Teil des Öls fließt in die Ölwanne zurück.

Vom Hauptölkanal zweigen Kanäle ab zur Schmierung der Kurbelwellenlager. Durch schräge Bohrungen in der Kurbelwelle wird das Öl an die Pleuellager geleitet und von dort gegen Kolbenbolzen und Zylinder gespritzt.

Gleichzeitig gelangt Motoröl über Steigleitungen in den Zylinderkopf und versorgt dort Nockenwellenlager, Ventilspielausgleicher und Ventilführungen. Rücklaufsperren stellen sicher, daß sich immer genügend Öl zur Schmierung dieser Bauteile im Zylinderkopf befindet.

Wo vorhanden, werden außerdem noch die Steuerketten mit Kettenspanner sowie die Antriebskette der Ölpumpe mit Öl versorgt.

Öldruck überprüfen

- Fahrzeug warmfahren, die Öltemperatur soll ca. +80° C betragen. Ölstand kontrollieren.

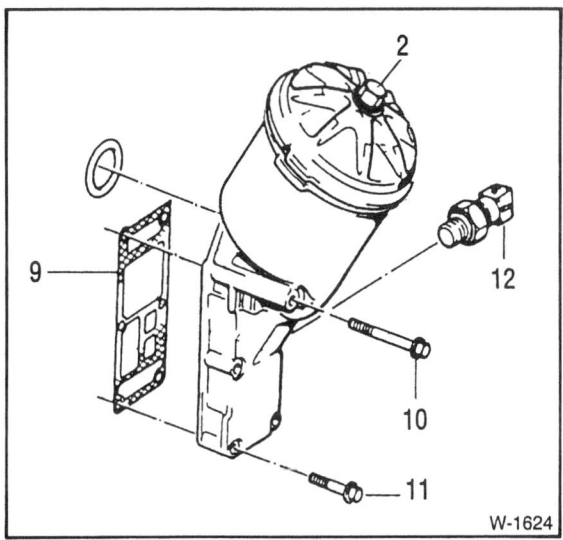

- Der Öldruckschalter befindet sich am Ölfiltergehäuse (die Abbildung zeigt den Ölfilter der Modelle 316i, 318i). Schraube –2– lösen und Ölfilterdeckel abnehmen, damit das Öl in den Motor zurückläuft.

- Kabel vom Öldruckschalter abziehen und Öldruckschalter –12– herausschrauben.

- Anstelle des Öldruckschalters geeignetes Manometer einschrauben.

- Ölfilterdeckel anschrauben.

- Motor starten und im Leerlauf belassen. Der Öldruck soll bei allen Motoren mindestens 0,5 bar betragen.

- Drehzahl auf 5000/min bis 6000/min erhöhen. Der Öldruck muß nun zwischen 4,0 bar (Diesel: 3,8 bar) und 4,7 bar liegen.

- Öldruckschalter mit neuem Dichtring einsetzen und mit **30 Nm** festziehen, Kabel anschließen.

- Deckel am Ölfiltergehäuse mit **30 Nm** anschrauben.

- Falls der Öldruck vom Sollwert abweicht, siehe »Störungsdiagnose Ölkreislauf«.

Ölwanne aus- und einbauen

Ölwanne der Modelle 316i, 318i

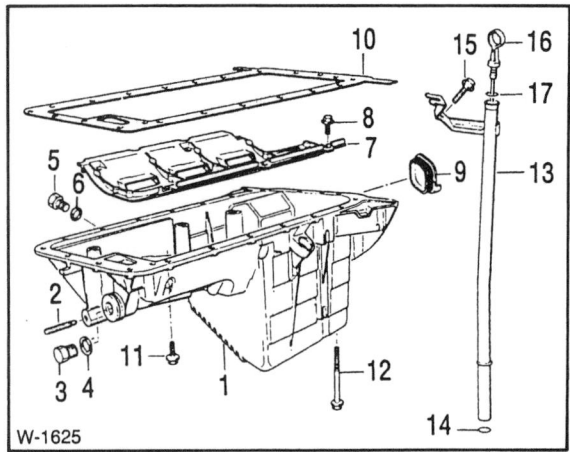

1 – Ölwanne
2 – Stiftschraube
3 – Verschlußschraube
4 – Dichtring
5 – Ölablaßschraube
6 – Dichtring, Größe A12x15,5-AL
7 – Schwallblech
8 – Sechskantschraube
9 – Abdeckung
10 – Ölwannendichtung
11 – Sechskantschraube
12 – Sechskantschraube
13 – Führungsrohr
14 – O-Ring
15 – Sechskantschraube
16 – Ölmeßstab
17 – O-Ring

Modelle 320i, 323i, 323ti, 325i, 328i

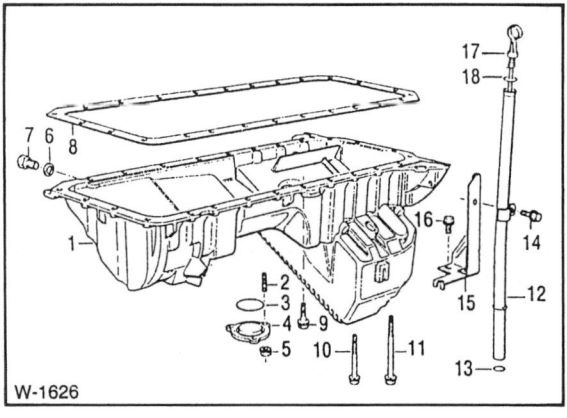

1 – Ölwanne
2 – Stiftschraube
3 – O-Ring
4 – Verschlußdeckel
5 – Sechskantmutter
6 – Dichtring, Größe A12x15,5-AL
7 – Ölablaßschraube
8 – Ölwannendichtung
9-11 – Sechskantschrauben
12 – Führungsrohr
13 – O-Ring
14 – Sechskantschraube
15 – Halter
16 – Sechskantschraube
17 – Ölmeßstab
18 – O-Ring

Ausbau

Achtung: Aufgrund der beengten Platzverhältnisse müssen zum Ölwannenausbau beide Motorlager gelöst und der Motor vorn angehoben werden. Die ausführlichere Beschreibung dieser Arbeitsschritte ist im Kapitel »Motor aus- und einbauen« zu finden, siehe Seite 14.

- Batterie-Massekabel (–) abklemmen. **Achtung:** Dadurch wird aus dem Speicher des Radios der Code für die Diebstahlsicherung gelöscht. Die Batterie darf nur bei ausgeschalteter Zündung abgeklemmt werden, da sonst das Steuergerät der Einspritzanlage beschädigt wird. Vor dem Abklemmen sollten auch die Hinweise im Kapitel »Radio« bzw. »Batterie aus- und einbauen« durchgelesen werden.

Achtung: Bei Fahrzeugen mit 6-Zylindermotor befindet sich die Batterie im Kofferraum rechts neben dem Reserverad.

- Fahrzeug aufbocken.
- Falls vorhanden, Motorunterschutz abschrauben.
- Motoröl ablassen, siehe Kapitel »Wartung«.
- Abgasrohr am Krümmer abschrauben, Abgasanlage komplett ausbauen, siehe Seite 117.
- Luftfilterkasten mit Ansaugluftschlauch vom Drosselklappenstutzen abbauen und herausnehmen.
- 6-Zylindermotor: Generator-Luftführung oberhalb vom Kühler und am Generator abschrauben und abnehmen.
- Frischluftschacht für die Heizung ausbauen, siehe Seite 238.
- Lüfter ausbauen, siehe Seite 73.
- Führungsrohr für den Ölpeilstab am Halter abschrauben, dazu Schraube –14– (6-Zylindermotor, siehe Abbildung W-1626) beziehungsweise –15– (4-Zylindermotor, Abbildung W-1625) lösen. Führungsrohr nach oben aus der Ölwanne herausziehen.
- Vorratsbehälter für Servolenkung am linken Motortragarm abschrauben (2 Schrauben) und Behälter nach vorn ziehen.
- Keilriemen für Generator/Servolenkung ausbauen, siehe Seite 58.
- Lenkhilfepumpe (für Servolenkung) mit 3 Schrauben abschrauben und mit angeschlossenen Leitungen seitlich mit Draht aufhängen.
- Falls vorhanden, Kompressor für Klimaanlage am Motorblock abschrauben und mit angeschlossenen Leitungen seitlich mit Draht aufhängen.
- Motorlager rechts und links von oben abschrauben.
- Von der Fahrzeugunterseite her die Muttern an beiden Motorlagern ca. 4 Umdrehungen lockern.
- Motor an Motorheber anseilen und anheben. Steht die Aufhängevorrichtung nicht zur Verfügung, entsprechendes Seil durch die Laschen am Motor ziehen und kräftiges Rohr durch das Seil schieben und auf entsprechenden Böcken lagern oder in den Kotflügelsicken. **Achtung:** Rohr nicht auf den Kotflügeln lagern. Motor langsam hochziehen, dabei sicherstellen, daß keine Kabel und Schläuche gedehnt oder gequetscht werden.

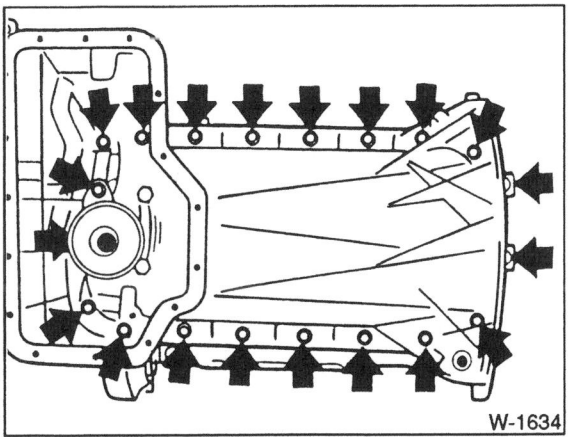

- Nur Modelle 318is/ti: Ölwannenunterteil abschrauben, damit die Befestigungsschrauben erreicht werden können.

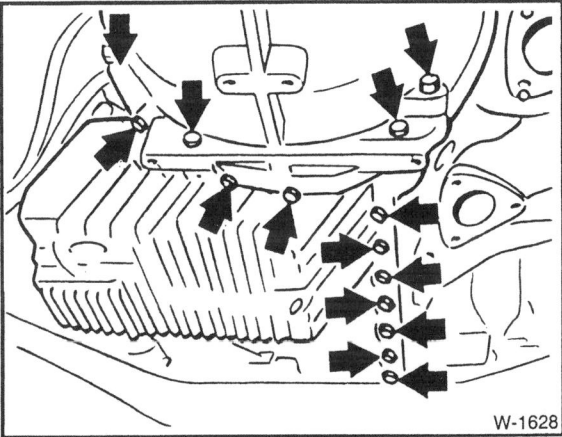

- Ölwanne vorn und hinten (Abbildung) abschrauben und absenken. Für die beiden vorderen Schrauben wird eine schmale Stecknuß mit Verlängerung benötigt.
- Nur 320i, 323i, 323ti, 325i, 328i: Ölpumpe ausbauen, sonst kann die Ölwanne nicht herausgezogen werden, siehe Seite 68.
- Ölwanne nach hinten herausziehen.

Einbau

- Dichtflächen von Ölwanne und Motorblock reinigen.

- Übergänge an Räderkastendeckel und Abschlußdeckel mit einer Raupe dauerelastischer Dichtmasse »3 Bond 1209« belegen.
- Neue Ölwannendichtung mit etwas Fett ankleben, anschließend richtigen Sitz der Dichtung prüfen. **Achtung:** Dichtung immer erneuern.
- Ölwanne ansetzen.
- 320i, 323i, 323ti, 325i, 328i: Ölpumpe einsetzen, Schrauben mit **20 Nm** festziehen. 2 Paßhülsen müssen zwischen Motorblock und Ölpumpengehäuse zur Zentrierung vorhanden sein. Kettenrad mit aufgelegter Kette einsetzen und Mutter (Linksgewinde) mit **25 Nm** anziehen.
- Ölwannen-Schrauben handfest anziehen. Anschließend alle Schrauben mit **10 Nm**, also nur leicht, festziehen.
- Modell 318is/ti: Ölwannenunterteil mit neuer Dichtung und **10 Nm** anschrauben.
- Ölstabführungsrohr mit **neuem** O-Ring einsetzen und anschrauben.
- Motor einbauen, umgekehrt wie unter »Ausbau« beschrieben. Beide Motorlager mit **45 Nm** anschrauben.
- Öl auffüllen. Am Ölpeilstab befinden sich zwei Markierungen. Die Markierungen weisen auf die Ölmenge im Motor hin. Die Mengendifferenz – min.-max. – beträgt 1 Liter.
- Fahrzeug ablassen.
- Batterie-Massekabel anklemmen.
- Nach Probefahrt Ölwanne auf Dichtigkeit prüfen, eventuell alle Schrauben vorsichtig nachziehen.
- Falls vorhanden, Motorunterschutz anschrauben.

Ölpumpe aus- und einbauen/prüfen

Ausbau Modelle 316i, 318i bis 8/93 (Motor M40)

Achtung: Da der Ölpumpenausbau recht umfangreiche Vorarbeit erfordert und zudem selten vorkommt, empfiehlt es sich, für diese Arbeit eine BMW-Werkstatt aufzusuchen. Zur Funktionskontrolle des Überdruckventils genügt es, die Ölwanne zuvor auszubauen.

- Zahnriemen ausbauen, siehe Seite 21.

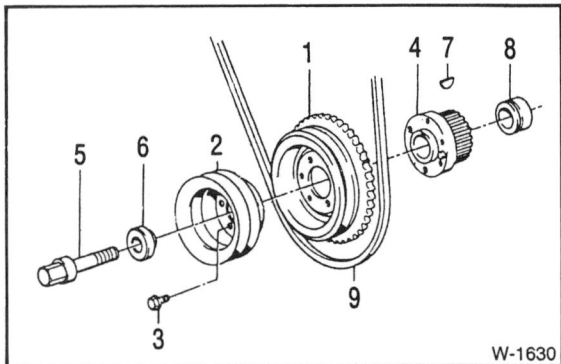

- Schwingungsdämpfer –1– und Keilriemenscheibe –2– mit Schrauben –3– abschrauben. Dabei 5. Gang einlegen, Handbremse anziehen und dadurch Motor blockieren.
- Schraube –5– lösen, Zahnriemenrad –4– an der Kurbelwelle von Hand abziehen. **Achtung:** Die Schraube ist mit hohem Drehmoment angezogen. Beim Lösen von einem Helfer die Fußbremse betätigen lassen, damit der Motor nicht mitdreht.
- Keilfeder –7– am Kurbelwellenzapfen ausheben und Ring –8– abziehen.

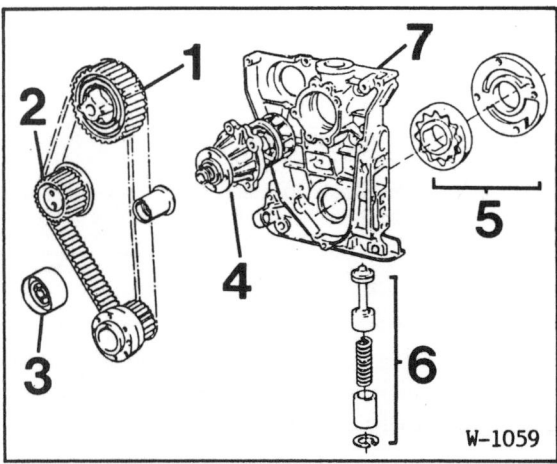

- Sämtliche Zahnriemen-Laufrollen –1– bis –3– am Motorblock-Abschlußdeckel abschrauben.
- Kühlmittelpumpe –4– ausbauen, siehe Seite 76.
- Ölwanne ausbauen.
- Impulsgeber am Abschlußdeckel –7– abschrauben.

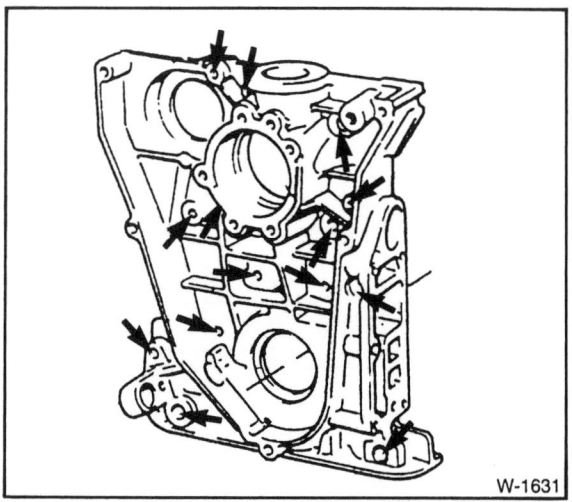

- Alle Befestigungsschrauben –Pfeile– des Abschlußdeckels abschrauben und Abschlußdeckel abnehmen.
- 4 Schrauben an der Rückseite des Deckels lösen und Ölpumpenräder –5– herausnehmen, siehe Abbildung W-1059.

Prüfen

- Ölpumpe reinigen und prüfen. Sind Einlaufspuren an Zahnrädern/Gehäuseteilen sichtbar, Ölpumpe vermessen und gegebenenfalls ersetzen. **Sollwerte:** Radialspiel Außenrotor/Pumpengehäuse: max. 0,2 mm; Axialspiel Innenrotor: max. 0,065 mm; Außenrotor: max. 0,1 mm.
- Sicherungsring am Abschlußdeckel ausfedern und Überdruckventil –6– herausnehmen, siehe Abbildung W-1059. Länge der unbelasteten Feder messen, gegebenenfalls ersetzen. **Sollwert:** 84,1 mm.
- Überdruckventil einsetzen, Sicherungsring einfedern.
- Rotoren mit Motoröl schmieren und einsetzen. Ölpumpendeckel mit **10 Nm** anschrauben.

Einbau

- Deckeldichtung und O-Ring für die Kurbelwelle auf jeden Fall erneuern.
- Abschlußdeckel mit neuer Dichtung ansetzen und Schrauben gleichmäßig festziehen. Das Anzugsmoment richtet sich nach dem Gewindedurchmesser der Schrauben: **M 6-Gewinde: 10 Nm; M 8-Gewinde: 20 Nm.**
- Neuen Kurbelwellen-Dichtring einölen und mit einem geeigneten, kurzen Rohr bis zum Anschlag vorsichtig eintreiben. Innen- und Außendurchmesser des Rohrs müssen dem Dichtring entsprechen. Die BMW-Werkstatt benutzt das Einziehwerkzeug 112320.
- Ring auf die Kurbelwelle aufschieben, Keilfeder einsetzen und Zahnriemenrad aufschieben.
- Schraube –5– mit Scheibe –6– einschrauben, siehe Abbildung W-1630. Dabei muß der Absatz der Scheibe –6– zum Zahnriemenrad zeigen.

- Schraube –5– mit **310 Nm** anziehen. **Achtung:** Stabiles Werkzeug erforderlich. 5. Gang einlegen und von Holfor Fußbremse betätigen lassen, damit der Motor nicht mitdreht.
- Schwingungsdämpfer und Keilriemenscheibe anschrauben, 6 Schrauben mit **25 Nm** anziehen.
- Impulsgeber einbauen, siehe Seite 84.
- Kühlmittelpumpe einbauen, siehe Seite 76.
- Zahnriemen-Laufrollen und Zahnriemen einbauen, siehe Seite 23.
- Keilriemen auflegen und spannen, siehe Seite 58.
- Ölwanne einbauen, siehe Seite 65.
- Öl und Kühlmittel auffüllen, siehe Kapitel »Wartung«.
- Batterie-Massekabel anklemmen.
- Motor starten und im Leerlauf drehen lassen, gegebenenfalls etwas Gas geben. Nach spätestens 10 Sekunden muß die Öldruck-Kontrolleuchte erlöschen, sonst Fehler nach der »Störungsdiagnose Ölkreislauf« aufspüren.

Ausbau Modelle 320i, 323i, 323ti, 325i, 328i

- Ölwanne abschrauben und absenken. Die Ölwanne kann bei eingebautem Motor nur abgenommen werden, wenn die Ölpumpe ausgebaut ist, siehe Seite 65.

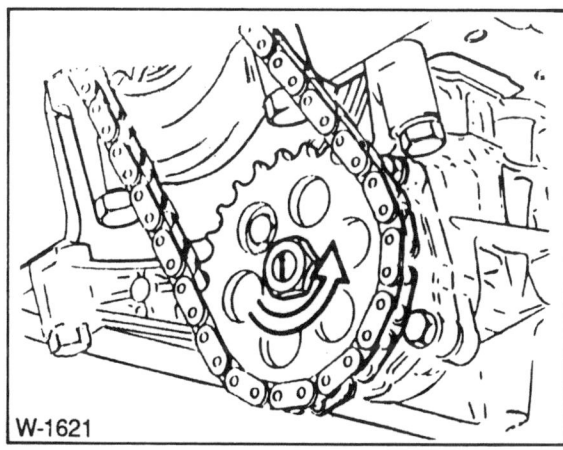

- Mutter lösen, Ölpumpen-Kettenrad mit Kette abziehen. Dabei Kettenspanner entlasten (zurückdrücken). **Achtung:** Die Mutter hat Linksgewinde, also zum Lösen nach rechts drehen.

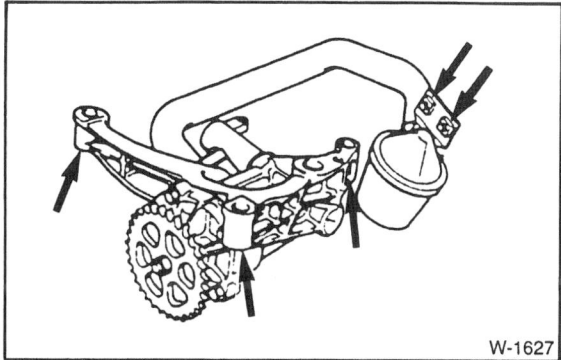

- Schrauben –Pfeile– der Ölpumpe abschrauben und Ölpumpe abnehmen. 2 Paßhülsen zum Motorblock für Wiedereinbau beachten.
- Ölwanne nach hinten herausziehen und abnehmen.

Prüfen

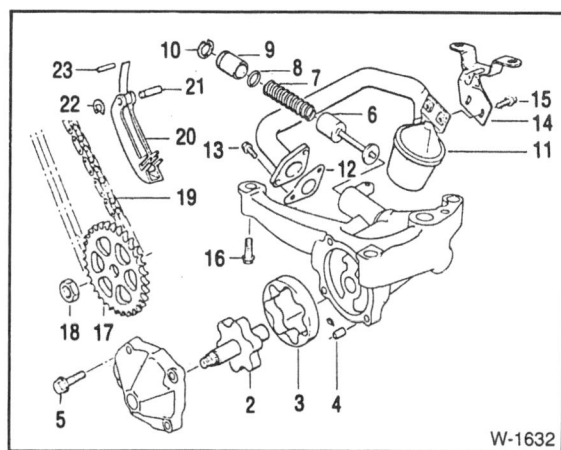

- Gegebenenfalls Ölpumpe in folgender Reihenfolge zerlegen und reinigen: Saugrohr abschrauben (Schrauben –13–), Pumpengehäuse lösen (Schrauben –5–). Dabei 2 Paßhülsen –4– nicht verlieren.
- Rotoren –2– und –3– auf Abnützung und Riefen prüfen, gegebenenfalls ersetzen. **Sollwerte:** Radialspiel Außenrotor/Pumpengehäuse: max. 0,18 mm; Axialspiel Innenrotor: max. 0,08 mm; Außenrotor: max. 0,09 mm.
- Sicherungsring –10– ausfedern und Überdruckventil herausnehmen, siehe Abbildung. Länge der unbelasteten Feder messen, gegebenenfalls ersetzen. **Sollwert:** 84,1 mm. Zusätzlich abgebildet: –6– bis –9– Überdruckventil; 11 – Hauptstrom-Ölfilter; 12 – Dichtung für Ölsaugrohr; 14 – Halter; 15 – Befestigungsschraube; 16 – Befestigungsschraube; 17 – Ölpumpenkettenrad; 18 – Befestigungsmutter (Linksgewinde); 19 – Antriebskette; –20– bis –23– Kettenspanner.
- **Achtung:** O-Ring –8– immer ersetzen. Überdruckventil vorsichtig einsetzen, Sicherungsring einfedern.
- Saugrohr mit neuer Dichtung anschrauben, die Nase an der Dichtung zeigt zum Ansaugkorb.
- Alle Teile mit Motoröl schmieren, Ölpumpendeckel mit **10 Nm**, also leicht, anschrauben.

Einbau

- Ölwanne mit Ölpumpe ansetzen.

- Ölpumpe einsetzen, Schrauben mit **20 Nm** festziehen. 2 Paßhülsen müssen zwischen Motorblock und Ölpumpengehäuse zur Zentrierung vorhanden sein. Kettenrad mit aufgelegter Kette einsetzen und Mutter (Linksgewinde) anziehen. **Mutter M6: 10 Nm, Mutter M10: 47 Nm, Mutter M10x1: 25Nm.** Falls ausgebaut, Kettenspanner einsetzen.

- Ölwanne anschrauben, siehe Seite 65.

Störungsdiagnose Ölkreislauf

Störung	Ursache	Abhilfe
Kontrolleuchte leuchtet nicht nach Einschalten der Zündung.	Öldruckschalter defekt.	■ Zündung einschalten, Leitung vom Öldruckschalter abziehen und gegen Masse halten. Wenn die Kontrollampe leuchtet, Schalter ersetzen.
	Strom zum Schalter unterbrochen, Kontakte korrodiert.	■ Elektrische Leitung und Anschlüsse prüfen.
	Kontrollampe defekt.	■ Kontrollampe ersetzen.
Kontrollicht erlischt nicht nach Anspringen des Motors.	Öl sehr warm.	■ Unbedenklich, wenn Kontrollicht beim Gasgeben erlischt.
Kontrollicht erlischt nicht beim Gasgeben bzw. leuchtet während der Fahrt.	Öldruck zu gering.	■ Ölstand prüfen, ggf. auffüllen; Öldruck nach Vorschrift prüfen.
	Elektrische Leitung zum Öldruckschalter hat Kurzschluß gegenüber Masse.	■ Kabel am Schalter abziehen und isoliert ablegen (nicht gegen Masse legen), Zündung einschalten. Wenn die Kontrollampe aufleuchtet, Leitung überprüfen.
	Öldruckschalter defekt.	■ Schalter auswechseln.
Zu niedriger Öldruck im gesamten Drehzahlbereich.	Zu wenig Öl im Motor.	■ Motoröl nachfüllen.
	Ansaugsieb in der Saugglocke verschmutzt, Saugrohr gebrochen.	■ Ölwanne ausbauen, Ansaugsieb reinigen, ggf. Saugrohr ersetzen.
	Ölpumpe verschlissen.	■ Ölpumpe ausbauen und prüfen, gegebenenfalls ersetzen.
	Lagerschaden.	■ Motor demontieren.
Zu niedriger Öldruck im unteren Drehzahlbereich.	Öldruckregelventil klemmt in offenem Zustand durch Verschmutzung.	■ Öldruckregelventil ausbauen und prüfen.
Zu hoher Öldruck bei Drehzahlen über 2.000/min.	Öldruckregelventil öffnet nicht wegen Verschmutzung.	■ Öldruckregelventil ausbauen und prüfen.

Die Motor-Kühlung

Der Kühlmittelkreislauf

Der Kühlmittelkreislauf des Motors wird thermostatisch geregelt. Solange der Motor kalt ist, zirkuliert das Kühlmittel nur im Zylinderkopf sowie im Motorblock und – bei geöffneter Heizung – im Wärmetauscher. Mit zunehmender Erwärmung öffnet der Kühlmittelregler den großen Kühlmittelkreislauf: Das Kühlmittel wird von der ständig im Einsatz befindlichen Kühlmittelpumpe über den Kühler geleitet. Die Kühlflüssigkeit durchströmt den Kühler von oben nach unten und wird dabei durch die an den Kühlrippen vorbeistreichende Luft gekühlt. Ein vom Keilriemen des Motors angetriebenes Lüfterrad hinter dem Kühler sorgt für genügend Luftdurchsatz, indem es zusätzlich zum Fahrtwind Luft durch den Kühler saugt.

Im Lüfterrad befindet sich eine Visco-Kupplung. Sobald die vom Kühler kommende Luft eine Temperatur von ca. +82° C erreicht, schaltet ein Bimetallstreifen in der Visco-Kupplung den Lüfter zu. Der Lüfter dreht sich dann mit erhöhter Drehzahl und sorgt so lange für größeren Luftdurchsatz, bis die vorbeistreichende Luft unter ca. +60° C gesunken ist. Dann schaltet die Visco-Kupplung ab und vermindert die Lüfterdrehzahl.

Durch den nicht immer voll mitlaufenden Lüfter erhöht sich die nutzbare Motorleistung und der Kraftstoffverbrauch vermindert sich.

Hinweis: Einige »Compact«-Modelle haben anstelle des Viscolüfters einen elektrisch angetriebenen Lüfter, der am Kühler befestigt ist und über einen Temperaturschalter bei hohen Kühlmitteltemperaturen zugeschaltet wird. Der Temperaturschalter ist in den Kühler eingeschraubt.

Inhalt des Kühlsystems, siehe Seite 296.

Kühlmittelkreislauf Modelle 316i, 318i

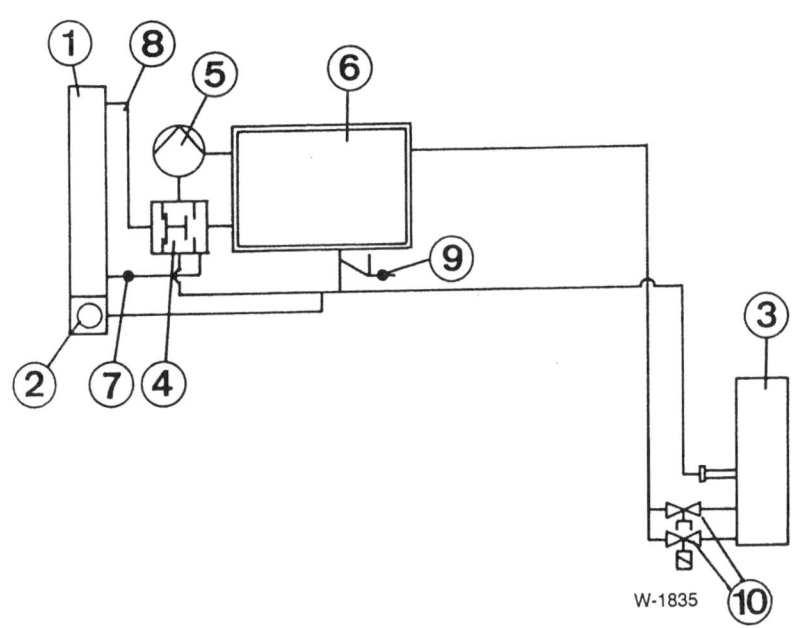

1 – **Kühler**
2 – **Ausgleichbehälter**
3 – **Innenraumheizung**
4 – **Thermostat**
5 – **Kühlmittelpumpe**
6 – **Motorblock**
7 – **Rücklauf**
8 – **Vorlauf**
9 – **Drosselklappenvorwärmung**
10 – **Heizventil**

Kühlmittelregler (Thermostat) aus- und einbauen/prüfen

Der Kühlmittelregler öffnet mit zunehmender Erwärmung des Motors den großen Kühlmittelkreislauf. Bleibt der Kühlmittelregler durch einen Defekt geschlossen, wird der Motor zu heiß. Erkennbar ist das an einer im roten Bereich stehenden Kühlmittel-Temperaturanzeige, während gleichzeitig der Kühler kalt bleibt. Ein defekter Thermostat kann aber auch nach dem Abkühlen der Kühlflüssigkeit weiterhin geöffnet bleiben. Dies erkennt man daran, daß der Motor nicht mehr seine Betriebstemperatur erreicht bzw. daß der Zeiger der Kühlmittel-Temperaturanzeige langsamer ansteigt als bisher oder im Winter die Heizleistung nachläßt.

Achtung: Wenn der Motor nach kurzer Fahrstrecke heiß wird, kann das auch daran liegen, daß sich der Kühler aufgrund von Kalkablagerungen zugesetzt hat.

Ausbau

- Lüfterabdeckung ausbauen, siehe Seite 73.
- Etwas Kühlmittel ablassen und auffangen, siehe Seite 296.

Modelle 316i, 318i, 318tds, 325td/tds:

Achtung: Beim 316i, 318i seit 9/93 ist der Thermostat im Gehäuse fest integriert, kann also nicht herausgenommen werden. Bei Defekt muß das komplette Gehäuse erneuert werden.

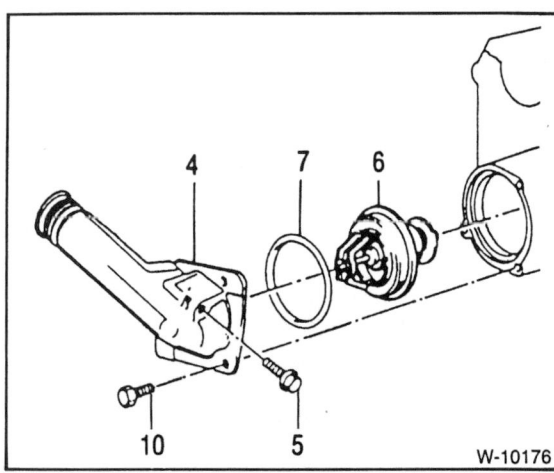

4 – Thermostatgehäuse
5 – Entlüfterschraube
6 – Thermostat
7 – O-Ring
10 – Sechskantschraube

Modelle 318is/ti bis 12/95:

Achtung: Beim 318is/ti seit 1/96 (1,9-l-Motor) ist der Thermostat im Gehäuse fest integriert, kann also nicht herausgenommen werden. Bei Defekt muß das komplette Gehäuse erneuert werden.

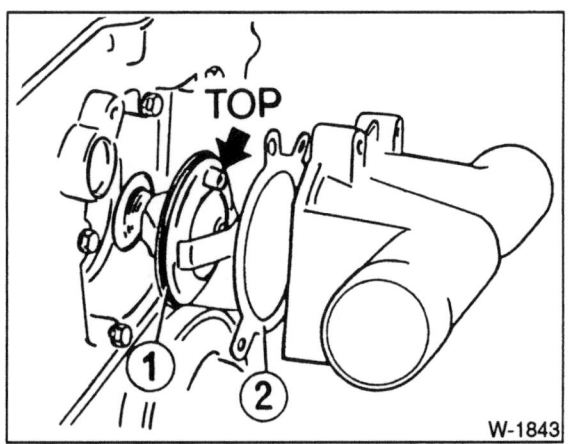

1 – O-Ring
2 – Dichtung

Modelle 320i, 323i, 323ti, 325i, 328i:

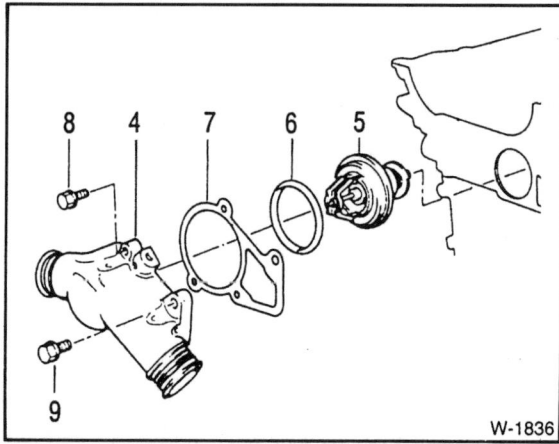

4 – Anschlußflansch
5 – Thermostat
6 – O-Ring
7 – Flachdichtung
8 – Sechskantschraube M 6
9 – Sechskantschraube M 8

- Deckel vom Thermostatgehäuse (an der Motorblock-Vorderseite) abschrauben. **Achtung:** Beim 6-Zylinder-Benzinmotor sind die Schrauben unterschiedlich lang, daher für den leichteren Einbau Position der Schrauben notieren. Außerdem muß zudem vorher die Motor-Aufhängelasche abgeschraubt werden.
- Einbaulage des Kühlmittelreglers merken und Regler herausnehmen.

Prüfen

- Kühlmittelregler im Wasserbad erwärmen. Dabei darf der Regler nicht die Wände des Behälters berühren. Temperatur mit einem geeigneten Thermometer kontrollieren.
- Bei einer Temperatur von ca. +88° C (320i und 325td: bei 80° C; 318is/ti: 95° C) beginnt die Klappe des Reglers, sich zu öffnen. Der Öffnungsbeginn ist auch auf dem Thermostat eingeprägt.
- Prüfen, ob sich der Regler ausdehnt und wieder schließt und ob der Öffnungsbeginn mit dem Wert übereinstimmt, der auf dem Regler eingeprägt ist. Gegebenenfalls Regler ersetzen.

Einbau

- Dichtflächen an Gehäuse und Deckel reinigen.

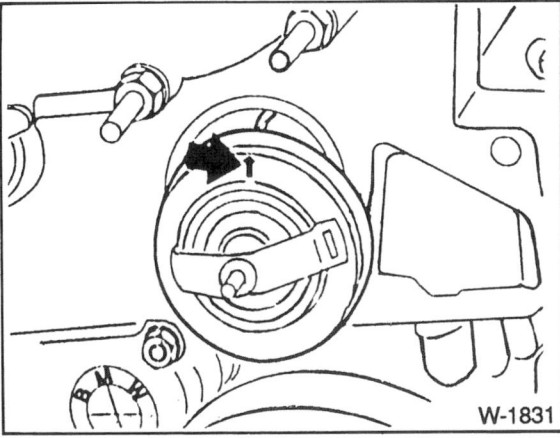

- 320i, 323i, 323ti, 325i, 328i: Thermostat so in den Zylinderkopf einsetzen, daß der eingeprägte Pfeil nach oben zeigt, siehe Abbildung.
- 318is/ti, 318tds, 325td/tds: Thermostat so einsetzen, daß die Entlüftungsbohrung nach oben zeigt, siehe Abbildung W-1843.
- Neuen O-Dichtring für Thermostat leicht mit Glyzerin bestreichen und einlegen, siehe Abbildungen unter »Ausbau«.

- 318is/ti, 320i, 323i, 323ti, 325i, 328i: Flachdichtung (Papierdichtung) immer erneuern.
- Thermostatgehäuse aufsetzen und gleichmäßig mit **10 Nm** anschrauben. **Achtung:** Schrauben nicht zu fest anziehen. Beim 320i, 325i Aufhängelasche nicht vergessen. Die Schrauben der Aufhängelasche (M 8-Gewinde, also 8 mm Gewinde-Außendurchmesser) mit **20 Nm** festziehen.
- Lüfterabdeckung einbauen.
- Kühlmittel auffüllen und Kühlsystem entlüften, siehe Kapitel »Wartung«.
- Motor warmlaufen lassen, bis die Visco-Kupplung den Lüfter zuschaltet. Prüfen, ob der Kühler unten warm wird und das Kühlmittelreglergehäuse dicht ist. Bei Undichtigkeiten Schrauben etwas nachziehen.

Lüfter/Lüfterkupplung aus- und einbauen

Die Visco-Lüfterkupplung ist zu ersetzen, wenn die Nabe gefressen hat. Der Lüfter läßt sich dann bei stehendem Motor nicht oder nur schwer drehen. Kupplung ebenfalls ersetzen, wenn Axialspiel beziehungsweise Radialspiel über 0,6 mm festgestellt wird, zur Prüfung Lüfter hin- und herbewegen. Auch darf kein Öl aus der Nabe austreten.

Ausbau

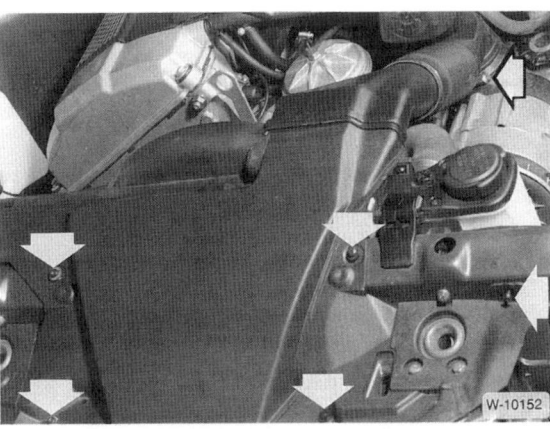

- 320i, 323i, 323ti, 325i, 328i: Luftführung für Generator ausbauen. Dazu Schrauben und Schlauchbinder –Pfeile– lösen, Luftführung abheben.

- Lüfterabdeckung oben links und rechts ausclipsen. Dazu Spreizstift mit schmalem Schraubendreher heraushebeln, anschließend Spreizclip herausdrücken. Lüfterabdeckung nach oben herausheben.

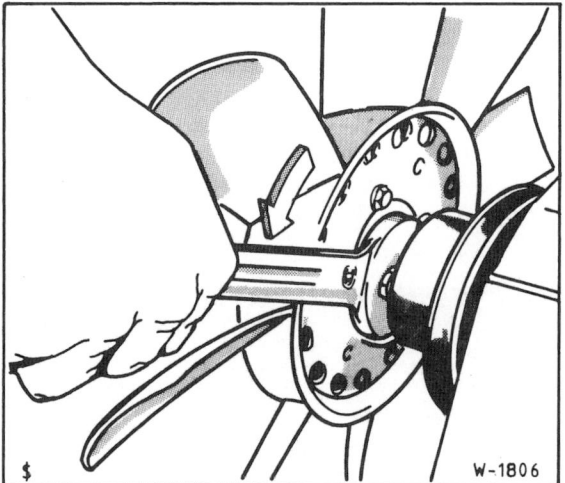

- Lüfter mit Maulschlüssel SW 32 von der Nabe der Kühlmittelpumpe abschrauben. **Achtung: Die Mutter hat Linksgewinde,** sie muß zum Lösen also nach rechts gedreht werden.
- Beim Lösen der Mutter Keilriemen der Kühlmittelpumpe eindrücken und dadurch die Nabe festhalten, damit diese sich nicht mitdreht. Wenn die Mutter besonders fest sitzt, mit geeignetem Hammer gegen den Maulschlüssel schlagen und so die Mutter lösen. (Die BMW-Werkstatt benutzt ein Sonderwerkzeug, welches das Keilriemenrad an den Schraubenköpfen festhält.) Nachdem die Mutter gelöst ist, kann sie weiter durch Drehen des Lüfterrades abgeschraubt werden. Dabei darauf achten, daß das Lüfterrad nicht herunterfällt.
- Lüfter abnehmen.

- Sollen Lüfterrad und Visco-Kupplung getrennt werden, 4 Befestigungsschrauben –Pfeile– herausdrehen und Kupplung herausnehmen.

Einbau

- Visco-Kupplung in den Lüfter einsetzen und Befestigungsschrauben mit **10 Nm** festziehen. **Achtung:** Um eine Beschädigung an Gewinde und Kupplung zu vermeiden, dürfen diese Schrauben keinesfalls fester angezogen werden.
- Lüfter mit Kupplung an die Nabe der Kühlmittelpumpe mit **40 Nm** anschrauben. Dabei Nabe am Keilriemen gegenhalten. **Achtung:** Mutter beim Ansetzen nicht verkanten. Die Mutter hat Linksgewinde, zum Anziehen also nach links drehen.
- Lüfterabdeckung von oben so einsetzen, daß die unteren beiden Haltelaschen in die Ösen am Kühler eingreifen.
- Spreizclips einsetzen und mit Stiften sichern. Beschädigte Clips oder Stifte ersetzen.
- Generator-Luftführung einsetzen und anschrauben.

Kühler aus- und einbauen

Nach längerer Laufzeit des Fahrzeuges können sich die dünnen Kanäle im Kühler durch Rückstände im Kühlmittel und Kalkablagerungen zusetzen. Dadurch läßt die Kühlleistung stark nach und der Motor wird zu warm. In diesem Fall hilft nur ein Austauschen des Kühlers.

Ausbau

- Lüfter ausbauen, siehe Seite 73.
- Kühlmittel ablassen und entsorgen, siehe Seite 296.

- Kühlmittelschläuche oben und unten am Kühler abziehen, vorher Schellen lösen und ganz zurückschieben.

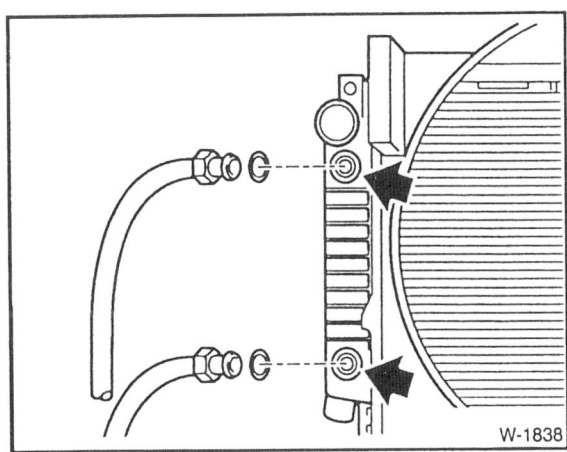

- Nur bei Fahrzeugen mit Automatikgetriebe: Getriebeölkühler-Leitungen abbauen, auslaufendes Getriebeöl auffangen und entsorgen. Leitungen sauber verschließen, es darf kein Schmutz in die Leitungen gelangen.

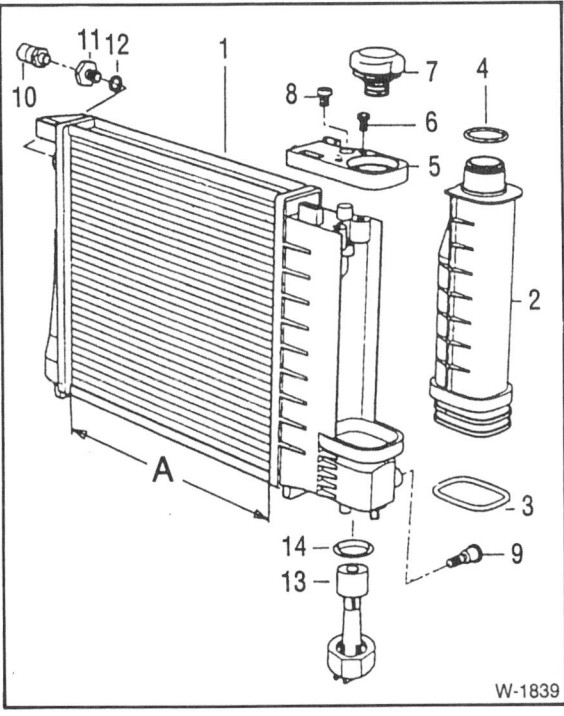

- 2 Befestigungsclips für Kühler abdrücken. Dazu Schraubendreher wie in der Abbildung gezeigt einsetzen, nach unten drücken und etwas nach vorn schwenken. Dadurch rastet die Kunststoffhalteklammer aus dem vorderen Abschlußblech aus.
- Kühler nach oben herausheben.

Achtung: Die Kühlerlamellen sind mitunter recht scharfkantig, es empfiehlt sich deshalb, zum Herausheben des Kühlers Arbeitshandschuhe zu verwenden.

Einbau

- Sämtliche Kühlmittelschläuche auf Einschnitte, Risse und sonstige Beschädigungen überprüfen und, falls erforderlich, auswechseln. Gummilager des Kühlers auf einwandfreien Zustand prüfen.

1 – Kühler
2 – Ausgleichbehälter
3 – Dichtring
4 – Dichtring
5 – Abschlußdeckel
6 – Zylinderschraube
7 – Kühlerverschluß
8 – Entlüfterschraube
9 – Verschlußschraube
10 – Temperaturschalter
    Nur Klimaanlage.
11 – Verschlußschraube
12 – Dichtring
13 – Niveaugeber
14 – O-Ring

- Modell 325i: Kabel vom Niveaugeber –13– links unten am Kühler abziehen.
- Bei Ausstattung mit Klimaanlage rechts am Kühler Stecker vom Temperaturschalter –10– abziehen.

- Kühler von oben so einsetzen, daß die Lager genau in den Auflagen sitzen.
- Falls abgenommen, Befestigungsclipse in den Kühler einsetzen. Kühler gegen das Abschlußblech drücken und Clipse nach unten drücken, dabei rastet die Verzahnung mehrmals hörbar ein.
- Automatikgetriebe-Ölleitungen mit neuen Dichtringen am Kühler anschrauben, Anzugsdrehmoment **20 Nm**.
- Kühlmittelschläuche aufschieben und mit Schellen sichern.
- Falls ausgebaut, Kabel am Temperaturschalter und Niveaugeber aufschieben.
- Lüfter einbauen.
- Kühlmittel auffüllen und Kühlsystem entlüften, siehe Seite 296.
- Nur bei Automatikgetriebe: Getriebeölstand prüfen, siehe Seite 303.
- Motor warmlaufen lassen und Schlauchanschlüsse auf Dichtheit prüfen.
- Kühlmittelstand kontrollieren, gegebenenfalls Kühlmittel nachfüllen.

Kühlmittelpumpe aus- und einbauen

Die Kühlmittelpumpe wird vom Keilriemen angetrieben. Vorn auf die Welle der Kühlmittelpumpe ist der Kühlerlüfter aufgeschraubt.

Ausbau

- Kühlmittel ablassen, siehe Seite 296.
- Keilriemen ausbauen, siehe Seite 58.
- Kühler ausbauen.
- Befestigungsschrauben für Keilriemenscheibe lösen. Dabei Keilriemen festhalten und eindrücken, damit sich die Scheibe nicht mitdreht. Keilriemenscheibe von der Nabe abnehmen.

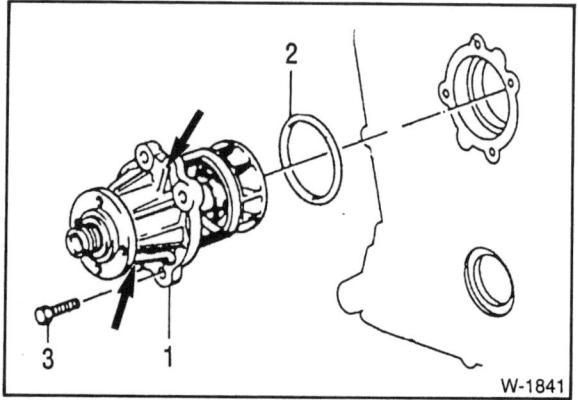

- 4 Befestigungsschrauben –3– der Kühlmittelpumpe –1– herausdrehen. Beim 6-Zylinder-Benzinmotor sind Muttern anstelle der abgebildeten Schrauben zu lösen. –2– O-Ring.

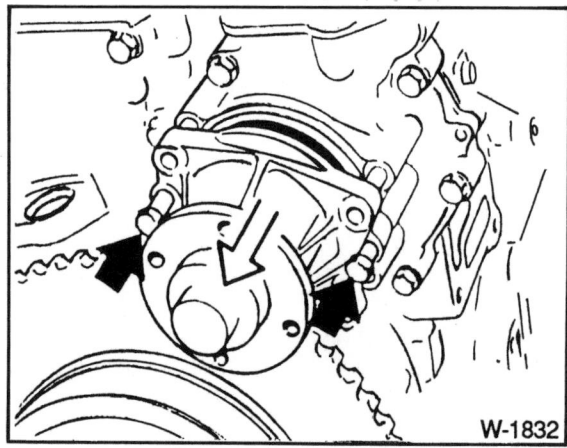

- 2 Schrauben mit M 6-Gewinde in die Gewinde –Pfeile– eindrehen und damit Kühlmittelpumpe gleichmäßig aus dem Motor ausdrücken. Darauf achten, daß die Pumpe nicht verkantet. Die Abbildung zeigt die 6-Zylindermotoren, beim 4-Zylindermotor liegen sich die Gewindebohrungen senkrecht gegenüber, siehe –Pfeile– in Abbildung W-1841.

Einbau

- Abziehschrauben entfernen, O-Ring der Kühlmittelpumpe erneuern und mit handelsüblichem Silikonöl bestreichen.
- Kühlmittelpumpe mit neuer Dichtung einsetzen und gleichmäßig festschrauben. Das Anzugsmoment richtet sich nach dem Gewindedurchmesser der Schrauben: M 6-Gewinde: **10 Nm**, M 8-Gewinde: mit **20 Nm** festziehen.
- Riemenscheibe anschrauben, die 4 Schrauben mit **10 Nm** anziehen.
- Keilriemen einbauen und spannen, siehe Seite 58.
- Kühler mit Lüfter einbauen, siehe Seite 74.
- Kühlmittel auffüllen und Anlage entlüften, siehe Seite 296.
- Motor warmlaufen lassen und Schlauchanschlüsse sowie Kühlmittelpumpe auf Dichtheit überprüfen.

Störungsdiagnose Motorkühlung

Störung: Die Kühlmitteltemperatur ist zu hoch, Anzeige steht im roten Bereich.

Ursache	Abhilfe
Zu wenig Kühlmittel im Kreislauf	■ Kühler bzw. Ausgleichbehälter muß bis zur Markierung voll sein. Kühlsystem auf Dichtheit prüfen
Kühlmittelregler öffnet nicht	■ Prüfen, ob unterer Kühlmittelschlauch warm wird. Wenn nicht, Regler ersetzen
Kühlmittelpumpe defekt	■ Kühlmittelpumpe ausbauen und überprüfen
Geber für Kühlmitteltemperaturanzeiger defekt	■ Geber überprüfen
Kühlmitteltemperaturanzeige defekt	■ Anzeigegerät überprüfen lassen
Kühler-Verschlußdeckel defekt	■ Druckprüfung (1 bar) durchführen lassen (Werkstattarbeit)
Keilriemenspannung für Kühlmittelpumpe zu gering	■ Spannung prüfen und einstellen (4-Zylindermotor bis 8/93)
Kühlerlamellen verschmutzt	■ Kühler von der Motorseite her mit Preßluft durchblasen
Kühler innen durch Kalkablagerungen oder Rost zugesetzt	■ Kühler erneuern
Visco-Lüfterkupplung defekt	■ Lüfterkupplung prüfen: Warmen Motor mit erhöhter Drehzahl laufenlassen. Sobald eine Kühlmitteltemperatur von 90°–95°C erreicht ist, erhöht sich die Drehzahl des Lüfters hörbar

Die Zündung/Zündkerzen

Die Zündanlage erzeugt den Zündfunken, der das angesaugte Kraftstoffluftgemisch in Brand setzt. Um einen kräftigen Zündfunken erzeugen zu können, wird in der Zündspule die Batteriespannung von 12 Volt auf über 30.000 Volt umgeformt.

Der Dieselmotor besitzt keine Zündanlage, da sich aufgrund der hohen Verdichtung die Luft so weit erwärmt, daß nach Einspritzen des Kraftstoffes die Zündung von selbst erfolgt.

Die BMW-Benzinmotoren sind mit einer Kennfeldzündanlage ausgestattet, deren Steuerung in das Steuergerät der Motronic integriert ist. Das Motronic-Steuergerät regelt ebenfalls die elektronische Kraftstoffeinspritzung.

316i, 318i bis 8/93: Die Zündanlage besteht aus

- der Zündspule
- den Zündkerzen
- dem Hochspannungsverteiler mit Verteilerläufer
- den Positionsgebern
- dem DME-Steuergerät (DME = Digitale Motorelektronik = Motronic)

Motoren mit ruhendem Zündsystem (alle Motoren außer 316i, 318i bis 8/93)

Die Ansteuerung der einzelnen Zündkerzen erfolgt ohne bewegliche Teile nur durch das Steuergerät, der mechanische Zündverteiler entfällt. Die Zündspannung wird in 4 beziehungsweise 6 einzelnen Zündspulen induziert.

Durch die »ruhende Zündverteilung« ohne mechanischen Verteilerfinger entfallen verschleiß- und störungsanfällige Bauteile, außerdem kann der Zündzeitpunkt für jeden Zylinder noch genauer gesteuert werden. Die Radioentstörung ist verbessert, da die im herkömmlichen Verteiler auftretenden Funken entfallen.

Funktion der kennfeldgesteuerten Zündanlage

Die Zündanlage wird ebenso wie die Einspritzanlage über Kennfelder durch eine gemeinsame Zentralelektronik (DME = Digitale Motorelektronik) gesteuert.

Bei der kennfeldgesteuerten Zündanlage wird der optimale Zündzeitpunkt vom jeweiligen Betriebszustand des Motors bestimmt. Als Meßgrößen dienen Motordrehzahl, Motortemperatur, Ansauglufttemperatur (nur beim 4-Zylindermotor) sowie der Lastzustand. Der Lastzustand, also die momentane Belastung des Motors, sagt aus, ob das Fahrzeug beispielsweise mit 4000/min einen Berg herauf- oder herunterfährt. Den Lastzustand erkennt die Elektronik bei den 4-Zylindermotoren aus den übermittelten Werten für den Saugrohrunterdruck sowie der Drosselklappenstellung, bei den 6-Zylindermotoren und 318is/ti aus der angesaugten Luftmasse.

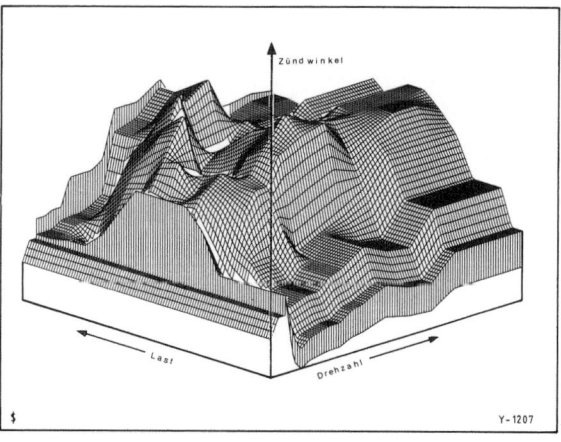

Das erforderliche Kennfeld für die Zündanlage wird durch Versuche auf dem Motorprüfstand ermittelt und anschließend in Fahrversuchen so abgestimmt, daß sich die günstigsten Werte für Verbrauch, Abgas und Fahrverhalten ergeben. Die ermittelten Werte werden im Steuergerät gespeichert.

Während der Fahrt werden aus den Funktionen Motordrehzahl, Motortemperatur und Lastzustand Signale an das Steuergerät gegeben, welches dann aus dem festgelegten Zündkennfeld für den momentanen Betriebszustand den richtigen Zündzeitpunkt (zum Beispiel 10° vor OT oder 0°) bestimmt.

Neben diesen Steuerungsgrößen wird der Zündzeitpunkt bei Motoren mit ruhendem Zündsystem auch noch von einem Klopfsensor beeinflußt. Da der Kraftstoffverbrauch bei hoher Verdichtung am geringsten ist, werden die modernen Motoren möglichst hoch verdichtet. Durch die hohe Verdichtung kann es jedoch zu einer unkontrollierten Verbrennung kommen, man spricht dann vom Motorklopfen. Das Motorklopfen kann auf Dauer zu Motorschäden führen. Um das zu vermeiden, ist ein Klopfsensor erforderlich, der die falsche Verbrennung registriert und dem Steuergerät meldet, welches dafür sorgt, daß die Zündung vorübergehend in Richtung spät verändert wird. Beim BMW sitzen 2 Klopfsensoren am Motorblock und sind über elektrische Leitungen mit dem DME-Steuergerät verbunden.

Bei Ausfall der Informationen über Motortemperatur, Lastzustand usw. können Mängel im Fahrverhalten auftreten, und zwar durch verringerte Motorleistung. Eventuell kann sich auch der Verbrauch erhöhen. Langfristige Schäden am Motor sind nicht zu befürchten, wenn der Defekt alsbald behoben wird. Bei Zündstörungen schaltet sich die DME ab, dadurch wird der Katalysator vor Überhitzung geschützt, siehe auch Seite 121.

Der Zündverteiler beim 316i, 318i bis 8/93 hat nur noch die Aufgabe, die Zündspannung durch den Verteilerläufer auf die einzelnen Zündkerzen zu verteilen. Der Verteilerläufer wird direkt von der Nockenwelle angetrieben. Fliehgewichte, Unterdruckdose und Induktivgebersystem werden nicht benötigt, da deren Funktionen vom Mikroprozessor im Steuergerät übernommen werden.

Die Zündanlagen aller Motoren sind praktisch wartungsfrei und langzeitstabil, der Zündzeitpunkt muß nicht korrigiert werden.

Sicherheitsmaßnahmen zur elektronischen Zündanlage

Bei elektronischen Zündanlagen beträgt die Zündspannung bis zu 40 kV (Kilovolt). Unter ungünstigen Umständen, zum Beispiel Feuchtigkeit im Motorraum, können Spannungsspitzen die Isolation durchschlagen, was bei Berührung zu Elektroschocks führt.

Um Verletzungen von Personen und/oder die Zerstörung der elektronischen Zündanlage zu vermeiden, ist bei Arbeiten an Fahrzeugen mit elektronischer Zündanlage folgendes zu beachten:

- Die Motorwäsche ist nur bei Motorstillstand durchzuführen.
- Bei Elektro- und Punktschweißen ist die Batterie komplett abzuklemmen.
- Batterie, sowie Generator und Anlasser nicht bei laufendem Motor abklemmen.

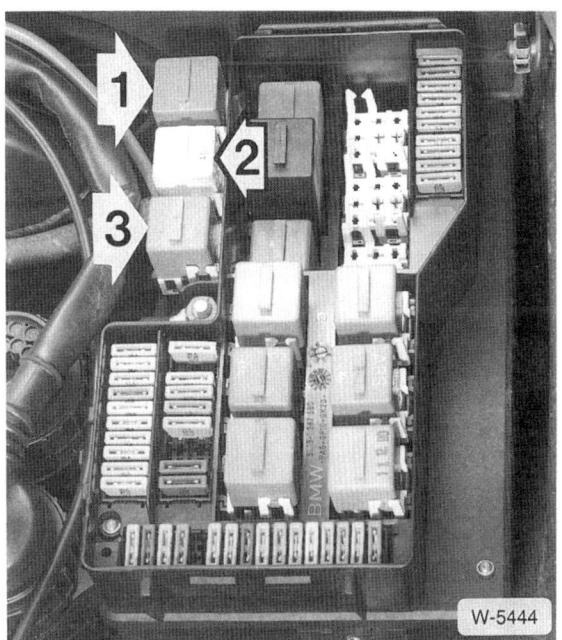

- Bei der Kompressionsprüfung unbedingt das DME-Hauptrelais –2– abziehen, damit keine Zündimpulse erfolgen. (3 – Kraftstoffpumpenrelais; 1 – Relais für Lambda-Sondenheizung, nicht immer vorhanden.) Der Relaiskasten befindet sich links hinten im Motorraum.
- Zündkabel nicht bei laufendem Motor bzw. bei Anlaßdrehzahl mit der Hand berühren bzw. abziehen. Leitungen der Zündanlage nur bei ausgeschalteter Zündung abklemmen.
- Das An- und Abklemmen von Meßgeräteleitungen (Drehzahlmesser/Zündungstester) nur bei ausgeschalteter Zündung vornehmen.
- Die Sekundärseite (Hochspannungsseite, Zündkabel) der Zündanlage muß mit mindestens 4 kΩ belastet sein. Beim 6-Zylindermotor müssen die Zündkerzenstecker und das Massekabel (Klemme 4a) angeschlossen sein.
- Auf keinen Fall darf der Motor bei abgebauter Verteilerkappe sowie abgezogenem Kabel von der Zündspule (Klemme 4) gestartet werden.
- An Klemme 1 (–) der Zündspule dürfen kein Entstörkondensator und keine Prüflampe angeschlossen werden.
- Klemme 1 der Zündspule darf nicht mit Masse oder B+ verbunden werden. Beim nachträglichen Einbau einer Alarmanlage darf somit die Leitung zur Klemme 1 nicht zur Startblockierung verwendet werden.
- Bei Erhitzung auf mehr als +80° C (z. B. Lackieren, Dampfstrahlen) darf der Motor nicht unmittelbar nach der Aufheizphase gestartet werden.
- Personen mit einem Herzschrittmacher sollen keine Arbeiten an der elektronischen Zündanlage durchführen.

Zündzeitpunkt einstellen

Achtung: Der Zündzeitpunkt wird automatisch vom Steuergerät geregelt und kann nicht eingestellt werden. Über zwei Sensoren (einer am Nockenwellengehäuse, der 2. an der Kurbelwellen-Riemenscheibe) erkennt das Steuergerät die augenblickliche Motorposition. Bei Störungen an der Zündanlage defektes Bauteil lokalisieren und ersetzen beziehungsweise Fachwerkstatt zur systematischen Fehlersuche aufsuchen.

Zündzeitpunkt prüfen, nur 316i, 318i bis 8/93

- Motor auf Betriebstemperatur bringen. Die Betriebstemperatur ist erreicht, wenn der Kühlmittelschlauch unten am Kühler gerade warm wird. Die Motoröltemperatur muß über +60° C, die Kühlmitteltemperatur über +80° C liegen.

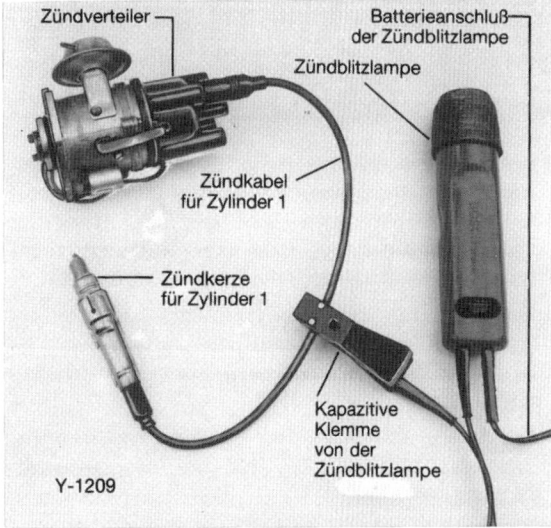

- Drehzahlmesser und Zündblitzpistole nach Bedienungsanleitung anschließen. Damit die Zündkabel erreicht werden, Abdeckhaube für Zündverteiler abnehmen.
- Motor starten, im Leerlauf drehen lassen.

- Kurbelwellen-Zahnrad mit Zündblitzlampe anblitzen.

Achtung: Verletzungsgefahr durch drehende Riemenscheiben und Keilriemen.

- Die Zündung ist in Ordnung, wenn beim Anblitzen die OT-Marke –1– gegenüber der Bezugsmarke –2– (Pfeil am Ölfiltergehäuse) scheinbar stillsteht. Wenn sich die OT-Marke und die Bezugsmarke gegenüberstehen, befindet sich der Kolben des 1. Zylinders in oberster Stellung und die Zündung erfolgt. **Achtung:** Anstelle der Aufschrift »OT« haben neuere Motoren an dieser Stelle nur noch eine Kerbe, sie ist am 3. oder 4. Zacken rechts neben der großen Zahnlücke des Zahnrades zu finden. Zur Erleichterung vorher OT-Marke mit weißer Farbe kennzeichnen.

Verteilerkappe/Verteilerläufer aus- und einbauen

Modelle 316i, 318i bis 8/93

Ausbau

- Batterie-Massekabel (–) abklemmen. **Achtung:** Dadurch wird aus dem Speicher des Radios der Code für die Diebstahlsicherung gelöscht. Die Batterie darf nur bei ausgeschalteter Zündung abgeklemmt werden, da sonst das Steuergerät der Einspritzanlage beschädigt wird. Vor dem Abklemmen sollten auch die Hinweise im Kapitel »Radio« bzw. »Batterie aus- und einbauen« durchgelesen werden.

- Abdeckhaube für Hochspannungsverteiler abnehmen. Dazu Laschen oben und unten mit Schraubendreher über die Rastnase anheben. Haube seitlich abziehen.

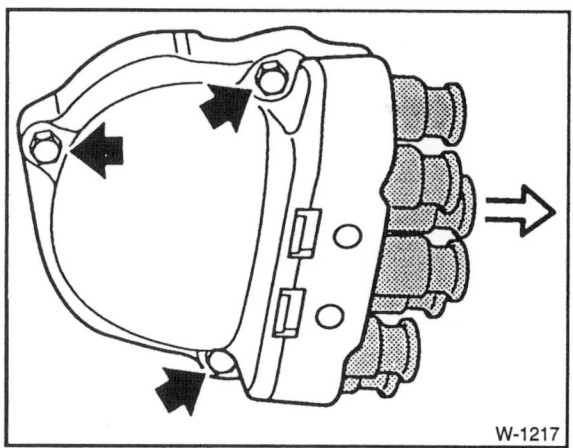

- Zündkabelstecker am Verteiler abziehen.
- Verteilerkappe abschrauben, siehe Abbildung.

- Verteilerläufer –2– mit Innensechskant-Winkelschraubendreher SW 3 abschrauben (3 Schrauben).
- Abdeckring herausnehmen.

Prüfen

- Widerstand des Verteilerläufers prüfen. **Sollwert:** 0,7 – 1,3 kΩ.
- Vergußmasse des Verteilerläufers auf Risse und Brandspuren untersuchen, gegebenenfalls Läufer ersetzen.
- Die Kappe muß innen trocken sein.
- Anschlußkontakte auf Verschleiß und Korrosion prüfen, gegebenenfalls ersetzen.
- Mittleren Kohlekontakt auf Leichtgängigkeit und Verschleiß prüfen. Dazu Kontakt mit dem Finger eindrücken.
- Verteilerkappe auf Kriechströme untersuchen. Kriechströme zeigen sich durch dünne, unregelmäßige Spuren auf der Oberfläche der Verteilerkappe.
- Verteilerkappe mit sauberem, trockenem Lappen auswischen und auf Haarrisse untersuchen, gegebenenfalls Verteilerkappe auswechseln. Anschließend Kappe innen mit Kontaktspray einsprühen.

Einbau

- Verteilerläufer ansetzen und mit 3 Nm, also nur leicht, anschrauben.
- Verteilerkappe ansetzen und festschrauben. **Achtung:** Numerierung der Kabel und Anschlüsse auf der Verteilerkappe müssen übereinstimmen: ZS = Zündspule.
- Abdeckhaube so über die Verteilerkappe schieben, daß die vorderen Schlitze in die entsprechenden Nasen eingreifen. Haube oben und unten einrasten.
- Batterie-Massekabel anklemmen.

Zündkabel prüfen/ersetzen

Modelle 316i, 318i, 318is/ti

Prüfen

- Batterie-Massekabel (–) abklemmen. **Achtung:** Dadurch wird aus dem Speicher des Radios der Code für die Diebstahlsicherung gelöscht. Die Batterie darf nur bei ausgeschalteter Zündung abgeklemmt werden, da sonst das Steuergerät der Einspritzanlage beschädigt wird. Vor dem Abklemmen sollten auch die Hinweise im Kapitel »Radio« bzw. »Batterie aus- und einbauen« durchgelesen werden.
- Modelle 316i, 318i bis 8/93: Zündkabel-Abdeckung am Zylinderkopf abhebeln, siehe Abbildung W-1218 Seite 82.
- Modelle 318is/ti: Zündkerzen-Abdeckung am Zylinderkopf abbauen, siehe Kapitel »Wartung«.
- Zum leichteren Einbau der Zündkabel entsprechend der Zylinderreihenfolge Markierungen an den Zündkerzen sowie an der Zündspule beziehungsweise am Verteiler anbringen.
- Zündkabelstecker an der Zündspule (316i, 318i bis 8/93: am Verteiler) und an den Zündkerzen abziehen. Ohmmeter anschließen und Widerstand prüfen. Sollwert ca. 6 kΩ.
- 316i, 318i bis 8/93: Zündkabel zwischen Zündspule und Verteiler abziehen und Widerstand messen. Sollwert ca. 2 kΩ.
- Wird der Sollwert nicht erreicht, Kabelanschlüsse reinigen und Prüfung wiederholen, gegebenenfalls Kabel erneuern.
- Zündleitungen im Bereich der Kerzenstecker in engem Radius biegen und auf Risse kontrollieren, gegebenenfalls alle Zündkabel ersetzen.

Ersetzen

Neue Zündkabel werden je nach benötigter Länge von der Rolle abgeschnitten (Meterware) und mit den Anschlußsteckern versehen. Da dazu 2 Spezialwerkzeuge von BMW benötigt werden, empfiehlt es sich, diese von der Fachwerkstatt anfertigen zu lassen.

- Zündkabel mit handelsüblicher Abisolierzange 6 mm weit abisolieren, der Querschnitt des inneren Metallkabels beträgt 1,5 mm^2.

316i, 318i bis 8/93:

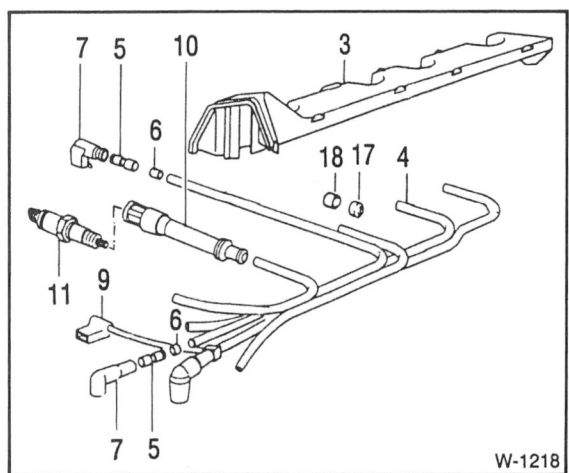

3 – Abdeckung
4 – Zündkabel
5 – Rundstecker
6 – Kennzeichnungsring Zylinder 1–4
7 – Entstörstecker 1 kΩ
9 – Impulsgeber
10 – Zündkerzenstecker 5 kΩ
11 – Zündkerze
17 – Isolierstück
18 – Isolierhülse

318is/ti:

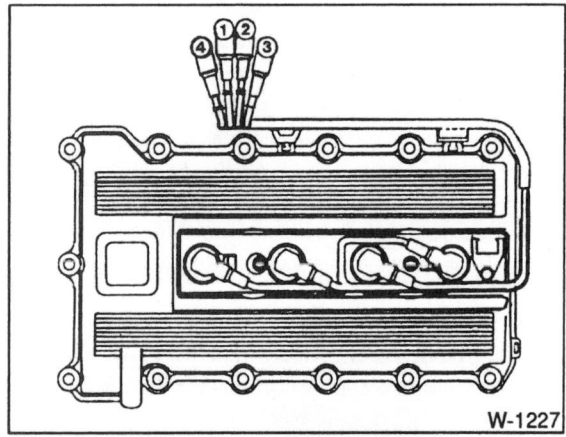

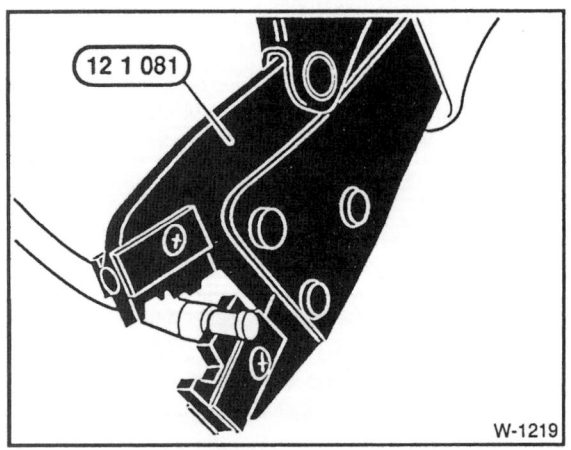

- Anschlußstück auf die Zündleitung stecken und mit dem Spezialwerkzeug am Drahtende anschlagen. Anschlußstück bündig an die Kabelisolierung anschlagen.

Achtung: Nur Modell 316i, 318i bis 8/93: Beim Zündkabel für Zylinder 4 muß der Impulsgeber –9– der DME auf das Zündkabel aufgesteckt werden, bevor die Stecker montiert werden.

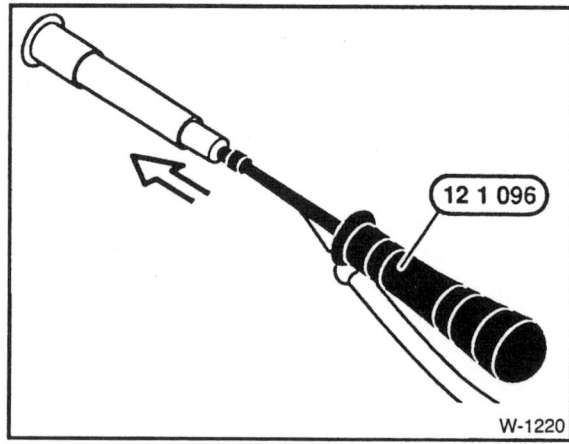

- Zündleitung mit Gleitmittel (BMW 121098) besprühen. Anschlußstück mit Zündleitung in das Spezialwerkzeug einlegen, siehe Abbildung.
- Zündleitung in den Zündkerzenstecker beziehungsweise Entstörstecker einfädeln. Das Anschlußstück muß hörbar in den Stecker einrasten.
- Zündkabel entsprechend der angebrachten Markierungen verlegen und auf Zündkerze und Zündspule beziehungsweise Verteiler aufstecken. Durch Hin- und Herbewegen festen Sitz von Kerzenstecker und Zündkabel prüfen.
- Batterie-Massekabel anklemmen.

Zündspule prüfen

Zündspulen können mit einem Ohmmeter geprüft werden.

- Batterie-Massekabel (–) abklemmen. **Achtung:** Dadurch wird aus dem Speicher des Radios der Code für die Diebstahlsicherung gelöscht. Die Batterie darf nur bei ausgeschalteter Zündung abgeklemmt werden, da sonst das Steuergerät der Einspritzanlage beschädigt wird. Vor dem Abklemmen sollten auch die Hinweise im Kapitel »Radio« bzw. »Batterie aus- und einbauen« durchgelesen werden.

Achtung: Bei Fahrzeugen mit 6-Zylindermotor befindet sich die Batterie im Kofferraum rechts neben dem Reserverad.

Modelle 316i, 318i bis 8/93

- Falls vorhanden, Abdeckkappe für Zündspule abziehen.
- Anschlüsse an der Zündspule abklemmen.

- Wenn der Stopfen –Pfeil– an der Zündspule herausgedrückt ist, Zündspule ersetzen.
- Zündspule auf Haarrisse prüfen, gegebenenfalls ersetzen. Ist Vergußmasse ausgetreten, läßt dies auf eine defekte Zündendstufe im DME-Steuergerät schließen.
- Primärwiderstand der Zündspule prüfen, dazu Ohmmeter an die Klemmen 1 und 15 anschließen. **Sollwert:** 0,82 Ω.
- Sekundärwiderstand prüfen, dazu Ohmmeter an die Klemmen 15 und 4 anschließen. **Sollwert:** 8,25 kΩ.

Modelle 320i, 323i, 323ti, 325i, 328i

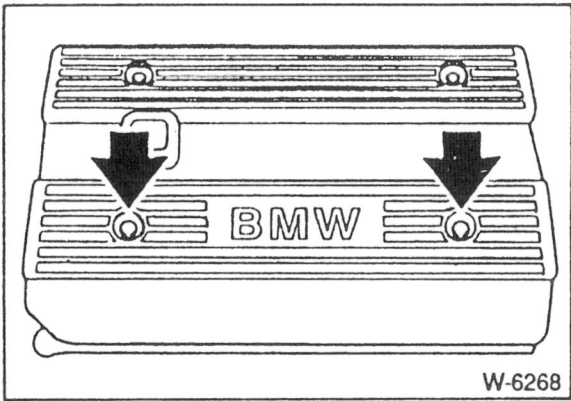

- Abdeckung der Befestigungsschrauben ausclipsen, 2 darunterliegende Schrauben abschrauben.
- Öleinfülldeckel sowie Zylinderkopfabdeckung abnehmen.

- Anschlußstecker von jeder Zündspule abziehen, dazu Metallbügel an den Steckern nach oben ziehen.

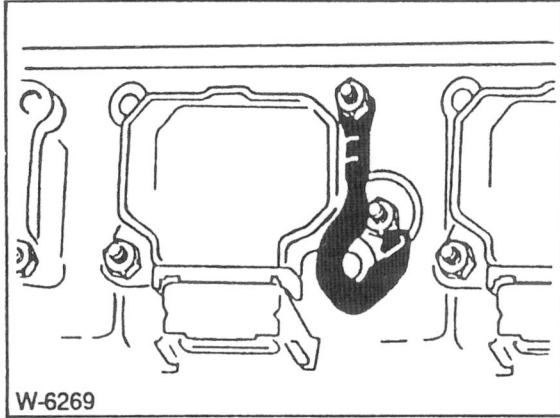

- 2 Befestigungsschrauben an jeder Zündspule lösen, Zündspulen herausziehen. **Achtung:** Papierzwischenlagen zwischen Zündspulen und Zylinderkopf beachten. Bei den Zündspulen der Zylinder 3 und 6 außerdem die Massebänder der Zylinderkopfhaube beachten. Sie müssen beim Einbau wieder an gleicher Stelle eingelegt werden.

- **Modell 318is/ti:** Zündspulen-Abdeckung abnehmen und Stecker durch Hochziehen der Metallbügel abziehen.

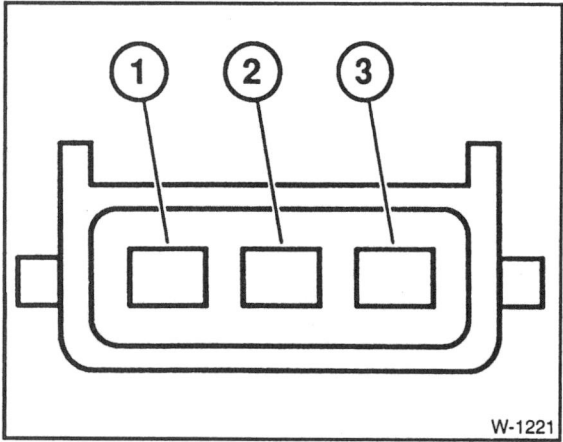

Die Abbildung zeigt den Stecker an der Zündspule.

1– Klemme 15; 2– Klemme 4a; 3– Klemme 1.

- Ohmmeter zwischen Klemme 1 und 15 anschließen und Primärwiderstand messen. **Sollwert:** ca. 0,8Ω.

Achtung: Der Widerstand der Sekundärseite (zwischen Zündkerzenanschluß, Klemme 4 und Masseanschluß) ist nicht meßbar.

- Modell 320i, 323i, 323ti, 325i, 328i: Zündspulen mit Papierzwischenlagen und Massebändern einsetzen und anschrauben.

- Kabelstecker an der Zündspule mit den Metallbügeln einrasten.

- Zylinderkopfverkleidung einbauen.

- Batterie-Massekabel anklemmen.

Impulsgeber prüfen/ersetzen

Das Steuergerät der DME (Digitale-Motor-Elektronik) bekommt die Drehzahlinformation über einen Impulsgeber, der an einem Zahnrad hinter der Kurbelwellen-Keilriemenscheibe sitzt. Ein 2. Sensor am Zylinderkopf beziehungsweise am Zündverteiler gibt die Information, wann eine Motorumdrehung vollendet ist (Zylindererkennung).

Prüfen

- Zur Prüfung den betreffenden Stecker am Motorkabelbaum abziehen, siehe unter »Ausbau«.

- Widerstand mit Ohmmeter an den Steckerkontakten des jeweiligen Gebers messen, gegebenenfalls ersetzen.

Sollwerte bei +20° C:

Impulsgeber Kurbelwelle: 316i, 318i bis 8/93: 0,5 kΩ; 316i, 318i ab 9/93, 318is/ti, 320i, 323i, 323ti, 325i, 328i:1,3 kΩ.

Geber für Zylindererkennung (alle): Zwischen Steckkontakt 1 und 2: max. 1 Ω; zwischen Kontakt 2 und 3: größer als 10MΩ.

Ausbau Impulsgeber Kurbelwelle

- 4-Zylindermotor: Kühlerlüfter ausbauen, siehe Seite 73.

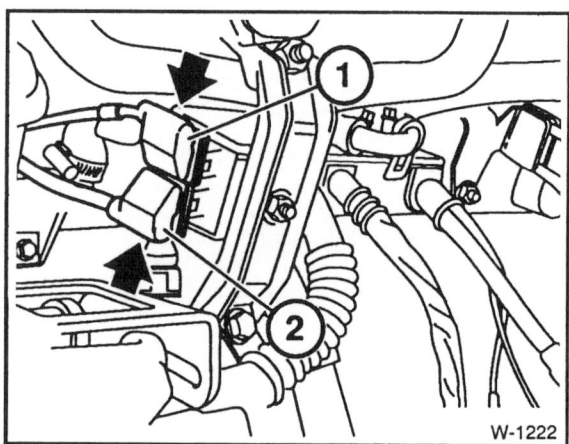

Kabelstecker: 1– Geber für Zylindererkennung; 2– Impulsgeber für DME

- Kabelstecker –2– am Kabelschacht abziehen. Die Abbildung zeigt den 4-Zylindermotor, beim 6-Zylindermotor liegen die beiden Stecker in gleicher Anordnung neben dem Halter für den Ölmeßstab.

- Sensorkabel aus den Führungen herausnehmen. Beim 6-Zylindermotor dazu Abdeckung –1– abnehmen, siehe Abbildung W-10156.

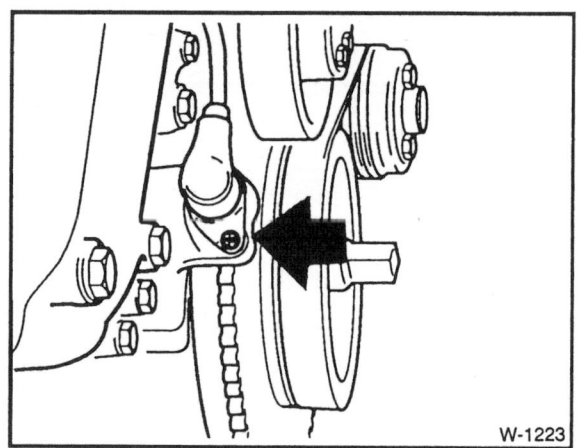

- Schraube am Kurbelwellenrad lösen und Sensor mit Abdeckung herausnehmen.

Einbau

- Sensor einsetzen und Schraube mit **10 Nm** anschrauben.

- Abstand des Sensors zum Zahnrad mit einer Fühlerblattlehre prüfen. Sollwert: 0,7 – 1,3 mm.

- Anschlußkabel wieder sicher in die Führungen verlegen, damit die Leitung nicht am Keilriemen scheuert. Stecker zusammenfügen.

Ausbau Geber für Zylindererkennung

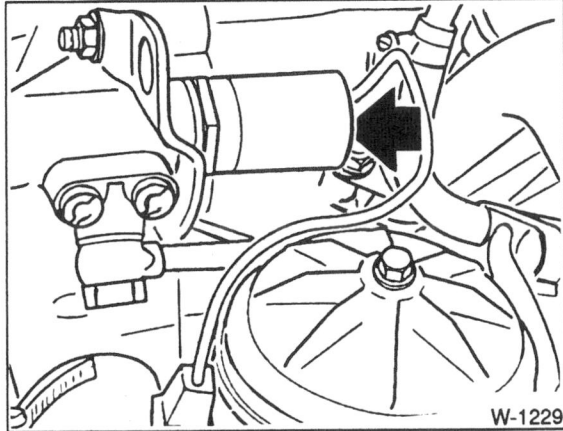

- 320i, 323i, 323ti, 325i, 328i seit 9/92: Der Geber ist schlecht erreichbar. Daher zuerst Stecker vom Magnetventil der VANOS-Stelleinheit trennen und Ventil abschrauben.

- 316i, 318i ab 9/93, 318is/ti, 320i, 323i, 323ti, 325i, 328i: Schraube –3– am Zylinderkopf lösen und Geber herausziehen.

316i, 318i bis 8/93:

- Abdeckkappe vom Zündverteiler abbauen, siehe Seite 80.
- Zündkabel für Zylinder 4 am Verteiler abziehen.
- Winkelstecker von diesem Zündkabel mit einem Seitenschneider abtrennen. **Achtung:** Zum Wiedereinbau des neuen Steckers ist Spezialwerkzeug erforderlich, siehe Seite 81.
- Geber-Induktionsschleife am Zündkabel abziehen.
- Kabel für Geber aus der Führung herausnehmen.

- Steckverbindung für den Geber trennen.

Einbau

- Geber einsetzen. Auf richtigen Sitz der Gummidichtung am Geber achten, gegebenenfalls Dichtung erneuern.
- Kabel verlegen und zusammenstecken.

- 316i, 318i bis 8/93: Zündkabel komplettieren und Verteilerkappe aufsetzen.
- 320i, 323i, 323ti, 325i, 328i seit 9/92: Magnetventil in die VANOS-Einheit einschrauben, gegebenenfalls vorher eine beschädigte Dichtung erneuern. Elektrischen Anschlußstecker zusammenfügen.

DME-Steuergerät aus- und einbauen

Achtung: Jedes Steuergerät ist mit bestimmten Grundwerten, die nur Mittelwerte darstellen, programmiert. Das Steuergerät erhält, je nach Motorzustand, von den Sensoren unterschiedliche Eingangswerte, welche mit den gespeicherten Werten verglichen werden. Das Steuergerät verändert dann die Stellbefehle entsprechend. Die neuen Werte werden gespeichert, dies entspricht einem »Lernvorgang«.

Ist ein DME-Steuergerät mehr als etwa eine Stunde lang ohne Stromversorgung (ausgebaut oder Batterie abgeklemmt), dann verliert sein selbstlernendes System die gespeicherten Werte.

Bei Wiederinbetriebnahme eines gelöschten oder Einbau eines neuen Steuergerätes muß das System die Eingangswerte des Motors neu abspeichern. Dieser Vorgang kann nach dem Starten zu unrundem Motorleerlauf und Störungen im Schiebebetrieb führen. Das Fahrzeug muß einige Minuten mit wechselnder Geschwindigkeit gefahren werden, bis alle Werte auf den Motorzustand abgeglichen sind.

Ausbau

- Vor dem Ausbau des Steuergeräts empfiehlt es sich, den Fehlerspeicher von einer BMW-Werkstatt auslesen und ausdrucken zu lassen. Dadurch kann festgestellt werden, welcher Fehler vorliegt, siehe auch Seite 95.

- Zündung ausschalten, Batterie abklemmen. **Achtung:** Dadurch wird aus dem Speicher des Radios der Code für die Diebstahlsicherung gelöscht. Die Batterie darf nur bei ausgeschalteter Zündung abgeklemmt werden, da sonst das Steuergerät der Einspritzanlage beschädigt wird. Vor dem Abklemmen sollten auch die Hinweise im Kapitel »Radio« bzw. »Batterie aus- und einbauen« durchgelesen werden.

- Falls die Batterie im Motorraum untergebracht ist, Batterie ausbauen.

- 3 obere Spreizclips ausheben, dazu mit einem Schraubendreher den Kern, dann den ganzen Clip heraushebeln.
- 2 untere Kunststoffmuttern abschrauben, siehe Abbildung. Gummiabdeckung abnehmen.

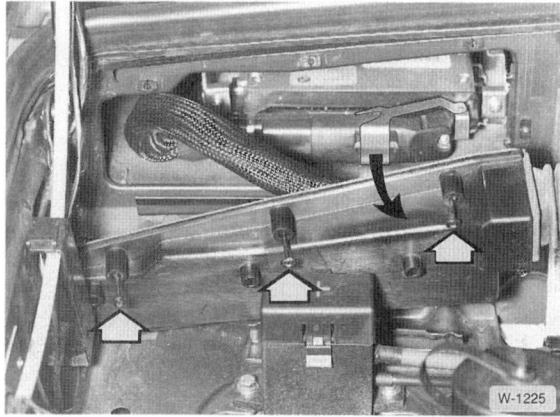

- 3 Schrauben lösen und Abdeckung mit Kabelbaum zur Seite klappen.
- Sicherungsklammer am Anschlußstecker hochklappen, Steckverbindung trennen.
- Steuergerät aus den Halteklammern herausziehen. Die Befestigungsschrauben der Halteklammern müssen nicht gelöst werden. (Hinweis: Bei Automatikgetriebe befindet sich ein zweites Steuergerät oberhalb des DME-Steuergeräts.)

Einbau

- Beim Ersatzteilkauf Steuergeräte-Nr. und Codierung angeben. Zur Identifizierung zweckmäßigerweise das ausgebaute Steuergerät mitnehmen.
- Steuergerät einschieben, Steckverbindung zusammenfügen. Sicherungsklammer umklappen.
- Abdeckungen anbringen.
- Batterie einbauen.
- War das Steuergerät länger als 1 Stunde stromlos, oder ist es neu: Motor auf Betriebstemperatur bringen. Ca. 10minütige Probefahrt mit wechselnden Geschwindigkeiten durchführen. Dabei »lernt« das Steuergerät die Motorwerte.

Zündkerzentechnik

Die Zündkerze besteht aus der Mittel-Elektrode, dem Isolator mit Gehäuse und der Masse-Elektrode. Die Mittel-Elektrode ist gasdicht im Isolator befestigt, der Isolator ist fest mit dem Gehäuse verbunden. Zwischen Mittel- und Masse-Elektrode springt der Zündfunke über, der das Kraftstoffluftgemisch entzünden soll. Von der Zündkerze hängen Startbereitschaft, Leerlaufverhalten, Beschleunigung und Höchstgeschwindigkeit ab. Man sollte deshalb nicht ohne Grund von dem vom Werk vorgeschriebenen Zündkerzentyp abweichen, der durch die Wärmewert-Kennzahl bestimmt wird. Die Wärmewert-Kennzahl gibt den Grad der Wärmebelastbarkeit einer Zündkerze im Motor unter bestimmten Betriebsbedingungen an. Die Zündkerzen für den Motor sind so ausgewählt, daß sie möglichst unter allen Fahrbedingungen die Selbstreinigungstemperatur erreichen. Je niedriger die Wärmewert-Kennzahl einer Zündkerze ist, desto höher ist ihr Widerstand gegen Glühzündungen und desto kleiner ist ihr Widerstand gegen Verschmutzung. Je höher die Wärmewert-Kennzahl der Zündkerze ist, desto kleiner ist ihr Widerstand gegen Glühzündungen und desto höher ist ihr Widerstand gegen Verschmutzung.

Die Wärmewert-Kennzahl ist im Zündkerzencode enthalten. Der Code schlüsselt sich wie folgt auf:

Bosch-Zündkerze

Beispiel   F   8   L   C   R
           ①   ②   ③   ④   ⑤

① W = Gewinde M 14 × 1,25 mit Flachdichtsitz, SW 21; F = Gewinde M 14 × 1,25 mit Flachdichtsitz, SW 16; M = Gewinde M 18 × 1,5 mit Flachdichtsitz, SW 25; H = Gewinde M 14 × 1,25 mit Kegeldichtsitz, SW 16; D = Gewinde M 18 × 1,5 mit Kegeldichtsitz, SW 21; SW = Schlüsselweite.
② Wärmewert-Kennzahl. Die Wärmewertskala wird von 06 (»kalt«) bis 13 (»warm«) angegeben. Dabei entspricht die Kennzahl 7 dem alten Wärmewert 175 (frühere Bezeichnung), 6 – 200,5 – 225 usw.
③ A = Gewindelänge 12,7 mm, normale Funkenlage; B = Gewindelänge 12,7 mm, vorgezogene Funkenlage; C = Gewindelänge 19 mm, normale Funkenlage; D = Gewindelänge 19 mm, vorgezogene Funkenlage; DT = Gewindelänge 19 mm mit vorgezogener Funkenlage und 3 Masseelektroden; DA = Gewindelänge 19 mm mit vorgezogener Funkenlage und Dreieck-Masseelektrode; L = Gewindelänge 19 mm, weit vorgezogene Funkenlage.
④ = Elektrodenwerkstoff der Mittelelektrode: Cr-Ni-Legierung, C = Ni-Cu-Verbund-Mittelelektrode, S = Silber-Mittelelektrode, P = Platin-Mittelelektrode, O = Standard-Zündkerze mit verstärkter Mittelelektrode.
⑤ R = 1 kΩ Abbrandwiderstand.

Beru-Zündkerze

Beispiel   14 F 8 L U R
            ① ② ③ ④ ⑤ ⑥

① Gewindedurchmesser in mm, hier: M 14 x 1,25.

② F = Flachdichtsitz, K = Kegeldichtsitz.

③ Wärmewertkennzahl. Aufschlüsselung wie »Bosch«.

④ Gewindelänge. Aufschlüsselung wie »Bosch«.

⑤ Elektrodenwerkstoff der Mittelelektrode: U = »ultra« (Ni-Cu-Verbund-Mittelelektrode), S = Silber-Mittelelektrode, P = Platin-Mittelelektrode, O = Verstärkte Mittelelektrode.

⑥ R = mit Abbrandwiderstand 1kΩ.

Zündkerzenwerte für den 3er BMW

Motor	Zündkerzen			Elektroden-abstand
	BERU	BOSCH	NGK	
316, 318, 320, 323, 325, 328	14 F 7 LDUR4 UXF 79	F7 LDCR FR 78 X	BKR 6 EK	0,7 – 0,9 mm
speziell 316i/73kW, 316i/77kW, 323ti	–	F7 LDCR FR 78 X	BKR 6 EK	0,7 – 0,9 mm

Achtung: Es kann sein, daß inzwischen für einzelne Motoren andere Zündkerzenwerte gelten, so daß unsere Tabelle möglicherweise nicht auf dem neuesten Stand ist. Um die aktuelle Zündkerze für Ihren Fahrzeugmotor zu ermitteln, benötigt der Fachhandel die **Fahrzeug-Ident.-** und die **3 Schlüsselnummern**. Diese Nummern sind im Fahrzeugschein aufgeführt. Sie sollten beim Kauf von Zündkerzen angegeben werden. Zündkerzen einbauen, siehe Seite 298.

Technische Daten Zündanlage (DME)

Modell	316i, 318i	316i/318i	318is/ti	320i/325i	320i/323i/323ti/328i
Einsatzzeitraum von – bis	9/90 – 8/93	9/93 – 5/99	10/91 – 1/96	11/89 – 4/95	9/94 – 5/99
Motortyp	M40	M43	M42	M50	M52
Leerlaufdrehzahl 1/min	800 ± 40	900 ± 50	850 ± 40	700 ± 40	700 ± 50
Abschaltdrehzahl 1/min	6200 ± 40	6200 ± 50	6500 ± 80	6500 ± 80	6500 ± 50
Widerstandswerte gemessen bei 20° C (sofern nicht anders angegeben)					
Impulsgeber für Drehzahl/Position mechanischer Zündverteiler)	540 ± 54 Ω	–			
Impulsgeber für Drehzahl/Position ruhende Zündverteilung (Direktzündung)	–	1280 ± 130 Ω			
Impulsgeber für Zylindererkennung zwischen Pin 1 und 2 zwischen Pin 2 und 3		max. 1,0 Ω größer 10 MΩ (unendlich)			
Temperaturfühler Motor bei einer Kühlmitteltemperatur von 20° ± 3°C bei einer Kühlmitteltemperatur von 80° ± 3°C		2,2 – 2,7 kΩ 0,30 – 0,36 kΩ			
Temperaturfühler Ansaugluft bei einer Lufttemperatur von 20° ± 3°C bei einer Lufttemperatur von 50° ± 3°C	–	–		2,2 – 2,7 kΩ 0,76 – 0,91 kΩ	
Zündspule Primärwicklung Sekundärwicklung	0,82 Ω 8,25 kΩ		0,8 ± 0,1 Ω nicht meßbar		
Verteilerläufer	1 kΩ ± 300Ω	–			
Winkelstecker	1 kΩ ± 200 Ω	–			
Zündkerzenstecker		5 kΩ ± 500 Ω			

Störungsdiagnose Zündanlage

Störung: Der Motor springt schlecht oder gar nicht an

Ursache	Abhilfe
Kein Zündfunke vorhanden Verteilerkappe feucht, verschmutzt*	■ Verteilerkappe reinigen und trocknen, innen mit Zündspray einsprühen
Risse in der Verteilerkappe, Brandkanäle*	■ Verteilerkappe erneuern
Schleifkohle in der Zündverteilerkappe abgenutzt*	■ Schleifkohle erneuern
Verteilerläufer defekt*	■ Verteilerläufer erneuern
Widerstand des Verteilerläufers zu hoch*	■ Verteilerläufer erneuern
Widerstand in Zündkabel/Zündkerzenstecker zu hoch	■ Zündleitung/Zündkerzenstecker erneuern
Zündkerzenstecker in falscher Reihenfolge aufgesteckt	■ Zündkerzenstecker nach Zündfolge 1–3–4–2 aufstecken
Zündkerzen wegen zu vieler Startversuche naß	■ Zündkerzen ausbauen und trocknen
Zündkerzen außen feucht und verschmutzt	■ Zündkerzen reinigen und trocknen
Leistung der Zündspule zu gering	■ Elektrische Leitungen an der Zündspule auf festen Sitz und guten Kontakt prüfen
Zündspule gerissen, Brandkanäle	■ Zündspule erneuern
Spannungsverlust durch Berührung elektrischer Anschlüsse bzw. Leitungen mit Schläuchen des Motors	■ Elektrische Leitungen richtig führen
Keine Stromversorgung des Steuergerätes	■ Elektrische Leitungen von Batterie über Hauptrelais zum Steuergerät prüfen
Masseanschluß für Steuergerät unterbrochen	■ Massepunkte prüfen
Induktiver Impulsgeber defekt	■ Widerstand prüfen, gegebenenfalls Induktivgeber oder Leitung ersetzen

*) Gilt nur für 316i, 318i bis 8/93. Die anderen Benzinmotoren besitzen ein ruhendes Zündsystem ohne Zündverteiler.

Die Kraftstoffanlage

Zur Kraftstoffanlage gehören der Kraftstoffbehälter, die im Kraftstoffbehälter liegende Kraftstoffpumpe und die Kraftstoffleitungen sowie der Kraftstoff- und Luftfilter. Die eigentliche Kraftstoff-Einspritzanlage für Benzin wird im nachfolgenden Kapitel behandelt.

Der aus Kunststoff gefertigte Kraftstoffbehälter mit 65 Litern Inhalt ist unter der Rücksitzbank vor der Hinterachse angeordnet. Er ist in zwei Kammern geteilt. Über ein Aktivkohlefilter-Entlüftungssystem wird der Tank belüftet. Der jeweilige Kraftstoffvorrat wird dem Fahrer durch eine Kraftstoffvorratsanzeige angezeigt. Dabei wird der Füllstand getrennt für jede Kammer mit einem Hebelgeber gemessen. Ein Mikroprozessor im Schalttafeleinsatz errechnet unter Verwendung der Einspritzimpulse, der Fahrgeschwindigkeit und der elektronischen Signale der Hebelgeber den momentanen Tankinhalt.

Der Kraftstofftank

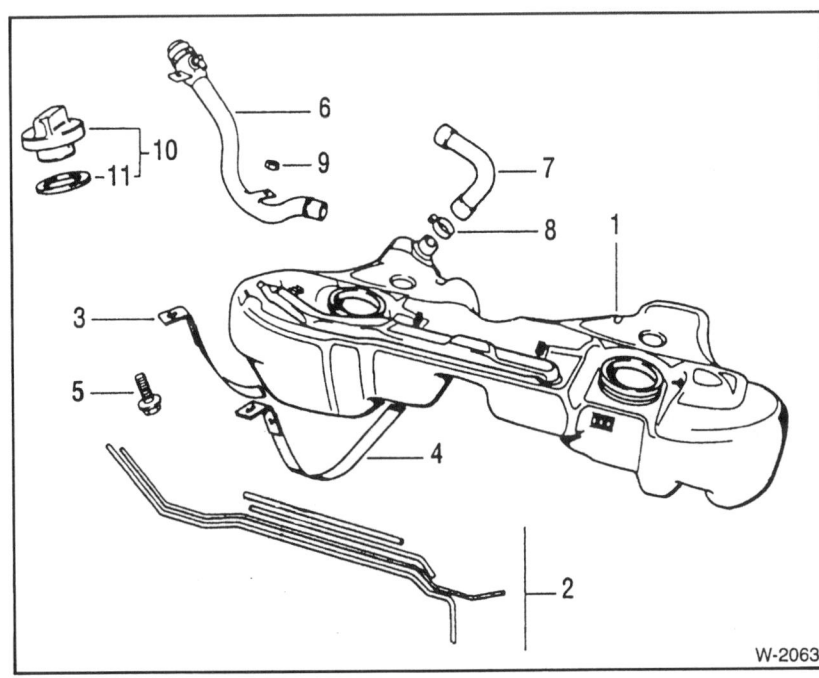

1 – Kraftstofftank
2 – Anbauteile (Leitungen)
3 – Äußeres Spannband rechts
4 – Inneres Spannband rechts
  (Linke Seite gegengleich)
5 – Sechskantschraube
6 – Einfüllrohr
7 – Schlauch
8 – Schlauchschelle
9 – Sechskantmutter
10 – Tankverschluß
11 – Gummidichtung

Sauberkeitsregeln bei Arbeiten an der Kraftstoffversorgung

Bei Arbeiten an der Kraftstoffversorgung sind die folgenden Regeln zur Sauberkeit sorgfältig zu beachten:

- Verbindungsstellen und deren Umgebung vor dem Lösen gründlich reinigen.
- Ausgebaute Teile auf einer sauberen Unterlage ablegen und abdecken. Folien oder Papier verwenden. Keine fasernden Lappen benutzen!
- Geöffnete Bauteile sorgfältig abdecken bzw. verschließen, wenn die Reparatur nicht umgehend ausgeführt wird.
- Nur saubere Teile einbauen.
- Ersatzteile erst unmittelbar vor dem Einbau aus der Verpackung nehmen.
- Keine Teile verwenden, die unverpackt (z. B. in Werkzeugkästen usw.) aufgehoben wurden.
- Bei geöffneter Kraftstoff-Anlage möglichst nicht mit Druckluft arbeiten.
- Das Fahrzeug möglichst nicht bewegen.

Kraftstoffpumpenrelais prüfen

Benzinmotoren: 1 – Relais für Lambda-Sondenheizung (nicht immer vorhanden); 2 – Hauptrelais Motorelektronik (DME); 3 – Kraftstoffpumpenrelais.

Dieselmotor: 1 – Kraftstoffpumpenrelais; 2 – Hauptrelais für DDE (Digitale Diesel-Elektronik); 3 – nicht vorhanden.

Das Kraftstoffpumpenrelais befindet sich im Relaiskasten links hinten im Motorraum. Es versorgt die elektrische Kraftstoffpumpe mit Strom. Über eine Sicherheitsschaltung unterbricht es die Stromzufuhr, wenn bei eingeschalteter Zündung keine Drehzahlimpulse mehr erfolgen (Motor abgewürgt).

Wenn zur Prüfung der Einspritzanlage die Kraftstoffpumpe laufen soll, ohne daß der Motor läuft, Relais abziehen und die Klemme 30 und Klemme 87b (Dieselmotor: Klemme 87) mit kurzer Hilfsleitung verbinden, Durchmesser der Leitung 1,5 mm.

Achtung: Zur Prüfung des Kraftstoffpumpenrelais muß die Batterie geladen sein.

- Sicherung für Einspritzanlage prüfen. Die aktuelle Sicherungsbelegung befindet sich im Deckel des Sicherungskastens.
- Kraftstoffpumpenrelais abziehen.

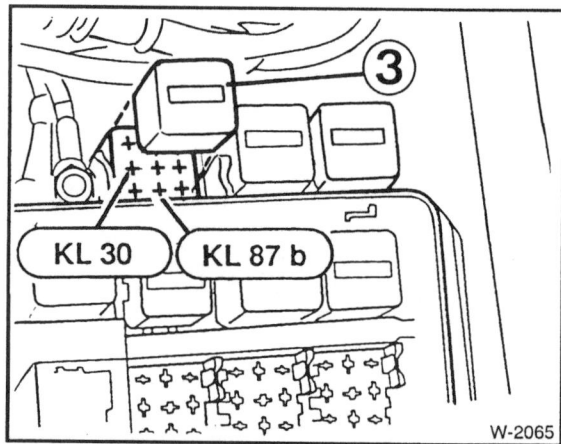

- Die Klemmen 30 und 87b (Dieselmotor: Klemme 87) mit kurzer Prüfleitung verbinden. Dabei die empfindlichen Relaiskontakte nicht beschädigen. Wenn die Pumpe anläuft, Kraftstoffpumpenrelais ersetzen. Läuft die Pumpe nicht an, Zuleitungen zum Relais und zur Kraftstoffpumpe auf Durchgang prüfen, gegebenenfalls Leitung ersetzen.
- Relais/Kraftstoffpumpe prüfen, siehe auch Seite 245.

Fördermenge der Kraftstoffpumpe prüfen

Benzinmotoren

Hinweis: Beim Dieselmotor wird der Kraftstoffdruck in der Leitung zwischen Filter und Einspritzpumpe gemessen, hierzu Fachwerkstatt aufsuchen.

- Prüfvoraussetzung ist eine intakte und geladene Batterie.

316i, 318i bis 8/93: 4 = Kraftstoffrücklaufleitung

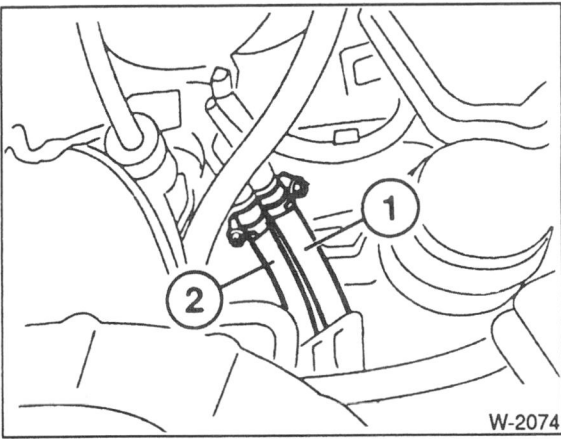

- **316i/318i seit 9/93, 318is/ti:** Die Kraftstoffleitung sitzt an entsprechender Stelle unterhalb vom Ansaugrohr. 2 = Kraftstoff-Rücklaufleitung.

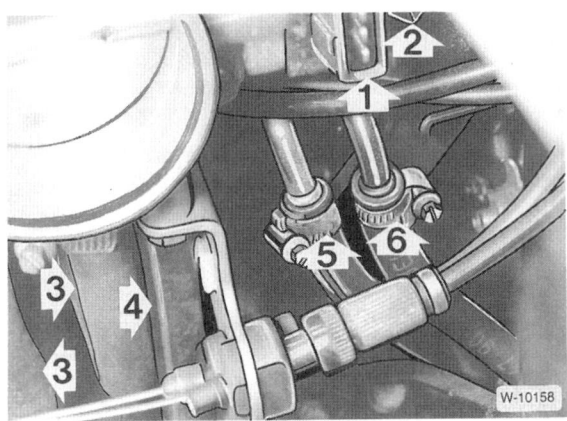

320i, 323i, 323ti, 325i, 328i: 6 = Kraftstoff-Rücklaufleitung

- Kraftstoff-Rücklaufleitung am Verteilerrohr lösen und Schlauch in ein Meßgefäß mit ca. 2 l Inhalt führen.
- Kraftstoffpumpenrelais abziehen. Das Relais befindet sich im Relaiskasten links hinten im Motorraum.
- Am Relaissockel Klemme 30 und 87b mit Prüfleitung verbinden (Durchmesser 1,5 mm) und Kraftstoffpumpe ca. 30 Sekunden laufen lassen, siehe Kapitel »Kraftstoffpumpenrelais prüfen«.
- Die Fördermenge muß in 30 Sekunden ca. 1,0 l betragen. (Die Stromaufnahme der Pumpe beträgt dabei maximal 5,5 Ampére.)
- Wird zu wenig Kraftstoff gefördert, Kraftstofffilter ersetzen und Fördermenge erneut prüfen. Ist die Fördermenge weiterhin zu klein, Kraftstoffpumpe ersetzen.

Tankgeber aus- und einbauen

Beim 3er BMW sitzt in den beiden Tankzellen je ein Tankgeber. Zur Prüfung der Tankgeber müssen diese ausgebaut werden. Im Geber der **rechten** Tankseite, in Fahrtrichtung gesehen, sitzt die Kraftstoffpumpe (Intankpumpe). Zur Demontage der Pumpe muß daher der rechte Geber ausgebaut werden.

Achtung: Zum Ausbau eines Tankgebers darf der Kraftstofftank **nicht** gefüllt sein. Daher Tank entweder leerfahren oder Kraftstoff mit einer geeigneten Pumpe in einen entsprechend großen Behälter absaugen. Kraftstoff nicht über einen Schlauch mit dem Mund absaugen. Die folgenden Sicherheitsmaßnahmen zum Entleeren des Kraftstoffbehälters sind unbedingt zu beachten:

- **Kraftstoffbehälter nicht entleeren, wenn das Fahrzeug über einer Grube steht.**
- **Kein offenes Feuer oder Funkenbildung in der Nähe des Arbeitsplatzes! Nicht rauchen!**
- **CO_2-Feuerlöscher bereithalten.**
- **Bindemittel bereithalten, um ausgelaufenen Kraftstoff aufzusaugen.**
- **Für gute Belüftung des Arbeitsplatzes sorgen. Kraftstoffdämpfe sind giftig und sehr leicht entflammbar!**

Ausbau

- Batterie-Massekabel (−) abklemmen. **Achtung:** Dadurch wird aus dem Speicher des Radios der Code für die Diebstahlsicherung gelöscht. Die Batterie darf nur bei ausgeschalteter Zündung abgeklemmt werden, da sonst das Steuergerät der Einspritzanlage beschädigt wird. Vor dem Abklemmen sollten auch die Hinweise im Kapitel »Radio« bzw. »Batterie aus- und einbauen« durchgelesen werden.

Achtung: Bei Fahrzeugen mit 6-Zylindermotor befindet sich die Batterie im Kofferraum rechts neben dem Reserverad.

- Rücksitzbank ausbauen, siehe Seite 231/234.
- Abdeckung unterhalb der Sitzbank zurückschlagen.

Rechten Tankgeber mit Kraftstoffpumpe ausbauen

- Deckel –1– abschrauben.

1 – Stecker für Kraftstoffpumpe; 2 – Stecker für Tankgeber; 3 – Kraftstoffschlauch-Pumpenvorlauf; 4 – Tankausgleichschlauch.

- Stecker –1– und –2– abziehen. Beim Abziehen Rastnasen durch Zusammendrücken entriegeln.

- Kraftstoffschläuche –3– und –4– mit Tesaband kennzeichnen und vom Tankgeber abziehen, dazu Schraub- oder Klemmschellen lösen. **Achtung:** Die Kraftstoffanlage steht unter Druck, daher Schlauch langsam abziehen und eventuell hervorspritzenden Kraftstoff mit Lappen auffangen.

- Überwurfmutter –5– linksherum vorsichtig losschlagen. Die Werkstatt verwendet dazu das BMW-Werkzeug 161020. Es geht auch mit einem Hartholzstab oder mit einem großen Schraubendreher.

- Tankgeber hochziehen, zur Seite schwenken und herausnehmen. Dabei Lappen unterlegen und eventuell austretenden Kraftstoff auffangen.

Linken Tankgeber ausbauen

- Deckel –2– abschrauben, siehe Abbildung W-2066.

2 – Stecker für Tankgeber; 3 – Kraftstoff-Rücklaufschlauch; 4 – Tankausgleichschlauch.

- Stecker –2– abziehen. Beim Abziehen Rastnasen durch Zusammendrücken entriegeln.

- Kraftstoffschläuche –3– und –4– mit Tesaband kennzeichnen und vom Tankgeber abziehen, dazu Schraub- oder Klemmschellen lösen. **Achtung:** Die Kraftstoffanlage steht unter Druck, daher Schlauch langsam abziehen und eventuell hervorspritzenden Kraftstoff mit Lappen auffangen.

- Überwurfmutter –5– linksherum vorsichtig losschlagen. Die Werkstatt verwendet dazu das BMW-Werkzeug 161020. Es geht auch mit einem Hartholzstab oder mit einem großen Schraubendreher.

- Tankgeber hochziehen, zur Seite schwenken und herausnehmen. Dabei Lappen unterlegen und eventuell austretenden Kraftstoff auffangen.

Einbau

Achtung: Überwurfmutter sowie Dichtring für Tankgeber grundsätzlich erneuern.

- Tankgeber mit neuem Dichtring einsetzen. Zuerst Dichtring in die Öffnung des Tankes einsetzen, dann Tankgeber einsetzen.

Rechter Tankgeber:

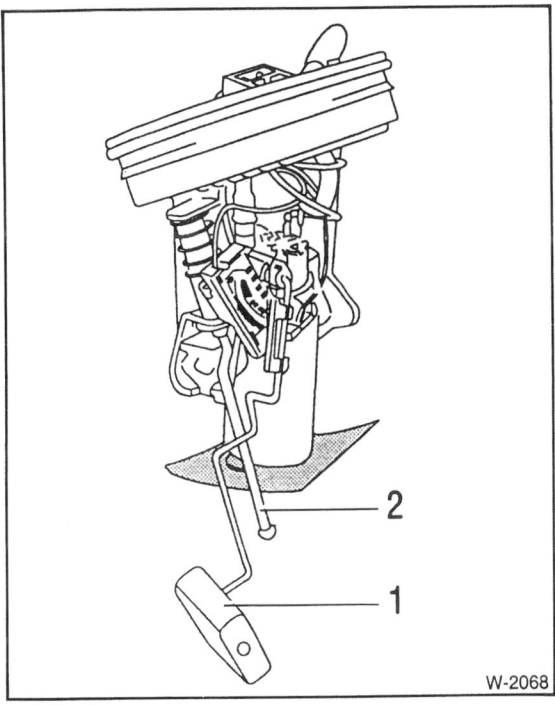

- Während dem Einsetzen den Höhentaster −2− zum Gehäuse der Kraftstoffpumpe drücken. Vor dem entgültigen Einsetzen durch Hin- und Herbewegen richtige Lage des Tankgebers sicherstellen. Der Höhentaster −2− muß senkrecht am Tankboden stehen, an der vorgesehenen Stelle ist im Tank eine Vertiefung. Außerdem muß der Schwimmer −1− frei beweglich sein.

Linker Tankgeber:

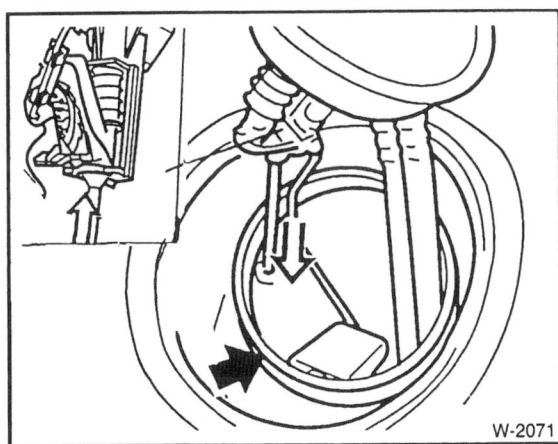

- Beim Einsetzen den Höhentaster gegen die Feder nach oben und leicht nach rechts drücken, siehe Abbildung. Tankgeber senkrecht in richtiger Position eindrücken: Der Taster muß fühlbar am Tankboden gerade aufstehen.

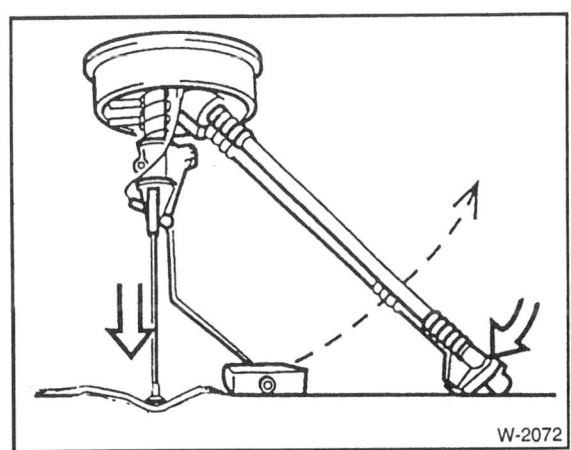

Achtung: Die Benzinleitungen am Tankgeber werden mit Vorspannung an den Tankboden gedrückt. Der Höhentaster muß in der Zentrierung am Tankboden sitzen. Der Schwingarm mit Schwimmer muß frei beweglich sein.

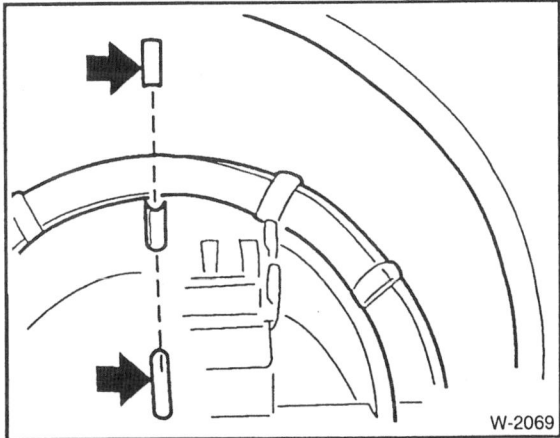

- Tankgeber durch Verdrehen ausrichten, die Rippe am Flansch muß auf die am Kraftstoffbehälter angegossene Markierung zeigen.
- Neue Überwurfmutter ansetzen und mit **50 Nm** festschrauben.
- Kraftstoffschläuche nach angebrachter Markierung aufschieben und mit neuen Schlauchschellen sichern.
- Elektrische Stecker aufschieben und einrasten.
- Abdeckung ansetzen und festschrauben, dabei auf richtigen Sitz der Dichtung achten.
- Batterie anklemmen.
- Kraftstoffanzeige an der Armaturentafel auf Funktion prüfen.

Tankgeber prüfen

Mit sinkendem Kraftstoffspiegel sinkt auch der Schwimmer im Tankgeber ab. Durch einen Schleifkontakt am Schwimmer sinkt dabei der elektrische Widerstand des Gebers. Über einen Mikroprozessor im Schalttafeleinsatz wird aus den Geber-Widerständen und anderen Fahrzeugdaten der Kraftstoffstand errechnet und am Instrument angezeigt.

Beide Tankgeber haben die gleichen Widerstandswerte, die Prüfung geschieht in gleicher Weise. Die Kraftstoffpumpe (im rechten Tankgeber) kann in ausgebautem Zustand nur von einer Fachwerkstatt überprüft werden. Fördermenge in eingebautem Zustand prüfen, siehe Seite 90.

Prüfen

- Tankgeber ausbauen.
- Ohmmeter am Tankgeber an die Klemmen des Steckers −2− anschließen, siehe Abbildungen im Kapitel »Tankgeber aus- und einbauen«.
- Tankgeber in Einbaulage halten, der Schwimmer befindet sich unten, und die Anzeige im Fahrzeug würde »Reserve« anzeigen. **Sollwert:** 10 ± 2 Ω.
- Tankgeber um 180° drehen (auf den Kopf stellen), der Schwimmer befindet sich oben, und die Anzeige im Fahrzeug würde »voll« anzeigen. **Sollwert:** 250 ± 5 Ω.
- Defekte Tankgebereinheit gegebenenfalls komplett ersetzen. **Achtung:** Die Tankgeber sind nur zusammengebaut lieferbar, Einzelteile können nicht ausgetauscht werden.

Luftfiltergehäuse/Ansaugluftschlauch aus- und einbauen

Ausbau

- Rändelrad am Stecker des Luftmassenmessers (4-Zylindermotor: des Luftmengenmessers) nach links drehen und abziehen. Schlauchschelle am Luftschlauch lösen. Die Abbildung zeigt den Luftfilter der Modelle 320i/325i/328i.
- Muttern −1− für Gummilager lockern und Luftfiltergehäuse mit Luftmassenmesser nach oben herausnehmen.

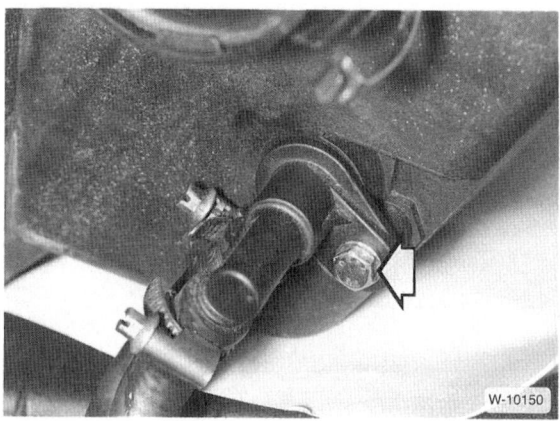

- Modelle 320i/325i/328i: Schraube für Ansaugluft/Kühlmittelthermostat an der Luftfilterkasten-Unterseite abschrauben und Fühler herausziehen. **Hinweis:** Der Thermostat regelt die Kühlmittelzufuhr zur Drosselklappenbeheizung in Abhängigkeit von der Ansauglufttemperatur.

Einbau

- Falls ausgebaut, Ansaugluft-Temperaturfühler mit neuem O-Ring einsetzen und anschrauben.

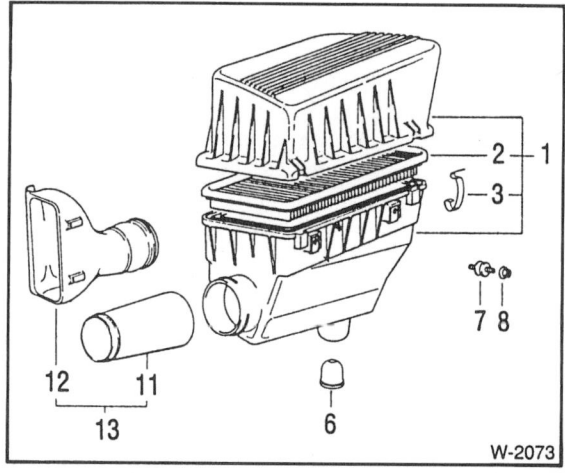

- Luftfiltergehäuse auf das untere Gummilager −6− aufsetzen. Die Abbildung zeigt den Luftfilter der Modelle 316i/318i.
- Schrauben −8− anschrauben.
- Ansaugtrichter −13− zusammenstecken.
- Luftschlauch am Gehäuse aufschieben und mit Schelle sichern.
- Stecker für Luftmassenmesser aufschieben und Rändelrad nach rechts drehen.

Die Benzin-Einspritzanlage

Die BMW-Benzinmotoren sind mit der Bosch-Motronic ausgerüstet. Dabei handelt es sich um eine kombinierte elektronische Zünd- und Einspritzanlage, die auch als Digitale Motor-Elektronik (DME) bezeichnet wird. Die Regelung des Zünd- und Einspritzsystems wird von einem gemeinsamen Steuergerät übernommen.

Alle Teile der Einspritzanlage sind langzeitstabil und wartungsarm; Reparaturen sind daher äußerst selten. Zudem ist ein Großteil der Überprüfungsarbeiten nur mit teuren BMW-Spezialprüfgeräten und entsprechenden Fachkenntnissen möglich.

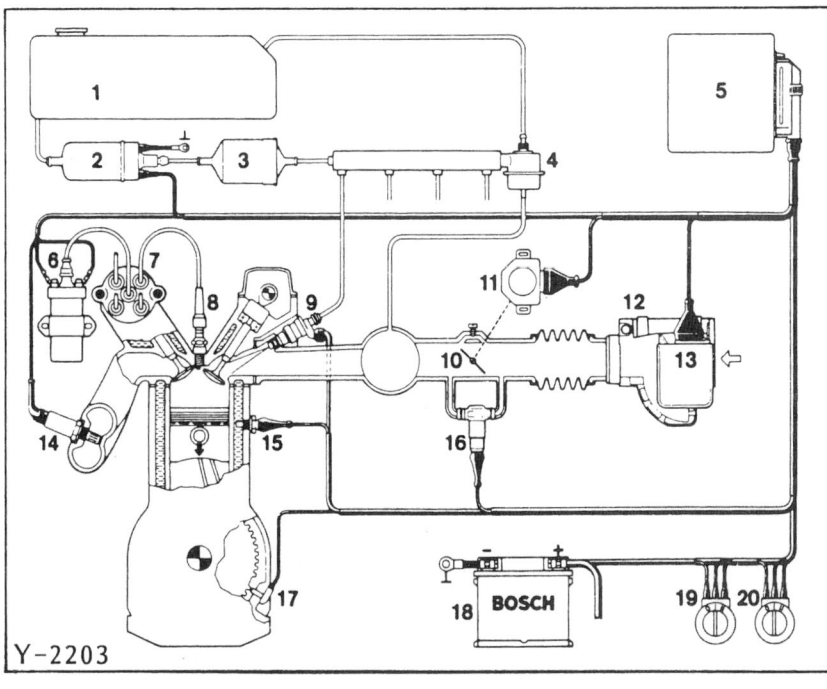

Schemazeichnung der Motronic im 316i, 318i

1 – Tank
2 – Kraftstoffpumpe
3 – Kraftstoff-Filter
4 – Kraftstoffdruckregler
5 – Elektronisches Steuergerät
6 – Zündspule
7 – Hochspannungs-Zündverteiler
8 – Zündkerze
9 – Einspritzventil
10 – Drosselklappe
11 – Drosselklappenschalter
12 – Luftmengenmesser
13 – Potentiometer und Lufttemperaturfühler
14 – Lambda-Sonde
15 – Temperaturfühler
16 – Leerlaufsteller
17 – Induktiver Impulsgeber
18 – Batterie
19 – Zünd-Anlaß-Schalter
20 – Klimaschalter

Arbeitsweise der Motronic DME M1.7 (4-Zylindermotoren)

Der Kraftstoff wird aus dem Kraftstoffbehälter von der elektrischen Kraftstoffpumpe angesaugt und über den Kraftstoffilter zum Verteilerrohr und dann zu den Einspritzventilen gefördert. Ein Druckregler am Verteilerrohr sorgt dafür, daß der Druck im Kraftstoffsystem gleichbleibend 3,0 bar (320i ab 1/95, 325i: 3,5 bar) beträgt. Die Einspritzventile werden elektrisch angesteuert und spritzen den Kraftstoff intermittierend, also stoßweise, in das Ansaugrohr vor die Einlaßventile. Dabei werden die Einspritzventile halbsequentiell angesteuert, das heißt pro Kurbelwellenumdrehung spritzen jeweils 2 Einspritzventile gleichzeitig ein und zwar abwechselnd für die Zylinder 1-3 oder 2-4.

Die Luftmenge wird vom Motor über Luftfilter und Sammelsaugrohr angesaugt und vom Luftmengenmesser gemessen. Im Gehäuse des Luftmengenmessers befindet sich eine Stauklappe, die von der Luftströmung in eine bestimmte Stellung ausgelenkt und gehalten wird. Die Winkelstellung der Stauklappe dient als Maß für die durchströmende Luftmenge. Über ein mit der Stauklappe verbundenes Potentiometer werden entsprechende Signale an das Steuergerät übermittelt.

Das Steuergerät regelt entsprechend der gemessenen Luftmenge und der jeweiligen Motordrehzahl die Einspritzzeit und dadurch die Benzin-Einspritzmenge. Bei längerer Öffnung des Einspritzventils wird mehr Kraftstoff eingespritzt.

Zusätzlich zum Luftmengenmesser liefern auch noch andere Geber dem Steuergerät Informationen beziehungsweise werden von diesem angesteuert, und sorgen unter allen Fahrbedingungen für die richtig bemessene Kraftstoffmenge:

- Der Drosselklappenschalter sitzt direkt an der Drosselklappenwelle. Er übermittelt dem Steuergerät die Leerlauf- und die Vollaststellung der Drosselklappe. Dadurch wird insbesondere die Schubabschaltung gesteuert, denn solange der Leerlaufkontakt des Schalters geschlossen ist und gleichzeitig die Drehzahl über einem bestimmten Wert liegt, wird vom Steuergerät die Kraftstoffzufuhr für den Motor gesperrt.

- Das Kraftstoffpumpenrelais befindet sich im Relaiskasten hinter dem linken Federbeindom. Es versorgt die Kraftstoffpumpe mit Strom. Eine Sicherheitsschaltung unterbricht die Stromzufuhr bei stehendem Motor, zum Beispiel wenn der Motor abgewürgt wurde.

- Die augenblickliche Motor-Kurbelwellenstellung und -drehzahl werden über 2 induktive Geber übermittelt: Der Drehzahl- und Bezugsmarkengeber sitzt an der Kurbelwellen-Riemenscheibe. Der Geber für Zylindererkennung ist als Induktionsschleife über dem Zündkabel für Zylinder 4 ausgeführt, bei Motoren ohne Zündverteiler sitzt der Geber vorn am Motor im Kettenkastendeckel.

- Die Lambda-Sonde (Sauerstoffsensor) mißt bei Fahrzeugen mit geregeltem Katalysator den Sauerstoffgehalt im Abgasstrom und schickt entsprechende Spannungssignale an das Steuergerät. Daraufhin verändert das Steuergerät das angesaugte Kraftstoff-/Luftverhältnis, so daß das Abgas im Katalysator optimal nachverbrannt wird.

- Der Leerlaufsteller reguliert die Leerlaufluftmenge unter Umgehung der Drosselklappe. Dadurch wird eine gleichbleibende Leerlaufdrehzahl erreicht, unabhängig davon, ob gerade Zusatzverbraucher, wie etwa Servolenkung oder Kältekompressor, eingeschaltet sind. Angesteuert wird der Leerlaufsteller vom elektronischen Steuergerät der Einspritzanlage.

- Der Kühlmittel-Temperaturfühler mißt die Motortemperatur, die großen Einfluß auf den Kraftstoffbedarf hat.

- Ein Aktivkohlebehälter speichert die auftretenden Kraftstoffdämpfe. Im Betrieb werden diese Dämpfe dem Motor über das Tankentlüftungsventil dosiert zugeführt, wodurch weniger Schadstoffe ins Freie gelangen und Energie gespart wird.

DME M3.1 und MS41.0 in den 6-Zylindermotoren

Die DME M3.1 und MS41.0 sind Weiterentwicklungen der Motronic M1.7. Die Einspritzung erfolgt vollsequentiell, das heißt getrennt für jeden einzelnen Zylinder des Motors. Außerdem besitzt die DME spezielle Kennfelder für den Betrieb des Motors in großen Höhen (= geringe Luftdichte). Weitere Änderungen:

- Anstelle des Luft**mengen**messers ist ein Luft**massen**messer eingebaut. Der Luftmassenmesser hat folgende Vorteile: automatischer Ausgleich von Temperatur- und Höheneinflüssen, keine beweglichen Bauteile und daher praktisch kein Verschleiß. Das Funktionsprinzip der Luftmassenmessung: Ein elektrisch erwärmter Hitzdraht wird durch die vorbeistreichende Ansaugluft abgekühlt. Um die Temperatur des Hitzdrahtes konstant zu halten, ändert sich der Heizstrom entsprechend der Dichte/Temperatur der angesaugten Luft. Anhand der Schwankungen des Heizstromes erkennt die Motronic die Masse der angesaugten Luft und regelt dementsprechend die Einspritzmenge. Die Ansauglufttemperatur wird über einen Fühler am Drosselklappenstutzen gemessen.

- Die Zündanlage besitzt keine beweglichen Bauteile mehr und ist daher bis auf die Zündkerzen verschleißfrei, siehe auch Kapitel »Zündung«.

- Bei Modellen mit Automatikgetriebe sind die DME und die Automatik-Steuerung miteinander gekoppelt. Dadurch ergibt sich eine bessere Abstimmung zwischen Automatik und Motor sowie weichere Schaltvorgänge.

- Ab Modelljahr '93 sind die 6-Zylindermotoren mit einer variablen Nockenwellensteuerung ausgerüstet, abgekürzt VANOS genannt. Hierbei wird die Einlaßnockenwelle je nach Motordrehzahl und Motorlast durch den Motor-Öldruck gegenüber dem Kettenrad verdreht, so daß sich optimale Ventil-Steuerzeiten im Hinblick auf Leerlaufkomfort, Drehmomentverlauf und Verbrauch ergeben. Die DME reguliert den Ölstrom zur Stelleinheit über ein elektrisch betätigtes Ventil.

Der Fehlerspeicher

Alle Versionen der DME besitzen Notlauffunktionen: Wenn Geber ausfallen, nimmt das Steuergerät Ersatzwerte (Mittelwerte) für den entsprechenden Geber an. Bei Ausfall des Luftmengen- beziehungsweise Luftmassenmessers nimmt das Steuergerät zur Kraftstoffzumessung die Daten aus der Drosselklappenstellung und der Motordrehzahl als Bezugswerte. Diese Regelung setzt automatisch ein und wird dem Fahrer nicht angezeigt. Die Fahrt kann fortgesetzt werden, das Fahrverhalten verschlechtert sich oft nur unmerklich. Auftretende Fehler werden jedoch vom Steuergerät erkannt und abgespeichert. Die BMW-Werkstatt kann mittels einem Prüfgerät, das am Diagnosestecker (rechts im Motorraum) angeschlossen wird, die gespeicherten Fehler abrufen und beheben. Es ist daher sinnvoll, in regelmäßigen Abständen die BMW-Werkstatt zum Abrufen des Fehlerspeichers aufzusuchen, auch wenn anscheinend kein Defekt vorliegt.

Als Fehler angezeigt werden Kurzschlüsse, Unterbrechungen, wenn keine Regelung möglich ist oder nicht plausible Funktionen auftreten. Dabei kann ein Fehler im Bereich eines Bauteiles, den zugehörigen Leitungen oder im Steuergerät liegen. Außerdem können Angaben ausgelesen werden, die Auskunft über die Fehler-Häufigkeit geben.

Eine Zündspannungsüberwachung schaltet bei zu niedriger Zündspannung (zum Beispiel Marderschäden an Zündkabeln) die DME ab, der Motor kann nicht gestartet werden. Dadurch werden Katalysatorschäden vermieden.

Achtung: Durch Abklemmen der Batterie oder durch Abziehen des Mehrfachsteckers am Steuergerät werden alle gespeicherten Fehler gelöscht.

Sauberkeitsregeln bei Arbeiten an der Einspritzanlage

- Verbindungsstellen und deren Umgebung vor dem Lösen gründlich mit Kraftstoff oder Kaltreiniger reinigen.
- Ausgebaute Teile auf einer sauberen Unterlage ablegen und abdecken. Folien oder Papier verwenden. Keine fasernden Lappen benutzen! Nur saubere Teile einbauen.
- Bei geöffneter Anlage: Möglichst nicht mit Druckluft arbeiten. Das Fahrzeug möglichst nicht bewegen.

Sicherheitshinweise zur Einspritzanlage

- Motor nicht starten ohne fest angeschlossene Batterie.
- Nie bei laufendem Motor die Batterie abklemmen.
- Beim Schnelladen Batterie abklemmen. Zum Starten des Motors **keinen** Schnellader verwenden.
- Bevor die elektronische Einspritzanlage geprüft wird, muß gewährleistet sein, daß die Zündung in Ordnung ist.
- Steuergerät nicht Temperaturen über +80° C aussetzen.
- Mehrfachstecker des Steuergerätes nicht bei eingeschalteter Zündung abziehen oder aufstecken.

- Bei einer Kompressionsdruckprüfung Stromversorgung für Digitale-Motorelektronik unterbrechen, dazu Hauptrelais –2– abziehen. Das Relais sitzt im Relaiskasten links im Motorraum. (Relais –1– für Lambda-Sondenheizung ist nicht immer vorhanden).

- Die Kraftstoffanlage steht unter Druck. Deshalb vor dem Auswechseln von Teilen Druck im System abbauen. Hierzu Kraftstoffförderleitung vorsichtig lösen und beim Abziehen Lappen um die Leitung legen.

  Der Überdruck baut sich auch von selbst ab (ohne Lösen der Leitung), wenn der Motor einige Stunden abgestellt ist.

Leerlaufdrehzahl/CO-Gehalt prüfen

Achtung: Die Leerlaufdrehzahl wird durch einen elektronisch gesteuerten Leerlaufsteller geregelt, der CO-Gehalt wird von der Lambdasonde überwacht. Leerlaufdrehzahl und CO-Gehalt sind nicht einstellbar. Eine Überprüfung im Rahmen der Wartung ist nicht erforderlich. Dennoch empfiehlt sich das regelmäßige Aufsuchen einer BMW-Werkstatt, um den Fehlerspeicher des DME-Steuergeräts abfragen zu lassen.

Prüfen

- Alle elektrischen Verbraucher ausschalten.
- Luftfiltereinsatz prüfen, bei Verschmutzung auswechseln.
- Motor auf Betriebstemperatur bringen, Öltemperatur mindestens +60° C.

Achtung: Meßgeräte nur bei ausgeschalteter Zündung anschließen.

- Drehzahlmesser nach Hersteller-Betriebsanleitung anschließen. **Achtung:** Bei den Motoren mit ruhendem Zündsystem kann der Drehzahlmesser nicht mehr an Klemme 1 (–) und 15 (+) der Zündspule angeschlossen werden, da hier für jede Zündkerze eine Zündspule vorhanden ist. Die ungefähre Leerlaufdrehzahl ist jedoch auch am Bord-Drehzahlmesser abzulesen.
- Motor starten und im Leerlauf drehen lassen.
- Leerlaufdrehzahl prüfen, Sollwert siehe Seite 87.
- Falls die Leerlaufdrehzahl nicht mit dem Sollwert übereinstimmt, Ansaugtrakt auf Dichtheit prüfen. Dazu Motor starten und im Leerlauf belassen. Sämtliche Dichtstellen des Ansaugtraktes (Luftmassenmesser/Ansaugschlauch, Flansche des Ansaugkrümmers) mit einem Pinsel und Benzin bestreichen. Wenn sich die Drehzahl erhöht, saugt der Motor an der gerade bestrichenen Stelle Nebenluft an. In diesem Fall ist die entsprechende Dichtung zu erneuern.

Achtung: Kraftstoff nicht auf glühende Teile oder Zündanlage spritzen, Feuergefahr! Kraftstoffdämpfe nicht einatmen – giftig!

- Abgassonde des CO-Prüfgeräts am Abgaskrümmer anschließen. Dazu die beiden Verschlußschrauben herausdrehen. Die Abbildung zeigt den 316i-/318i-Motor. –1– ist Verschlußschraube des Krümmers für Zylinder 1 und 2; –2– Schraube für Krümmer 3 und 4. Auch beim 6-Zylindermotor ist der Abgaskrümmer zweigeteilt; die vordere Verschlußschraube ist für Zylinder 1 bis 3, die hintere Schraube für Zylinder 4 bis 6. Die Fachwerkstatt verwendet zum Messen die Abgassonden BMW-130090 mit Adapter BMW-130100.

- Fahrzeug aufbocken

- Steckverbindung für Lambda-Sonde an der Getriebetraverse, in der Nähe vom Katalysator, trennen. Zum Lösen Rändelschraube –Pfeil– aufschrauben.

- CO-Gehalt (bei Leerlaufdrehzahl) prüfen, **Sollwert:** 0,7 ± 0,5 Vol. %.

- Falls der CO-Gehalt über dem Sollwert liegt, kann das folgende Ursachen haben: Einspritzdüse(n) defekt, Kraftstoffdruck falsch, Temperaturfühler für Kühlmittel defekt.

- Bei zu niedrigem CO-Gehalt: Schläuche und Anschlüsse für Leerlaufregelung auf festen Sitz und Dichtheit prüfen. Ansaugsystem durch Bestreichen mit Benzin auf Dichtheit prüfen, wie oben beschrieben.

- Motor abstellen.

- **Anschließend Funktion der Lambda-Sonde prüfen:**

- Motor abstellen.

- Unterdruckschlauch zum Anschluß des Kraftstoffdruckreglers –1– mit einer Klemme oder Flachzange zusammendrücken. Der Druckregler sitzt am Ende des Kraftstoffrohrs, an dem die Einspritzventile angeschlossen sind. Die Abbildung zeigt das ausgebaute Kraftstoffrohr mit Druckregler und Einspritzventilen beim 6-Zylindermotor.

- Motor starten, der CO-Gehalt steigt an.

- Steckverbindung für Lambda-Sonde verbinden. Daraufhin muß der CO-Gehalt auf den Sollwert zurückgehen. **Sollwert:** 0,5 ± 0,3 Vol. % oder geringer.

- Motor abstellen.

- Klammer vom Unterdruckschlauch abnehmen.

- Meßgeräte abklemmen.

- Verschlußschrauben mit neuen Dichtungen am Abgaskrümmer einschrauben.

Gaszug einstellen

Achtung: Der Gaszug ist sehr knickempfindlich und daher beim Einbau besonders sorgfältig zu behandeln. Ein einziger leichter Knick kann zum späteren Bruch im Fahrbetrieb führen. Züge, die geknickt wurden, dürfen deswegen **nicht** eingebaut werden.

Bei Fahrzeugen mit automatischer Geschwindigkeitsregelung (»Tempomat«) ist ein zusätzlicher Gaszug am Drosselklappenhebel befestigt. Falls erforderlich, diesen Gaszug in gleicher Weise wie den normalen Gaszug aushängen.

Einstellen

- Gaspedal ganz durchdrücken (Vollgasstellung) und in dieser Stellung festklemmen. Dazu geeignetes Brett zwischen Sitz und Pedal klemmen.

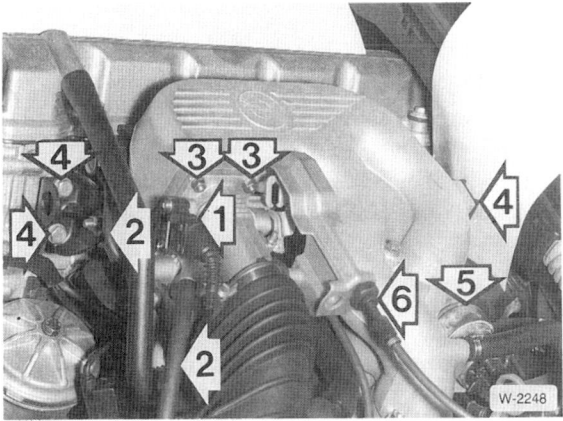

- Drosselklappenhebel in Vollgasstellung drücken und Einstellmutter –6– so weit reindrehen, bis der Gaszug gespannt ist. Die Abbildung zeigt den Ansaugkrümmer der 4-Zylindermotoren ab 9/93 sowie 318is/ti.
- Gaspedal lösen.

Gaszug am Drosselklappenhebel aushängen

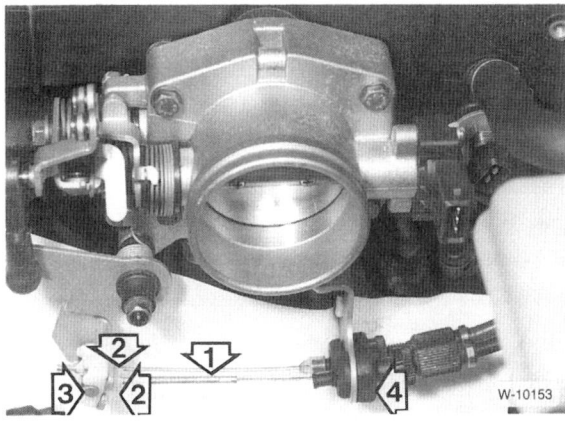

- Am Drosselklappenhebel Gas geben, damit der Gaszugnippel entspannt wird.
- Nippel –3– mit schmalem Schraubendreher aus dem Clip herausheben.
- Clip zusammendrücken –2–, aus der Öffnung des Drosselklappenhebels herausziehen und vom Gaszug –1– abnehmen.
- Gaszug durch den Schlitz am Drosselklappenhebel herausziehen.
- Gaszugmantel aus dem Gummi-Widerlager –4– herausziehen.

Einhängen

- Seilzug durch die Gummitülle des Widerlagers einführen, Seilzughülle in die Gummitülle einschieben.
- Kunststoffclip über den Seilzug schieben.
- Am Drosselklappenhebel etwas Gas geben, Seilzug durch den Schlitz einhängen, Clip einrasten und Nippel in den Clip eindrücken.
- Gaszugeinstellung kontrollieren.

Leerlaufregelventil prüfen/ aus- und einbauen

Das Leerlaufregelventil sitzt am Ansaugkrümmer und ist mit je einem Schlauch vor- und hinter dem Drosselklappenstutzen angeschlossen.

Achtung: Um zu prüfen, ob das Leerlaufregelventil arbeitet, Hand auf das Ventil legen. Bei laufendem Motor muß das Ventil aufgrund der getakteten Spannungsversorgung vibrieren.

Ausbau

- 6-Zylindermotor: Ansaugluftschlauch vom Drosselklappenstutzen abziehen, vorher Schraubschelle lösen.

- Stecker vom Leerlaufregelventil abziehen, dabei Drahtsicherung drücken. Schlauchbinder –Pfeile– lösen, Schläuche –2– und –3– abziehen. Die Abbildung zeigt den 4-Zylindermotor, bei den 6-Zylindermotoren liegt das Ventil unterhalb vom Ansaugkrümmer.
- Nur 4-Zylindermotor: Kabelbinder –4– abschneiden.
- Regelventil nach hinten aus dem Haltering herausziehen und herausnehmen.

Widerstandsprüfung

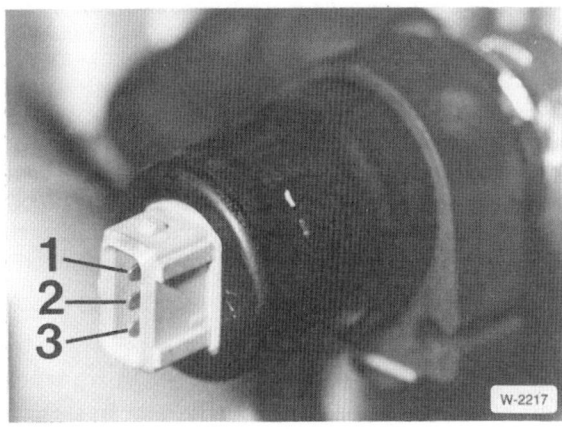

- 6-Zylindermotor: Ohmmeter an die Steckfahnen des Regelventils anschließen und Widerstand prüfen: Sollwerte:

Klemme 1 und 3: 40 ± 5 Ω;
Klemme 2 und 1 oder 2 und 3: 20 ± 5 Ω.

- 4-Zylindermotor: Das Regelventil besitzt am Anschluß nur 2 Steckfahnen. Ohmmeter zwischen die beiden Kontakte anschließen und Widerstand messen: **Sollwert:** 8 ± 2 Ω.

Dynamische Prüfung

- Elektrischen Stecker anschließen.

- Drehkolben des Ventils von Hand ganz öffnen oder schließen.
- Zündung einschalten. Der Drehkolben muß nun eine Stellung von ca. 50 % Querschnittsöffnung einnehmen und beibehalten.

Einbau

- Regelventil einsetzen und an die Schläuche anschließen.
- Stecker aufschieben und Kabel am Halter fixieren.
- 6-Zylindermotor: Ansaugluftschlauch aufschieben und mit Schlauchbinder fixieren.

Kühlmittel-Temperaturfühler prüfen/ aus- und einbauen

Der Temperaturfühler mißt die Kühlmitteltemperatur im Motorblock und gibt sie an das Steuergerät weiter. Der Fühler beinhaltet ein NTC-Element (NTC = Negativer Temperatur-Coeffizient), das seinen Widerstand bei steigender Temperatur verringert. Bei defektem Fühler nimmt das Steuergerät als Ersatzwert eine Kühlmitteltemperatur von +80° C an. Das entspricht dem betriebswarmen Motor und führt bei niedrigen Außentemperaturen und kaltem Motor zu Startschwierigkeiten und unruhigem Motorlauf.

Temperaturfühler prüfen

- Stecker abziehen.
- Ohmmeter an die Kontakte des Fühlers anschließen.
- Widerstand messen und mit Sollwert vergleichen. Entsprechend der Temperatur sind Zwischenwerte möglich. Sollwerte, siehe Seite 106.
- Falls der Widerstand nicht dem Sollwert entspricht, Fühler ausbauen.
- Temperaturfühler mit Draht bis zum Sechskant in ein Wasserbad hängen, ohne daß er mit der Gefäßwand in Berührung kommt. Wasser mit Eisstücken abkühlen und anschließend auf der Herdplatte erwärmen. Fühler bei den angegebenen Temperaturen herausnehmen und Widerstand zwischen den Kontaktzungen messen. Gegebenenfalls Temperaturfühler ersetzen.
- Ist der Temperaturfühler in Ordnung, Voltmeter zwischen Stecker des Temperaturfühlers und Masse anschließen.
- Zündung einschalten. **Sollwert:** ca. 5 Volt. Liegt keine Spannung an, Leitung auf Durchgang prüfen.
- Masseleitung, falls vorhanden, auf Durchgang prüfen.
- Wenn Leitungen und Temperaturfühler in Ordnung sind, liegt ein Defekt im Steuergerät vor.

Ausbau

Achtung: Damit beim Ausbau des Fühlers kein Kühlmittel ausläuft, Kühlmittel vorher zum Teil ablassen und auffangen, siehe Seite 296.

316i, 318i:

- Leerlaufregelventil ausbauen, siehe Seite 99.

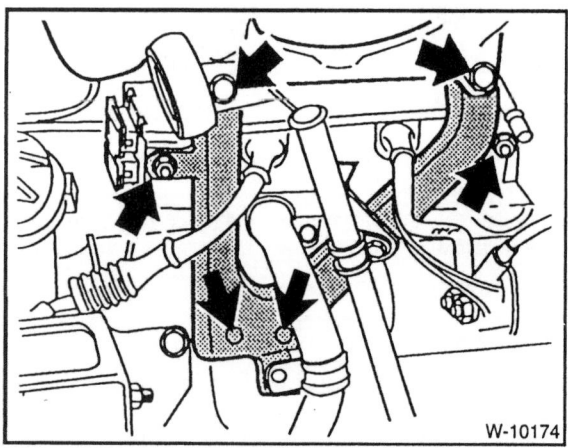

- Ansaugrohr-Stütze und Kabelschacht abschrauben —Pfeile—, und abnehmen. Der Temperaturfühler sitzt hinter diesen Bauteilen im Motorblock.

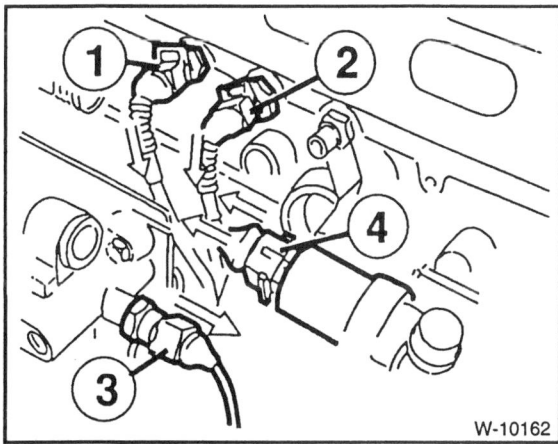

- Stecker abziehen.
- Temperaturfühler –1– für DME herausschrauben. Zum Lösen benutzt die Fachwerkstatt das Werkzeug BMW- 00 9 160. 2 – Temperaturgeber für Kühlmittel-Temperaturanzeige im Schalttafeleinsatz; 4 – Leerlaufregelventil. Die Abbildung zeigt den 6-Zylindermotor, die Einbaulage ist jedoch beim 4-Zylindermotor gleich.

Einbau

- Temperaturfühler mit neuem Dichtring einschrauben und mit **12 – 14 Nm** anziehen. **Achtung:** Der Fühler darf nicht zu fest angezogen werden.
- Stecker aufschieben, die Drahtsicherung muß einrasten.
- Falls ausgebaut, Leerlaufregelventil und Ansaugrohrstütze einbauen.
- Kühlmittel auffüllen und Kühlsystem entlüften, siehe Seite 296.
- Probefahrt durchführen und Temperaturfühler-Anschluß auf Dichtigkeit überprüfen, gegebenenfalls etwas nachziehen.

Ansaugluft-Temperaturfühler prüfen/ aus- und einbauen

Modelle 320i, 323i, 323ti, 325i, 328i

Der Temperaturfühler mißt die Ansauglufttemperatur und gibt sie an das Steuergerät weiter. Zusammen mit dem Signal des Hitzdraht-Luftmassenmessers ergibt sich ein genaues Maß für die Masse der gerade angesaugten Luft. Wie auch der Temperaturfühler für Kühlmittel beinhaltet der Lufttemperaturfühler ein NTC-Element (NTC = Negativer Temperatur-Coeffizient), das seinen Widerstand bei steigender Temperatur verringert. Ein defekter Fühler führt bei niedrigen oder extrem hohen Außentemperaturen zu unruhigem Motorlauf.

Temperaturfühler prüfen

- Stecker –1– vom Drosselklappenschalter abziehen.
- Stecker –2– vom Ansaugluft-Temperaturfühler abziehen und Ohmmeter an die beiden Kontakte des Fühlers anschließen.
- Widerstand messen und mit Sollwert vergleichen. Entsprechend der Temperatur sind Zwischenwerte möglich. Sollwerte, siehe Seite 87.
- Falls der Widerstand nicht dem Sollwert entspricht, Fühler ausbauen.
- Temperaturfühler mit Draht bis zum Sechskant in ein Wasserbad hängen, ohne daß er mit der Gefäßwand in Berührung kommt. Wasser mit Eisstücken abkühlen und anschließend auf der Herdplatte erwärmen. Fühler bei den angegebenen Temperaturen herausnehmen und Widerstand zwischen den Kontaktzungen messen. Gegebenenfalls Temperaturfühler ersetzen.
- Ist der Temperaturfühler in Ordnung, Voltmeter zwischen Stecker des Temperaturfühlers und Masse anschließen.
- Zündung einschalten. **Sollwert:** ca. 5 Volt. Liegt keine Spannung an, Leitung auf Durchgang prüfen.
- Masseleitung, falls vorhanden, auf Durchgang prüfen.
- Wenn Leitungen und Temperaturfühler in Ordnung sind, liegt ein Defekt im Steuergerät vor.

Ausbau

- Luftfilter mit Ansaugluftschlauch ausbauen, siehe Seite 14.
- Temperaturfühler herausschrauben.

Einbau

- Temperaturfühler mit neuem Dichtring einschrauben und mit **12 – 14 Nm** anziehen. **Achtung:** Der Fühler darf nicht zu fest angezogen werden.
- Stecker für Drosselklappenschalter und Temperaturfühler aufschieben, die Drahtsicherungen müssen einrasten.
- Luftfilter mit Ansaugschlauch und Luftmassenmesser einbauen, siehe Seite 14.

Tankentlüftungsventil prüfen/aus- und einbauen

Das Tankentlüftungsventil regelt die Zufuhr von Kraftstoffdämpfen aus dem Aktivkohlebehälter, die bei laufendem Motor mitverbrannt werden. Der Aktivkohlebehälter befindet sich links vorn im Motorraum in der Nähe vom Luftfilterkasten. Er nimmt bei stehendem Motor die aus dem Kraftstoffsystem entweichenden Benzindämpfe auf und speichert sie. Sobald der Motor läuft, werden die Kraftstoffdämpfe aus dem Aktivkohlebehälter abgesaugt und im Motor verbrannt.

Ausbau

- 6-Zylindermotor: Luftfilter mit Luftmassenmesser und Ansaugschlauch ausbauen, siehe Seite 14.

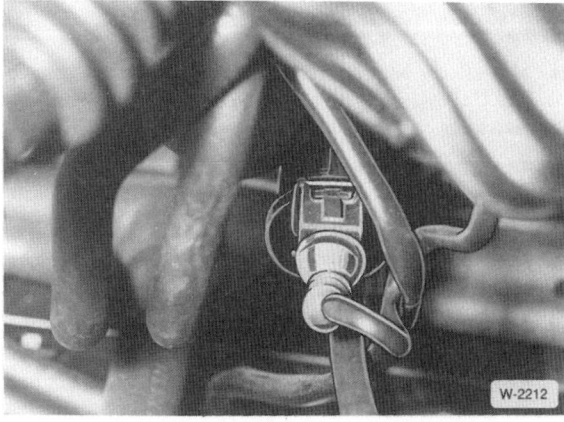

- Stecker vom Ventil abziehen, vorher Sicherungsklammer abhebeln.
- Ventil vom Halter abschrauben.
- Entlüftungsschläuche abziehen und Ventil herausnehmen.

Prüfen

- Am Ausgangsstutzen (8 mm ⌀) des Ventils Unterdruckschlauch mit Vakuumpumpe anschließen.
- Mit Hilfskabel 12 Volt am Ventil anlegen, Plus (+) an rot/weißen Anschluß und Minus (–) an braunen Anschluß.
- Mit Vakuumpumpe 600 ± 100 mbar Unterdruck erzeugen.
- Innerhalb von ca. 20 Sekunden darf der Druckabfall nicht mehr als 50 mbar betragen. Andernfalls Entlüftungsventil austauschen.

Einbau

- Schlauchleitungen aufschieben. Festen Sitz und Dichtigkeit überprüfen.
- Ventil anschrauben.
- Stecker aufschieben und mit Klammer sichern.

Einspritzventile aus- und einbauen

Die Einspritzventile spritzen den Kraftstoff kegelförmig ein und schließen nach dem Abspritzen dicht ab. Undichte Ventile bewirken Heißstartschwierigkeiten. Defekte Einspritzventile lassen den Motor bisweilen nachdieseln und führen zu Motoraussetzern.

Ausbau

- Frischluftschacht der Heizung an der Motorraum-Stirnwand ausbauen, siehe Seite 238.

Modelle 320i, 323i, 323ti, 325i, 328i (6-Zylindermotoren)

- Abdeckungen –Pfeile– mit schmalem Schraubendreher heraushebeln, darunterliegende Schrauben herausdrehen.
- Öleinfülldeckel abschrauben, 2 obere Kunststoffabdeckungen vom Motor abnehmen.

- Schlauchschelle –4– lösen und Kraftstoffvorlaufleitung am Verteilerrohr abziehen. **Achtung:** Das Kraftstoffsystem steht unter Druck. Beim Abziehen Lappen um den Anschlußstutzen legen, austretenden Kraftstoff auffangen und entsorgen. Feuergefahr!

- Schrauben −1− lösen und Steckerleiste nach oben von den Einspritzventilen abziehen.

- Befestigungsschrauben −Pfeile− für Kraftstoffverteiler herausschrauben. (Die Motor-Abdeckung ist, entgegen der Abbildung, ausgebaut).

Modelle 316i, 318i bis 8/93

- Ansaugluftschlauch vom Drosselklappenstutzen abbauen, siehe Seite 14.

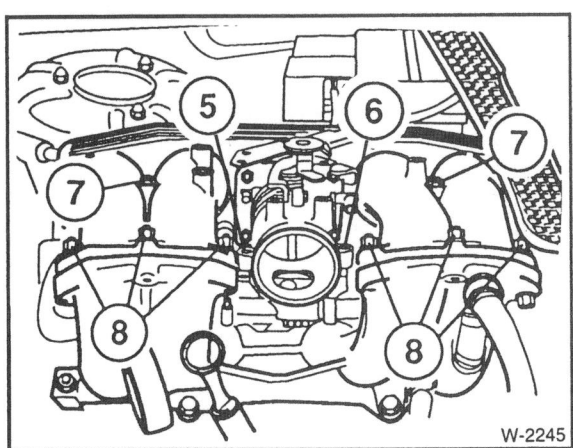

- Schrauben −7− und Muttern −8− lösen.

- Schrauben −5− und −6− lösen, Ansaugluft-Vorwärmung nach unten abdrücken. Die Vorwärmung ist an den Kühlmittelkreislauf des Motors angeschlossen, Schläuche angeschlossen lassen. Lage des Dichtrings für Wiedereinbau beachten.
- Ansaugkrümmer-Oberteil herausziehen und hochkippen.

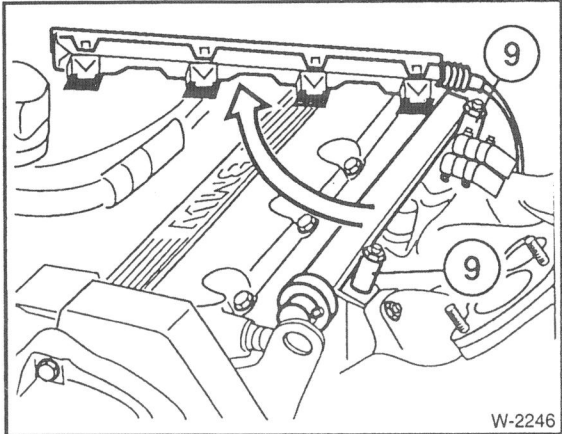

- Steckerleiste von den Einspritzventilen abziehen.
- Schrauben −9− vom Kraftstoffverteilerrohr lösen.

Modelle 316i, 318i ab 9/93, 318is/ti

- Ansaugluftschlauch vom Drosselklappenstutzen abbauen, siehe Seite 14.
- Gaszug aushängen, siehe Seite 98.
- Unterdruckleitung am Bremskraftverstärker abziehen.

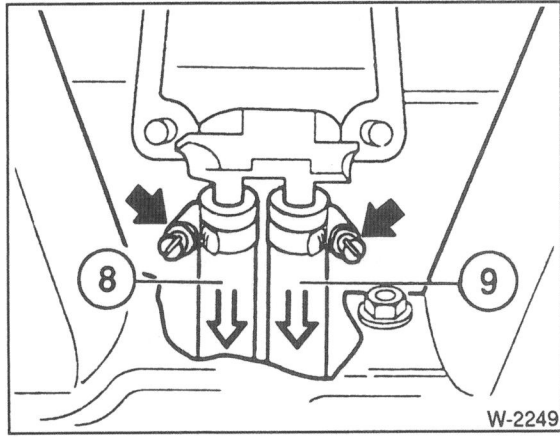

- 2 Kühlmittelschläuche −8− und −9− von der Drosselklappenvorwärmung abbauen und mit Stopfen, zum Beispiel sauberen Schrauben, verschließen.

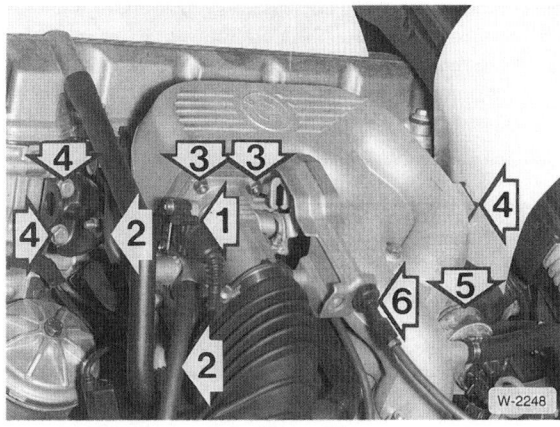

- Stecker vom Drosselklappenschalter –1– abziehen, dabei Drahtsicherung niederdrücken.
- Unterdruckschläuche –2– abziehen.
- 4 Schrauben –3– (nur 2 davon sind in der Abbildung sichtbar) lösen und Drosselklappenstutzen vorsichtig abziehen. **Hinweis:** Eine Drosselklappeneinstellung ist nicht möglich. Bei Beschädigung etwa durch Stöße muß der Drosselklappenstutzen erneuert werden.
- Vordere und hintere Sammlerabstützung –4– lösen.
- Leerlaufregelventil –5– abschrauben.

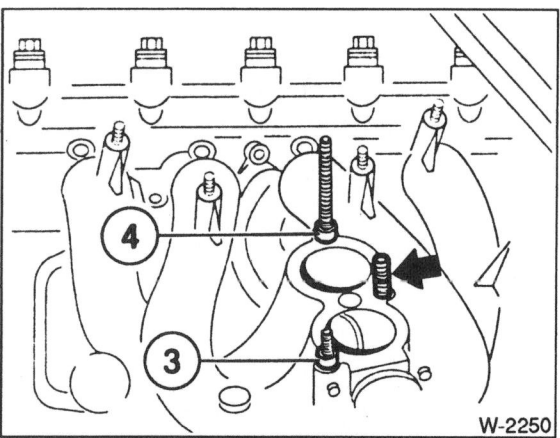

- 3 Schrauben lösen und Sammleroberteil abnehmen. Lage der Paßhülsen –3– und –4– für Wiedereinbau merken.
- Steckerleiste von den Einspritzventilen abziehen und Schrauben vom Kraftstoffverteilerrohr lösen, siehe Abbildung W-2246.

- 6-Zylindermotoren: Unterdruckleitung –1– am Kraftstoffdruckregler abziehen.
- Kraftstoffleitung –2– am Verteilerrohr abziehen, vorher Schlauchschelle lösen. Kraftstoff auffangen und entsorgen.
- Kraftstoffverteilerrohr komplett mit den Einspritzventilen nach oben aus dem Zylinderkopf ziehen. Die Einspritzventile sind nur eingesteckt und lassen sich herausziehen.
- Sicherungen –4– seitlich abziehen und Einspritzventile abnehmen.

Einbau

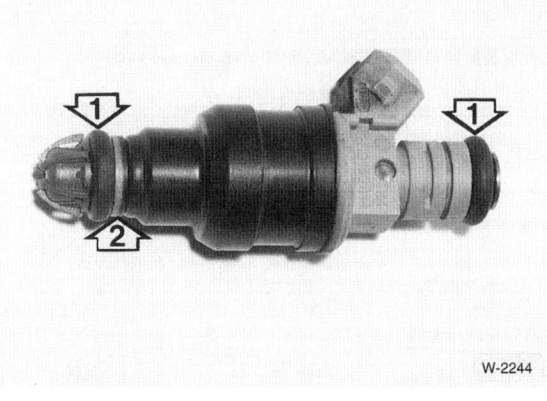

Achtung: Beim Wiedereinstecken der Ventile darauf achten, daß die O-Ringe –1– nicht beschädigt werden. Defekte O-Ringe ersetzen, dabei Lage des Dichtrings –2– beachten. Dichtringe vor dem Einsetzen mit Vaseline oder Getriebeöl SAE 90 bestreichen.

- Ventile in das Kraftstoffverteilerrohr einsetzen und mit Klammern sichern.
- Einspritzventile mit Verteilerrohr in den Zylinderkopf gleichmäßig eindrücken. O-Ringe vorher mit Vaseline oder Getriebeöl bestreichen.
- Verteilerrohr mit 2 Schrauben am Zylinderkopf anschrauben.
- Kraftstoffleitungen anschließen, siehe unter »Ausbau«.
- Steckerleiste auf die Einspritzventile aufschieben.

320i, 323i, 323ti, 325i, 020i

- Steckerleiste mit 2 Schrauben befestigen.
- Motorverkleidung montieren.

316i, 318i bis 8/93

- Ansaugkrümmer-Oberteil mit **neuen** Dichtungen anschrauben, Schrauben gleichmäßig mit **20 Nm** festziehen.
- Vorwärmung mit **neuem** Dichtring am Drosselklappenstutzen ansetzen und festschrauben.
- Ansaugkrümmerschrauben –7– festziehen, siehe Abbildung W-2245 unter »Ausbau«.

316i, 318i ab 9/93, 318is/ti

- Ansaugkrümmer-Oberteil mit **neuen** Dichtungen anschrauben, dabei Paßhülsen nicht vergessen. Schrauben gleichmäßig mit **20 Nm** festziehen.
- Sammlerabstützungen sowie Leerlaufregelventil anschrauben, siehe Abbildungen unter »Ausbau«.

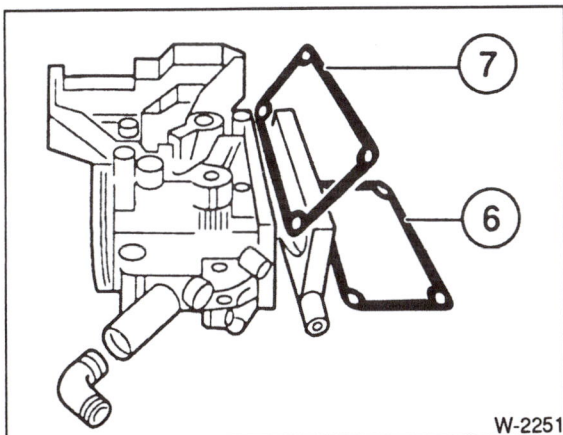

- Drosselklappenstutzen mit neuen Dichtungen –6– und –7– anschrauben.
- 2 Kühlmittelschläuche aufschieben und mit Schlauchschellen sichern. Lief bei der Demontage viel Kühlmittel aus, anschließend Kühlmittelstand ergänzen.
- 2 Unterdruckschläuche am Drosselklappenstutzen, 1 Unterdruckschlauch am Bremskraftverstärker aufschieben.
- Stecker am Drosselklappenpotentiometer aufschieben, er muß einrasten.
- Gaszug anklemmen, siehe Seite 98.

- Ansaugluftschlauch einbauen.
- Motor laufen lassen und Ansaugsystem durch Bestreichen mit Benzin auf Dichtheit prüfen, siehe Kapitel »Leerlaufdrehzahl/CO-Gehalt prüfen«.
- Frischluftschacht an der Spritzwand einbauen, siehe Seite 238.

Einspritzventile prüfen

- Einspritzventile ausbauen, Ventile und Kraftstoffleitungen bleiben am Verteilerrohr angeschlossen.
- Steckleiste (elektrische Anschlüsse) auf die Einspritzventile aufsetzen.
- Einspritzventile in ein geeignetes Meßgefäß halten.
- Anlasser von Hilfsperson einige Sekunden betätigen lassen, dabei Strahlbilder der Einspritzventile miteinander vergleichen. Der Kraftstoffstrahl muß kegelförmig austreten und bei allen Einspritzventilen gleich aussehen.
- Zündung ausschalten.
- Steckleiste für die Einspritzventile abziehen.
- Zündung ca. 5 Sekunden einschalten, Anlasser nicht betätigen. Dann Dichtheit prüfen: Pro Minute darf nicht mehr als 1 Tropfen Kraftstoff aus den Einspritzdüsen austreten.
- Ventile einbauen.

Spannungsversorgung und Widerstand prüfen

- Spannungsversorgung prüfen. Dazu Stecker für die Einspritzventile abziehen und Diodenprüflampe zwischen die beiden Steckkontakte der Zuleitung anschließen. Anlasser betätigen (Helfer). Die Leuchtdiode muß flackern.
- Flackert die Leuchtdiode nicht, kann der Fehler an einer Leitungsunterbrechung oder dem Steuergerät selbst liegen.
- Zündung ausschalten.
- Ohmmeter zwischen die beiden Steckkontakte an jedem Einspritzventil anschließen und Widerstand messen. Sollwert, siehe Seite 106.
- Gegebenenfalls defektes Einspritzventil ersetzen.

Technische Daten Einspritzanlage (DME)

Einspritzventil Widerstandsprüfung: 15 – 17,5 Ω. Dichtheitsprüfung: Bei Systemdruck 3,0 bar (320i ab 1/95, 325i: 3,5 bar) darf am Einspritzventil nicht mehr als 1 Tropfen pro Minute austreten.

Tankentlüftungsventil Widerstandsprüfung: 45 ± 20 Ω.
Hinweis: Weitere Daten, siehe Seite 87.

Störungsdiagnose Benzin-Einspritzanlage

Bevor anhand der Störungsdiagnose der Fehler aufgespürt wird, müssen folgende Prüfvoraussetzungen erfüllt sein: Bedienungsfehler beim Starten ausgeschlossen. Sowohl für den kalten wie warmen Motor gilt: Gaspedal während des Startvorgangs nicht betätigen. Bei sehr kaltem oder heißem Motor: Gaspedal beim Starten halb niedertreten und in dieser Stellung halten, bis der Motor anspringt. Kraftstoff im Tank, Motor mechanisch in Ordnung, Batterie geladen, Anlasser dreht mit ausreichender Drehzahl, Zündanlage ist in Ordnung, keine Undichtigkeiten an der Kraftstoffanlage, Verschmutzungen im Kraftstoffsystem ausgeschlossen, elektrische Masseverbindung (Motor-Getriebe-Aufbau) vorhanden. **Achtung:** Wenn Kraftstoffleitungen gelöst werden, müssen diese vorher mit Benzin gesäubert werden.

Störung	Ursache	Abhilfe
Motor springt nicht an	Elektro-Kraftstoffpumpe läuft beim Betätigen der Zündung nicht an	■ Sicherung prüfen ■ Prüfen, ob Spannung an der Pumpe anliegt. Elektrische Kontakte auf gute Leitfähigkeit überprüfen
	Kraftstoffpumpenrelais defekt	■ Kraftstoffpumpenrelais überprüfen.
	Einspritzventile defekt	■ Ventile prüfen, ggf. ersetzen
	Luftansaugsystem undicht	■ Dichtstellen und Anschlüsse im Ansaugsystem prüfen
	Luftmengenmesser defekt	■ Luftmengenmesser überprüfen
Der kalte Motor springt schlecht an, läuft unrund	CO-Gehalt falsch	■ CO-Gehalt und Leerlauf prüfen
	Temperaturfühler defekt	■ Temperaturfühler prüfen
	Kraftstoffdruck zu niedrig	■ Kraftstoffdruck prüfen lassen
Der warme Motor springt schlecht an, läuft unrund	Luftansaugsystem undicht	■ Dichtstellen und Anschlüsse im Ansaugsystem prüfen
Der Motor setzt aus	Elektrische Verbindungen zur Kraftstoffpumpe zeitweise unterbrochen	■ Steckverbindungen und Anschlüsse von elektrischen Leitungen an der Kraftstoffpumpe, dem Luftmengenmesser und dem Kraftstoffpumpen-Relais auf feste und widerstandslose Verbindung prüfen. Sicherung und Kontaktstellen am Kraftstoffpumpen-Relais prüfen. Kontakte reinigen bzw. erneuern.
	Schlechte Kraftstoffqualität, Dampfblasenbildung	■ Marken-Kraftstoff tanken
	Kraftstoff-Fördermenge zu gering	■ Fördermenge prüfen
	Kraftstoffilter verstopft	■ Kraftstoffilter erneuern
	Kraftstoffpumpe defekt	■ Kraftstoffpumpe prüfen
	Einspritzventil defekt	■ Ventile prüfen, ggf. ersetzen
	Drosselklappenschalter defekt	■ Drosselklappenschalter prüfen

Störung	Ursache	Abhilfe
Der Motor hat Übergangsstörungen	Luftansaugsystem undicht	■ Dichtstellen und Anschlüsse im Ansaugsystem prüfen
	Leerlaufregelung fehlerhaft	■ Drehzahlregelung, Lambda-Regelung prüfen
	Vollastschalter defekt oder falsch eingestellt	■ Drosselklappenschalter prüfen
Der heiße Motor springt nicht an	CO-Gehalt falsch	■ CO-Gehalt und Leerlauf prüfen
	Druck im Kraftstoffsystem zu hoch	■ Kraftstoffdruck prüfen lassen, ggf. Druckregler ersetzen
	Rücklaufleitung zwischen Druckregler und Tank verstopft, geknickt	■ Leitung reinigen oder ersetzen
	Motortemperaturfühler defekt	■ Temperaturfühler prüfen
	Einspritzventile undicht	■ Ventile prüfen, ggf. ersetzen
	Luftmassenmesser defekt	■ Luftmassenmesser prüfen
	Kraftstoffsystem undicht	■ Sichtprüfung an allen Verbindungsstellen im Bereich des Motors und der elektrischen Kraftstoffpumpe. Alle Anschlüsse nachziehen
	Luftansaugsystem undicht	■ Dichtstellen und Anschlüsse im Ansaugsystem prüfen

Die Diesel-Einspritzanlage

Das Diesel-Prinzip

Beim Dieselmotor wird reine Luft in die Zylinder angesaugt und dort sehr hoch verdichtet. Dadurch steigt die Temperatur in den Zylindern über die Zündtemperatur des Dieselöls an. Wenn der Kolben kurz vor dem oberen Totpunkt steht, wird in die hochverdichtete und etwa +600° C heiße Luft Dieselöl eingespritzt. Das Dieselöl zündet von selbst, Zündkerzen sind also nicht erforderlich.

Bei sehr kaltem Motor kann es vorkommen, daß durch die Verdichtung die Zündtemperatur nicht erreicht wird. In diesem Fall muß vorgeglüht werden. Dazu befindet sich in jeder Wirbelkammer eine Glühkerze, die den Brennraum aufheizt. Damit der kalte Motor besser anspringt, wird der Spritzbeginn der Einspritzpumpe in Richtung früh verstellt, dadurch wird der Kraftstoff früher in die heiße Luft eingespritzt. Sobald der Motor seine Betriebstemperatur erreicht hat, wird der Spritzbeginn automatisch zurückgestellt. Die Regelung des Spritzbeginns übernimmt das DDE-Steuergerät (DDE = Digitale Diesel-Elektronik) ebenso wie auch die Steuerung der Einspritzmenge und des Ladedrucks für den Abgasturbolader.

Der Kraftstoff wird von der Kraftstoff-Förderpumpe und der Verteiler-Einspritzpumpe aus dem Kraftstoff-Vorratsbehälter angesaugt. In der Einspritzpumpe wird der für die Diesel-Einspritzung erforderliche hohe Druck von etwa 160 bar aufgebaut und der Kraftstoff entsprechend der Zündfolge auf die einzelnen Zylinder verteilt. Die eingespritzte Kraftstoffmenge wird vom DDE-Steuergerät bestimmt, entsprechend der Betätigung des Gaspedals, dessen Stellung über ein Potentiometer erfaßt wird. Über die Einspritzventile wird der Diesel-Kraftstoff jeweils zum richtigen Zeitpunkt in die Vorkammer des entsprechenden Zylinders eingespritzt. Durch die Form der Vor- oder Wirbelkammer erhält die angesaugte Luft eine bestimmte Wirbelbewegung, so daß sich der eingespritzte Kraftstoff optimal mit Luft vermischt.

Bevor der Kraftstoff in die Einspritzpumpe gelangt, durchfließt er den Kraftstoffilter. Dort werden Verunreinigungen und Wasser zurückgehalten. Es ist deshalb äußerst wichtig, den Kraftstoffilter entsprechend der Wartungsvorschrift zu entwässern beziehungsweise auszuwechseln.

Die Einspritzpumpe ist wartungsfrei. Alle beweglichen Teile der Pumpe werden mit Dieselöl geschmiert. Angetrieben wird die Einspritzpumpe von der Kurbelwelle durch die Steuerkette, die auch die Nockenwelle antreibt.

Da der Dieselmotor als Selbstzünder nicht durch Spannungsunterbrechung der Zündanlage abgeschaltet werden kann, ist ein Magnetventil zur Abschaltung des Kraftstoffzuflusses eingebaut. Durch Ausschalten der Zündung wird die Spannungsversorgung für das Magnetventil (Absteller) unterbrochen, und das Ventil verschließt den Kraftstoffkanal. Dadurch ist sichergestellt, daß die Kraftstoffzufuhr vor Einrasten des Lenkschlosses gesperrt ist. Das Magnetventil wird beim Starten des Motors über den Zünd-Anlaßschalter mit Spannung versorgt und öffnet daraufhin den Kraftstoffkanal.

Der Abgasturbolader

Der BMW-Dieselmotor ist mit einem Turbolader ausgerüstet. Beim Turbolader sitzen auf einer Welle zwei Turbinenräder, die in zwei voneinander getrennten Gehäusen untergebracht sind. Für den Antrieb der Turbinenräder sorgen die ohnehin vorhandenen Abgase. Sie bringen die Laderwelle auf bis zu 120000 Umdrehungen in der Minute. Und da Abgas- und Frischluftrotor auf gleicher Welle sitzen, wird mit gleicher Drehzahl Frischluft in die Zylinder gedrückt.

Aufgrund des guten Füllungsgrades lassen sich bei vorhandenen Motoren Leistungszuwachsraten von bis zu 100 Prozent verwirklichen. Abhängig ist der Leistungszuwachs unter anderem vom Ladedruck, der bei einem Pkw-Motor zwischen 0,4 bis 0,8 bar (Reifenfülldruck etwa 1,8 bar) liegt. Erhöht sich der Ladedruck über den vom Werk eingestellten Wert, öffnet das Wastegateventil, der Druck kann entweichen.

Neben der Motorleistung steigt bei der Verwendung eines Abgasturboladers auch das Drehmoment an, was vor allem im Hinblick auf einen elastischen Motorlauf wünschenswert ist. Gegenüber einem Ottomotor ist es beim Dieseltriebwerk nicht erforderlich, aufgrund der Aufladung die normale Verdichtung zu verringern, so daß auch im unteren Drehzahlbereich der eingespritzte Kraftstoff vollständig ausgenutzt wird.

Der Turbolader ist ein äußerst präzise hergestelltes Bauteil. Es empfiehlt sich deshalb, eine Reparatur nur von einem Fachmann ausführen zu lassen. In der Regel wird der Turbolader bei einem Defekt komplett ausgetauscht.

Die Einspritzpumpe

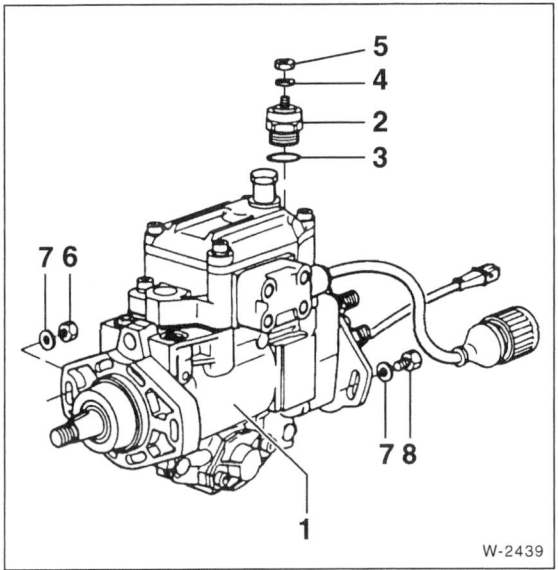

1 – Einspritzpumpe
2 – Elektromagnetischer Absteller
3 – O-Ring
4 – Federscheibe
5 – Sechskantmutter
6 – Vordere Befestigungsmutter
   M8 (2 Stück)
7 – Unterlegscheibe
8 – Hintere Befestigungsschraube
   M8 (2 Stück)

Die Kraftstoffilter-Vorwärmanlage

Damit der Kraftstoff bei niedrigen Außentemperaturen fließfähig bleibt, wird er vorgewärmt. Das geschieht durch eine elektrische Kraftstoffilterheizung. Dadurch wird das Versulzen des Dieselkraftstoffs auch bei extremem Frost verhindert. Die Heizung schaltet sich nach dem Starten bei Bedarf automatisch ein.

Vorglühanlage/Glühkerzen prüfen

Hinweis: Das Steuergerät der Digitalen-Diesel-Elektronik (DDE) ist mit einem Fehlerspeicher ausgestattet, der auftretende Fehler im elektrischen Teil der Dieseleinspritzung abspeichert. In der BMW-Werkstatt kann dann der Fehler mit einem Auslesegerät abgefragt und gezielt behoben werden.

Glühkerzen prüfen

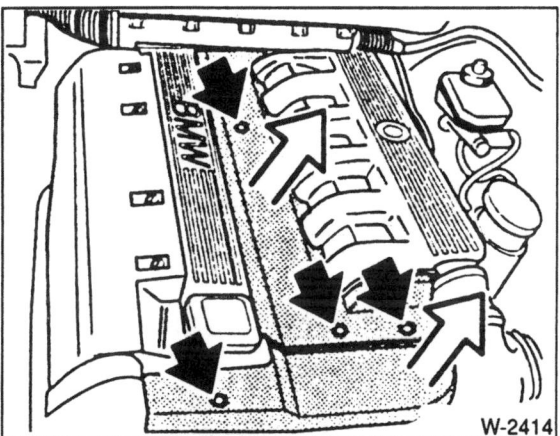

- Motorabdeckungen oberhalb der Glühkerzen abbauen.

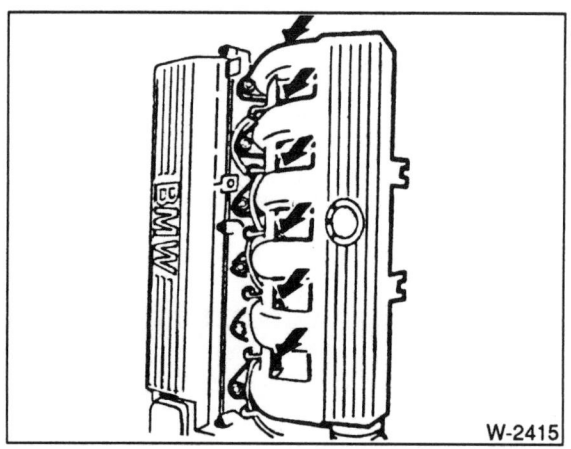

- Die Glühkerzen sitzen unterhalb der Ansaugkanäle.

- Anschlußkabel an den Glühkerzen abschrauben –Pfeil–. 1 – Zentralstecker mit Rändelmutter.

- Spannungsprüfer an den Pluspol (+) der Batterie anklemmen und nacheinander an jede Glühkerze anlegen.

- Leuchtdiode leuchtet auf: Glühkerze in Ordnung. Zur genaueren Prüfung muß die Stromaufnahme mit dem Ampèremeter gemessen werden (Werkstattarbeit).

- Leuchtdiode leuchtet nicht auf: Glühkerze defekt, austauschen; Anzugsdrehmoment: **20 Nm. Achtung:** Das Anzugsdrehmoment darf **nicht** überschritten werden, da sonst der Ringspalt zwischen Glühstab und Gewindeteil zugezogen wird und die Glühkerze vorzeitig ausfällt. Bei verbrannten Glühstiften Hinweise beachten. Siehe Seite 111.

- Anschlußkabel für Glühkerzen anklemmen, Mutter mit **4 Nm** anschrauben.

Stromversorgung/Relais für Glühkerzen prüfen

- Bevor die Batterie abgeklemmt wird, gegebenenfalls zuvor BMW-Werkstatt zur Fehlerauslese aufsuchen, da die eventuell gespeicherten Fehler sonst gelöscht werden.

- Batterie-Massekabel (–) abklemmen.

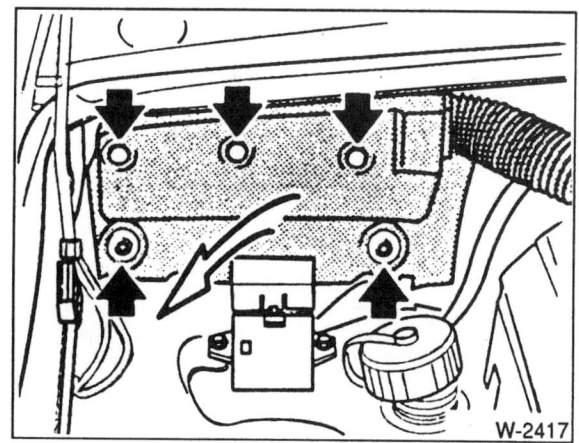

- Steuergeräte-Abdeckung abbauen. Das Steuergerät sitzt, in Fahrtrichtung gesehen, rechts hinten im Motorraum in der Spritzwand unterhalb der Windschutzscheibe.

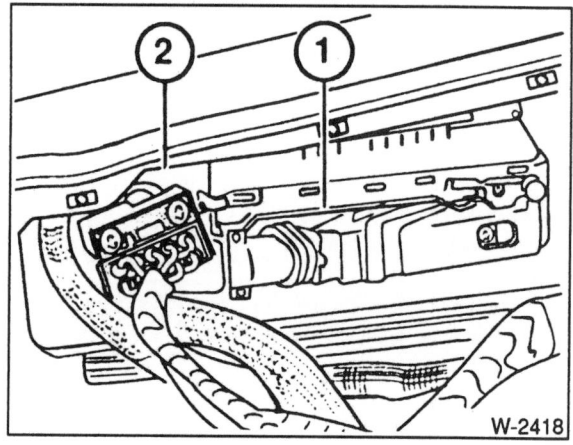

1– DDE-Steuergerät; 2– Relais für Glühkerzen.

- Sperrhaken links und rechts niederdrücken und dabei Relais herausziehen.

- Streifensicherung 80 Ampère neben dem Anschlußstecker prüfen, falls defekt, ersetzen. Zuvor Überlastungsursache feststellen und beheben.

- Dicke Plusleitung oben vom Relaisgehäuse abschrauben.

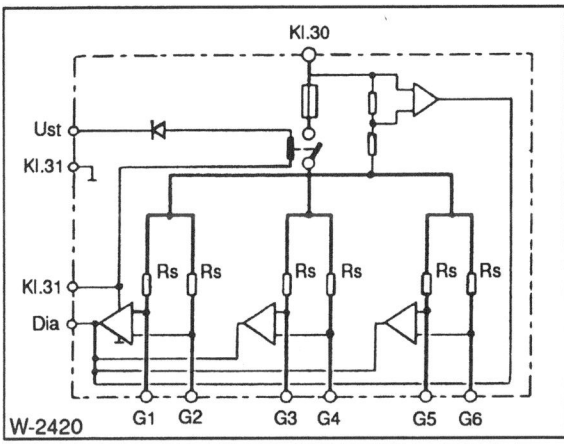

Die Abbildung zeigt das Schaltbild des Vorglührelais. Die entsprechende Steckerbelegung ist auf dem Deckel des Vorglührelais aufgedruckt.

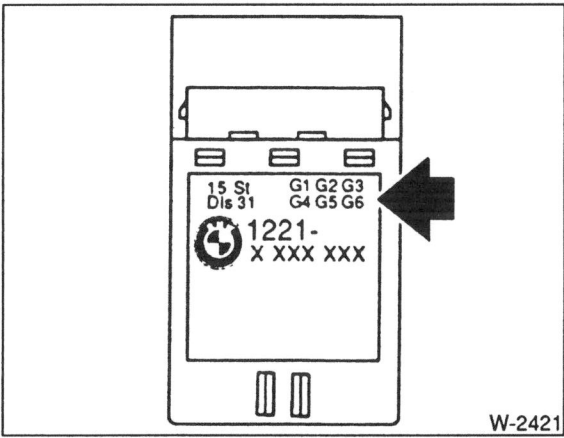

G1..G6: Glühkerzen 1.. bis 6 (4-Zylinder: 1.. bis 4);
Kl. 15: Geschaltetes Plus durch Zündanlaßschalter;
Kl. 30: Batterie Plus;
U_{St}: Steuerspannung (vom DME-Steuergerät);
Dia: Diagnose-Schnittstelle

- Batterie anschließen und Spannungsprüfer an Stecker Klemme 15 und Masse anschließen. Zündung einschalten. Leuchtdiode im Spannungsprüfer muß aufleuchten, andernfalls Spannungsführung vom Zündschloß prüfen.

- Wenn die Leuchtdiode im Spannungsprüfer leuchtet, Zuleitung zu den Glühkerzen auf Unterbrechung prüfen, gegebenenfalls ersetzen. Andernfalls Vorglührelais ersetzen.

- Steuergeräte-Abdeckungen sowie Motor-Abdeckungen wieder anbringen.

Glühkerzen mit verbrannten Glühstiften

Verbrannte Glühstifte von Glühkerzen sind häufig Folgeschäden von Düsenstörungen. Derartige Schäden sind nicht auf Mängel in oder an der Glühkerze zurückzuführen. Daher muß in diesem Fall auch eine Überprüfung der entsprechenden Einspritzdüse erfolgen (Werkstattarbeit).

Kraftstoffanlage entlüften

Falls der Tank einmal ganz leer gefahren oder wenn Teile der Kraftstoffanlage ausgetauscht wurden, muß die Anlage in der Regel nicht entlüftet werden, da sich diese während des Anlassens automatisch entlüftet.

Um bei Startschwierigkeiten zu prüfen, ob Kraftstoff zu den Einspritzventilen gefördert wird, an zwei Einspritzventilen die Überwurfmuttern lösen und den Motor ohne vorzuglühen starten, bis Kraftstoff an den Überwurfmuttern austritt. Überwurfmuttern mit **20 Nm** festziehen und Motor vorschriftsmäßig starten.

Achtung: Wenn sich die Kraftstoffanlage nicht automatisch entlüftet, dann ist folgendermaßen vorzugehen:

- Bei Arbeiten an der Einspritzanlage Sauberkeitshinweise beachten, siehe Seite 97.

- Darauf achten, daß kein Dieselkraftstoff auf die Kühlmittelschläuche läuft. Gegebenenfalls müssen die Schläuche sofort wieder gereinigt werden. Angegriffene Schläuche sind zu ersetzen.

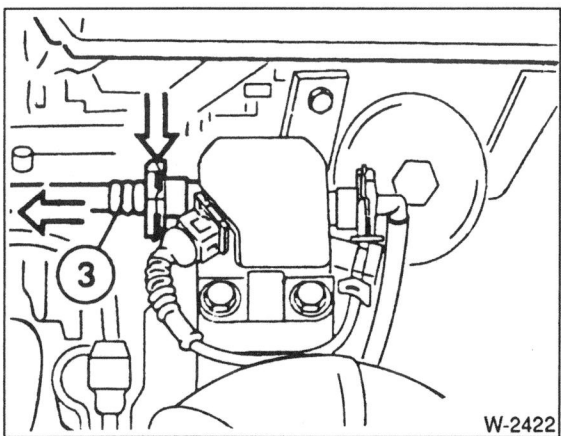

- Kraftstoffleitung –3– zur Einspritzpumpe am Kraftstoffilter abziehen, dabei Klammer drücken. Auslaufenden Kraftstoff auffangen und umweltgerecht entsorgen.

- Passenden Schlauch in das Anschlußgewinde einsetzen und in ein Gefäß führen.

- Kraftstoffpumpenrelais abziehen und Klemmen am Relaissockel überbrücken, damit die Pumpe Kraftstoff fördert, siehe Seite 90.

- Tritt Kraftstoff am Anschluß aus, Überbrückungskabel abnehmen und Relais einsetzen.

- Kraftstoffleitung wieder anbringen, vorher Dichtungen mit säurefreiem Fett bestreichen. Beschädigte Dichtungen erneuern. Klammer einrasten lassen.

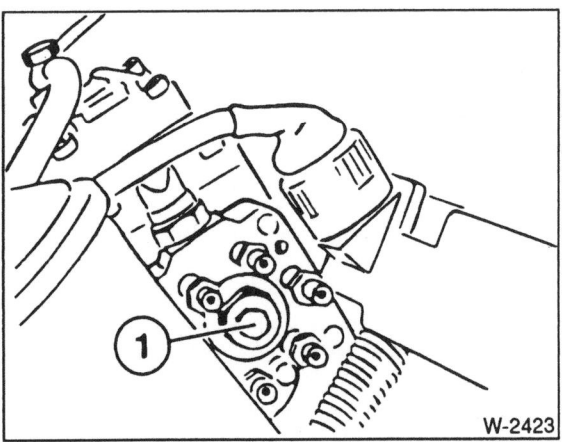

- Verschlußschraube –1– an der Einspritzpumpe zwei Umdrehungen lösen.
- Motor mit Anlasser durchdrehen, bis Kraftstoff an der Verschlußschraube austritt. Auslaufenden Kraftstoff auffangen.
- Verschlußschraube mit **25 Nm** festziehen.

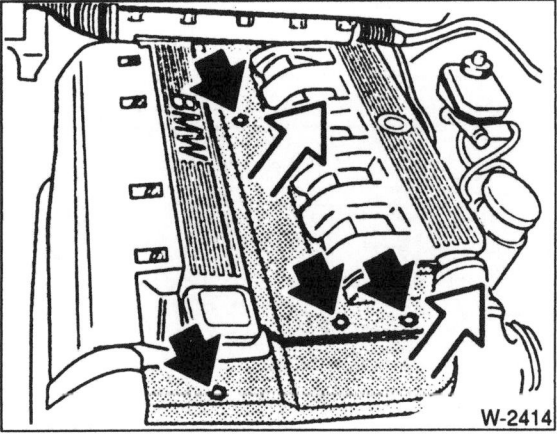

- Abdeckungen am Ansaugkrümmer entfernen, dazu Schrauben lösen.

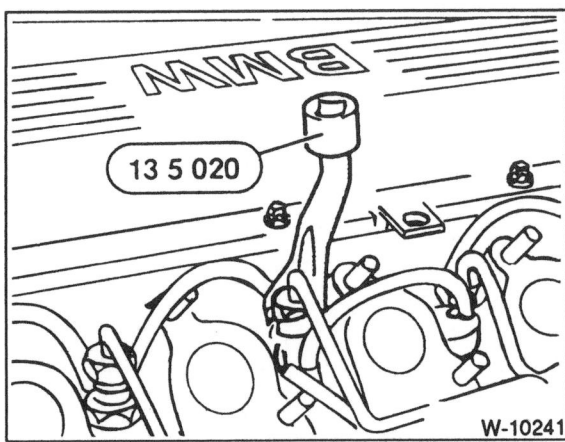

- Alle Überwurfmuttern an den Einspritzdüsen mit Sonderwerkzeug, zum Beispiel Hazet 4550 oder BMW 135020, an den Einspritzleitungen lösen. Motor mit Anlasser durchdrehen, bis Kraftstoff austritt. Anschließend Muttern mit **20 Nm** festziehen. Bei Undichtigkeiten bis **25 Nm** nachziehen. Dadurch ist eine schnelle Entlüftung sichergestellt.
- Ausgelaufenen Kraftstoff im Motorraum sorgfältig entfernen.
- Motorabdeckungen wieder anbringen.

Elektrischen Absteller prüfen/ aus- und einbauen

Der elektrische Absteller befindet sich an der Einspritzpumpe oberhalb der Kraftstoffanschlüsse. Sobald die Zündung eingeschaltet wird, erhält der Absteller vom Vorglühzeitrelais Spannung und öffnet den Kraftstoffkanal. In stromlosem Zustand ist der Kolben des Abstellers durch den Druck der eingebauten Feder ausgefahren und verschließt den Kraftstoffkanal. Der Absteller ist zu prüfen, wenn der Motor nicht anspringt.

Prüfen

- Zündung einschalten. Absteller muß klicken.

- Andernfalls elektrische Leitung abschrauben. Mit Hilfskabel Batterie-Plus an Absteller anlegen.

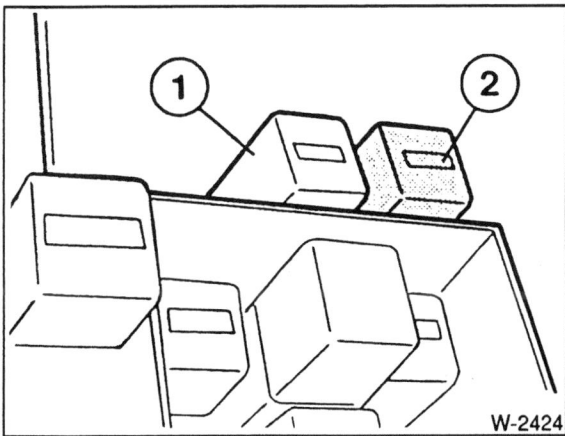

- Wenn das Magnetventil jetzt anzieht, elektrische Leitungen gemäß Stromlaufplan prüfen, Spannungsversorgung des DDE-Hauptrelais –1– (weiß) und Kraftstoffpumpenrelais –2– (orange, am Relaiskasten) prüfen.
- Zieht das Ventil nicht an, Absteller ersetzen.

Ausbau

- Zündung ausschalten.
- Batterie-Massekabel (–) von der Batterie abklemmen. **Achtung:** Dadurch werden die elektronischen Speicher gelöscht, wie zum Beispiel der Motorfehlerspeicher oder Radiocode. Vor dem Abklemmen der Batterie sollten auch die Hinweise im Kapitel »Batterie aus- und einbauen« durchgelesen werden.
- Elektrische Leitung abschrauben.
- Abstellventil äußerlich mit Kaltreiniger säubern.
- Absteller mit Maulschlüssel lösen und herausschrauben.

Achtung: Darauf achten, daß Kolben und Feder nicht herausfallen. In stromlosem Zustand ist der Kolben durch den Druck der Feder ausgefahren.

Einbau

- Absteller mit neuem O-Ring einsetzen. Auf richtigen Sitz der Feder und des Kolbens achten.
- Abstellventil vorsichtig in die Einspritzpumpe einschrauben und festziehen, Anzugsdrehmoment ca. 20 Nm.
- Anschlußleitung an Magnetventil anklemmen.
- Batterie-Massekabel anklemmen.

Einspritzdüsen aus- und einbauen

Defekte Einspritzdüsen können zu starkem Klopfen des Motors führen und Lagerschäden vermuten lassen. Bei derartigen Beanstandungen Motor im Leerlauf laufen lassen und Einspritzleitungs-Überwurfmuttern der Reihe nach lösen. Verschwindet das Klopfen nach dem Lösen einer Überwurfmutter, so zeigt dies eine defekte Düse an. Geprüft werden kann die Einspritzdüse mit Hilfe einer speziellen Vorrichtung (Werkstattarbeit).

Die ersten Anzeichen von Düsenstörungen treten wie folgt auf.

- Fehlzündungen
- Klopfen in einem oder mehreren Zylindern
- Motor überhitzt
- Leistungsabfall des Motors
- Übermäßig starker schwarzer Auspuffqualm
- Hoher Kraftstoffverbrauch

Ausbau

- Batterie-Massekabel (–) von der Batterie abklemmen. **Achtung:** Dadurch werden die elektronischen Speicher gelöscht, wie zum Beispiel der Motorfehlerspeicher oder Radiocode. Vor dem Abklemmen der Batterie sollten auch die Hinweise im Kapitel »Batterie aus- und einbauen« durchgelesen werden.
- Motorabdeckung oberhalb der Einspritzdüsen abbauen, dazu Befestigungsschrauben lösen.
- Einspritzleitungen mit Kaltreiniger reinigen.
- Einspritzleitungen komplett ausbauen, dazu Überwurfmuttern an den Düsen und der Einspritzpumpe mit offenem Ringschlüssel, z. B. HAZET 4550, lösen. **Achtung:** Biegeform nicht verändern. Geeignete Schutzkappen auf Einspritzdüsen und -pumpe aufschieben, um das Eindringen von Schmutz zu verhindern.
- Falls die Halteklammern für die Einspritzleitungen abgenommen werden, vorher mit Filzstift Einbaulage kennzeichnen.
- Lecköllleitungen vorsichtig von den Einspritzdüsen abziehen.
- Einspritzdüsen mit Steckschlüsseleinsatz SW 27, z. B. HAZET 4555, ausbauen. Düsen unten mit Schutzkappen gegen Verschmutzung schützen. **Achtung:** Darauf achten, daß die Einspritzdüsen nicht herunterfallen.
- Wärmeschutzdichtung herausnehmen.

Einbau

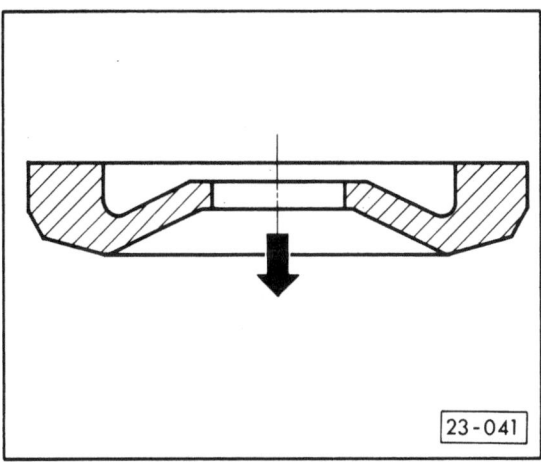

- Grundsätzlich **neue** Wärmeschutzdichtungen zwischen Zylinderkopf und Einspritzventil verwenden. Die Vertiefung muß nach oben zeigen, Pfeil zeigt zum Zylinderkopf.

- Einspritzdüsen mit **65 Nm** festziehen.
- Einspritzleitungen mit **20 Nm** festziehen.
- Falls ausgebaut, Halteklammern entsprechend der angebrachten Markierungen einclipsen.
- Lecköllleitungen aufschieben.
- Batterie-Massekabel anklemmen.
- Motor starten und Kraftstoffsystem auf Dichtigkeit überprüfen.
- Abdeckungen einsetzen und anschrauben.

Förderbeginn der Einspritzpumpe überprüfen

Zur Prüfung wird eine Meßuhr mit entsprechendem Adapter zum Einschrauben in die Pumpe benötigt. Der Motor muß bei der Prüfung kalt sein (Raumtemperatur).

- Batterie-Massekabel (–) von der Batterie abklemmen.
  Achtung: Dadurch werden die elektronischen Speicher gelöscht, wie zum Beispiel der Motorfehlerspeicher oder Radiocode. Vor dem Abklemmen der Batterie sollten auch die Hinweise im Kapitel »Batterie aus- und einbauen« durchgelesen werden.
- Fahrzeug vorn aufbocken, siehe Seite 123.

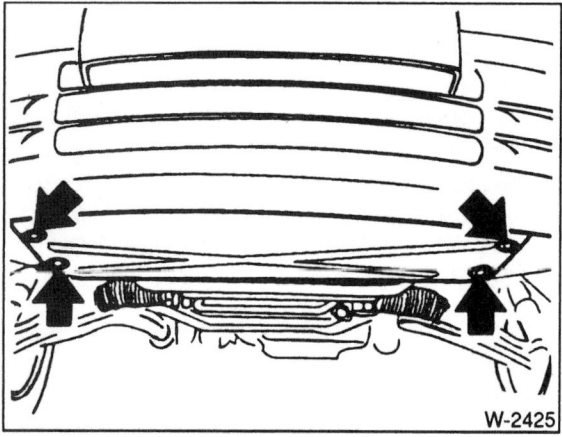

- Motor-Unterschutz und Lüfterzarge abschrauben.

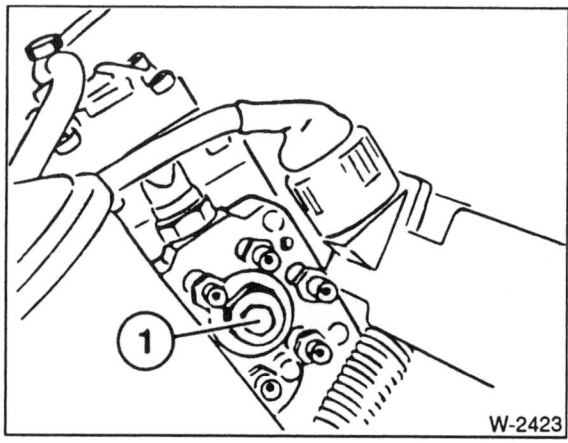

- Verschlußschraube –1– an der Einspritzpumpe abschrauben.

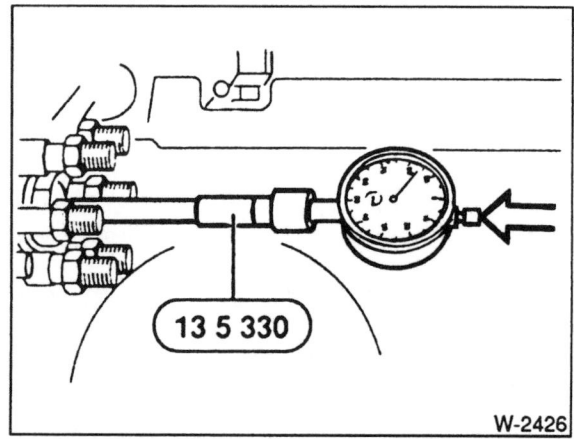

- Adapter (BMW-135330) und Meßuhr anstelle der Verschlußschraube einschrauben und etwas vorspannen.
- Kurbelwelle im Uhrzeigersinn in Richtung OT für Zylinder 1 drehen, bis der Zeiger der Meßuhr am tiefsten Punkt für einige Zeit stehen bleibt. Drehbeginn muß mindestens 60° bis 90° vor OT sein. Der Kolben des 1. Zylinders steht dann im OT (Oberer Totpunkt), wenn die beiden Nocken des 1. Zylinders an der Steuerkettenseite nach oben zeigen. Zur Kontrolle Öleinfülldeckel abnehmen und Nocken beobachten.

Zum Drehen des Motors 5. Gang einlegen, Handbremse lösen und Fahrzeug verschieben. Oder Handbremse anziehen, Getriebe in Leerlaufstellung bringen und Kurbelwellen-Riemenscheibe mit Stecknuß an der Zentralschraube drehen.

- Meßuhr am Einstellring auf »0« stellen.

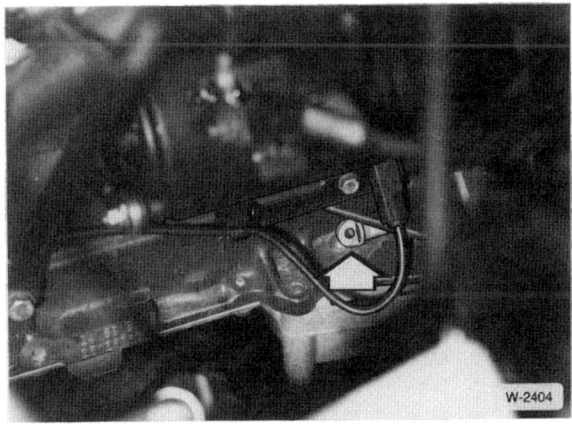 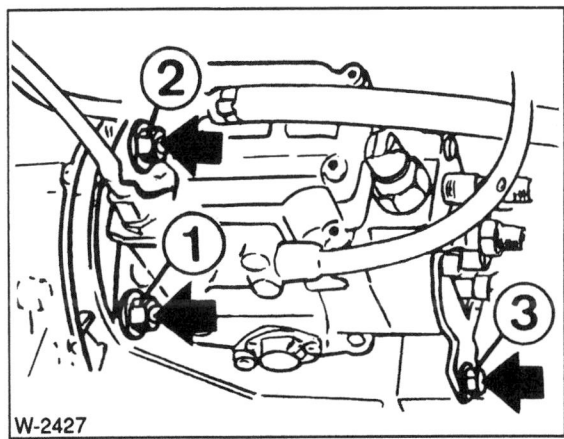

- Stopfen am Motorblock herausziehen.
- Kurbelwelle im Uhrzeigersinn drehen, bis ein geeigneter Absteckdorn (BMW-112300) durch die Öffnung im Motorblock bei OT in die Bohrung im Schwungrad einrastet.

Achtung: Nicht gegen die Motordrehrichtung drehen, dies führt zu einem falschen Meßergebnis.

- **325td/tds:** Jetzt muß die Meßuhr **0,95 ± 0,02 mm** Hub anzeigen.
- **318tds:** Jetzt muß die Meßuhr **0,60 ± 0,02 mm** Hub anzeigen.
- Wird der Sollwert nicht erreicht, Einstellung der Pumpe korrigieren.

- Schraube –3– lockern, nicht abschrauben.
- Muttern –1– und –2– lockern. **Achtung:** Muttern nicht zu stark lockern, um eine Verspannung durch die Steuerkette zu vermeiden.
- Einspritzpumpe verdrehen, bis die Meßuhr den Sollwert anzeigt.
- Muttern und Schrauben in der Reihenfolge von 1 bis 3 mit **25 Nm** festziehen.
- Einstellung nochmals überprüfen. Dazu Kurbelwelle zunächst um ca. 90° zurückdrehen.
- Meßuhr entfernen.
- Zentrale Verschlußschraube mit **neuem** Dichtring und **15 Nm** festschrauben.
- Motor starten, gegebenenfalls Einspritzanlage entlüften.
- Nach Probefahrt Dichtheit der zentralen Verschlußschraube prüfen, gegebenenfalls bis maximal 20 Nm nachziehen.

Technische Daten Diesel-Vorglüh- und Kraftstoffanlage

Maximale Glühzeit bei einer Kühlmitteltemperatur unter +60°C: über +60°C:	5s 0s
Sicherheitsabschaltung Vorglühen:	8 (+5) s
Glühkerzen-Widerstand bei +20°C:	0,4 bis 0,6 Ω
Leerlaufdrehzahl betriebswarmer Motor, Öltemperatur +60°C: Leerlaufdrehzahl bei eingeschalteter Klimaanlage: Höchstdrehzahl:	750 ± 50/min *) 860 ± 50/min 5300 ± 100/min
Absteller Einschaltspannung: Widerstand bei +20°C:	mindestens 10 Volt 7,5 ± 1 Ω
Einspritzdüse Öffnungsdruck: Einstellwert:	140 – 160 bar 150 – 158 bar
Kraftstoffleitungen Betriebsdruck (hinter Kraftstoffilter):	max. 0,4 bar

*) 318tds: Leerlaufdrehzahl 820 ± 50/min.

Störungsdiagnose Diesel-Einspritzanlage

Bevor anhand der Störungsdiagnose der Fehler aufgespürt wird, müssen folgende Prüfvoraussetzungen erfüllt sein: Bedienungsfehler beim Starten ausgeschlossen. Kraftstoff im Tank, Motor mechanisch in Ordnung, Batterie geladen, Anlasser dreht mit ausreichender Drehzahl. **Achtung:** Wenn Kraftstoffleitungen gelöst werden, müssen diese vorher mit Kaltreiniger gesäubert werden.

Störung	Ursache	Abhilfe
Motor springt nicht an Motor springt schlecht an	1. Motor glüht nicht vor	■ Vorglühanlage prüfen
	2. Elektromagnetischer Absteller erhält keine Spannung	■ Spannungsprüfer an Absteller anschließen, Zündung einschalten. Leuchtdiode muß leuchten, sonst Leitungsunterbrechung ermitteln und beseitigen
	3. Elektromagnetischer Absteller lose, defekt	■ Absteller auf festen Sitz und Massekontakt prüfen. Zündung abwechselnd ein- und ausschalten, dabei muß der Absteller klicken
	4. Kraftstoffversorgung defekt.	■ Prüfen, ob Kraftstoff gefördert wird
	a) Kraftstoffleitungen geknickt, verstopft, undicht, porös	■ Kraftstoffleitungen reinigen
	b) Kraftstoffilter verstopft	■ Kraftstoffilter ersetzen
	c) Tankbelüftung verschlossen. Kraftstoffsieb im Tank verschmutzt.	■ Reinigen
	5. Einspritzdüsen defekt	■ Einspritzdüsen prüfen, Überwurfmuttern nacheinander lösen und prüfen, ob die Zylinder arbeiten
	6. Förderbeginn verstellt	■ Förderbeginn prüfen, einstellen
	7. Einspritzpumpe defekt	■ Versuchsweise neue Pumpe einbauen
Motor ruckelt im Leerlauf, beim Anfahren	1. Kraftstoffschläuche an der Kraftstoffpumpe bzw. am Kraftstoffilter lose	■ Kraftstoffschläuche ersetzen, mit Schlauchschellen befestigen, Hohlschrauben festziehen
	2. Wie unter 1.4–7	■ Wie unter 1.4–7
Kraftstoffverbrauch zu hoch	1. Luftfilter verschmutzt	■ Filtereinsatz ersetzen
	2. Kraftstoffanlage undicht	■ Sichtprüfung an allen Kraftstoffleitungen (Saug- Rücklauf- und Einspritzleitungen), Kraftstoffilter und Einspritzpumpe durchführen
	3. Rücklaufleitung verstopft	■ Rücklaufleitung von Einspritzpumpe zum Kraftstoffbehälter mit Luft durchblasen. Überströmdrossel in der Hohlschraube der Rücklaufleitung ersetzen
	4. Leerlaufdrehzahl zu hoch	■ Leerlaufdrehzahl einstellen
	5. Wie unter 1.5–7	■ Wie unter 1.5–7
Gelbe und grüne Kontrolllampen leuchten nicht auf	1. Glühlampe im Schalttafeleinsatz defekt	■ Lampe ersetzen
	2. Streifensicherung (80 A) defekt	■ Sicherung/Vorglühanlage prüfen
Gelbe Kontrollampe blinkt	Glühkerzen bzw. Steuergerät defekt	■ Glühkerzen prüfen ggf. ersetzen Steuergerät prüfen lassen

Die Abgasanlage

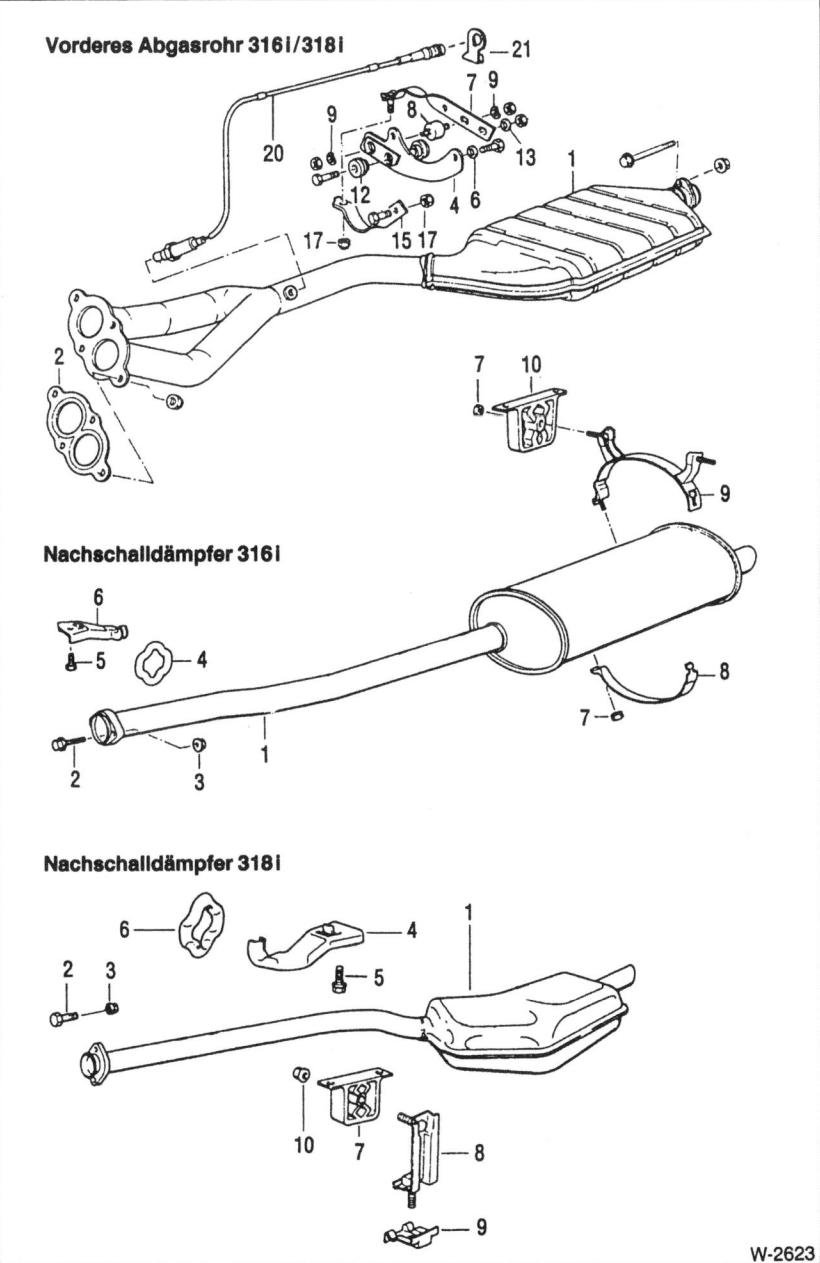

316i, 318i
Oberer Bildteil:
1 – Vorderes Abgasrohr mit Katalysator
2 – Dichtung
4 – Halteblech
6 – Beilagscheibe
7 – Halter Abgasrohr
8 – Gummilager
9 – Federscheibe
12 – Gelenkbuchse
13 – Beilagscheibe
15 – Haltelasche
17 – Bundmutter
20 – Lambda-Sonde
21 – Halter

Mittlerer Bildteil:
1 – Nachschalldämpfer
3 – Sechskantmutter
4 – Gummiring
5 – Sechskantschraube
6 – Halter Abgasrohr
7 – Bundmutter
8 – Schelle-Unterteil
9 – Schelle-Oberteil
10 – Gummilager

Unterer Bildteil:
1 – Nachschalldämpfer
2 – Sechskantschraube
3 – Sechskantmutter
4 – Halter Abgasrohr
5 – Sechskantschraube
6 – Gummiring
7 – Gummilager
8 – Halterung
9 – Halter
10 – Bundmutter

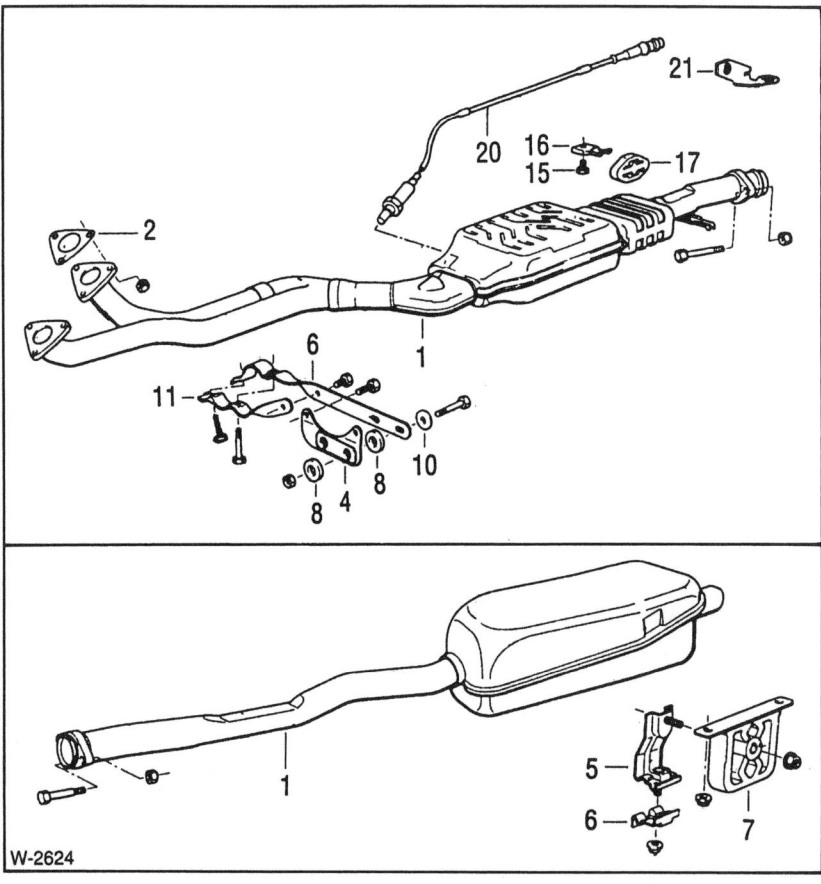

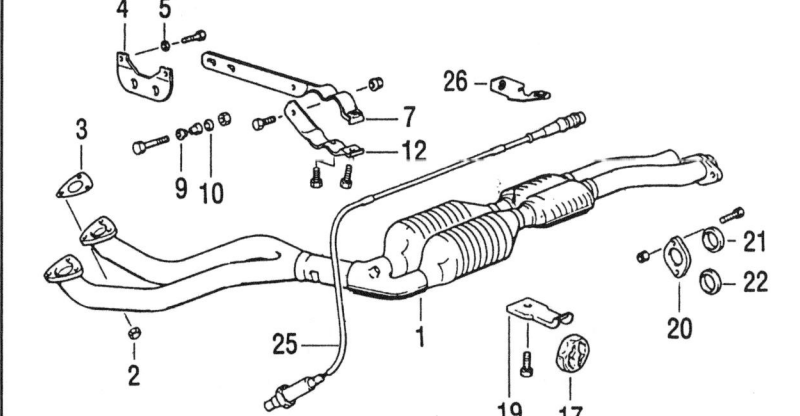

320i

Oberer Bildteil:

- 1 – Vorderes Abgasrohr mit Katalysator
- 2 – Dichtung
- 4 – Halteblech
- 6 – Halter Abgasrohr
- 8 – Gelenkbuchse
- 10 – Beilagscheibe
- 11 – Schelle
- 16 – Halteblech
- 17 – Gummiring
- 20 – Lambda-Sonde
- 21 – Halter

Unterer Bildteil:

- 1 – Nachschalldämpfer
- 5 – Halterung
- 6 – Halter
- 7 – Gummilager

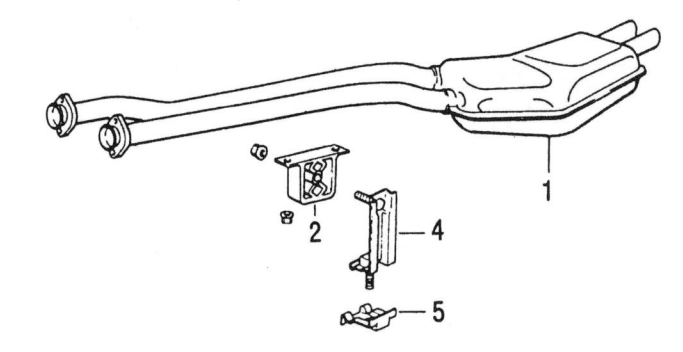

325i

Oberer Bildteil:

- 1 – Vorderes Abgasrohr mit Katalysator
- 2 – Sechskantmutter
- 3 – Dichtung
- 4 – Halteblech
- 5 – Federscheibe
- 7 – Träger Abgasrohr
- 9 – Gelenkbuchse
- 10 – Beilagscheibe
- 12 – Schelle
- 17 – Gummiring
- 19 – Halteblech
- 20 – Flansch
- 21 – Dichtring
- 22 – Dichtring
- 25 – Lambda-Sonde
- 26 – Halter

Unterer Bildteil:

- 1 – Nachschalldämpfer
- 2 – Gummilager
- 4 – Halterung
- 5 – Halter

Die Abgasanlage besteht aus dem vorderen Abgasrohr mit Katalysator und dem Endrohr mit Nachschalldämpfer. Anstelle des Katalysators ist bei Fahrzeugen, die fürs Ausland vorgesehen sind, ein Vorschalldämpfer eingebaut. Die für die Regelung des Katalysators erforderliche Lambda-Sonde ist im vorderen Abgasrohr eingeschraubt.

Das vordere Abgasrohr ist mit dem Abgaskrümmer verschraubt, der am Zylinderkopf angeflanscht ist. Alle Teile sind miteinander verschraubt und lassen sich einzeln auswechseln. Selbstsichernde Muttern sowie Dichtungen sind nach dem Ausbau zu ersetzen. Halteringe und Gummilager auf Porosität und Beschädigung prüfen, gegebenenfalls auswechseln.

Beim Einbau einer neuen Abgasanlage empfiehlt es sich, alle Befestigungsteile ebenfalls zu erneuern.

Abgasanlage aus- und einbauen

Ausbau

- Fahrzeug aufbocken, siehe Seite 123.
- Sämtliche Schrauben und Muttern der Abgasanlage mit rostlösendem Mittel einsprühen. Rostlöser einige Zeit einwirken lassen.
- Lambda-Sonde ausbauen.
- Vorderes Abgasrohr am Abgaskrümmer (Dieselmotor: am Turbolader) von unten abschrauben.
- Abgasanlage durch Holzunterlagen abstützen.

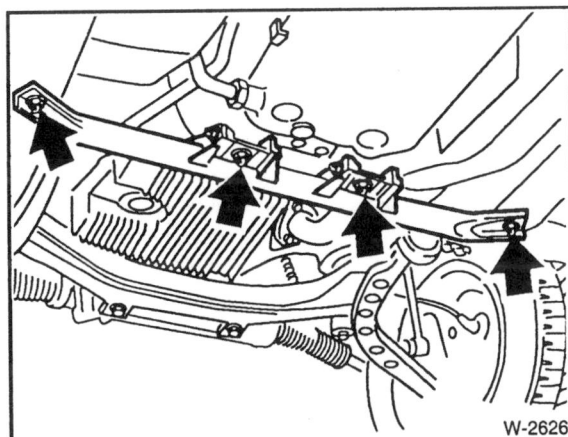

- Nur Fahrzeuge mit 6-Zylindermotor und Automatikgetriebe: Quertraverse für Getriebe abschrauben. Das Getriebe fällt nicht nach unten, da es noch durch die hintere Lagerung abgestützt wird.

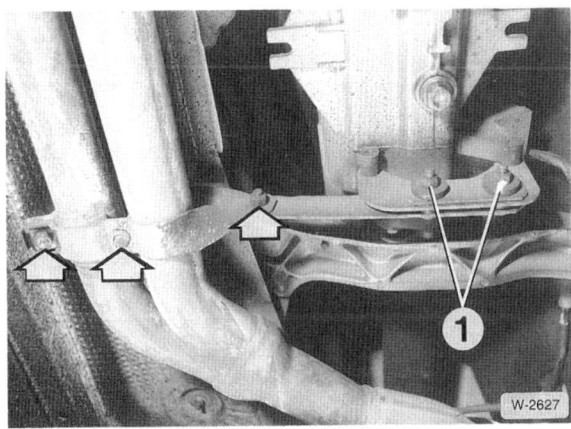

- Abgasanlage am Getriebebehalter –Pfeile– abschrauben.

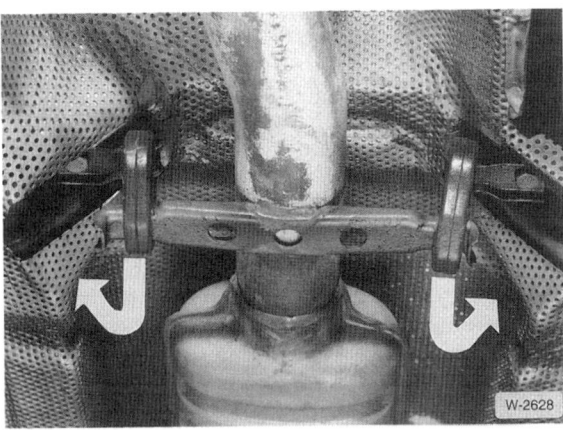

- Gummiringe an der mittleren Aufhängung aushängen. Beim 4-Zylindermotor befindet sich die Aufhängung am Hinterachsträger.

- Haltelaschen links und rechts am Endschalldämpfer abschrauben.
- Abgasanlage komplett herausnehmen.

Einbau

Vor der Montage der Abgasanlage prüfen, ob der Flansch zum Abgaskrümmer verzogen ist, gegebenenfalls Flansch ausrichten.

- Gewindebolzen am Abgaskrümmer mit Kupferpaste bestreichen.

- **Benzinmotoren:** Vordere Abgasanlage am Krümmer mit **neuer** Dichtung ansetzen und **neue**, selbstsichernde Sechskantmuttern gleichmäßig beiziehen.

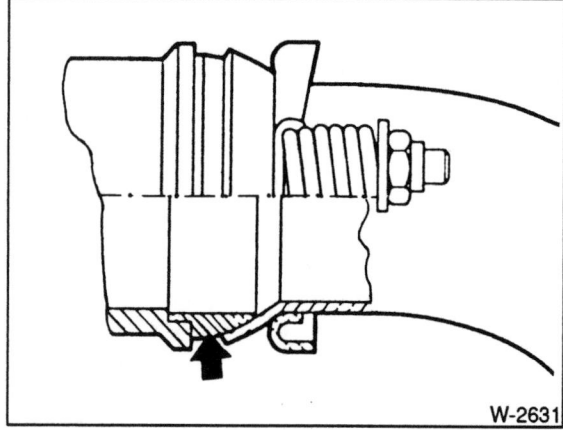

- **Dieselmotor:** Dichtring –Pfeil– prüfen, gegebenenfalls ersetzen. Dichtring mit Hochtemperatur-Kupferpaste einstreichen. Vorderes Abgasrohr am Turbolader anschrauben. **Neue**, selbstsichernde Flanschmuttern gleichmäßig soweit anziehen, daß die beiden Federn auf **30 ± 1 mm** zusammengedrückt werden. Sie dürfen nicht ganz zusammengedrückt werden.

- Endschalldämpfer auf vorderes Abgasrohr aufschieben, Flansche mit neuen Dichtungen zusammenschrauben. Schrauben leicht beiziehen. Falls erforderlich, Anschlußstücke vor dem Zusammenfügen mit Schmirgelleinen von Verbrennungsrückständen reinigen. Beim Zusammensetzen der Rohre auf richtigen Sitz des Dichtringes achten. Selbstsichernde Muttern grundsätzlich erneuern.

Achtung: Um die Muttern und Schrauben der Abgasanlage später leichter lösen zu können, empfiehlt es sich, diese mit einer Hochtemperatur-Kupferpaste, zum Beispiel Liqui Moly LM-508-ASC, einzustreichen.

- Abgasanlage einsetzen und mit Haltern anschrauben, Schrauben nicht festziehen.

- Lambda-Sonde einbauen.

- Vordere Abgasrohre am Krümmer anschrauben, Schrauben mit **30 Nm** anziehen. Anschließend in einem 2. Durchgang die Schrauben auf **50 Nm** festziehen.

- Abgasanlage so ausrichten, daß überall genügend Abstand von mindestens 25 mm zur Karosserie vorhanden ist. Außerdem muß das Endrohr gleichmäßigen Abstand in der Karosserieaussparung am Fahrzeugheck haben.

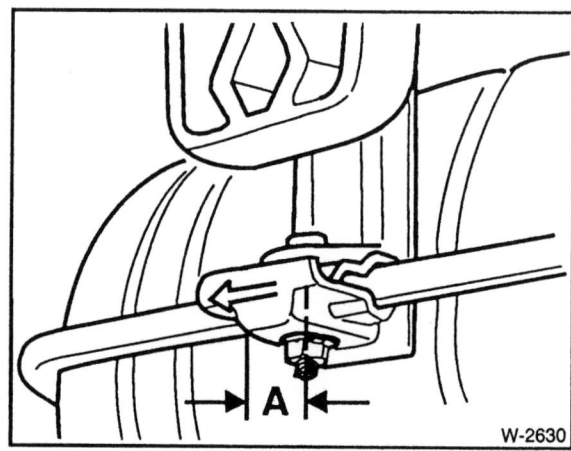

- Klemmbügel am Endschalldämpfer so befestigen, daß sich die Gummiaufhängungen unter Vorspannung befinden. Dazu die Bügel in Fahrtrichtung um A = 15 mm nach vorn schieben und in dieser Position mit **20 Nm** festziehen.

- Sämtliche Schrauben und Muttern festziehen. Dabei den Abgasrohrträger am Getriebe zuletzt anziehen, damit er spannungsfrei sitzt. Gegebenenfalls Schrauben –1– lösen und Halter entsprechend seitlich verschieben, siehe Abbildung W-2627.

Anzugsdrehmomente für Schraubverbindungen an der Abgasanlage: Abgasrohr an Abgaskrümmer: 50 Nm, Verschraubungen am Dreiecksflansch: 20 Nm, Abgasrohrträger am Getriebe: Gewinde M 6: 10 Nm, M 8-Gewinde: 20 Nm, Haltelaschen: 20 Nm; Schelle Nachschalldämpfer: max. 15 Nm.

- Falls ausgebaut, Traverse für Automatikgetriebe einsetzen, Schrauben mit **20 Nm** anziehen.

- Motor starten und Abgasanlage auf Dichtheit prüfen, dazu Abgasendrohr mit Lappen zuhalten. Dabei von einer Hilfsperson alle Dichtflansche auf austretende Abgase prüfen lassen (zischendes Geräusch, Austritt mit der Hand spürbar).

- Fahrzeug abbocken.

Lambda-Sonde aus- und einbauen

Achtung: Beim Auftragen von Unterbodenschutz ist die Lambda-Sonde abzudecken.

Ausbau

- Fahrzeug aufbocken, siehe Seite 123.

- Steckverbindung Lambda-Sonde trennen, dazu Rändelmutter nach links drehen. Der Stecker befindet sich am Getriebeträger.
- Kabelhalter lösen.
- Lambda-Sonde am Abgasrohr herausschrauben. Leitung dabei von Hand mitdrehen, um ein Ab- oder Ausreißen zu vermeiden.

Einbau

Achtung: Lambda-Sonde **nicht** reinigen und nicht mit Schmiermitteln in Berührung bringen.

- Nur das Gewinde der Lambda-Sonde mit Gleitmittel »Antiseize« einsprühen.
- Lambda-Sonde in vorderes Abgasrohr einschrauben und mit **5 Nm** festziehen. Steckverbindung zusammenfügen.
- Kabelhalter befestigen.
- Steckverbindung für Lambda-Sonde mit Rändelmutter sichern.

Funktion des Katalysators

Alle Benzin- und Dieselmotoren des 3er-BMW sind serienmäßig mit Katalysatoren zur Abgasreinigung ausgestattet.

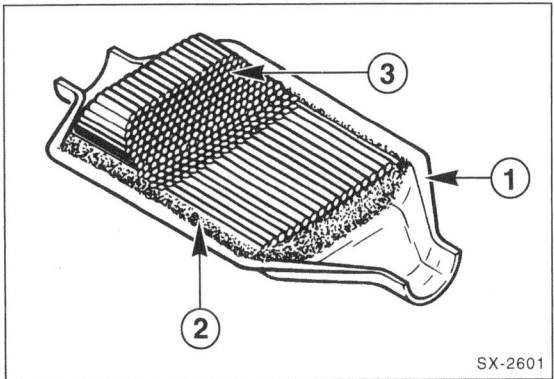

Der Katalysator besteht aus einem Keramik-Wabenkörper –3–, der mit einer Trägerschicht überzogen ist. Auf der Trägerschicht befinden sich Edelmetallsalze, die den Umwandlungsprozeß bewirken. Im Gehäuse –1– wird der Katalysator durch eine Isolations-Stützmatte –2– fixiert, die außerdem Wärmeausdehnungen ausgleicht.

In Verbindung mit der elektronischgesteuerten Einspritzanlage und der Lambdasonde wird die Kraftstoffmenge für die Verbrennung exakt dosiert, damit der Katalysator die Schadstoffe reduzieren kann. Die Lambdasonde sitzt im Abgasrohr vor dem Katalysator und wird vom Abgasstrom umspült. Bei der Lambdasonde handelt es sich um einen elektrischen Meßfühler, der den Restgehalt an Sauerstoff im Abgas durch elektrische Spannungsschwankungen anzeigt und Rückschlüsse auf die Zusammensetzung des Luft-Kraftstoff-Gemisches ermöglicht. In Bruchteilen von Sekunden kann die Lambdasonde entsprechende Signale an die Steuereinheit der Einspritzanlage weitergeben und dadurch das Kraftstoff-Luftverhältnis ständig verändern. Das ist einerseits erforderlich, da sich ja die Betriebsverhältnisse (Leerlauf, Vollgas) ständig ändern, zum anderen aber auch, weil nur dann eine optimale Nachverbrennung im Katalysator erfolgt, wenn noch genügend Kraftstoffanteile im Motorabgas vorhanden sind.

Damit es also bei einer Temperatur von +300° bis +800° C im Katalysator überhaupt zu einer Nachverbrennung kommen kann, muß das Kraftstoff-Luftgemisch mehr Kraftstoffanteile aufweisen, als für die reine Verbrennung erforderlich wären.

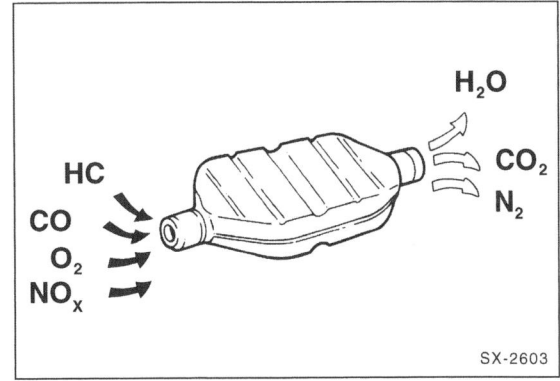

Bei den verwendeten Katalysatoren für Benzinmotoren handelt es sich um sogenannte 3-Wege-Katalysatoren. Das bedeutet, daß aufgrund der Lambda-Regelung die Oxidation von Kohlenmonoxid (CO) und Kohlenwasserstoffen (HC) sowie die Reduktion der Stickoxide (NO_X) gleichzeitig durchgeführt werden.

Bei den Katalysatoren für die Dieselfahrzeuge handelt es sich um Oxidationskatalysatoren. Eine Lambda-Regelung ist hier nicht erforderlich. Die Oxidationskatalysatoren reduzieren hauptsächlich die im Abgas enthaltenen Kohlenmonoxid- und Kohlenwasserstoff-Anteile. Außerdem vermindern sie den typischen Diesel-Abgasgeruch.

Der Umgang mit Katalysator-Fahrzeugen

Um Beschädigungen an der Lambdasonde und am Katalysator zu vermeiden, sind nachstehende Hinweise unbedingt zu beachten:

Benzinmotoren

- Grundsätzlich nur **bleifreien** Kraftstoff tanken.
- Falls irrtümlich bleihaltiger Kraftstoff getankt wurde, müssen das Abgasrohr vor dem Katalysator sowie der Katalysator erneuert werden. Vor Einbau der Neuteile mindestens 2 Tankfüllungen mit bleifreiem Kraftstoff fahren.
- Kraftstofftank nie ganz leerfahren.
- Das Anlassen des **betriebswarmen** Motors durch Anschieben oder Anschleppen ist nicht erlaubt. Starthilfekabel verwenden. Unverbrannter Kraftstoff könnte bei einer Zündung zur Überhitzung des Katalysators und zu seiner Zerstörung führen.
- Häufige Kaltstarts hintereinander sollten vermieden werden. Sonst sammelt sich im Katalysator unverbrannter Kraftstoff, der bei Erwärmung schlagartig verbrennt und dabei den Katalysator beschädigt.
- Bei Startschwierigkeiten nicht unnötig lange den Anlasser betätigen. Während des Anlassens wird permanent Kraftstoff eingespritzt. Fehlerursache ermitteln und beseitigen.
- Treten Zündstörungen auf, muß bei der Fehleridentifizierung verhindert werden, daß während der Betätigung des Anlassers Kraftstoff eingespritzt wird. Dazu das Steuerrelais der Kraftstoffeinspritzung abziehen.
- Keine Funkenprüfung mit abgezogenem Zündkerzenstecker durchführen.
- Es darf kein Zylindervergleich (Balancetest) durch Zündabschaltung eines Zylinders durchgeführt werden. Bei Zündabschaltung einzelner Zylinder – auch über Motortester – gelangt unverbrannter Kraftstoff in den Katalysator.
- Treten Zündaussetzer auf, hohe Motor-Drehzahlen vermeiden und Fehler umgehend beheben.

Benzin- und Dieselmotoren

- Fahrzeug nicht über trockenem Laub, Gras oder einem Stoppelfeld abstellen. Die Abgasanlage wird im Bereich des Katalysators sehr heiß und strahlt die Wärme auch nach Abstellen des Motors noch ab.
- Beim Ein- oder Nachfüllen von Motoröl besonders darauf achten, daß auf keinen Fall die Maximum-Markierung am Ölpeilstab überschritten wird. Das überschüssige Öl gelangt sonst aufgrund unvollständiger Verbrennung in den Katalysator und kann das Edelmetall beschädigen oder den Katalysator vollständig zerstören.
- Keinen Unterbodenschutz an der Abgasanlage aufbringen.

Fahrzeug aufbocken

Für viele Wartungs- und Reparaturarbeiten muß das Fahrzeug aufgebockt beziehungsweise hochgehoben werden. In der Werkstatt wird der Wagen in der Regel mit der Hebebühne angehoben, man kann ihn jedoch auch mit dem Fahrzeug- oder Werkstatt-Wagenheber anheben.

Bei Arbeiten unter dem Fahrzeug muß dieses, falls es nicht auf einer Hebebühne steht, auf vier stabilen Unterstellböcken stehen. **Auf keinen Fall dürfen Arbeiten unter dem Fahrzeug ausgeführt werden, wenn dieses nur mit dem Bordwagenheber oder Werkstattwagenheber abgestützt ist. Lebensgefahr!**

- Die Räder, die beim Anheben auf dem Boden stehen bleiben, mit Keilen gegen Vor- oder Zurückrollen sichern. Nicht auf die Feststellbremse verlassen, diese muß bei einigen Reparaturarbeiten gelöst werden.
- Fahrzeug nur auf ebener, fester Fläche aufbocken. Bei weichem Untergrund breite Bretter unter den Wagenheber und die Unterstellböcke legen, damit sich das Gewicht auf eine größere Fläche verteilt.
- Durch eine geeignete Gummi- oder Holzzwischenlage werden beim Anheben Beschädigungen an der Karosserie vermieden.
- Fahrzeug mit Unterstellböcken so abstützen, daß jeweils ein Bein seitlich nach außen zeigt.
- Das Fahrzeug nur in unbeladenem Zustand anheben.

Achtung: Niemals darf der Wagen an Motor-/Getriebeteilen oder an der Hinterachse abgestützt werden.

Anheben mit dem Bordwagenheber

- Die jeweilige Abdeckkappe am Schweller durch Linksdrehung mit einem Schraubendreher lösen und abnehmen, siehe —Pfeile— in der Abbildung.
- Wagenheber ganz in die Aufnahmebohrung einstecken und Kurbel des Wagenhebers drehen, bis der Fuß des Hebers mit der gesamten Fläche auf dem Boden steht. Anschließend Wagen anheben, bis sich das betreffende Rad vom Boden abhebt.

Anheb- und Aufbockpunkte für Hebebühne und Werkstattwagenheber

- Hebewerkzeuge zum Anheben des Fahrzeuges dürfen nur an den nachstehend gezeigten Stellen angesetzt werden, da sonst Schäden am Fahrzeug nicht auszuschließen sind.

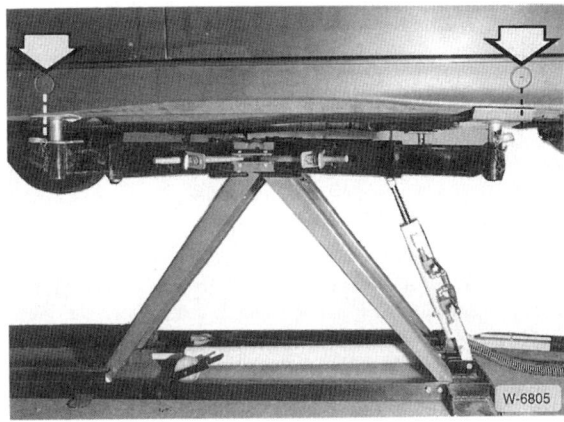

- Die Arme der Hebebühne dürfen links und rechts nur an den Versteifungen der Unterholme, direkt unterhalb der Aufnahmepunkte für den Bordwagenheber, angesetzt werden. Um Beschädigungen des Unterbodens zu vermeiden, unbedingt geeignete Gummi- oder Holzzwischenlagen verwenden.
- Auch bei Verwendung eines Werkstattwagenhebers (Rangierwagenhebers) darf dieser nur vorn und hinten an den Versteifungen der Unterholme angesetzt werden.

Achtung: Wird das Fahrzeug nicht mit einer Hebebühne hochgehoben, Fahrzeug zusätzlich immer mit Unterstellböcken sichern.

Die Kupplung

Die Kupplung übernimmt im Auto 2 Aufgaben: Beim Schalten der Gänge trennt sie den Kraftschluß zwischen Motor und Getriebe und beim Anfahren sorgt sie durch die Reibung für einen ruckfreien Kraftschluß.

Die Kupplung besteht aus der Kupplungsdruckplatte, der Kupplungsmitnehmerscheibe und dem Ausrücklager.

Die Kupplungsdruckplatte ist fest mit dem Schwungrad verschraubt, das wiederum an der Kurbelwelle des Motors angeflanscht ist. Zwischen der Kupplungsdruckplatte und dem Schwungrad befindet sich die Kupplungsmitnehmerscheibe, die von der Kupplungsdruckplatte gegen das Schwungrad gepreßt wird. Die Mitnehmerscheibe wird von der mit ihr verzahnten Getriebeantriebswelle zentriert.

Beim Niedertreten des Kupplungspedals (auskuppeln) wird über die hydraulische Betätigung und den Ausrückhebel das Ausrücklager gegen die Feder der Kupplungsdruckplatte gedrückt. Dadurch entspannt sich die Kupplungsdruckplatte, und die Mitnehmerscheibe wird nicht mehr gegen die Schwungscheibe gepreßt. Der Kraftschluß zwischen Motor und Getriebe ist also aufgehoben.

Die Kupplung wird bei allen Modellen hydraulisch betätigt: Am Ausrückhebel liegt der Kolben des Nehmerzylinders vom Hydrauliksystem an. Beim Niedertreten des Kupplungspedals wird über den Geberzylinder im Fußraum des Fahrzeuges Druck aufgebaut und über eine Hydraulikleitung auf den am Getriebe angeflanschten Kupplungs-Nehmerzylinder übertragen. Der Kolben des Nehmerzylinders drückt über den Ausrückhebel das Ausrücklager gegen die Membranfeder der Druckplatte und hebt diese etwas an.

Das Hydrauliksystem der Kupplung arbeitet mit Bremsflüssigkeit und wird über den gemeinsamen Ausgleichbehälter für Bremsflüssigkeit versorgt.

Wird das Kupplungspedal zurückgenommen (einkuppeln), preßt die Druckplatte die Mitnehmerscheibe gegen das Schwungrad, der Kraftschluß ist wieder hergestellt, da die angepreßte Mitnehmerscheibe über die Verzahnung fest mit der Getriebewelle verbunden ist.

Bei jedem Ein- und Auskuppeln wird durch den leichten Schleifvorgang etwas Reibbelag von der Mitnehmerscheibe abgeschliffen. Die Mitnehmerscheibe ist also ein Verschleißteil, doch hat sie eine mittlere Lebensdauer von über 100000 Kilometern. Der Verschleiß hängt im wesentlichen von der Belastung (Anhängerbetrieb) und der Fahrweise ab. Die Kupplung ist wartungsfrei, da sie sich selbst nachstellt.

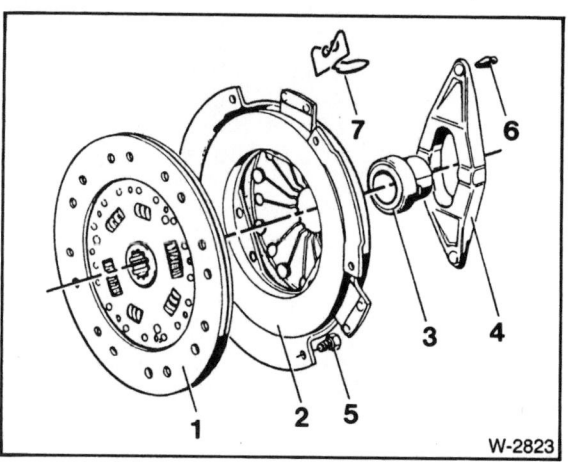

1 – Kupplungsscheibe
2 – Druckplatte
3 – Ausrücker
4 – Ausrückhebel
5 – Sechskantschraube
6 – Kugelbolzen
7 – Federbügel

Kupplung aus- und einbauen/prüfen

Ausbau

- Getriebe ausbauen, siehe Seite 130.

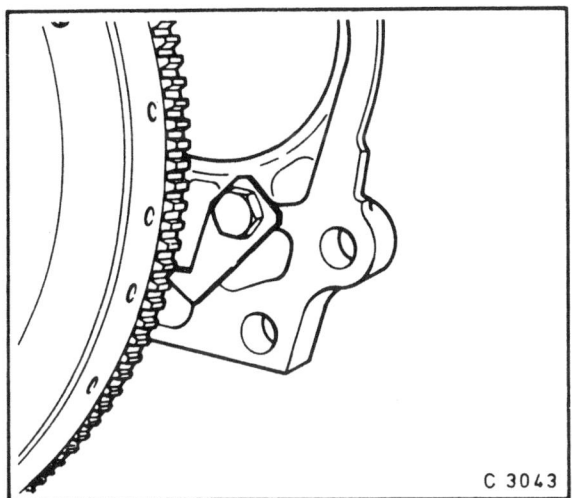

- Damit das Schwungrad beim Lösen der Schrauben nicht mitdreht, Schwungrad mit BMW-Sonderwerkzeug oder Schraubendreher und Dorn am Zahnkranz arretieren.
- Befestigungsschrauben der Kupplungsdruckplatte nacheinander jeweils um 1 bis 1½ Umdrehungen lösen, bis die Druckplatte entspannt ist.

Achtung: Wenn die Schrauben sofort ganz gelöst werden, kann die Membranfeder durch Verkanten der Druckplatte beschädigt werden.

- Anschließend Schrauben ganz herausdrehen.
- Druckplatte und Kupplungsscheibe herausnehmen. **Achtung:** Druckplatte und Kupplungsscheibe beim Herausnehmen nicht fallen lassen, sonst können nach dem Einbau Rupf- und Trennschwierigkeiten auftreten. Lage der Paßstifte zwischen Druckplatte und Schwungrad für Wiedereinbau beachten.
- Schwungrad mit benzingetränktem Lappen auswischen.

Prüfen

- Kupplungsdruckplatte auf Brandrisse und Riefen prüfen.

- Membranfeder auf Brüche untersuchen —Pfeil—.

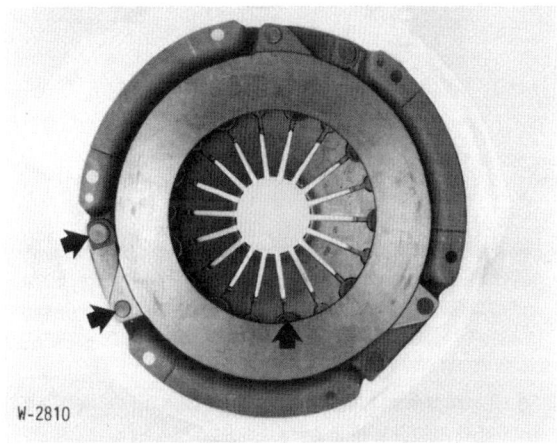

- Federverbindungen zwischen Druckplatte und Deckel auf Risse, Nietbefestigungen auf festen Sitz prüfen. Kupplungen mit beschädigten oder losen Nietverbindungen ersetzen.

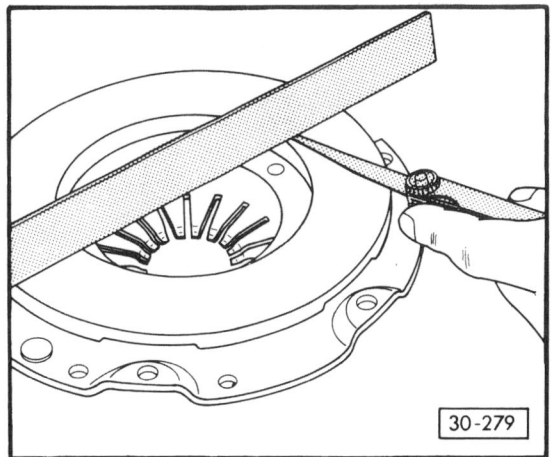

- Auflagefläche der Druckplatte auf Risse, Brandstellen und Verschleiß prüfen. Druckplatten, die bis zu 0,3 mm nach innen durchgebogen sind, dürfen noch eingebaut werden. Die Prüfung erfolgt mit Lineal und Fühlerblattlehre.

- Schwungrad auf Brandrisse und Riefen prüfen.
- Kupplungsdruckplatte und Schwungrad mit sehr feinem Schmirgelleinen abziehen.
- Verölte, verfettete oder mechanisch beschädigte Kupplungsscheiben austauschen.
- Belagstärke der Kupplungsscheibe mit Schieblehre messen. Die Mindestbelagstärke soll 7,5 mm betragen, sonst Kupplungsscheibe auswechseln. Ebenso bei Belagrissen.

- Federfenster, Torsionsfedern und Nabe auf Verschleiß- und Einlaufspuren prüfen. Bei Ausführung mit Zwei-Massen-Schwungrad ist die Mitnehmerscheibe starr ohne Dämpfer ausgerüstet. Die Torsionsdämpfer sind im Schwungrad integriert.
- Ausrücklager vom Lagerrohr am vorderen Getriebedeckel abnehmen und prüfen, siehe Seite 98.
- In der Werkstatt kann die Kupplungsscheibe auf Schlag geprüft werden. Der Seitenschlag darf bei der Kupplungsscheibe maximal 0,5 mm betragen. **Achtung:** Diese Prüfung ist nur notwendig, wenn die alte Kupplungsscheibe wieder eingebaut werden soll und die Kupplung vorher nicht richtig ausgekuppelt hat.

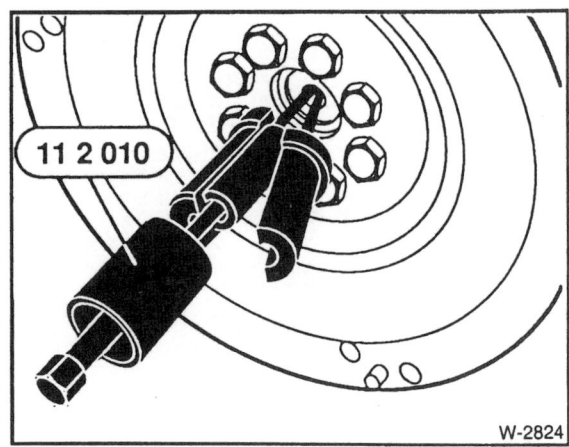

- Rillenkugellager in der Kurbelwelle auf leichten Lauf prüfen. Gegebenenfalls Lager mit Innenauszieher, BMW-Nr. 112010, herausziehen und durch neues Lager ersetzen.

Einbau

- Vor dem Einbau einer neuen Kupplung, Korrosionsschutzfett von der Druckplatte restlos entfernen.

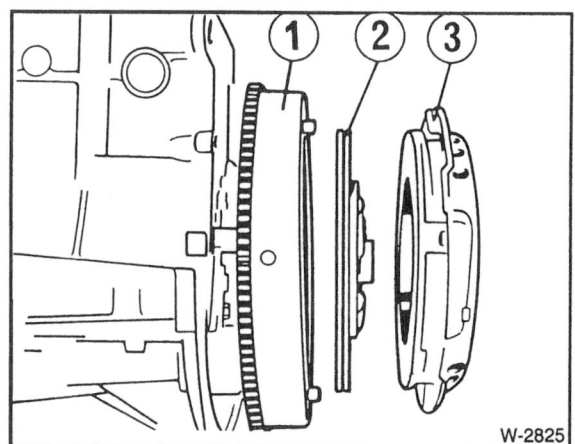

- Kupplungsscheibe –2– und Kupplungsdruckplatte –3– in das Schwungrad –1– einsetzen. Die flache Seite der Kupplungsscheibe muß zum Schwungrad zeigen, siehe Abbildung. Die Kupplungsdruckplatte in die entsprechenden Paßstifte setzen.

- Die Kupplungsscheibe muß beim Zusammensetzen mit einem passenden Dorn (zum Beispiel von HAZET) oder mit einer alten Getriebe-Antriebswelle zentriert werden, sonst kann beim Zusammenbau die Getriebewelle nicht eingeschoben werden.
- Befestigungsschrauben für Kupplungsdruckplatte nacheinander mit 1 bis 1½ Umdrehungen anziehen, bis die Druckplatte festgezogen ist. Anschließend Zentrierdorn entfernen. **Achtung:** Darauf achten, daß die Druckplatte beim Anziehen der Schrauben gleichmäßig und gratfrei in das Schwungrad eingezogen wird. Schrauben der Druckplatte festziehen. **Schraube M8 8.8: 24 Nm, Schraube M8 10.9: 34 Nm.**
- Keilnuten der Getriebeantriebswelle mit »Microlube GL 261« leicht einfetten.
- Getriebe einbauen, siehe Seite 130.

Kupplungsbetätigung entlüften

Die Kupplungsbetätigung muß entlüftet werden, wenn das Kupplungspedal nach Betätigung nicht oder nur verzögert zurückkommt, die Kupplung nicht richtig trennt beziehungsweise wenn das Hydrauliksystem geöffnet wurde.

Da das Hydrauliksystem der Kupplung mit Bremsflüssigkeit arbeitet, sind ebenfalls die entsprechenden Hinweise im Kapitel »Bremsanlage« durchzulesen.

Achtung: Bei dem hier beschriebenen Entlüftungsvorgang ohne Entlüftergerät kann etwas Luft im System bleiben. Erkennbar ist das am Kratzen und am mangelhaften Trennen der Kupplung. In diesem Fall ist die Kupplungshydaulik umgehend in der Werkstatt mit dem Spezialgerät zu entlüften.

- Fahrzeug vorn aufbocken.

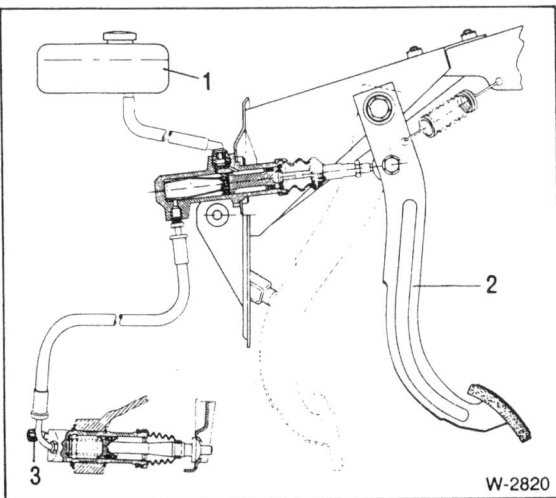

- Bremsflüssigkeitsstand im gemeinsamen Vorratsbehälter für Bremsflüssigkeit –1– prüfen, gegebenenfalls bis zur MAX.-Markierung auffüllen.
- Staubkappe vom Entlüfterventil am Kupplungsnehmerzylinder –3– abziehen.
- Durchsichtigen Schlauch auf das Entlüfterventil am Nehmerzylinder aufschieben.
- Entlüfterventil vorsichtig gangbar machen. Zum Öffnen des Ventils einen Ringschlüssel verwenden, damit der Sechskant der Schraube nicht beschädigt wird.
- Freies Schlauchende in ein mit Bremsflüssigkeit gefülltes Gefäß tauchen, damit beim Entlüften keine Luft angesaugt werden kann.
- Kupplungspedal –2– ca. 10 mal bis zum Anschlag durchtreten und dann gedrückt festhalten.
- In dieser Stellung Entlüfterschraube –3– öffnen, Bremsflüssigkeit tritt aus. Wenn in der austretenden Bremsflüssigkeit keine Luftblasen mehr sichtbar sind, Entlüfterventil verschließen (zudrehen).
  Achtung: Der Flüssigkeitsstand im Vorratsbehälter für Bremsflüssigkeit darf nicht zu weit absinken, gegebenenfalls **neue** Bremsflüssigkeit nachfüllen.

- Kupplungspedal loslassen und erneut ca. 10 mal betätigen. In gedrückter Stellung festhalten und Entlüfterschraube öffnen. Diesen Vorgang so oft wiederholen, bis am Schlauch nur noch blasenfreie, klare Bremsflüssigkeit herausgedrückt wird. Dabei stets nur neue Bremsflüssigkeit in den Vorratsbehälter nachfüllen.
- Entlüfterventil am Nehmerzylinder verschließen. Anzugsmoment für Entlüfterventil (SW 7): ca. **3,5 – 5 Nm**. Schlauch abziehen und Staubkappe aufschieben.
- Fahrzeug ablassen.
- Bremsflüssigkeit bis zur MAX.-Markierung auffüllen.
- Funktion von Brems- und Kupplungssystem prüfen.

Entlüften mit Entlüftergerät

In den BMW-Werkstätten wird die Kupplungshydraulik in der Regel mit einem Entlüftergerät entlüftet. Das Entlüftergerät gibt über den gemeinsamen Ausgleichbehälter für Bremsflüssigkeit Druck auf die Kupplungshydraulik.

- Verschraubung am Bremsflüssigkeits-Ausgleichbehälter abschrauben. Schwimmerbehälter herausnehmen.
- Entlüftergerät nach Vorschrift anschließen.
- Am Kupplungsnehmerzylinder Schlauch auf Entlüfterschraube aufschieben. Schlauchende in ein mit Bremsflüssigkeit gefülltes Gefäß tauchen.
- Entlüfterschraube so lange öffnen, bis keine Luftblasen mehr entweichen. Dabei mehrmals das Kupplungspedal durchtreten.
- Sollte nach mehrmaligem Entlüften noch Luft im Hydrauliksystem vorhanden sein, muß der Kupplungsnehmerzylinder vom Getriebe abgebaut werden, siehe Seite 128.
- Bei angeschlossener Hydraulikleitung Druckstange bis zum Anschlag im Nehmerzylinder drücken und langsam zurücklassen. Dadurch wird eventuell noch vorhandene Restluft in den Vorratsbehälter zurückgedrückt und der maximale Ausrückweg erzielt.

Achtung: Das Kupplungspedal darf bei ausgebautem Nehmerzylinder nicht betätigt werden.

- Schwimmerbehälter einsetzen. Bremsflüssigkeit bis zur MAX.-Markierung auffüllen. Deckel für Bremsflüssigkeitsbehälter aufschrauben.

Ausrücklager aus- und einbauen

Hörbare Lagergeräusche in ausgekuppeltem Zustand, also bei niedergetretenem Kupplungspedal, deuten auf ein defektes Ausrücklager hin.

Ausbau

- Getriebe ausbauen, siehe Seite 130.

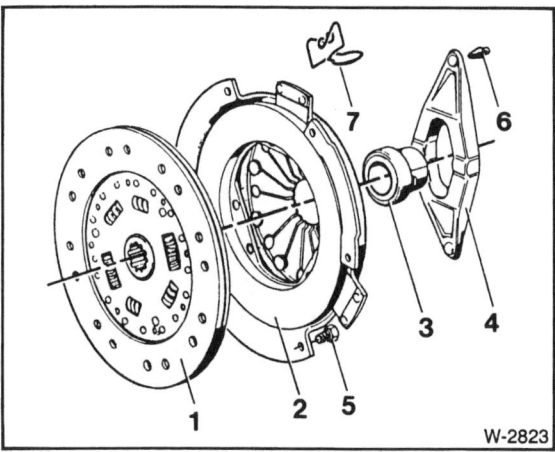

- Federbügel −7− und Ausrückhebel −4− mit Ausdrücker −3− von der Getriebeantriebswelle abnehmen.
- Ausrücklager von Hand prüfen. Dazu Kupplungsausrücklager leicht zusammenpressen und drehen. Es muß sich leicht drehen lassen, sonst austauschen.

Einbau

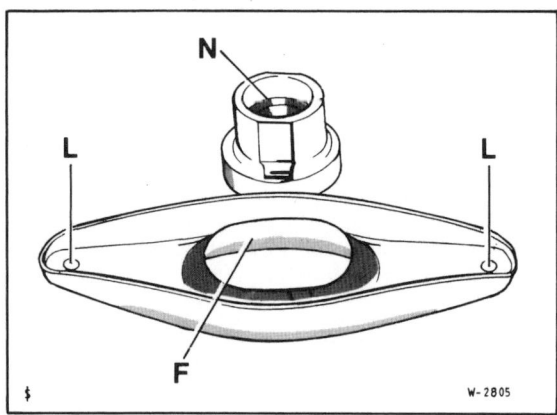

- Schmiernut −N−, Führungen −F− und Lagerflächen −L− mit Molykote Longtherm 2 leicht bestreichen, sonst kann das Lager auf der Führungshülse festfressen.
- Ausrückhebel mit Ausrücker auf Getriebeantriebswelle aufsetzen und mit Federbügel befestigen.
- Getriebe einbauen, siehe Seite 130.

Kupplungsnehmerzylinder aus- und einbauen

Ausbau

- Bremsflüssigkeit aus Ausgleichbehälter bis zum Anschluß der Nachfülleitung mit geeignetem Saugheber absaugen. **Achtung:** Bremsflüssigkeit ist giftig. Bremsflüssigkeit nicht über einen Schlauch mit dem Mund absaugen.
- Fahrzeug aufbocken.

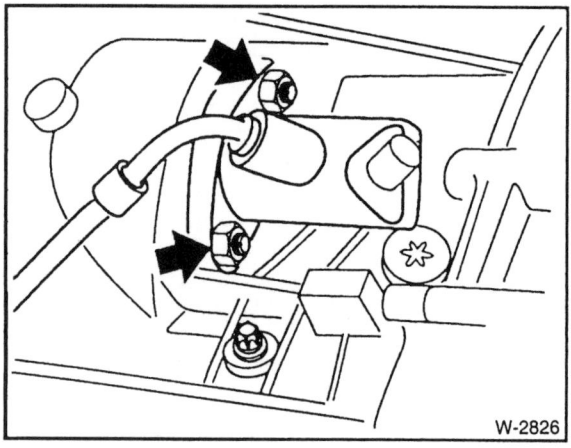

- Nehmerzylinder vom Getriebe abschrauben.
- Hydraulikleitung abschrauben. **Achtung:** Soll der Kupplungsnehmerzylinder nicht ausgetauscht werden, bleibt die Hydraulikleitung angeschlossen.

Einbau

- Druckstange des Nehmerzylinders mit Molykote Longtherm 2 einstreichen.
- Hydraulikleitung an Nehmerzylinder mit **15 Nm** anschrauben. Nehmerzylinder an Getriebe ansetzen und mit **25 Nm** festziehen.
- Bremsflüssigkeit auffüllen, Kupplungshydraulik entlüften.

Störungsdiagnose Kupplung

Störung	Ursache	Abhilfe
Kupplung rupft	Motor- und Getriebelager defekt	■ Prüfen, gegebenenfalls auswechseln
	Getriebe liegt in der Aufhängung nicht fest	■ Befestigungsschrauben nachziehen
	Druckplatte trägt ungleichmäßig	■ Druckplatte auswechseln
	Mitnehmerscheibe kein Original-BMW-Teil	■ Original-BMW-Kupplungsscheibe einbauen
	Kurbelwelle fluchtet nicht zur Getriebe-Antriebswelle	■ Zentrierflächen von Motor und Getriebe überprüfen
	Ausrücker drückt einseitig	■ Ausrücker überprüfen
Kupplung rutscht	Kupplungsscheibe verschlissen	■ Dicke der Kupplungsscheibe prüfen, gegebenenfalls auswechseln
	Nehmerzylinder klemmt	■ Nehmerzylinder ersetzen
	Spannung der Membranfeder zu gering	■ Druckplatte auswechseln
	Nehmerzylinder undicht	■ Sichtprüfung durchführen
	Belag verhärtet oder verölt	■ Kupplungsscheibe austauschen
	Kupplung wurde überhitzt	■ Original-BMW-Teil einbauen
Kupplung trennt nicht richtig	Belag durch Abrieb verklebt	■ Kupplungsscheibe austauschen
	Kupplungsscheibe klemmt auf der Antriebswelle, Kerbverzahnung trocken oder verklebt	■ Kerbverzahnung reinigen, entgraten, ggf. Rost entfernen und neu schmieren; z. B. MoS_2-Puder einbürsten
	Kupplungsscheibe hat Seitenschlag	■ Kupplungsscheibe prüfen lassen, ersetzen
	Geberzylinder undicht	■ Bei durchgetretenem Kupplungspedal beobachten, ob Flüssigkeit im Bremsflüssigkeitsvorratsbehälter aufwallt, ggf. Kupplung entlüften oder Geberzylinder austauschen
	Kupplungspedal erreicht den Begrenzungsanschlag nicht	■ Prüfen, ob Begrenzungsanschlag erreicht wird, gegebenenfalls Fußmatte ausschneiden
	Ausrücker defekt	■ Ausrücker auf Verformung prüfen
	Luft im Hydrauliksystem	■ Kupplungshydraulik entlüften
	Führungslager für die Getriebe-Antriebswelle in der Kurbelwelle defekt	■ Führungslager in der Kurbelwelle ersetzen
	Mitnehmerscheibe stark verbogen, oder Belag gebrochen	■ Mitnehmerscheibe ersetzen
Geräusch bei betätigtem Kupplungspedal	Ausrücklager defekt	■ Ausrücklager prüfen, ersetzen
	Kupplungsscheibe schlägt an die Druckplatte	■ Kupplungsscheibe auswechseln
Auf- und abschwellendes Geräusch bei Zug- oder Schubzustand, oder wenn das Fahrzeug in ausgekuppeltem Zustand rollt	Torsionsdämpfer der Kupplungsscheibe schwergängig	■ Kupplungsscheibe erneuern
	Nietverbindungen der Kupplung locker	■ Kupplung ersetzen
	Unwucht der Kupplung zu groß	■ Kupplung und Mitnehmerscheibe ersetzen

Das Getriebe

Das Getriebe kann ohne Ausbau des Motors ausgebaut werden. Ein Ausbau ist dann erforderlich, wenn die Kupplung ausgewechselt werden soll oder wenn das Getriebe erneuert beziehungsweise überholt werden muß. Da es jedoch in keinem Fall anzuraten ist, Reparaturen am Getriebe mit Heimwerkermitteln in Angriff zu nehmen, beschreibe ich lediglich den Ausbau des Aggregates.

Getriebe aus- und einbauen

Grundsätzlich gilt diese Anweisung für das Schaltgetriebe. Auf Abweichungen zum Ausbau des Automatikgetriebes wird gesondert eingegangen.

Ausbau

- Batterie-Massekabel (−) abklemmen. **Achtung:** Dadurch wird aus dem Speicher des Radios der Code für die Diebstahlsicherung gelöscht. Die Batterie darf nur bei ausgeschalteter Zündung abgeklemmt werden, da sonst das Steuergerät der Einspritzanlage beschädigt wird. Vor dem Abklemmen sollten auch die Hinweise im Kapitel »Radio« bzw. »Batterie aus- und einbauen« durchgelesen werden.

Achtung: Bei Fahrzeugen mit 6-Zylindermotor befindet sich die Batterie im Kofferraum rechts neben dem Reserverad.

- Fahrzeug aufbocken.
- Abgasanlage ausbauen, siehe Seite 117.
- Wärmeschutzblech für Abgasanlage abbauen.

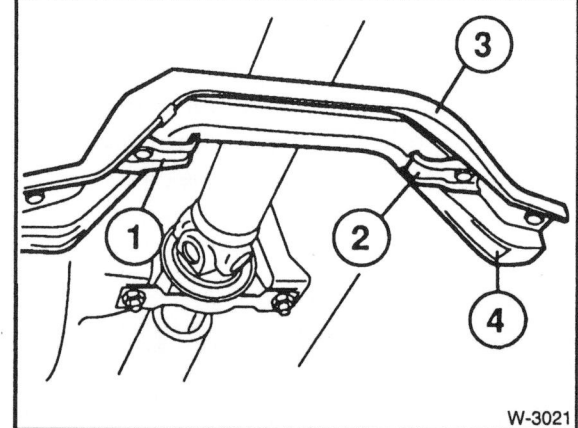

- Falls vorhanden, Halter −1− und −2− abschrauben. Bügel −3− am Unterboden abschrauben, dabei Einbaulage für Wiedereinbau beachten. Der breite Bund −4− zeigt in Fahrtrichtung.

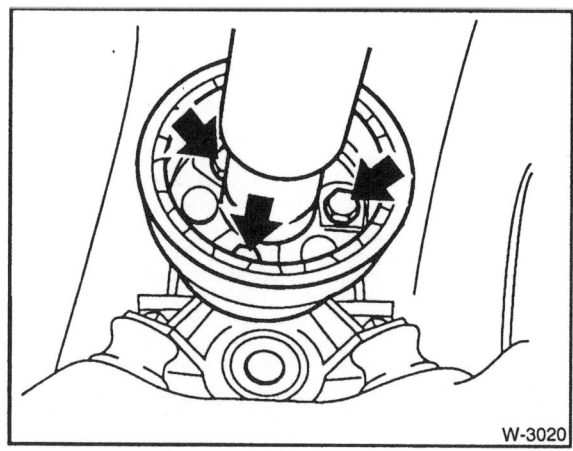

- Gelenkscheibe vom Getriebe abschrauben. Damit die Gelenkscheibe nicht verspannt wird, beim Lösen nur die Muttern, nicht die Schrauben verdrehen.

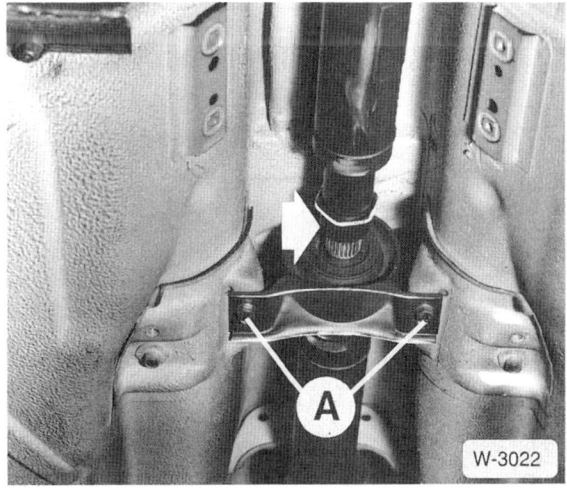

- Schraubring −Pfeil− in der Mitte der Gelenkwelle mit einer Rohrzange einige Umdrehungen lösen.
- Mittellager −A− für Gelenkwelle abschrauben.
- Gelenkwelle nach unten knicken und vom Zentrierzapfen abziehen. **Achtung:** Gelenkwelle hochbinden, nicht in die Gelenke fallen lassen.

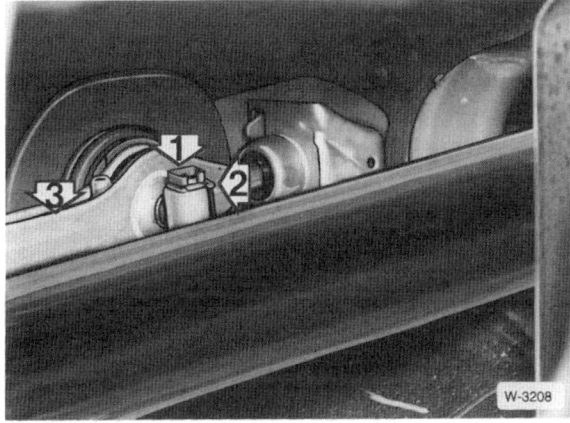

- An der Schaltstange – bei ausgebauter Gelenkwelle – Sicherungsklammer −1− ausheben, Scheiben auf beiden Seiten der Schaltstange abnehmen und Schaltstange herausziehen. 2− Distanzscheibe, 3− Schaltarm.
- Kabel vom Rückwärtsgangschalter hinten am Getriebe abziehen.
- Kupplungsnehmerzylinder ausbauen. **Achtung:** Die Hydraulikleitung bleibt angeschlossen, siehe Seite 128.
- Frischluftschacht an der Motorstirnwand ausbauen, siehe Seite 238.
- Motor an einem Kran oder Flaschenzug aufhängen, siehe Kapitel »Motorausbau«. Aufhängeseil spannen, damit der Motor nach Lösen des hinteren Getriebelagers nicht absinkt.

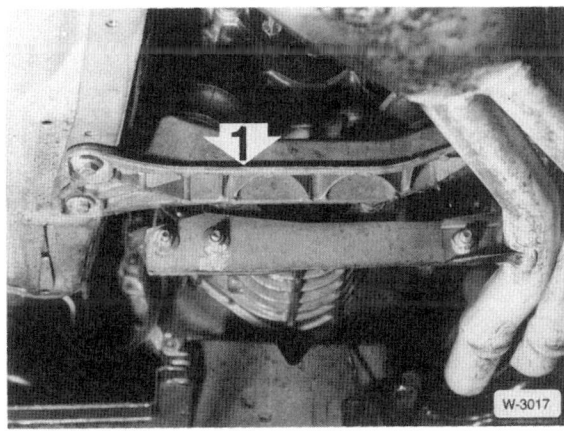

- Querträger −1− am Unterboden und Getriebe abschrauben.
- Motor am Kran nur so weit ablassen, daß keine Berührung mit der Motorstirnwand besteht.

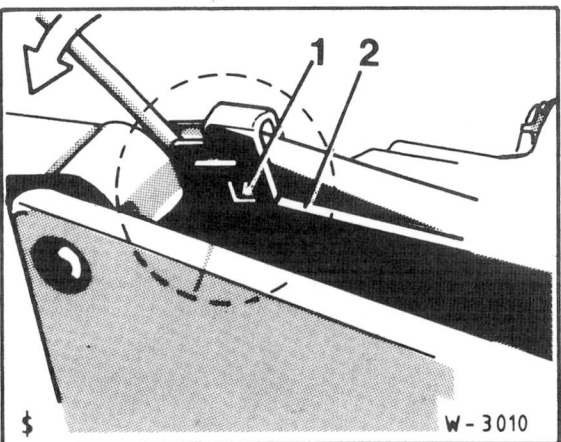

- Feder −1− der Schaltstange mit Schraubendreher von der Nase −2− am Getriebegehäuse ausheben und nach oben schwenken.
- Lagerbolzen herausziehen.

Automatikgetriebe

- Schaltseilzug am Getriebe abbauen, siehe Seite 139.
- Elektrischen Anschlußstecker am Getriebe abziehen, dazu Rändelmutter am Stecker nach links drehen. Zweiten, kleinen Stecker für Drehzahlgeber abziehen, dabei Drahtsicherung eindrücken.

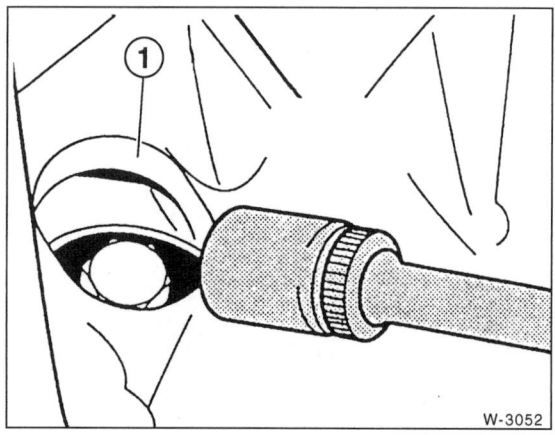

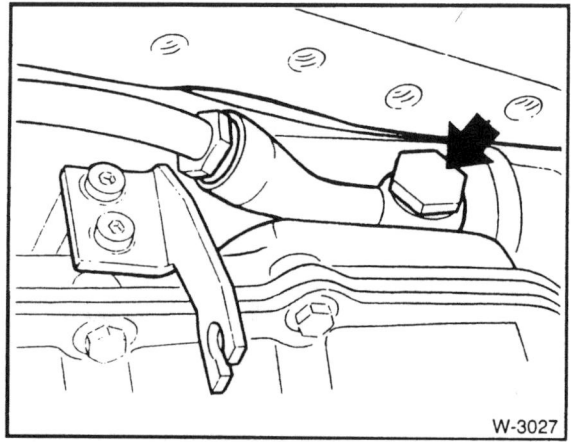

- Abdeckung seitlich an der Öffnung –1– am Kurbelgehäuse abhebeln. Nacheinander 3 Schrauben für Drehmomentwandler mit einer schmalen Sechskantnuß herausdrehen, dabei dürfen die Schrauben nicht in das Gehäuse fallen. Damit die Schrauben in der Aussparung liegen, Motor am Sechskant der Kurbelwellen-Riemenscheibe verdrehen.

- Getriebe mit Werkstattwagenheber und geeigneter Aufnahmevorrichtung von der Fahrzeugunterseite her abstützen. Das Getriebe darf nur am Gehäuse, nicht an der Ölwanne abgestützt werden.

- 2 Halter für Ölleitungen zum Ölkühler an Motorblock und Motor-Ölwanne abschrauben.

- Ölkühlerleitung –Pfeil– am Getriebe lösen.
- Getriebe vom Motor abschrauben, Lage der Flanschschrauben wie beim Schaltgetriebe.

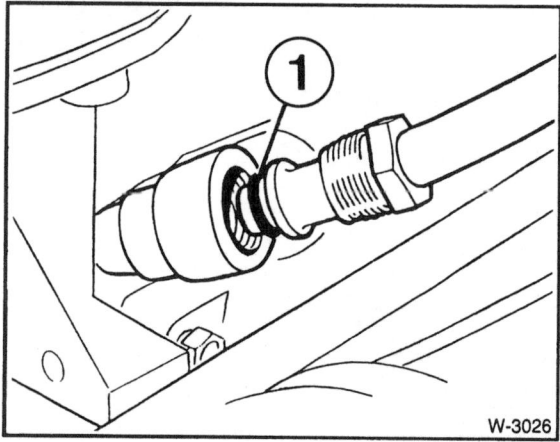

- Ölleitung am Ölkühler lösen. Der Ölkühler befindet sich im Kühler des Motors. **Achtung:** Öl läuft aus, Auffanggefäß unterlegen. Es darf kein Schmutz in die Leitungen gelangen, daher Plastiktüten mit Gummiringen überstülpen.
1: O-Ring.

- Wandler vor Herausrutschen sichern, dazu Gripzange am Getriebegehäuse mit der flachen Seite –1– der Haltezunge zum Wandler ansetzen und festklemmen. Getriebe vom Motor abziehen.

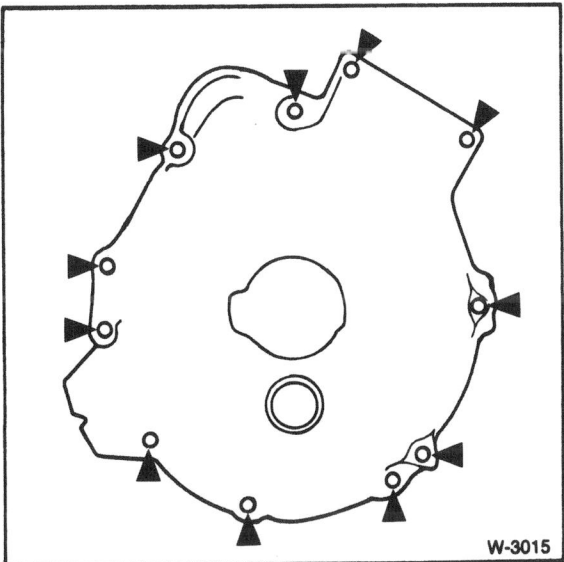

- Getriebeschrauben mit Torx-Einsatz herausdrehen.
- Getriebe vom Motor abflanschen und mit Helfer nach hinten herausheben.

Einbau

- Vor dem Einbau Kupplung prüfen, siehe Seite 125.
- Kupplungsausrücklager auf leichten Lauf prüfen. Lager einfetten, z.B. mit Molykote Longtherm 2. Sind vor dem Ausbau Laufgeräusche des Ausrücklagers beim Auskuppeln aufgetreten, Lager auswechseln, siehe Seite 128.
- Keilverzahnung der Antriebswelle sowie Zentrierzapfen reinigen und leicht mit Microlube GL 261 schmieren.
- Am Getriebehebel einen Gang einlegen.
- Getriebe anheben und waagerecht in die Kupplung einfahren. Falls beim Einsetzen die Getriebe-Antriebswelle nicht in die Kupplungsscheibe einrastet, Antriebswelle von hinten am Flansch für die Gelenkwelle mit der Hand entsprechend verdrehen. **Achtung:** Sicherstellen, daß die beiden Paßhülsen zwischen Motor und Getriebe vorhanden sind.
- Torx-Getriebe/Motorschrauben auf jeden Fall mit Unterlegscheiben einschrauben.

Anzugsdrehmomente Torxschrauben:

Schaltgetriebe und Automatikgetriebe.

M8 mit 25 Nm, M10 mit 45 Nm, M12 mit 70 Nm.

Anzugsdrehmomente Schrauben mit Sechskantkopf:

Schaltgetriebe und Automatikgetriebe.

M8 mit 25 Nm, M10 mit 50 Nm, M12 mit 80 Nm.

- Getriebe anheben und Querträger mit **25 Nm** festschrauben.
- Kupplungsnehmerzylinder einbauen, siehe Seite 128.
- Lagerbolzen für Schaltstange mit dem Fett »Klüber Polylub GLY 801« bestreichen und einsetzen.
- Feder −1− mit Schraubendreher auf die Nase −2− aufdrücken, siehe Abbildung W-3010.

- Schaltstange einsetzen. Scheiben auf Bolzen aufschieben und Schaltstange mit Sicherungsscheibe sichern.
- Kabel für Rückwärtsgangschalter aufschieben.

Automatikgetriebe

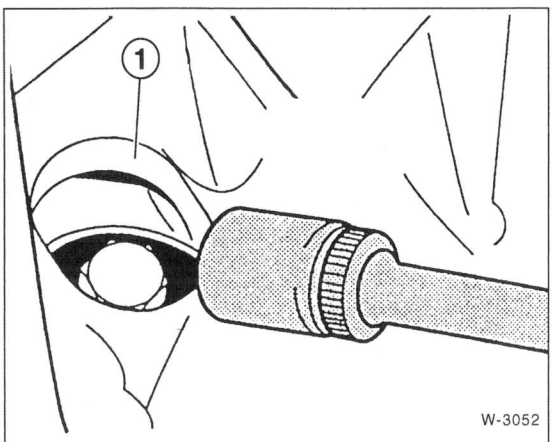

- Gripzange am Getriebegehäuse entfernen und 3 Schrauben für Drehmomentwandler an der Getriebeöffnung −1− einschrauben. **Achtung:** Es dürfen nur Originalschrauben eingesetzt werden. Federscheibe unterlegen. **Schrauben M8 mit 26 Nm, Schrauben M10 mit 49 Nm** anziehen. Nichtbeachtung führt zur Zerstörung des Getriebes.
- Stopfen entfernen und Ölleitungen zum Ölkühler mit **neuen** Dichtungen anschrauben.
- Halterungen der Ölleitung an Motor-Ölwanne und Motorblock anschrauben.
- Elektrische Leitungen am Getriebe aufschieben. Rändelmutter nach rechts drehen.
- Schaltseilzug einbauen und einstellen, siehe Seite 139.
- Getriebeöl auffüllen, siehe Seite 303.

- Gelenkwelle einbauen, siehe Seite 150.
- Hintere Quertraverse mit **20 Nm** anschrauben. Falls vorhanden, zwei Halterungen für Abgasanlage an der Traverse anschrauben.
- Wärmeschutzblech anschrauben.
- Abgasanlage einbauen, siehe Seite 117.
- Ölstand im Getriebe kontrollieren, siehe Seite 302.
- Batterie-Massekabel (−) anklemmen.

Gelenkwelle aus- und einbauen

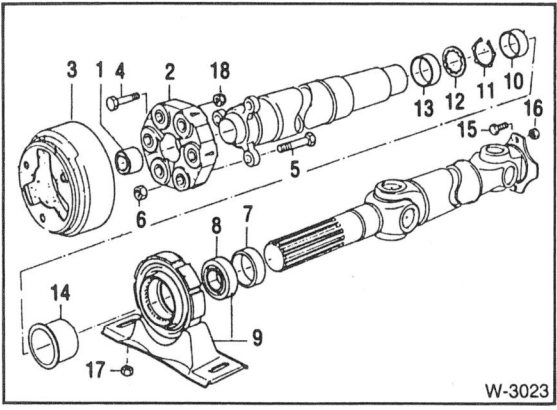

1 – Führungsbuchse
2 – Gelenkscheibe
3 – Schwingungsdämpfer
4 – Rändelschraube
5 – Sechskantschraube
6 – Mutter, selbstsichernd
7 – Staubschutz
8 – Rillenkugellager
9 – Mittellager
10 – Staubschutz
11 – Sicherungsring
12 – Zahnscheibe
13 – Klemmring
14 – Schraubring
15 – Zylinderschraube
16 - 18 – Muttern, selbstsichernd

Es werden unterschiedliche Gelenkwellen eingebaut: Meistens ist eine Gelenkwelle mit vorderer Gelenkscheibe eingebaut, siehe Abbildung. Es werden aber auch Gelenkwellen eingebaut, die anstelle der Gelenkscheibe ein zusätzliches Gleichlaufgelenk besitzen. Abweichungen beim Ausbau beachten.

Ausbau

- Fahrzeug aufbocken.
- Abgasanlage komplett ausbauen.
- Wärmeschutzblech vom Unterboden abschrauben.

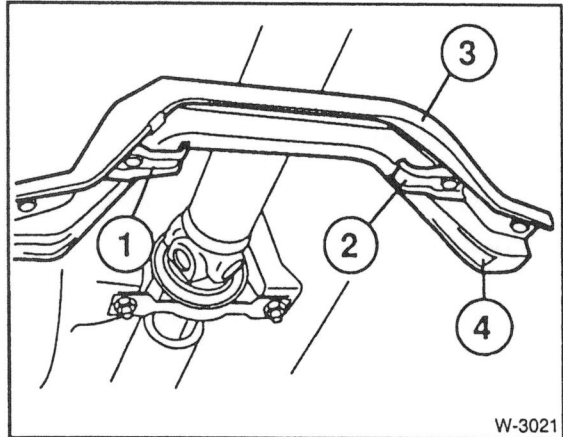

- Falls vorhanden, Halter –1– und –2– abschrauben. Bügel –3– am Unterboden abschrauben, dabei Einbaulage für Wiedereinbau beachten. Der breite Bund –4– zeigt in Fahrtrichtung.

- Gelenkwelle am Getriebe abschrauben:

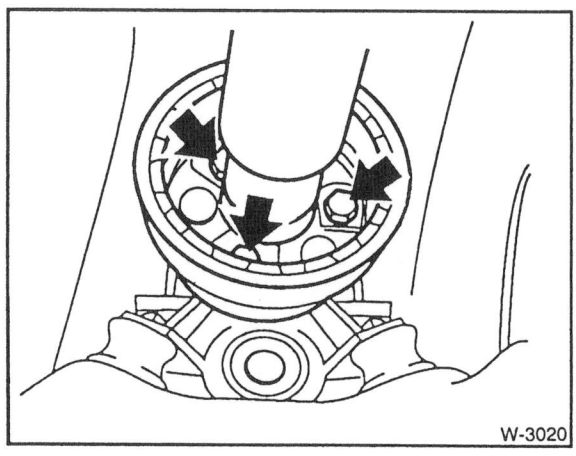

- Ausführung mit Gelenkscheibe: Gelenkscheibe am Getriebe abschrauben. Dabei nur die Muttern, nicht die Schrauben drehen.
- Ausführung mit Kreuzgelenk vorn: Kreuzgelenk am Getriebeflansch abschrauben.

- Schraubring –Pfeil– mit BMW-Werkzeug 261040 einige Umdrehungen lösen. Steht das Werkzeug nicht zur Verfügung, Schraubring mit Rohrzange lösen.

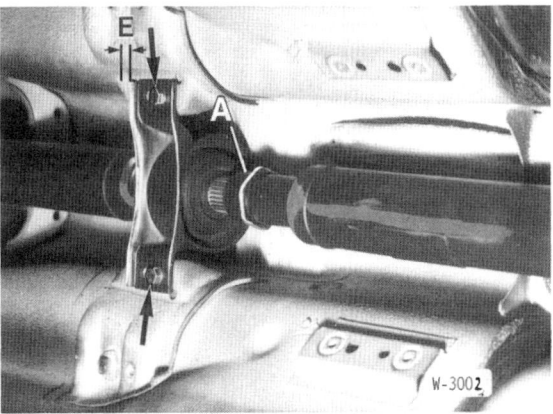

- Gelenkwelle am Hinterachsgetriebe abbauen. Dabei die Welle mit einem Montiereisen arretieren.
- Mittellager –A– abbauen, siehe Abbildung W-3022.
- Gelenkwelle nach unten knicken und aus dem Zentrierzapfen am Getriebe herausziehen. Gegebenenfalls Gelenkwelle am Schiebestück ganz zusammenschieben. **Achtung:** Gelenkwelle am Schiebestück nicht trennen.

Achtung: Gelenkwelle nicht in die Gelenke fallen lassen. Insbesondere am Gleichlaufgelenk wird die Gummimanschette gequetscht.

Einbau

Bei Vibrationen und Geräuschen, die von der Gelenkwelle ausgehen, kann diese in der Werkstatt ausgewuchtet werden. Außerdem kann festgestellt werden, ob die Gelenke intakt sind.

Achtung: Die Gelenkwelle ist im Strang gewuchtet und darf nur komplett ausgewechselt werden. Verschlissene Gelenkwellen erneuern.

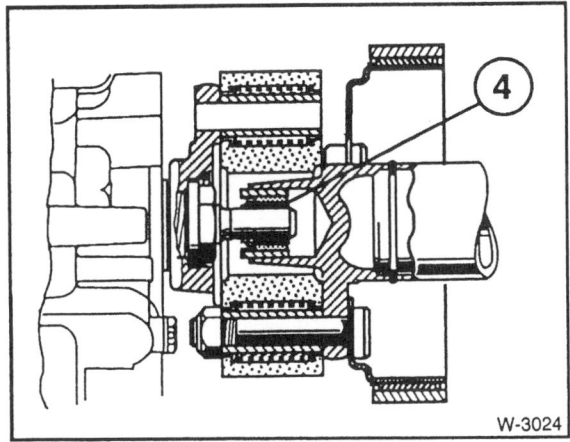

- Vor dem Einbau Gelenkwellen-Zentrierung –4– an der Gelenkscheibe überprüfen, gegebenenfalls Zentrierung mit Molykote Longtherm 2 schmieren. Beschädigte Zentrierung ersetzen.
- Gelenkwelle mit Helfer auf den Zentrierzapfen des Getriebes schieben.

- Mittellager mit **22 Nm** anschrauben. Dabei das Mittellager um das Maß E = 4 – 6 mm in Fahrtrichtung vorspannen, Lager nach vorn schieben.
- Gelenkwelle an Hinterachsgetriebe anschrauben. Um ein Verspannen der Gelenkscheibe zu vermeiden, sollten möglichst nur die Muttern beziehungsweise Schrauben auf der Flanschseite gedreht werden. **Neue selbstsichernde Muttern** verwenden und mit **70 Nm** festziehen.
- Gelenkscheibe an Gelenkwelle und Getriebe anschrauben. **Anzugsdrehmomente:** Schraube M10 8.8: 48 Nm, Schraube M10 10.9: 60 Nm, Schraube M12 8.8: 81 Nm, Schraube M12 10.9: 100 Nm, (Zugfestigkeitsangaben sind auf den Schraubenköpfen eingeprägt). Um ein Verspannen der Gelenkscheibe zu vermeiden, sollten möglichst nur die Muttern beziehungsweise Schrauben auf der Flanschseite gedreht werden. Gelenkwelle gegen das Verdrehen mit Montierhebel arretieren.
- Schraubring –A– mit **10 Nm** anziehen. Steht das Spezialwerkzeug nicht zur Verfügung, Schraubring mit einer Rohrzange anziehen.
- Wärmeschutzblech für Katalysator anschrauben.
- Querträger mit **20 Nm** anschrauben. Der breite Bund des Querträgers muß in Fahrtrichtung zeigen.
- Abgasanlage einbauen, siehe Seite 117.
- Fahrzeug ablassen, siehe Seite 123.

Die Schaltung

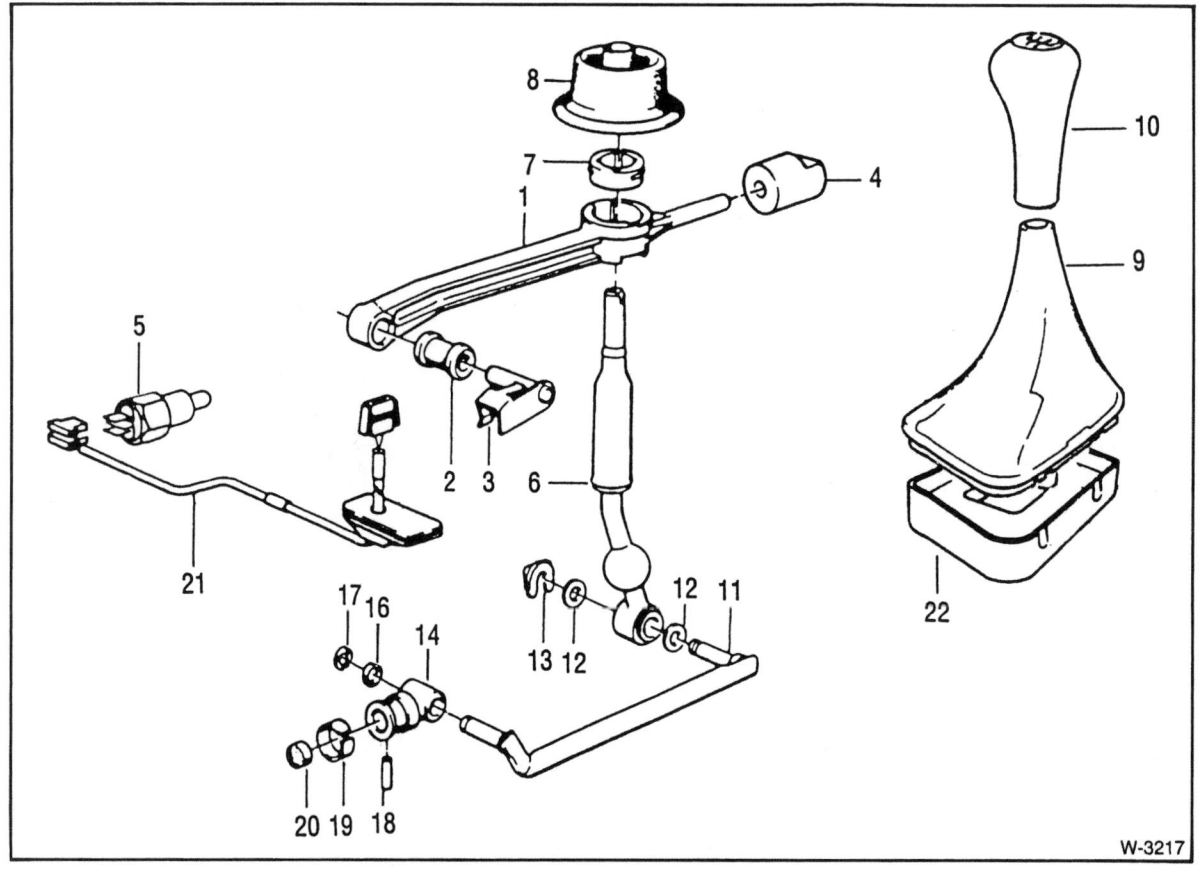

1 – Schaltarm
2 – Lagerbuchse
3 – Lagerbolzen
4 – Lagerung
5 – Rückfahrlicht-Schalter
6 – Schalthebel
7 – Lagerung
8 – Gummibalg
9 – Kunstlederbalg
10 – Schaltknopf
11 – Schaltstange
12 – Distanzscheibe
13 – Sicherungsscheibe
14 – Schaltstangengelenk
16 – Distanzscheibe
17 – Sicherungsscheibe
18 – Zylinderstift
19 – Federhülse
20 – Gummischeibe
21 – Leitung Rückfahrlichtschalter
22 – Einsatz

Schalthebel aus- und einbauen

Ausbau

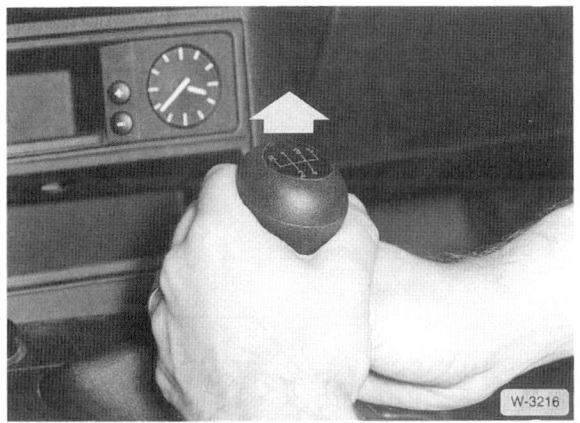

- Schaltknopf kräftig nach oben abziehen.

- Abdeckung ausheben und vom Schalthebel abnehmen.
- Fahrzeug aufbocken, siehe Seite 123.

- Von der Fahrzeugunterseite her Sicherung −1− abhebeln, Scheibe −2− abnehmen und Schaltstange −3− herausziehen.

- Von unten am Schalthebel einen Zapfenschlüssel (zum Beispiel BMW-Sonderwerkzeug 251110) ansetzen und um 90° entgegen dem Uhrzeigersinn drehen. Kugelschale anschließend nach oben drücken.

- Gummibalg von Karosserie und Schaltkonsole ausknöpfen und mit dem Schalthebel nach oben herausnehmen.

Einbau

- Kugelschalen des Schalthebels mit »Klüber Polylub GLY 801« fetten.

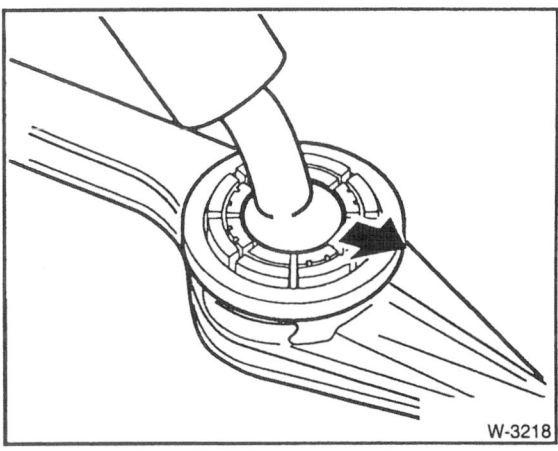

- Schalthebel mit Kugelschale so ansetzen, daß die Nase, beziehungsweise der Pfeil an der Kugelschale in Richtung Lagerzapfen, also entgegen der Fahrtrichtung zeigt.
- Lagerschale mit Schraubendreher von oben in die Halterung eindrücken, bis die Haltenasen hörbar einrasten.
- Schaltstange einsetzen. Scheibe auf Bolzen legen, Sicherung für Schaltstange auf Bolzen aufdrücken.
- Fahrzeug ablassen, siehe Seite 123.
- Gummibalg einknöpfen. Dabei inneren Rand über den Schaltarm und äußeren Rand in den Karosserieausschnitt einsetzen.
- Abdeckung mit Faltenbalg einclipsen.
- Schaltknopf gerade auf den Schalthebel setzen und kräftig aufdrücken.

Die Vollautomatik

Der BMW wird auf Wunsch mit einer Getriebevollautomatik ausgestattet. Die automatischen Getriebe haben je nach Ausführung vier beziehungsweise fünf Fahrstufen, die automatisch geschaltet werden.

Die Schaltpunkte der Automatikgetriebe werden elektronisch-hydraulisch gesteuert (sogenannte »EH«-Steuerung). Das heißt, die Getriebehydraulik wird über ein elektronisches Steuergerät gesteuert, das in Abhängigkeit von Geschwindigkeit und Lastzustand des Motors die richtigen Schaltpunkte auswählt. Es können vom Fahrer je nach Fahrbahnbeschaffenheit und beabsichtigter Fahrweise drei verschiedene Programme (»Economy«, »Sport« sowie »Winterprogramm« beziehungsweise beim 4-Gang-Getriebe »Manuell schalten«) aufgerufen werden.

Auch die Getriebeöltemperatur wird über einen Sensor erfaßt und dem Steuergerät übermittelt. Bei kaltem Motor/Getriebe werden die Schaltpunkte erhöht, wodurch sich in der Warmlaufphase ein erhöhter Schaltkomfort ergibt. Außerdem ergibt sich durch die höheren Motordrehzahlen eine schnellere Erwärmung des Abgas-Katalysators auf Betriebstemperatur, was niedrigere Abgasemissionen zur Folge hat.

Weitere Vorteile bietet die Steuerung auch in der Fehlerdiagnose: Auftretende Fehler werden vom Steuergerät erkannt und abgespeichert. Die BMW-Werkstatt kann dann über einen Service-Tester die gespeicherten Fehler abrufen und gezielt beheben. Bei Ausfall von wichtigen Informationen schaltet das Steuergerät auf ein Notlaufprogramm um, es treten dann Mängel im Fahrverhalten auf.

Für die Beurteilung der Funktion der Getriebeautomatik und für die richtige Fehlersuche ist Erfahrung mit automatischen Getrieben und die Kenntnis der Arbeitsweise unerläßlich. Da diese Materie nur durch lange Berufserfahrung erworben werden kann, beschränke ich mich deshalb auf Gebrauchshinweise, den Ausbau des Getriebes sowie den Ölwechsel im Kapitel »Wartung«.

Abschleppen von Fahrzeugen mit Automatik

Maximale Schleppgeschwindigkeit: 50 km/h!
(320i, 323i, 323ti, 325i, 328i, 325tds: 70 km/h)

Maximale Schleppentfernung: 50 Kilometer!
(320i, 323i, 323ti, 325i, 328i, 325tds: 150 km)

- Über größere Entfernungen muß der Wagen hinten angehoben werden, oder die Gelenkwelle muß an der Hinterachse abgeflanscht werden. Stattdessen kann auch zusätzlich 1 Liter ATF-Öl in das Getriebe eingefüllt werden. Grund: Bei stehendem Motor arbeitet die Getriebeölpumpe nicht, das Getriebe wird für höhere Drehzahlen und längere Laufzeiten mit der normalen Ölmenge nicht ausreichend geschmiert. **Achtung:** Wurde zusätzliches ATF-Öl eingefüllt, nach Instandsetzung des Fahrzeugs das Öl unbedingt wieder auf das vorgeschriebene Maß ablassen.

- Zündung einschalten, damit das Lenkrad nicht blockiert ist und die Blinkleuchten, das Signalhorn und gegebenenfalls die Scheibenwischer betätigt werden können.

- Da Bremskraftverstärker und Servolenkung nur bei laufendem Motor arbeiten, muß bei nicht laufendem Motor das Bremspedal entsprechend kräftiger getreten werden beziehungsweise für die Lenkbewegungen entsprechend mehr Kraft aufgewendet werden!

Schaltseilzug einstellen

Die gewählte Wählhebelstellung (P-R-N-D-etc.) wird über den Schaltseilzug am Automatikgetriebe eingelegt. Eine Einstellung ist nach Einbau des Getriebes oder der Schaltung erforderlich. Automatikgetriebe aus- und einbauen, siehe Seite 130.

Einstellen

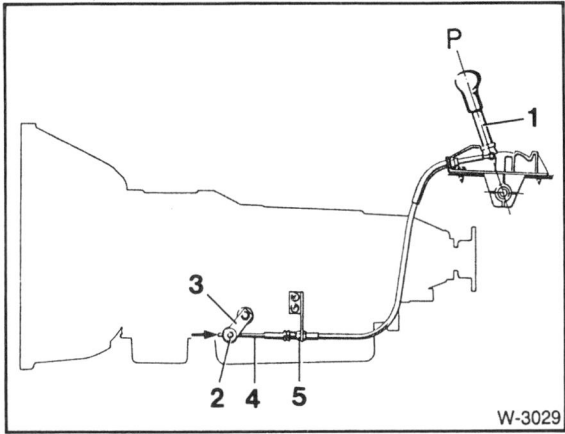

- Wählhebel –1– auf Stellung »P« stellen.
- Fahrzeug aufbocken, siehe Seite 123.
- Am Getriebehebel die Mutter –2– des Seilzugs lockern. **Achtung:** Damit der Seilzug nicht geknickt wird, Klemmschraube beim Lösen der Mutter unbedingt gegenhalten. Seilzüge, die geknickt wurden, müssen ersetzt werden, da sie in kurzer Zeit brechen.
- Hebel –3– von Hand bis zum Anschlag nach vorn, also in Fahrtrichtung, drücken. Das entspricht der Parkstellung des Automatikgetriebes.
- Seilzugstange –4– entgegen der Fahrtrichtung –Pfeil– drücken und in dieser Stellung die Klemmschraube mit **10 Nm**, also nicht zu fest, anziehen. Dabei Klemmschraube wieder mit einem zweiten Schraubenschlüssel gegenhalten, damit der Seilzug nicht geknickt wird.
- Fahrzeug ablassen.

Seilzug am Getriebe ab- und anbauen

- Klemmutter –2– lösen.
- Muttern –5– am Widerlager lösen und Seilzug abnehmen.
- Beim Einbau Seilzug einsetzen und zuerst Muttern am Widerlager kontern.
- Anschließend Seilzug einstellen, siehe oben.

Die Vorderachse

Der 3er BMW hat eine Federbein-Vorderachse. Die Federbeine bestehen jeweils aus einer Schraubenfeder und einem integrierten Gasdruckstoßdämpfer. Sie sind oben über Stützlager mit der Karosserie und unten mit dem Radlagergehäuse verschraubt.

Die seitliche Führung des jeweiligen Federbeines erfolgt durch untere, sichelförmige Querlenker, die über Gummimetallager am Vorderachsträger gelagert sind. Ein Querstabilisator sorgt für bessere Bodenhaftung der Vorderräder.

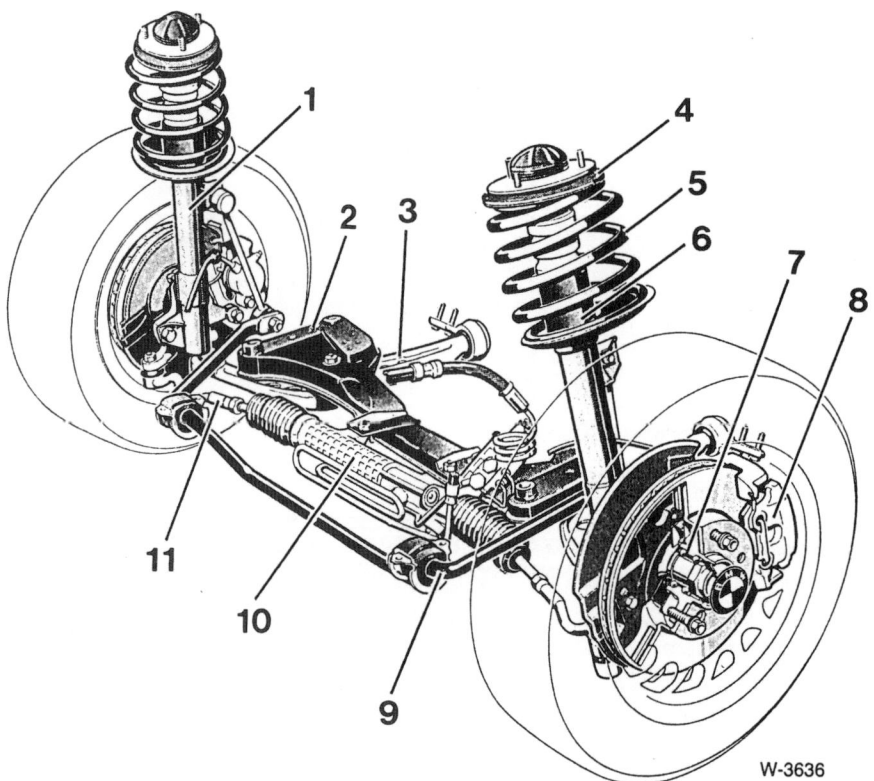

1 – Federbein
2 – Vorderachsträger
3 – Querlenker
4 – Stützlager
5 – Schraubenfeder
6 – Stoßdämpfer
7 – Radlager
8 – Bremssattel
9 – Stabilisator
10 – Zahnstangen-Lenkgetriebe
11 – Spurstange

W-3636

Federerbein aus- und einbauen

Ausbau

- Bremssattel ausbauen und am Aufbau mit Draht aufhängen, siehe Seite 166.

Achtung: Der Bremsschlauch bleibt angeschlossen, sonst muß beim Einbau das Bremssystem entlüftet werden.

- Eine Radschraube eindrehen und einen Draht zwischen Radschraube und Schraubenfeder spannen, siehe Abbildung. Die Drahtaufhängung verhindert, daß der Radträger nach dem Lösen der Schrauben nach unten fällt.

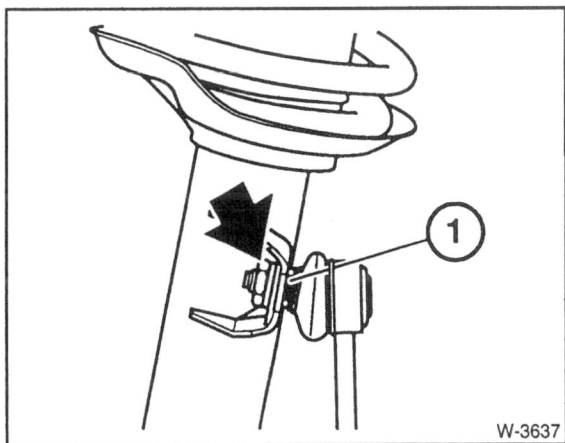

- Stabilisator-Verbindungsstange am Federbein lösen, dabei mit Maulschlüssel an Abflachung −1− gegenhalten.

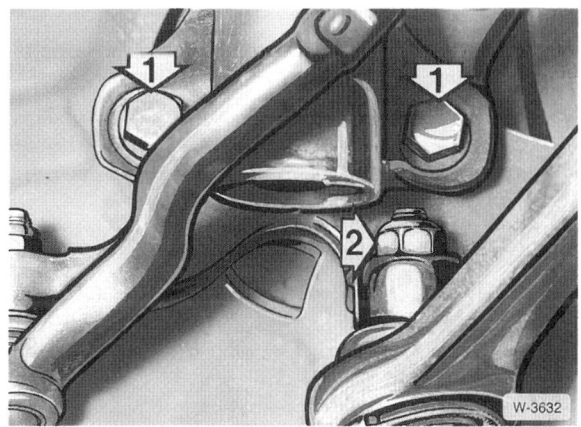

- Schrauben −1− für Federbein unten herausdrehen.
- Gewindebohrungen mit Drahtbürste reinigen.

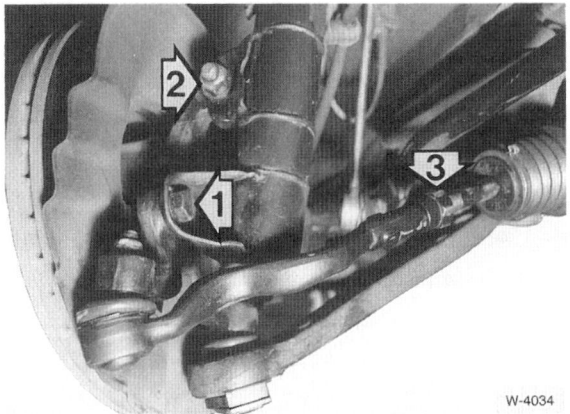

- Paßschraube −2− lösen, dabei Lage der Unterlegscheiben (beidseitig) für Wiedereinbau beachten.
- Falls vorhanden, Abdeckkappe am Federbeindom abheben.

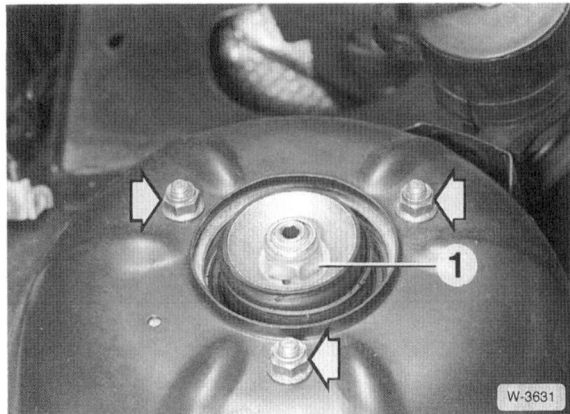

- 3 Befestigungsmuttern −Pfeile− am Federbeindom abschrauben und Federbein nach unten herausnehmen.
Achtung: Befestigungsmutter −1− für Schraubenfeder **nicht** lösen.

141

Einbau

- Federbein von unten einsetzen und mit **neuen** selbstsichernden Muttern oben mit **22 Nm** anschrauben.

- Paßschraube –2– unten einsetzen, dabei auf richtige Einbaulage achten, siehe Bild W-4034. Unterlegscheiben beidseitig unterlegen. **Neue** selbstsichernde Mutter aufschrauben und mit **80 Nm** anziehen.

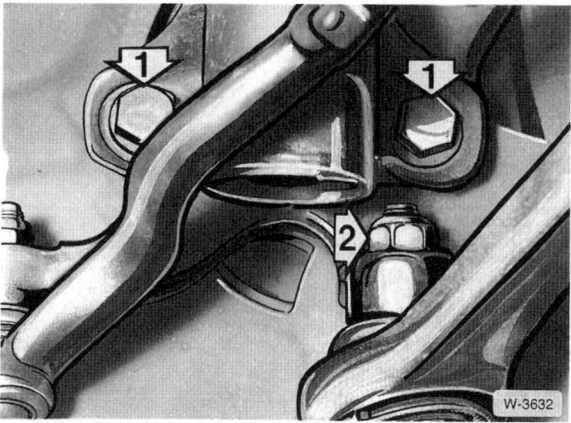

- **Neue**, mikroverkapselte Schrauben –1– einsetzen und mit **110 Nm** festziehen. Die Mikroverkapselung der Schrauben ist eine Beschichtung, die als Schraubensicherung wirkt. Diese Schrauben müssen nach jedem Lösen ersetzt werden.

- Stabilisator-Druckstange mit **neuer selbstsichernder Mutter** und **60 Nm** anschrauben. Unterlegscheiben nicht vergessen. Beim Anziehen Schlüsselfläche –1– am Kugelbolzen parallel zur Federbeinachse gegenhalten, siehe Abbildung W-3637.

- Aufhängedraht am Federbein entfernen.

- Bremssattel einbauen, siehe Seite 166.

Federbein zerlegen/Stoßdämpfer/Schraubenfeder aus- und einbauen

Oberes Federbeinlager, Modelle 316i, 318i, 318is

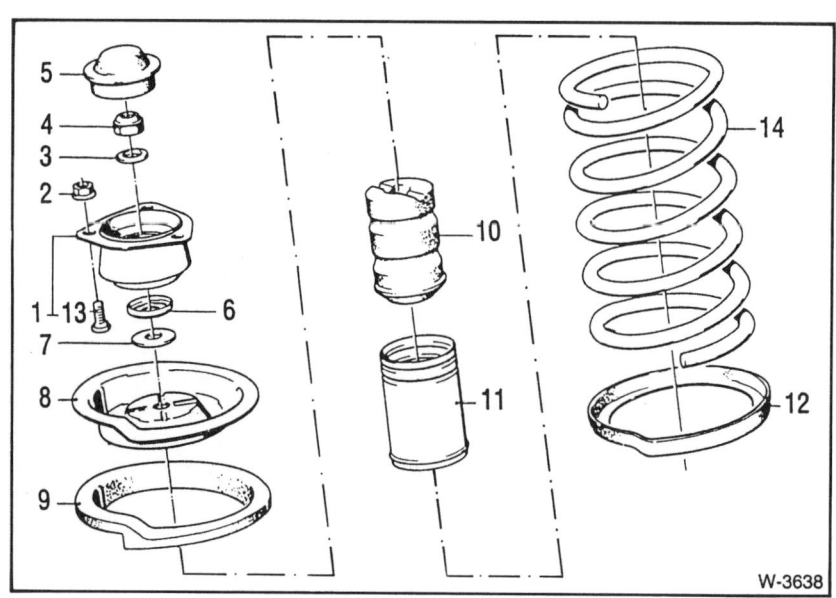

1 – Stützlager
2 – Bundmutter M8
3 – Unterlegscheibe
4 – Selbstsichernde Mutter M12x1,5
5 – Verschlußkappe
6 – Dichtring
7 – Unterlegscheibe
8 – Federteller
9 – Federunterlage oben 3 mm
10 – Dämpfer
11 – Schutzrohr
12 – Federunterlage 3 mm
13 – Bolzen
14 – Schraubenfeder

Oberes Federbeinlager, Modelle 320i, 325i, 325td

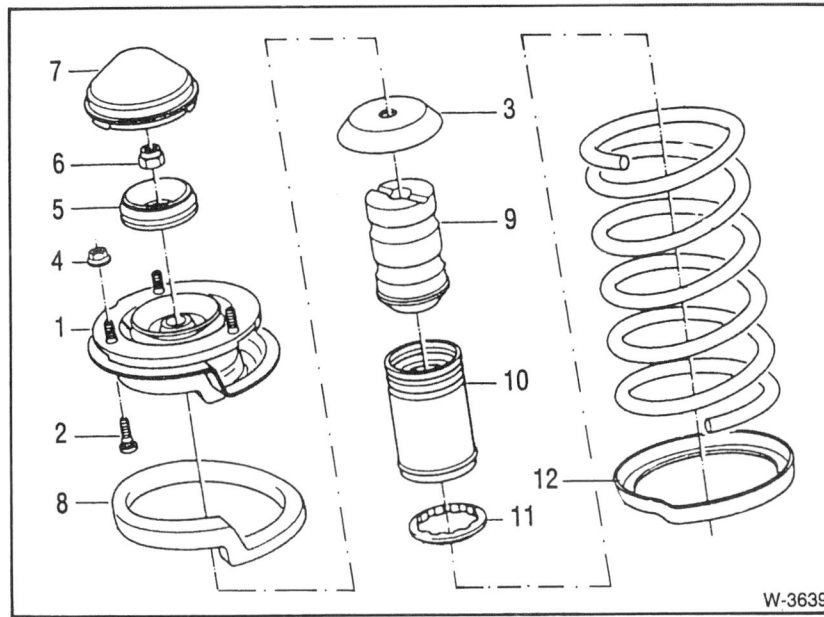

1 – Stützlager
2 – Bolzen
3 – Stützscheibe
4 – Bundmutter
5 – Anschlagscheibe
6 – Selbstsichernde Mutter M14x1,5
7 – Schutzkappe
8 – Federunterlage oben 3 mm
9 – Dämpfer
10 – Schutzrohr
11 – Stützring
12 – Federunterlage unten

Achtung: Stoßdämpfer prüfen, siehe entsprechendes Kapitel. Beim Ersetzen von Stoßdämpfern und auch der Federn sollten immer beide Stoßdämpfer beziehungsweise Federn einer Achse erneuert werden. Es müssen grundsätzlich Neuteile eingebaut werden, die die gleiche BMW-Nummer wie das ausgebaute Teil aufweisen. Bei Federn befindet sich die BMW-Nummer am Federende, bei den Federbein-Stoßdämpfern an der Vorderseite, unterhalb des Federtellers.

Ausbau

- Federbein ausbauen, siehe Seite 141.
- Um den Stoßdämpfer ausbauen zu können, muß die Schraubenfeder vorgespannt werden. Die Fachwerkstatt benutzt dazu eine Spezialvorrichtung.

Achtung: Auf keinen Fall Stoßdämpfer lösen, wenn die Feder nicht vorschriftsmäßig gespannt ist.

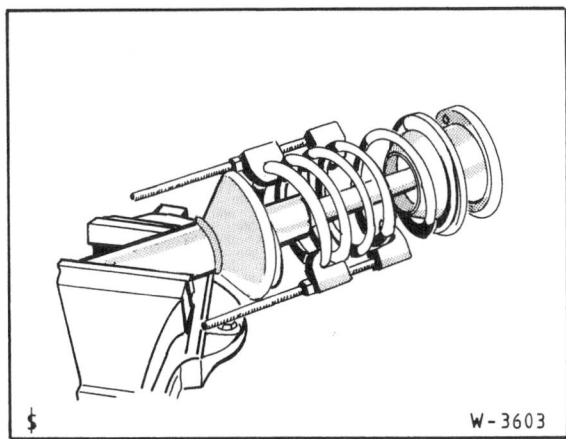

- Federbein in einen Schraubstock einspannen und mit handelsüblichem Federspanner spannen.

Achtung: Wenn der Federspanner in die Windungen der Feder eingesetzt wird, darauf achten, daß die Federwindungen sicher umfaßt werden und der Federspanner nicht abrutschen kann. Feder grundsätzlich an 3 gegenüberliegenden Seiten spannen. Die Schraubenfeder steht unter großer Vorspannung, deshalb nur stabiles Werkzeug verwenden. Keinesfalls Feder mit Draht zusammenbinden. Unfallgefahr!

Achtung: Die Befestigungsmutter darf nur dann gelöst werden, wenn die Feder sicher gespannt ist.

- Abdeckkappe abnehmen.
- Haltemutter mit tiefgekröpftem Ringschlüssel abschrauben, dabei Stoßdämpfer-Kolbenstange mit Innensechskantschlüssel gegenhalten.
- Unterlegscheibe abnehmen.
- Stützlager abnehmen, siehe große Abbildungen.
- Oberen Federteller mit Unterlage sowie Schraubenfeder abnehmen.

Achtung: Falls nur die Feder ausgewechselt werden soll, Feder langsam entspannen. Soll dagegen nur der Stoßdämpfer ersetzt werden, bleibt die Feder gespannt.

- Schutzrohr sowie Kunststoffeder beziehungsweise Gummibalg abnehmen.

Achtung: Stoßdämpfer nur stehend lagern. Werden Dämpferpatronen mit eingefahrener Kolbenstange liegend gelagert, kann dies zu Poltergeräuschen im Betrieb führen. Gegebenenfalls Stoßdämpfer mit ausgefahrener Kolbenstange bei Raumtemperatur 24 Stunden senkrecht lagern.

Einbau

Der Stoßdämpfer kann nicht einzeln aus dem Federbeinrohr herausgezogen werden, bei Ersatz muß das gesamte Rohr mit unterem Federteller erneuert werden.

- Federbein je nach Modell entsprechend Abbildung W-3638 beziehungsweise W-3639 (große Abbildungen) komplettieren. Beim Einsetzen darauf achten, daß die Schraubenfeder an den Ansätzen des unteren und oberen Federbeintellers anliegt.
- **Neue** selbstsichernde Mutter mit **64 Nm** festziehen, dabei an der Kolbenstange gegenhalten.
- Schraubenfeder langsam entspannen.
- Falls vorhanden, Abdeckkappe an der Kolbenstange aufsetzen.
- Federbein einbauen, siehe Seite 141.

Stoßdämpfer prüfen

Folgende Fahreigenschaften weisen auf defekte Stoßdämpfer hin:

- Langes Nachschwingen der Karosserie bei Bodenunebenheiten.
- Aufschaukeln der Karosserie bei aufeinander folgenden Bodenunebenheiten.
- Aufbäumen des Fahrzeuges beim Beschleunigen.
- Springen der Räder bereits auf normaler Fahrbahn.
- Ausbrechen des Fahrzeuges beim Bremsen (kann auch andere Ursachen haben).
- Kurvenunsicherheit durch mangelnde Spurhaltung, Schleudern des Fahrzeuges.
- Poltergeräusche während der Fahrt.

Der Stoßdämpfer kann von Hand geprüft werden. Eine genaue Überprufung der Stoßdämpferleistung ist jedoch in eingebautem Zustand nur mit einem Shock-Tester, in ausgebautem Zustand nur mit einer Stoßdämpfer-Prüfmaschine möglich.

- Stoßdämpfer ausbauen.
- Stoßdämpfer in Einbaulage halten, Stoßdämpfer auseinanderziehen und zusammendrücken.
- Der Stoßdämpfer muß sich über den gesamten Hub gleichmäßig schwer und ruckfrei bewegen lassen.
- Bei einwandfreier Funktion sind geringe Spuren von Stoßdämpferöl kein Grund zum Austausch.
- Bei starkem Ölverlust Stoßdämpfer austauschen.

Radlager vorn aus- und einbauen

Zum Ausbau ist BMW-Spezialwerkzeug erforderlich.
Achtung: Treten bei Kurvenfahrt, insbesondere in engen Kurven, Geräusche aus der Richtung des kurvenäußeren Rades auf, deutet das auf defekte Radlager hin.

Ausbau

- Radschrauben lösen, Fahrzeug aufbocken und Vorderrad abnehmen.

- Nabenkappe mit Schraubendreher abhebeln, Kappe grundsätzlich ersetzen. Bei Einbau einer gebrauchten Kappe ist die Dichtigkeit nicht mehr sichergestellt. In diesem Fall kann eindringendes Wasser das Radlager innerhalb kurzer Zeit zerstören.

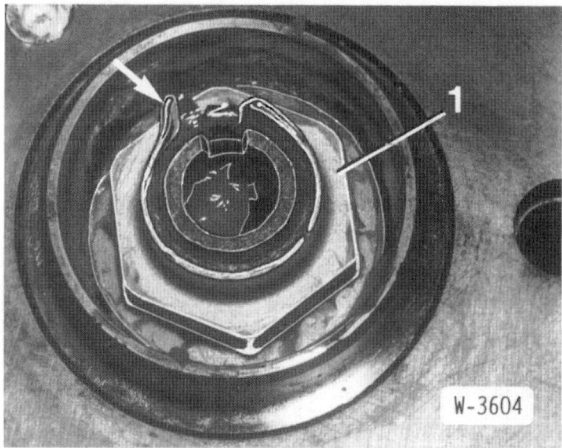

- Sicherung −Pfeil− für Halsmutter −1− mit Kreuzmeißel zurückschlagen.
- Vorderrad anschrauben und Fahrzeug ablassen.
- Halsmutter abschrauben. **Achtung:** Die Mutter ist mit hohem Drehmoment angeschraubt, deshalb muß beim Abschrauben das Fahrzeug mit den Rädern auf dem Boden stehen. Handbremse anziehen, Gang einlegen, Fußbremse treten.
- Bremssattel ausbauen und aufhängen, siehe Seite 166.
- Bremsscheibe ausbauen, siehe Seite 166.

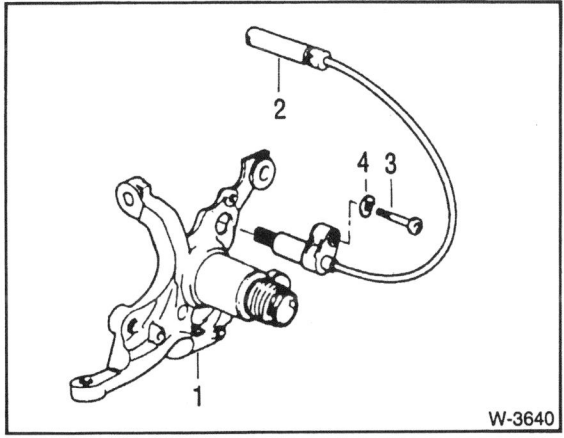

- Schraube −3− mit Unterlegscheibe −4− abschrauben und Impulsgeber für Antiblockiersystem (falls eingebaut) am Achsschenkel −1− herausziehen.

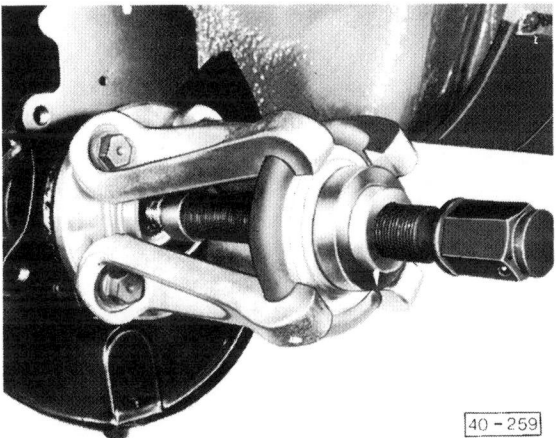

- Radnabe mit handelsüblichem Abzieher und den vorhandenen Radschrauben zusammen mit den Radlagern abziehen. **Achtung:** Eine abgezogene Lager-Einheit (Radnabe mit Radlagern) darf nicht wiederverwendet werden.

Achtung: Falls sich der innere Lagerinnenring nicht vom Achsstummel löst, Schutzblech und Staubschutzmanschette ausbauen und anschließend Lagerring mit Abzieher abziehen. Zum Ausbau des Schutzbleches mit Steckschlüssel 3 M6-Schrauben am inneren Durchmesser herausdrehen.

Einbau

- Falls ausgebaut, Schutzblech sowie neue Staubschutzmanschette einbauen.
- Führungshülse auf den Achsstummel aufschrauben.
- Neue Lagereinheit mit BMW-Werkzeug 312110 aufziehen.
- **Neue** Halsmutter leicht anschrauben.
- Impulsgeber für ABS einsetzen und anschrauben.
- Bremsscheibe einbauen, siehe Seite 166.
- Bremssattel einbauen, siehe Seite 166.
- Vorderrad anschrauben und Fahrzeug ablassen, Gang einlegen, Handbremse anziehen, Fußbremse treten.
- Halsmutter mit **290 Nm** anschrauben und verstemmen. Dazu Bund der Mutter mit einem Dorn in die Nut des Achsstummels treiben. **Achtung:** Wenn die Mutter einmal mit dem richtigen Drehmoment angezogen wurde, darf die Lagereinheit nicht mehr wiederverwendet werden.
- **Neue** Abdeckkappe mit handelsüblichem Dichtmittel bestreichen und aufdrücken.
- Vorderrad mit **110 Nm** über Kreuz festziehen.

Querlenker aus- und einbauen

Der Querlenker ist nicht zerlegbar. Ist ein Gelenk ausgeschlagen oder der Querlenker verbogen, muß das gesamte Teil ersetzt werden.

Ausbau

- Radschrauben bei auf dem Boden stehendem Fahrzeug lösen.
- Scheibenrad zur Radnabe mit Farbe kennzeichnen. Dadurch kann das ausgewuchtete Rad wieder an gleicher Stelle montiert werden.
- Fahrzeug aufbocken und Rad abnehmen, siehe Seite 123.

- Eine Radschraube eindrehen und einen Draht zwischen Radschraube und Schraubenfeder spannen, siehe Abbildung. Die Drahtaufhängung verhindert, daß der Radträger nach dem Lösen der Schrauben nach unten fällt.

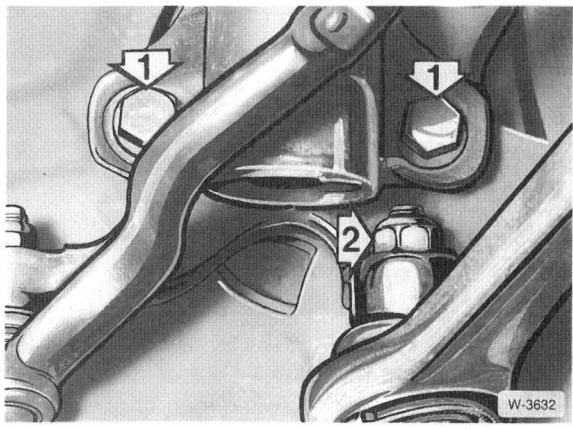

- Schraube –2– vom Kugelgelenk bis zum Anstehen am Federbein losdrehen.
- Schrauben –1– für Federbein unten herausdrehen. Gewindebohrungen mit Drahtbürste reinigen.

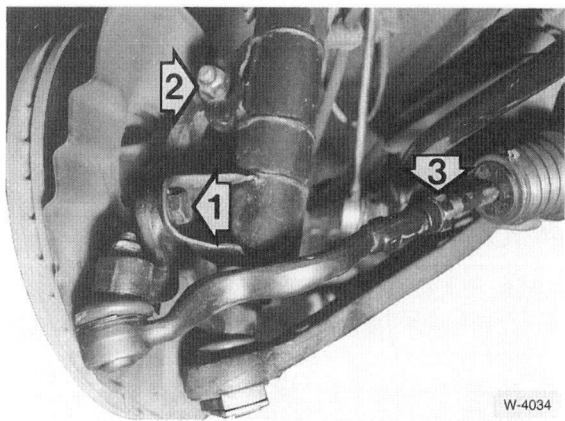

- Paßschraube –2– lösen, dabei Lage der Unterlegscheiben (beidseitig) für Wiedereinbau beachten.
- Kugelgelenk am Radträger mit einem passenden Abzieher, zum Beispiel Hazet 779, ausdrücken.

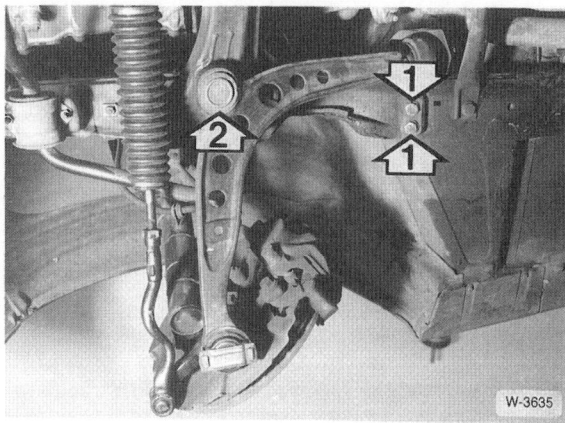

- Schrauben –1– am Unterboden abschrauben.

- Von der Oberseite her Mutter am Kugelgelenk –2– am Achsträger lösen. Kugelgelenk mit einem Kunststoffhammer von oben herausschlagen. Querlenker abnehmen.

Einbau

- Vor Einsetzen des Querlenkers die Zapfen der Kugelgelenke und die dazugehörigen Aufnahmebohrungen mit Lösungsmittel fettfrei abwischen.
- Selbstsichernde Muttern immer erneuern.

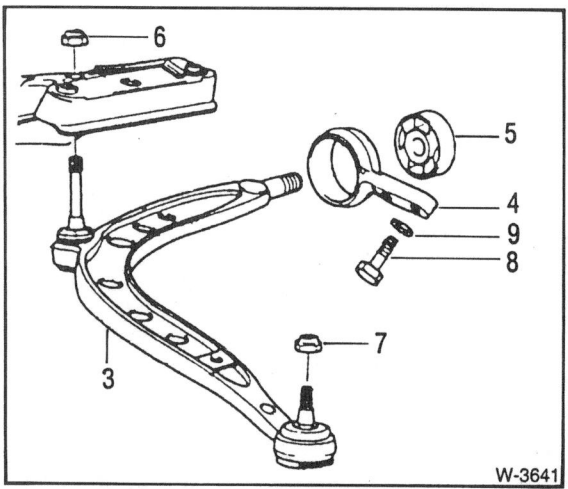

- Querlenker –3– einsetzen. Um die Mutter –6– am Vorderachsträger besser ansetzen zu können, Querlenker am Kugelgelenk mit einem Werkstattwagenheber nach oben drücken. Holzzwischenlage verwenden.
- Schrauben –8– sowie **neue selbstsichernde** Mutter –6– mit **50 Nm** anziehen.
- Paßschraube –2– am Federbein einsetzen, dabei auf richtige Einbaulage achten, siehe Bild W-4034. Unterlegscheiben beidseitig unterlegen. **Neue selbstsichernde** Mutter aufschrauben und mit **110 Nm** anziehen.

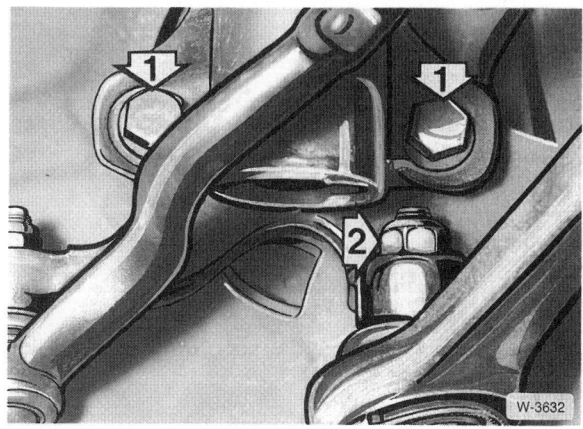

- **Neue**, mikroverkapselte Schrauben –1– einsetzen und mit **110 Nm** festziehen. Die Mikroverkapselung der Schrauben ist eine Beschichtung, die als Schraubensicherung wirkt. Diese Schrauben müssen nach jedem Lösen ersetzt werden.

- Neue selbstsichernde Mutter –7– am äußeren Querlenker-Kugelgelenk mit **65 Nm** anziehen, siehe Abbildung W-3641.
- Aufhängedraht am Federbein entfernen.
- Rad anschrauben, dabei auf Markierung zur Radnabe achten. Fahrzeug ablassen und Radschrauben mit **110 Nm** über Kreuz festziehen.

Stoßdämpfer verschrotten

Damit ein defekter Stoßdämpfer entsorgt werden kann, muß das Hydrauliköl aus dem Stoßdämpfer abgelassen werden. Der entleerte Stoßdämpfer kann dann wie normaler Eisenschrott behandelt werden.

Achtung: Hydrauliköl ist ein Problemstoff und darf auf keinen Fall einfach weggeschüttet oder dem Hausmüll mitgegeben werden. Gemeinde- und Stadtverwaltungen informieren darüber, wo sich die nächste Problemstoff-Sammelstelle befindet.

Sicherheitshinweis
Der Gasdruck eines neuen Stoßdämpfers beträgt bis zu 25 bar. Deshalb beim Öffnen des Dämpfers Arbeitsstelle abdecken und **unbedingt Schutzbrille tragen.**

Stoßdämpfer können auf 2 Arten entleert werden, entweder durch Anbohren oder durch Aufsägen der Außenwand.

Stoßdämpfer anbohren

- Ausgebauten Stoßdämpfer senkrecht, mit der Kolbenstange nach unten, in den Schraubstock einspannen.

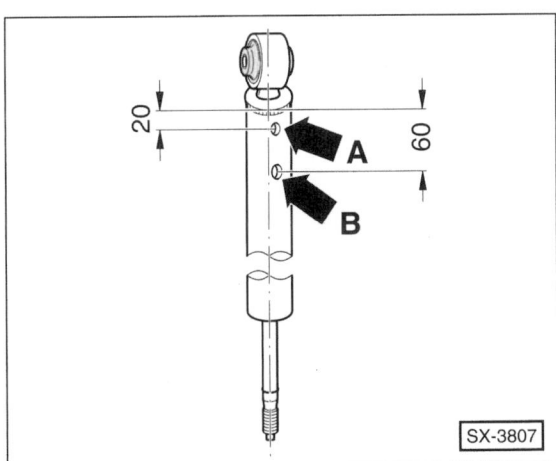

- An der Stelle –A– ein Loch mit 3 mm ⌀ in das Außenrohr bohren.

Achtung: Bei Gasdruck-Stoßdämpfern entweicht nach dem Durchbohren der ersten Rohrwandung Gas. Öffnung während des Entgasens mit Lappen abdecken. Anschließend weiterbohren, bis das innenliegende Rohr (ca. 25 mm) durchbohrt ist.

- An der Stelle –B– eine zweite Bohrung mit 6 mm-Bohrer bis durch das innenliegende Rohr bohren.
- Dämpfer über eine Ölauffangwanne halten und Hydrauliköl durch Hin- und Herbewegen der Kolbenstange über den gesamten Hub herausdrücken.
- Dämpfer abtropfen lassen, bis kein Öl mehr austritt.
- Hydrauliköl bei einer Problemstoff-Sammelstelle entsorgen.
- Entleerten Stoßdämpfer als Eisenschrott entsorgen.

Stoßdämpfer aufsägen

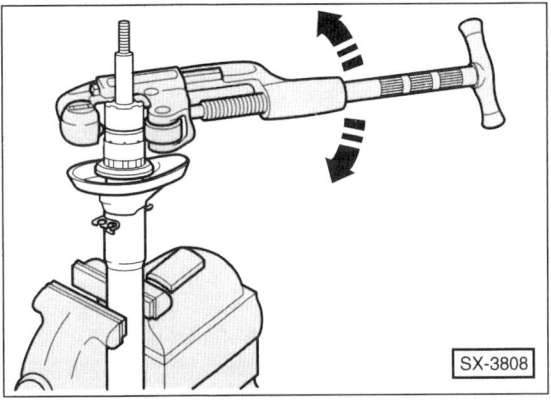

- Federbein in Schraubstock spannen.
- Rohrschneider, z. B. Stahlwille Express 150/3, ansetzen und Außenrohr durchtrennen. **Achtung:** Bei Gasdruck-Stoßdämpfern entweicht dabei das Gas; Schutzbrille tragen.
- Kolbenstange hochziehen, dabei das Innenrohr mit einer Wasserrohrzange festhalten und nach unten drücken, so daß dieses beim langsamen Hochziehen der Kolbenstange im Außenrohr verbleibt.
- Kolbenstange vom Innenrohr abziehen.
- Dämpfer über eine Ölauffangwanne halten und Hydrauliköl ablaufen lassen, bis kein Hydrauliköl mehr austritt.
- Hydrauliköl bei einer Problemstoff-Sammelstelle entsorgen.
- Entleerten Stoßdämpfer als Eisenschrott entsorgen.

Die Hinterachse

Der BMW besitzt eine Zentrallenker-Hinterachse mit Einzelradaufhängung. Dabei wird jedes Rad an drei Lenkern geführt: Dem oberen und unteren Querlenker sowie einem Längslenker, der am Unterboden angeschraubt ist. Die Abfederung erfolgt über Schraubenfedern und Stoßdämpfer. Ein Querstabilisator (außer beim 316i) sorgt für verbesserte Fahreigenschaften vor allem bei Kurvenfahrt.

Achtung: Die Versionen »3er compact« haben eine andere Hinterachse (nicht abgebildet). Die Räder werden an je einem Schräglenker geführt. Die Arbeitsbeschreibungen gelten für beide Modelle.

Am Achsträger, also in der Mitte der Hinterachse, ist das Hinterachsgetriebe (Ausgleichgetriebe) befestigt. Alle Teile der Hinterachse, auch das Hinterachsgetriebe, sind elastisch in wartungsfreien Gummilagern gelagert, wodurch die Übertragung von Fahrbahn- und Antriebsschwingungen auf die Insassen vermindert wird. Die Gelenkwelle überträgt die Motorkraft vom Schaltgetriebe über das Ausgleichgetriebe und die Achswellen auf die Hinterräder.

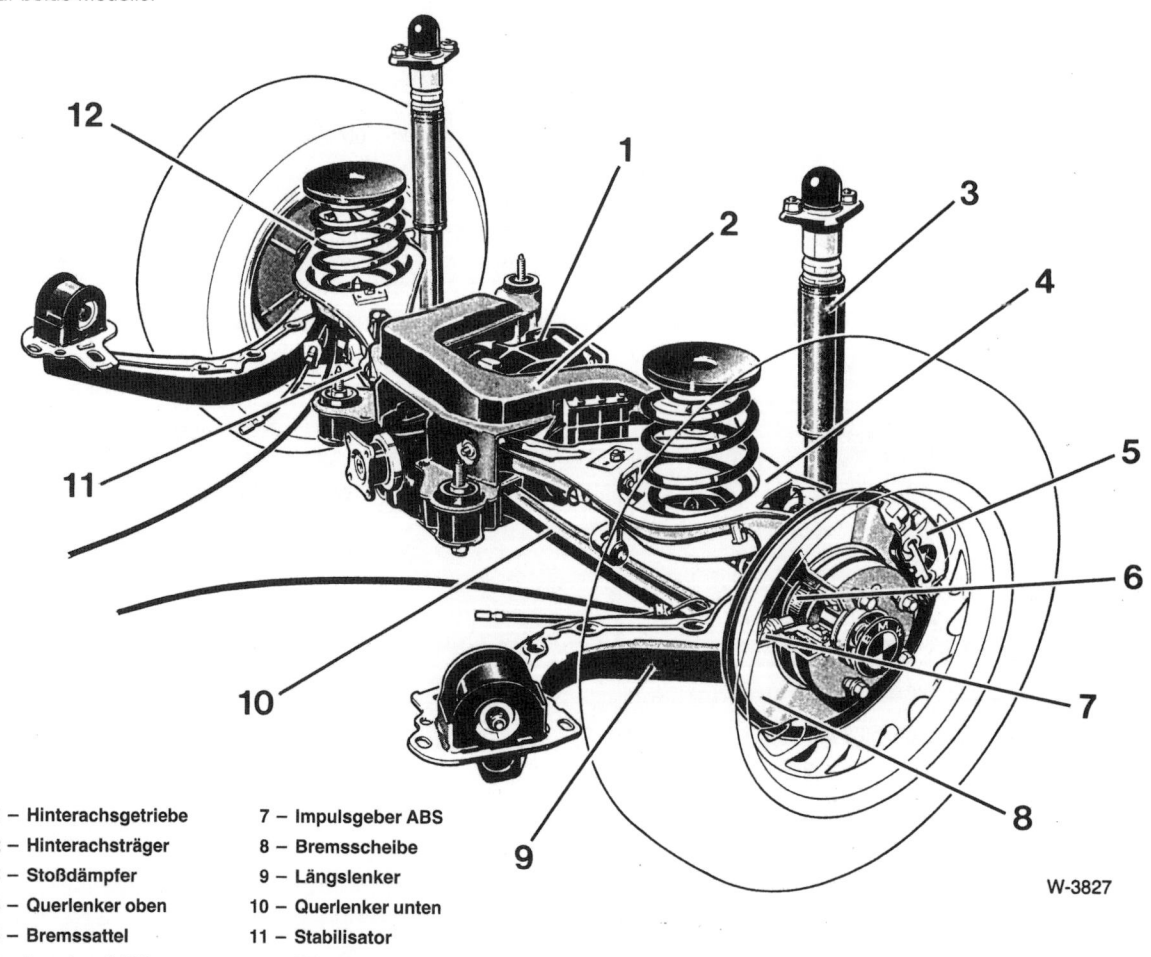

1 – Hinterachsgetriebe
2 – Hinterachsträger
3 – Stoßdämpfer
4 – Querlenker oben
5 – Bremssattel
6 – Impulsrad ABS
7 – Impulsgeber ABS
8 – Bremsscheibe
9 – Längslenker
10 – Querlenker unten
11 – Stabilisator
12 – Hinterfeder

Stoßdämpfer hinten aus- und einbauen

Ausbau

- Gepäckraumverkleidung im Bereich der Stoßdämpferbefestigung wegklappen.
- Fahrzeug hinten aufbocken.
- Unteren Querlenker mit einem Werkstattwagenheber unterstützen, dabei Holzzwischenlage verwenden. **Achtung:** Wird dies nicht beachtet, fällt die Hinterachse nach Lösen des Stoßdämpfers nach unten. Dabei wird die Achswelle beschädigt.

- Stoßdämpfer am Radträger abschrauben. Lage der beiden Unterlegscheiben für den Wiedereinbau merken. Die Anlaufscheibe des Gummilagers zeigt zum Schraubenkopf.

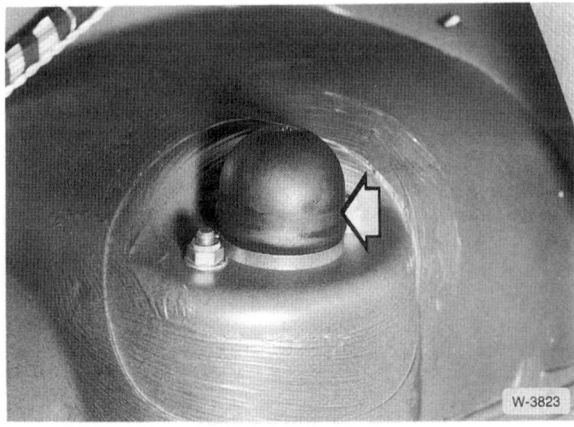

- Gummikappe für Federbein abnehmen.

- 2 Muttern für Zentriertopf abschrauben und Stoßdämpfer nach unten herausnehmen.

Achtung: Stoßdämpfer nur senkrecht lagern, sonst kann es im Fahrbetrieb zu Poltergeräuschen kommen. Abhilfe: Kolbenstange herausziehen und Stoßdämpfer bei Raumtemperatur (+20° C) 24 Stunden stehend lagern.

Einbau

- Stoßdämpfer prüfen, siehe Seite 144.
- Dichtung zwischen Stoßdämpfer und Karosserie immer erneuern.
- Stoßdämpfer einsetzen und unten anschrauben, noch nicht festziehen. Beim Einsetzen der Schraube die Unterlegscheiben an beiden Seiten des Stoßdämpfers nicht vergessen.
- Wagenheber entfernen und Fahrzeug ablassen.
- Fahrzeug in Normallage bringen, das heißt Fahrzeug steht auf den Rädern und wird nach Vorschrift beladen, siehe Seite 158.
- Untere Befestigungsschraube mit **100 Nm** festziehen.
- Stoßdämpfer vom Gepäckraum her mit 2 **neuen** selbstsichernden Muttern und **25 Nm** anschrauben.
- Gummi-Abdeckkappe aufsetzen. Gepäckraumverkleidung einlegen.

Die Achswelle

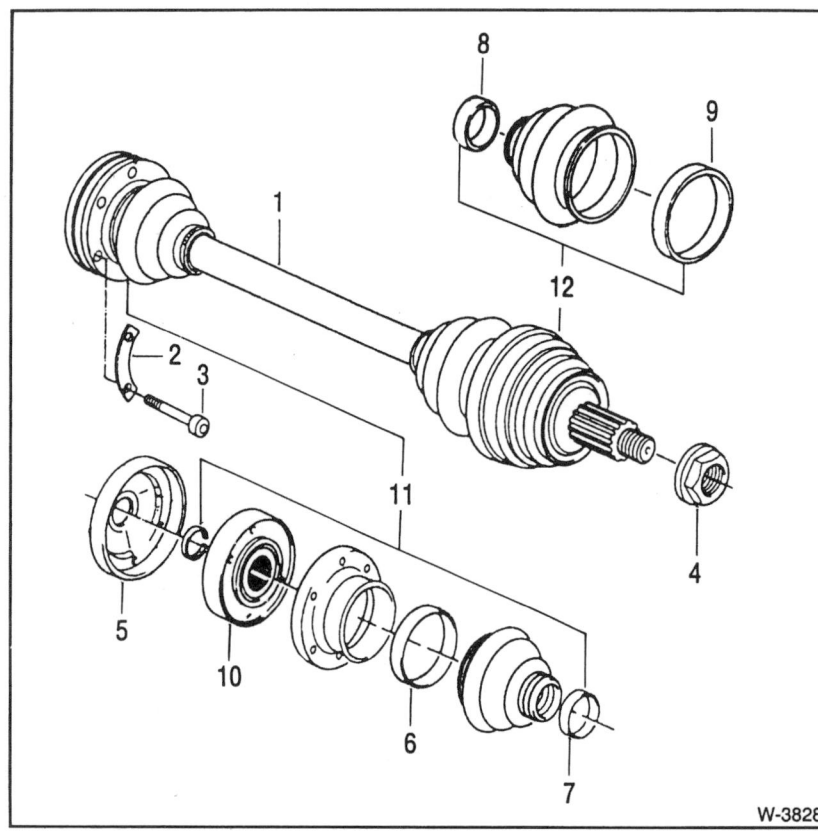

1 – Achswelle
2 – Unterlegblech
3 – Torxschraube
4 – Bundmutter
5 – Verschlußdeckel
6-9 – Schlauchschelle
10 – Inneres Gleichlaufgelenk
11 – Reparatursatz
     innerer Faltenbalg
12 – Reparatursatz
     äußerer Faltenbalg

Achswelle aus- und einbauen

Ausbau

- Fahrzeug hinten aufbocken, siehe Seite 123.
- Rad abnehmen.
- Nachschalldämpfer der Abgasanlage ausbauen, siehe Seite 119.

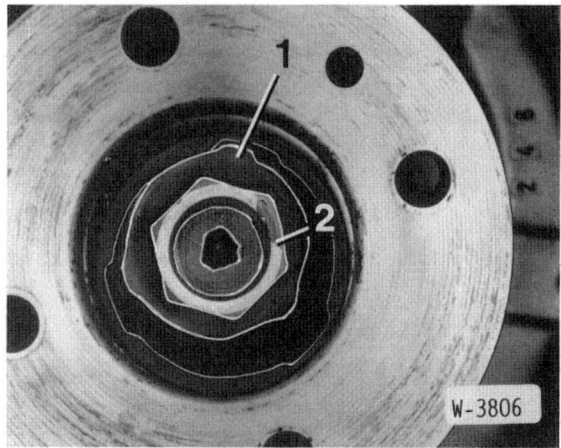

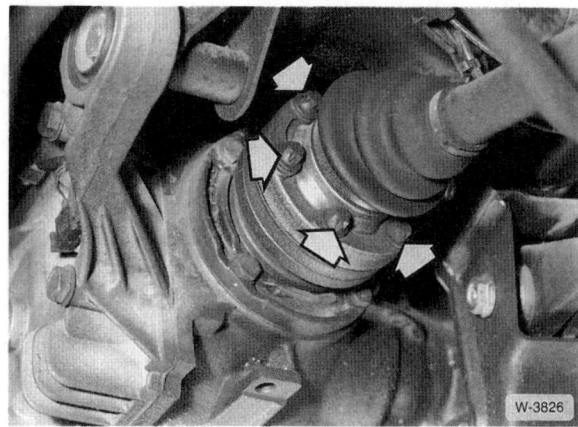

- Mutter –2– an der Radnabe abschrauben. **Achtung:** Die Mutter sitzt ziemlich fest. Daher aus Sicherheitsgründen Mutter bei auf den Rädern stehendem Fahrzeug lösen.
- Compact-Modell: Sicherungsblech ausheben. Mutter lösen
- Radschrauben lösen.

- Achswelle am Ausgleichgetriebe abschrauben –Pfeile– und mit Draht hochbinden. **Achtung:** Achswelle nicht nach unten hängen lassen, sonst wird das äußere Gleichlaufgelenk überlastet. Zum Lösen der Schrauben wird eine Stecknuß für Torxschrauben benötigt.

- Modelle außer Compact: Stabilisator am Hinterachsträger abschrauben und nach unten klappen.
- Compact-Modell: Schräglenker mit Wagenheber unterstützen. Stoßdämpfer vom Schräglenker abschrauben und Schräglenker absenken, siehe Seite 149.
- Falls vorhanden, ABS-Sensor am Radträger abschrauben und herausziehen.

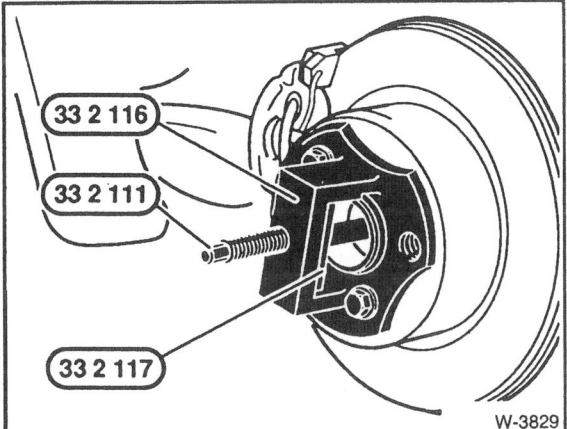

- Achswelle aus der Radnabe herausdrücken. Hierzu wird ein entsprechendes Ausdrückwerkzeug benötigt, zum Beispiel KLANN KL-0415 oder die BMW-Werkzeuge, siehe Abbildung. Die Brücke 332116 wird mit 2 Radschrauben angeschraubt und die Spindel 332111 durch das Gewindestück 332117 gegen die Achswelle geschraubt, wodurch die Achswelle herausgedrückt wird.
- Achswelle abnehmen.

Einbau

- Achswelle ansetzen und mit Draht aufhängen.
- Achswelle mit Einziehwerkzeug einziehen, zum Beispiel mit Brücke 332116 sowie Gewindespindel 332119 mit Schraubhülse 332115. Dazu zuerst die Spindel auf die Achswelle aufschrauben. Auf der anderen Seite der Spindel die Gewindehülse auf die Spindel schrauben und gegen die Brücke drehen. Dadurch wird die Welle in die Nabe gezogen. Darauf achten, daß die Verzahnungen von Welle und Nabe vor dem Einziehen übereinstimmen.
- **Neue** Bundmutter an der Anlagefläche etwas ölen und leicht anschrauben.
- Achswelle am Ausgleichgetriebe ansetzen und mit einem Drehmomentschlüssel anziehen. Das Anzugsmoment richtet sich nach dem Gewindedurchmesser der Schrauben. M 10-Gewinde (Gewindedurchmesser 10 mm): Schrauben mit **85 Nm** anschrauben; M 8-Gewinde: mit **65 Nm** anziehen. Unterlegplatten nicht vergessen.
- Aufhängedraht für Achswelle entfernen.
- Nachschalldämpfer der Abgasanlage einbauen, siehe Seite 117.
- Compact-Modell: Stoßdämpfer einbauen, siehe Seite 149.
- Rad anschrauben, Fahrzeug ablassen.

- Bundmutter mit **250 Nm** festziehen. Compact: **200 Nm**.
- Compact-Modell: Neues Sicherungsblech mit BMW- Spezialwerkzeug 331020 einschlagen
- Bundmutter durch Verstemmen gegen Lösen sichern, dazu Bund der Mutter mit einem Dorn in die Nut der Achswelle treiben.
- Radschrauben mit **110 Nm** über Kreuz festziehen.
- Stabilisator am Hinterachsträger in Normallage anschrauben, das heißt das Fahrzeug steht auf den Rädern und wird vorschriftsmäßig beladen, siehe Seite 158.

Faltenbalg für Achswelle ersetzen

Ausbau

- Achswelle ausbauen.

- Dichtdeckel abdrücken.

- Spannbänder für Faltenbalg mit Seitenschneider aufschneiden.
- Sicherungsring mit geeigneter Zange abnehmen.
- Kappe mit Faltenbalg abdrücken.
- Achswelle aus dem Gleichlaufgelenk herauspressen. Dabei muß die Kugelnabe auf der Gegendruckplatte aufliegen.

- Gelenk auf Verschmutzung oder Beschädigung prüfen, gegebenenfalls ersetzen. Gelenk möglichst nicht zerlegen.
- Verschmutztes Gelenk reinigen, dazu muß das Gelenk zerlegt werden.
- Stellung von Kugelnabe, Kugelkäfig und Gelenkstück zueinander an der Stirnseite markieren.
- Äußeren Faltenbalg (Radseite) über die Achswelle abziehen.
- Inneren Faltenbalg (Getriebeseite) über die Profilwelle abziehen.

Einbau

Für den Manschettenwechsel kompletten Reparatursatz verwenden. Bei Fahrzeugen mit höherer Laufleistung empfiehlt es sich, die zweite Gummimanschette ebenfalls auszuwechseln.

- Neue Gummimanschetten aufschieben. Dabei Gelenkwelle an den scharfkantigen Stellen mit einer geeigneten Hülse abdecken oder mit Klebeband abkleben, damit die Faltenbälge beim Aufschieben nicht beschädigt werden.
- Gelenkverzahnung fettfrei reinigen. Anschließend Verzahnung mit Sicherungsmittel Loctite 270 bestreichen. **Achtung:** Kein Sicherungsmittel in die Kugelbahnen bringen.
- Gelenk zusammensetzen und mit Kappe auf die Achswelle aufpressen.
- Sicherungsring einsetzen.
- Gelenk und Faltenbalg mit 80 g (325i: 120 g) Fett füllen. **Achtung:** Das Spezialfett ist im Reparatursatz »Faltenbalg« enthalten.
- Dichtflächen für Faltenbalg fettfrei reinigen.
- Faltenbalg am großen Durchmesser mit Klebstoff »Bostik 1513 rot« oder »Epple 4841 rot« bestreichen, aufziehen und mit **neuen** Spannbändern befestigen.
- Dichtdeckel mit Dichtmittel »Curil K2« oder »Stucarit Dicht-Gel 309« bestreichen und aufdrücken.
- 2. Faltenbalg einbauen.
- Achswelle einbauen.

Die Lenkung

Die Lenkung besteht aus dem Lenkrad, der Lenkspindel, dem Lenkgetriebe und dem Lenkgestänge. Das Lenkrad ist auf der Lenkspindel aufgeschraubt, die die Lenkbewegungen auf das Lenkgetriebe überträgt. Über eine Verzahnung wird im Lenkgetriebe eine Zahnstange hin- und herbewegt.

Bei Modellen ohne Servolenkung ändert sich die Übersetzung im Lenkgetriebe je nach Lenkradeinschlag. Das heißt, je weiter das Lenkrad eingeschlagen wird, desto indirekter wird die Lenkung. Das Lenkrad läßt sich dann leichter drehen, zum Beispiel beim Einparken. Sobald sich das Lenkrad etwa in Mittelstellung befindet, sorgt eine direktere Getriebeübersetzung für erhöhte Lenkpräzision, was insbesondere bei höheren Geschwindigkeiten wichtig ist.

Je nach Modell und Ausstattung wird die Bedienung der Lenkung durch eine hydraulische Lenkhilfe erleichtert. Die hydraulische Lenkhilfe (Servolenkung) sorgt dafür, daß der Kraftaufwand beim Einschlagen der Lenkung möglichst gering gehalten wird. Die Lenkhilfe besteht aus der Ölpumpe, dem Vorratsbehälter und den Öldruckleitungen. Angetrieben wird die Ölpumpe vom Motor über einen Keilriemen. Die Pumpe saugt das Hydrauliköl aus dem Vorratsbehälter an und fördert es mit hohem Druck zum Lenkgetriebe. Dort sorgt eine Regeleinheit für die erforderliche Lenkunterstützung.

Als Mehrausstattung ist das Sicherheitssystem **Airbag** erhältlich. Beim Airbag handelt es sich um einen Luftsack, der zusammengefaltet hinter der Lenkradabdeckung liegt. Bei einem heftigen Aufprall (der mindestens einem Aufprall mit 18 km/h direkt frontal gegen ein starres Hindernis entsprechen muß) werden Sensoren betätigt, die das Airbagsystem auslösen: Der Stromkreis wird geschlossen und eine kleine Sprengladung im Airbag gezündet. Die dabei freiwerdenden, ungiftigen Gase füllen den Airbag innerhalb von ca. 30 ms (Millisekunden). Prall aufgeblasen vermindert der Luftsack bei Frontalunfällen Kopf- und Oberkörperverletzungen. Der Luftsack fällt innerhalb weniger Sekunden wieder in sich zusammen, da die Gase durch Luftlöcher entweichen.

Das Airbag-System wird laufend durch eine Diagnoseeinheit überwacht. Die Kontrollampe leuchtet nach Einschalten der Zündung für ca. 6 Sekunden auf und erlischt dann. Damit wird die Funktionsbereitschaft des Systems angezeigt. Leuchtet die Kontrollampe während der Fahrt erneut auf, liegt ein Fehler vor. Erkannte Fehler werden in der Diagnoseeinheit gespeichert und können in der BMW-Werkstatt abgerufen und behoben werden.

Achtung: Arbeiten am Sicherheitssystem »Airbag« sollten nur von der BMW-Werkstatt vorgenommen werden. Dies schließt auch alle Arbeiten am Lenkrad und der Lenksäule ein.

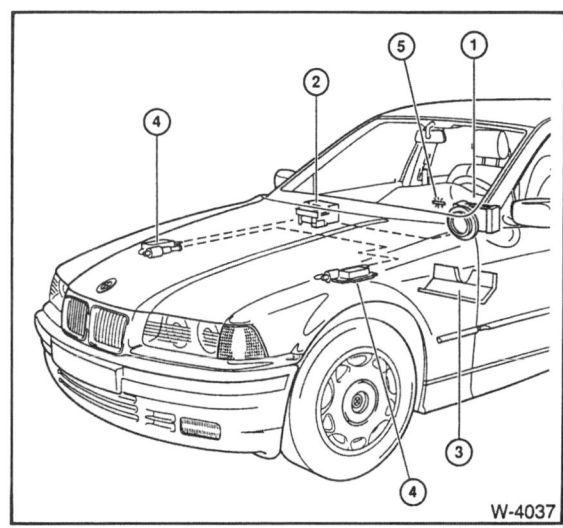

1 – **Airbageinheit**
   Im Lenkrad; enthält Luftsack, Gasgenerator, Zündpille und Kontaktring.
2 – **Diagnose-Einheit**
3 – **Knieschutz** (nur US-Ausführung)
4 – **Crash-Sensoren**
   Einbauort: Links und rechts am Radhaus
5 – **Airbag-Kontrollampe**

Lenkrad aus- und einbauen

Achtung: Die Anweisungen gelten nur für Lenkräder **ohne** Airbag-Einrichtung. Der Ausbau der Airbag-Einrichtung sollte aus Sicherheitsgründen von einer Fachwerkstatt durchgeführt werden.

Falls das Lenkrad schräg steht, kann es an der Kerbverzahnung um maximal 2 Zähne versetzt werden. **Achtung:** Wenn diese Versetzung des Lenkrades nicht ausreicht, Spur der Vorderräder überprüfen lassen.

Ausbau

- Mit kleinem Schraubendreher BMW-Emblem ausheben.

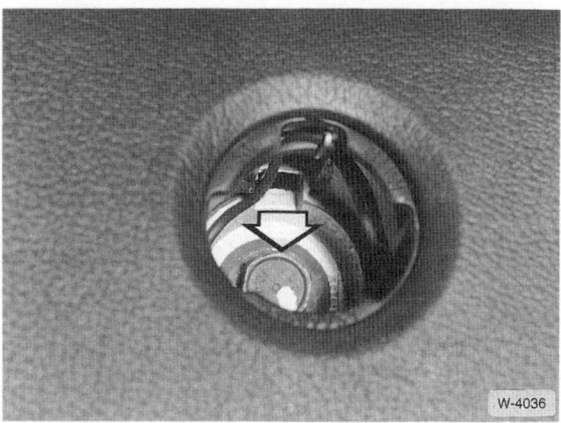

- Schraube abschrauben und mit Scheibe abnehmen.
- Stellung des Lenkrades zur Lenkspindel mit Farbe oder Reißnadel kennzeichnen.
- Lenkrad von der Lenkspindel abziehen. **Achtung:** Das Lenkrad kann nur bei entriegeltem Lenkschloß abgezogen werden.

Einbau

- Schleifring für Hupe mit »Kontaktfix« (Fa. H. Bauer, Heidelberg) schmieren.
- Prüfen, ob sich der Blinkerhebel in Mittelstellung befindet, sonst kann beim Aufschieben des Lenkrades der Nocken beschädigt werden.
- Lenkrad so auf die Kerbverzahnung der Spindel aufschieben, daß sich die vorher angebrachten Markierungen decken.
- Unterlegscheibe auflegen.
- Sechskantschraube mit **65 Nm** anschrauben.
- BMW-Emblem in Polsterplatte eindrücken.
- Probefahrt durchführen und bei Geradeausfahrt Stellung des Lenkrades überprüfen. Die obere Speiche des Lenkrades muß sich in waagerechter Lage befinden.
- Falls das Lenkrad schräg steht, Lenkrad versetzen.
- Hupe auf Funktion prüfen.
- Automatische Rückstellung des Blinkerschalters prüfen.

Hinweis: Ein verschmutztes oder klebrig wirkendes Lenkrad kann mit neutralem Haushaltsreiniger und lauwarmem Wasser gereinigt werden, keine Scheuermittel verwenden.

Spurstangenkopf aus- und einbauen

Ausbau

- Radschrauben lösen, Fahrzeug aufbocken.
- Rad abnehmen.

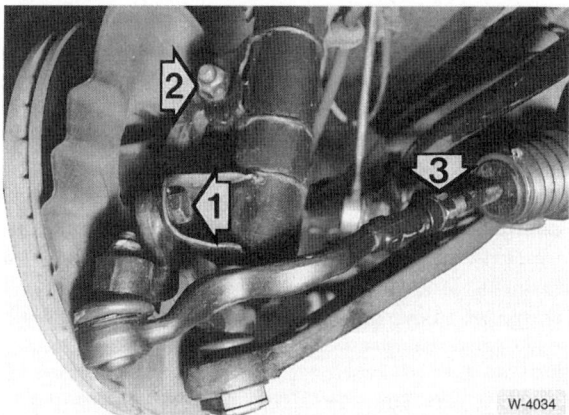

- Klemmutter –3– für Spurstangenkopf lösen.
- Mutter für Spurstangengelenk am Radträger abschrauben.

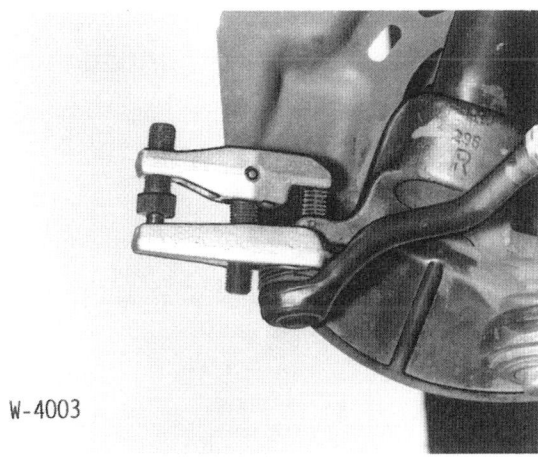

W-4003

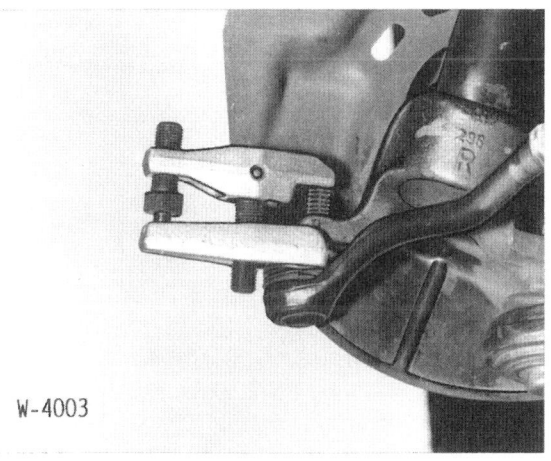

W-4003

- Spurstangenkopf mit handelsüblichem Ausdrücker, zum Beispiel Hazet 779, nach unten abdrücken.
- Spurstangenkopf abschrauben, dabei Spurstange mit Gabelschlüssel am Sechskant gegenhalten. **Achtung:** Beim Abschrauben Umdrehungen merken, dies erleichtert die spätere Spureinstellung.

Einbau

- Falls abgenommen, Klemmring der Klemmutter auf die Spurstange aufstecken.
- Spurstangenkopf mit gleicher Umdrehungszahl wie beim Ausbau aufschrauben.
- Spurstangenkopf in Radträger einsetzen, **neue selbstsichernde Mutter** auf Spurstangenkopf aufschrauben und mit **40 Nm** festziehen.
- Rad anschrauben, Fahrzeug abbocken.
- Radschrauben mit **110 Nm** anziehen.
- Spur einstellen, siehe Seite 158.
- Klemmutter für Spurstangenkopf mit **45 Nm** festziehen.

Spurstange aus- und einbauen

Ausbau

- Radkappe abhebeln, Radschrauben bei auf dem Boden stehendem Fahrzeug lösen.
- Scheibenrad zur Radnabe mit Farbe kennzeichnen. Dadurch kann das ausgewuchtete Rad wieder an gleicher Stelle montiert werden.
- Fahrzeug vorn aufbocken, Rad abnehmen.

- Befestigungsmutter am Spurstangengelenk abschrauben. Spurstangengelenk mit passendem, handelsüblichen Abzieher abdrücken.

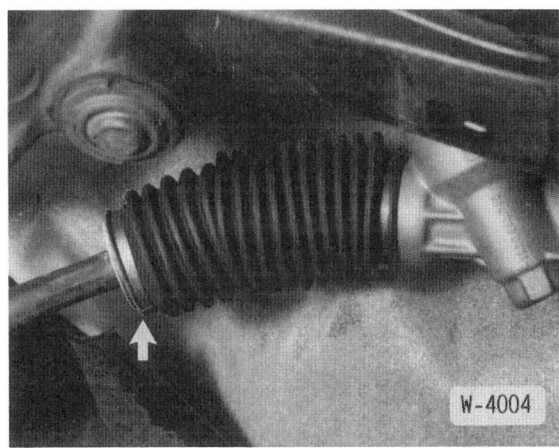

W-4004

- Ausführung ohne Lenkungsdämpfer: Spannband lösen und Faltenbalg zurückschieben.
- Ausführung mit Lenkungsdämpfer: Sicherungsblech mit einer Zange aufbiegen. **Achtung:** Keinen Hammer verwenden, da sonst Schäden am Lenkgetriebe auftreten.
- Kontermutter für Spurstange mit BMW-Werkzeug 322100 beziehungsweise 322110 (bei Fahrzeugen mit Lenkungsdämpfer) abschrauben. Steht das BMW-Werkzeug nicht zur Verfügung, Spurstange mit Rohrzange oder flachem 32er Maulschlüssel abschrauben.

Prüfen

- Spurstangengelenk am Zapfen hin- und herbewegen. Bei zu großer Leichtgängigkeit oder wenn Spiel vorhanden ist, Spurstangenkopf erneuern.
- Staubmanschetten auf Beschädigung und Undichtheit (Austritt der Fettfüllung) prüfen. Wenn die Manschette beschädigt ist, Spurstangenkopf erneuern.

Einbau

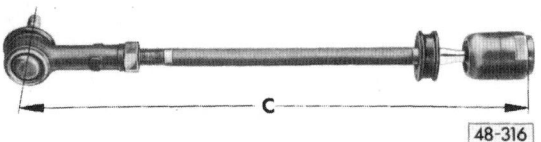

- Alte Spurstange messen. Bei neuer Spurstange Spurstangenkopf so weit aufschrauben, bis das Maß −c− erreicht ist. Spurstangenkopf kontern.
- Falls erforderlich, Zapfen des Spurstangengelenkes sowie Sitz in den Lenkhebeln von Fett reinigen.
- Faltenbalg prüfen und gegebenenfalls erneuern.
- Spurstange mit neuem Sicherungsblech anschrauben.

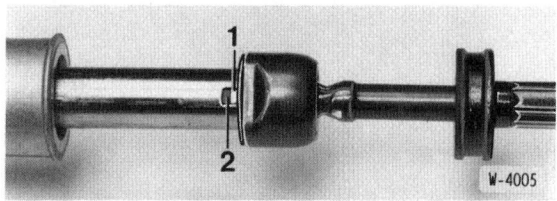

- Der Ansatz −1− des Sicherungsbleches liegt im Ausschnitt −2− der Zahnstange.

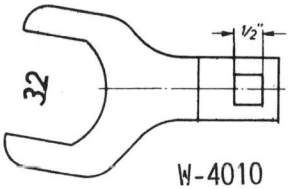

- Spurstange mit **70 Nm** festziehen. In den Werkstätten wird dazu ein flacher 32er Schlüssel verwendet, der mit einem Drehmomentschlüssel kombiniert werden kann. Schlüssel gegebenenfalls aus 5 mm starkem Stahlblech nach Zeichnung anfertigen.
- Sicherungsblech mit Wasserpumpenzange umbiegen. **Achtung:** Um Beschädigungen der Zahnstange zu vermeiden, Sicherungsblech keinesfalls mit Hammer umbiegen.
- Faltenbalg aufschieben und mit Spannband sichern. Darauf achten, daß der Faltenbalg nicht verdrillt angebaut wird.
- Spurstange in Spurhebel einsetzen. **Neue selbstsichernde Mutter** mit **40 Nm** aufschrauben.
- Rad nach Markierung ansetzen und anschrauben.
- Fahrzeug ablassen.
- Radschrauben über Kreuz mit **110 Nm** anziehen.
- Spureinstellung überprüfen, siehe Seite 158.

Lenkradzittern / Vorderwagenunruhe beseitigen

Das Lenkradflattern bei bestimmten Geschwindigkeiten ist in der Regel auf eine Unwucht der Räder zurückzuführen.

Prüfen

- Reifenfülldruck prüfen, gegebenenfalls korrigieren.
- Probefahrt durchführen. Störung möglichst genau eingrenzen, Geschwindigkeitsbereich, Fahrbahnbeschaffenheit, Kurven- oder Geradeausfahrt.
- Fahrzeug aufbocken, siehe Seite 123.
- Mittenzentrierung der Felgen prüfen. Dabei muß die Radnabe über den Kragen des Scheibenrades hinausragen oder zumindest bündig damit abschließen. Andernfalls Felge austauschen.
- Radaufhängung prüfen. Dazu Gummi-Metallager, Gelenke, Stoßdämpfer und Felgen auf einwandfreien Zustand prüfen.
- Räder ausbauen und reinigen. Dabei beispielsweise auch Steine aus dem Profil entfernen.
- **Fahrzeuge ohne ABS:** Reifen auf Bremsplatten untersuchen. Das sind Stellen geringerer Profiltiefe, die bei Vollbremsungen mit blockierenden Rädern entstehen können.
- Profiltiefe der einzelnen Reifen prüfen und miteinander vergleichen. Bei abnormalem Reifenverschleiß vorn und/oder hinten muß das Fahrzeug vorn und hinten vermessen und gegebenenfalls eingestellt werden. Dabei ist die Einstellung der Vorspur an die obere Toleranzgrenze zu legen. **Achtung:** Für die Vermessung ist eine entsprechende Meßanlage erforderlich, die in der Regel nur in einer Fachwerkstatt vorhanden ist.
- Probefahrt durchführen und prüfen, ob die Störungen noch vorhanden sind.

Höhen- und Seitenschlag der Räder prüfen.

- Bei aufgebocktem Fahrzeug geeignete Meßuhr an der Lauffläche und danach an der Reifenflanke ansetzen. Rad von Hand langsam drehen, Zeigerausschlag der Meßuhr ablesen und Stelle des maximalen Höhenschlags am Reifen mit Kreide kennzeichnen.

Sollwerte: Maximaler Höhenschlag = 2,0 mm (Leichtmetallfelge: 1,6 mm); maximaler Seitenschlag = 2,0 mm (Leichtmetallfelge: 1,6 mm).

- Falls diese Werte nicht eingehalten werden, Räder auf stationärer Auswuchtmaschine auswuchten. Dabei müssen die Räder in gleicher Weise wie am Fahrzeug mittenzentriert werden. Konische Spannvorrichtungen, die das Rad in der Mittenbohrung zentrieren, sind nicht zulässig. Die zulässige Restunwucht in beiden Wuchtebenen beträgt 5 Gramm.

Höhenschlag beseitigen (matchen):

- Luft aus dem Reifen lassen und Reifenwulste in das Felgenbett drücken.
- Reifen auf der Felge um 120° verdrehen.
- Reifen aufpumpen und Höhenschlag erneut prüfen.
- Falls der Maximalwert überschritten wird, Reifen auf der Felge um weitere 120° verdrehen und Höhenschlag prüfen.
- Falls der Maximalwert eingehalten wird, Räder auswuchten.

Höhen- und Seitenschlag der Felge prüfen

- Felge ohne Reifen mittenzentriert auf die Auswuchtmaschine oder am Fahrzeug montieren. Meßuhr anbringen.

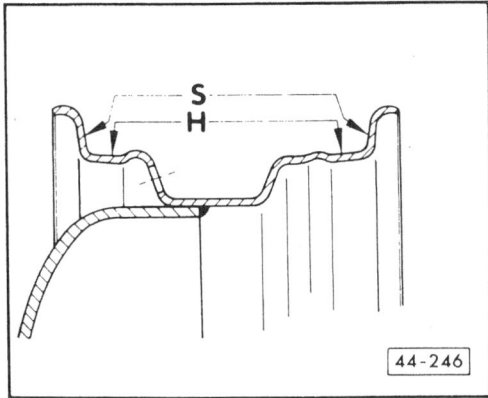

- Höhenschlag −H− und Seitenschlag −S− an den angegebenen Stellen prüfen. Dabei sind punktuelle Ausschläge der Meßuhr, die durch Materialerhöhungen oder -vertiefungen entstehen, nicht zu berücksichtigen.

Sollwerte Stahlfelge: H = 1,0 mm; S = 1,0 mm; Leichtmetallfelge: H = 0,6 mm; S = 0,6 mm.

- Falls die Sollwerte überschritten werden, Felge ersetzen.

Montage der Räder am Fahrzeug

- Bei aufgebocktem Fahrzeug Räder so ansetzen, daß sich die Stelle des maximalen Höhenschlages oben befindet. Radschrauben in diesem Zustand über Kreuz mit einem Drehmomentschlüssel und **110 Nm** festziehen.

Achtung: Wenn die Verschleißunterschiede der einzelnen Reifen klein sind, Räder mit dem geringsten Höhenschlag und den kleinsten Auswuchtgewichten an der Vorderachse montieren.

- Probefahrt durchführen. Falls immer noch Vorderwagenunruhe oder Lenkradschütteln festgestellt wird, kann es sich um Restunwuchten handeln, die durch Nachwuchten am Fahrzeug beseitigt werden.

Räder am Fahrzeug nach- oder auswuchten

- Beim Auswuchten der Antriebsräder unbedingt beide Reifen einer Achse auf Rollen (Geberböcke) setzen.
- Der Antrieb der Räder muß durch den Fahrzeugmotor erfolgen, damit die Räder synchron laufen.
- Probefahrt durchführen.

Falls immer noch Störungen auftreten, so sind die Radial- oder Taumelbewegungen eines oder mehrerer Reifen zu hoch. Mit Werkstattmitteln kann das nicht gemessen werden. In diesem Fall bleibt nur der Austausch der vorderen und/oder hinteren Reifen. Dabei sollten die Reifen grundsätzlich paarweise ersetzt werden.

Die Fahrwerkvermessung

Optimale Fahreigenschaften und geringster Reifenverschleiß sind nur dann zu erzielen, wenn die Stellung der Räder einwandfrei ist. Bei unnormaler Reifenabnutzung sowie mangelhafter Straßenlage – bei schlechter Richtungsstabilität in Geradeausfahrt sowie schlechten Lenkeigenschaften in Kurvenfahrt – sollte die Werkstatt aufgesucht werden, um den Wagen optisch vermessen zu lassen.

Die Fahrzeugvermessung kann ohne eine entsprechende Meßanlage nicht durchgeführt werden. Ich beschränke mich deshalb hier auf die Beschreibung der für die Vermessung erforderlichen Grundbegriffe.

Spur/Sturz/Spreizung/Nachlauf

Als **Spur** bezeichnet man den seitlichen Abstand der Räder voneinander. Vorspur bedeutet, daß die Räder – in Höhe des Radmittelpunktes gemessen – vorn etwas enger zusammenstehen als hinten. Nachspur bedeutet, daß die Vorderräder vorn etwas weiter auseinanderstehen als hinten.

Sturz und Spreizung vermindern die Übertragung von Fahrbahnstößen auf die Lenkung und halten bei Kurvenfahrt die Reibung möglichst gering.

Sturz ist der Winkel, um den die Radebene von der Senkrechten abweicht. Die Vorderräder stehen also schräg, bei negativem Sturz beispielsweise im Radaufstandspunkt mehr auseinander als oben. Der BMW besitzt einen negativen Sturz.

Spreizung ist der Winkel zwischen der Schwenkachse des Achsschenkels und der Senkrechten im Reifenaufstandspunkt, in Längsrichtung des Wagens gesehen.

Durch den Sturz- und Spreizwinkel werden die Berührungspunkte der Räder auf der Fahrbahn näher an die Schwenkachse des Achsschenkels herangebracht. Damit wird der sogenannte Lenkrollhalbmesser klein gehalten. Je kleiner der Lenkrollhalbmesser ist, desto leichtgängiger ist die Lenkung. Auch die Fahrbahnstöße wirken sich wesentlich schwächer auf das Lenkgestänge aus.

Nachlauf ist der Winkel zwischen der Schwenkachse des Achsschenkels und der Senkrechten im Reifenaufstandspunkt in Querrichtung des Fahrzeuges gesehen.

Der Nachlauf beeinflußt maßgeblich die Geradeausführung der Vorderräder. Zu geringer Nachlauf begünstigt ein Abweichen aus der Fahrtrichtung auf schlechten Straßen oder bei Seitenwind und läßt zudem nach der Kurvenfahrt die Lenkung nicht weit genug zur Mittelstellung zurücklaufen.

Prüfvoraussetzung

- Vorschriftsmäßiger Reifenfülldruck
- Fahrzeug in Normallage: 2×68 kg vorn, 1×68 kg hinten mitte, 1×21 kg Kofferraum mitte, vollgetankt
- Fahrzeug vorher kräftig durchgefedert
- Lenkung richtig eingestellt
- Kein unzulässiges Spiel im Lenkgestänge
- Kein unzulässiges Spiel in der Radaufhängung
- Fahrzeug-Höhenstand korrekt

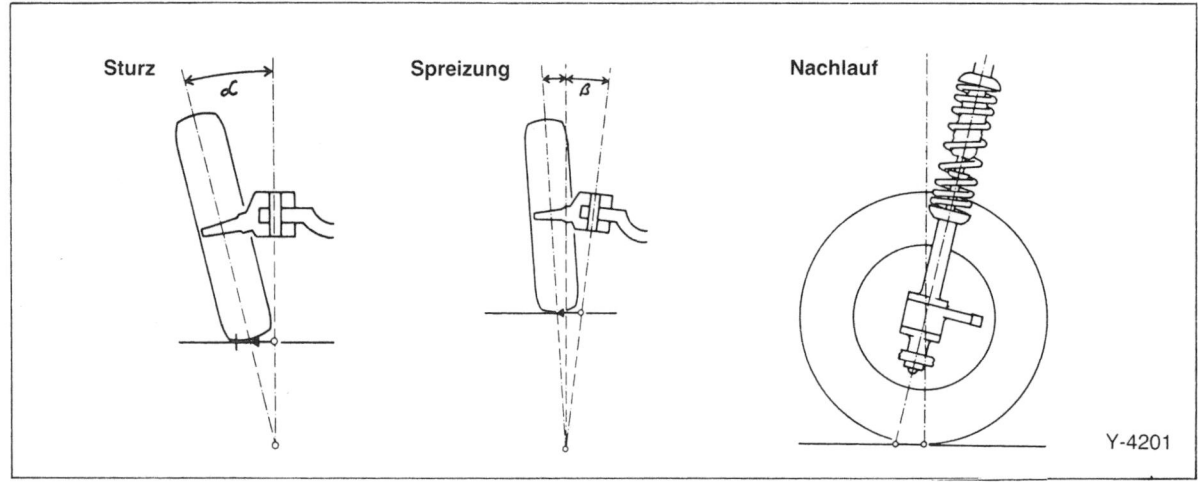

Fahrzeug-Höhenstand messen

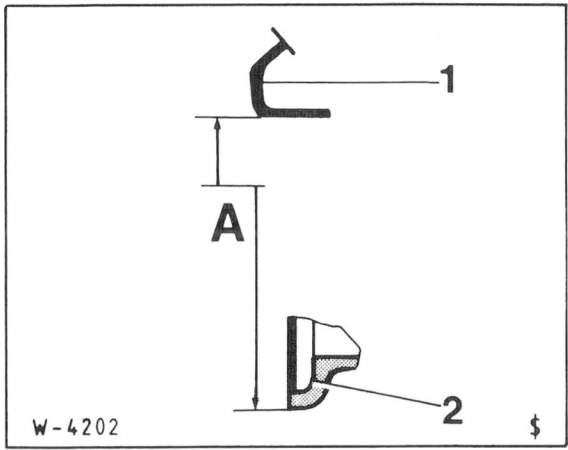

- An allen Rädern von Radhausunterkante −1− bis zum Felgenhorn −2− in Höhe Radmitte messen. **Sollwert −A−**: 576 ± 10 mm.
  Die Abweichung aller Räder untereinander soll maximal 10 mm betragen.

Vorderachse: Vorspur und Spurdifferenzwinkel einstellen

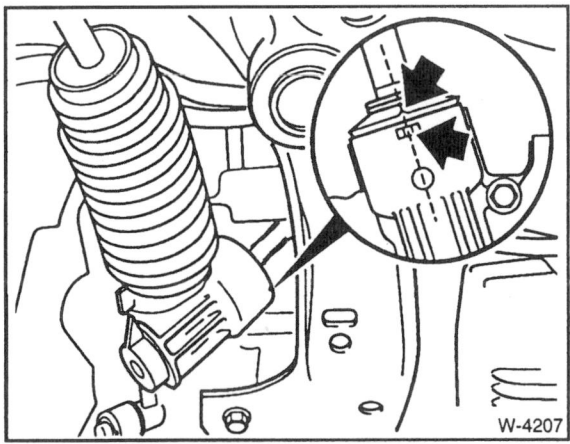

- Lenkung in Geradeausstellung bringen. Auf der Lenkspindel und am Lenkgehäuse ist je eine Markierung angebracht. Lenkung so verstellen, daß die Markierungen übereinstimmen.

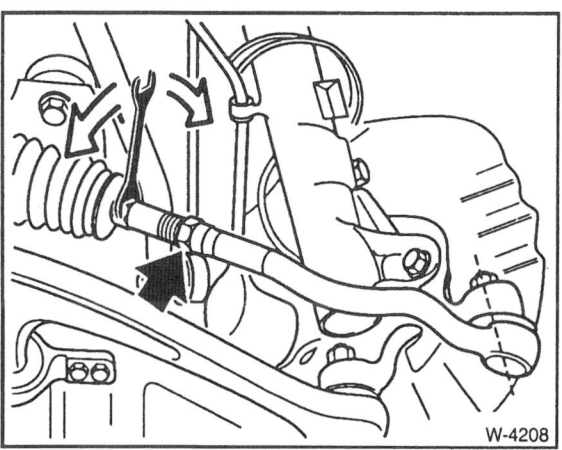

- Beide Klemmuttern an den Spurstangen lockern. Vorspur am linken und am rechten Rad auf Sollwert durch Verdrehen der Spurstange am Sechskant einstellen. Dabei linke und rechte Spurstange jeweils um das gleiche Maß verdrehen. Darauf achten, daß die Kugelgelenke und Faltenbälge beim Einstellen nicht verdreht werden.

- Nach der Spureinstellung Klemmschrauben an den Spurstangen mit **45 Nm** festziehen. Dabei muß das Fahrzeug auf dem Boden stehen.

Sturzkorrektur

Der Sturz ist konstruktiv vorgegeben. Liegen die Werte außerhalb der Toleranz, müssen die defekten Teile der Radaufhängung erneuert werden.

Hinterachse einstellen

Limousine, Coupé, Touring

Bei der Einstellung müssen die Räder auf Drehplatten stehen und das Fahrzeug muß vorschriftsmäßig beladen sein.

Sturz einstellen

- Mutter –1– ca. 1 Umdrehung lockern.
- Exzenterscheibe –2– verdrehen und dadurch Sturz auf Sollwert einstellen.

- Mutter –1– wieder auf **110 Nm** festziehen.

Vorspur einstellen

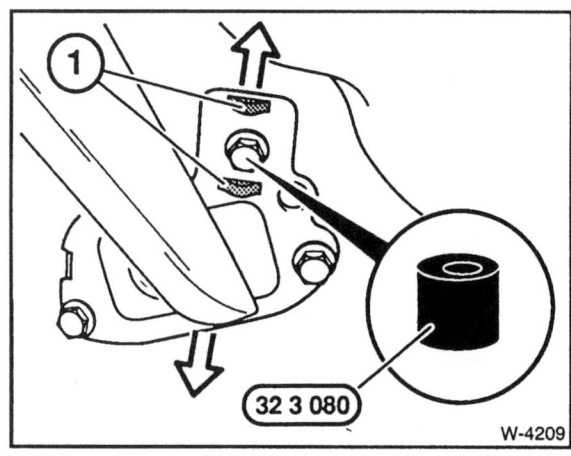

- Schrauben für Längslenker an der Karosserie lösen. Spezialwerkzeug (Exzenter) von BMW über den Schraubenkopf zwischen die Anschläge –1– aufstecken. Vorspur an beiden Seiten durch Verdrehen des Werkzeugs einstellen.
- Schrauben am Lagerbock mit **80 Nm** anziehen.

Sollwerte Fahrzeugvermessung

Ausführung	Limousine/Coupé/Touring		Compact	
Vorderachse	Normal	Sportfahrwerk	Normal	Sportfahrwerk
Gesamtvorspur	0°18'±8'	0°18'±8'	0°18'±8'	0°18'±8'
Sturz, bis 8/94[1]	–40'±30'	–58'±30'		
Sturz, ab 9/94[1]	–30'±30'	–51'±30'	–30'±30'	–51'±30'
Spurdifferenzwinkel bei 20° Einschlag des kurveninneren Rades	–1°34'±30'	–1°34'±30'	–1°33'±30'	–1°33'±30'
Spreizung[1] bei 10° Radeinschlag 20° Radeinschlag	15°28'±30' 15°44'±30'	15°38'±30' 15°56'±30'		
Nachlauf[1] bei 10° Radeinschlag 20° Radeinschlag	3°44'±30' 3°52'±30'	3°50'±30' 3°57'±30'	3°44'±30' 3°52'±30'	3°50'±30' 3°57'±30'
Radversatz der Vorderräder	0°±15'	0°±15'	0°±15'	0°±15'
Hinterachse				
Gesamtvorspur	0°24'±6'	0°24'±6'	0°30'±13'	0°36'±13'
Sturz[1] (negativ)	–1°30'±15'[2]	–2°00'±15'	–2°00'±30'	–2°30'±30'
Geometrische Fahrachse	0°±3'	0°±3'	0°±15'	0°±15'

[1]) Toleranzdifferenz zwischen links/rechts max. 30'.
[2]) ab Modell '92: –1°40'±15'

Die Bremsanlage

Das hydraulische Fußbremssystem besteht aus dem Hauptbremszylinder, dem Bremskraftverstärker und den Scheibenbremsen für die Vorder- und Hinterräder. Bei einigen 4-Zylindermodellen sind Trommelbremsen für die Hinterräder eingebaut. Das Bremssystem ist in zwei Kreise aufgeteilt, die diagonal wirken. Ein Bremskreis arbeitet vorn rechts/hinten links, der zweite vorn links/hinten rechts. Bei Ausfall eines Bremskreises, zum Beispiel durch Undichtigkeit, kann das Fahrzeug über den anderen Bremskreis zum Stehen gebracht werden. Der Druck für beide Bremskreise wird im Tandem-Hauptbremszylinder über das Bremspedal aufgebaut. Bei Fahrzeugen mit ABS wird der Bremsdruck für jedes einzelne Rad gegebenenfalls nachreguliert, siehe Seite 188.

Der Bremsflüssigkeitsbehälter befindet sich im Motorraum über dem Hauptbremszylinder und versorgt das ganze Bremssystem, sowie die hydraulische Kupplungsbetätigung mit Bremsflüssigkeit.

Der Bremskraftverstärker speichert einen Teil des vom Motor erzeugten Ansaug-Unterdruckes (der Dieselmotor besitzt hierzu eine spezielle Unterdruckpumpe). Über entsprechende Ventile wird dann bei Bedarf die Pedalkraft durch den Unterdruck verstärkt.

Alle Scheibenbremsen sind mit sogenannten Faustbremssätteln ausgestattet, so daß beim Bremsen die Beläge nur durch einen Kolben gegen die Bremsscheibe gedrückt.

Die Feststellbremse wird über Seilzüge betätigt und wirkt auf die Hinterräder. Da sich die Scheibenbremse als Feststellbremse nicht gut eignet, befinden sich an den Hinterrädern zusätzlich 2 Trommelbremsen, die in den Bremsscheiben integriert sind. Diese Trommelbremsen werden ausschließlich über den Handbremshebel der Feststellbremse betätigt.

Beim Reinigen der Bremsanlage fällt Bremsstaub an. Dieser Staub kann zu gesundheitlichen Schäden führen. Deshalb beim Reinigen der Bremsanlage darauf achten, daß der Bremsstaub nicht eingeatmet wird.

Die Bremsbeläge sind Bestandteil der Allgemeinen Betriebserlaubnis (ABE), außerdem sind sie vom Werk auf das jeweilige Fahrzeugmodell abgestimmt. Es empfiehlt sich deshalb, nur von BMW beziehungsweise vom Kraftfahrtbundesamt freigegebene Bremsbeläge zu verwenden. Diese Bremsbeläge haben eine KBA-Freigabenummer.

Es empfiehlt sich, beim Kauf der Bremsbeläge gleich die Verschleißfühler mitzukaufen, da die bisher eingebauten beim Wechsel der Bremsbeläge beschädigt werden beziehungsweise so abgenützt sind, daß sie ausgetauscht werden müssen.

Das Arbeiten an der Bremsanlage erfordert peinliche Sauberkeit und exakte Arbeitsweise. Falls die nötige Arbeitserfahrung fehlt, sollten die Arbeiten an der Bremse von einer Fachwerkstatt durchgeführt werden.

Verbrauchte, alte Bremsflüssigkeit auf einer Sammelstelle für Problemstoffe abgeben, nicht einfach wegschütten oder dem Hausmüll mitgeben. Gemeinde- und Stadtverwaltungen informieren darüber, wo sich die nächste Sammelstelle befindet.

Hinweis: Auf stark regennassen Fahrbahnen sollte während des Fahrens die Bremse von Zeit zu Zeit betätigt werden, um die Bremsscheiben von Rückständen zu befreien. Durch die Zentrifugalkraft wird während der Fahrt zwar das Wasser von den Bremsscheiben geschleudert, doch bleibt teilweise ein dünner Film von Silikonen, Gummiabrieb, Fett und Verschmutzungen zurück, der das Ansprechen der Bremse vermindert.

Wird das Fahrzeug nach einer Regenfahrt abgestellt, insbesondere im Winter bei Streusalzeinwirkung, ist es zweckmäßig, die Bremse vorher mit leichter Pedalkraft bis zum Stillstand zu betätigen. Dadurch trocknen die Bremsscheiben und können nicht so leicht korrodieren.

Nach dem Einbau von neuen Bremsbelägen müssen diese eingebremst werden. Während einer Fahrstrecke von rund 200 km sollten unnötige Vollbremsungen unterbleiben. Andererseits sollten die Scheibenbremsen nicht zu gering belastet werden, weil sonst Bremsscheiben-Korrosion und Verschmutzung der Bremsbeläge begünstigt werden. Starkes Abbremsen aus höheren Geschwindigkeiten begünstigt die Selbstreinigung der Scheibenbremse.

Korrodierte Scheibenbremsen erzeugen beim Abbremsen einen Rubbeleffekt, der sich auch durch längeres Abbremsen nicht beseitigen läßt. In diesem Fall müssen die Bremsscheiben erneuert werden.

Eingebrannter Schmutz auf den Bremsbelägen und zugesetzte Regennuten in den Bremsbelägen können zur Riefenbildung auf den Bremsscheiben, verminderter Bremswirkung sowie Bremsenquietschen führen.

Der Scheibenbremssattel vorn

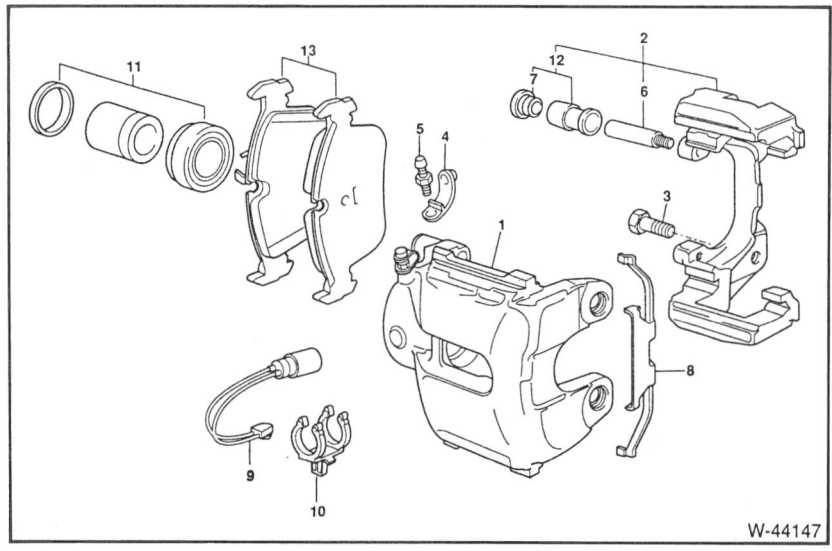

1 – Bremssattel
2 – Bremsträger
3 – Sechskantschraube, 120 Nm
4 – Staubkappe
5 – Entlüfterventil
6 – Führungsschraube
7 – Schutzstopfen
8 – Haltefeder
9 – Verschleißfühler
10 – Halter Bremsbelagfühler
11 – Dichtungssatz Bremssattel
12 – Reparatursatz Führungshülse
13 – Bremsbeläge (asbestfrei)

Bremsbeläge vorn aus- und einbauen

Ausbau

- Radkappe abhebeln, Radschrauben bei auf dem Boden stehendem Fahrzeug lösen.

- Scheibenrad zur Radnabe mit Farbe kennzeichnen. Dadurch kann das ausgewuchtete Rad wieder an gleicher Stelle montiert werden.
- Fahrzeug vorn aufbocken, siehe Seite 123.
- Vorderrad abnehmen.

Achtung: Ein Wechsel der Beläge vom rechten zum linken Rad ist nicht zulässig. Der Wechsel kann zu ungleichmäßiger Bremswirkung führen. Grundsätzlich alle Scheibenbremsbeläge einer Achse gleichzeitig erneuern. Sollen die Scheibenbremsbeläge wieder montiert werden, müssen sie beim Ausbau gekennzeichnet werden.

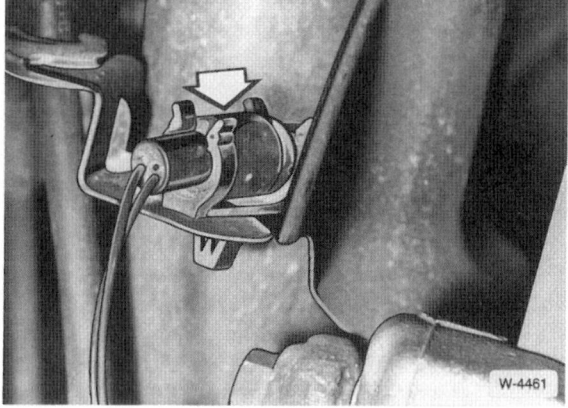

- Am linken Bremssattel Stecker –Pfeil– für Verschleißwarnanzeige aus Halterung herausnehmen und trennen, dabei nicht am Kabel ziehen.

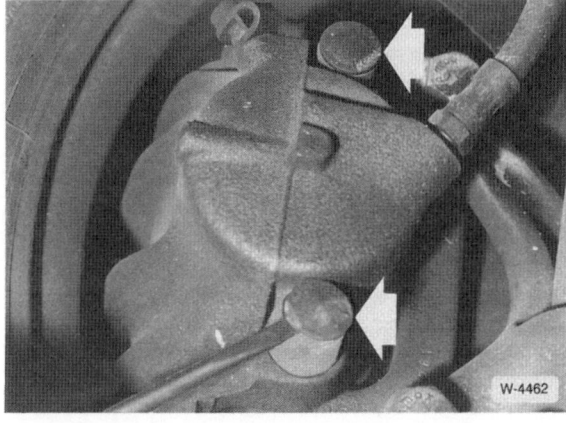

- Plastikkappen für Befestigungsschrauben –Pfeile– mit Schraubendreher abdrücken.

- Bremsschlauch aus der Halterung herausdrücken. **Achtung:** Bremsschlauch nicht abschrauben, sonst muß die Bremsanlage nach dem Einbau entlüftet werden.

- Beide unter den Plastikkappen liegende Schrauben mit 7 mm Innensechskantschlüssel herausdrehen.

- Klammer mit Schraubendreher abdrücken.

- Bremssattel nach vorn abziehen.
- Äußeren Bremsbelag abnehmen.

- Der innere Bremsbelag ist mit einer Feder −6− im Bremskolben befestigt. Bremsbelag herausnehmen.

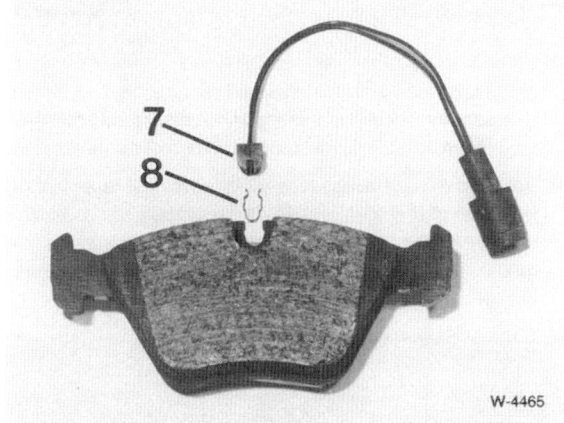

- Auf der linken Seite am inneren Bremsbelag Verschleißfühler −7− ausclipsen.
- Falls die Isolation der Kontaktplatte durchgerieben, die Kabelisolation beschädigt oder das Plastikteil angeschliffen ist, Verschleißfühler ersetzen.

Einbau

Achtung: Bei ausgebauten Bremsbelägen nicht auf das Bremspedal treten, sonst wird der Kolben aus dem Gehäuse herausgedrückt.

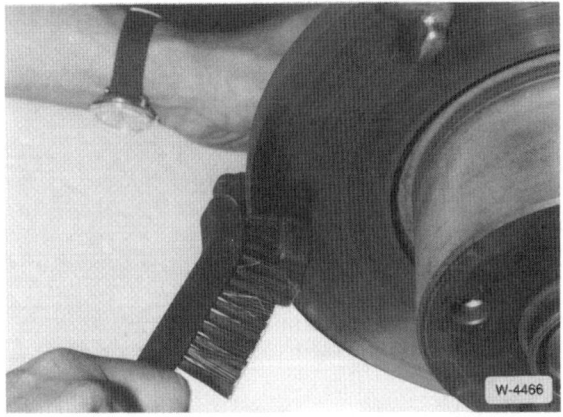

- Führungsfläche bzw. Sitz der Beläge im Gehäuseschacht mit geeigneter Weichmetallbürste reinigen oder mit einem Lappen und Spiritus auswischen. Keine mineralölhaltigen Lösungsmittel oder scharfkantigen Werkzeuge verwenden.

- Vor Einbau der Beläge ist die Bremsscheibe durch Abtasten mit den Fingern auf Riefen zu untersuchen. Riefige Bremsscheiben sind zu erneuern. Bremsscheiben mit grauer oder blauer Verfärbung vor dem Einbau neuer Beläge reinigen.

- Bremsscheibendicke messen, siehe Seite 171.

- Staubkappe am Bremskolben −2− auf Anrisse prüfen. Eine beschädigte Staubkappe umgehend ersetzen lassen, da eingedrungener Schmutz schnell zu Undichtigkeiten des Bremssattels führt. Der Bremssattel muß hierzu ausgebaut und zerlegt werden (Werkstattarbeit).

- Bremskolben −2− mit Rücksetzvorrichtung zurückdrücken. Es geht auch mit einem Hartholzstab (Hammerstiel). Dabei jedoch besonders darauf achten, daß der Kolben nicht verkantet wird und Kolbenfläche sowie Staubkappe nicht beschädigt werden.

Achtung: Beim Zurückdrücken der Kolben wird Bremsflüssigkeit aus den Bremszylindern in den Ausgleichbehälter gedrückt. Flüssigkeit im Behälter beobachten, eventuell Bremsflüssigkeit mit einem Saugheber absaugen.

Zum Absaugen eine Entlüfterflasche oder Plastikflasche verwenden, die nur mit Bremsflüssigkeit in Berührung kommt. **Keine Trinkflaschen verwenden! Bremsflüssigkeit ist giftig und darf auf gar keinen Fall mit dem Mund über einen Schlauch abgesaugt werden.** Saugheber verwenden. Auch nach dem Belagwechsel darf die »Max«-Marke am Bremsflüssigkeitsbehälter nicht überschritten werden, da sich die Flüssigkeit bei Erwärmung ausdehnt. Ausgelaufene Bremsflüssigkeit läuft am Hauptbremszylinder runter, zerstört den Lack und führt zur Korrosion.

Achtung: Bei hohem Bremsbelagverschleiß Leichtgängigkeit des Kolbens prüfen. Bei schwergängigem Kolben Bremssattel instandsetzen (Werkstattarbeit).

- Um ein Quietschen der Scheibenbremsen zu verhindern, Rückseite der Bremsbeläge sowie Seitenteile der Rückenplatte mit Schmiermittel (z. B. Plastilube, Tunap VC 582/S, Chevron SRJ/2, Liqui Moly LM-36 oder LM-508-ASC) dünn einstreichen. Dabei nur die Rückenplatte bestreichen. **Die Paste darf keinesfalls auf den eigentlichen Bremsbelag oder auf die Bremsscheibe kommen.** Gegebenenfalls Paste sofort abwischen und Flächen mit Spiritus reinigen.

- Bremsbelagführung im Bremssattel leicht fetten, z.B. mit Plastilube.

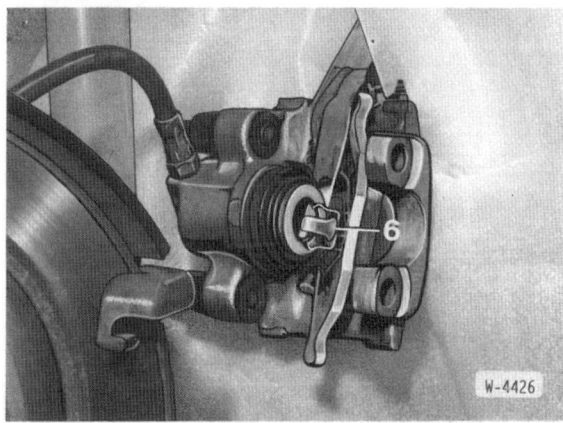

- Scheibenbremsbelag mit Feder −6− in Bremskolben einsetzen.

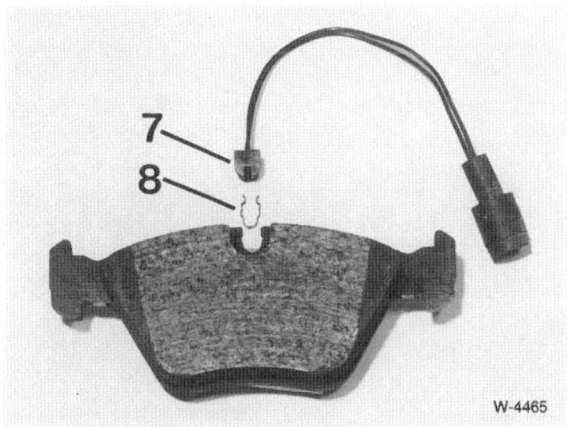

- Verschleißfühler −7− am inneren linken Bremsbelag einsetzen. Auf richtige Lage der Sicherungsfeder −8− achten.

- Äußeren Bremsbelag −9− in Bremssattel einsetzen und Bremssattel auf die Bremsscheibe setzen. Darauf achten, daß die Bremsbeläge sauber in der Führung sitzen.

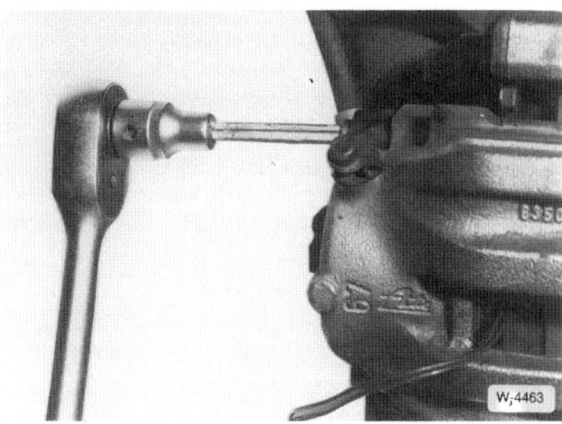

- 2 Schrauben für Bremssattelbefestigung sichtprüfen, gegebenenfalls Gewinde von Verunreinigungen befreien. Gegebenenfalls Gewinde im Bremsträger mit Gewindebohrer reinigen. Schrauben mit schlechtem Gewinde oder Rostansatz erneuern. Schrauben mit 7 mm Innensechskantschlüssel und **30 Nm** festziehen.

- Schutzkappen für Schrauben aufdrücken.
- Bremsschlauch in den Halter eindrücken.

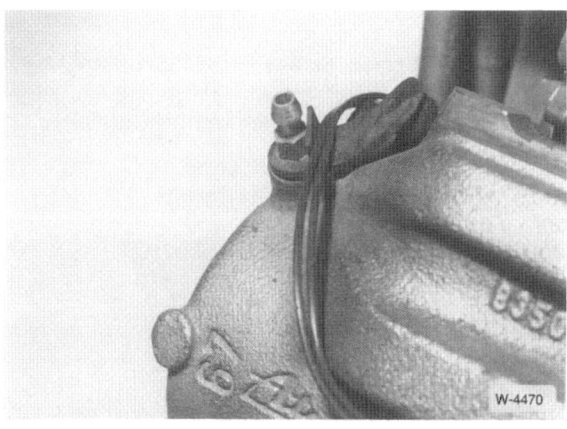

- Auf der linken Fahrzeugseite Stecker für Verschleißanzeige zusammenfügen und in Halter einsetzen. Die Zuleitung muß in der Schlaufe der Entlüftungsventil-Kappe verlaufen, siehe Abbildung.

- Klammer auf Bremssattel aufdrücken.
- Rad anschrauben, dabei auf Markierung zur Radnabe achten. Fahrzeug ablassen und Radschrauben mit **110 Nm** über Kreuz festziehen.
- Nabenabdeckung aufdrücken.

Achtung: Bremspedal im Stand mehrmals kräftig niedertreten, bis fester Widerstand spürbar ist.

- Bremsflüssigkeit im Ausgleichbehälter prüfen, gegebenenfalls bis zur »Max«-Marke auffüllen.
- Neue Bremsbeläge vorsichtig einbremsen, dazu Fahrzeug mehrmals von ca. 80 km/h auf 40 km/h mit geringem Pedaldruck abbremsen. Dazwischen Bremse etwas abkühlen lassen.

Achtung: Bis zu einer Fahrstrecke von ca. 200 km sollten keine Vollbremsungen vorgenommen werden.

Bremsscheibe/Bremssattel vorn aus- und einbauen

Ausbau

- Radkappe abziehen. Scheibenrad zur Radnabe mit Farbe kennzeichnen. Dadurch ist sichergestellt, daß das ausgewuchtete Rad an gleicher Stelle montiert werden kann.
- Radschrauben lösen.
- Fahrzeug vorn aufbocken, Rad abnehmen.

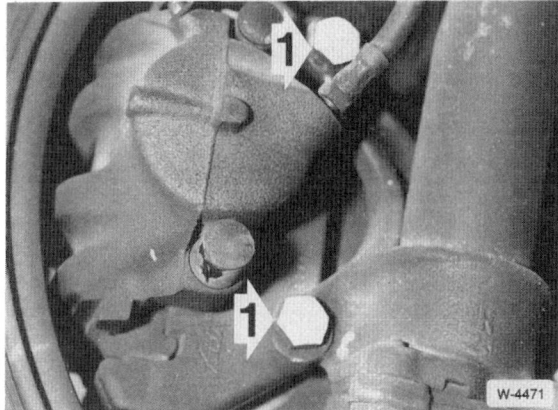

- Befestigungsschrauben −1− für Bremssattel herausdrehen und Bremssattel von der Bremsscheibe abnehmen.
- Bremssattel mit selbstangefertigtem Drahthaken so am Aufbau aufhängen, daß der Bremsschlauch sowie das Kabel für die Bremsbelagverschleißanzeige nicht verdreht oder auf Zug beansprucht werden.

Achtung: Bremsschlauch nicht lösen, sonst muß das Bremssystem entlüftet werden.

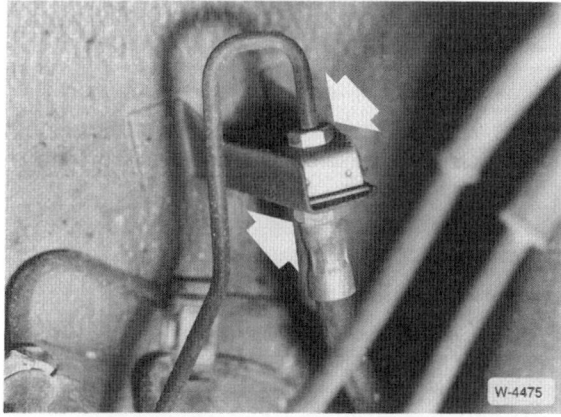

- Soll der Bremssattel ganz abgenommen werden, muß vorher der Bremsschlauch an der Bremsschlauchkupplung abgeschraubt werden. Der Bremsschlauch kann sonst nicht am Bremssattel abgeschraubt werden. **Achtung:** Bremsflüssigkeit läuft aus. Bremsflüssigkeit in einer Flasche sammeln, die ausschließlich für Bremsflüssigkeit vorgesehen ist. Man kann auch die Bremsflüssigkeit mit einem Saugheber aus dem Vorratsbehälter absaugen.

- Befestigungsschraube −4− mit 5 mm Innensechskantschlüssel herausdrehen.
- Bremsscheibe abnehmen.

Achtung: Innenbelüftete Bremsscheiben sind ausgewuchtet. Auf keinen Fall die Wuchtklammern am inneren Durchmesser entfernen oder versetzen.

Einbau

Um ein gleichmäßiges Bremsen beidseitig zu gewährleisten, müssen beide Bremsscheiben die gleiche Oberfläche bezüglich Schliffbild und Rauhtiefe aufweisen. Deshalb grundsätzlich beide Bremsscheiben ersetzen, beziehungsweise abdrehen lassen.

Die Werkstatt kann die Bremsscheibe auf Schlag prüfen. Maximaler Scheibenschlag (eingebaut, an der Bremsfläche gemessen) 0,2 mm.

- Bremsscheibendicke messen, siehe Seite 171.
- Falls vorhanden, Rost am Flansch der Bremsscheibe und der Vorderradnabe entfernen.
- Neue Bremsscheiben mit Nitro-Verdünnung vom Schutzlack reinigen.
- Bremsscheibe auf Vorderradnabe aufsetzen und mit Inbusschraube befestigen. Bremsscheibe vorher entsprechend verdrehen, damit die Bohrungen für die Schraube übereinanderstehen.
- Bremssattel mit den eingesetzten Bremsbelägen ansetzen. Dabei darf der Bremsschlauch nicht verdreht oder gedehnt werden. Freigängigkeit des Bremsschlauches bei vollem Lenkradeinschlag prüfen.
- Bremssattel mit **120 Nm** anschrauben.

Achtung: War der Bremsschlauch demontiert, Bremsschlauch anschrauben und Bremsanlage entlüften, siehe Seite 176.

- Rad montieren, dabei auf Farbmarkierung achten, Fahrzeug ablassen und Radschrauben über Kreuz mit **110 Nm** festziehen.

Achtung: Bremspedal im Stand mehrmals kräftig niedertreten, bis fester Widerstand spürbar ist.

- Bremsflüssigkeitsstand im Ausgleichbehälter prüfen, siehe Kapitel »Wartung«.

Scheibenbremsbeläge hinten aus- und einbauen

Ausbau

- Radkappe abhebeln, Radschrauben bei auf dem Boden stehendem Fahrzeug lösen.
- Scheibenrad zur Radnabe mit Farbe kennzeichnen. Dadurch kann das ausgewuchtete Rad wieder an gleicher Stelle montiert werden.
- Fahrzeug hinten aufbocken, siehe Seite 123.
- Hinterrad abnehmen.

Achtung: Ein Wechsel der Beläge vom rechten zum linken Rad oder umgekehrt ist nicht zulässig. Der Wechsel kann zu ungleichmäßiger Bremswirkung führen. Grundsätzlich alle Scheibenbremsbeläge einer Achse gleichzeitig erneuern. Sollen die Scheibenbremsbeläge wieder montiert werden, müssen sie vor dem Ausbau gekennzeichnet werden.

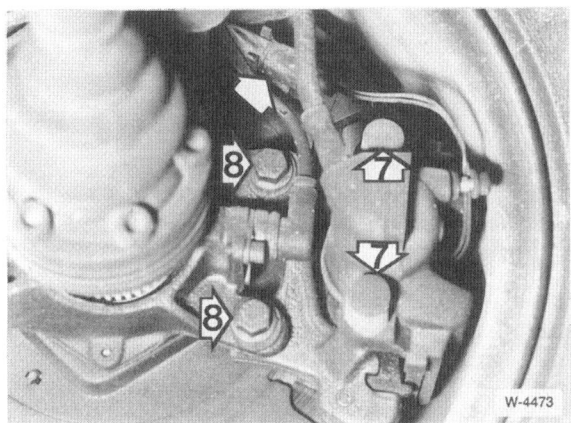

- Am rechten Bremssattel Stecker −Pfeil− für Verschleißwarnanzeige aus Halterung herausnehmen und trennen, dabei nicht am Kabel ziehen.
- Plastikkappen für Befestigungsschrauben −7− abdrücken und Schrauben mit 7 mm Innensechskantschlüssel herausdrehen.

- Klammer mit Schraubendreher abdrücken.

- Schwimmsattel nach hinten abziehen.
- Äußeren Bremsbelag abnehmen.

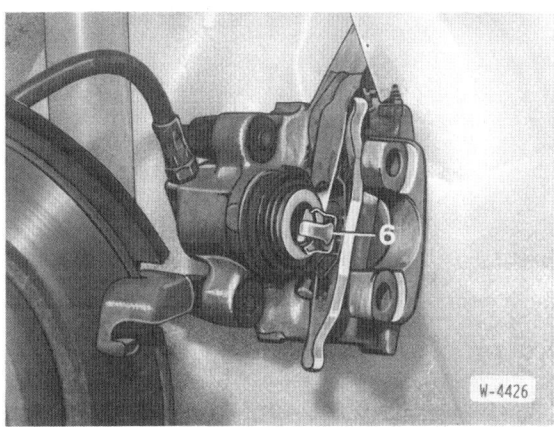

- Der innere Bremsbelag ist mit einer Feder −6− im Bremskolben befestigt. Bremsbelag herausnehmen.

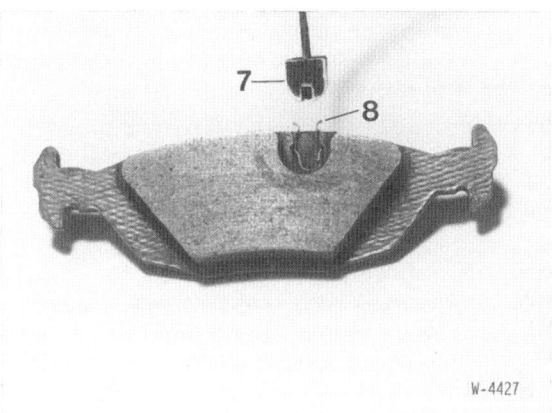

- Auf der rechten Seite am inneren Bremsbelag Verschleißfühler −7− ausclipsen.
- Falls die Isolation der Kontaktplatte durchgerieben, die Kabelisolation beschädigt oder das Plastikteil angeschliffen ist, Verschleißfühler ersetzen.

Einbau

Achtung: Bei ausgebauten Bremsbelägen nicht auf das Bremspedal treten, sonst wird der Kolben aus dem Gehäuse herausgedrückt.

- Führungsfläche bzw. Sitz der Beläge im Gehäuseschacht mit geeigneter Weichmetallbürste reinigen oder mit einem Lappen und Spiritus auswischen. Keine mineralölhaltigen Lösungsmittel oder scharfkantigen Werkzeuge verwenden.
- Vor Einbau der Beläge ist die Bremsscheibe durch Abtasten mit den Fingern auf Riefen zu untersuchen. Riefige Bremsscheiben sind zu erneuern. Bremsscheiben mit grauer oder blauer Verfärbung vor dem Einbau neuer Beläge reinigen.
- Bremsscheibendicke messen, siehe Seite 171.

- Staubkappe am Bremskolben –2– auf Anrisse prüfen. Eine beschädigte Staubkappe umgehend ersetzen lassen, da eingedrungener Schmutz schnell zu Undichtigkeiten des Bremssattels führt. Der Bremssattel muß hierzu ausgebaut und zerlegt werden (Werkstattarbeit).
- Bremskolben –2– mit Rücksetzvorrichtung zurückdrücken. Es geht auch mit einem Hartholzstab (Hammerstiel). Dabei jedoch besonders darauf achten, daß der Kolben nicht verkantet wird und Kolbenfläche sowie Staubkappe nicht beschädigt werden.

Achtung: Beim Zurückdrücken der Kolben wird Bremsflüssigkeit aus den Bremszylindern in den Ausgleichbehälter gedrückt. Flüssigkeit im Behälter beobachten, eventuell Bremsflüssigkeit mit einem Saugheber absaugen.

Zum Absaugen eine Entlüfterflasche oder Plastikflasche verwenden, die nur mit Bremsflüssigkeit in Berührung kommt. **Keine Trinkflaschen verwenden! Bremsflüssigkeit ist giftig und darf auf gar keinen Fall mit dem Mund über einen Schlauch abgesaugt werden.** Saugheber verwenden. Auch nach dem Belagwechsel darf die Max.-Marke am Bremsflüssigkeitsbehälter nicht überschritten werden, da sich die Flüssigkeit bei Erwärmung ausdehnt. Ausgelaufene Bremsflüssigkeit läuft am Hauptbremszylinder runter, zerstört den Lack und führt zur Korrosion.

Achtung: Bei hohem Bremsbelagverschleiß Leichtgängigkeit des Kolbens prüfen. Bei schwergängigem Kolben Bremssattel instandsetzen (Werkstattarbeit).

- Um ein Quietschen der Scheibenbremsen zu verhindern, Rückseite der Bremsbeläge sowie Seitenteile der Rückenplatte mit Schmiermittel (z. B. Plastilube, Tunap VC 582/S, Chevron SRJ/2, Liqui Moly LM-36 oder LM-508-ASC) **dünn** einstreichen. Dabei nur die Rückenplatte bestreichen. **Die Paste darf keinesfalls auf den eigentlichen Bremsbelag oder auf die Bremsscheibe kommen.** Gegebenenfalls Paste sofort abwischen und Flächen mit Spiritus reinigen.
- Bremsbelagführung im Bremssattel leicht fetten, z.B. mit Plastilube.

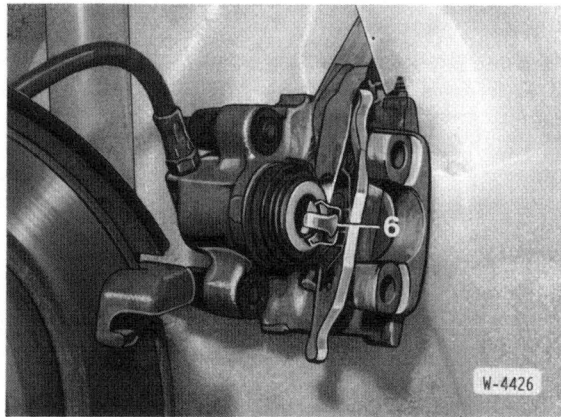

- Scheibenbremsbelag mit Feder –6– in Bremskolben einsetzen.

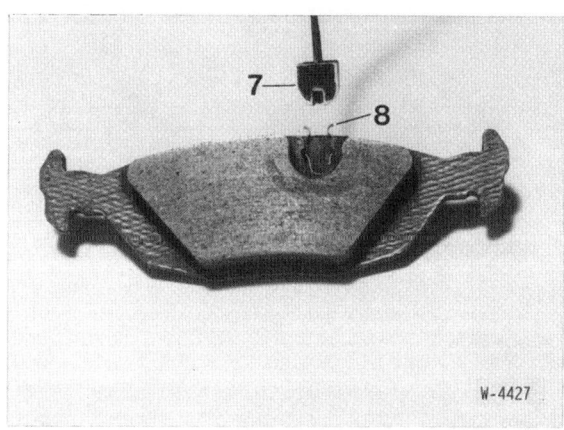

- Verschleißfühler –7– am inneren rechten Bremsbelag einsetzen. Auf richtige Lage der Sicherungsfeder –8– achten.

- Äußeren Bremsbelag −9− in Bremssattel mit der Bremsfläche zur Bremsscheibe hin einsetzen und Bremssattel auf die Bremsscheibe setzen. Darauf achten, daß die Bremsbeläge sauber in der Führung sitzen.

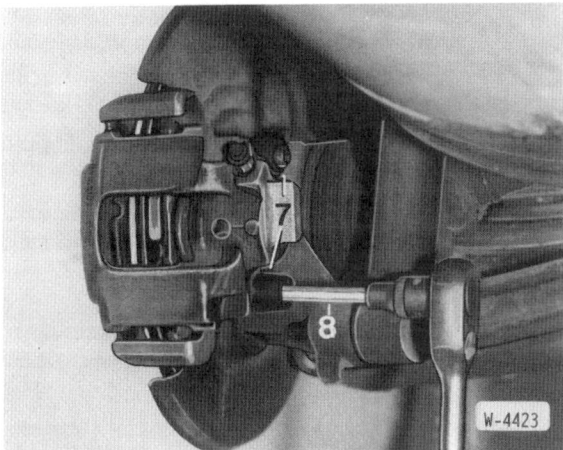

- Schrauben −7− für Bremssattelbefestigung von Sicherungsresten befreien. Gegebenenfalls Gewinde im Bremsträger mit Gewindebohrer reinigen. Schrauben mit schlechtem Gewinde oder Rostansatz erneuern. Schrauben mit 7 mm Innensechskantschlüssel −8− und **30 Nm** festziehen.
- Schutzkappen für Schrauben aufdrücken.
- Auf der rechten Fahrzeugseite Stecker für Verschleißanzeige zusammenfügen und in Halter einsetzen.

- Klammer auf Bremssattel aufdrücken.
- Rad anschrauben, dabei auf Markierung zur Radnabe achten. Fahrzeug ablassen und Radschrauben mit **110 Nm** über Kreuz festziehen.
- Nabenabdeckung aufdrücken.

Achtung: Bremspedal im Stand mehrmals kräftig niedertreten, bis fester Widerstand spürbar ist.

- Bremsflüssigkeit im Ausgleichbehälter prüfen, gegebenenfalls bis zur »Max«-Marke auffüllen.
- Neue Bremsbeläge vorsichtig einbremsen, dazu Fahrzeug mehrmals von ca. 80 km/h auf 40 km/h mit geringem Pedaldruck abbremsen. Dazwischen Bremse etwas abkühlen lassen.

Achtung: Bis zu einer Fahrstrecke von ca. 200 km sollten keine Vollbremsungen vorgenommen werden.

Bremssattel/Bremsscheibe hinten aus- und einbauen

Ausbau

- Radkappe abhebeln, Radschrauben bei auf dem Boden stehendem Fahrzeug lösen.
- Scheibenrad zur Radnabe mit Farbe kennzeichnen. Dadurch kann das ausgewuchtete Rad wieder an gleicher Stelle montiert werden.
- Fahrzeug hinten aufbocken, siehe Seite 123.
- Hinterrad abnehmen.

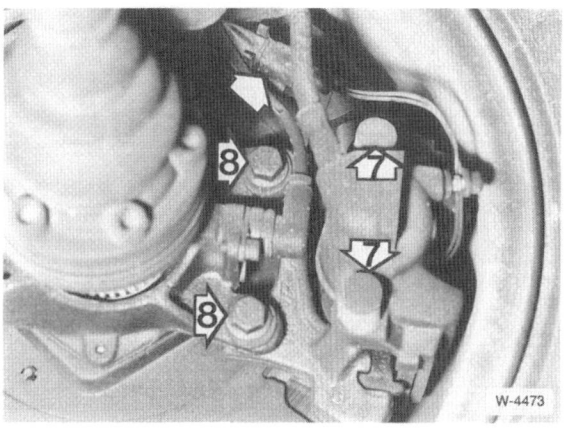

- Am rechten Bremssattel Stecker −Pfeil− für Verschleißwarnanzeige aus Halterung herausnehmen und trennen, dabei nicht am Kabel ziehen.
- Bremssattelschrauben −8− mit 17er Ringschlüssel abschrauben.
- Bremssattel mit eingebauten Bremsbelägen von der Bremsscheibe abziehen.

- Bremssattel mit selbst angefertigtem Drahthaken am Aufbau aufhängen. Darauf achten, daß der Bremsschlauch nicht überdehnt wird.

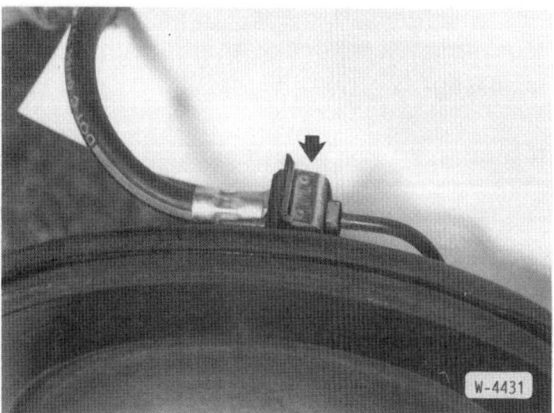

- Soll der Bremssattel oder der Bremsschlauch am Bremssattel ganz ausgebaut werden, Bremsschlauch an Trennkupplung −Pfeil− abschrauben, dabei am Sechskant des Schlauches mit Maulschlüssel gegenhalten. **Achtung:** Bremsflüssigkeit läuft aus. Entweder Bremsflüssigkeit auffangen oder vorher mit Saugheber Bremsflüssigkeit aus dem Vorratsbehälter absaugen.
- Befestigungsschraube −Pfeil− mit 5 mm Innensechskantschlüssel herausdrehen, siehe Abbildung W-4474.
- Feststellbremse ganz lösen.
- Bremsscheibe abnehmen. Sollte sich die Bremsscheibe nicht abziehen lassen, Bremsbacken für Feststellbremse zurückstellen, siehe Seite 179.

Einbau

Um ein gleichmäßiges Bremsen beidseitig zu gewährleisten, müssen beide Bremsscheiben die gleiche Oberfläche bezüglich Schliffbild und Rauhtiefe aufweisen. Deshalb **grundsätzlich beide Bremsscheiben einer Achse** ersetzen, beziehungsweise abdrehen lassen.

Die Werkstatt kann die Bremsscheibe auf Schlag prüfen. Maximaler Scheibenschlag (eingebaut) 0,2 mm.

- Bremsscheibendicke messen, siehe Seite 171.
- Neue Bremsscheiben mit Nitro-Verdünnung vom Schutzlack reinigen.
- Bremsscheibe auf Hinterradnabe aufsetzen und mit Innensechskantschraube befestigen. Bremsscheibe vorher entsprechend verdrehen, damit die Bohrungen für die Schraube übereinanderstehen.
- Bremssattel mit den eingesetzten Bremsbelägen ansetzen. Dabei darf der Bremsschlauch nicht verdreht oder gedehnt werden.
- Befestigungsschrauben für Bremssattel mit 17er Schlüssel und **70 Nm** festziehen.

Achtung: War der Bremsschlauch demontiert, Bremsschlauch anschrauben und Bremsanlage entlüften, siehe Seite 176.

- Auf rechter Fahrzeugseite Stecker für Bremsbelagverschleißanzeige zusammenstecken und in Halterung einsetzen.
- Rad montieren, dabei auf Farbmarkierung achten, Fahrzeug ablassen und Radschrauben über Kreuz mit **110 Nm** festziehen.

Achtung: Bremspedal im Stand mehrmals kräftig niedertreten, bis fester Widerstand spürbar ist.

- Bremsflüssigkeitsstand im Ausgleichbehälter prüfen, siehe Kapitel »Wartung«.
- Handbremse einstellen, siehe Seite 181.
- Neue Bremsscheiben vorsichtig in 3 Phasen einbremsen. **Phase 1:** 5 Bremsungen aus 50 km/h mit kräftiger Abbremsung auf leerer Straße. **Phase 2:** Bremsen abkühlen lassen. **Phase 3:** 5 weitere Abbremsungen aus 50 km/h.

Bremsscheibendicke messen

Prüfen

- Radkappe abhebeln, Radschrauben bei auf dem Boden stehendem Fahrzeug lösen.
- Scheibenrad zur Radnabe mit Farbe kennzeichnen. Dadurch kann das ausgewuchtete Rad wieder an gleicher Stelle montiert werden.
- Fahrzeug aufbocken.
- Rad abnehmen.

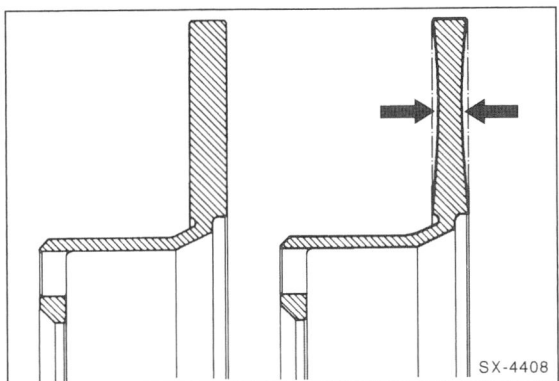

Achtung: Bremsscheibendicke immer an der dünnsten Stelle –Pfeile– messen.

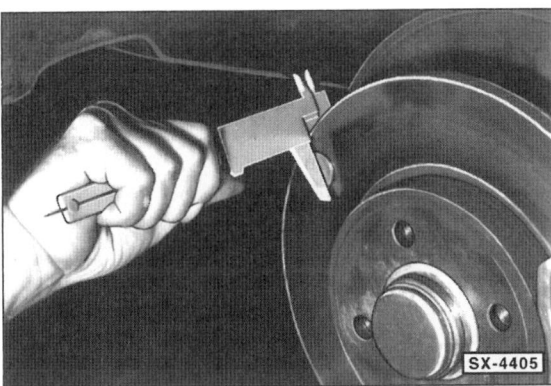

- Bremsscheibendicke messen. Die Werkstätten benutzen dazu eine spezielle Lehre, zum Beispiel HAZET-4956-1 oder eine Mikrometerlehre, da sich durch Abnutzung der Bremsscheibe am äußeren Umfang ein Rand bildet. Man kann die Bremsscheibendicke auch mit einer normalen Schieblehre messen, allerdings muß dann auf jeder Seite der Bremsscheibe eine entsprechend starke Unterlage zwischengelegt werden (beispielsweise 2 Münzen). Um die exakte Bremsscheibendicke zu haben, müssen von dem gemessenen Maß die Dicke der Münzen beziehungsweise der Unterlage abgezogen werden. **Achtung:** Messung an mehreren Punkten der Bremsscheibe vornehmen.

Bremsscheibenmaße

Hinweis: Je nach Motorisierung sind beim 3er BMW vorn massive oder innenbelüftete Bremsscheiben eingebaut.

Ausführung der Bremsscheibe	Bremsscheibendicke	
	Neu	Verschleißgrenze
Innenbelüftet vorn	22,0 mm	20,0 mm
Massiv vorn	12,0 mm	10,0 mm
Massiv hinten	10,0 mm	8,0 mm

- Wird die Verschleißgrenze erreicht, Bremsscheibe erneuern.
- Bei größeren Rissen oder bei Riefen, die tiefer als 0,5 mm sind, Bremsscheibe erneuern.
- Räder anschrauben. Radschrauben nicht ölen oder fetten. Räder so ansetzen, daß die beim Ausbau angebrachten Markierungen übereinstimmen. Fahrzeug ablassen, Radschrauben über Kreuz mit **110 Nm** festziehen.

Quietschgeräusche der Scheibenbremse beseitigen

- Bremsbeläge ausbauen.
- Beläge und Bremssattel mit Preßluft oder einem Lappen und Spiritus reinigen.

Achtung: Bremsstaub nicht einatmen!

- Folgende Stellen mit Plastilube oder Hochtemperaturpaste, z. B. Liqui Moly LM-508-ASC, bestreichen:
  - Alle zugänglichen Stellen der Bremsbelag-Rückenplatte.
  - Kolbenstirnseite.
  - Anlagefläche des Bremsträgers.
  - Gleitführungen des Bremssattels.

Achtung: Plastilube oder Hochtemperaturpaste darf **nicht** auf die Reibflächen der Bremsscheibe oder der Bremsbeläge kommen. Eventuell auf die Reibflächen gelangte Reste der Paste mit einem Lappen abwischen, gegebenenfalls mit Spiritus reinigen.

- Bremsbeläge einbauen.

Anordnung Trommelbremse

Linkes Hinterrad

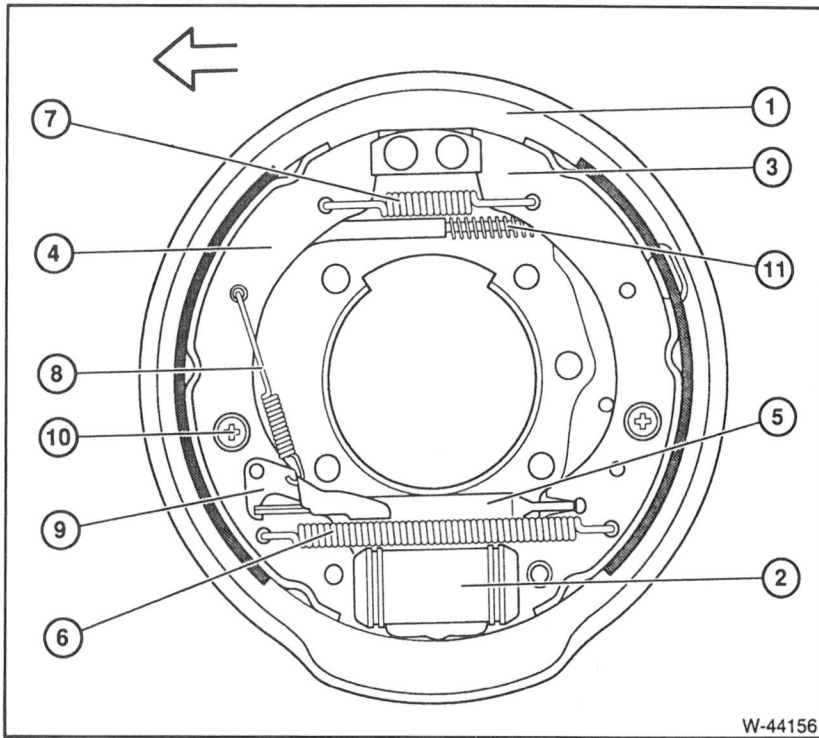

1 – Ankerplatte
2 – Radbremszylinder ⌀ 23,8 mm
3 – Bremsbacke auflaufend
4 – Bremsbacke ablaufend
5 – Nachstelleinheit mit:
    Druckstange, Druckhülse, Thermoclip
6 – Rückzugfeder unten
7 – Rückzugfeder oben
8 – Rückzugfeder für Nachstelleinheit
9 – Nachstellhebel
10 – Bremsbackenbefestigung
11 – Handbremsseilzug

Bremstrommel aus- und einbauen

Ausbau

- Radschrauben lösen.
- Fahrzeug hinten aufbocken, siehe Seite 123.
- Rad abnehmen.

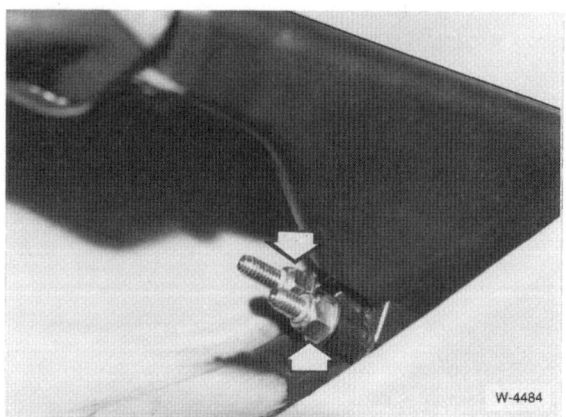

- Halteschraube an der Bremstrommel mit einem Innensechskantschlüssel herausdrehen und Bremstrommel nach außen abziehen.

- Handbrems-Abdeckung nach oben ziehen. Handbremsseile an der Handbremse ganz lösen, also Muttern bis zum Gewinde-Ende abschrauben.
- Handbremse lösen.

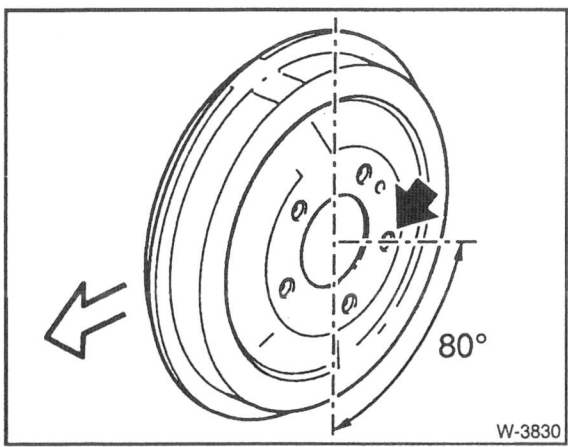

- Läßt sich die Bremstrommel nicht abziehen, Bremstrommel drehen, bis eine Radschraubenbohrung 80° unten hinter der Senkrechten steht. In diese Bohrung Schraubendreher einführen und im Innern der Bremstrommel den Handbrems-Betätigungshebel zur Fahrzeugmitte hin drücken, bis er nach hinten schnappt.

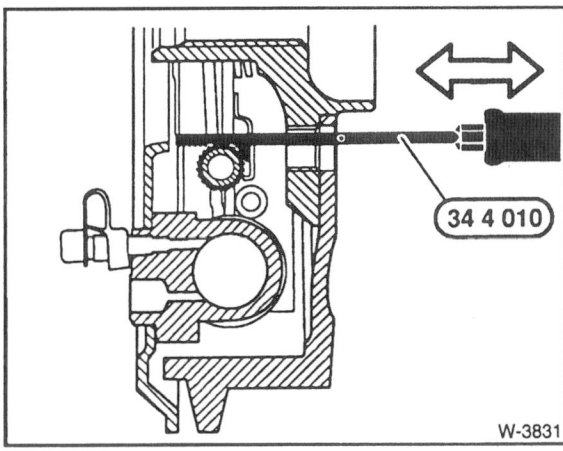

- Läßt sich die Bremstrommel immer noch nicht abziehen, Bremstrommel drehen, bis eine Radschraubenbohrung 50° unten **vor** der Senkrechten steht. In diese Bohrung das BMW-Spezialwerkzeug bis zum Anschlag einführen und nach unten drücken, bis das Werkzeug auf der Verzahnung des Nachstellelements aufliegt. Siehe auch Bremsbacken-Übersicht auf Seite 172.
- Spezialwerkzeug nach außen ziehen, siehe Abbildung. Der Nocken am Spezialwerkzeug entriegelt den Nachstellhebel, und durch das Zahnprofil wird das Ritzel der automatischen Bremsnachstellung zurückgestellt. Vorgang wiederholen, bis die Bremstrommel abgenommen werden kann.

Einbau

- Gegebenenfalls abgenützte Bremstrommeln auf beiden Seiten ausdrehen lassen.
- Bremsbacken am Nachstellelement auf 228,0 mm Durchmesser einstellen, siehe Seite 172.
- Bremstrommel aufsetzen und mit Innensechskantschraube befestigen.
- Bremspedal solange (ca. 20 bis 50mal) betätigen, bis die Bremsbacken das vorgegebene Lüftspiel eingenommen haben.
- Rad anschrauben, Fahrzeug ablassen.
- Radschrauben mit **110 Nm** über Kreuz festziehen.

Bremsbacken aus- und einbauen

Ausbau

- Radschrauben lösen. Radkappe abziehen. Scheibenrad zur Radnabe mit Farbe kennzeichnen. Dadurch ist sichergestellt, daß das ausgewuchtete Rad wieder an gleicher Stelle montiert werden kann.
- Fahrzeug hinten aufbocken, Rad abnehmen.
- Handbremse lösen.

- Bremstrommel ausbauen, siehe Seite 172.

- Federteller –3– für Druckfeder mit Kombizange kräftig zurückdrücken und um 90° drehen. Während des Zurückdrückens von hinten am Bremsträger den Stift für Federteller nach vorn drücken.

- Untere Rückzugfeder −1− vorn aushängen, Bremsbacken von Hand aus Radbremszylinder ziehen. Obere Rückzugfeder −2− vorne aushängen. Vordere Bremsbacke mit Druckstange herausnehmen.

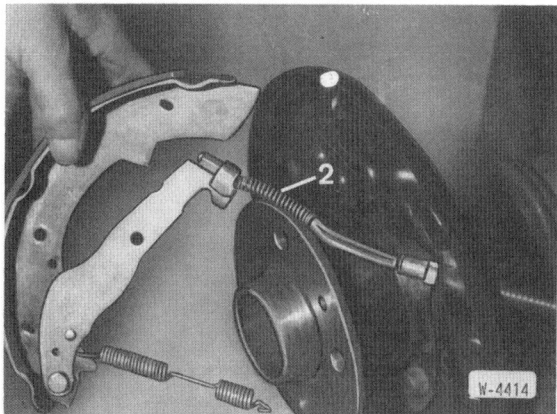

- Handbremsseil durch Zurückschieben der Feder −2− aushängen, Bremsbacke abnehmen.

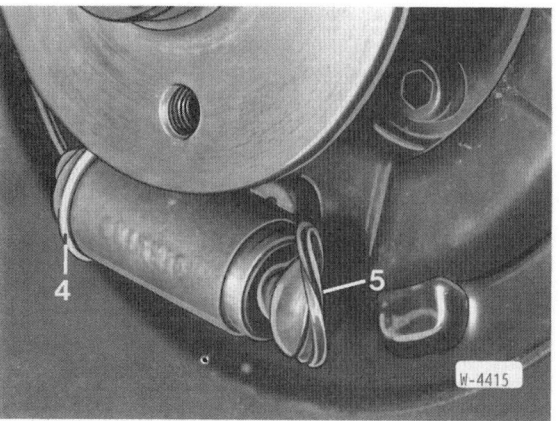

- Am Radbremszylinder Sicherungsring −4− abnehmen und Staubmanschette −5− abziehen. **Achtung: Dabei darf der Bremskolben nicht herausgezogen werden.** Kontrollieren, ob es hinter der Staubmanschette feucht ist. Gegebenenfalls Radbremszylinder überholen oder austauschen.
- Staubmanschette auf Radbremszylinder aufsetzen und mit Sicherungsring sichern.

Einbau

Grundsätzlich alle 4 Bremsbacken ersetzen und gleiches Fabrikat verwenden. Bremsbacken im Tausch erneuern. Bremstrommel und Bremsträger mit Preßluft ausblasen oder mit Spiritus reinigen. Während die Bremsbacken ausgebaut sind, nicht auf die Fußbremse treten, da sonst die Bremskolben aus dem Radbremszylinder rutschen. Falls der Radbremszylinder durch Bremsflüssigkeit feucht ist, Radbremszylinder überholen. Gewinde der Druckstange gangbar machen und leicht mit MoS$_2$-Fett einfetten. Riefige Bremstrommeln ausdrehen lassen, dabei immer beide Bremstrommeln bearbeiten lassen. Das maximale Bearbeitungsmaß beträgt 229,5 mm.

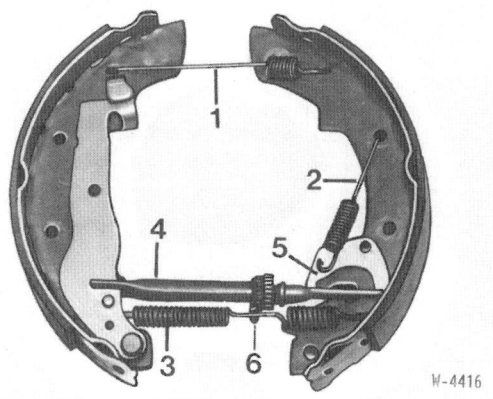

Anordnung der Hinterradbremsteile: 1− obere Rückzugfeder, 2− seitliche Rückzugfeder, 3− untere Rückzugfeder, 4− Druckstange, 5− Hebel für automatische Bremseinstellung, 6− Thermoclip.

Achtung: Werden die Bremsbacken ersetzt, sind gleichzeitig auch die Rückzugfedern und der Thermoclip zu erneuern.

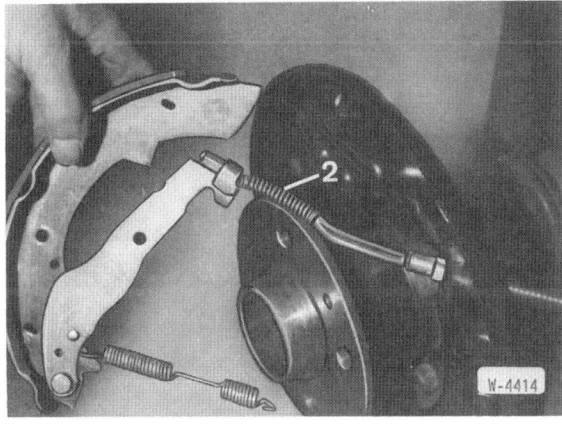

- Handbremsseil −2− am Handbremshebel einhängen.
- Stift für Federteller nach vorn durch die Bohrung der Bremsbacke führen. Druckfeder auf Bremsbacke aufsetzen. Federteller mit Kombizange aufdrücken, Stift von hinten gegenhalten und Federteller gleichzeitig um 90° drehen.

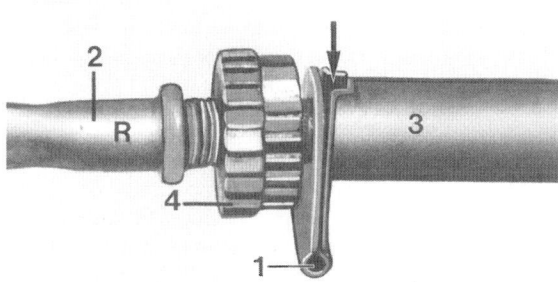

- Nachstellritzel −4− zurückdrehen. Automatische Nachstellung auf Leichtgängigkeit prüfen. Gegebenenfalls Druckstange ganz leicht einfetten. Druckstange nicht vertauschen. Das Nachstellritzel für die linke Seite hat Rechtsgewinde −R−, die rechte Seite Linksgewinde. **Achtung:** Der Thermoclip −1− muß in die Ausbuchtung −Pfeil− der Druckstange −3− einrasten.
- Druckstange unten in die Trommelbremse einsetzen.
- Hebel −5− für automatische Bremseinstellung in Bremsbacke einsetzen und mit Rückzugfeder −2− arretieren. **Achtung:** Auf richtige Lage der Rückzugfeder −2− achten, siehe Abbildung W-4416.
- Stift für Federteller nach vorn durch die Bohrung der Bremsbacke führen. Druckfeder auf Bremsbacke aufsetzen. Federteller mit Kombizange aufdrücken, Stift von hinten gegenhalten und Federteller gleichzeitig um 90° drehen.

- Obere und untere Rückzugfeder mit Bremsfederzange einhängen.

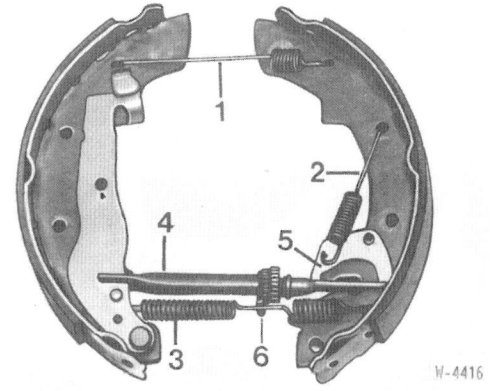

- Beim Einhängen der Rückzugfedern −1− und −3− auf Lage der Kröpfung achten.

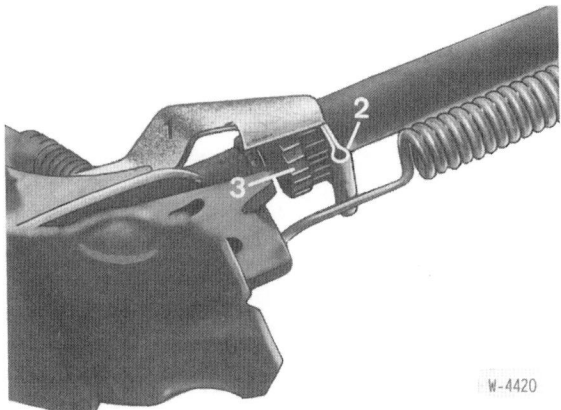

- Kontrollieren, ob der Hebel −1− für automatische Bremsrückstellung in das Ritzel −3− eingreift und der Thermoclip −2− in der Aussparung sitzt.
- Bremstrommel aufsetzen und so verdrehen, daß die Bohrung in der Trommel mit dem Gewinde im Mitnehmerflansch übereinstimmt. Schraube für Bremstrommel mit Innensechskantschlüssel SW 5 einschrauben.

- Wurde der hydraulische Bremskreis geöffnet, beispielsweise durch das Auswechseln des Radbremszylinders, so muß vor dem Einstellen der Hinterradbremse die Bremsanlage entlüftet werden.
- Grundlüftspiel der Hinterradbremse durch mehrmaliges Betätigen der Fußbremse einstellen.

Ein Klickgeräusch an der Hinterradbremse ist bis zum Erreichen des Grundlüftspiels hörbar. Durch eine Radschraubenbohrung kann während des Bremsens geprüft werden, ob die automatische Nachstellung arbeitet.

- Handbremse einstellen, siehe Seite 181.
- Rad anschrauben. Dabei auf Farbmarkierung achten, damit das ausgewuchtete Rad wieder an gleicher Stelle montiert wird.
- Fahrzeug abbocken, Radschrauben mit **110 Nm** über Kreuz festziehen.

Radbremszylinder aus- und einbauen

Ausbau

- Bremsbacken ausbauen.

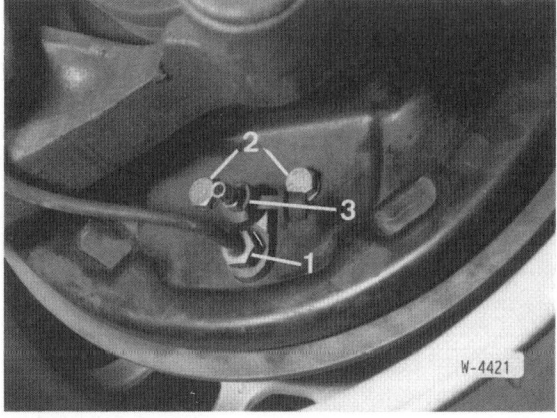

- Mutter –1– für Bremsleitung lösen, nicht abschrauben.
- Beide Schrauben –2– für Radbremszylinder herausdrehen.

Einbau

- Lappen unter Bremsträgerblech legen.
- Mutter –1– für Bremsleitung herausschrauben und sofort in neuen Radbremszylinder handfest einschrauben. Dadurch ist sichergestellt, daß nur wenig Bremsflüssigkeit ausläuft.
- Sollte der Dichtring im Bremsträgerblech für den Radbremszylinder defekt sein, so ist dieser vorher auszutauschen.

- Schrauben –2– für Radbremszylinder einschrauben und mit 10 Nm festziehen.
- Überwurfmutter für Bremsleitung möglichst mit offenem Ringschlüssel und 5 Nm, also leicht, festziehen.
- Bremsbacken einbauen.
- Bremsanlage entlüften.

Die Bremsflüssigkeit

Beim Umgang mit Bremsflüssigkeit ist zu beachten:

- Bremsflüssigkeit ist giftig. Keinesfalls Bremsflüssigkeit mit dem Mund über einen Schlauch absaugen. Bremsflüssigkeit nur in Behälter füllen, bei denen ein versehentlicher Genuß ausgeschlossen ist.
- Bremsflüssigkeit ist ätzend und darf deshalb nicht mit dem Autolack in Berührung kommen, gegebenenfalls sofort abwischen und mit viel Wasser abwaschen.
- Bremsflüssigkeit ist hygroskopisch, das heißt, sie nimmt aus der Luft Feuchtigkeit auf. Bremsflüssigkeit deshalb nur in geschlossenen Behältern aufbewahren.
- **Bremsflüssigkeit, die schon einmal im Bremssystem verwendet wurde, darf nicht wieder verwendet werden. Auch beim Entlüften der Bremsanlage nur neue Bremsflüssigkeit verwenden.**
- Bremsflüssigkeits-Spezifikation: **DOT 4**.
- **Bremsflüssigkeit darf nicht mit Mineralöl in Berührung kommen.** Schon geringe Spuren Mineralöl machen die Bremsflüssigkeit unbrauchbar beziehungsweise führen zum Ausfall des Bremssystems. Stopfen und Manschetten der Bremsanlage werden beschädigt, wenn sie mit mineralölhaltigen Mitteln zusammenkommen. Zum Reinigen keine mineralölhaltigen Putzlappen verwenden.
- Bremsflüssigkeit alle 2 Jahre wechseln, möglichst nach der kalten Jahreszeit.
- Alte Bremsflüssigkeit bei der örtlichen Deponie für Sondermüll abgeben, nicht in die Kanalisation schütten.

Bremsanlage entlüften

Nach jeder Reparatur an der Bremse, bei der die Anlage geöffnet wurde, kann Luft in die Druckleitungen eingedrungen sein. Dann ist das Bremssystem zu entlüften. Luft ist auch dann in den Leitungen, wenn sich beim Niedertreten des Bremspedales der Bremsdruck schwammig anfühlt. In diesem Fall muß die Undichtigkeit beseitigt und die Bremsanlage entlüftet werden.

Die Bremsanlage wird durch Pumpen mit dem Bremspedal entlüftet, dazu ist eine zweite Person notwendig.

Achtung: Der Arbeitsvorgang ist für Fahrzeuge mit und ohne ABS (Antiblockiersystem) beziehungsweise ABS/ASC+T identisch. Die Werkstätten verwenden zum Entlüften ein Entlüftergerät, das am Ausgleichbehälter angeschlossen wird. Wird dieses Gerät bei Fahrzeugen mit ABS/ASC+T verwendet, muß dennoch das Bremssystem, wie nachfolgend beschrieben, durch Betätigen des Bremspedals entlüftet werden. Eingriffe am ABS/ASC+T-Gerät sind aus Sicherheitsgründen nur dem Fachmann erlaubt. Es muß anschließend eine Entlüftungsroutine in der BMW-Werkstatt durchgeführt werden.

Sicherheitshinweis, Fahrzeuge mit ABS: Sinkt der Bremsflüssigkeitsstand im Ausgleichbehälter beim Entlüftungsvorgang zu tief ab wird Luft angesaugt, die in die Hydraulikpumpe gelangt. Die Bremsanlage muß dann in der Werkstatt entlüftet werden. Bei Einbau eines neuen Bremsschlauchs ist die Anlage ebenfalls in der Werkstatt zu entlüften. Das Fahrzeug darf solange nicht gefahren werden.

Muß die ganze Anlage entlüftet werden, jeden Radbremszylinder einzeln entlüften. Falls nur ein Bremssattel erneuert beziehungsweise überholt wurde, genügt in der Regel das Entlüften des betreffenden Zylinders.

Die Reihenfolge der Entlüftung: 1. Bremssattel beziehungsweise Radbremszylinder hinten rechts, 2. Bremssattel beziehungsweise Radbremszylinder hinten links, 3. Bremssattel vorn rechts, 4. Bremssattel vorn links.

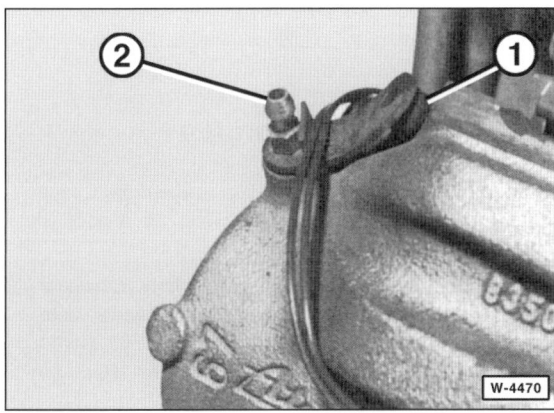

- Staubkappe –1– von der Entlüfterschraube –2– des Bremszylinders abnehmen. Entlüfterschraube reinigen, sauberen Schlauch aufstecken, anderes Schlauchende in eine mit Bremsflüssigkeit halbvoll gefüllte Flasche stecken.

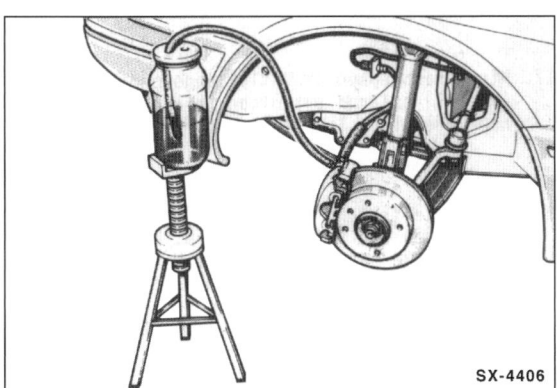

- Die Auffangflasche soll mindestens 30 cm höher stehen als die Entlüfterschraube. Dadurch wird verhindert, daß Luft über das Gewinde der Entlüfterschraube in das Bremssystem gelangt.

- Von einer Hilfsperson Bremspedal so oft niedertreten lassen, »pumpen«, bis sich im Bremssystem Druck aufgebaut hat. Zu spüren am wachsenden Widerstand beim Betätigen des Pedals.

- Ist genügend Druck vorhanden, Bremspedal ganz durchtreten, Fuß auf dem Bremspedal halten.

- Entlüfterschraube am Bremssattel etwa eine halbe Umdrehung mit Ringschlüssel öffnen. Ausfließende Bremsflüssigkeit in der Flasche sammeln. Darauf achten, daß sich das Schlauchende in der Flasche ständig unterhalb des Flüssigkeitsspiegels befindet.

- Bremspedal lösen und ca. 12 mal bis zum Anschlag betätigen (pumpen). Das Bremspedal läßt sich dabei leicht durchdrücken. Bremsflüssigkeit fließt durch die Entlüfterschraube in die Flasche.

- Bremspedal in durchgetretener Stellung halten, dabei vom Helfer Entlüfterschraube schließen lassen.

- Entlüftungsvorgang an einem Bremszylinder so lange wiederholen, bis sich in der Bremsflüssigkeit, die in die Entlüfterflasche strömt, keine Luftblasen mehr zeigen.

- Nach dem Entlüften Schlauch von Entlüfterschraube abziehen, Staubkappe auf Ventil stecken.

- Die anderen Bremszylinder auf gleiche Weise entlüften.

Achtung: Während des Entlüftens ab und zu den Ausgleichbehälter beobachten. Der Flüssigkeitsspiegel darf nicht zu weit sinken, sonst wird über den Ausgleichbehälter Luft angesaugt. **Immer nur neue Bremsflüssigkeit nachgießen!**

- Nach dem Entlüften ist der Ausgleichbehälter bis zur »Max«-Markierung aufzufüllen. Deckel aufschrauben.

- Nach dem Entlüften darf sich beim Treten auf das Bremspedal der Druck nicht schwammig anfühlen. Falls doch, Anlage nochmals entlüften. Dabei an jedem Bremssattel den Entlüftungsvorgang 5-mal durchführen.

- Anschließend einige Bremsungen auf einer Straße ohne Verkehr durchführen. Dabei sollte mindestens einmal die Bremsregelung des ABS-Systems geprüft werden, beispielsweise auf losem Untergrund. Dazu Bremse stark betätigen, bis am spürbaren Pulsieren des Bremspedals der Beginn der Bremsregelung erkennbar ist.

Achtung: Falls der Bremspedalweg nach der Probefahrt zu groß ist, obwohl er direkt nach dem Entlüften in Ordnung war, dann ist möglicherweise Luft in der ABS-Hydraulikeinheit. In diesem Fall Bremsanlage umgehend in der Fachwerkstatt entlüften lassen.

Bremsleitung/Bremsschlauch ersetzen

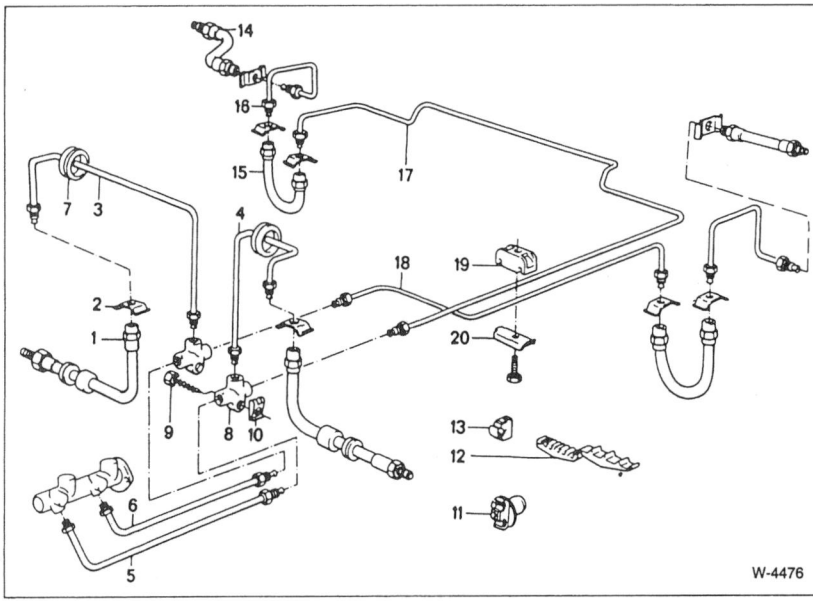

1 – Bremsschlauch
2 – Haltefeder
3 – Rohrleitungen
4 – Rohrleitungen
5 – Rohrleitungen
6 – Rohrleitungen
7 – Gummitülle
8 – Zwischenstück
9 – Blechschraube
10 – Blechmutter
11 – Halter Bremsleitung
12 – Halter Bremsleitung
13 – Halter Bremsleitung
14 – Bremsschlauch
15 – Bremsschlauch
16 – Rohrleitung
17 – Rohrleitung
18 – Rohrleitung
19 – Schelle
20 – Halter

Für das Bremsleitungssystem, das zusammen mit den druckfesten Bremsschläuchen für die Räder die Verbindung vom Hauptbremszylinder zu den vier Radbremsen herstellt, werden Rohre verwendet.

Die Bremsschläuche stellen die flexiblen Verbindungen zwischen den starren und beweglichen Fahrzeugteilen her.

- Fahrzeug aufbocken.
- Bremsleitung an den Überwurfmuttern lösen und abnehmen.
- Leitungsanschluß in Richtung Hauptbremszylinder mit geeignetem Stopfen verschließen, oder vorher Bremsflüssigkeit mit Saugheber aus dem Vorratsbehälter absaugen.
- Neue Bremsleitung möglichst an gleicher Stelle verlegen.
- Soll der Bremsschlauch am Bremssattel erneuert werden, muß vorher der Bremssattel ausgebaut werden.
- Neuen Bremsschlauch so einbauen, daß er ohne Drall durchhängt und mit **15 Nm** festziehen.
- Nur vom Werk freigegebene Bremsschläuche und Bremsleitungen einbauen. Die Bremsleitungen werden nur in gerader Ausführung und richtiger Länge mit Anschlußnippel versehen verkauft. Als Biegevorlage dient die ausgebaute Bremsleitung. Oberfläche der Leitung nicht beschädigen, Leitung nicht knicken und nicht zurückbiegen.
- Nach dem Einbau bei entlastetem Rad prüfen (Wagen angehoben), ob der Bremsschlauch allen Radbewegungen folgt, ohne irgendwo anzuscheuern.

Achtung: Bremsschläuche nicht mit Öl oder Petroleum in Berührung bringen, nicht lackieren oder mit Unterbodenschutz besprühen.

- Bremsanlage entlüften.
- Fahrzeug ablassen.

Bremskraftverstärker prüfen

Der Bremskraftverstärker ist auf Funktion zu überprüfen, wenn zur Erzielung ausreichender Bremswirkung die Pedalkraft außergewöhnlich hoch ist.

- Bremspedal bei stehendem Motor mindestens 10mal kräftig durchtreten, dann bei belastetem Bremspedal Motor starten. Das Bremspedal muß jetzt unter dem Fuß spürbar nachgeben. In diesem Fall ist der Bremskraftverstärker in Ordnung.
- Andernfalls Unterdruckschlauch am Bremskraftverstärker abschrauben, Motor starten. Durch Fingerauflegen am Ende des Unterdruckschlauches prüfen, ob Unterdruck erzeugt wird.
- Ist kein Unterdruck vorhanden: Unterdruckschlauch auf Undichtigkeiten und Beschädigungen prüfen, gegebenenfalls ersetzen. Sämtliche Schellen fest anziehen.
- Ist Unterdruck vorhanden: Unterdruck messen, ggf. Bremsservo ersetzen (Werkstattarbeit). **Achtung:** Dabei auch immer Rückschlagventil in der Unterdruckleitung ersetzen lassen, da die Membrane im Bremskraftverstärker durch eindringende Kraftstoffdämpfe (bei defektem Rückschlagventil) beschädigt werden kann.

Die Feststellbremse

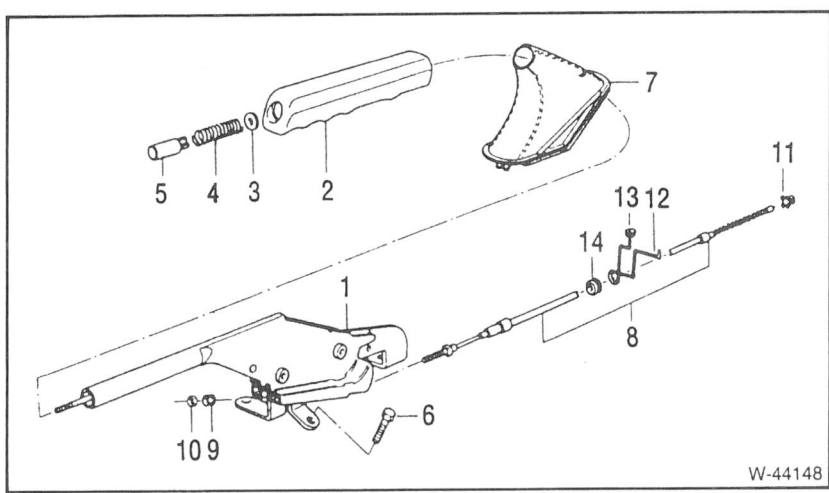

1 – Handbremshebel
2 – Griff
3 – Unterlage
4 – Druckfeder
5 – Druckknopf
6 – Sechskantschraube
7 – Abdeckung
8 – Bowdenzug
9 – Sechskantmutter
10 – Sechskantmutter
11 – Klammer
12 – Aufhängehaken
13 – Tülle
14 – Gummitülle

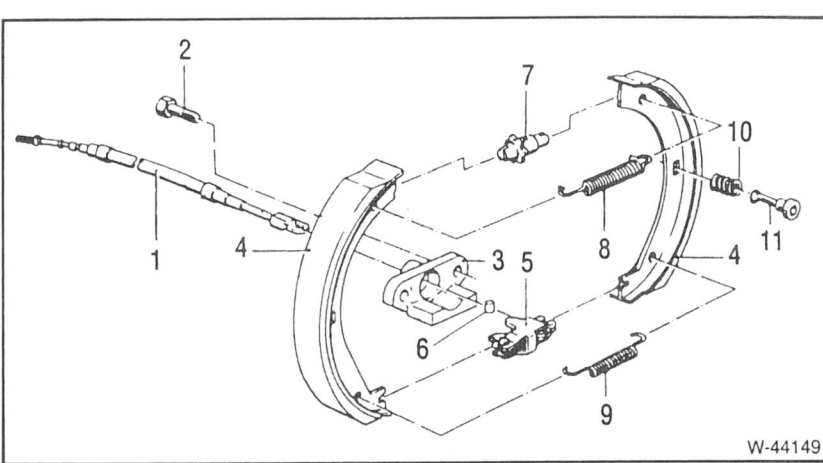

1 – Bowdenzug
2 – Schraube
3 – Stütze
4 – Bremsbacken
5 – Spreizschloß
6 – Bolzen
7 – Einstellschraube
8 – untere Zugfeder
9 – obere Zugfeder
10 – Druckfeder
11 – Spannstift

Bremsbacken für Feststellbremse aus- und einbauen

Ausbau

- Bremsscheibe hinten ausbauen.

- Vordere Rückzugfeder mit Bremsfederzange aushängen. Rückzugfeder überprüfen, korrodierte oder ausgeleierte Feder erneuern.

- Andrückfeder mit Innensechskantschlüssel SW 5 etwas zusammendrücken, um ca. 90° (¼ Umdrehung) drehen und Haltefeder von der Bremsbacke abnehmen.

- Andrückfeder von der anderen Bremsbacke auf dieselbe Weise ausbauen.

- Beide Bremsbacken oben auseinanderziehen und nach unten abnehmen.

- Spreizschloß auf Leichtgängigkeit prüfen, gegebenenfalls ausbauen. Dazu Teil −1− nach hinten ziehen, Bolzen −2− herausdrücken und Teil −3− vom Seilzug abziehen.

Einbau

Grundsätzlich Bremsbacken auf beiden Seiten erneuern.

- Gleitflächen und Bolzen des Spreizschlosses mit »Molykote-Paste G« ganz dünn bestreichen.

- Spreizschloß mit Bolzen −2− oben in das Handbremsseil lagerichtig einhängen.

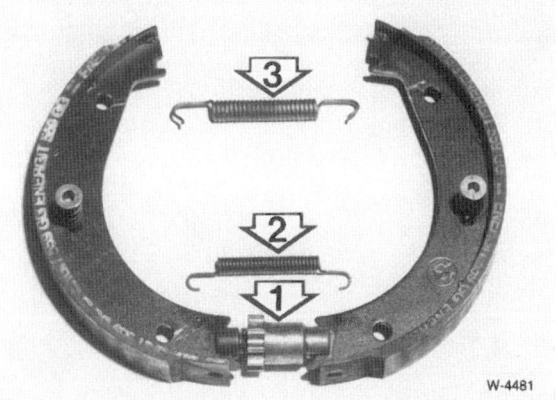

- Bremsbacken-Einstellvorrichtung −1− gangbar machen, Gewinde leicht mit Molykotefett einstreichen, Gewindestück zurückdrehen.
- Bremsbacken-Einstellvorrichtung lagerichtig unten zwischen die Bremsbacken setzen. Rückzugfeder −2− (dünnere Feder) unten in die Bremsbacken einhängen.

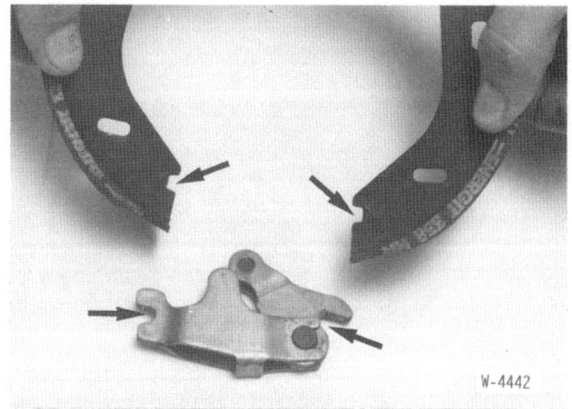

- Bremsbacken einsetzen. Oben müssen die Bremsbacken in die Aussparungen −Pfeile− des Spreizschlosses eingreifen.

- Das Ritzel −1− der Bremsbacken-Einstellvorrichtung muß nach unten zeigen, damit es später von außen eingestellt werden kann.

- 2 Andrückfedern für Bremsbacken mit 5 mm Innensechskantschlüssel aufdrücken und gleichzeitig um ca. 90° drehen. In geschlossener Stellung steht die Markierung auf dem Schraubenkopf, wie in der Abbildung gezeigt.
- Mit Bremsfederzange obere Rückzugfeder einhängen.

- Die Bremsbacken −Pfeile− müssen am Widerlager des Bremsträgers anliegen.

- Bremsscheibe und Hinterrad montieren.
- Feststellbremse einstellen.

Hinweis: Wurden die Bremsbacken der Feststellbremse erneuert, müssen die Beläge auf leerer Straße wie folgt eingebremst werden: Mit ca. 40 km/h fahren und Handbremse **vorsichtig** anziehen, bis eine leichte Bremswirkung festgestellt wird. Unter Beibehaltung der Geschwindigkeit Handbremse 1 Raste weiter anziehen und ca. 400 m weiter fahren. Handbremse lösen und abkühlen lassen. Es empfiehlt sich, diesen Einbremsvorgang unabhängig vom Bremsbelagwechsel ca. vierteljährlich zu wiederholen, da auf diese Weise auch eventuell entstandene Korrosion und Abrieb von den Bremsflächen entfernt werden.

Handbremse einstellen

Fahrzeuge mit Scheibenbremse hinten

Die Feststellbremse ist von der Betriebsbremse völlig getrennt. Dadurch unterliegt die Feststellbremse nur geringem Verschleiß. Durch Korrosion der Bremstrommel oder Verschmutzung der Bremsbacken sinkt das Reibmoment. Werden die alten Beläge nachgestellt, sollte daher die Handbremse vorher eingebremst werden. Um eine optimale Wirkung der Handbremse zu erzielen, genügt es in der Regel, vor dem Einstellen der Handbremse, das Fahrzeug etwa 400 m mit leicht angezogener Handbremse (anziehen bis Widerstand spürbar und eine Raste weiterziehen) und ca. 40 km/h zu fahren.

Die Handbremse wird im Rahmen der Wartung nachgestellt, wenn sich der Handbremshebel mehr als 8 Zähne anziehen läßt.

- An beiden Hinterrädern je eine Radschraube lösen.
- Fahrzeug hinten aufbocken, siehe Seite 123.

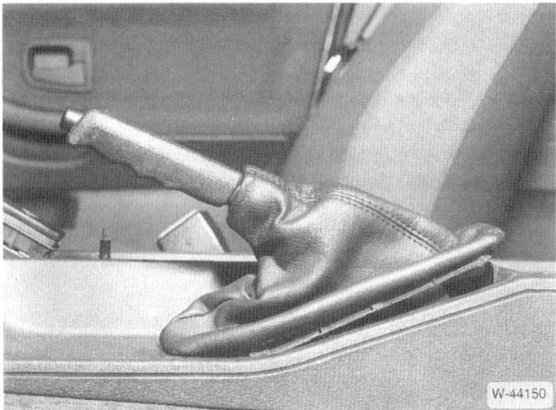

- Abdeckung für Handbremshebel hinten hochziehen und herausziehen.

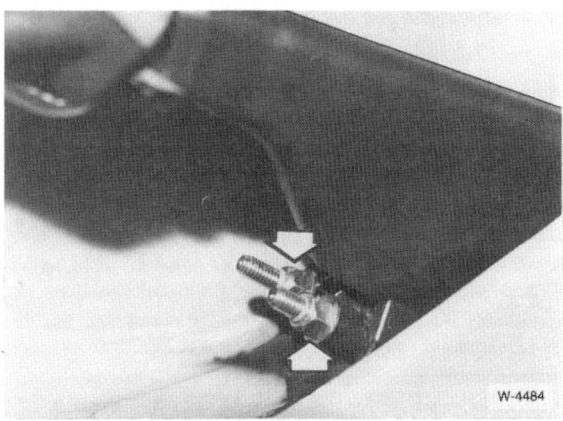

- 2 Einstellschrauben —Pfeile— für Handbremsseile lösen.

- Eine Radschraube an jedem Rad ganz herausdrehen. Die Gewindebohrung muß ca. 30° hinter der Senkrechten oben stehen. Mit Taschenlampe in das Schraubenloch strahlen, die Nachstellmutter muß sichtbar sein.

- Durch Drehen der Nachstellmutter —1— mit Schraubendreher —2— Handbremsbacken anlegen, bis sich die Bremsscheibe nicht mehr von Hand drehen läßt. Anschließend Nachstellmutter 3 bis 4 Zähne zurückdrehen. Wird die Nachstellmutter auf der linken Seite nach oben gedreht, legen sich die Bremsbacken gegen die Trommel. Auf der rechten Seite muß das Nachstellritzel nach unten gedreht werden, damit sich die Bremsbacken anlegen.

- Nach dem Einstellen prüfen, ob sich die Bremsscheiben frei drehen, gegebenenfalls Nachstellmutter noch etwas zurückdrehen. Die Bremsscheiben müssen in jedem Fall frei drehen.

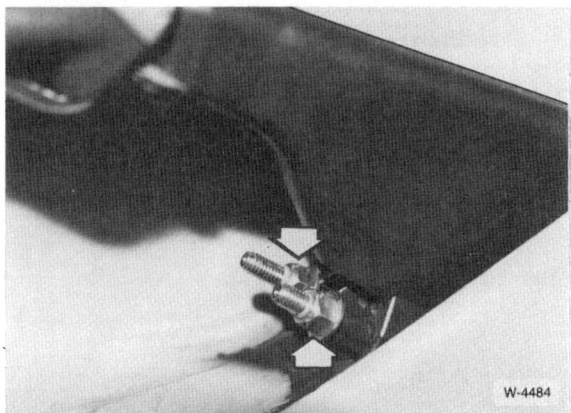

- Bremsseile einstellen. Dazu Handbremshebel 4 Zähne anziehen und Nachstellmuttern —Pfeile— so weit auf die Bremsseile aufschrauben, bis sich die Hinterräder links und rechts **gleichmäßig** gerade noch von Hand drehen lassen. Handbremshebel lösen und kontrollieren, ob sich die Räder frei drehen lassen, gegebenenfalls Einstellung wiederholen.

- Zündung einschalten. Die Kontrolleuchte für Feststellbremse muß bei gelöster Handbremse ausgehen. Falls nicht, Schalter —3— entsprechend einstellen.

- Handbremsabdeckung einclipsen.
- Fahrzeug ablassen.
- Die 2 Radschrauben an den hinteren Scheibenbremsen reindrehen und mit **110 Nm** anziehen. Radkappen aufdrücken.

Fahrzeuge mit Trommelbremse hinten

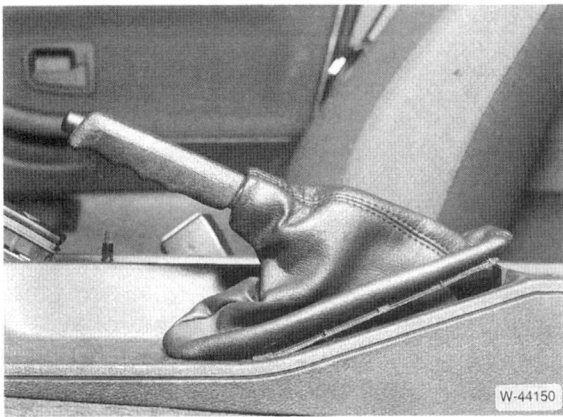

- Abdeckung für Handbremshebel hinten hochziehen und herausziehen.

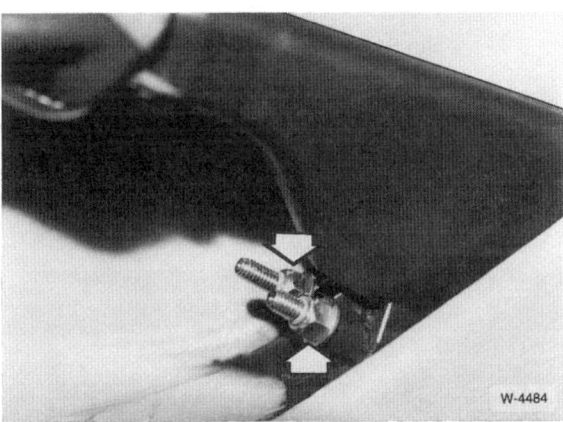

- 2 Einstellschrauben −Pfeile− für Handbremsseile lösen.

- Fußbremse mehrmals betätigen. Das Grundlüftspiel stellt sich automatisch ein und ist durch ein leises Klickgeräusch an den Hinterrädern zu hören. Die Funktion der automatischen Nachstellung kann durch eine Radschraubenbohrung −Pfeil− kontrolliert werden.

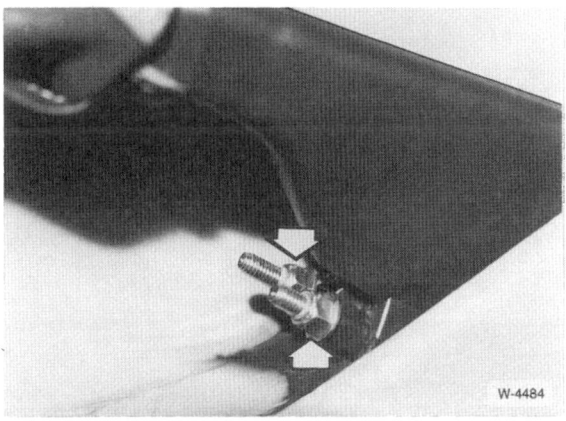

- Bremsseile einstellen. Dazu Handbremshebel 4 Zähne anziehen und Nachstellmuttern −Pfeile− so weit auf die Bremsseile aufschrauben, bis sich die Hinterräder links und rechts **gleichmäßig** gerade noch von Hand drehen lassen. Handbremshebel lösen und kontrollieren, ob sich die Räder frei drehen lassen, gegebenenfalls Einstellung wiederholen.

- Zündung einschalten. Die Kontrolleuchte für Feststellbremse muß bei gelöster Handbremse ausgehen. Falls nicht, Schalter −3− entsprechend einstellen.
- Handbremsabdeckung einclipsen.

Handbremshebel/Abdeckung aus- und einbauen

Ausbau

- Abdeckung für Handbremshebel hinten hochziehen und nach vorn ausheben.

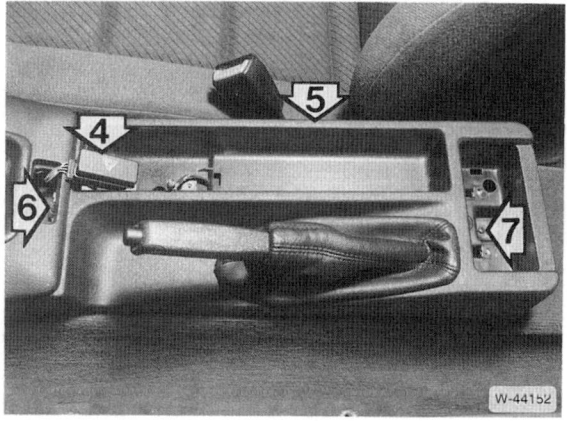

- Warnblinkschalter −4− mit schmalem Schraubendreher herausheben.
- Beide Aschenbecher vorn und hinten aus der Konsole −5− ausbauen. Dazu Aschenbecher öffnen, Einsatz nach oben herausziehen und mit je 2 Schrauben abschrauben. Am vorderen Aschenbecher Lampe für Beleuchtung herausziehen.
- Je eine Kreuzschlitzschraube vorn −6− und hinten −7− herausdrehen.

- Konsole −5− hinten anheben und aus der vorderen Mittelkonsole −8− herausziehen.

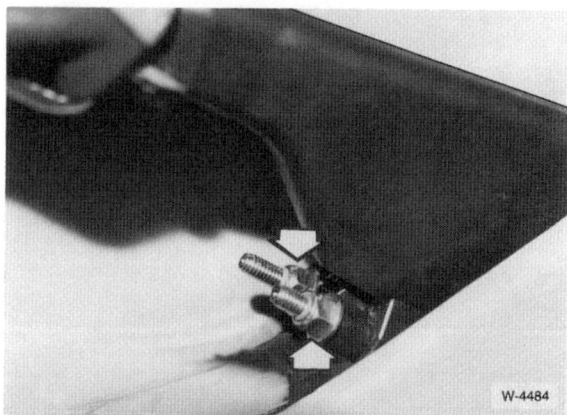

- 2 Muttern −Pfeile− für Handbremsseile abschrauben.

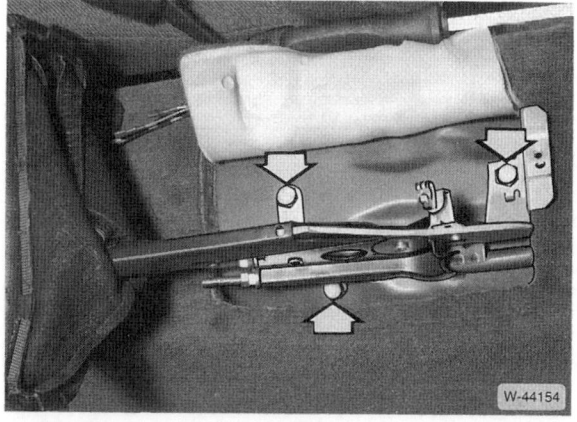

- Teppichboden zurückklappen, 3 Schrauben abschrauben und Handbremshebel herausnehmen.

Einbau

- Handbremsseile in den Handbremshebel einführen, Handbremshebel einsetzen und anschrauben.
- Muttern für Handbremsseile handfest aufschrauben.
- Handbremse einstellen, siehe Seite 181.

- Zündung einschalten. Die Kontrolleuchte für Feststellbremse muß bei gelöster Handbremse ausgehen. Falls nicht, Schalter −3− entsprechend einstellen.
- Konsole vorn einhängen, hinten herunterdrücken und mit 2 Schrauben befestigen, siehe unter »Ausbau«.
- Warnblinkschalter eindrücken, Aschenbecher einbauen.
- Abdeckung für Handbremse in die Konsole einclipsen.

Handbremsseil aus- und einbauen

Ausbau

- Handbremsseile am Handbremshebel abschrauben, siehe unter Handbremshebel ausbauen.
- Fahrzeug aufbocken, siehe Seite 123.
- Wärmeschutzblech der Abgasanlage abschrauben.
- Unter dem Fahrzeug Handbremsseile aus den Führungen herausziehen.

Scheibenbremse hinten

- Handbremsbacken ausbauen.

- Spreizschloß für Handbremsbacken ausbauen, dazu Bolzen −1− herausdrücken.
- Abstützung für Handbremsbowdenzug abschrauben, dazu Schrauben −2− abschrauben.
- Handbremsseil am Längslenker der Hinterachse aushängen und aus dem Schutzrohr herausziehen.

Einbau

- Handbremsseil zum Handbremshebel und zur Hinterradbremse verlegen. **Achtung:** Beim Einsetzen in das Schutzrohr darauf achten, daß das Bowdenzuggegenlager am Schutzrohr anliegt.
- Handbremsbowdenzug am Längslenker der Hinterachse in den Kunststoffclip einhängen.

- Abstützung für Bremsseil in das Handbremsseil einsetzen und am Bremsträgerblech mit 2 Schrauben −2− befestigen.
- Handbremse hinten komplettieren.

Trommelbremse hinten

- Bremstrommel ausbauen, siehe Seite 172.
- Obere Rückzugfeder aushängen, siehe Position −8− in Abbildung W-44149.
- Auflauf-Bremsbacke etwas vom Stützlager abheben und Handbremsseil am Bremshebel aushängen.

- Sicherungsklammer −1− mit Zange zusammendrücken und Handbremsseil aus Bremsträgerblech −2− nach hinten herausziehen.

Einbau

- Handbremsseil zum Handbremshebel und zum Bremsträgerblech verlegen.
- Handbremsseil mit Sicherungsklammer in Bremsträgerblech einsetzen. Auf richtigen Sitz der Sicherungsklammer achten.
- Handbremsseil an Längslenker anbauen.
- Trommelbremse komplettieren.

- Handbremsseile durch die Führungen in den Innenraum durchschieben. Darauf achten, daß sich der Handbremshebel beim Einführen der Seile in Lösestellung befindet.
- Muttern für Handbremsseile am Handbremshebel handfest aufschrauben.
- Wärmeschutzblech der Abgasanlage anschrauben.
- Handbremsseile am Hebel anschrauben.
- Handbremse einstellen.

Das Bremspedal

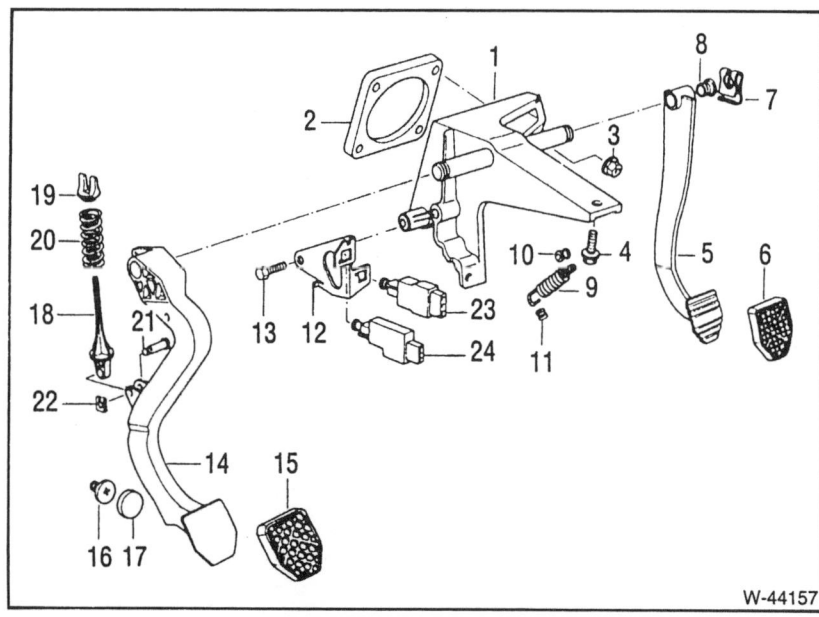

1 – Lagerbock
2 – Dichtung
3 – Bundmutter M 8
4 – Sechskantschraube mit Scheibe
5 – Bremspedal
6 – Pedalüberzug
7 – Klammer
8 – Lagerbuchse
9 – Zugfeder
10 – Tülle
11 – Tülle
12 – Halter für Bremslichtschalter
13 – Sechskantschraube M6x35
14 – Kupplungspedal
15 – Pedalüberzug
16 – Anschlag
17 – Kappe
18 – Bolzen
19 – Halter
20 – Druckfeder
21 – Bolzen
22 – Blechmutter
23 – Bremslichtschalter
24 – Kupplungsschalter
    Nur bei Fahrzeugen mit Tempomat

Bremslichtschalter prüfen/ersetzen

Der Bremslichtschalter sitzt im Fußraum am Pedalbock für das Bremspedal.

Prüfen

- Zündung einschalten und Bremspedal treten.
- Wenn das Bremslicht nicht aufleuchtet, zuerst Sicherung überprüfen. Anschließend Glühlampen überprüfen. Wenn die betreffenden Glühlampen nicht defekt sind, Bremslichtschalter überprüfen.
- Hierzu linke untere Abdeckung (oberhalb der Pedale) ausbauen, siehe Seite 228.
- Stecker vom Bremslichtschalter abziehen, dabei Rastnasen zusammendrücken.
- Zündung einschalten.
- Beide Kontakte im Kabelstecker des Bremslichtschalters mit einer kurzen Hilfsleitung verbinden. Wenn das Bremslicht jetzt aufleuchtet, Bremslichtschalter auswechseln.

Ausbau

- Kabelstecker vom Schalter abziehen, dabei Rastnasen zusammendrücken.

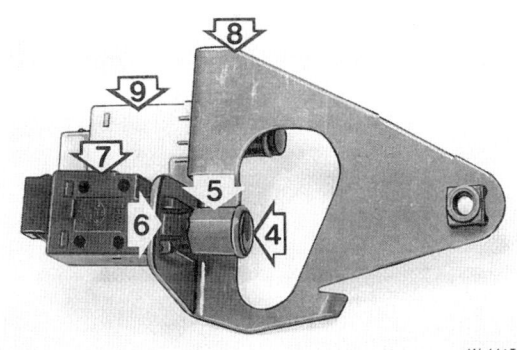

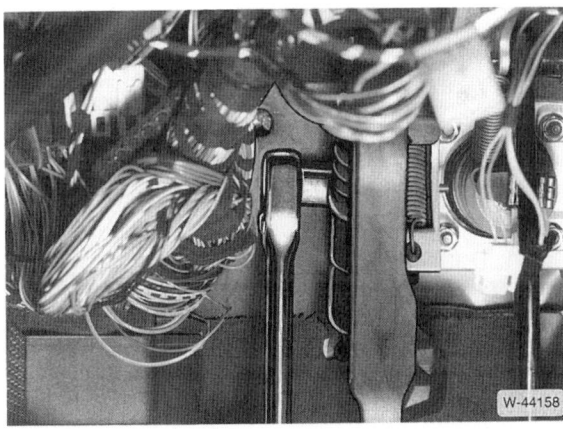

- Halter für Bremslichtschalter am Pedalbock abschrauben. Schraube **nicht** herausziehen.

- Druckpilz −4− des Schalters zusammen mit der roten Sicherungshülse −5− herausziehen, bis die Nasen −6− zusammengedrückt werden können.
- Nasen zusammendrücken und Bremslichtschalter −7− aus dem Halter −8− herausziehen. 9 − Kupplungspedalschalter, nur bei Fahrzeugen mit Tempomat eingebaut.

Einbau

- Schalter mit ganz herausgezogener Hülse in den Halter einsetzen und einrasten lassen.
- Rote Sicherungshülse zusammen mit dem Druckpilz ganz in den Schalter eindrücken.
- Halter am Pedalbock anschrauben.
- Stecker aufschieben und einrasten lassen.
- Kontrollieren, ob das Bremslicht bei eingeschalteter Zündung und betätigtem Bremspedal aufleuchtet.
- Untere Abdeckung einbauen.

Die ABS-Anlage

Je nach Modell und Ausstattung besitzt der BMW ein Anti-Blockier-System (ABS) der Firma TEVES mit der Bezeichnung MARK IV. Seit September 1991 sind alle BMW-Modelle serienmäßig mit ABS ausgestattet. Ein nachträglicher Einbau des ABS ist nicht möglich.

Das Antiblockiersystem (ABS) verhindert, daß bei scharfem Abbremsen die Räder blockieren. Dadurch bleibt vor allem das Fahrzeug bei einer Vollbremsung lenkbar.

Das ABS ist funktionsbereit, sobald die Zündung eingeschaltet ist und die Geschwindigkeit einmal ca. 8 km/h überschritten hat. Es regelt alle Bremsvorgänge im Blockierbereich.

Durch Drehzahlfühler, je zwei für die Vorder- und die Hinterräder, wird die Radgeschwindigkeit gemessen. Aus den Signalen der einzelnen Drehzahlfühler errechnet das elektronische Steuergerät eine Durchschnittsgeschwindigkeit, die in etwa der Fahrzeuggeschwindigkeit entspricht. Durch Vergleich der Radgeschwindigkeit für ein einzelnes Rad und der Durchschnittsgeschwindigkeit aller Räder erkennt das Steuergerät den Schlupfzustand des einzelnen Rades und kann dadurch feststellen, wenn sich ein Rad kurz vor dem Blockieren befindet.

Sobald ein Rad zum Blockieren neigt, der Bremsflüssigkeitsdruck im Bremssattel ist dann zu hoch im Verhältnis zur Haftfähigkeit der Reifen auf der Straße, hält das Hydrauliksystem aufgrund von Signalen des Steuergerätes den Flüssigkeitsdruck konstant. Das heißt, der Druck im Bremssattel erhöht sich nicht, auch wenn stärker auf das Bremspedal getreten wird. Besteht weiterhin Blockierneigung, wird der Flüssigkeitsdruck durch Öffnen eines Auslaßventils abgesenkt. Jedoch nur so weit, bis das Rad wieder geringfügig beschleunigt, dann wird der Druck wieder konstant gehalten.

Beschleunigt das Rad über einen bestimmten Wert hinaus, wird der Druck durch das Hydrauliksystem wieder erhöht, jedoch nicht über das Maß des allgemeinen Bremsdrucks hinaus.

Dieser Vorgang wiederholt sich bei scharfem Bremsen für jedes einzelne Rad so lange, bis das Bremspedal zurückgenommen wird, beziehungsweise bis kurz vor Stillstand (unter ca. 3 km/h) des Fahrzeuges.

Eine Sicherheitsschaltung im elektronischen Steuergerät sorgt dafür, daß sich das ABS bei einem Defekt (z. B. Kabelbruch) oder bei zu niedriger Betriebsspannung (Batteriespannung unter 10,5 Volt) selbst abschaltet. In diesem Fall leuchtet die ABS-Kontrolleuchte am Armaturenbrett während der Fahrt auf. Die herkömmliche Bremsanlage bleibt dabei in Betrieb. Das Fahrzeug verhält sich beim Bremsen dann so, als ob kein ABS eingebaut wäre.

Leuchtet während der Fahrt die ABS-Kontrollampe auf, dann weist dies darauf hin, daß sich das ABS abgeschaltet hat.

- Fahrzeug kurz anhalten, Motor abstellen und wieder starten.
- Batteriespannung prüfen. Wenn die Spannung unter 10,5 Volt liegt, Batterie laden.

Achtung: Wenn die ABS-Kontrolleuchte am Anfang einer Fahrt aufleuchtet und nach einiger Zeit wieder erlischt, deutet dies darauf hin, daß die Batteriespannung zunächst zu gering war, bis sie sich während der Fahrt durch Ladung über den Generator wieder erhöht hat.

- Fahrzeug aufbocken, Vorderräder abnehmen, elektrische Leitungen auf äußere Beschädigungen (durchgescheuert) prüfen.
- Weitere Prüfungen des ABS sollten der Werkstatt vorbehalten bleiben.

Achtung: Vor Schweißarbeiten mit einem elektrischen Schweißgerät muß der Stecker vom elektronischen Steuergerät abgezogen werden. Stecker nur bei ausgeschalteter Zündung abziehen. Bei Lackierarbeiten darf das Steuergerät kurzzeitig mit maximal +95° C und langfristig (ca. 2 Stunden) mit maximal +85° C belastet werden.

Automatische Stabilitäts-Control/ Automatische Stabilitäts-Control und Traktion

Je nach Modell und Ausstattung ist der 3er BMW mit der »Automatischen Stabilitäts-Control« (ASC) beziehungsweise mit der »Automatischen Stabilitäts-Control und Traktion« (ASC+T) ausgestattet. ASC verhindert ein Durchdrehen der angetriebenen Räder durch Reduzierung des Motordrehmoments. Neigt ein Hinterrad zum Durchdrehen erhält die »Digitale-Motor-Elektronik« (DME) entsprechende Signale vom ASC-Steuergerät. Daraufhin reduziert die DME die Motorleistung durch die Verstellung der Drosselklappe, des Zündwinkels sowie der Kraftstoffeinspritzung bis beide Antriebsräder wieder greifen. Selbst wenn der Fahrer weiterhin Vollgas gibt, bleibt das Drehmoment automatisch reduziert.

Ist ASC+T installiert, erfolgt - neben der Drehmomentreduzierung - an den angetriebenen Hinterrädern zusätzlich und automatisch ein Bremseneingriff, wenn ein Rad zum Durchdrehen neigt. Der dosierte Bremseingriff hat den gleichen Effekt, als wäre das Fahrzeug mit einem Sperrdifferential ausgerüstet, die Traktion wird also wesentlich verbessert.

Störungsdiagnose Bremse

Störung	Ursache	Abhilfe
Leerweg des Bremspedals zu groß	Bremsbeläge teilweise oder völlig abgenutzt	■ Bremsbeläge erneuern
	Ein Bremskreis ausgefallen	■ Bremskreise auf Flüssigkeitsverlust prüfen
	Beschädigte Manschette im Haupt- oder Radbremszylinder	■ Manschette erneuern. Beim Hauptbremszylinder Innenteile ersetzen, ggf. Bremszylinder ersetzen lassen
	Radlagerspiel zu groß	■ Radlager erneuern
	Seitenschlag oder Dickentoleranz der Bremsscheibe zu groß	■ Schlag und Toleranz prüfen. Scheibe nacharbeiten oder ersetzen
	Bremsscheibe läuft nicht parallel zum Bremssattel	■ Anlagefläche des Bremssattels prüfen
	Bremssystem undicht	■ Dichtigkeitsprüfung durchführen lassen
	Luft im Bremssystem	■ Bremsanlage entlüften
	Ungeeignete Bremsbeläge	■ Beläge erneuern Original-BMW-Beläge verwenden
	Speziell bei Trommelbremse: Automatische Nachstellung der Bremsbacken funktioniert nicht	■ Nachstellung gangbar machen
Bremspedal läßt sich weit und federnd durchtreten	Luft im Bremssystem	■ Bremse entlüften
	Zu wenig Bremsflüssigkeit im Ausgleichbehälter	■ Neue Bremsflüssigkeit nachfüllen Bremse entlüften
	Dampfblasenbildung. Tritt meist nach starker Beanspruchung auf, z. B. Paßabfahrt	■ Bremsflüssigkeit wechseln. Bremse entlüften
Bremswirkung läßt nach, und Bremspedal läßt sich durchtreten	Undichte Leitung	■ Leitungsanschlüsse nachziehen oder Leitung erneuern
	Beschädigte Manschette im Haupt- oder Radbremszylinder	■ Manschette erneuern. Beim Hauptbremszylinder Innenteile ersetzen, ggf. Bremszylinder ersetzen lassen
Bremse zieht einseitig	Unvorschriftsmäßiger Reifendruck	■ Reifendruck prüfen und berichtigen
	Bereifung ungleichmäßig abgefahren	■ Abgefahrene Reifen ersetzen
	Bremsbeläge verölt	■ Bremsbeläge erneuern
	Verschiedene Bremsbelagsorten auf einer Achse	■ Beläge erneuern. Original BMW-Beläge verwenden
	Schlechtes Tragbild der Bremsbeläge	■ Bremsbeläge austauschen
	Verschmutzte Bremssattelschächte	■ Sitz- und Führungsflächen der Bremsbeläge im Bremssattel reinigen
	Korrosion in den Bremssattelzylindern	■ Bremssattel erneuern
	Bremsbelag ungleichmäßig verschlissen	■ Bremsbeläge erneuern (beide Räder)
	Führungsschrauben verschmutzt oder beschädigt	■ Führungsschrauben erneuern
	Hinterachsgeometrie stimmt nicht	■ Fahrwerk vermessen lassen
	Stoßdämpfer defekt	■ Stoßdämpfer prüfen, ggf. erneuern
	Belag eines Sattels verschlissen oder verglast	■ Bremsbeläge erneuern, Bremssattel auf Leichtgängigkeit prüfen
	Speziell bei Trommelbremse: Kolben in den Radbremszylindern festgerostet	■ Radbremszylinder erneuern

Störung	Ursache	Abhilfe
Bremse zieht von selbst an	Ausgleichsbohrung im Hauptbremszylinder verstopft	■ Hauptbremszylinder reinigen und Innenteile erneuern lassen
	Spiel zwischen Betätigungsstange und Hauptbremszylinderkolben zu gering	■ Spiel prüfen
Bremsen erhitzen sich während der Fahrt	Ausgleichsbohrung im Hauptbremszylinder verstopft	■ Hauptbremszylinder reinigen und Innenteile erneuern lassen
	Spiel zwischen Betätigungsstange und Hauptbremszylinder zu gering	■ Spiel prüfen
	Drosselbohrung im Spezial-Bodenventil verstopft	■ Hauptbremszylinder reinigen, Innenteile ersetzen und Bremsflüssigkeit erneuern
	Durch Verwendung falscher Bremsflüssigkeit sind die Gummiteile gequollen	■ Hauptbremszylinder überholen, ggf. erneuern, Bremsflüssigkeit wechseln
	Bremssättel sind korrodiert	■ Bremssättel gangbar machen bzw. erneuern
	Spreizfeder gebrochen	■ Spreizfeder erneuern
	Speziell bei Trommelbremse: Bremsbacken-Rückzugfedern erlahmt	■ Rückzugfedern erneuern
	Handbremse nicht gelöst	■ Handbremse einstellen, ggf. Seil erneuern
Bremsen rattern	Ungeeigneter Bremsbelag	■ Beläge erneuern Original BMW-Beläge verwenden
	Bremsscheibe stellenweise korrodiert	■ Scheibe mit Schleifklötzen sorgfältig glätten
	Bremsscheibe hat Seitenschlag	■ Scheibe nacharbeiten oder ersetzen
	Bremstrommel unrund	■ Bremstrommel ausdrehen lassen ggf. ersetzen
Bremsbeläge lösen sich nicht von der Bremsscheibe, Räder lassen sich schwer von Hand drehen	Korrosion in den Bremssattelzylindern	■ Bremssattel überholen, eventuell Faustsättel instandsetzen
	Schutzkappen beschädigt	■ Schutzkappen erneuern
	Ausgleichbohrung im Hauptbremszylinder verstopft	■ Hauptbremszylinder überholen bzw. erneuern
Ungleichmäßiger Belag-Verschleiß	Ungeeigneter Bremsbelag	■ Bremsbeläge erneuern Original BMW-Beläge verwenden
	Bremssattel verschmutzt	■ Bremssattelschächte reinigen
	Kolben nicht leichtgängig	■ Kolbenstellung prüfen
	Bremssystem undicht	■ Bremssystem auf Dichtigkeit prüfen
	Verschmutzte Faustsattelschächte	■ Faustsättel bzw. Radbremszylinder instandsetzen
	Schutzkappen beschädigt	■ Schutzkappen erneuern
	Gummiring für Kolbennachstellung gequollen	■ Faustsättel bzw. Radbremszylinder instandsetzen
Keilförmiger Bremsbelag-Verschleiß	Bremsscheibe läuft nicht parallel zum Bremssattel	■ Anlagefläche des Bremssattels prüfen
	Korrosion in den Bremssätteln	■ Verschmutzung beseitigen
	Kolben arbeitet nicht richtig	■ Kolbenstellung prüfen

Störung	Ursache	Abhilfe
Bremse quietscht	Oft auf atmosphärische Einflüsse (Luftfeuchtigkeit) zurückzuführen	■ Keine Abhilfe erforderlich, und zwar dann, wenn Quietschen nach längerem Stillstand des Wagens bei hoher Luftfeuchtigkeit auftrat, aber nach den ersten Bremsungen sich nicht wiederholt
	Ungeeigneter Bremsbelag	■ Beläge erneuern. Original BMW-Beläge verwenden Rückenplatte mit Anti-Quietsch-Paste bestreichen
	Bremsscheibe läuft nicht parallel zum Bremssattel	■ Anlagefläche des Bremssattels prüfen
	Verschmutzte Schächte im Bremssattel	■ Bremssattelschächte reinigen
	Haltefedern ausgeleiert	■ Haltefedern erneuern
	Radlagerspiel zu groß	■ Radlager erneuern
	Rostrand an den Bremsscheiben	■ Bremsscheiben abdrehen oder erneuern
	Bremsbelag hat sich gelöst	■ Bremsbeläge erneuern
	Speziell bei Trommelbremse Bremstrommel ist unrund	■ Bremstrommel ausdrehen oder erneuern
	Bremstrommel verschmutzt	■ Bremstrommel reinigen, prüfen
Schlechte Bremswirkung trotz hohen Fußdrucks	Bremsbeläge verölt	■ Bremsbeläge erneuern
	Ungeeigneter oder verhärteter Bremsbelag	■ Beläge erneuern Original BMW-Beläge verwenden
	Bremskraftverstärker defekt	■ Bremsservo prüfen
	Bremsbeläge abgenutzt	■ Bremsbeläge erneuern
	Ein Bremskreis ausgefallen	■ Dichtigkeitsprüfung der Bremsanlage durchführen
Bremse pulsiert	**ABS** in Funktion	■ Normal, keine Abhilfe
	Seitenschlag oder Dickentoleranz der Bremsscheibe zu groß	■ Schlag und Toleranz prüfen. Scheibe nacharbeiten oder ersetzen
	Bremsscheibe läuft nicht parallel zum Bremssattel	■ Anlagefläche des Bremssattels prüfen
	Radlagerspiel zu groß	■ Radlager erneuern
Wirkung der Handbremse nicht ausreichend	Leerweg der Bremsbacken oder der Bremsseile zu groß	■ Handbremse einstellen
	Bremsbacken verölt	■ Bremsbeläge erneuern, Ursache der Verschmutzung feststellen und beheben
	Spreizschloß oder Bowdenzüge korrodiert	■ Neuteile einbauen
	Seilzüge falsch eingestellt	■ Handbremse einstellen

Räder und Reifen

Der 3er BMW ist je nach Modell und Ausstattung mit Reifen und Felgen unterschiedlicher Größe ausgerüstet. Sofern Reifen beziehungsweise Felgen montiert werden, die nicht in den Fahrzeugpapieren vermerkt sind, ist eine Eintragung in die Fahrzeugpapiere erforderlich.

Alle Scheibenräder sind als sogenannte Hump-Felgen ausgelegt. Der Hump ist ein in die Felgenschulter eingepreßter Wulst, der auch bei extrem scharfer Kurvenfahrt nicht zuläßt, daß der schlauchlose Reifen von der Felge gedrückt wird.

Räder- und Reifenmaße, Reifenfülldruck

Die Tabelle zeigt eine Auswahl möglicher Reifen- und Felgengrößen für den 3er BMW.

Modell		Stahlfelge	Leichtmetallfelge	Einpreßtiefe in mm	Reifengröße Gürtelreifen (schlauchlos)	Reifenfülldruck (Überdruck) in bar			
						halbe Zuladung		volle Zuladung	
						vorn	hinten	vorn	hinten
Limousine/ Coupé	316i/318i	6,5J x 15 H2	7J x 15 H2	47	205/60 R 15 H	1,8	2,0	2,0	2,5
	318tds	6,5J x 15 H2	7J x 15 H2	47	205/60 R 15 T	1,8	2,0	2,0	2,5
	318is, 320i, 325tds	6,5J x 15 H2	7J x 15 H2	47	205/60 R 15 V	2,0	2,3	2,2	2,7
	323i, 325i	6,5J x 15 H2	7J x 15 H2	47	205/60 R 15 V	2,0	2,4	2,4	2,9
	325td	6,5J x 15 H2	7J x 15 H2	47	205/60 R 15 H	1,8	2,1	2,1	2,6
	328i	6,5J x 15 H2	7J x 15 H2	47	205/60 R 15 W	2,0	2,4	2,4	2,9
Touring	318tds	6,5J x 15 H2	7J x 15 H2	47	205/60 R 15 T	2,0	2,4	2,5	3,0
	318i	6,5J x 15 H2	7J x 15 H2	47	205/60 R 15 H	2,0	2,4	2,5	3,0
	320i, 325tds	6,5J x 15 H2	7J x 15 H2	47	205/60 R 15 V	2,0	2,4	2,5	3,0
	323i	6,5J x 15 H2	7J x 15 H2	47	205/60 R 15 V	2,0	2,6	2,5	3,2
	328i	6,5J x 15 H2	7J x 15 H2	47	205/60 R 15 W	2,0	2,6	2,5	3,2
Compact	316i	6,5J x 15 H2	7J x 15 H2	47	205/60 R 15 H	1,8	2,0	2,0	2,4
	318ti	6,5J x 15 H2	7J x 15 H2	47	205/60 R 15 V	1,8	2,0	2,0	2,5
	318tds	6,5J x 15 H2	7J x 15 H2	47	205/60 R 15 H	1,8	2,0	2,0	2,4
	323ti	–	7J x 16 H2	45/46	225/50 ZR 16	2,0	2,4	2,4	2,9

- Der Reifenfülldruck für das **Reserverad** entspricht dem maximalen Fülldruck der Hinterradreifen.
- Sämtliche Überdruckangaben beziehen sich auf kalte Reifen (Umgebungstemperatur). Der sich bei längerer Fahrt einstellende, um ca. 0,2 bis 0,4 bar höhere Überdruck darf nicht reduziert werden.
- Winterreifen werden in der Regel mit einem um 0,2 bis 0,3 bar höheren Überdruck gefahren. Die Luftdruckempfehlungen des jeweiligen Reifenherstellers bei Winterreifen sind zu beachten. Da die Winterreifen einer Geschwindigkeitsbeschränkung unterliegen, muß ein Hinweis über die zulässige Höchstgeschwindigkeit im Blickfeld des Fahrers angebracht werden (§ 36, Absatz 1 StVZO).

- Bei sportlicher Fahrweise empfiehlt es sich, den Reifenüberdruck an Vorder- und Hinterrädern um 0,2 bar zu erhöhen. Bei dieser Erhöhung ist vom Basisüberdruck auszugehen, wie er für die verschiedenen Belastungszustände vorgeschrieben ist.
- Bei Anhängerbetrieb Reifenfülldruck auf den unter »volle Zuladung« angegebenen Wert erhöhen. Bei Fahrzeugen mit Anhängerkupplung im Solobetrieb Fülldruck für die hinteren Reifen um 0,2 bar erhöhen.

Achtung: Maßgebend für den Fülldruck ist das Reifenfülldruckschild an der Fahrertürsäule. Dort sind auch für Sonderfahrzeuge beziehungsweise neue Reifengrößen eventuell abweichende Werte ersichtlich.

Scheibenrad-Bezeichnungen

Beispiel: 7 J x 15 H2 ET47

- 7 = Maulweite der Felge in Zoll
- J = Kennbuchstabe für Höhe und Kontur des Felgenhorns (B = niedrigere Hornform)
- x = Kennzeichen für einteilige Tiefbettfelge
- 15 = Felgen-Durchmesser in Zoll
- H2 = Felgenprofil an Außen- und Innenseite mit Hump-Schulter
- ET47 = Einpreßtiefe 47 mm. Die Einpreßtiefe ist das Maß von der Felgenmitte bis zur Anlagefläche der Radschüssel an die Bremsscheibe.

Reifenbezeichnungen

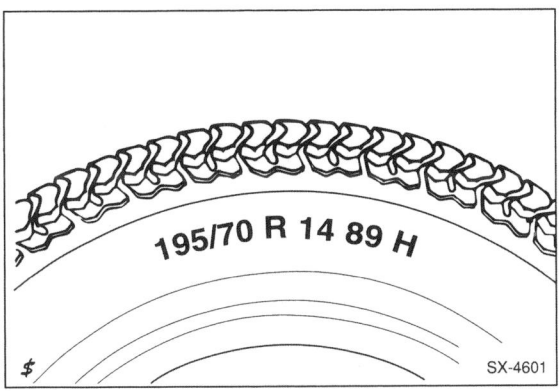

Beispiel:

- **195** = Reifenbreite in mm
- **/70** = Verhältnis Höhe zu Breite (die Höhe des Reifenquerschnitts beträgt 70 % von der Breite)

Fehlt eine besondere Angabe des Querschnittverhältnisses (z. B. 195 R 14), so handelt es sich um das »normale« Höhen-Breiten-Verhältnis. Es beträgt bei Gürtelreifen 82 %.

- **R** = Radial-Bauart (= Gürtelreifen).
- **14** = Felgendurchmesser in Zoll.
- **89** = Tragfähigkeits-Kennzahl.

Achtung: Steht zwischen den Angaben 14 und 89 die Bezeichnung M+S, dann handelt es sich um einen Reifen mit Winterprofil.

H = Kennbuchstabe für zulässige Höchstgeschwindigkeit.

Der Geschwindigkeitsbuchstabe steht hinter der Reifengröße. Die Geschwindigkeitssymbole gelten sowohl für Sommer- als auch für Winterreifen.

Geschwindigkeits-Kennbuchstabe

Kennbuchstabe	Zulässige Höchstgeschwindigkeit
Q	160 km/h
S	180 km/h
T	190 km/h
H	210 km/h
V	240 km/h
W	270 km/h

Reifen-Herstellungsdatum

Das Herstellungsdatum steht auf dem Reifen im Hersteller-Code.

Beispiel: DOT CUL2 UM8 3607 TUBELESS

- DOT = Department of Transportation (US-Verkehrsministerium)
- CU = Kürzel für Reifenhersteller
- L2 = Reifengröße
- UM8 = Reifenausführung
- 3607 = Herstellungsdatum = 36. Produktionswoche 2007
  Hinweis: Falls anstelle der 4-stelligen Ziffer eine 3-stellige Ziffer gefolgt von einem ◁-Symbol aufgeführt ist, dann wurde der Reifen im vergangenen Jahrzehnt produziert. Die Bezeichnung 509◁ bedeutet beispielsweise: 50. Produktionswoche 1999.
- TUBELESS = schlauchlos (TUBETYPE = Schlauchreifen)

Achtung: Neureifen müssen seit 10/98 zusätzlich mit einer ECE-Prüfnummer an der Reifenflanke versehen sein. Diese Prüfnummer weist nach, dass der Reifen dem ECE-Standard entspricht. Werden Reifen seit 10/98 **ohne** ECE-Prüfnummer montiert, erlischt die Allgemeine Betriebserlaubnis (ABE) des Fahrzeuges.

Regeln zur Reifenpflege

Generell gilt, daß Reifen sozusagen ein »Gedächtnis« haben und unsachgemäße Behandlung – dazu zählt beispielsweise auch schnelles oder häufiges Überfahren von Bordstein- oder Schienenkanten – oft erst viel später zu Reifenpannen führt.

Reifen reinigen

- Reifen nicht mit einem Dampfstrahlgerät reinigen. Wird die Düse des Dampfstrahlers zu nahe an den Reifen gehalten, dann wird dessen Gummischicht innerhalb weniger Sekunden irreparabel zerstört, selbst bei Verwendung von kaltem Wasser. Ein auf diese Weise gereinigter Reifen sollte sicherheitshalber ersetzt werden.

- Ersetzt werden sollte auch ein Reifen, der über längere Zeit mit Öl oder Fett in Berührung kam. Der Reifen quillt an den betreffenden Stellen zunächst auf, nimmt jedoch später wieder seine normale Form an und sieht äußerlich unbeschädigt aus. Die Belastungsfähigkeit des Reifens nimmt aber ab.

Reifen lagern

- Reifen sollten kühl, dunkel, trocken und möglichst auch zugfrei untergebracht werden, auch dürfen sie nicht mit Fett und Öl in Berührung kommen.
- Räder liegend oder an den Felgen aufgehängt in der Garage oder im Keller lagern.
- Bevor die Räder abmontiert werden, Reifenfülldruck etwas erhöhen (ca. 0,3–0,5 bar).
- Für Winterreifen eigene Felgen verwenden, denn das Ummontieren der Reifen auf dieselben Felgen lohnt sich aus Kostengründen nicht.

Reifen einfahren

Neue Reifen haben vom Produktionsprozeß her eine besonders glatte Oberfläche. Deshalb müssen neue Reifen – das gilt auch für das neue Ersatzrad – eingefahren werden. Bei diesem Einfahren rauht sich durch die beginnende Abnutzung die glatte Oberfläche auf.

Während der ersten 300 km sollte man mit neuen Reifen speziell auf Nässe besonders vorsichtig fahren.

Auswuchten der Räder

Die serienmäßigen Räder werden im Werk ausgewuchtet. Das Auswuchten ist notwendig, um unterschiedliche Gewichtsverteilung und Materialungenauigkeiten auszugleichen.

Im Fahrbetrieb macht sich die Unwucht durch Trampel- und Flattererscheinungen bemerkbar. Das Lenkrad beginnt dann bei höherem Tempo zu zittern.

In der Regel tritt dieses Zittern nur in einem bestimmten Geschwindigkeitsbereich auf und verschwindet wieder bei niedrigerer und höherer Geschwindigkeit.

Solche Unwuchterscheinungen können mit der Zeit zu Schäden an Achsgelenken, Lenkgetriebe und Stoßdämpfern führen.

Räder grundsätzlich alle 20000 km und nach jeder Reifenreparatur auswuchten lassen, da sich durch Abnutzung und Reparatur die Gewichts- und Materialverteilung am Reifen ändert.

Gleitschutzketten

Die Verwendung von Gleitschutzketten ist nur an der Antriebsachse (Hinterachse) erlaubt. Bei Verwendung der Reifengröße 225/55 ist eine Montage von Gleitschutzketten **nicht** möglich.

Mit Gleitschutzketten darf nicht schneller als 50 km/h gefahren werden. Auf schnee- und eisfreien Straßen sind sie abzunehmen.

Es sollten nur von BMW freigegebene Gleitschutzketten verwendet werden.

Austauschen der Räder

Es ist nicht zweckmäßig, bei einem Austausch der Räder die Drehrichtung der Reifen zu ändern, da sich die Reifen nur unter vorübergehend stärkerem Verschleiß der veränderten Drehrichtung anpassen. Auch der Wechsel der Räder von der Vorder- auf die Hinterachse wird nicht empfohlen.

Zum Festziehen der Radschrauben sollte immer ein Drehmomentschlüssel verwendet werden. Dadurch wird sichergestellt, daß die Radschrauben gleichmäßig fest und mit dem richtigen Anzugsmoment angezogen sind.

Achtung: Beim Erneuern und Demontieren schlauchloser Reifen ist unbedingt das Gummiventil aus Sicherheitsgründen mit auszutauschen.

- Radnabenabdeckung mit Schraubendreher abdrücken und abziehen. Bei Leichtmetallrädern mit Radnabenabdeckung in Form einer großen Sechskantmutter: Abdeckung mit Sechskantschlüssel (beim Bordwerkzeug) nach links drehen und abnehmen.

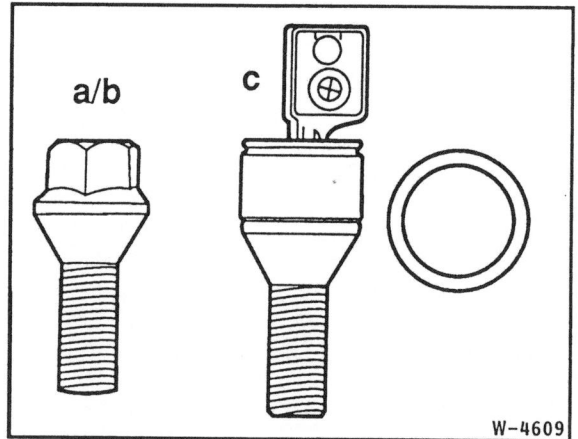

- Bei abschließbaren Radschrauben Verschlußkappe mit Schraubendreher abhebeln. Schlüssel bis zum Anschlag ins Schloß stecken, dabei steht der Schlitz parallel zur ovalen Aussparung. Schlüssel um 90° drehen und mit Verschlußteil abziehen. Das Einsetzen erfolgt in umgekehrter Reihenfolge. **Beim Abziehen des Schlüssels muß die Hülse gegen die Radschraube gedrückt werden.** Schutzkappe aufsetzen. a/b = Radschraube verzinkt/schwarz verchromt, c = Abschließbare Radschraube schwarz verchromt

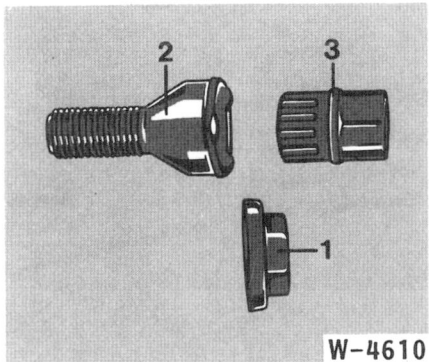

- Falls vorhanden, Radschraubensicherung wie folgt ausbauen: Abdeckkappe −1− mit dem Radschraubenbschlüssel leicht nach links drehen und abnehmen. Anschließend Adapter −3− in die Radschraube −2− einsetzen und Radschraube abschrauben. **Achtung:** Adapter −3− grundsätzlich im Bordwerkzeug mitführen.

- Zum Schutz gegen Festrosten ist der Zentriersitz jedes Scheibenrades an der Radnabe bei jeder Demontage mit Wälzlagerfett leicht einzufetten. Vorher Schmutz und alte Fettrückstände abwischen.

- Vor dem Abnehmen Scheibenrad mit Filzstift zur Radnabe markieren, damit das ausgewuchtete Rad wieder in gleicher Stellung montiert werden kann.

Achtung: In Abhängigkeit vom Scheibenrad sind unterschiedliche Radschrauben im Einsatz. Grundsätzlich nur die von BMW vorgeschriebenen Radschrauben verwenden.

- Bei der Montage von nicht Original BMW-Leichtmetallscheibenrädern müssen gegebenenfalls auch die dazugehörigen Radschrauben statt der Original-BMW-Radschrauben verwendet werden. Es empfiehlt sich, für das bisherige BMW-Ersatzrad die entsprechenden Schrauben zum Bordwerkzeug zu legen.

- Leichtmetallfelgen sind durch einen Klarlacküberzug gegen Korrosion geschützt. Beim Radwechsel darauf achten, daß die Schutzschicht nicht beschädigt wird, andernfalls mit Klarlack ausbessern.

- Verschmutzte Schrauben reinigen. Schrauben erneuern, wenn das Gewinde beschädigt oder korrodiert ist. Radschraubengewinde leicht mit Mehrzweckfett bestreichen. **Achtung:** Der Konus der Radschrauben muß jedoch bei der Montage fettfrei sein.

- Vor dem Aufschieben des Scheibenrades Montagebolzen in ein oberes Gewindeloch einstecken. Der Montagebolzen liegt dem Werkzeugkasten bei. Nach Eindrehen mehrerer Radschrauben Montagebolzen entfernen.

- Radschrauben über Kreuz in mehreren Durchgängen festziehen.

Achtung: Durch einseitiges oder unterschiedlich starkes Anziehen der Radschrauben können das Rad und/oder die Radnabe verspannt werden. **Das Anzugsdrehmoment beträgt für alle Radschrauben 110 Nm.** Bei neuen Scheibenrädern Radschrauben nach einer Fahrstrecke von 1000 km mit vorgeschriebenem Anzugsdrehmoment nachziehen.

- Radnabenabdeckung aufdrücken, beziehungsweise festschrauben.

Radschraubenschloß nachträglich einbauen

- Radschrauben lösen.
- Fahrzeug aufbocken bis das Rad frei drehbar ist, siehe Seite 123.
- Radschrauben soweit lösen, daß das Rad auf der Radnabe frei beweglich ist.
- Rad so stellen, daß das Ventil nach unten zeigt.
- Oberste Radschraube herausdrehen und dafür das Radschraubenschloß einsetzen.
- In dieser Stellung (Radschraubenschloß oben/Ventil unten) Radschrauben über Kreuz handfest anziehen.
- Fahrzeug ablassen, siehe Seite 123.
- Radschrauben über Kreuz mit **110 Nm** anziehen.

Achtung: Durch diese Art der Montage wird eine Unwucht durch das schwerere Radschraubenschloß möglichst gering gehalten. Treten anschließend im Fahrbetrieb Unwuchterscheinungen auf, Räder auswuchten lassen.

Fehlerhafte Reifenabnutzung

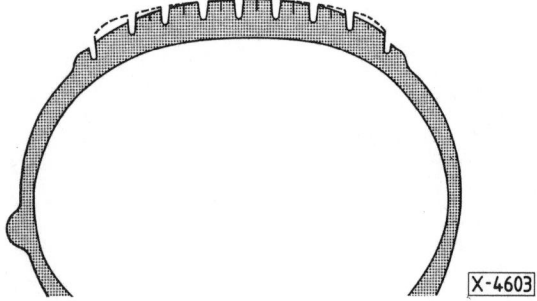

- An den Vorderrädern ist eine etwas größere Abnutzung der Reifenschultern gegenüber der Lauffächenmitte normal, wobei aufgrund der Straßenneigung die Abnutzung der zur Straßenmitte zeigenden Reifenschulter (linkes Rad: außen, rechtes Rad: innen) deutlicher ausgeprägt sein kann.
- Ungleichmäßiger Reifenverschleiß ist zumeist die Folge zu geringen oder zu hohen Reifenfülldrucks und kann auf Fehler in der Radeinstellung oder Radauswuchtung sowie auf mangelhafte Stoßdämpfer oder Felgen zurückzuführen sein.

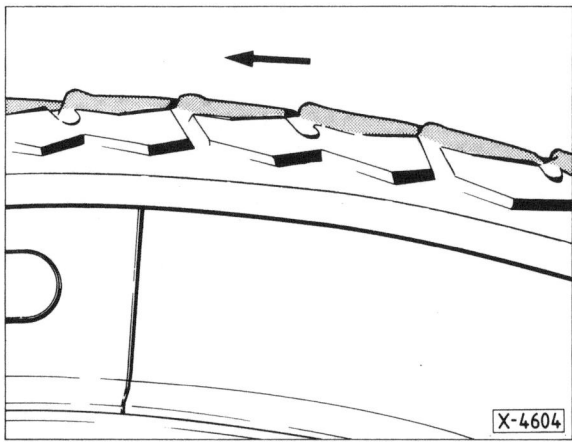

- Sägezahnförmige Abnutzung des Profils ist in der Regel auf eine Überbelastung des Fahrzeuges zurückzuführen.
- In erster Linie ist auf vorschriftsmäßigen Reifenfülldruck zu achten, wobei spätestens alle vier Wochen eine Prüfung vorgenommen werden sollte.
- Reifenfülldruck nur bei kühlen Reifen prüfen. Der Reifenfülldruck steigt nämlich mit zunehmender Erhitzung bei schneller Fahrt an. Dennoch ist es völlig falsch, aus erhitzten Reifen Luft abzulassen.
- Bei zu hohem Reifenfülldruck wird die Lauffächenmitte mehr abgenutzt, da der Reifen an der Lauffläche durch den hohen Innendruck mehr gewölbt ist.
- Bei zu niedrigem Reifenfülldruck liegt die Lauffläche an den Reifenschultern stärker auf, und die Lauffächenmitte wölbt sich nach innen durch. Dadurch ergibt sich ein stärkerer Reifenverschleiß der Reifenschultern.
- Falsche Radeinstellung und Unwucht ergeben jeweils typische Reifenverschleißbilder, auf die in der Störungsdiagnose hingewiesen wird.

Störungsdiagnose Reifen

Abnutzung	Ursache
Stärkerer Reifenverschleiß auf beiden Seiten der Lauffläche	■ Zu niedriger Reifenfülldruck
Stärkerer Reifenverschleiß in der Mitte der Lauffläche, über den gesamten Umfang	■ Zu hoher Reifenfülldruck
Auswaschungen der Profilseite	■ Statische und dynamische Unwucht des Rades. Eventuell zu großer Seitenschlag der Felge, zu großes Spiel in den Traggelenken
Auswaschungen in der Mitte des Reifenprofils	■ Stoßdämpfer defekt ■ Statische Unwucht des Rades. Eventuell Folge von zu großem Höhenschlag
Starke Abnutzung an einzelnen Stellen in der Mitte der Lauffläche	■ Blockierspuren von Vollbremsungen
Schuppenförmige oder sägezahnähnliche Abnutzung des Profils. In krassen Fällen mit Gewebebrüchen verbunden, die nach einiger Zeit außen sichtbar werden	■ Überbelastung des Wagens. Innenseite der Reifen auf Gewebebrüche untersuchen!
Gummizungen an den seitlichen Profilkanten	■ Fehlerhafte Radeinstellung. Reifen radiert. Bei Hinterrädern auch Zustand der Stoßdämpfer prüfen!
Gratbildung an einer Profilseite des Vorderrades	■ Falsche Spureinstellung. Reifen radiert. Häufiges Fahren auf stark gewölbter Fahrbahn. Schnelle Kurvenfahrt
Stärkerer Reifenverschleiß an den Innen- oder an den Außenschultern der Reifen	■ Zu geringe beziehungsweise zu große Vorspur
Stoßbrüche im Reifenunterbau. Anfangs nur im Inneren des Reifens sichtbar	■ Überfahren von kantigen Steinen, Schienenstößen und ähnlichem bei hohen Geschwindigkeiten
Einseitig abgefahrene Laufflächen	■ Sturzeinstellung überprüfen

Die Karosserie

Die Karosserie des 3er BMW ist selbsttragend. Bodengruppe, Seitenteile, Dach und die hinteren Kotflügel sind miteinander verschweißt. Front- und Heckscheibe sind eingeklebt. Die Reparatur größerer Karosserieschäden sowie das Auswechseln der genannten Scheiben sollte der Fachwerkstatt vorbehalten bleiben.

Motorhaube, Kofferraumdeckel, Türen und die vorderen Kotflügel sind angeschraubt und lassen sich leicht auswechseln.

Neben den Karosserie-Anbauteilen wird in diesem Kapitel auch die Innenausstattung, wie Sitze und Verkleidungen, behandelt. Da viele dieser Teile mit Torxschrauben befestigt sind, ist zur Montage der Besitz eines Torxschraubendrehersatzes notwendig.

Sicherheitshinweise bei Karosseriearbeiten

- Soweit Schweißarbeiten oder andere funkenerzeugende Arbeiten in Batterienähe durchgeführt werden, muß grundsätzlich die Batterie ausgebaut werden.

- An Teilen der gefüllten Klimaanlage darf weder geschweißt, noch hart- oder weichgelötet werden. Das gilt auch für Schweiß- und Lötarbeiten am Fahrzeug, wenn die Gefahr besteht, daß sich Teile der Klimaanlage erwärmen. **Achtung: Der Kältemittelkreislauf der Klimaanlage darf nicht geöffnet werden.**

- An besonders korrosionsgefährdeten Karosserieteilen sind verzinkte Bleche verwendet worden. Zinkschicht vor dem Schweißen nicht abschleifen (nur bei Hartlötung abschleifen). Schweißstrom um ca. 10 % erhöhen. **Achtung:** Beim Schweißen von verzinkten Stahlblechen entsteht giftiges Zinkoxid, daher für eine gute Arbeitsplatzbelüftung sorgen.

- PVC-Unterbodenschutz an der Reparaturstelle mit rotierender Drahtbürste entfernen oder mit Heißluftgeläse auf maximal +180° C erwärmen und mit Spachtel ablösen. Durch Abbrennen bzw. Erwärmen von PVC-Material über +180° C entsteht stark korrosionsfördernde Salzsäure, außerdem werden gesundheitsschädliche Dämpfe frei.

- Im Rahmen einer Reparatur-Lackierung darf im Trockenofen oder in seiner Vorwärmzone das Fahrzeug bis maximal **+80° C** aufgeheizt werden. Sonst können elektronische Steuergeräte im Fahrzeug beschädigt werden.

Fugenmaße

Beim Einbau von Karosserieteilen ist unbedingt das richtige Luftspaltmaß (= Breite der Fugen zwischen jeweiliger Klappe und umliegender Karosserie) einzuhalten, sonst klappert beispielsweise die Tür, oder es können erhöhte Windgeräusche während der Fahrt auftreten. Der Luftspalt muß auf jeden Fall parallel verlaufen, das heißt, der Abstand zwischen den Karosserieteilen muß auf der gesamten Länge des Spaltes gleich groß sein. Abweichungen bis zu 1 mm sind zulässig.

Grundsätzlich müssen die Oberflächen der angrenzenden Teile parallel zueinander sein. Zulässig ist allenfalls ein Versatz des jeweiligen nach hinten anschließenden Karosserieteils um maximal 1 mm nach innen. Beispiel: Die Vorderkante der hinteren Tür darf maximal 1 mm weiter innen liegen als die Hinterkante der vorderen Tür.

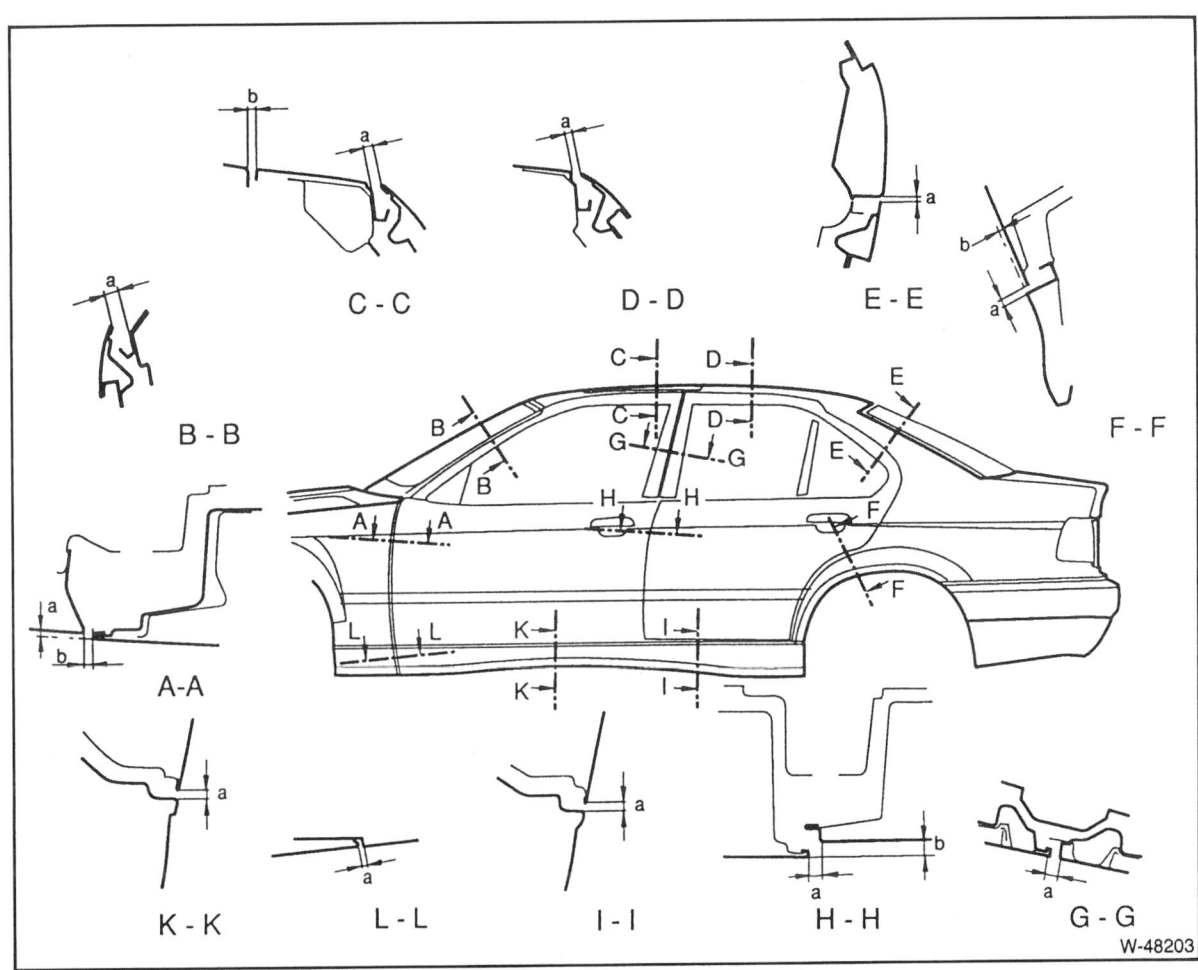

Fugenmaße in mm

Schnitt:	A-A	B-B	C-C	D-D	E-E	F-F	G-G	H-H	I-I	K-K	L-L
a =	1^{+0}_{-1}	$12{,}8^{+1,0}_{-1,0}$	$8^{+1,0}_{-1,0}$	$8^{+1,0}_{-1,0}$	$5{,}3^{+0,5}_{-1,0}$	$5{,}3^{+0,5}_{-1,0}$	$6^{+0,5}_{-1,0}$	$5{,}3^{+0,5}_{-1,0}$	$5{,}3^{+0,5}_{-1,0}$	$5{,}3^{+0,5}_{-1,0}$	$3{,}5^{+0}_{-1}$
b =	$5{,}3^{+0,5}_{-1,0}$										

Stoßfänger vorn

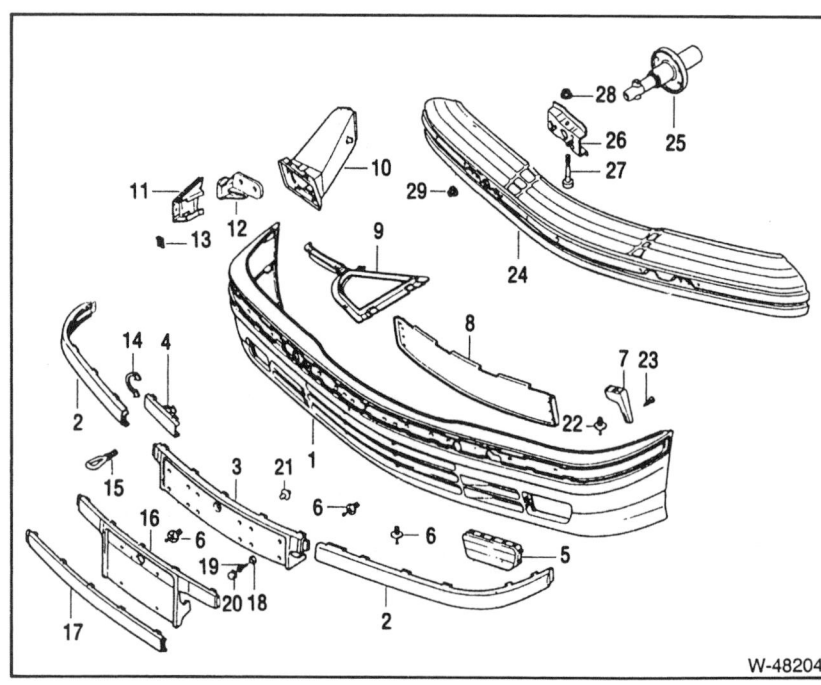

1 – Verkleidung
2 – Stoßleiste links/rechts
3 – Unterlage
4 – Abdeckung
5 – Abdeckung links/rechts
6 – Stopfen
7 – Stütze links/rechts
8 – Deckel
9 – Aufnahme links/rechts
10 – Luftführung links/rechts
11 – Einlage
12 – Aufnahme links/rechts
13 – Blechmutter
14 – Halteband
15 – Abschleppöse
16 – Unterlage
17 – Leiste
18 – Beilagscheibe
19 – Schraube
20 – Schutzkappe weiß/schwarz
21 – Mutter
22 – Sechskantblechschraube
23 – Linsenblechschraube
24 – Träger
25 – Pralldämpfer vorn links/rechts
26 – Halter
27 – Zylinderschraube
28 – Sechskantmutter mit Scheibe
29 – Sechskantmutter, selbstsichernd

Stoßfänger vorn aus- und einbauen

Der Stoßfänger ist so ausgelegt, daß er Aufprallgeschwindigkeiten bis 4 km/h ohne Beschädigung übersteht. Dabei wird die Aufprallenergie vorn über einen innenliegenden Aluminiumträger und zwei hydraulische Pralldämpfer übernommen. Die Pralldämpfer sind an zwei leicht austauschbaren Deformationselementen, sogenannten Prallboxen, befestigt. Bei Aufprallgeschwindigkeiten bis 15 km/h erfolgt die Energieaufnahme durch Verformung der hydraulischen Dämpfer und Prallboxen, so daß eine Beschädigung der Motorträger verhindert wird.

Ausbau

- Falls vorhanden, Nebelscheinwerfer ausbauen, siehe Seite 270.
- Je 1 Schraube von hinten im Radlauf herausdrehen.
- Je 3 Schrauben von unten beim Radlauf herausdrehen.

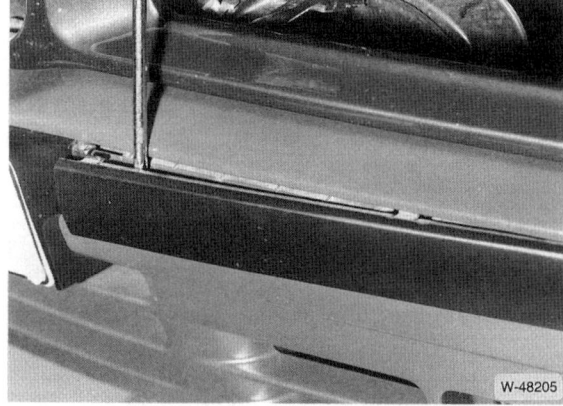

- Stoßleiste links neben dem Nummernschild abhebeln und nach außen abziehen.

Pralldämpfer vorn aus- und einbauen

Ausbau

- Stoßfänger vorn ausbauen.

- Pralldämpfer abschrauben und herausnehmen.

Einbau

- Pralldämpfer einsetzen und mit 9 Nm (M6) anschrauben.
- Stoßfänger vorn einbauen.

- 2 Befestigungsmuttern auf der linken Seite abschrauben.

- Abdeckung für Abschleppöse wegklappen und 2 Muttern abschrauben.
- Stoßstange mit Helfer nach vorne herausziehen.
- Falls vorhanden, Schläuche für Scheinwerfer-Reinigungsanlage trennen. Schläuche mit geeigneter Klemme abklemmen, damit keine Flüssigkeit ausläuft.

Einbau

- Falls erforderlich, Stoßfänger komplettieren, siehe Abbildung W-48204.
- Stoßfänger mit Helfer waagerecht ansetzen, Leitungen für Scheinwerfer-Reinigungsanlage zusammenstecken.
- Stoßfänger in die seitlichen Führungen einsetzen und nach hinten drücken.
- Stoßfänger parallel zur Karosserie ausrichten und mit **55 Nm** anschrauben.
- Links und rechts je 4 Schrauben am Radlauf anschrauben.
- Stoßleisten zuerst seitlich einhaken, dann vorn einclipsen.
- Abdeckung für Abschleppöse schließen.

Hinterer Stoßfänger

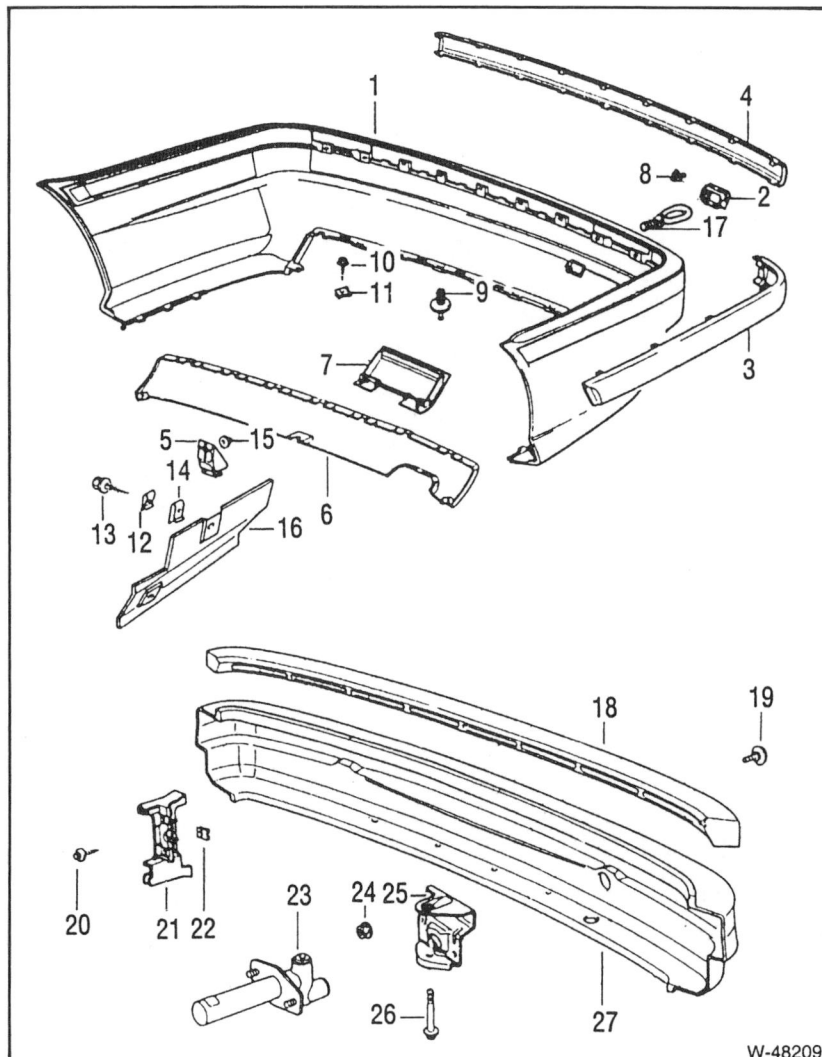

1 – Verkleidung
2 – Abdeckung
3 – Stoßleiste links/rechts
4 – Stoßleiste mitte
5 – Führung
6 – Verkleidung
7 – Klappe
8 – Halteklammer
9 – Stopfen
10 – Sechskantblechschraube
11 – Blechmutter
12 – Blechmutter
13 – Sechskantblechschraube
14 – Blechmutter
15 – Mutter, M6
16 – Isolierstück
17 – Abschleppöse
18 – Einlage
19 – Paßschraube
20 – Zylinderschraube
21 – Aufnahme links/rechts
22 – Blechmutter
23 – Pralldämpfer hinten links/rechts
24 – Sechskantmutter
25 – Halter
26 – Zylinderschraube
27 – Träger

Stoßfänger hinten aus- und einbauen

Der Stoßfänger ist so ausgelegt, daß er Aufprallgeschwindigkeiten bis 4 km/h ohne Beschädigung übersteht. Die Aufprallenergie wird über einen innenliegenden GFK-Träger und zwei Gummipralldämpfer aufgenommen.

Ausbau

- Kofferraum öffnen, Bodenmatte herausnehmen.
- Linke Verkleidung am Kofferraumboden mit 2 Schrauben und 1 Mutter abschrauben.
- Falls vorhanden, Batterieabdeckung herausnehmen.
- Rechte Verkleidung am Kofferraumboden mit 1 Schraube und 1 Mutter abschrauben.
- Links und rechts je 3 Spreizclips im Radhaus ausbauen.

- 4 Befestigungsmuttern SW 13 herausdrehen, die Pfeile zeigen auf die entsprechenden Bohrungen. **Achtung:** Falls die Batterie im Kofferraum eingebaut ist, vorher Batterie-Masseband vom Längsträger abschrauben, SW 13. Durch das Abklemmen des Batterie-Massekabels (–) wird aus dem Speicher des Radios der Code für die Diebstahlsicherung gelöscht. Die Batterie darf nur bei ausgeschalteter Zündung abgeklemmt werden, da sonst das Steuergerät der Einspritzanlage beschädigt wird. Vor dem Abklemmen sollten auch die Hinweise im Kapitel »Radio« bzw. »Batterie aus- und einbauen« durchgelesen werden.
- Fahrzeuge mit Park-Distance-Control (PDC): Vor dem Abnehmen des Stoßfängers müssen die Distanz-Sensoren abgeklemmt werden.
- Stoßfänger mit Helfer nach hinten herausziehen.

Einbau

- Falls erforderlich, Stoßfänger komplettieren, siehe Abbildung W-48209. Dabei Pralldämpfer mit **45 Nm** am Stoßfänger anschrauben.
- Stoßfänger mit Helfer in die seitlichen Führungen einsetzen und nach vorn drücken.
- Falls vorhanden, Kabel der Distanzsensoren anschließen.
- Stoßfänger parallel zur Karosserie ausrichten und mit **22 Nm** anschrauben.
- Falls abgeschraubt, Batterie-Massekabel (–) anklemmen. **Achtung:** Batterie nur bei ausgeschalteter Zündung anklemmen, sonst kann das Steuergerät der Einspritzanlage beschädigt werden. Zeituhr einstellen. Diebstahlcode für Radio eingeben, siehe Kapitel »Radio-Codierung eingeben«.

Frontverkleidung aus- und einbauen

Ausbau

- Ansaugstutzen für Generator-Kühlluft abschrauben.
- Scheinwerfer und Blinker ausbauen, siehe Seite 268/270.

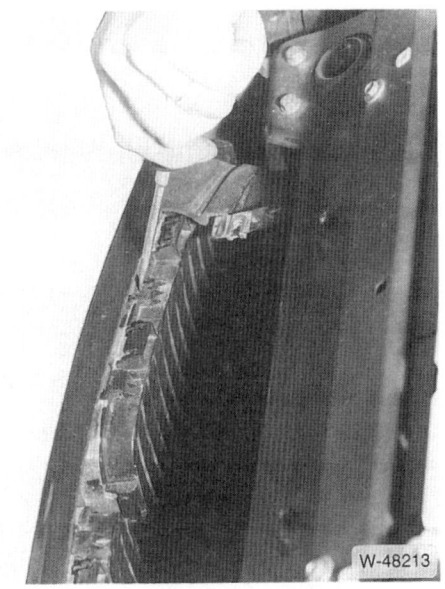

- Beide Ziergitter ausclipsen. Dazu Clipse in Richtung Gittermitte eindrücken. Zweckmäßigerweise an der Stirnseite in der Mitte beginnen.

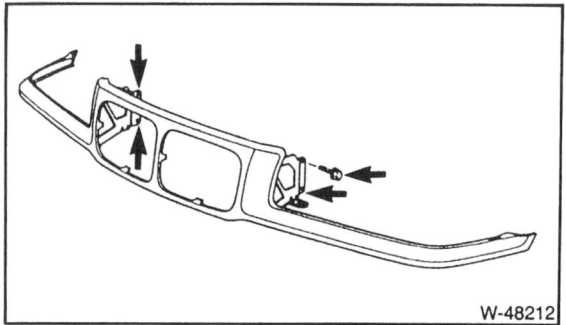

- Je 2 Schrauben links und rechts am Halter Kotflügel herausdrehen.
- Frontverkleidung herausnehmen.

Einbau

- Frontverkleidung einsetzen und anschrauben.
- Beide Ziergitter von vorn eindrücken und einrasten.
- Scheinwerfer und Blinker einbauen, siehe Seite 268/270.
- Ansaugstutzen für Generator-Kühlluft anschrauben.

- 4 Schrauben –Pfeile– am Halter Vorderwand herausdrehen.

Kotflügel vorn

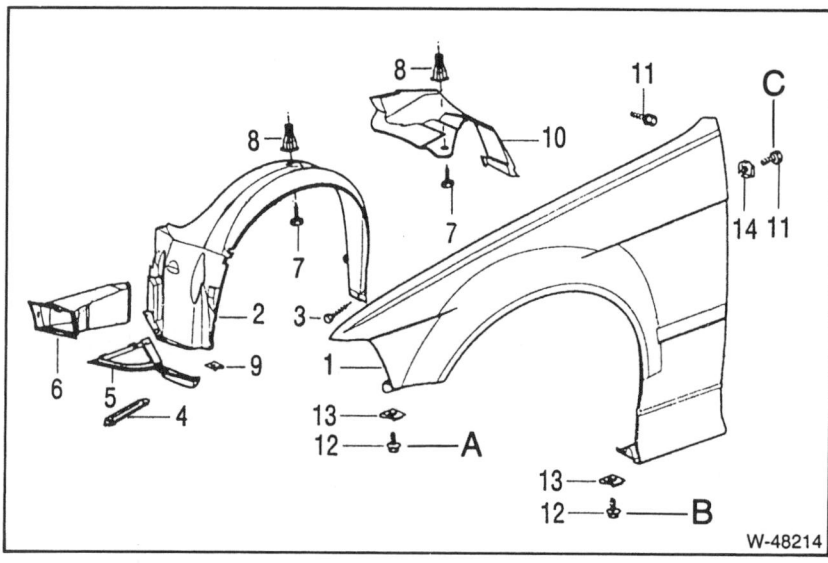

1 – Kotflügel links
2 – Innenkotflügel (Radhausabdeckung)
3 – Blechschraube
4 – Halter
5 – Aufnahme
6 – Luftführung
7 – Sechskantblechschraube
8 – Spreizmutter
9 – Blechmutter
10 – Abdeckung
11 – Sechskantblechschraube
12 – Sechskantblechschraube
13 – Blechmutter
14 – Spreizmutter

Kotflügel vorn aus- und einbauen

Achtung: Hinweise für Karosseriearbeiten beachten, siehe Seite 198.

Ausbau

- Zierleiste am Kotflügel mit breitem Kunststoffspachtel abdrücken.
- Stoßfänger mit Halter vorn ausbauen.
- Radkappe abheben, Radschrauben bei auf dem Boden stehendem Fahrzeug lösen.
- Scheibenrad zur Radnabe mit Farbe kennzeichnen. Dadurch kann das ausgewuchtete Rad wieder an gleicher Stelle montiert werden.
- Fahrzeug aufbocken und Rad abnehmen, siehe Seite 123.

- Innenkotflügel abschrauben –Pfeile– und abnehmen.

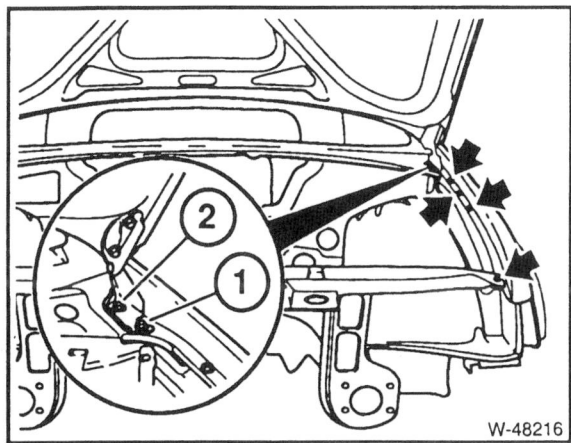

- Schraube –1– herausdrehen, Schraube –2– lockern.
- Obere Befestigungsschrauben für Kotflügel herausdrehen.
- 3 Schrauben –A– herausdrehen, siehe Abbildung W-48214.
- 2 Schrauben –B– herausdrehen, siehe Abbildung W-48214.
- 2 Schrauben –C– herausdrehen, siehe Abbildung W-48214. Damit die hinteren Schrauben erreicht werden können, Tür öffnen.
- Durch den Unterbodenschutz sitzt der Kotflügel sehr fest. Zum Lösen des Kotflügels ist deshalb ein Fön erforderlich, der mindestens eine Temperatur von +400° C erreicht.

- Fön mit Flachdüse im oberen und hinteren Kotflügelbereich ansetzen und Unterbodenschutz aufweichen. Anschließend von unten im vorderen Anlagebereich des Kotflügels Unterbodenschutz lösen. An dieser Stelle ist das besonders wichtig, weil sonst der Kotflügel beim Abnehmen einbeult.
- Kotflügel abnehmen.

Einbau

- Anlageflächen des Kotflügels reinigen, gegebenenfalls ausrichten.
- Auf den Anlageflächen handelsübliches Kotflügelabdichtband auflegen.
- Kotflügel gegebenenfalls lackieren.
- Kotflügel ansetzen, ausrichten und anschrauben, siehe Abbildung W-48214. Auf gleichmäßige und maßhaltige Luftspalte zu Tür und Motorhaube achten, siehe Seite 198.
- Auf der Innenseite des Kotflügels Unterbodenschutz auftragen.
- Innenkotflügel anschrauben, siehe Abbildung W-48215.
- Zierleiste auf Kotflügel aufdrücken.
- Rad anschrauben, auf Farbmarkierung achten, Fahrzeug abbocken, Radschrauben über Kreuz mit **110 Nm** festziehen.
- Stoßfänger einbauen, siehe Seite 200.

Die Motorhaube

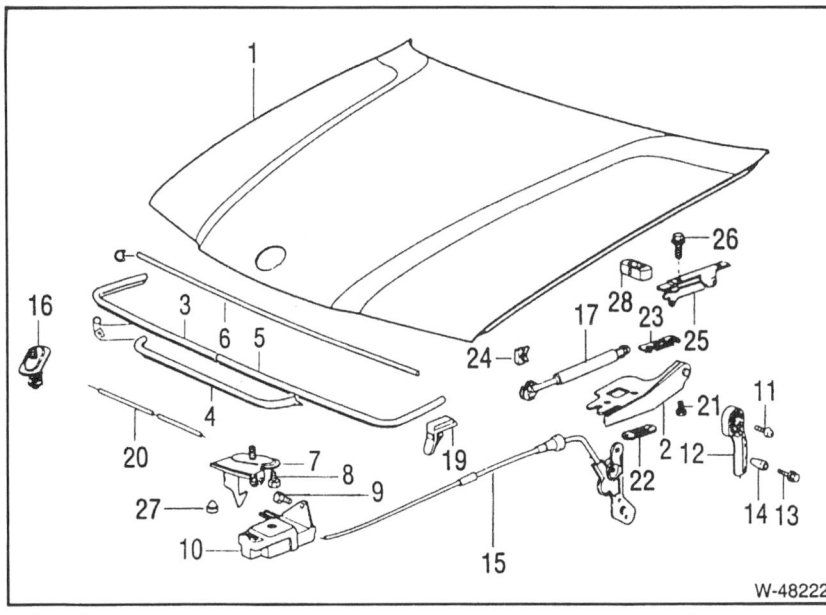

1 – Motorhaube
2 – Scharnier
3 – Dichtung
4 – Abdichtung
5 – Dichtung
6 – Abdichtung
7 – Fanghaken
8 – Sechskantschraube mit Scheibe
9 – Sechskantschraube mit Scheibe
10 – Schloß
11 – Blechschraube
12 – Hebel
13 – Sechskantblechschraube
14 – Spreizmutter
15 – Motorhaubenbetätigung
16 – Schloß
17 – Gasdruckfeder
19 – Klammer
20 – Bowdenzug
21 – Sechskantschraube mit Scheibe
22 – Distanzscheibe
23 – Distanzscheibe
24 – Sicherungsblech
25 – Gelenk
26 – Sechskantschraube
27 – Anschlagpuffer

Motorhaube aus- und einbauen

Ausbau

- Motorhaube öffnen.
- Innenverkleidung der Motorhaube abschrauben.

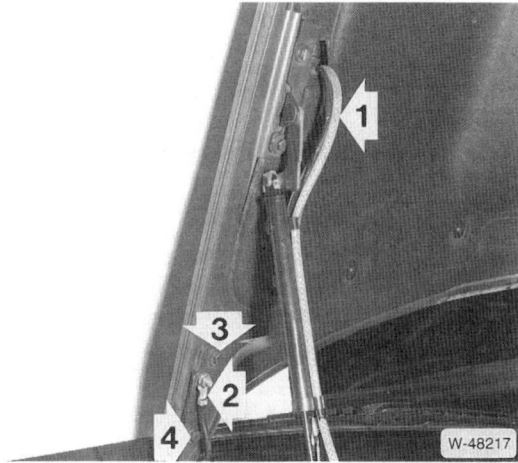

- Schlauch –1– für Scheibenwaschdüsen am Verteiler abziehen und mit geeignetem Stopfen verschließen.
- Falls vorhanden, elektrische Zuleitung für Scheibenwaschdüsenbeheizung an den Düsen abziehen und ebenso wie Zuleitung zur Motorraumleuchte von der Motorhaube abbauen.
- Massekabel –2– abschrauben.

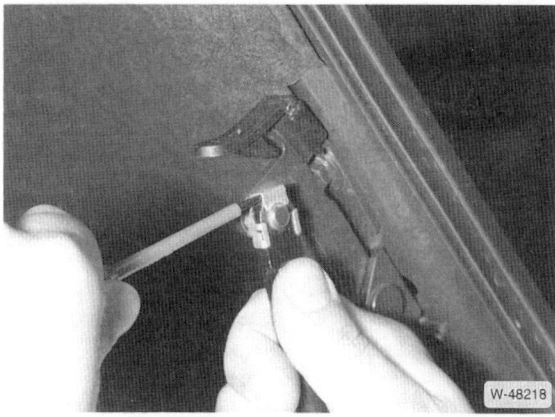

- Gasdruckfeder aushängen. Dazu Federklammer abhebeln und Dämpfer abdrücken. Dabei Haube von Helfer halten lassen. **Achtung:** Der Dämpfer steht unter Vorspannung.
- Einbaulage der Schrauben –3– und –4– markieren, dazu Schraubenköpfe mit Filzstift umfahren.
- Motorhaube abschrauben und mit Helfer abnehmen.

Einbau

- Haube mit Helfer ansetzen und leicht anschrauben.
- Haube nach den Markierungen ausrichten und Schrauben an den Scharnieren festziehen.
- Falls eine neue Motorhaube eingebaut wird, Schrauben in Mittellage leicht anziehen, Haube vorsichtig schließen und einpassen.
- Gasdruckfeder links und rechts einsetzen und mit Clip sichern.
- Schlauch sowie elektrische Zuleitung für Scheibenwaschdüsen zu den Düsen hin verlegen und aufschieben. Elektrische Leitung für Motorraumleuchte anschließen.
- Motorhaube schließen und Stellung der Klappe zu den Kotflügeln kontrollieren. Gegebenenfalls Motorhaube neu einpassen.
- Innenverkleidung anschrauben.

Motorhaube einpassen

Achtung: Der Bowdenzug, der beide Motorhaubenschlösser verbindet, muß spielfrei eingestellt sein. Die Hülle des Bowdenzuges muß vollständig in der Führung im Schloß sitzen. Sonst kann durch Betätigen des Haubenzuges der Bowdenzug in die Führung rutschen, wodurch sich die Schlösser nicht mehr öffnen lassen.

Bowdenzug einstellen.

- Ziergitter der BMW-Niere ausbauen, siehe Seite 203.
- Bowdenzug oberhalb der Ziergitteröffnungen ausclipsen.

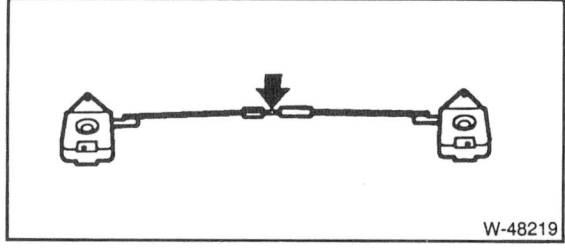

- Bowdenzug an der Verstelleinrichtung spielfrei einstellen. **Achtung:** Der Bowdenzug darf nicht unter Zug stehen. Zur besseren Darstellung sind der Bowdenzug und die Schlösser in ausgebautem Zustand gezeigt.
- Ziergitter einclipsen.

Motorhaube seitlich ausrichten

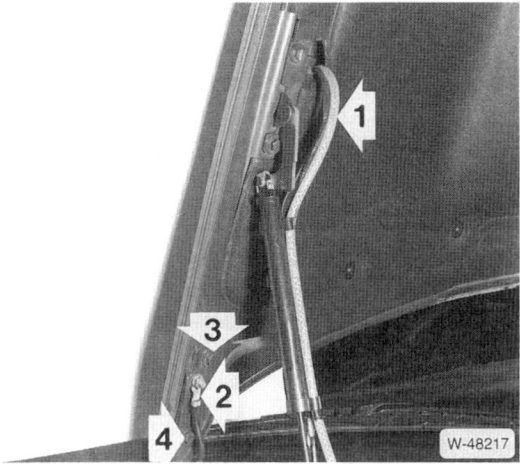

- Schrauben −3− und −4− vom Haubenscharnier links und rechts lockern.
- Motorhaube zu den Kotflügeln vorn und seitlich ausrichten.

Achtung: Reicht der Einstellbereich nicht aus, Befestigungsschrauben des Haubenscharniers an der Karosserie lockern und Scharnier an der Karosserie verschieben.

- Scharnierschrauben festziehen.

- Beide Schrauben für Schließzapfen lockern.
- Motorhaube mehrmals schließen, so daß sich die Schlösser zentrieren können. **Achtung:** Motorhaube **nicht** einrasten lassen.
- Schrauben für Schließzapfen festziehen.

Höhenverstellung der Motorhaube vorn vornehmen

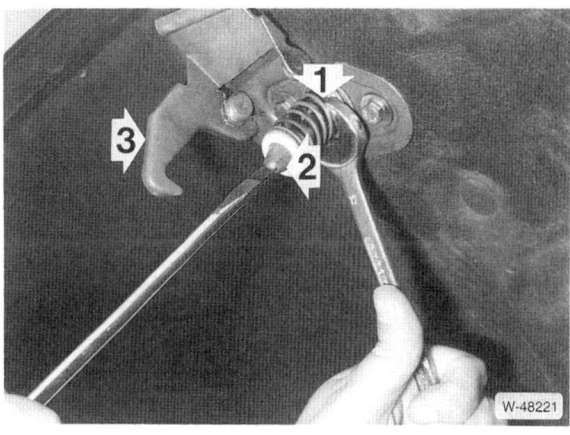

- Kontermutter −1− lösen und Schließzapfen −2− verdrehen.
- Auf diese Weise Motorhaube auf gleiche Höhe zu den Kotflügeln einstellen. Dabei auf parallelen Spalt zur Frontverkleidung achten.
- Kontermutter festziehen.
- Prüfen, ob Schlösser und Fanghaken −3− richtig einhaken, gegebenenfalls Einstellung wiederholen.

Die Heckklappe

Limousine

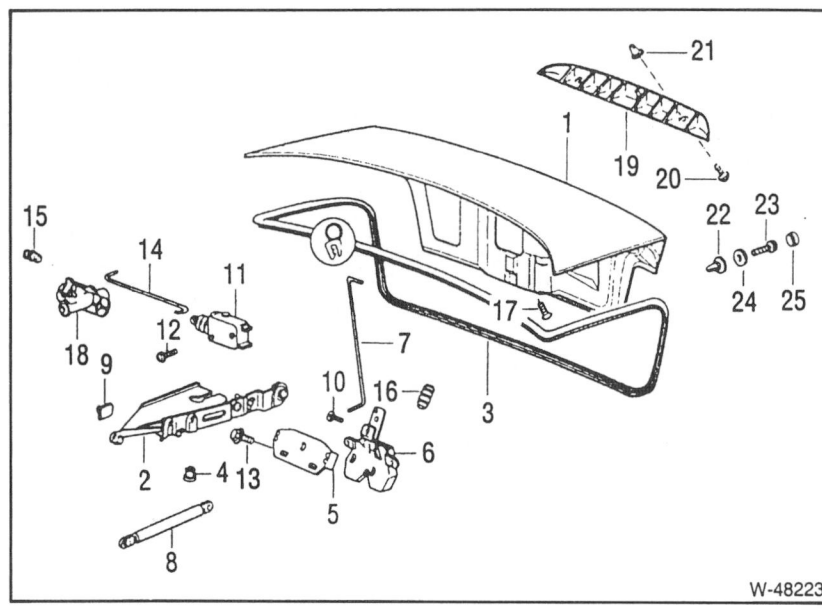

1 –	Heckklappe
2 –	Scharnier
3 –	Dichtung
4 –	Anschlagpuffer
5 –	Bügel
6 –	Schloß
7 –	Stange
8 –	Gasdruckfeder
9 –	Puffer
10 –	Schraube
11 –	Stellantrieb
12 –	Schraube
13 –	Sechskantschraube mit Scheibe
14 –	Stange
15 –	Gestängesicherung
16 –	Anschlagpuffer
17 –	Senkschraube
18 –	Schließzylinder
19 –	Griff
20 –	Schraube
21 –	Tülle
22 –	Einsteckmutter
23 –	Linsenblechschraube
24 –	Beilagscheibe
25 –	Schutzkappe

Heckklappe aus- und einbauen

Limousine

Ausbau

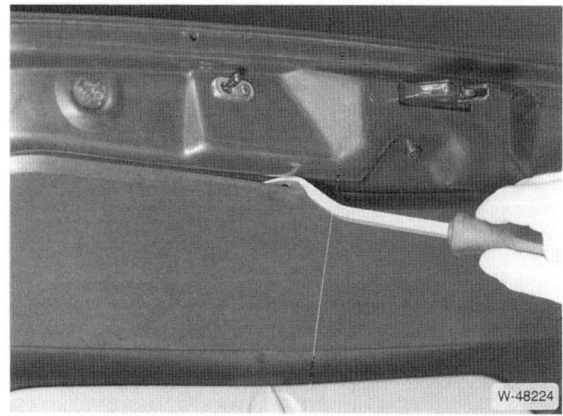

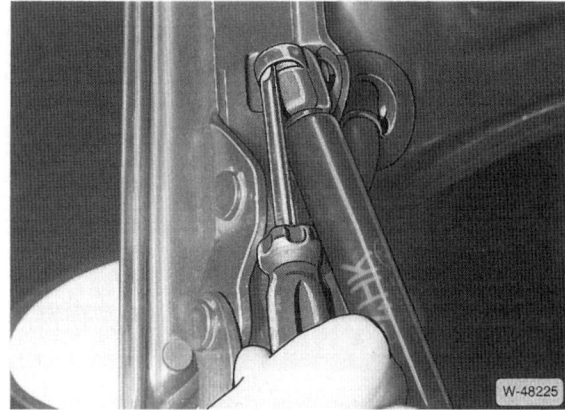

- Verkleidung ausclipsen.

- Kabelstrang aus der Heckklappe herausziehen. Dazu Stecker von Kennzeichenbeleuchtung und Zentralverriegelung abziehen. Paketschnur an den Steckern befestigen und Kabelstrang herausziehen. **Achtung:** Die Schnur verbleibt in der Heckklappe und dient zum leichteren Einbau.

- Gasdruckfeder aushängen. Dazu Federklammer abhebeln und Dämpfer abdrücken. **Achtung:** Der Dämpfer steht unter Vorspannung.

- Einbaulage der Schrauben und des Scharniers an der Klappe markieren, dazu Schraubenköpfe und Scharnier mit Filzstift umfahren.
- Heckklappe abschrauben und mit Helfer abnehmen.

Einbau

- Heckklappe ansetzen, nach den angebrachten Markierungen ausrichten und anschrauben. Falls eine neue Klappe eingebaut wird, Schrauben in Mittellage leicht anziehen, Heckklappe vorsichtig schließen und einpassen.

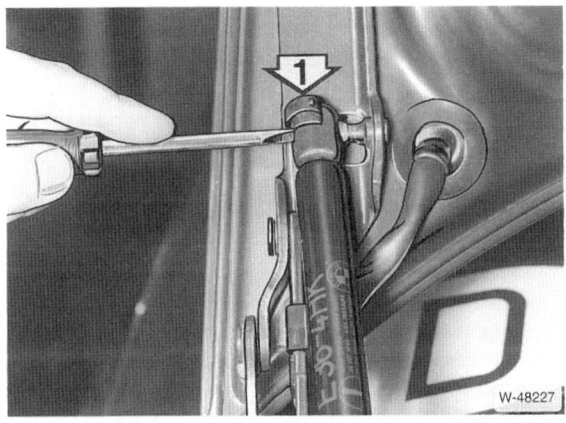

- Gasdruckfeder auf den Kugelkopf aufdrücken, vorher Sicherungsklammer −1− von oben in den Schlitz einsetzen, wie in der Abbildung dargestellt.
- Sicherungsklammer mit Schraubendreher nach unten drücken.
- Elektrische Zuleitungen für Kennzeichenleuchten und Zentralverriegelung mit Hilfe der Schnur in der Heckklappe einführen und aufstecken.
- Verkleidung einclipsen, beschädigte Clipse ersetzen.
- Heckklappe einpassen.

Einpassen

- Schrauben an den Scharnieren lockern.
- Heckklappe schließen und seitlich zur Karosserie ausrichten.
- Schrauben festziehen.

- Zur Höhenverstellung der Heckklappe rechts und links Anschlagpuffer ganz hineindrehen.
- Befestigungsschrauben für Schließbügel so weit lockern, daß sich der Schließbügel gerade verschieben läßt.
- Heckklappe schließen. Schließbügel so verschieben, bis die Klappe im geschlossenen Zustand ca. 1 mm tiefer wie die Seitenwand liegt. Schrauben festziehen.
- Beide Anschlagpuffer so weit herausdrehen, bis die Heckklappe leicht vorgespannt ist und in einer Ebene mit den Seitenwänden liegt.

Heckklappenschloß/Schließzylinder hinten aus- und einbauen

Ausbau

- Verkleidung für Heckklappe ausclipsen.

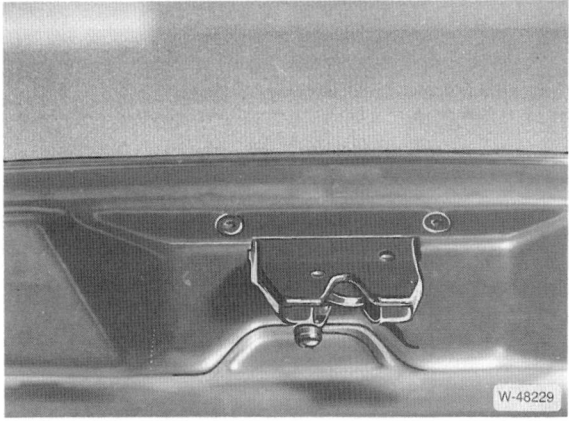

- Schrauben für Schloß herausschrauben und Schloß nach innen schieben.
- **Touring:** Stecker am Schalter für Gepäckraumleuchte abziehen.
- Verbindungsstange am Schloß ausklinken.
- Schloß seitlich herausnehmen.

Schließzylinder ausbauen

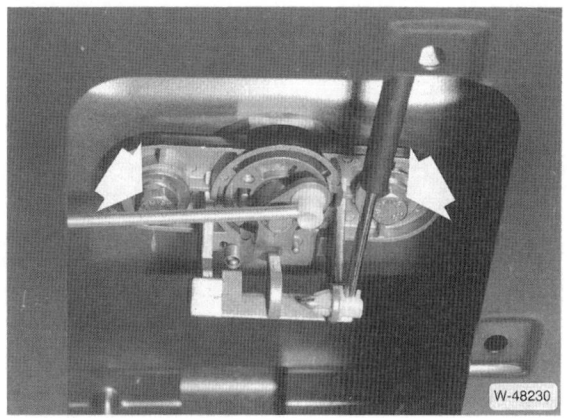

- Schrauben lösen, Schließzylinder nach innen abnehmen. Dabei Verbindungsstangen ausclipsen.

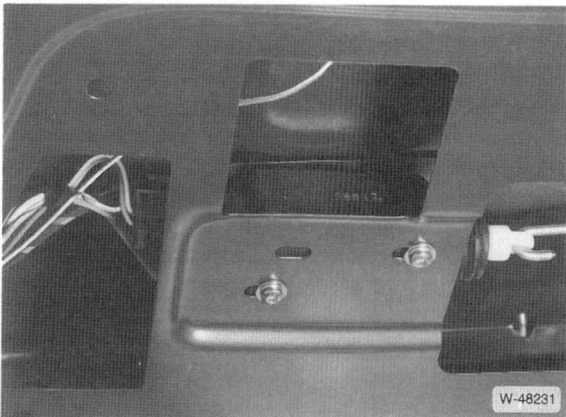

- Gegebenenfalls 2 Schrauben für den Stellmotor der Zentralverriegelung abschrauben und Stellmotor herausnehmen. Vorher Mehrfachstecker abziehen.

Einbau

- Schließzylinder einsetzen und mit 2 Schrauben anschrauben.
- Schloß einsetzen und anschrauben.
- Verbindungsstange einhängen.
- Bei Fahrzeugen mit Zentralverriegelung: Schloß-Verbindungsstange in Stellmotor einklinken und dann in den Schließzylinder eindrücken. Dazu Kunststoffclip so verdrehen, daß die Aussparung nach unten zeigt. Dann die Verbindungsstange eindrücken.
- Stellmotor anschrauben.
- Stecker für Stellmotor aufschieben und einrasten.
- Funktion von Schloß und Zentralverriegelung überprüfen.
- **Touring:** Stecker für Gepäckraumleuchte aufschieben.
- Verkleidung für Heckklappe einclipsen.
- Gegebenenfalls Heckklappenschloß neu einpassen, siehe Seite 209/232.

Stoßleiste/Modellschriftzug auswechseln

Stoßleiste ersetzen

Die Stoßleisten sind mit Kunststoff-Spreizklammern an den Karosserieteilen befestigt.

- Stoßleisten von Hand abziehen oder mit breitem Kunststoffkeil abhebeln.
- In der Regel werden beim Abdrücken der Stoßleiste die Kunststofftüllen zusammen mit den Klammern mit abgezogen. Deshalb zuerst Hülsen von den Stiften abheben und in die Bohrungen des jeweiligen Karosserieteils stecken.
- Verbogene Stoßleisten vor dem Einbau geraderichten.
- Anschließend Stoßleiste mit den Klammern entsprechend den Bohrungen ausrichten und einclipsen. Gegebenenfalls Spreizstifte mit dem Handballen einschlagen.

Modellschriftzug an der Heckklappe ersetzen

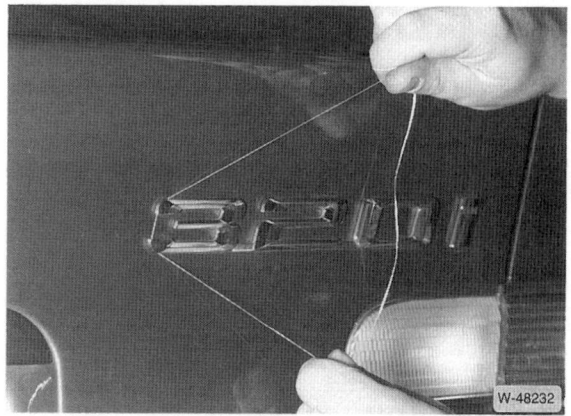

- Klebeverbindung zwischen Schriftzug und Karosserie mit dünner Nylonschnur lösen und abnehmen. Zur Erleichterung Nylonschnur mit Geschirrspülmittel bestreichen und an beiden Enden um Holzstücke wickeln. Schriftzug mit einem Fön leicht anwärmen.
- Reste der Klebeverbindung mit Spiritus abwaschen.
- Neuen Schriftzug mit Fön auf ca. +50° C erwärmen, Schutzpapier abziehen, ausrichten und ca. 10 Sekunden fest anpressen.

BMW-Plakette ersetzen

- BMW-Plakette vorsichtig mit Schraubendreher abhebeln, Tuch zum Lackschutz zwischenlegen.
- Zur besseren Haftung dauerelastische Karosserie-Abdichtmasse vor der Montage unter das Emblem kleben.

Tür aus- und einbauen/einpassen

Vorder- und Hintertüren werden in gleicher Weise aus- und eingebaut.

Ausbau

- Sechskantschraube −1− von jedem Scharnier mit 10er Stecknuß und Gelenkknarre herausschrauben.
- Sicherung −2− mit Schraubendreher von Bolzen −3− seitlich abdrücken.
- Bolzen −3− mit Durchschlag nach oben austreiben, gegebenenfalls mit Hammer an Türbremse gegenhalten.
- Tür aus den Scharnieren herausheben und auf geeigneter Unterlage absetzen. Die Unterlage muß so hoch sein, daß das Kabel vom Türkabelbaum nicht auf Zug belastet wird.

Achtung: Lack an Tür und Vorderwand nicht beschädigen, zum Schutz gegebenenfalls mit Abdeckband abkleben.

- Halterahmen für Stecker abschrauben −Pfeile−. Anschließend Stecker herausziehen.

- Bügel −oberer Pfeil− hochziehen. Dadurch wird die Steckverbindung getrennt.

Einbau

- Stecker für elektrische Verbraucher zusammenfügen und Sicherungsbügel eindrücken. Stecker in Türsäule eindrücken, Halterahmen festschrauben.

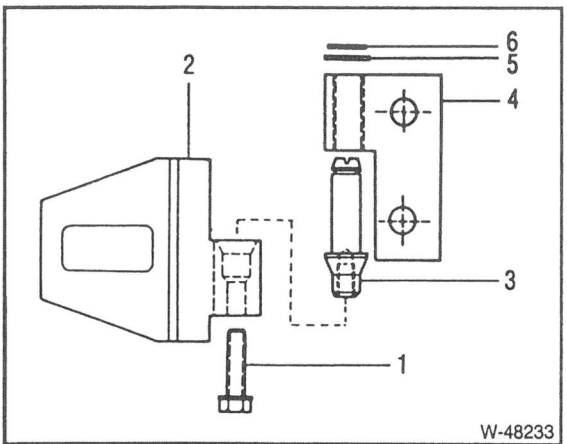

1 − Sechskantschraube
2 − Scharnier Karosserieseite oben
3 − Scharnierbolzen
4 − Scharnier Türseite oben mit Lagerbuchse
5 − Beilagscheibe
6 − Sicherungsscheibe

- Tür in die Scharniere oben und unten einsetzen, dabei ist ein Helfer erforderlich. Geführt wird die Tür von den Bolzen −3−. Durch das Hinterlegen von Unterlegscheiben an den Scharnieren kann die Tür gegebenenfalls neu einjustiert werden. Bei Einbau der gleichen Tür ist ein Justieren in der Regel nicht erforderlich.
- In jedes Scharnier je eine Sechskantschraube −1− einschrauben.
- Bolzen für Türbremse mit Hammer eintreiben und mit Sicherungsclip sichern.
- Tür schließen und kontrollieren, ob der Spalt zwischen Tür und Karosserie gleichmäßig verläuft, gegebenenfalls Sechskantschrauben an den Türscharnieren lösen und Tür mit den oberen Schrauben in der Höhe einjustieren.

- Schließbolzen an der B-Säule mit Torxschraubendreher lösen und so verschieben, daß die Tür mit der Karosserie fluchtet. Dabei darf die Tür an der Vorderseite maximal 1 mm weiter innen und an der Hinterseite maximal 1 mm weiter außen stehen. Verschlissene Schließkeile vorher erneuern. Schrauben mit **25 Nm** festziehen.

Hinweis: Bei verschlissenen Scharnieren (Tür hat zuviel Spiel in den Scharnieren) können von der Fachwerkstatt neue Lagerbuchsen in die Scharniere eingepreßt werden. Das mit der Lagerbuchse versehene Scharnierteil befindet sich beim oberen Scharnier an der Türe, beim unteren an der Karosserie.

Türverkleidung aus- und einbauen

Beschrieben wird der Ausbau an den Vordertüren, sie entsprechen den Arbeitsgängen für die hinteren Türen.

Ausbau

- Fenster ganz öffnen.

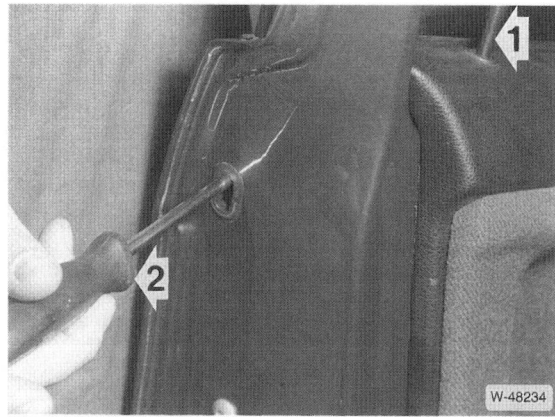

- Verriegelungsknopf –1– abschrauben.

Modelle außer Compact

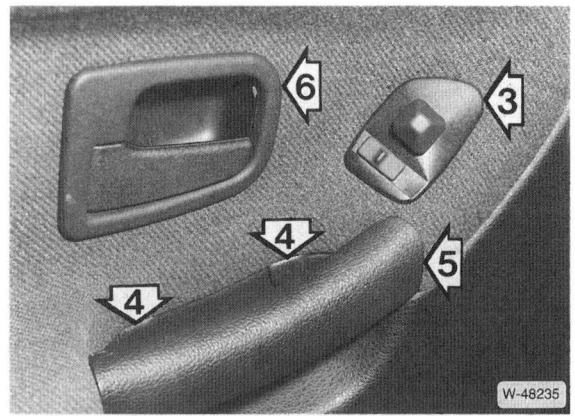

- Elektrisch verstellbare Außenspiegel: Schalter –3– mit kleinem Schraubendreher heraushebeln, Stecker abziehen.

- Blenden –4– ausclipsen, darunterliegende Schrauben herausdrehen. Zum Lösen wird ein Torxschraubendreher, Größe T20, benötigt. 5 – Türgriff.

- Blende –6– parallel zur Tür nach vorn schieben, dann von der Türverkleidung wegziehen und abnehmen.

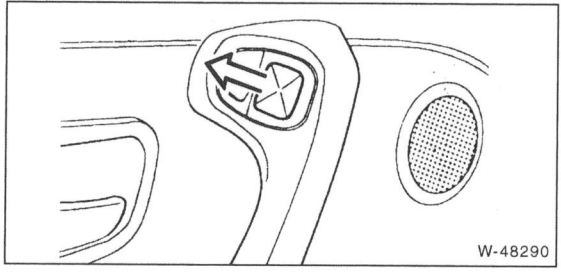

- **Compact-Modell:** Außenspiegel-Einstellknopf abziehen. Schalter mit Schraubendreher heraushebeln, Stecker trennen.

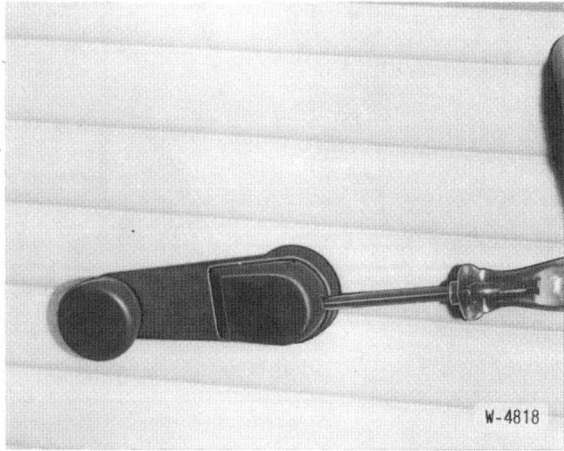

- Bei Fahrzeugen mit Fensterkurbel Abdeckkappe von Kurbel abdrücken und dahinterliegende Schraube (Torxschraube) herausdrehen. Kurbel abziehen.

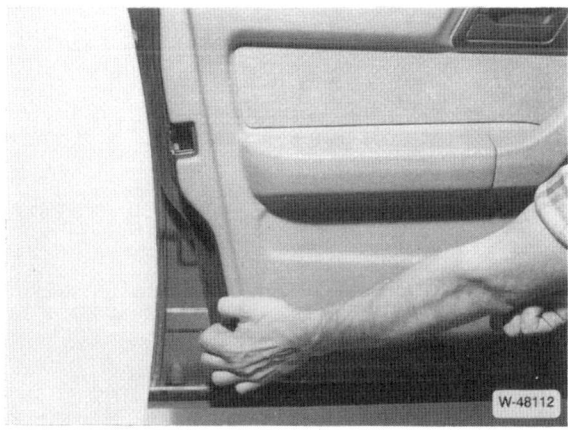
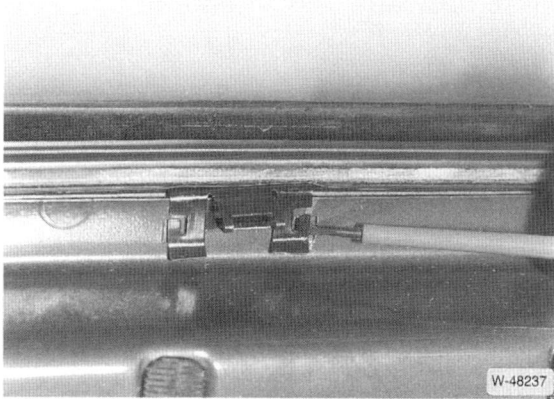

- Türinnenverkleidung im Bereich der Klammern von der Tür abziehen. Lage der Clips, siehe unter »Einbau«.
- Falls vorhanden, Lautsprecherkabel abziehen.
- Türverkleidung nach oben herausnehmen.
- Falls erforderlich, Schaumstoffverkleidung vom Türausschnitt vorsichtig abziehen. **Hinweis:** Die Klebeabdichtung bleibt besser an der Schaumstoffverkleidung haften, wenn sie bei niedriger Temperatur ruckweise abgezogen wird.

Einbau

- Schaumstoffverkleidung sorgfältig auf Türausschnitt aufkleben.

Achtung: Die Verkleidung darf nicht beschädigt sein, sonst zieht es im Fahrzeug. Die Klebemasse muß umlaufend aufgetragen sein, gegebenenfalls Butylschnur bei BMW kaufen und Klebedichtung ausbessern.

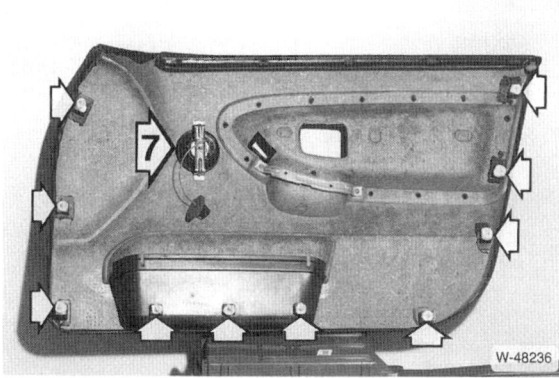

- Kontrollieren, ob alle Klammern für die Türinnenverkleidung vorhanden sind, defekte Klammern erneuern. 7 – Lautsprecher.

- Klammern für Türschachtabdichtung oben am Türrahmen müssen vollständig vorhanden sein, defekte Klammern ersetzen.
- Lautsprecherkabel verbinden.
- Türinnenverkleidung von oben in Tür einsetzen, zuerst vorn auf den Türschacht aufdrücken, dann hinten. Gleichzeitig die Türinnenverkleidung unten etwas von der Tür abhalten. Darauf achten, daß das Kabel für die Spiegelverstellung durch die entsprechende Öffnung in der Verkleidung durchgeführt wird.
- Türverkleidung im Bereich der Clips durch Schläge mit dem Handballen auf die Tür aufdrücken.
- Verriegelungsknopf aufschrauben.
- Kreuzschlitzschrauben hinter Türgriff einschrauben und Abdeckkappen aufdrücken.
- Bei Fahrzeugen mit elektrisch verstellbaren Außenspiegeln Stecker auf Schalter aufdrücken. Schalter in Armstütze eindrücken. Gegebenenfalls Knopf für Spiegelverstellung aufdrücken. Der Knopf kann nur in einer Stellung aufgedrückt werden.
- Bei Fahrzeugen mit mechanischem Fensterheber Kurbel mit Scheibe so aufdrücken, daß die Kurbel bei geschlossenem Fenster schräg nach oben in Richtung Windschutzscheibe zeigt.
- Kurbel mit Schraube und 6 Nm befestigen. Abdeckkappe für Kurbel aufdrücken.
- Blende für Türinnenbetätigung andrücken, nach hinten schieben und einrasten.

Türschloß aus- und einbauen

Ausbau

- Türinnenverkleidung ausbauen.
- Fensterscheibe muß geschlossen sein.

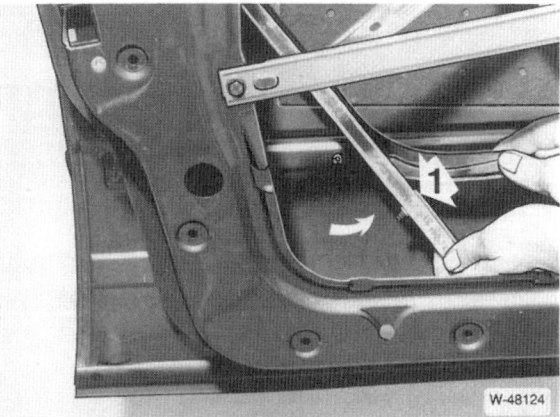

- Schraube −1− herausdrehen, Fensterführungsschiene nach unten aushaken und nach vorn schwenken. Gegebenenfalls elektrische Leitungen ausclipsen, Stecker trennen. Zur Erleichterung kann auch das Fenster komplett ausgebaut werden, siehe Seite 217.

- Stecker vom Stellmotor für Zentralverriegelung abbbauen. Dazu Verriegelung −4− in Pfeilrichtung schieben. Dadurch hebt sich der Stecker etwas vom Motor ab und kann leicht abgenommen werden.

- Türinnengriff abschrauben, an der Betätigungsstange aushängen und abnehmen. Betätigungsstange nach hinten ausclipsen.

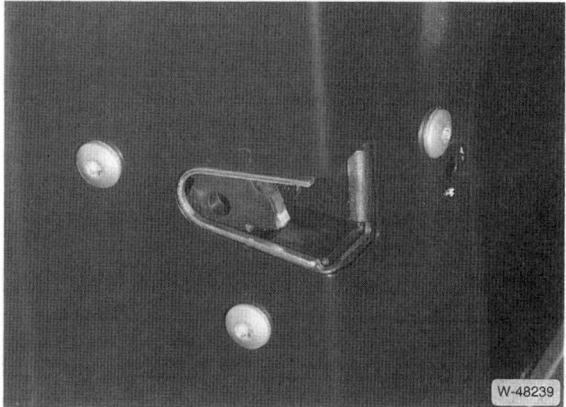

- 3 Torxschrauben an der Tür herausschrauben.
- Türschloß etwas nach oben anheben und am Gestänge vom Türaußengriff aushängen. Dabei Türaußengriff etwas anheben.
- Türschloß nach unten aus der Tür herausnehmen.

Einbau

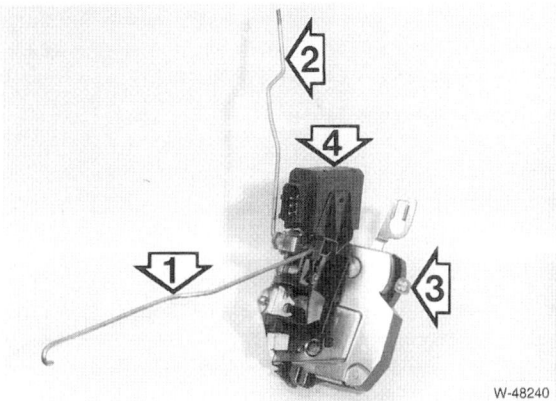

- Das Gestänge am Schloß muß folgendermaßen eingehängt sein: 1 – zum Türinnengriff, 2 – zum Verriegelungsknopf, 3 – zum Türgriff (Schließzylinder), 4 – Stellmotor Zentralverriegelung.
- Schloß in Tür einsetzen und das Gestänge entsprechend einhängen. Das Gestänge ist zum Teil gekröpft. Gestänge so einsetzen, daß es in der Tür nirgends gegenschlägt. Auf Freigängigkeit des Gestänges achten. Beim Einsetzen des Schlosses Türaußengriff etwas anheben.
- Schloß mit 3 Schrauben an Tür befestigen.
- Stecker am Stellmotor für Zentralverriegelung aufschieben und verriegeln.
- Funktion von Türschloß, Betätigung und Zentralverriegelung prüfen.
- Fensterführung von unten in den oberen Haken schieben, dann unten in der Tür mit 10 Nm anschrauben. Dichtgummi in die Führung eindrücken.
- Betätigungsstange am Türinnengriff einhängen und Türinnengriff anschrauben. Darauf achten, daß vorn die Nase richtig eingeclipst ist, sonst paßt später die Abdeckblende nicht.
- Türinnenverkleidung einbauen.

Türaußengriff/Schließzylinder aus- und einbauen

Türaußengriff und Schließzylinder der Vordertür sind zusammen von innen angebaut und können nicht getrennt ausgebaut werden.

Ausbau

- Türinnenverkleidung ausbauen.
- Schaumstoffabdichtung abziehen.
- Fensterscheibe ausbauen.

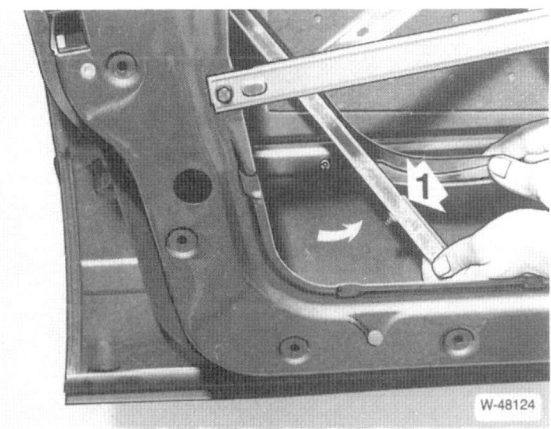

- Schraube –1– herausdrehen, Fensterführungsschiene nach unten aushaken und nach vorn schwenken. Gegebenenfalls elektrische Leitungen ausclipsen, Stecker trennen.

- Mit Schraubendreher –2– durch die Öffnung an der Stirnseite der Tür den Türgriff entriegeln. Vorher Abdeckkappe abheben.

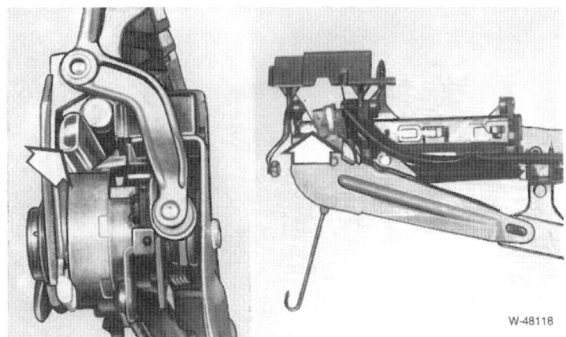

- Dazu mit dem Schraubendreher durch das freigelegte Türloch den Riegel –Pfeil– nach innen drücken. Dadurch wird die Verkleidung am Türgriff entriegelt und kann abgenommen werden. Die Abbildung zeigt den Riegel bei ausgebautem Türgriff.

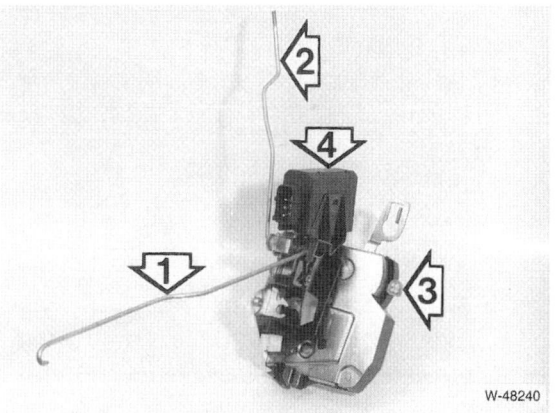

- Mit den Fingern Verbindungsstange am Türschloß aus Clip −3− aushängen.
- Abdeckung für Türgriff ausclipsen.

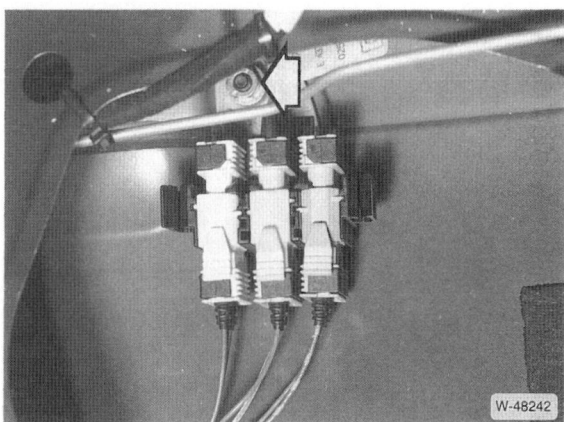

- Sämtliche Kabelstecker für Türschloß trennen. **Hinweis:** Die Kabelstecker können beim Einbau nicht vertauscht werden, da nur die zusammengehörigen Stecker zusammenpassen.
- Befestigungsmutter −Pfeil− abschrauben.

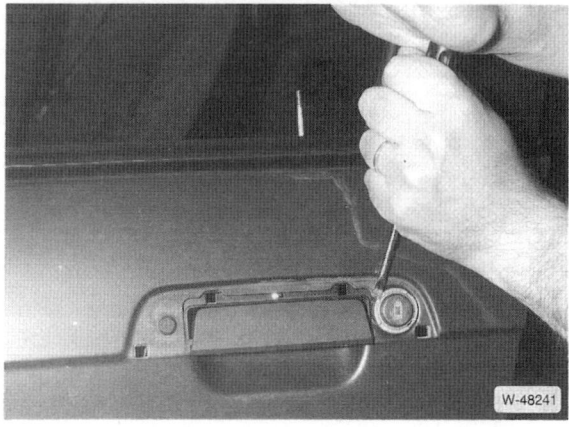

- Nutmutter (mit BMW-Werkzeug 51 2070) lösen. Die Nutmutter kann auch vorsichtig mit einem Schraubendreher, wie in der Abbildung dargestellt, gelöst werden. **Achtung:** Umliegenden Lack nicht verkratzen, mit Klebeband abkleben. Mutter bei Beschädigung ersetzen.
- Türaußengriff abnehmen.

Einbau

- Türgriff mit Schließzylinder einsetzen und mit 10 Nm anschrauben.
- Sämtliche Kabelstecker einrasten.
- Verbindungsstange am Schloß einhängen. Damit die Stange eingehängt werden kann, Drehfalle am Türschloß in Stellung »zu« drücken und Schlüssel am Schließzylinder in Stellung »zu« drehen.
- Sämtliche Schließfunktionen kontrollieren, gegebenenfalls Fehler beseitigen.

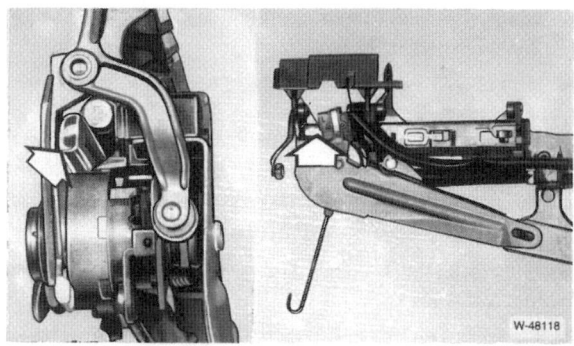

- Türgriffverkleidung von außen ansetzen und mit geeignetem Haken (zum Beispiel BMW-Werkzeug 513140, oder HAZET 2184-2) durch das Türloch oberhalb vom Schloß den Riegel −Pfeil− herausziehen. Dadurch wird die Verkleidung am Türgriff verriegelt. Die Abbildung zeigt den Riegel bei ausgebautem Türgriff.
- Abdeckung ansetzen und Befestigungsrahmen von innen durch den Türrahmen nach hinten schieben.
- Fensterführungsschiene oben einhaken und mit 10 Nm anschrauben.
- Türfenster einbauen.
- Türdichtung und Türverkleidung einbauen, siehe Seite 211.

Türfenster aus- und einbauen

4-türige Limousine

Ausbau

- Türinnenverkleidung ausbauen.
- Schaumstoffabdichtung von Türausschnitt abziehen.
- Türfensterscheibe ca. 30 cm öffnen.

Achtung: Stecker vom Fensterhebermotor (–7– in Abbildung W-48246) aus Sicherheitsgründen abziehen. Unfallgefahr!

- Fensterschachtabdichtung abziehen.

- Sicherungsklammern mit Schraubendreher abhebeln.
- Fensterscheibe von Helfer festhalten lassen.

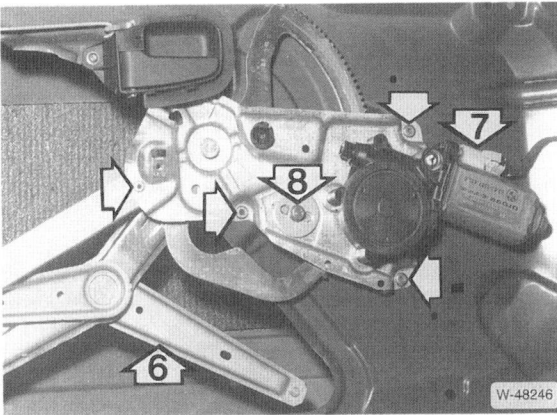

- Scheibe aus Kugelköpfen der Fensterheberarme –6– herausdrücken und von Hand in der Führung nach oben schieben.

- Fensterscheibe nach vorn kippen und nach oben herausnehmen.

Einbau

- Fensterscheibe von oben in Schacht einsetzen und in die Kugelköpfe einhängen. Sicherungen aufschieben.

- Fensterschachtabdichtung auf die Klammern setzen und andrücken. Vorher verbogene Klammern ersetzen.
- Stecker für Hebermotor aufschieben und Fensterscheibe vorsichtig rauf und runterlaufen lassen.
- Prüfen, ob die Scheibe richtig eingestellt ist. Die Türfensterscheibe ist richtig eingestellt, wenn sie oben parallel zum Fensterrahmen steht und gleichmäßig in die Fensterdichtung eintaucht. Die Dichtung muß außen gleichmäßig anliegen, sonst treten während der Fahrt Windgeräusche auf.
- Türabdichtung sauber auf Türausschnitt kleben, Türinnenverkleidung einbauen, siehe Seite 211.

Türfensterscheibe einstellen

4-türige Limousine

Die Türfensterscheibe ist richtig eingestellt, wenn sie oben parallel zum Fensterrahmen steht und gleichmäßig in die Fensterdichtung eintaucht. Die Dichtung muß außen gleichmäßig anliegen, sonst treten während der Fahrt Windgeräusche auf.

- Fenster etwas öffnen und prüfen, ob zwischen Fensterrahmen und Fensterscheibe ein gleichmäßiger, paralleler Spalt vorhanden ist.
- Falls noch nicht erfolgt, Türinnenverkleidung ausbauen.

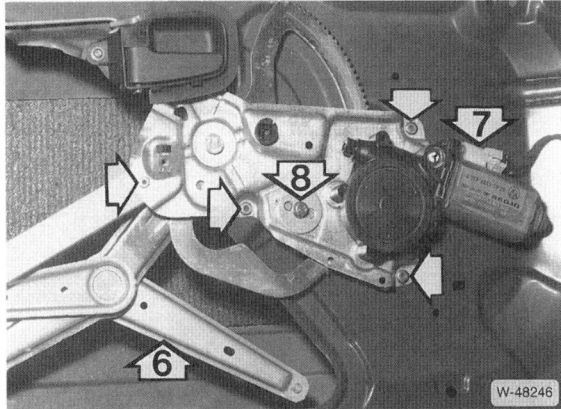

- Schraube –8– für Hauptanschlag lösen.

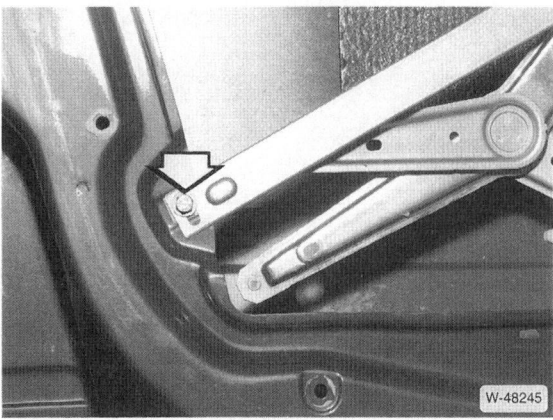

- Scheibe durch Verschieben der Schiene im Langloch auf Parallelität zum Fensterrahmen ausrichten.
- Scheibe bis zum gleichmäßigen Eintauchen in die Fensterdichtung schließen.
- Hauptanschlag nach unten schieben und Schraube festziehen.
- Scheibe runter und rauf laufen lassen. Die Scheibe muß dicht schließen, jedoch ohne daß die Scheibe gegen die obere Dichtung aufläuft (Hebermotor schaltet nicht ab).

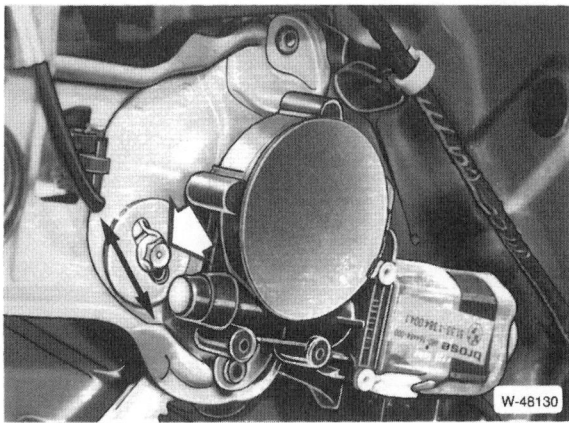

- Gegebenenfalls Schraube für Hauptanschlag lösen und Anschlag entsprechend verschieben. Schraube festziehen und Prüfung wiederholen.
- Scheibe mehrmals rauf- und runterlaufenlassen und kontrollieren, ob das Fenster einwandfrei in der Führung läuft, gegebenenfalls Fenster neu ausrichten.
- Türabdichtung sauber auf Türausschnitt kleben, Türinnenverkleidung einbauen, siehe Seite 211.

Türfensterscheibe aus- und einbauen

Coupé

Ausbau

- Türinnenverkleidung ausbauen.
- Innenfolie vom Türausschnitt abziehen.

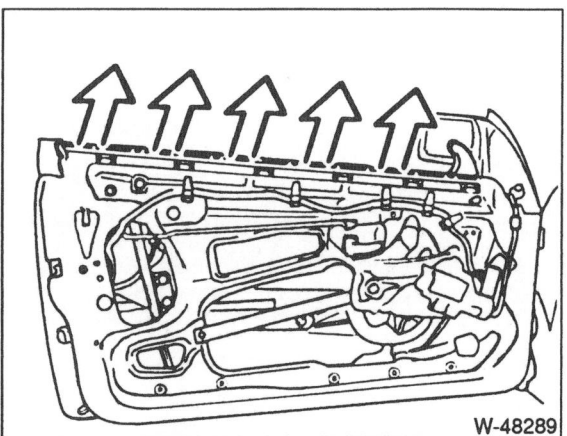

- Fensterschachtabdichtung und Halteklammern abziehen.

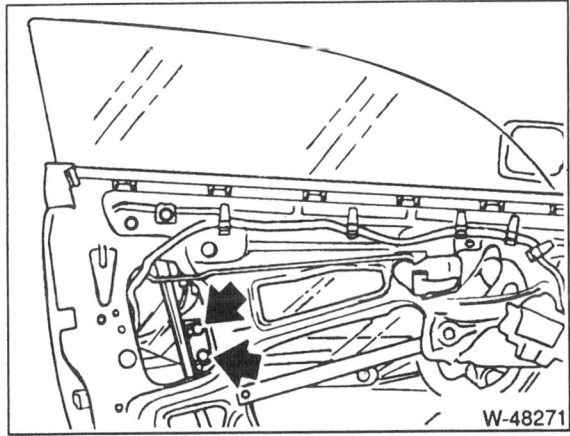

- Fensterscheibe bis auf etwa 250 mm über Türoberkante absenken.

Achtung: Stecker vom Fensterhebermotor aus Sicherheitsgründen abziehen. Unfallgefahr!

- Drehfalle am Türschloß von Hand drehen, als ob die Tür geschlossen wird. Durch das geschlossene Türschloß und den abgezogenen Stecker am Fensterhebermotor wird die elektronische Steuerung der Fensterheber in »Nullstellung« gebracht und zudem vermieden, daß die Scheibe automatisch ganz hoch- oder runterfährt.
- Schrauben an der hinteren Führungsschiene abschrauben, siehe Abbildung W-48271.

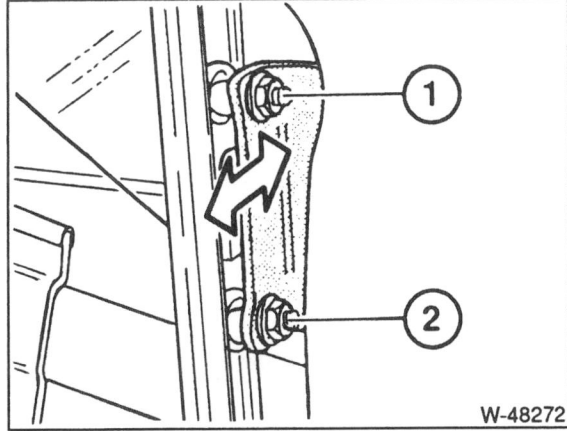

- Schrauben –1– und –2– an der vorderen Führungsschiene lockern, nicht abschrauben.
- Stecker am Fensterhebermotor aufstecken und Fensterscheibe auf etwa 190 mm über Türoberkante absenken.
- Stecker vom Fensterhebermotor abziehen.

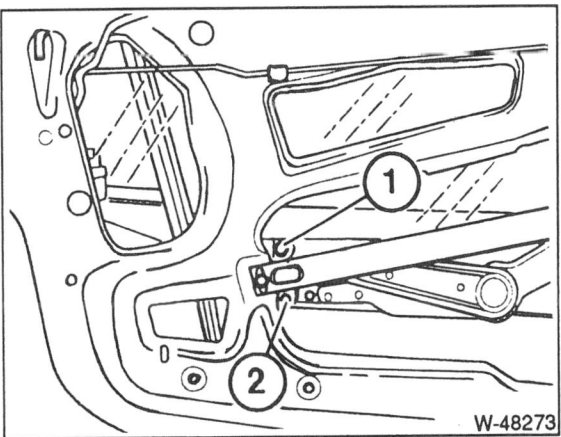

- Schraube –1– lösen, Schraube –2– lockern und Halter für hinteren Scheibenanschlag abnehmen.
- Stecker am Fensterhebermotor aufstecken und Fensterscheibe auf etwa 110 mm über Türoberkante absenken.
- Stecker vom Fensterhebermotor abziehen.

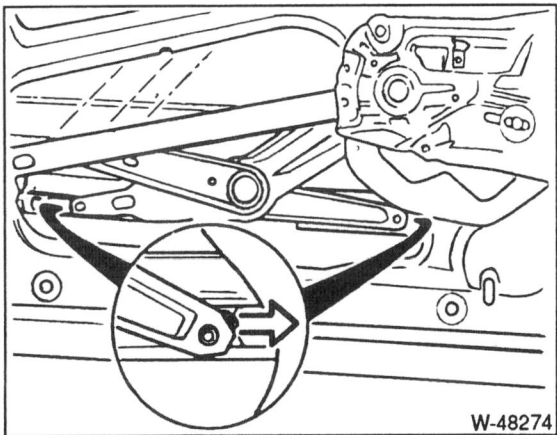

- Sicherungsklammern am Scheibenhalter seitlich abziehen.
- Fensterheberarm an der Türfensterscheibe herausziehen und hinten in der Türe ablegen.

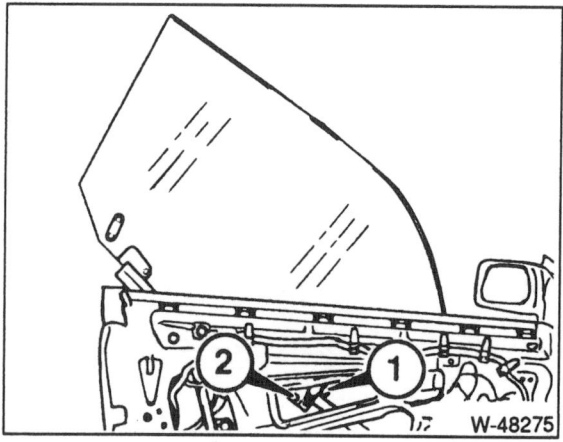

- Schraube –1– lösen, Schraube –2– lockern und Halter für Scheibenanschlag vorne abnehmen. Scheibe nach oben herausziehen.

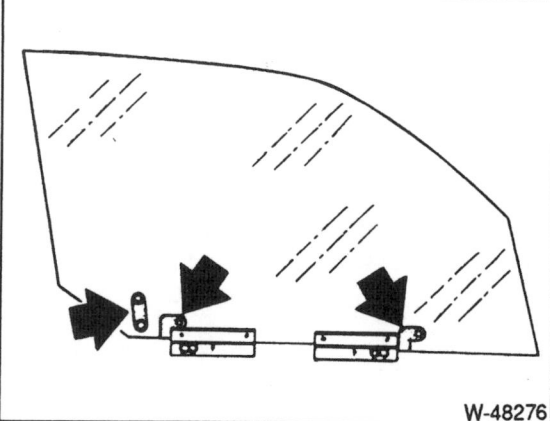

- Gegebenenfalls Befestigungen der Halter an der Fensterscheibe ausheben.

Achtung: Türgriff betätigen, damit sich die Drehfalle wieder öffnet und die Tür geschlossen werden kann.

Einbau

- Türfensterscheibe einsetzen und vorderen Scheibenanschlag anschrauben.
- Fensterheberarm in die Führungsschiene einführen. Sicherungsklammern einsetzen.
- Stecker am Fensterhebermotor aufstecken und Fensterscheibe auf etwa 190 mm über Türoberkante hochfahren.
- Stecker vom Fensterhebermotor abziehen.
- Halter für hinteren Scheibenanschlag anschrauben.
- Schrauben für vordere Fensterführungsschiene festziehen, siehe Abbildung W-48272. Vorher müssen auf jeden Fall die Schrauben an der vorderen Fensterhalterung angezogen worden sein.
- Stecker am Fensterhebermotor aufstecken und Fensterscheibe auf etwa 250 mm über Türoberkante hochfahren.
- Schrauben für hintere Führungsschiene anschrauben.

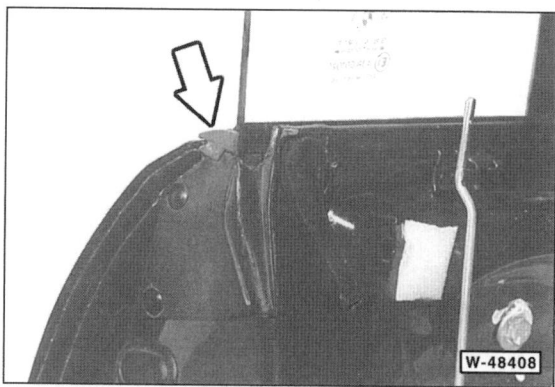

- Fensterschachtabdichtung mit den Klammern einsetzen, dabei auf richtigen Sitz in der hinteren Gummidichtung –Pfeil– achten.
- Türfensterscheibe bei ausgebauter Türverkleidung voreinstellen, insbesondere wenn Teile des Fenstersystems erneuert wurden.
- Türverkleidung einbauen.
- Fensterscheibe einstellen.
- Fensterheberelektronik in Grundstellung bringen (initialisieren): Türen schließen und Fensterscheiben ganz nach oben fahren. Fensterheberschalter nach dem Schließen der Scheibe noch etwa 5 Sekunden lang weiter gedrückt halten.

Der Bezugspunkt für die automatische Scheibenabsenkung ist der mechanische Fensterhebranschlag bei geschlossenem Fenster. Daher muß nach jeder Reparatur/Einstellung das Fenster wie angegeben initialisiert werden.

Türfensterscheibe einstellen

Coupé

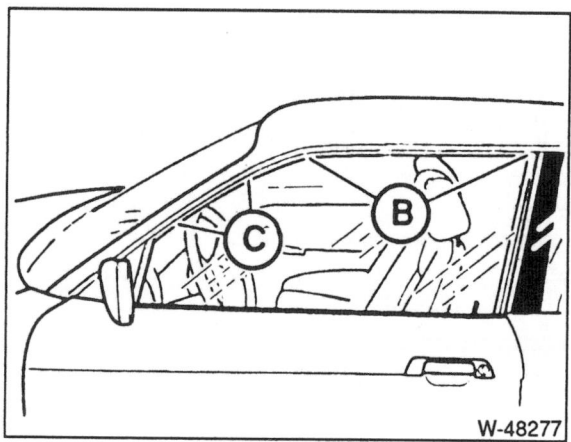

Die Türfensterscheibe ist richtig eingestellt, wenn sie oben parallel zum Fensterausschnitt steht und gleichmäßig in die Fensterdichtung eintaucht. Da das Coupé rahmenlose Fensterscheiben hat, sind Einstellvoraussetzungen eine richtig eingepaßte Tür und einwandfreie Dichtungen.

Eingestellt werden kann die Fensterscheibe bei **eingebauter** Türverkleidung, wenn nur folgende Werte korrigiert werden sollen: Eintauchtiefe –B– (siehe Abbildung), Parallelität zur Karosserie sowie Vorspannung. Ist eine 2. Bohrung hinter der Tür-Stoßleiste vorhanden, kann auch die Eintauchtiefe –C– korrigiert werden.

Folgende Werkzeuge werden benötigt: 1/4" Torx E5-Steckschlüsseleinsatz mit Kreuzgelenk und Verlängerung.

Durch Betätigen des Türinnen- oder Türaußengriffs wird die Fensterscheibe automatisch um 4 bis 6 mm abgesenkt. Das Scheibenheber-Steuergerät erkennt die geschlossene Position der Scheibe am Widerstand bei Erreichen des mechanischen Fensterheberanschlags.

Achtung: Nach der Einstellung muß sichergestellt sein, daß bei Ausfall der Absenkautomatik die Fensterscheibe nicht im Bereich –B– oder –C– in der Türdichtung klemmt. Sonst kann die Fensterscheibe beim Öffnen der Tür brechen. Daher Endanschlag wie folgt prüfen, gegebenenfalls Einstellung korrigieren:

– Türe öffnen und Türfensterscheibe soweit wie möglich schließen.

– Türschloß-Drehfalle von Hand schließen. Das Fensterheber-Steuergerät erhält nun die Meldung »Tür geschlossen« und fährt jetzt die Scheibe ca. 5 mm nach oben in Endstellung.

– Batterie abklemmen oder Stecker am Fensterhebermotor abziehen.

– Türschloß betätigen, die Drehfalle schnappt auf und die Tür kann geschlossen werden.

– Türe vorsichtig schließen. Hierbei darf die Türfensterscheibe im Bereich –B– und –C– nicht an der Türdichtung klemmen, sonst Einstellung korrigieren.

Einstellen bei eingebauter Türverkleidung

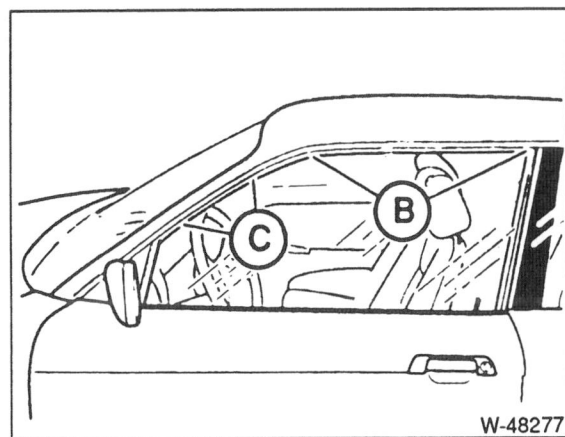

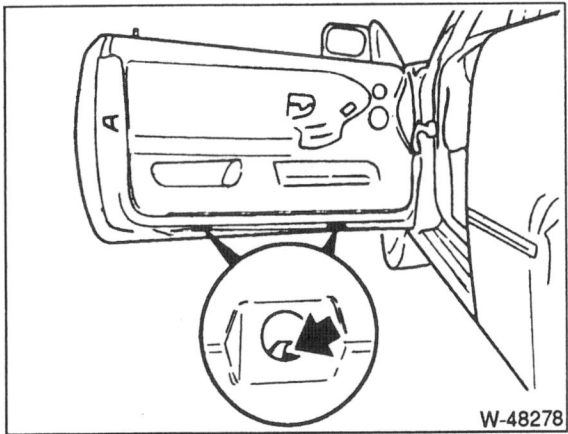

- Tür schließen und Eintauchtiefe –B– mit Filzstift an der Scheibe anzeichnen. Maß B wird etwa 90 und 400 mm vor der B-Säule (Dachpfosten hinter der Tür) gemessen. Tür öffnen und Eintauchtiefe zur Scheibenoberkante messen. Sie soll **1,5 bis 2,5 mm** betragen.

- **Eintauchtiefe –C– korrigieren** (siehe Abbildung W-48277): Fensterscheibe auf etwa 105 mm absenken, gemessen ab Oberkante Türverkleidung.

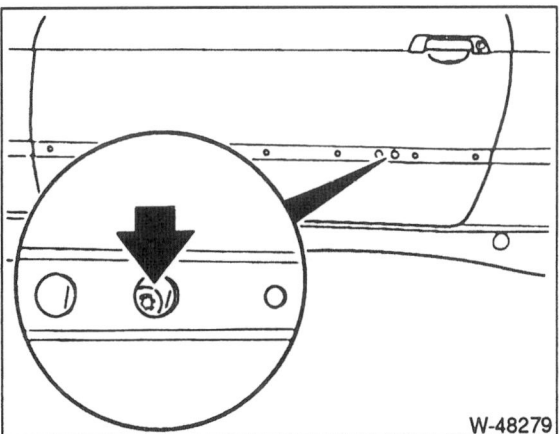

- **Eintauchtiefe –B– korrigieren** (siehe Abbildung W-48277): Fensterscheibe nach unten fahren und Gummistopfen an der Türunterseite entfernen.

- Höhenanschläge durch Verdrehen der Einstellschrauben einstellen.

- Stoßleiste abziehen und Einstellschraube rechtsherum drehen, dabei lockert sie sich.

- Tür schließen und Fensterscheibe nach oben fahren.

- Fensterscheibe in Längsrichtung ausrichten und Einstellschraube festziehen, siehe Abbildung.

- Tür schließen und Eintauchtiefe –C– mit Filzstift an der Scheibe anzeichnen, siehe Abbildung W-48277. Tür öffnen und Eintauchtiefe zur Scheibenoberkante messen. Sie soll **1,0 bis 1,5 mm** betragen.

- Endanschlag bei ausgeschaltetem Fensterhebermotor prüfen, wie oben beschrieben.

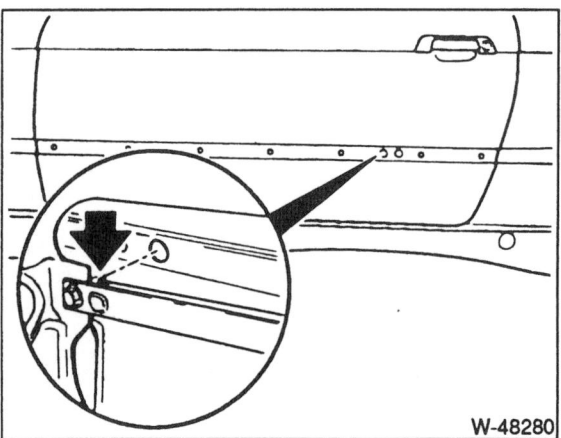

- **Parallelität (Fensterkippen) einstellen:** Stoßleiste abziehen und Schraube an der linken Bohrung nach rechts drehen (lockern). Die Vergrößerung zeigt die Halterung von der Türinnenseite her betrachtet. Die Einstellschraube befindet sich etwa 35 mm links und 15 mm oberhalb der Türbohrung.
- Scheibe ausrichten und Schraube festziehen.
- Endanschlag prüfen, siehe oben.

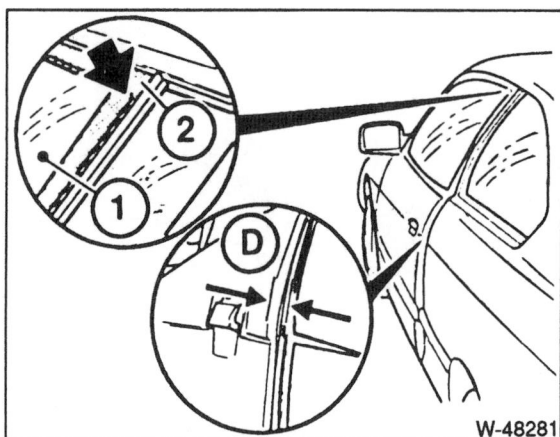

- **Vorspannung einstellen:** Da die Scheibe dicht anliegen soll, muß sie unter Vorspannung stehen. Zur Einstellung der Scheibenvorspannung darf die Tür nicht ganz geschlossen werden, sondern muß einen Spalt breit (Maß D = 8 mm) geöffnet bleiben. In dieser Türstellung muß die Oberkante der Scheibe –1– die Dichtung –2– berühren. Maß –D– wird ca. 20 mm über dem Türfalz gemessen.

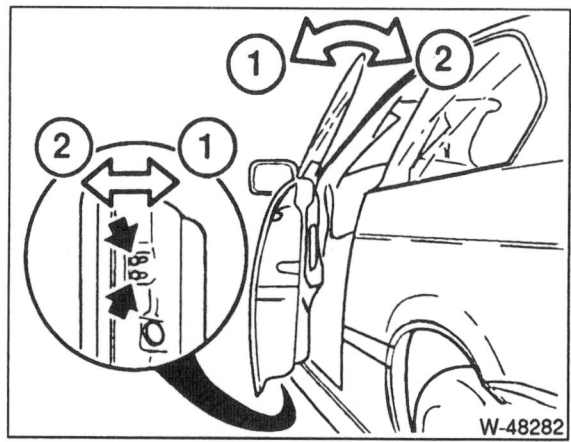

- Gegebenenfalls 2 Schrauben an der Türunterseite lockern und Vorspannung durch Verschieben der Fensterführung einstellen. Eine Verschiebung der Fensterführung in Richtung –1– oder –2– bewirkt eine Neigung des Fensters in entgegengesetzter Richtung –1– oder –2–, siehe Abbildung. Schrauben erst gleichmäßig leicht anziehen, dann festziehen. **Achtung:** Zu große Vorspannung der Scheibe kann zum Scheibenbruch beim Türschließen führen.
- Endanschlag prüfen, siehe oben.

Einstellung mit Demontage der Türverkleidung:

Diese Einstellung beinhaltet Voreinstellungen und ist dann notwendig, wenn mechanische Teile des Türscheiben-Fenstersystems ausgewechselt wurden.

- Türverkleidung ausbauen.

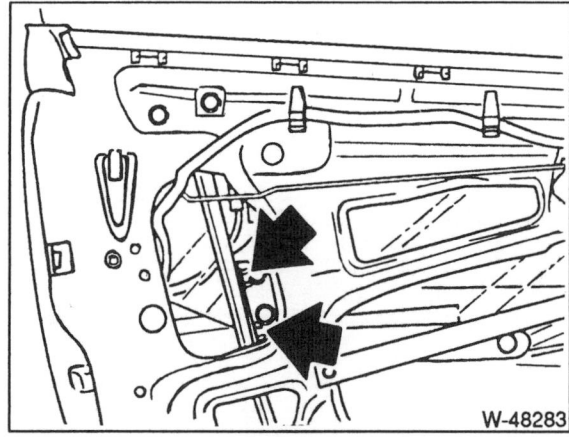

- **Voreinstellung Vorspannung:** Winkel an der hinteren Rollenführung lockern. Anschließend Schrauben für Fensterführungsschiene an der Türunterseite so anziehen, daß sie mittig in den Langlöchern stehen, siehe Abbildung W-48282.
- Vorspannung einstellen, wie bei »Einstellung ohne Demontage der Türverkleidung« beschrieben.

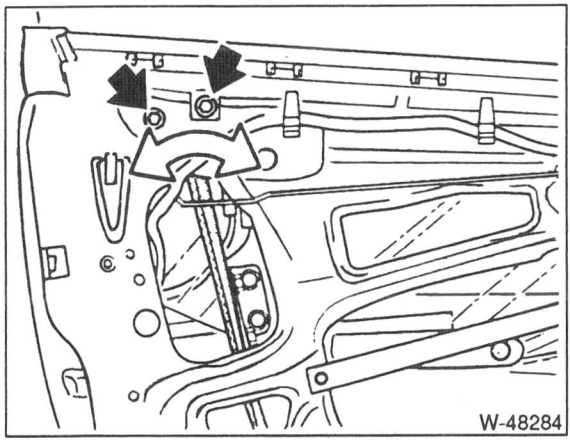

- **Voreinstellung Eintauchtiefe –C–** (siehe Abbildung W-48277): Fensterschiene oben mittig festschrauben.

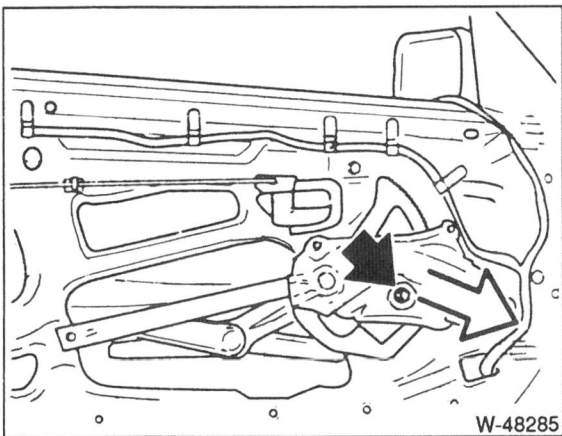

- Tür schließen und Scheibe rauf- und runterlaufen lassen. Läuft die Scheibe gegen die obere Dichtung auf, Schraube für Hauptanschlag lösen, nach vorne drücken und wieder festziehen.

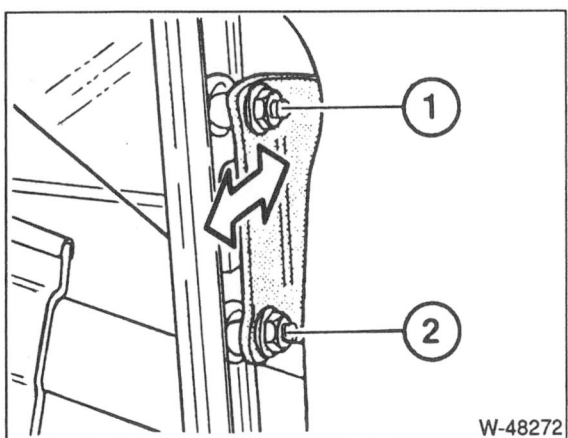

- Voreinstellung Vorspannung an der vorderen Rollenführung: Türfensterscheibe mehrmals öffnen und schließen. Den Winkel an der Rollenführung in der Stellung festziehen (–1– und –2–), in der er sich nur noch minimal verstellt.

- Anschließend Vorspannung einstellen, wie bei »Einstellung ohne Demontage der Türverkleidung« beschrieben.

- **Parallelität (Fensterkippen) einstellen:** Fensterscheibe schließen und mit wasserlöslichem Filzstift unten und oben entlang der Dichtung anzeichnen.

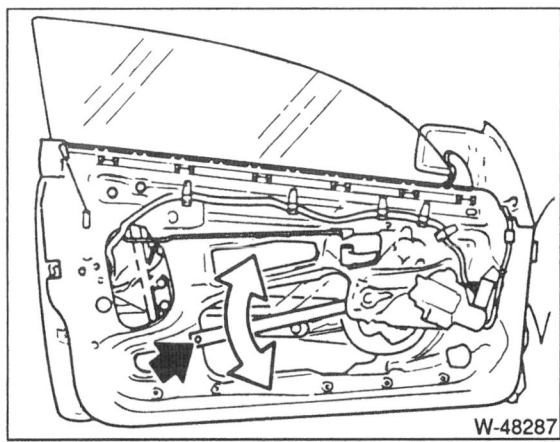

- Schraube an der Schiene lockern und Schiene verschieben, bis die Scheibe parallel zum Fensterrahmen steht.
- Anschließend Eintauchtiefen –B– und –C– (siehe Abbildung W-48277) in die Dichtung nochmals kontrollieren, gegebenenfalls einstellen, wie bei »Einstellung ohne Demontage der Türverkleidung« beschrieben, siehe Seite 221.
- Endanschlag bei ausgeschaltetem Fensterhebermotor prüfen, siehe Kapitelanfang.

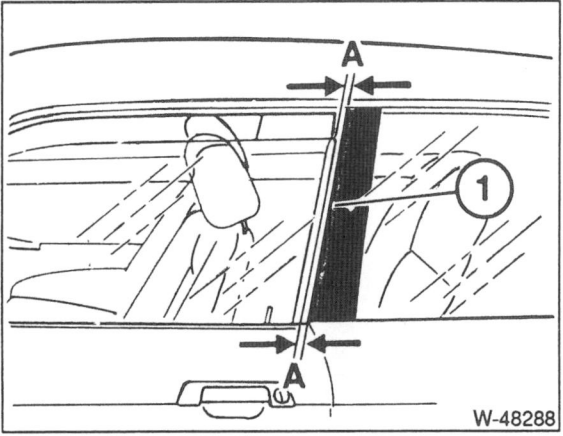

- Abschließend Maß –A– der Blende zur Fensterscheibe kontrollieren. Es soll etwa 4 bis 5 mm betragen. Falls nicht, Blende –1– abziehen und ersetzen. Die Blende soll zur anderen Fahrzeugseite passen, daher sind auch größere Abweichungen zulässig.

Fensterheber aus- und einbauen

Beschrieben wird der Ausbau des elektrischen Fensterhebers. Beim manuellen Fensterheber Arbeitsgänge entsprechend anpassen.

Ausbau

- Türinnenverkleidung ausbauen.
- Türabdichtung vorsichtig vom Türausschnitt abziehen.

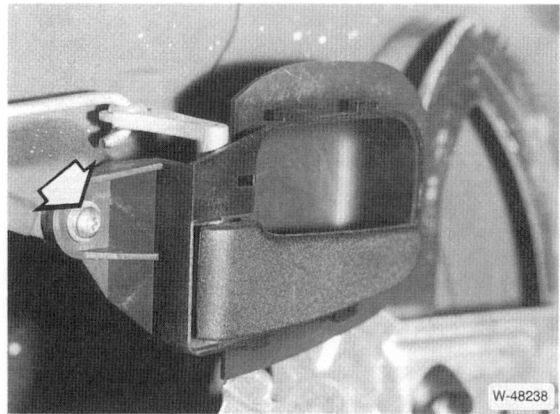

- Türinnengriff abschrauben und aushängen.
- Türfensterscheibe ca. 30 cm öffnen.

Achtung: Stecker vom Fensterhebermotor (–7– in Abbildung W-48246) aus Sicherheitsgründen abziehen. Unfallgefahr!

- Fensterscheibe von Helfer festhalten lassen.

- Sicherungsklammern mit Schraubendreher abhebeln.

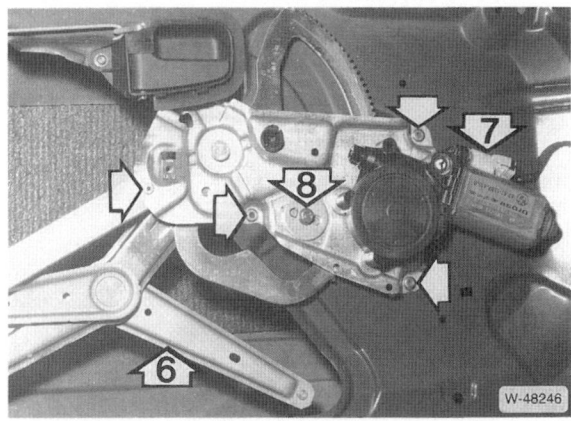

- Scheibe aus Kugelköpfen der Fensterheberarme –6– herausdrücken und von Hand in der Führung nach oben schieben. Scheibe mit geeignetem Haken gegen Herunterrutschen sichern.
- 4 Nieten –Pfeile– ausbauen, dazu Nietenköpfe vorsichtig mit 6 mm-Bohrer abbohren.

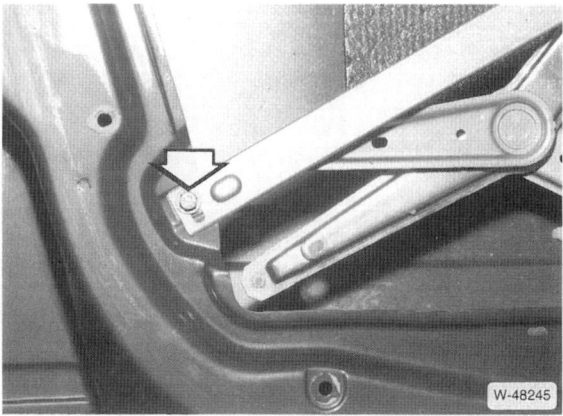

- Schraube an der Führungsschiene herausdrehen. **Achtung:** Einbaulage der Schraube vorher markieren, dazu Schraubenkopf mit Filzstift umkreisen.

- Hebeapparat komplett abnehmen.
- Gegebenenfalls Getriebemotor vom Hebeapparat abschrauben (3 Schrauben).

Einbau

- Hebeapparat einsetzen, ausrichten und anschrauben. Die aufgebohrten Nieten beim Einbau durch Sechskantschrauben M6 x 10 mm (Länge) ersetzen. Sechskantmuttern mit Unterlegscheiben ⌀ 6,4 mm von hinten gegenschrauben und festziehen. Anzugsdrehmoment: 9 Nm.
- Scheibe ablassen, in Führung einklinken und mit 2 Sicherungsklammern befestigen.
- Führungsschiene entsprechend der angebrachten Markierung anschrauben.
- Stecker für Hebermotor aufschieben und Fensterscheibe vorsichtig rauf und runterlaufen lassen.
- Prüfen, ob die Scheibe richtig eingestellt ist. Die Türfensterscheibe ist richtig eingestellt, wenn sie oben parallel zum Fensterrahmen steht und gleichmäßig in die Fensterdichtung eintaucht. Die Dichtung muß außen gleichmäßig anliegen, sonst treten während der Fahrt Windgeräusche auf. Gegebenenfalls Türfenster einstellen.
- Türinnengriff einhängen und anschrauben. Darauf achten, daß vorn die Nase richtig eingeclipst ist, sonst paßt später die Abdeckblende nicht.
- Türabdichtung sauber auf Türausschnitt kleben, Türinnenverkleidung einbauen, siehe Seite 211.

Außenspiegel aus- und einbauen

Ausbau

- Blende oben ausclipsen und nach oben schieben.
- Stecker an der Blende ausclipsen.
- Stecker für Spiegel trennen.

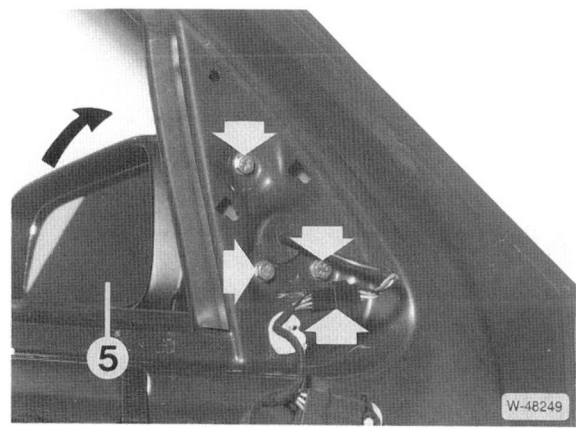

- 3 Schrauben herausdrehen, gleichzeitig Spiegel von außen festhalten und anschließend abnehmen.

Einbau

- Spiegel ansetzen und festschrauben.
- Elektrische Leitungen zusammenstecken.
- Kunststoffabdeckung in die Führungen einsetzen und andrücken.
- Funktionen der Spiegelverstellung, falls eingebaut auch Spiegelheizung, überprüfen.

Spiegelglas aus- und einbauen

Ausbau

Achtung: Vor dem Ausbau des Spiegelglases Fahrzeug auf Raumtemperatur (ca. +20° C) bringen. Bei niedrigeren Temperaturen können die Clipse leicht abbrechen.

- Spiegelglas –5– nach oben klappen. Spiegelverkleidung oder Türinnenverkleidung braucht nicht, wie in der Abbildung dargestellt, ausgebaut zu werden.
- Spiegelkante und Spiegelgehäusekante zum Schutz vor Beschädigung mit Tesaband abkleben.

- Spiegelglas unten mit Holzkeil heraushebeln. Das Glas kann auch mit den Fingern herausgezogen und ausgeclipst werden.
- Falls vorhanden, Stecker für Spiegelheizung trennen und Spiegelglas abnehmen.

Einbau

- Falls vorhanden, Stecker für Spiegelheizung aufstecken.

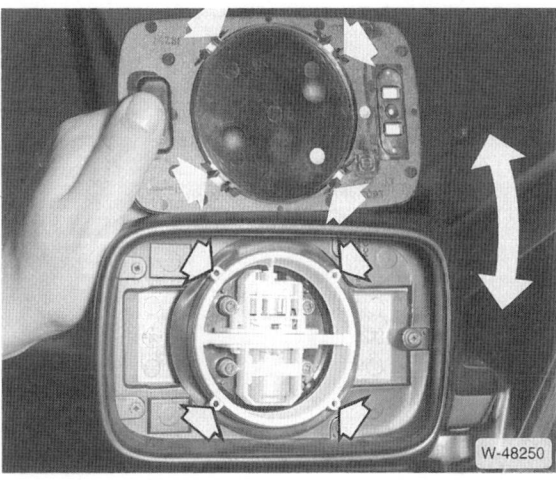

- Spiegelglas so ansetzen, daß sich die Halteklammern über den Nasen befinden.
- Spiegelglas direkt über den Clipsen andrücken und einrasten. Lappen unterlegen, um Fingerabdrücke zu vermeiden.

Innenspiegel aus- und einbauen

Ausbau

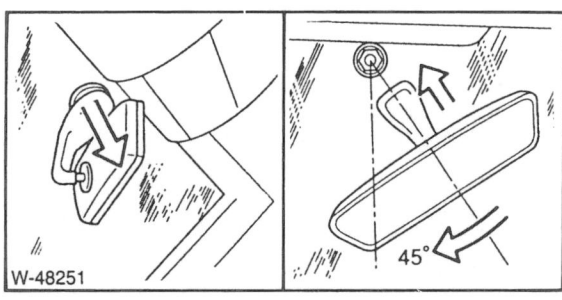

- Spiegel nach hinten vom Spiegelsockel abziehen – linke Abbildung.

Einbau

- Spiegelfuß um ca. 45° gedreht auf den Spiegelsockel aufstecken.
- Spiegelfuß drehen bis dieser auf dem Spiegelsockel einrastet.

Mittelkonsole aus- und einbauen

Ausbau

- Konsole für Handbremshebel ausbauen, siehe Seite 184.
- Handschuhkasten ausbauen.
- Linke Fußraumverkleidung unter der Instrumententafel ausbauen, siehe Seite 228.
- Griff für Schalthebel sowie Abdeckung für Schalthebel ausbauen, siehe Seite 137.
- Zeituhr ausbauen, siehe Seite 274.
- Ablagefach neben Zeituhr herausziehen.

- Schraube –1– herausdrehen.

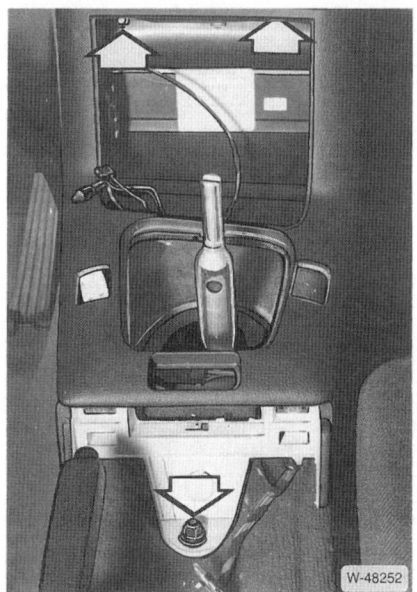

- Mittelkonsole abschrauben und herausnehmen.

Einbau

- Mittelkonsole einsetzen und anschrauben.
- Ablagefach neben Zeituhr einsetzen.
- Stecker für Zeituhr aufschieben, Zeituhr in die Öffnung einschieben und einrasten.
- Griff für Schalthebel sowie Abdeckung für Schalthebel einbauen, siehe Seite 137.
- Linke Fußraumverkleidung unter der Instrumententafel einbauen, siehe Seite 228.
- Handschuhkasten einbauen.
- Konsole für Handbremshebel einbauen, siehe Seite 184.
- Sämtliche Funktionen der elektrischen Schalter, Heizungsschalter sowie Freigängigkeit des Ganghebels in der Mittelkonsole prüfen.

Handschuhkasten aus- und einbauen

Ausbau

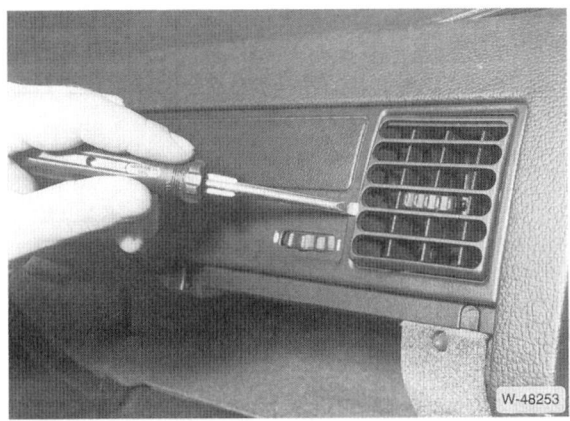

- Alle Modelle außer Compact: Lüftungsgitter links und rechts mit Schraubendreher heraushebeln.
- Handschuhkasten öffnen.
- Compact-Modell: Handschuhkasten-Deckel fest nach links drücken, dabei rastet die Achse auf der rechten Seite aus. Deckel abnehmen.

- Schloßträger links und rechts abschrauben –4/5–, in der Mitte ausclipsen und herausnehmen. Vorher Abdeckung für Schraube –5– mit kleinem Schraubendreher abhebeln.

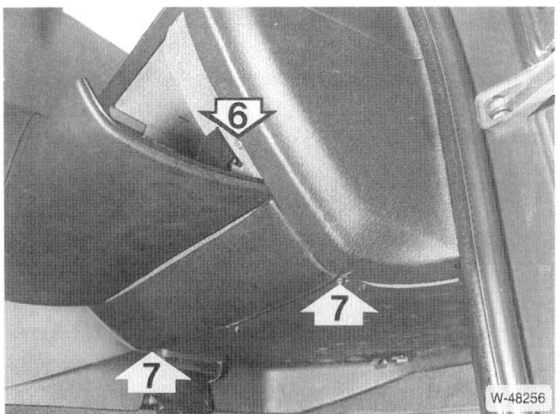

- 4 Schrauben –6/7– für Handschuhkasten herausdrehen.
- Steckverbindungen für Beleuchtung und Schalter trennen.
- Handschuhkasten abnehmen.

Einbau

- Die beiden unteren Schrauben –7– etwas anschrauben.
- Elektrische Leitungen zusammenstecken.
- Handschuhkasten so einführen, daß die unteren Zungen zwischen die Fußraumabdeckung und die beiden Blechmuttern eingreifen.
- Handschuhkasten mit den oberen beiden Schrauben –6– anschrauben.
- 2 Schrauben –7– festziehen.
- Schloßgehäuse einsetzen und anschrauben.
- Abdeckkappen für die unteren Schrauben aufdrücken.
- Lüftungsgitter eindrücken und einrasten. Beim Compact-Modell, Handschuhkasten-Deckel einsetzen und Achse einhängen.

Linke Fußraumabdeckung aus- und einbauen

Ausbau

- 1 Schraube unterhalb der Nebellichtschalter herausdrehen.

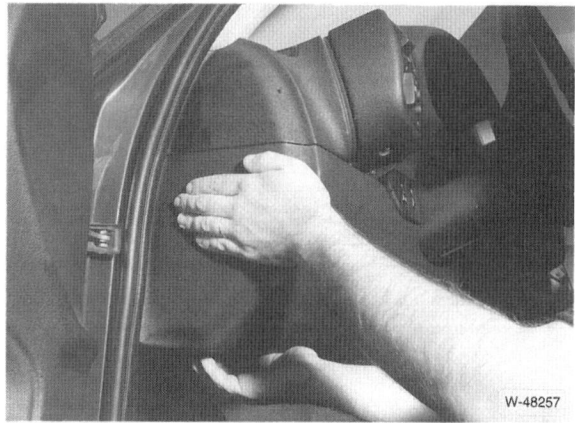

- Abdeckung nach hinten ziehen, ausclipsen und abnehmen.

Einbau

- Abdeckung unten einhängen, nach oben schwenken und einclipsen.
- Befestigungsschraube reindrehen.

Motor für Schiebedach aus- und einbauen

Achtung: Vor dem Ausbau, Schiebedach schließen. Falls der Motor defekt ist, Schiebedach über Notbetätigung schließen. Läßt sich das Schiebedach nicht schließen, weil das Getriebe klemmt, siehe Hinweise am Ende des Kapitels.

Ausbau

- Innenleuchte samt Lampenträger mit schmalem Schraubendreher heraushebeln, siehe Seite 267.
- Abdeckung abnehmen.

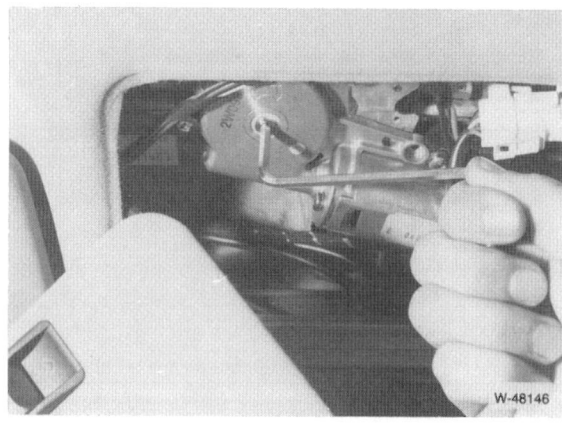

- Falls sich das Schiebedach nicht durch den Elektromotor schließen läßt, Schiebedach mit Innensechskantschlüssel von Hand schließen. Ein entsprechender Schlüssel liegt dem Bordwerkzeug bei.

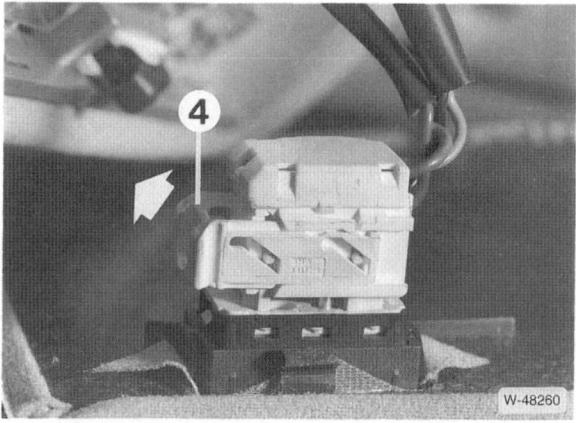

- Steckverbindung für Betätigungsschalter abziehen, dazu Verriegelung −4− seitlich wegziehen.

- 3 Torxschrauben −9/10− herausdrehen und Motor-Getriebeeinheit herausziehen. **Achtung:** Die Schrauben sind gesichert und daher beim Einbau zu erneuern.

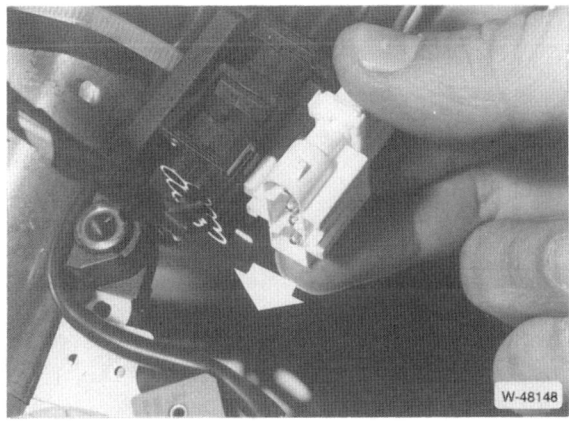

- Steckverbindung an der Rückseite trennen, dabei Rastnasen zusammendrücken. Anschließend Stecker aus der Schiene fahren, Motor-Getriebeeinheit abnehmen.

Einbau

Achtung: Schiebedach muß geschlossen sein.

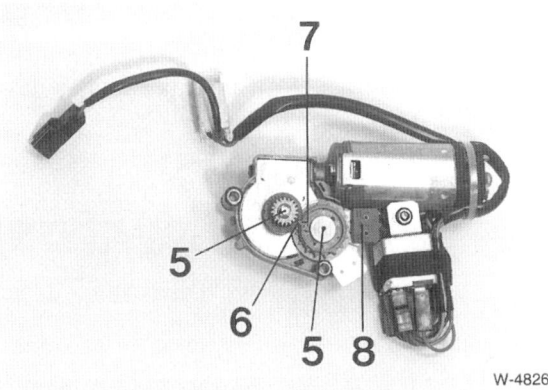

- Vor dem Einsetzen sicherstellen, daß die Kerbe −6− und der Zapfen −7− in einer Linie mit den beiden Achsmittelpunkten −5− der Motor-Getriebeeinheit liegen. Der Motor befindet sich dann in »Nullstellung«, was der Stellung bei geschlossenem Schiebedach entspricht. Gegebenenfalls Motor mit Innensechskantschlüssel entsprechend verdrehen.
- Falls Schalterdefekte auftraten, Mikroschalter −8− für Schiebedach in der Fachwerkstatt ersetzen lassen.

- Motor-Getriebeeinheit einsetzen, anschließen und mit 2 kurzen Schrauben −9−, sowie 1 langen Schraube −10− befestigen. Grundsätzlich neue Schrauben verwenden. Falls das nicht möglich ist, Schrauben vorher mit Schraubenfest-Sicherungsmittel bestreichen.
- Stecker am Betätigungsschalter aufschieben und verriegeln.
- Abdeckung und Innenleuchte einclipsen.

Wenn sich das Schiebedach nicht schließen läßt, weil das Getriebe klemmt, ist folgendermaßen vorzugehen:

- Defekten Motor ausbauen.
- Neuen Motor einbauen.
- Schiebedach über Notbetätigung schließen (in Nullstellung bringen).
- Neuen Motor ausbauen.
- Neuen Motor mit Innensechskantschlüssel in Nullstellung drehen.
- Neuen Motor einbauen.

Vordersitz aus- und einbauen

Ausbau

- Sitz durch Sitzhöhenverstellung ganz nach oben stellen. Sitz ganz nach hinten fahren.

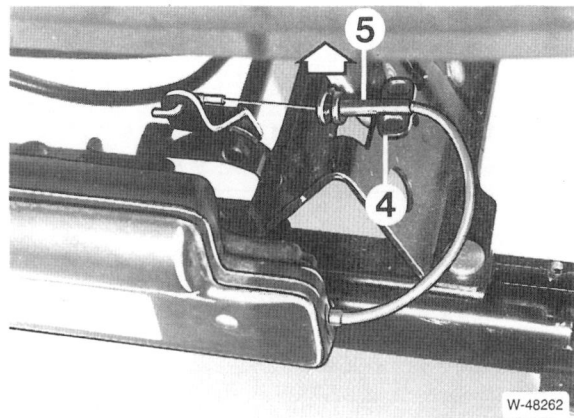

- Mechanische Sitzverstellung: Gurtschloß-Strammer entschärfen. Dazu Knebel –4– um 90° nach links drehen (senkrecht zur Sitzfläche stellen) und Bowdenzug –5– nach oben aus Widerlager und Betätigungshebel aushängen.

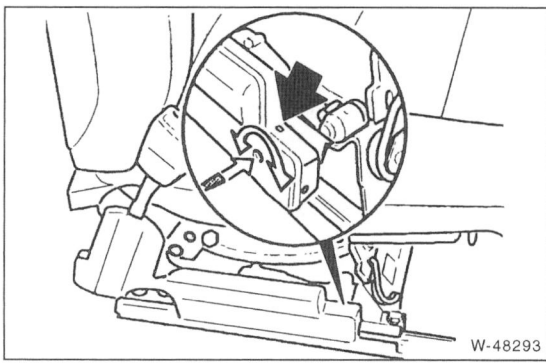

- Elektrische Sitzverstellung: Gurtschloß-Strammer entschärfen. Dazu Schlitzschraube verdrehen, bis im Sichtfenster die grüne Markierung auf rot wechselt.

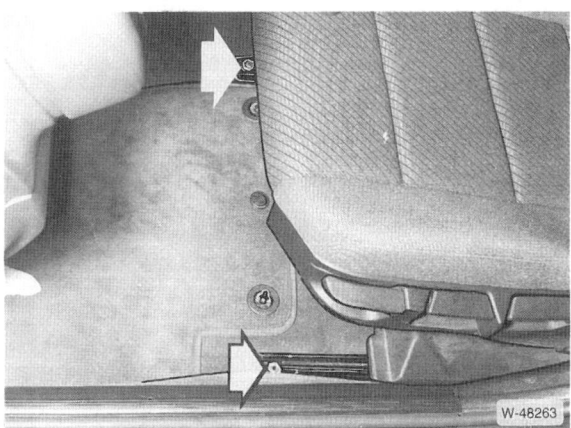

- 2 Schrauben vorn für Sitzschienen abschrauben.

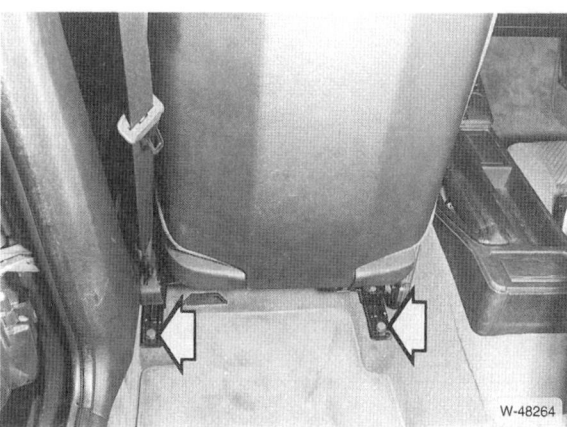

- Sitz nach vorn fahren und hintere Schrauben herausdrehen.

- Sitz anheben und Befestigungsschraube für Gurtbefestigung herausschrauben.
- Sitz aus dem Fahrzeug herausheben.

Einbau

- Sitz einsetzen.
- Gurtbefestigung anschrauben.
- Sitz hinten anschrauben, noch nicht festziehen.
- Sitz nach hinten fahren und vorn mit **55 Nm** festschrauben.
- Mechanische Sitzverstellung: Bowdenzug für Gurtstrammer sorgfältig einhängen. Korrekten Sitz des Bowdenzuges nochmals überprüfen, siehe Abbildung W-48262.
- Elektrische Sitzverstellung: Schlitzschraube am Gurtschloß-Strammer drehen, bis im Sichtfenster die grüne Markierung erscheint.

Achtung: Der Gurtschloß-Strammer ist bei nicht korrekter Einstellung ohne Funktion.

- Sitz nach vorn schieben, hintere Schrauben mit **55 Nm** festziehen.

Rücksitz aus- und einbauen

Ausbau

- Rücksitzbank auf beiden Seiten vorn kräftig nach oben ziehen und dadurch aus den Klammern herausziehen.
- Rücksitzbank etwas nach vorne unter der Rückenlehne herausziehen und aus dem Fahrzeug herausnehmen.

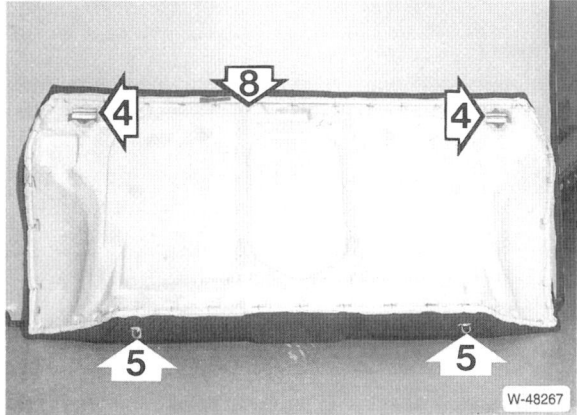

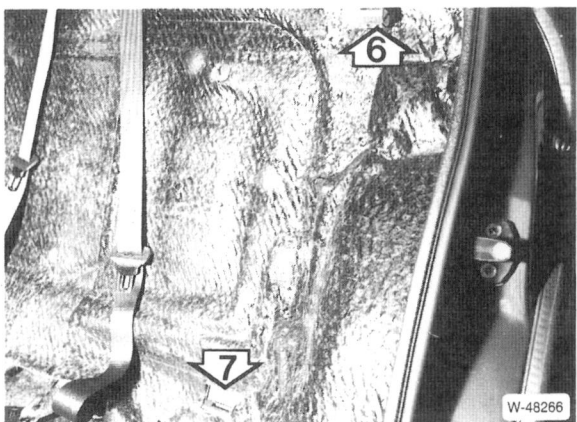

- Rückenlehne –8– am oberen Teil nach vorn ziehen und dadurch die Klammern –4– aus den Nasen –6– aushängen.
- Rückenlehne nach oben ziehen und dadurch die Nasen –5– aus den Öffnungen –7– herausziehen.
- Rückenlehne herausnehmen.

Einbau

- Rückenlehne mit den Nasen –5– in die Öffnungen –7– einsetzen.
- Rückenlehne oben nach hinten drücken, bis die Klammern –4– in die Nasen –6– einrasten.
- Rücksitzbank so weit nach hinten unter die Lehne schieben, bis sich vorn die Klammern über den Nasen im Fahrzeugboden befinden. In dieser Stellung Rücksitzbank kräftig nach unten drücken und einrasten.

Seitenverkleidung hinten aus- und einbauen

Coupé- und Compact-Modelle

Ausbau

- Tür- und Seitenscheibe ganz öffnen.
- Hintere Sitzbank an beiden Seiten ausclipsen.
- Rückenlehne vorklappen.

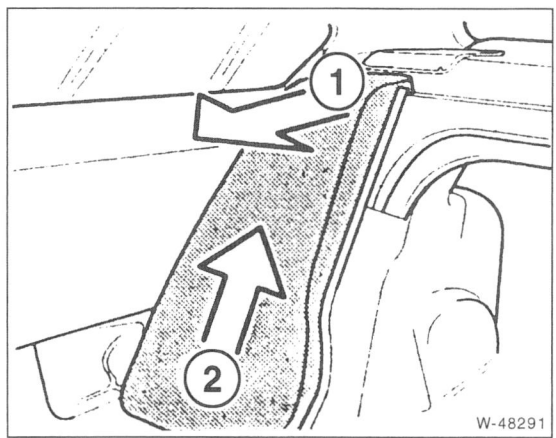

- Rückenlehne-Seitenteil an der Oberseite ausclipsen –1– und nach oben aus der unteren Befestigung abnehmen –2–. Bei Compact-Modell zusätzlich vorher untere Schraube lösen.

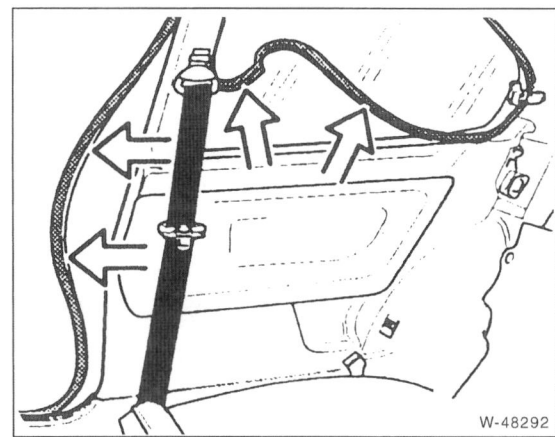

- Kantenschutz im Bereich der Seitenverkleidung abziehen –Pfeile–.
- Seitenverkleidung ausclipsen und nach oben herausziehen.

Einbau

- Falls erneuert, alte Clipse in die neue Seitenverkleidung umbauen. Beschädigte Clipse erneuern.
- Der weitere Einbau geschieht in umgekehrter Ausbaureihenfolge.

Heckklappe aus- und einbauen

Touring

Ausbau

- Heckklappe öffnen und Verkleidung im Laderaum an der linken Heckleuchte öffnen, siehe Seite 270.
- Sämtliche Kabelstecker für Heckklappe trennen.
- Stecker am Antennenverstärker so abziehen, daß der Haltebügel für Antennenverstärker nicht abbricht.
- Schlauch für Heckscheibenwaschanlage an der Verbindungsstelle trennen.
- Kabeltülle aus der Wasserrinne heraushebeln und Kabel durchziehen.

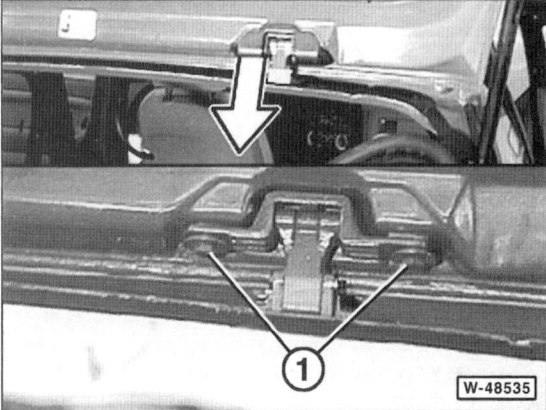

- Abdeckung am Scharnier abhebeln –Pfeil–.
- Einbaulage der Schrauben –1– und des Scharniers an der Klappe mit Filzstift markieren.

Achtung: Heckklappe unbedingt durch einen Helfer abstützen lassen, bevor eine Gasdruckfeder gelöst wird. Sonst fällt die Heckklappe herunter, da sie durch einen Dämpfer allein nicht gehalten werden kann.

- Gasdruckfeder oben an der Heckklappe aushängen. Dazu Federklammer mit Schraubendreher nach oben schieben und Dämpfer abdrücken. **Achtung:** Der Dämpfer steht unter Vorspannung.
- Schrauben –1– herausdrehen und Heckklappe abnehmen.

Einbau

- Heckklappe ansetzen, nach den angebrachten Markierungen ausrichten und anschrauben. Falls eine neue Klappe eingebaut wird, Schrauben in Mittellage leicht anziehen.
- Kabel durch Bohrung im Klappenrahmen durchziehen und Kabeltülle an der Wasserrinne eindrücken. Dabei auf korrekte Abdichtung an der Kabeltülle achten.
- Heckklappe einpassen und festschrauben. Abdeckung am Scharnier aufdrücken.

Achtung: Heckklappe unbedingt durch einen Helfer abstützen lassen.

- Gasdruckfeder auf den Kugelkopf aufdrücken und Sicherungsklammer mit Schraubendreher nach unten drücken.
- Kabel für Heckklappe verbinden, Stecker am Antennenverstärker aufschieben und Schlauch für Heckscheibenwaschanlage verbinden.
- Seitenverkleidung im Laderaum anbringen.

Einpassen

Achtung: Heckklappe unbedingt durch einen Helfer abstützen lassen, da sie durch einen Dämpfer allein nicht gehalten werden kann.

- Heckklappe öffnen und durch einen Helfer abstützen lassen. Gasdruckfeder oben an der Heckklappe ausbauen.
- Schrauben an den Scharnieren lockern.
- Anschlagpuffer der Heckklappe rechts und links ganz eindrehen.

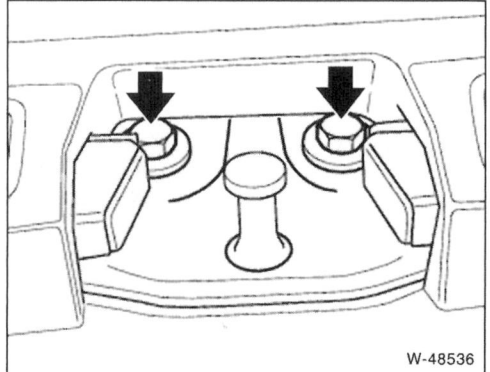

- Befestigungsschrauben –Pfeile– für Schließbügel so weit lockern, daß sich der Schließbügel gerade verschieben läßt.
- Heckklappe schließen und zur Karosserie auf Fugenmaß ausrichten.
  Fugenmaße, Sollwerte :
  Heckklappe zur D-Säule . . . . 4,0 (+0,5/-1,0) mm
  Heckklappe zum Kotflügel . . . . 5,0 (+1,0/-0,5) mm

Achtung: Die Heckklappe darf nicht über das Dach hinausragen.

- Heckklappe öffnen und durch einen Helfer abstützen lassen. Schrauben an den Scharnieren festziehen.
- Heckklappe vorsichtig schließen, dabei den Entriegelungsknopf gedrückt halten, so daß das Heckklappenschloß nicht einrastet. Auf diese Weise stellt sich der Schließbügel ein.
- Heckklappe öffnen und durch einen Helfer abstützen lassen. Schrauben für Schließbügel festziehen.
- Gasdruckfeder an der Heckklappe einbauen.
- Beide Anschlagpuffer so weit herausdrehen, bis die geschlossene Heckklappe auf den Anschlagpuffern aufliegt und in einer Ebene zu den Seitenwänden liegt.

Verkleidung für Heckklappe aus- und einbauen

Touring

Ausbau

Achtung: Die Einzelteile der Heckverkleidung sind zusammengesteckt. Die Schwalbenschwanz-Führungen können beim Ausbau beschädigt werden.

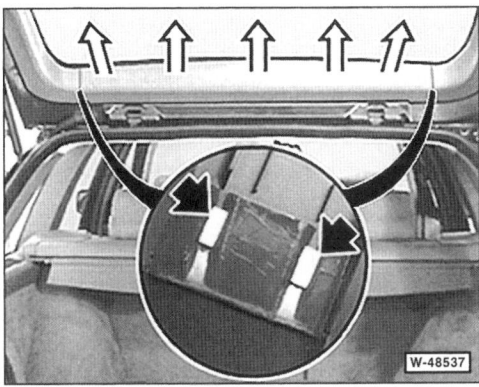

- Heckklappe öffnen und Verkleidung oben ausclipsen.

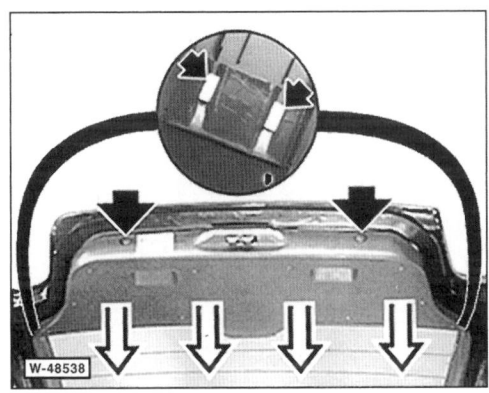

- Spreiznieten aus der Heckklappe herausziehen und Verkleidung unten ausclipsen.

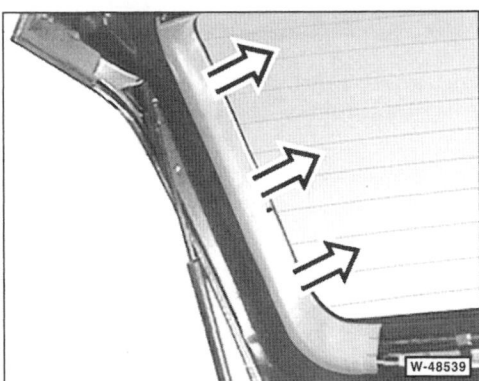

- Seitliche Verkleidungen vorsichtig ausclipsen und abnehmen.

Einbau

- Einzelteile der Heckverkleidung zusammenstecken und an der Heckklappe einclipsen.

Dachreling aus- und einbauen

Touring

Ausbau

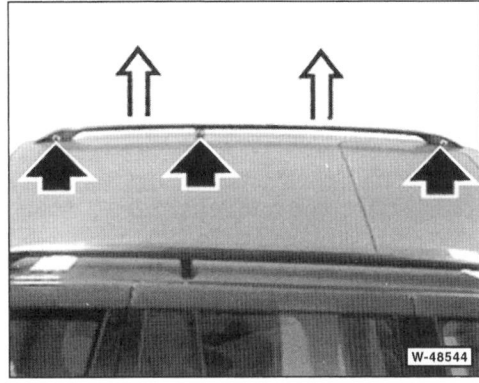

- Abdeckkappen abhebeln und Schrauben –Pfeile– herausdrehen.
- Dachreling nach oben vom Dach abnehmen.

Einbau

- Der Einbau erfolgt in umgekehrter Ausbaureihenfolge.

Rücksitz aus- und einbauen

Touring

Ausbau

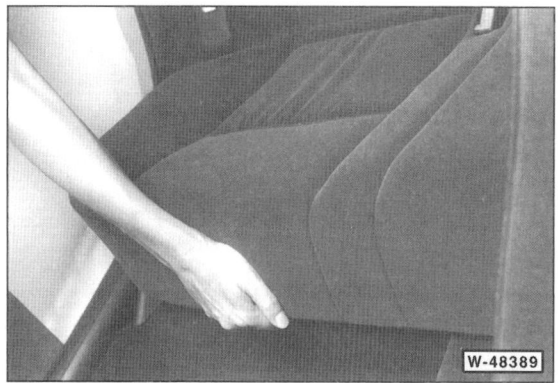

- Rücksitzbank vorne ausrasten. Sicherheitsgurte ausfädeln und Rücksitzbank herausziehen.

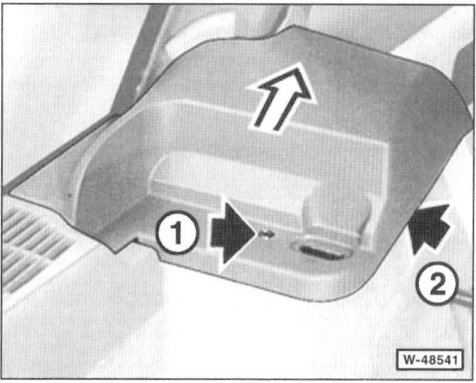

- Rückenlehne vorklappen. Schraube –Pfeil 1– herausdrehen, Abdeckung für Gurtautomat ausclipsen –Pfeil 2– und nach oben abnehmen.

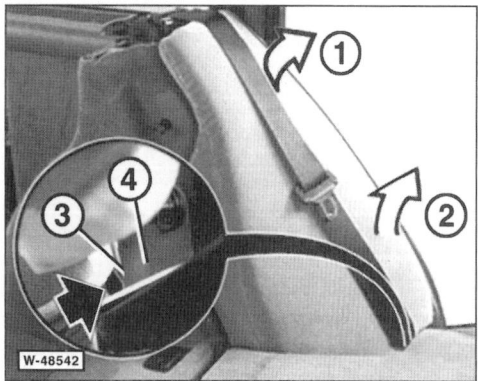

- Seitenteil der Rückenlehne oben ausrasten –Pfeil 1– und unten herausziehen –Pfeil 2–.

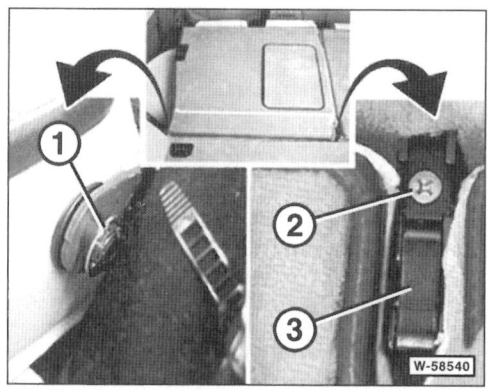

- Sicherungsscheibe –1– links und rechts außen abhebeln. Schraube –2– in der Mitte herausdrehen und Halter –3– herausnehmen.

- Rückenlehne nach oben ziehen und dabei aus der äußeren Halterung herausziehen. Zweite Rückenlehne ebenso ausbauen.

Einbau

- Rückenlehnen in die äußeren Halterungen einsetzen, Halter in der Mitte anschrauben und Sicherungsscheiben außen anbringen.

- Rückenlehne-Seitenteil einsetzen, dabei die Führung –3– in die Aussparung der Abdeckung –4– einstecken, siehe Abbildung W-48542.

- Rücksitzbank einsetzen und Sicherheitsgurte einfädeln.

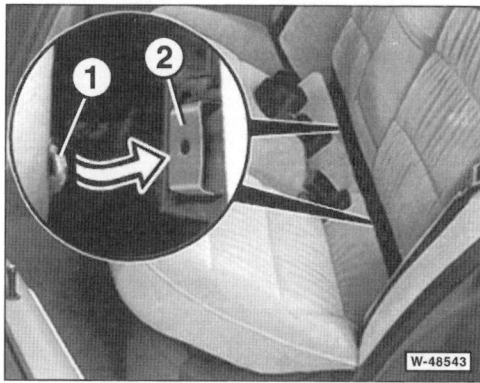

- Rücksitzbank nach hinten drücken, dabei die Führungsnasen –1– links und rechts in die Halterungen –2– einsetzen.

- Rücksitzbank vorne einrasten.

Die Heizung

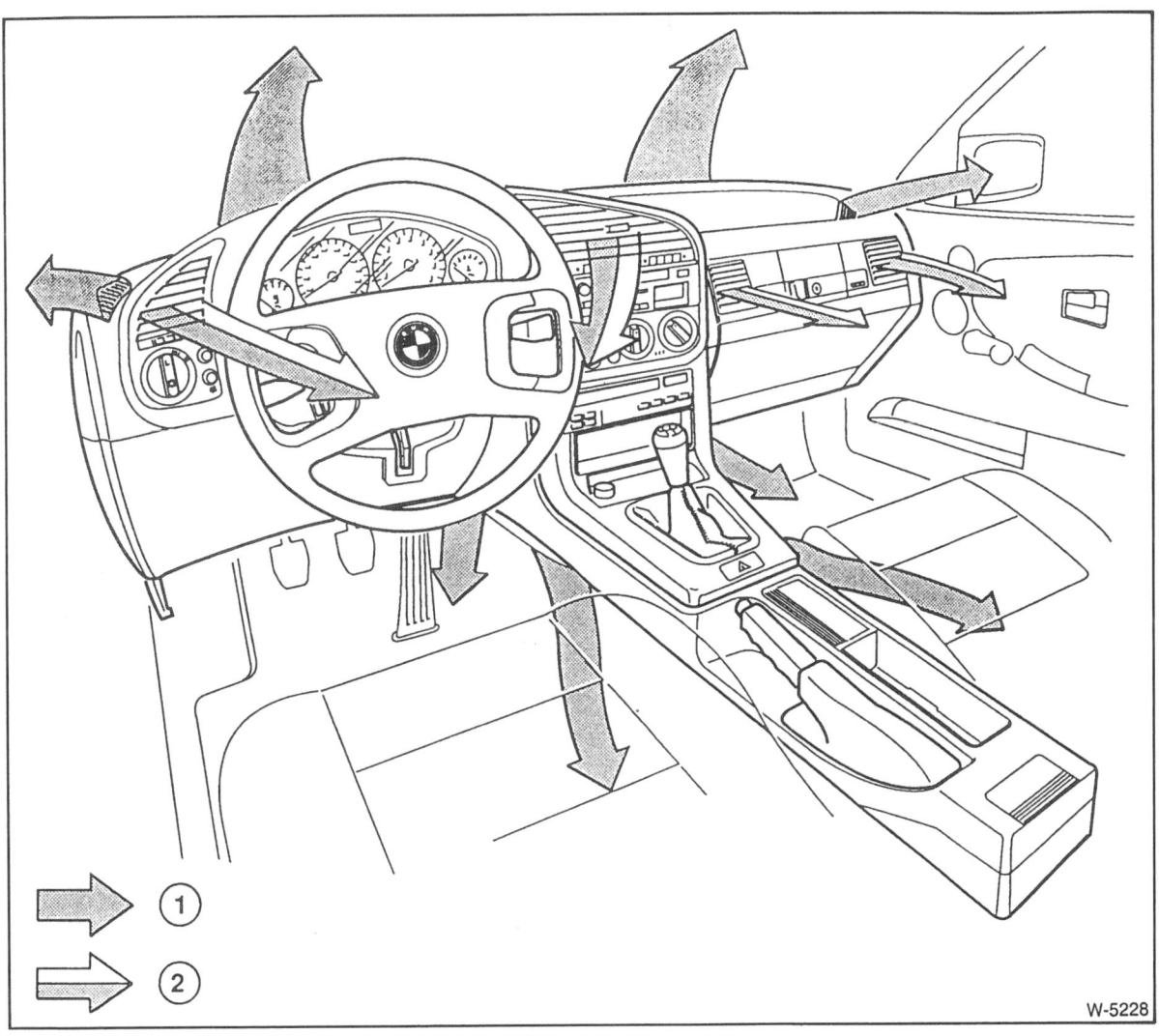

1 = Erwärmte Frischluft
2 = Temperierbare Frischluft

Die Frischluft für die Heizung wird über das Lufteinlaßgitter unterhalb der Windschutzscheibe angesaugt und gelangt über das Gebläse in den Fahrzeuginnenraum. Dabei durchströmt die Luft den Heizungskasten und wird durch verschiedene, von Bowdenzügen gesteuerte Klappen auf die einzelnen Lufteintrittsdüsen verteilt. Sobald die Heizung auf »warm« gestellt wird, öffnet die Warmluftklappe und leitet die kühle Luft über den Wärmetauscher. Der Wärmetauscher befindet sich im Heizungskasten und heizt sich durch das heiße Kühlmittel auf. Die vorbeistreichende Frischluft erwärmt sich an den heißen Lamellen des Wärmetauschers und gelangt dann in den Fahrzeuginnenraum. Die Heizung wird wasserseitig gesteuert, das heißt, die Temperatur wird durch den Wasserdurchsatz durch den Wärmetauscher über zwei elektromagnetische Kühlmittelventile im Kühlmittelzulauf gesteuert.

Die Innenraumtemperatur kann mit einem Drehregler vorgewählt werden. Ein elektronisches Steuergerät im Bedienteil der Heizungsanlage regelt dementsprechend die Öffnungszeiten der Heizungsventile in Abhängigkeit von der Innentemperatur. Der Fühler für die Innentemperatur sitzt auf der linken Seite am Heizungskasten. Durch die elektronische Regelung wird die Temperatur, unabhängig von Fahrzeuggeschwindigkeit oder Außentemperatur, nahezu konstant gehalten.

Zur Verstärkung der Heizleistung dient ein vierstufiges Heizgebläse. Damit das Gebläse in den einzelnen Stufen mit unterschiedlicher Geschwindigkeit läuft, werden Widerstände vorgeschaltet. Bei Ausfall eines Widerstandes läuft der Motor in der entsprechenden Geschwindigkeitsstufe nicht.

Die **Klimaanlage** besteht aus Kältekompressor, Kondensator, Drossel, Verdampfer, Auffangbehälter und den Druckleitungen. Als Kältemittel wird Frigen oder Freon (R 12) verwendet, neuere Anlagen enthalten das umweltfreundlichere »R 134a«. Der Kältekompressor wird über einen Keilriemen beziehungsweise Keilrippenriemen durch die Kurbelwelle angetrieben. Er erhöht den Druck im Kältemittelkreislauf auf maximal 30 bar wodurch sich das Kältemittelgas erhitzt. Im Kondensator nimmt die vorbeiströmende Luft (Kühlluft, bleibt im Außenbereich) die Wärme auf, dadurch kühlt das heiße Kältemittelgas ab und kondensiert. Das Kältemittel wird flüssig. Es durchfließt unter weiterhin hohem Druck eine Drossel, die den Druck reduziert. Daraufhin verdunstet das Kältemittel im Kreislauf und gleichzeitig kühlt es nochmals stark ab. Im Verdampfer nimmt das Kältemittel von der vorbeiströmende Luft Wärme auf. Dadurch wird die Luft abgekühlt. Diese kühlere Luft wird nun in den Innenraum des Fahrzeuges geleitet. Durch die aufgenomene Wärme im Verdampfer wird das Kältemittel gasförmig und wird mit niedrigem Druck zum Kompressor geleitet. Dort beginnt der Kreislauf von vorn. Der Auffangbehälter dient als Expansionsgefäß und Vorratsbehälter für das Kältemittel.

Achtung: Reparaturen an der **Klimaanlage** werden nicht beschrieben. Bis auf die Wartung (Keilriemen für Kältekompressor spannen) sollten alle Arbeiten an der Klimaanlage von einer Fachwerkstatt durchgeführt werden. Insbesondere darf der Kältemittelkreislauf nicht geöffnet werden, da das Kältemittel bei Hautberührung Erfrierungen hervorrufen kann. Außerdem besteht das Kältemittel R12 aus FCKW (Fluor-Kohlenwasserstoff), der die Ozon-Schicht schädigt, wenn er in die Atmosphäre entweicht.

Temperaturfühler für Heizung aus- und einbauen

Ausbau

- Linke Fußraumabdeckung ausbauen, siehe Seite 228.

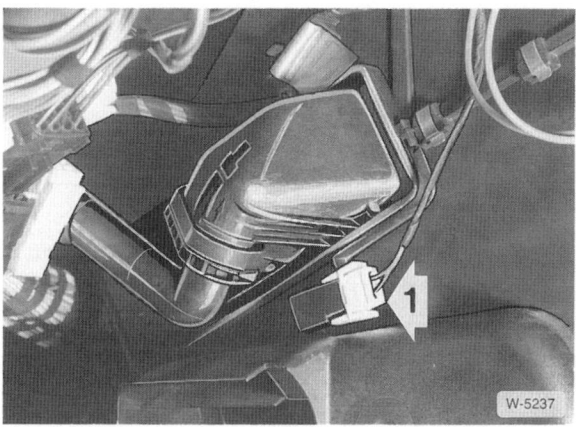

- Stecker −1− abziehen und Temperaturfühler herausziehen.

Einbau

- Temperaturfühler einstecken.
- Stecker aufschieben.
- Linke Fußraumabdeckung einbauen, siehe Seite 228.

Widerstand für Heizgebläsemotor aus- und einbauen/prüfen

Ausbau

- Handschuhfach ausbauen, siehe Seite 227.

- Stecker −1− vom Widerstand für Heizgebläse abziehen, dabei Rastnasen drücken.
- Rastnasen −2− für Widerstand auseinanderziehen und Widerstand herausziehen.

- Vorwiderstände –3– mit Ohmmeter auf Durchgang prüfen, siehe auch Seite 243.

Einbau

- Widerstand einsetzen und einrasten.
- Stecker aufschieben und Funktion aller Gebläsestufen prüfen.
- Handschuhfach einbauen.

Bedieneinheit für Heizung aus- und einbauen

Ausbau

- Zeituhr ausbauen, siehe Seite 274.
- Untere Ablage ausheben und zur Seite legen.

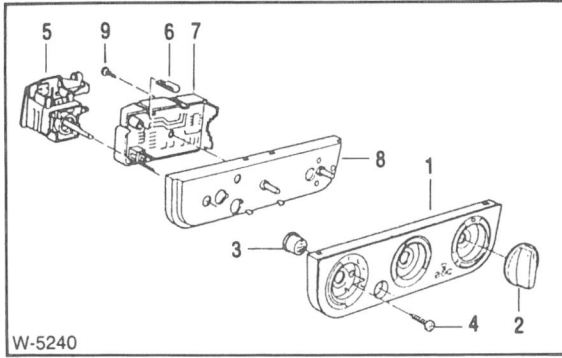

1 – Frontplatte
2 – Drehknopf
3 – Drucktaste
4 – Schraube
5 – Schalter Gebläse
6 – Glühlampe
7 – Heizungsregulator
8 – Träger
9 – Schraube

- Drehknopf –2– abziehen.
- 2 Schrauben –4– herausdrehen.
- Frontplatte abheben.
- Heizungsbetätigung nach hinten drücken und nach unten führen.
- Stecker abziehen.
- Gegebenenfalls Schrauben für Gebläseschalter oder Regelgerät an der Bedieneinheit herausdrehen und entsprechendes Teil ersetzen.

Einbau

- Bowdenzug einhängen.
- Stecker aufschieben und sichern.
- Bedienteil einsetzen, Frontplatte aufdrücken und anschrauben.
- Funktionen der Schalter prüfen.
- Abdeckung einsetzen, Zeituhr anschließen und in die Öffnung drücken. Uhrzeit einstellen.

Bowdenzug für Heizung aus- und einbauen

Ausbau

- Handschuhfach ausbauen, siehe Seite 227.

- Bowdenzug an der entsprechenden Luftklappe mit schmalem Schraubendreher aus dem Clip –1– herausdrücken und am Widerlager –2– herausziehen.
- Betätigungswelle für Luftverteilung abziehen, vorher Befestigungshaken auseinanderdrücken.
- Heizungs-Bedieneinheit ausbauen. Die Stecker müssen nicht abgezogen werden.
- Bowdenzug aushängen und abnehmen.

Einbau

- Neuen Bowdenzug an Bedieneinheit einhängen und am Luftklappenhebel mit schmalem Schraubendreher eindrücken, bis er einrastet. Widerlager jeweils einclipsen. Durch Drehen des Schalters von Anschlag zu Anschlag stellt sich der Bowdenzug von selbst ein.
- Betätigungswelle einrasten.
- Bedieneinheit einbauen.
- Handschuhfach einbauen.

Luftsammelkasten aus- und einbauen

Ausbau

- Motorhaube öffnen.

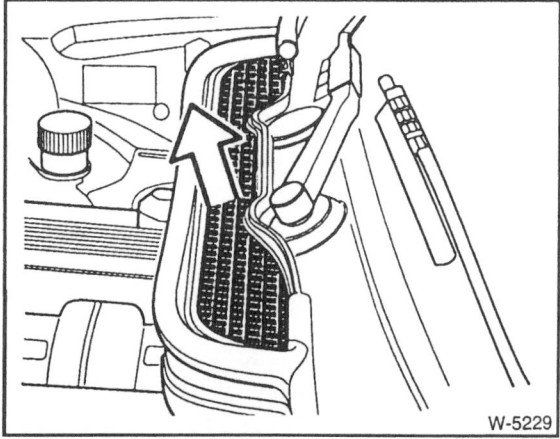

- Gummi abziehen und Lufteinlaßgitter herausheben.

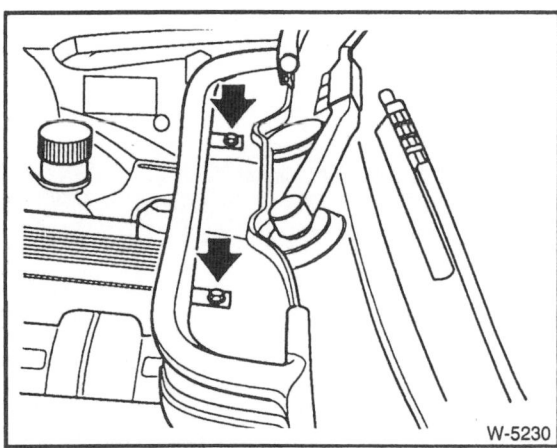

- 2 Schrauben vom Kabelschacht herausdrehen.

- Auf der rechten Seite des Lufteinlasses Halter —4— ausbauen, dazu 2 Schrauben —5— herausdrehen.

- 1 Schraube auf der linken Seite herausdrehen und Luftsammelkasten —6— nach oben herausziehen.

Einbau

- Luftsammelkasten einsetzen und anschrauben.
- Kabelschacht anschrauben.
- Lufteinlaßgitter einsetzen und Gummi aufschieben.
- Motorhaube schließen.

Heizgebläse aus- und einbauen

Ausbau

- Luftsammelkasten ausbauen.

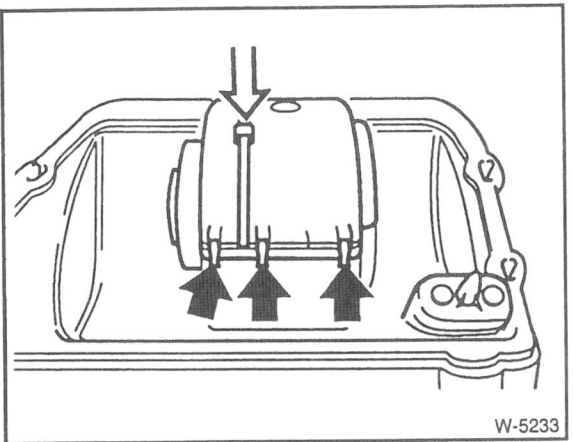

- Klammern −Pfeile− mit Schraubendreher abhebeln und Motorabdeckung abnehmen.
- Stecker abziehen.

- Klammer −7− ausclipsen und nach oben klappen.

4-Zylindermotor

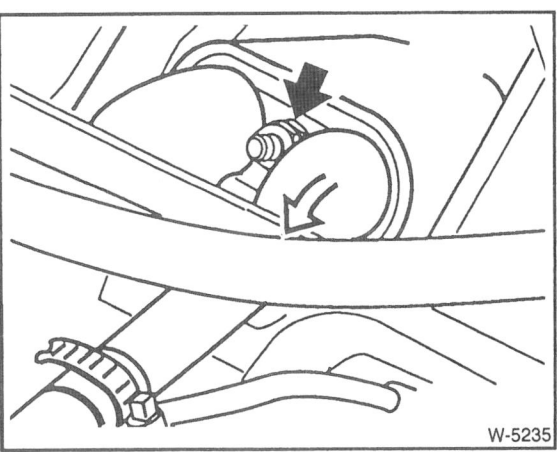

- Schraube −Pfeil− herausdrehen und Wasserflansch zur Seite legen.
- O-Ringe abnehmen.
- Einbaulage des Motors auf dem Halter markieren. Dazu mit Filzstift eine Linie über Halter und Motor ziehen.
- Kabel hochheben und Motor ganz herausziehen.

6-Zylindermotor

- Zylinderkopfhaube ausbauen.
- Kabelabdeckung abschrauben und vorklappen.
- Einbaulage des Motors auf dem Halter markieren. Dazu mit Filzstift eine Linie über Halter und Motor ziehen.
- Motor herausheben.

Einbau

- Motor entsprechend den angebrachten Markierungen in den Halter −8− einsetzen.
- Klammer −7− herunterklappen und einclipsen. Dabei auf richtige Lage des Kabels −9− achten, siehe Abbildung.
- Abdeckung aufsetzen, Klammern einclipsen.
- Stecker verbinden.

4-Zylindermotor

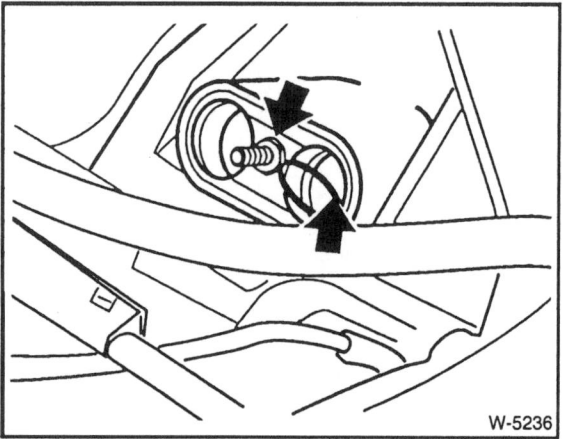

- O-Ringe erneuern.
- Wasserflansch ansetzen und festschrauben.

6-Zylindermotor

- Zylinderkopfhaube einbauen.
- Kabelabdeckung anschrauben.
- Luftsammelkasten einbauen.

Störungsdiagnose Heizung

Störung	Ursache	Abhilfe
Heizgebläse läuft nicht	Sicherung für Gebläsemotor defekt	■ Sicherung für Gebläse prüfen, gegebenenfalls ersetzen
	Gebläseschalter defekt	■ Prüfen, ob an den Vorwiderständen Spannung anliegt. Wenn nicht, Gebläseschalter ausbauen und prüfen
	Bimetallschalter am Vorwiderstand defekt	■ Anschlußplatte ersetzen
	Elektromotor defekt	■ Gebläsemotor prüfen
Heizgebläse läuft nur in einer Geschwindigkeitsstellung nicht	Vorwiderstand defekt	■ Anschlußplatte ersetzen
Heizleistung zu gering	Kühlmittelstand zu niedrig	■ Kühlmittelstand prüfen, gegebenenfalls Kühlmittel auffüllen
	Kühlmittelregler defekt	■ Kühlmittelregler prüfen, gegebenenfalls ersetzen
	Heizventil öffnet nicht	■ Elektromagnetisches Heizventil im Wasserzulauf prüfen, gangbar machen
Heizluft riecht süßlich, Scheiben beschlagen wenn Heizung eingeschaltet wird	Wärmetauscher undicht	■ Kühlsystem auf Dichtheit prüfen (Werkstattarbeit), Wärmetauscher erneuern
Geräusche im Bereich des Heizgebläses	Eingedrungener Schmutz, Laub	■ Gebläse ausbauen, reinigen, Luftkanal säubern
	Lüfterrad hat Unwucht, Lager defekt	■ Gebläsemotor ausbauen, auf leichten Lauf und Lagerspiel prüfen

Die elektrische Anlage

Bei der Überprüfung der elektrischen Anlage stößt der Heimwerker in den technischen Unterlagen immer wieder auf die Begriffe Spannung, Stromstärke und Widerstand.

Die Spannung wird in Volt (V) gemessen, die Stromstärke in Ampère (A) und der Widerstand in Ohm (Ω). Mit dem Begriff Spannung ist beim Auto in der Regel die Batteriespannung gemeint. Es handelt sich dabei um eine Gleichspannung von ca. 12 Volt. Die Höhe der Batteriespannung hängt vom Ladezustand der Batterie und von der Außentemperatur ab. Sie kann zwischen 10 bis 13 Volt betragen. Demgegenüber wird die Bordspannung vom Generator (Lichtmaschine) erzeugt, die bei mittleren Drehzahlen ca. 14 Volt beträgt.

Der Begriff Stromstärke taucht im Bereich der Automobil-Elektrik relativ selten auf. Die Stromstärke ist beispielsweise auf der Rückseite von Sicherungen angegeben und weist auf den maximalen Strom hin, der fließen kann, ohne daß die Sicherung durchbrennt und damit den Stromkreis unterbricht.

Überall wo ein Strom fließt, muß er einen Widerstand überbrücken. Der Widerstand ist unter anderem von folgenden Faktoren abhängig: Leitungsquerschnitt, Leitungsmaterial, Stromaufnahme usw. Ist der Widerstand zu groß, treten Funktionsstörungen auf. Beispielsweise darf der Widerstand in den Zündleitungen nicht zu hoch sein, sonst fehlt ein ausreichend starker Zündfunke an den Zündkerzen, der das Kraftstoff-Luftgemisch entzündet und damit den Motor zum Laufen bringt.

Meßgeräte

Zum Messen der Bord-Elektrik gibt es im Handel sogenannte Mehrfach-Meßgeräte. Sie vereinen in einem Gerät das Voltmeter, um Spannungen zu messen, das Ampèremeter, um die Stromstärke zu messen und das Ohmmeter, um den Widerstand zu messen. Die im Handel befindlichen Meßgeräte unterscheiden sich hauptsächlich im Meßbereich und in der Meßgenauigkeit. Durch den Meßbereich wird festgelegt, in welchem Bereich Spannungen oder Widerstände liegen müssen, damit sie überhaupt vom Gerät erfaßt werden können.

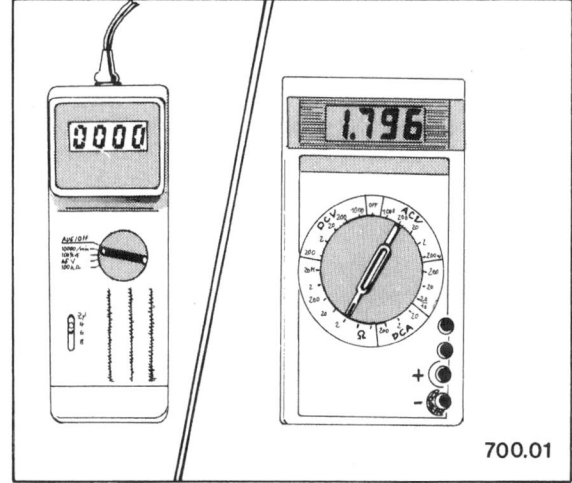

700.01

Für den Heimwerker gibt es Vielfach-Meßgeräte, die speziell für Prüfarbeiten am Auto abgestimmt sind. Mit solch einem Gerät können die Motordrehzahl, Zünd-Schließwinkel und außerdem Spannungen bis zu 200 Volt gemessen werden. Bei Widerstandsmessungen beschränkt sich das Gerät in der Regel auf den Kilo-Ohm-Bereich, also etwa 1–1000 kΩ.

Darüber hinaus werden Meßgeräte zur Überprüfung von elektrischen und elektronischen Bauteilen angeboten. Sie erlauben eine umfassende Messung von kleinen Widerständen in Ohm (Ω) bis zu großen Widerständen im Mega-Ohm-Bereich (MΩ). Spannungen (in Volt) können sehr exakt gemessen werden, was vor allem bei elektronischen Bauteilen erforderlich ist.

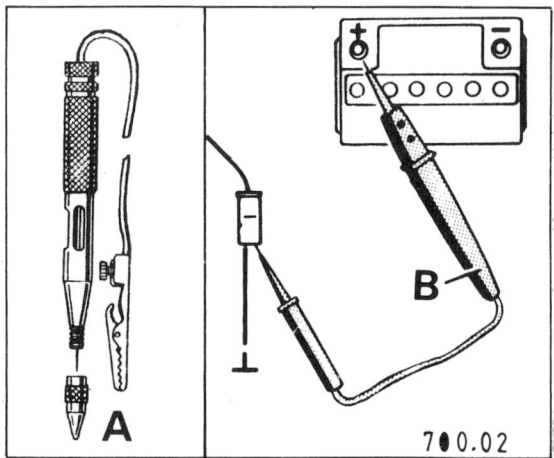

Wenn nur geprüft werden soll, ob überhaupt Spannung (V) anliegt, eignet sich hierzu eine einfache Prüflampe —A—. Dies gilt allerdings nur für Stromkreise, in denen sich keine elektronischen Bauteile befinden. Denn Elektronikteile reagieren äußerst empfindlich auf zu hohe Ströme. Unter Umständen können sie bereits durch das Anschließen einer Prüflampe zerstört werden. **Achtung:** Bei elektronischen Bauteilen (Transistoren, Dioden, Kondensatoren und vor allem bei ganzen Steuergeräten) ist ein hochohmiger Spannungsprüfer —B— erforderlich. Er arbeitet wie eine Prüflampe, jedoch ohne daß elektronische Bauteile geschädigt werden, und eignet sich für sämtliche Prüfarbeiten.

Meßtechnik

Spannung messen

Spannung kann schon mit einer einfachen Prüflampe oder einem Spannungsprüfer nachgewiesen werden. Allerdings erkennt man dann nur, ob überhaupt Spannung anliegt. Um die Höhe der anliegenden Spannung zu prüfen, muß ein Voltmeter (Spannungs-Meßgerät) angeschlossen werden.

Zunächst ist beim Voltmeter der Meßbereich einzustellen, in dem sich die zu messende Spannung voraussichtlich befindet. Spannungen am Fahrzeug sind in der Regel nicht höher als ca. 14 Volt. Eine Ausnahme bildet die Zündanlage; hier kann die Zündspannung bis zu 30000 Volt betragen. Diese hohe Spannung ist nur mit einem speziellen Meßgerät oder einem Oszilloskop meßbar.

Während man bei Meßgeräten, die speziell auf das Auto abgestimmt sind, am Wählschalter nur das Voltmeter einschalten muß, sind bei einem allgemeinen Vielfachmeßgerät erst eine Reihe von Entscheidungen zu fällen. Zunächst wird mit dem Wählschalter der Bereich Gleichspannung (DCV im Gegensatz zu ACV=Wechselspannung) eingestellt. Dann wird der Meßbereich gewählt. Da beim Auto außer an der Zündanlage keine höheren Spannungen als ca. 14 Volt auftreten, sollte die Obergrenze des einzustellenden Meßbereiches etwas höher liegen (ca. 15 bis 20 Volt). Falls sicher ist, daß die gemessene Spannung wesentlich niedriger ist, zum Beispiel im Bereich von 2 Volt, kann der Meßbereich heruntergeschaltet werden, um eine größere Anzeigegenauigkeit zu erreichen. Liegen höhere Spannungen an, als sie vom Meßbereich des Gerätes erfaßt werden, kann das Meßgerät zerstört werden.

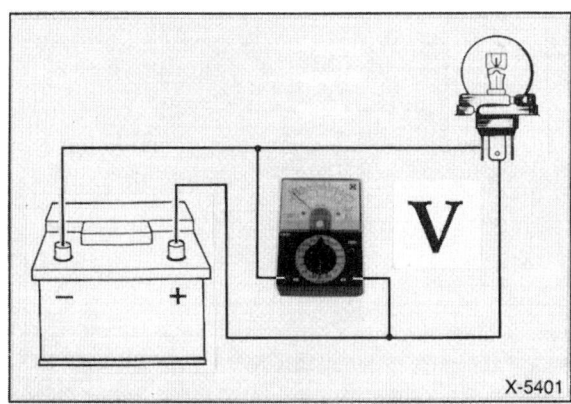

Die Kabel des Meßgerätes entsprechend der Zeichnung parallel zum Verbraucher anschließen. Dabei wird das rote Meßkabel an die vom Batterie-Pluspol (+) kommende Leitung angelegt, das schwarze Meßkabel an die Masse-Leitung oder an Fahrzeugmasse, wie zum Beispiel den Motorblock.

Prüfbeispiel: Wenn der Motor nicht richtig anspringt, weil der Anlasser zu langsam dreht, ist es zweckmäßig, die Batteriespannung zu prüfen, während der Anlasser betätigt wird. Dazu das Voltmeter mit dem roten Kabel (+) an den Batterie-Pluspol und mit dem schwarzen Kabel an Fahrzeugmasse (−) anklemmen. Anschließend durch einen Helfer den Anlasser betätigen lassen und den Spannungswert ablesen. Liegt die Spannung unter ca. 10 Volt (bei einer Batterie-Temperatur von +20°C), muß die Batterie überprüft und eventuell vor den nächsten Startversuchen geladen werden.

Stromstärke messen

Am Auto ist es relativ selten erforderlich, die Stromstärke zu messen. Beispiel, siehe Kapitel »Batterie entlädt sich selbständig«. Benötigt wird hierzu ein Ampèremeter, welches ebenfalls in einem Vielfachmeßgerät integriert ist.

Vor der Strommessung wird das Meßgerät auf den Meßbereich eingestellt, in dem sich die zu messende Stromstärke voraussichtlich befindet. Falls das nicht bekannt ist, höchsten Meßbereich einstellen und, falls keine Anzeige erfolgt, nacheinander in die nächstniedrigeren Meßbereiche schalten.

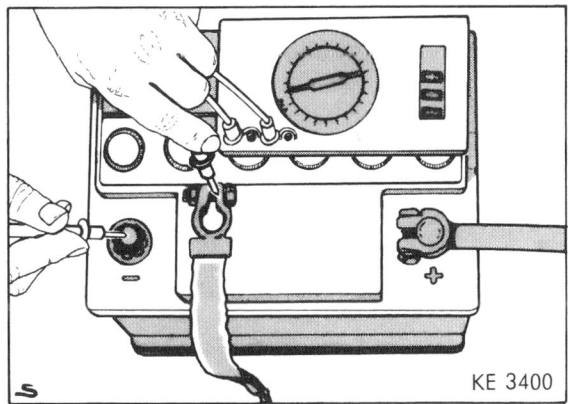

KE 3400

Für die Messung der Stromstärke muß der Stromkreis aufgetrennt werden, das Meßgerät (Ampèremeter) wird dazwischengeschaltet. Dazu wird beispielsweise der Stecker abgezogen und das rote Kabel (+) des Ampèremeters an die stromführende Leitung angeschlossen. Das schwarze Kabel (−) wird an den Kontakt angelegt, an dem normalerweise die unterbrochene Leitung angeschlossen ist. Die Massekontakte zwischen Verbraucher und Stecker müssen dann mit einem Hilfskabel verbunden werden.

Achtung: Keinesfalls sollte mit einem normalen Ampèremeter die Stromstärke in der Leitung zum Anlasser (ca. 150 A) oder zu den Glühkerzen beim Dieselmotor (bis 60 A) gemessen werden. Durch die hierbei auftretenden hohen Ströme kann das Meßgerät zerstört werden. Die Werkstatt benutzt für diese Messungen ein Ampèremeter mit Gleichstromzange. Dabei wird eine Stromzange über das isolierte Stromkabel geklemmt und der Stromwert durch Induktion gemessen.

Widerstand messen

Vor der Prüfung des Widerstandes ist grundsätzlich sicherzustellen, daß am Bauteil, an welches das Ohmmeter angeschlossen wird, keine Spannung anliegt. Also immer vorher Stecker abziehen, Zündung ausschalten, Leitung beziehungsweise Aggregat ausbauen oder Batterie abklemmen. Andernfalls kann das Meßgerät beschädigt werden.

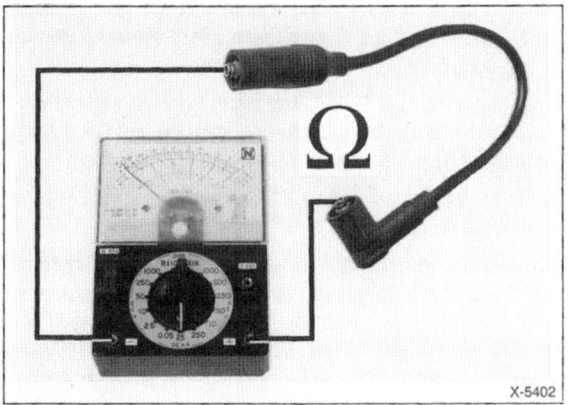

Das Ohmmeter wird an die 2 Anschlüsse eines Verbrauchers oder an die 2 Enden einer elektrischen Leitung angeschlossen. Dabei spielt es keine Rolle, welches Kabel (+/−) des Meßgerätes an welchen Kontakt angeklemmt wird.

Die Widerstandsmessung am Auto erstreckt sich weitgehend auf 2 Bereiche:

1. Kontrolle eines in den Stromkreis integrierten Widerstandes oder Bauteils.

2. »Durchgangsprüfung« einer elektrischen Leitung, eines Schalters oder einer Heizwendel. Dabei wird geprüft, ob eine elektrische Leitung im Fahrzeug unterbrochen ist und deshalb das angeschlossene elektrische Gerät nicht funktionieren kann. Zur Messung wird das Ohmmeter an die beiden Enden der betreffenden elektrischen Leitung angeschlossen. Beträgt der Widerstand 0 Ω, dann ist „Durchgang" vorhanden. Das heißt, die elektrische Leitung ist in Ordnung. Bei unterbrochener Leitung zeigt das Meßgerät ∞ (unendlich) Ω an.

Elektrisches Zubehör nachträglich einbauen

Beim Bohren von Karosserie-Löchern müssen die Lochränder anschließend entgratet, grundiert und lackiert werden. Die beim Bohren zwangsläufig anfallenden Späne sind restlos aus der Karosserie zu entfernen.

Bei allen Einbauarbeiten, die das elektrische Leitungssystem berühren, ist, um der Gefahr von Kurzschlüssen im elektrischen Leitungssystem vorzubeugen, grundsätzlich das Massekabel (−) von der Fahrzeugbatterie abzuklemmen und zur Seite zu hängen.

Achtung: Wird die Batterie abgeklemmt, werden unter Umständen der Fehlerspeicher für Motor- und Getriebesteuerung, Antiblockiersystem sowie andere elektrische Geräte wie zum Beispiel das Radio und die Zeituhr stillgelegt beziehungsweise Speicherwerte gelöscht. Spezielle Hinweise zu diesem Thema stehen im Kapitel »Batterie-Ausbau«.

Kabel, die beim Einbau von Zubehör zusätzlich zu dem serienmäßig eingebauten Kabelsatz im Fahrzeug verlegt werden müssen, sind nach Möglichkeit immer entlang der einzelnen Kabelstränge unter Verwendung der vorhandenen Kabelschellen und Gummitüllen zu verlegen.

Falls erforderlich, sind die neu verlegten Kabel, um Geräuschen während der Fahrt vorzubeugen und das Scheuern von Kabeln zu vermeiden, mit Isolierband, plastischer Masse, Kabelbändern und dergleichen zusätzlich festzulegen. Hierbei ist besonders darauf zu achten, daß zwischen den Bremsleitungen und den festverlegten Kabeln ein Mindestabstand von 10 mm sowie zwischen den Bremsleitungen und den Kabeln, die mit dem Motor oder anderen Teilen des Fahrzeuges schwingen, ein Mindestabstand von 25 mm vorliegt.

Sofern zusätzliche elektrische Verbraucher (Wohnwagen, Nebelscheinwerfer, Telefon) eingebaut werden, ist in jedem Fall zu überprüfen, ob die erhöhte Belastung noch von dem vorhandenen Drehstromgenerator mit übernommen werden kann. Falls erforderlich, sollte ein Generator mit größerer Leistung vorgesehen werden.

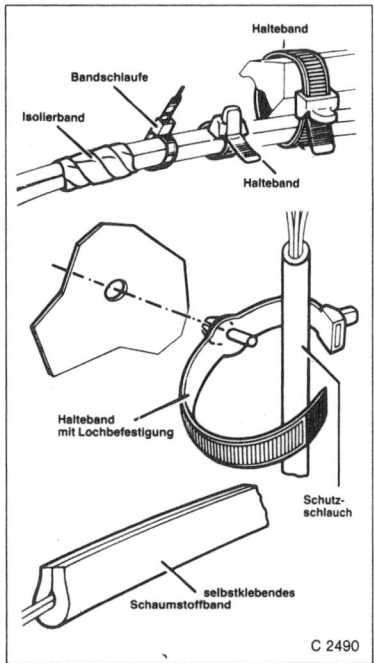

Fehlersuche in der elektrischen Anlage

Beim Aufspüren eines Defekts in der elektrischen Anlage ist es wichtig, systematisch vorzugehen. Dies gilt sowohl beim Überprüfen von ausgefallenen Glühlampen wie auch bei nicht laufenden Elektromotoren.

Der **erste Schritt** ist immer die Überprüfung der Sicherung, sofern das elektrische Bauteil abgesichert ist. Die aktuelle Sicherungsbelegung ergibt sich aus dem Aufdruck auf dem Sicherungskastendeckel.
Defekte Sicherung gegebenenfalls auswechseln und nach Einschalten des elektrischen Verbrauchers kontrollieren, ob diese nicht unmittelbar wieder durchbrennt. In diesem Fall muß zuerst der Fehler aufgespürt und behoben werden, in der Regel handelt es sich um einen Kurzschluß. Das bedeutet, an irgend einer Stelle, mitunter auch intern im elektrischen Gerät, sind Masse- und Plusanschluß miteinander verbunden.
Zweiter Prüfschritt: Wenn bei intakter Sicherung die Glühlampe nicht leuchtet beziehungsweise der Elektromotor nicht anläuft, ist die Stromversorgung zu überprüfen.

Glühlampe prüfen

- Lampe ausbauen und sichtprüfen. Ist der Glühfaden durchgebrannt oder sitzt der Glaskolben locker im Sockel, Lampe erneuern.

- Um einwandfrei festzustellen, ob die Glühlampe intakt ist, geht man folgendermaßen vor: Eine Plusleitung (+) und eine Masseleitung (−) direkt an die Pole der Batterie anschließen und mit der Lampe verbinden. Dabei ist es unwichtig, wie die Kabel an die Lampe angeschlossen werden. Ein Kabel an den Stromanschluß, das andere an das Glühlampengehäuse. Wenn jetzt die Lampe nicht leuchtet, Lampe erneuern. **Hinweis:** Es muß sichergestellt sein, daß die Kontakte an der Lampe und in der Lampenfassung nicht korrodiert sind. Gegebenenfalls korrodierte oder verbogene Anschlüsse abschmirgeln und einwandfreien Kontakt herstellen.

- Ist die Lampe intakt, Lampe einsetzen und einschalten. Leuchtet die Lampe nicht, mit Prüflampe Stromzuführung überprüfen. Dazu Prüflampe an Masse anlegen. Das bedeutet: Das eine Kabel der Prüflampe muß an eine gute Massestelle am Motor (blankes Metall) oder direkt am Batterie-Minuspol angeschlossen werden. Die andere Prüflampen-Prüfspitze (+) entweder an den stromführenden Stecker halten oder mit der Prüfspitze in das stromführende Kabel einstechen. Wenn die Prüflampe jetzt aufleuchtet und die Lampe dennoch nicht brennt, ist die Massezuführung zur Lampe unterbrochen. Um dies zu überprüfen, Massehilfsleitung an die Lampenfassung anlegen. Die Lampe muß jetzt leuchten.
Hinweis: Es gibt Lampen, die nur eine spannungsführende Zuleitung haben, zum Beispiel Standlicht, Fahrzeuginnenbeleuchtung. Diese Lampen sind über ihr Gehäuse direkt mit der Fahrzeugmasse verbunden.

- Wenn das stromführende Kabel zur Lampe keine Spannung aufweist, die Prüflampe also nicht aufleuchtet, ist sehr wahrscheinlich der Schalter defekt. Schalter auf Durchgang prüfen.

Elektromotoren prüfen

Im Auto werden immer mehr Komfortfunktionen von kleinen Elektromotoren übernommen. Dazu gehören bespielsweise der Fensterheber, das Schiebedach, die elektrische Zentralverriegelung oder die elektrische Antenne.

Jeder Motor wird bei Bedarf über einen Schalter zugeschaltet, meist von Hand. Bei der elektrischen Antenne wird der Schalter automatisch vom Radio angesteuert.

- Sicherung des betreffenden Elektromotors prüfen, gegebenenfalls ersetzen.

Hinweis: Elektromotoren vom elektrischen Fensterheber und dem Schiebedach besitzen in der Regel Sicherungsautomaten, die sich bei einer Überlastung ausschalten und nach einiger Zeit wieder zuschalten. Vor einer erneuten Betätigung sollte die Überlastungsursache beseitigt werden. Das können vereiste Scheiben oder verschmutzte Fenster-Führungsschienen sein.

- Brennt die Sicherung gleich wieder durch, liegt ein Kurzschluß vor.
- Um eindeutig zu klären, ob der Defekt im Motor liegt, 2 Hilfskabel (∅ ca. 2 mm) direkt von der Fahrzeugbatterie an den Motor anlegen. Pluskabel an den Pluspol, Massekabel an Massepol des Motors. Die Pol-Belegung ergibt sich im Zweifelsfall aus dem Stromlaufplan. Dazu muß der Motor gegebenenfalls ausgebaut werden. Alle elektrischen Motoren im Fahrzeug werden mit Bordspannung (12 bis 14 Volt) versorgt. Funktioniert der Motor jetzt ordnungsgemäß, war die Stromversorgung defekt. Hinweis: Ein zu langsam laufender oder aussetzender Elektromotor kann auf abgenützte Schleifkohlen hinweisen. In diesem Fall Schleifkohlen (Bürsten) ersetzen.
- Funktioniert der Motor, anhand des Stromlaufplans feststellen, welche Zuleitung am Elektromotor Spannung führt, wenn der Schalter betätigt wird und zuvor die Zündung eingeschaltet wurde.
- Spannungsführendes Kabel am Elektromotor mit Prüflampe prüfen. Da bei Elektromotoren ein großer Strom fließt, kann eine herkömmliche Prüflampe mit Glühlampe genommen werden. Diese haben spitze Prüfnadeln, mit denen das Anschlußkabel durchstochen werden kann. So läßt sich auf einfache Weise die Spannung prüfen. Die Anschlußklemmen der Elektromotoren sind mit kleinen Zahlen gekennzeichnet, die normiert sind:
  – Klemme 32 ist der Masseanschluß
  – Klemme 33 der Plus (+)-Anschluß.
Motoren, die links/rechtsherum drehen, zum Beispiel Fensterhebermotoren, haben zwei Plus-Anschlüsse. Hier ist
  – Klemme 33L der Anschluß der Drehrichtung linksherum,
  – Klemme 33R für rechtsherum.

Achtung: Der Scheibenwischermotor hat besondere Klemmenbezeichnungen, siehe entsprechendes Kapitel.

- Liegt keine Spannung am Elektromotor an, ist die Stromversorgung defekt. Fehler in der Zuleitung nach Stromlaufplan suchen und beheben. Elektromotoren haben in der Regel aufgrund des hohen Strombedarfs zusätzliche Schaltrelais. Prüfung, siehe entsprechendes Kapitel.
- Wurde kein Fehler gefunden, Schalter prüfen.
- Ist ein Kabel defekt, ist es oft sinnvoller, man legt ein neues Kabel, da es schwierig ist, einen Defekt im Kabel zu lokalisieren.

Schalter auf Durchgang prüfen

Die meisten elektrischen Verbraucher werden über einen von Hand betätigten Schalter ein- und ausgeschaltet. Darüber hinaus gibt es auch Schalter, die automatisch betätigt werden. Zu diesen Schaltern zählen zum Beispiel der Öldruckschalter und die Geber für Kühlmittelstand oder Bremsflüssigkeitsstand.

Grundsätzlich hat ein Schalter die Aufgabe, den Stromkreis zu schließen und zu unterbrechen. Es gibt Schalter, die die Masseleitung unterbrechen, und Schalter, die den Plusstrom unterbrechen.

Schalter für Lampen und Elektromotoren prüfen

- Betreffenden Schalter ausbauen.
- Einfache Schalter haben nur 2 Kabelanschlüsse. In diesem Fall muß an einem Anschluß immer Spannung (+) anliegen und nach dem Einschalten an der anderen Klemme auch. Es gibt auch Schalter mit mehreren Klemmen. Bei diesen Schaltern anhand des Stromlaufplans klären, an welcher Klemme Spannung anliegen muß, gegebenenfalls vorher Zündung einschalten.
- Mit Prüflampe prüfen, ob an Schalterklemme Spannung anliegt. Leuchtet die Prüflampe auf, Schalter betätigen und an der Ausgangsklemme prüfen, ob dort auch Spannung anliegt. Ist das der Fall, ist sichergestellt, daß der Schalter funktioniert.
- Wenn an der Eingangsklemme keine Spannung anliegt, liegt eine Unterbrechung in der Leitungs-Zuführung vor. Anhand des Stromlaufplans muß die Spannungszuführung kontrolliert und gegebenenfalls eine neue Leitung gelegt werden.

Geberschalter prüfen

Geberschalter sind beispielsweise: Öldruckschalter, Geber für Bremsflüssigkeits- und Kühlmittelstand.

- Durchgangsprüfer (Prüflampe oder Ohmmeter) an der Zu- und Ableitung des Schalters anschließen, dazu Kabel am Schalter abziehen. **Achtung:** Schalter, die im Motorblock eingeschraubt sind, haben in der Regel kein Massekabel, da das Schaltergehäuse über den Motorblock als Massepol dient.
- Bei geschlossenem Schalter muß der Durchgangsprüfer Durchgang anzeigen. Am besten ist ein Ohmmeter als Durchgangsprüfer: Bei geschlossenem Schalter muß es 0 Ω, bei geöffnetem Schalter ∞ Ω (unendlich) anzeigen.
- Die Funktionsfähigkeit etwa der Kühlmittel- oder Bremsflüssigkeitsstand-Warnschalter läßt sich am schnellsten prüfen, indem bei eingeschalteter Zündung die Zuleitung am Schalter abgezogen wird und an eine gute Massestelle, zum Beispiel gegen den Motorblock, gehalten wird. Spricht die Warnlampe im Schalttafeleinsatz jetzt an, liegt der Fehler am Schalter.
- Ein Sonderfall ist der Öldruckschalter: Bei stehendem Motor ist der Kontakt geschlossen (Warnlampe brennt), erst bei einem gewissen Öldruck öffnet der Schalter.

Relais prüfen

In vielen Stromkreisen ist ein Relais integriert. Ein Schaltrelais arbeitet wie ein Schalter. **Beispiel:** Wenn das Fernlicht über den Handschalter eingeschaltet wird, bekommt das Relais den Befehl, den Strom zum Fernlicht durchzuschalten. Man könnte natürlich den Strom auch direkt über den Lichtschalter von der Batterie zum Fernlicht legen. Bei allen Verbrauchern mit hoher Stromaufnahme (Fernscheinwerfer, Scheibenwischer, Nebelscheinwerfer) schaltet man jedoch ein Relais dazwischen, um den Schalter nicht zu überlasten beziehungsweise um kurze Stromwege sicherzustellen. Neben diesen Schaltrelais gibt es auch Funktionsrelais, zum Beispiel für die Wisch-Wasch-Anlage oder das Zeitrelais für die Innenbeleuchtung.

Schaltrelais prüfen

Die Anschlußfahnen der Zubehör-Relais sind normiert. Beim Einschalten des betreffenden Verbrauchers wird das Relais angesteuert, das heißt durch den an Klemme 86 ankommenden Schaltstrom wird der Schaltstromkreis zu Klemme 85 geschlossen. Eine Magnetspule im Relaisinnern zieht einen Kontakt an und schließt so den Stromkreis für den »Arbeitsstrom«. Der Arbeitsstrom läuft von Klemme 30 über das Relais und Klemme 87 zum Stromverbraucher weiter.

Am einfachsten läßt sich die Funktionsfähigkeit eines Relais prüfen, wenn man es gegen ein intaktes auswechselt. So macht man es auch in der Werkstatt. Da dem Heimwerker jedoch in den seltensten Fällen ein neues Relais sofort zur Verfügung steht, empfiehlt sich folgender Arbeitsschritt bei den sogenannten Schaltrelais, wie sie unter anderem zum Schalten von Nebel- und Hauptscheinwerfern verwendet werden. Die hier angegebenen Klemmenbezeichnungen können vor allem bei den serienmäßig eingebauten Relais auch anders lauten.

- Relais aus der Halterung herausziehen.
- Zündung und entsprechenden Schalter einschalten.
- Zuerst mit Spannungsprüfer feststellen, ob an Klemme 30 (+) im Relaishalter Spannung anliegt. Dazu Spannungsprüfer an Masse (−) anschließen und die andere Kontaktspitze vorsichtig in Klemme 30 einführen. Wenn die Leuchtdiode des Spannungsprüfers aufleuchtet, ist Spannung vorhanden. Zeigt der Spannungsprüfer keine Spannung an, Unterbrechung vom Batterie-Pluspol (+) zu Klemme 30 anhand des Schaltplanes aufspüren.
- Leitungsbrücke aus einem Stück isoliertem Draht herstellen, die Enden müssen blank sein.
- Mit dieser Brücke im Relaishalter die Klemme 30 (Batterie +, führt immer Spannung) mit dem Ausgang des Relais-Schließers Klemme 87 verbinden. Mit diesem Arbeitsschritt wird praktisch genau das getan, was ein intaktes Relais auch vornimmt. Wo sich die Klemmen im Relaishalter befinden, ist auf dem Relais beziehungsweise am Steckkontakt aufgeführt.
- Wenn bei eingesetzter Brücke zum Beispiel das Fernlicht aufleuchtet, kann man davon ausgehen, daß das Relais defekt ist.
- Wenn das Fernlicht nicht aufleuchtet, klären, ob die Masseverbindung zum Scheinwerfer intakt ist. Dann Unterbrechung in der Leitungsführung von Klemme 87 zum Hauptscheinwerfer anhand des Schaltplanes aufspüren und beheben.
- Falls erforderlich, neues Relais einsetzen.

Scheibenwischermotor prüfen

Der Scheibenwischermotor sitzt im Wasserkasten unterhalb der Windschutzscheibe. Zum Prüfen muß die jeweilige Abdeckung demontiert werden.

Klemmenbezeichnungen

Die Klemmen am Motor sind genormt:

- ⊙ Klemme **31** ist der Masseanschluß (allgemein in der Fahrzeugelektrik).
- ⊙ Klemme **53** erhält Spannung für die erste Wischergeschwindigkeit.
- ⊙ Klemme **53 a** liefert Plusstrom (+) für die Wischer-Endabstellung: Der Motor erhält über einen Schleifkontakt so lange Spannung, bis die Wischer in Ruhestellung gelaufen sind, wenn der Fahrer den Scheibenwischer ausschaltet.
- ⊙ Klemme **53 b** führt die Spannung für die zweite Wischergeschwindigkeit (Nebenschlußwicklung).
- ⊙ Über Klemme **53 e** wird der Wischermotor beim Zurücklaufen nach dem Abschalten abgebremst, damit die Wischer nicht über ihre Parkstellung hinauslaufen.
- ⊙ Nicht überall vorhanden: Klemme **53 c** führt zur elektrischen Scheibenwaschpumpe, Klemme **53 i** ist bei Wischermotoren mit Permanentmagnet und dritter Bürste (für höhere Wischergeschwindigkeit) vorhanden.

Wischermotor prüfen

Zunächst klären, ob der Wischermotor oder die Stromversorgung defekt ist. Dazu folgendermaßen vorgehen:

- Mehrfachstecker am Wischermotor abziehen.
- Mit 2 Hilfskabeln Spannung (+) und Masse (−) von der Fahrzeugbatterie an den Wischermotor anlegen:
  − Ein Kabel vom Batterie-Pluspol zu Klemme **53** oder **53 b** verlegen.
  − Das zweite vom Batterie-Minuspol zu Motor-Klemme **31** führen.
- Der Scheibenwischermotor muß jetzt je nach benutzter Klemme auf Stufe I oder II laufen. Wenn nicht, ist der Motor oder die entsprechende Stufe defekt. Wischermotor ausbauen, siehe Seite 283.

Blinkanlage prüfen

Die Takte für die Blink- und Warnblinkanlage werden von einem Relais erzeugt, dem sogenannten Blinkgeber. Die Warnblinkanlage ist ohne Sicherung an das Relais angeschlossen. Die Richtungs-Blinkanlage wird über eine Sicherung im Sicherungskasten abgesichert.

- Ist der Blinker-Rhythmus auf einer Seite schneller als auf der anderen Seite, ist auf der »schnellen« Seite eine Glühlampe defekt oder eine Leitungsunterbrechung vorhanden.

- Bei allen anderen Störungen ist meist das Blinkrelais die Ursache. Klemmenbelegung am Blinkgeber, die Anschlußfahnen sind markiert:
  - ◆ Klemme **31** ist Masse (minus, allgemein in der Fahrzeugelektrik)
  - ◆ Klemme **49** ist Relaiseingang (plus liegt ständig an), Klemme **49a** der Relaisausgang
  - ◆ Klemme **C** geht zur Kontrollampe im Schalttafeleinsatz, bei Anhängevorrichtung (Zusatzausstattung) kann eine weitere Klemme **C2** für die Anhänger-Blinkkontrolle vorhanden sein.
- Steht kein neues Relais zur Verfügung, dünnen Draht vorsichtig zwischen Klemme **49** und **49a** im Relaisstecker einstecken. **Achtung:** Dabei dürfen die empfindlichen Relaiskontakte nicht beschädigt werden. Drahtenden vor dem Einstecken umbiegen, damit keine scharfen Kanten vorhanden sind. Defektes Blinkrelais wieder aufsetzen. Die Anschlußfahnen sind so lang, daß das Relais trotz Überbrückung wieder aufgesteckt werden kann.
- Zündung einschalten. Wird der Blinkhebel jetzt betätigt, leuchtet die betreffende Blinkerseite dauernd auf. Durch Ein- und Ausschalten mit dem Blinkerhebel kann ein Blinkrhythmus erzeugt werden. Dennoch: Umgehend neues Blinkrelais einbauen.
- Leuchtet das Blinklicht trotz Überbrückung der Relaiskontakte nicht, liegt ein Defekt im Blinkerschalter oder in der elektrischen Zuleitung vor.

Bremslicht prüfen

- Wenn das Bremslicht nicht aufleuchtet, zuerst Sicherung im Sicherungkasten überprüfen.
- War die Sicherung in Ordnung, anschließend Brems-Glühlampen überprüfen, gegebenenfalls erneuern.

Sind die Brems-Glühlampen in Ordnung, anschließend Bremslichtschalter prüfen. Oberhalb des Bremspedals sitzt am Pedalbock der Bremslichtschalter. Beim Niedertreten des Bremspedals wandert ein Druckstift aus dem Schalter heraus. Der Schalterkontakt schließt, und die Bremslichter leuchten auf.

- Bremslichtschalter überprüfen. Dazu Abdeckung oberhalb der Pedale ausbauen. Kabelstecker vom Bremslichtschalter abziehen.
- Zündung einschalten.
- Beide Kontakte im Kabelstecker des Bremslichtschalters mit einer kurzen Hilfsleitung überbrücken. Wenn die Bremslichter jetzt aufleuchten, ist der Bremslichtschalter defekt.
- Bremslichtschalter ersetzen.

Heizbare Heckscheibe prüfen

Bei eingeschalteter Heckscheibenheizung muß das Feld mit den sichtbaren Leiterbahnen nach einiger Zeit frei von Beschlag oder Eis sein.

- Bei Störungen zuerst Sicherung im Sicherungkasten überprüfen.
- Ist die Sicherung in Ordnung, anschließend festen Sitz des Kabelsteckers an der Heckscheibe überprüfen, gegebenenfalls von Korrosion reinigen.
- Falls die Heckscheibe in einer Heckklappe sitzt, Stromzufuhr zur Heckklappe prüfen. Dazu Heckklappe öffnen. Die Stromzufuhr erfolgt meistens durch am Rahmen federnd angebrachte Stifte. An der Karosserie sind entsprechende Kontaktfelder, auf welchen die Heckklappen-Kontaktstifte bei geschlossener Heckklappe aufliegen. Verbogene Kontakte vorsichtig nachbiegen. Verschmutzte Kontakte mit Spiritus oder Benzin abwischen.
- Funktioniert die Heckscheibenheizung immer noch nicht, Schalter prüfen, siehe Seite 245.
- Funktion des Schaltrelais prüfen, siehe Seite 245.
- Sind Heizfäden unterbrochen, hilft handelsüblicher Leitsilberlack zur Wiederherstellung der Verbindung.

Steuergeräte und Relais

Steuergeräte und Relais sind im 3er BMW an unterschiedlichen Stellen untergebracht.

Relaishalter unter der Lenksäule

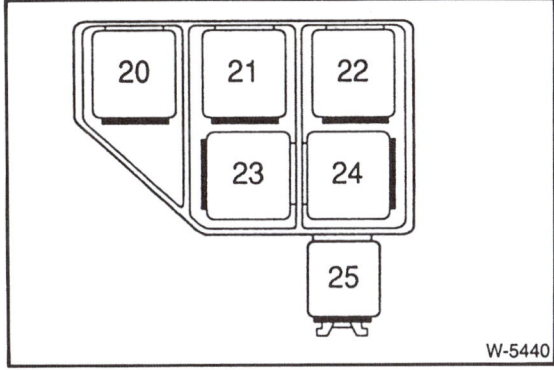

20 = Relais für elektrische Fensterheber, Schiebehebedach
21 = Brücke Crash-Alarmgeber
22 = Relais für Standlüftung
23 = Relais für Scheinwerfer-Reinigungsanlage
24 = Relais für Scheibenintensivreinigung, Scheibenwaschpumpe
25 = Relais für Verstärker (Radio)

Relaishalter Fahrerfußraum links

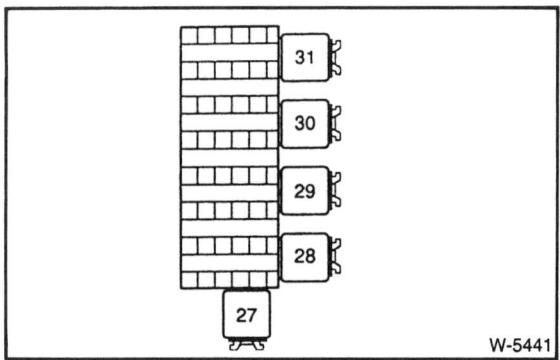

27 = Brücke oder Anlaß-Sperrelais
28 = Relais für Scheibenwischerstufe I
29 = Relais für Scheibenwischerstufe II
30 = Entlastungsrelais Klemme 15
31 = frei

Steuergeräte hinter Handschuhkasten
A — In der Elektronik-Box

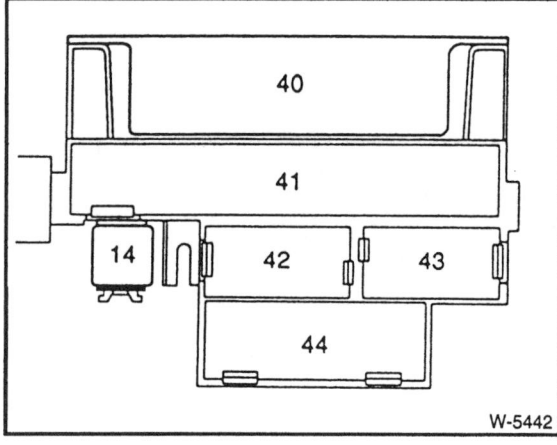

40 = Airbag-Steuergerät
41 = Diebstahl-Warnanlage (DWA)
42 = frei
43 = frei
44 = Tempomat-Steuergerät

B — An der rechten Seitenwand
ABS-Steuergerät, darunter Modul für Zentralverriegelung. Stoßschalter in der A-Säule rechts.

Relaishalter hinter Handschuhkasten

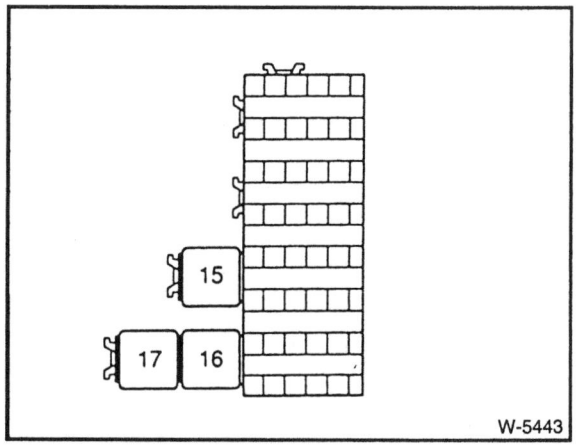

15 = Relais für Türschloßheizung
16 = Thermoschaltgerät oder Relais für Tagesfahrlicht
17 = Relais für Nebelscheinwerfer

Achtung: Bei Fahrzeugen mit Klimaanlage befindet sich Relais 17 in der Abbildung oberhalb von Relais 15.

Steuergeräte im Motorraum hinter dem Batterieträger
oben = Steuergerät für Automatikgetriebe
unten = Steuergerät für Digitale Motor Elektronik
      (DME, Motronic)

Weitere Relais und Steuergeräte
Schiebedach-Relais = Im Dach, an Antrieb angeflanscht.
Wisch-Wasch-Steuergerät = Hinter der Fußstütze im Fahrerfußraum
Innenlichtrelais = Steuerung über Zentralverriegelungsmodul
Audio-Verstärker = Im Kofferraum

Relaiskasten Motorraum

Benzinmotoren: 1 – **Relais für Lambda-Sondenheizung;** 2 – **Hauptrelais Motorelektronik (DME);** 3 – **Kraftstoffpumpenrelais.**

Dieselmotor: 1 – **Kraftstoffpumpenrelais;** 2 – **Hauptrelais für DDE (Digitale Diesel-Elektronik);** 3 – **nicht vorhanden.**

Sicherungen auswechseln

Um Kurzschluß- und Überlastungsschäden an den Leitungen und Verbrauchern der elektrischen Anlage zu verhindern, sind die einzelnen Stromkreise durch Schmelzsicherungen geschützt. Es werden Sicherungen verwendet, die neuesten technischen Erkenntnissen entsprechen. Sie sind mit Messerkontakten ausgestattet, so daß herkömmliche Sicherungen nicht mehr verwendet werden können.

Die Sicherungen sind in einem Sicherungskasten untergebracht, der sich unter einer Abdeckung links hinten im Motorraum befindet.

- Vor dem Auswechseln einer Sicherung immer zuerst den betroffenen Verbraucher ausschalten.
- Lasche des Deckels andrücken und den Deckel nach oben abnehmen.
- Eine durchgebrannte Sicherung erkennt man am durchgeschmolzenen Metallstreifen. Eine Übersicht der aktuellen Sicherungsbelegung befindet sich auf der Deckelinnenseite des Sicherungskastens.
- Defekte Sicherung herausziehen. Ein Klammer zum besseren Fassen der Sicherung befindet sich im Deckel. Klammer aufschieben und Sicherung herausziehen.
- Neue Sicherung **gleicher Sicherungsstärke** einsetzen.
- Brennt eine neu eingesetzte Sicherung nach kurzer Zeit wieder durch, muß der entsprechende Stromkreis überprüft werden.
- Auf keinen Fall Sicherung durch Draht oder ähnliche Hilfsmittel ersetzen, weil dadurch ernste Schäden an der elektrischen Anlage auftreten können.
- Es ist empfehlenswert, stets einige Ersatz-Sicherungen im Wagen mitzuführen. Zur Aufbewahrung befinden sich im Sicherungskasten entsprechende Freiplätze.
- Die Nennstromstärke der Sicherung ist auf dem Kunststoffgehäuse der Sicherung aufgedruckt. Außerdem hat das Kunststoffgehäuse eine Kennfarbe, an der ebenfalls die Nennstromstärke zu erkennen ist.
- Abdeckung aufdrücken.

Batterie aus- und einbauen

Die Batterie befindet sich im Motorraum hinten rechts oder im Kofferraum hinten rechts.

Achtung: Wird die Batterie abgeklemmt, werden der Fehlerspeicher der Motor- und Getriebesteuerung, Antiblockiersystem sowie andere ständig im Eingriff befindliche Geräte (zum Beispiel Radio und Zeituhr) stillgelegt beziehungsweise gelöscht. Vor dem Abklemmen gegebenenfalls Fehlerspeicher von der Werkstatt (Spezialgerät erforderlich) abrufen lassen, nach dem Anklemmen betreffende Geräte neu programmieren.

Einige serienmäßig eingebaute Radios besitzen überdies eine Codierung. Die Anti-Diebstahl-Codierung verhindert die unbefugte Inbetriebnahme des Gerätes, wenn die Stromversorgung unterbrochen wurde. Die Stromversorgung ist beispielsweise unterbrochen beim Abklemmen der Batterie, beim Ausbau des Radios oder wenn die Radiosicherung durchgebrannt ist. Falls das Radio codiert ist, Radiocode vor Abklemmen der Batterie feststellen. Ist der Code nicht bekannt, kann nur die BMW-Werkstatt das Autoradio wieder in Betrieb nehmen, siehe auch Seite 279.

Ausbau

- Zündung ausschalten.
- Falls die Batterie aus dem Kofferraum ausgebaut wird, vorher Verbandskasten herausnehmen und Abdeckung abnehmen.

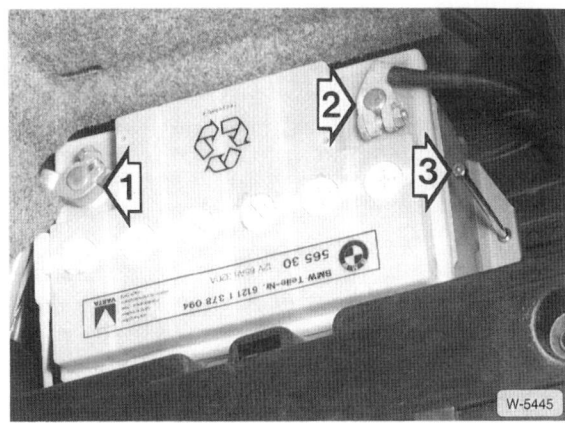

- Zuerst Batterie-Masseband (−) −2− abklemmen, dann Pluskabel (+) −1−.

- Halteplatte abschrauben –3–.
- Batterie herausnehmen.

Achtung: Batterien enthalten giftige Substanzen, die nicht in den Hausmüll gelangen dürfen.

> **Hinweis:**
> Wenn Sie eine neue Autobatterie kaufen, nehmen Sie die Altbatterie zum Händler mit. Sonst müssen Sie Pfand für die neue Batterie bezahlen.

Einbau

- Vor dem Einbau Batterie-Pole blank kratzen, geeignet ist dazu eine Messingdrahtbürste. Zur Verhinderung von Korrosion beide Pole mit speziellem Säureschutzfett bestreichen, zum Beispiel mit BOSCH-Polfett.
- Batterie einsetzen, Halteplatte festschrauben.
- Pluskabel am Pluspol (+), dann Massekabel am Minuspol (–) anklemmen. **Achtung:** Durch eine falsch angeschlossene Batterie können erhebliche Schäden am Generator und an der elektrischen Anlage entstehen. Batterie nur bei **ausgeschalteter Zündung anklemmen.**
- Generatorspannung prüfen, siehe Seite 255.

Hinweis: Eine zu hohe Ladespannung des Generators kann die Ursache für den Ausfall der bisherigen Batterie gewesen sein und, falls der Fehler weiter besteht, die neue Batterie schädigen.

- Zur Verhinderung von Korrosion beide Pole nach dem Anklemmen der Batteriekabel mit speziellem Säureschutzfett bestreichen, zum Beispiel mit BOSCH-Polfett.
- Radio, falls erforderlich, neu programmieren. Zeituhr stellen.
- Fehlerspeicher abfragen beziehungsweise löschen lassen.
- Falls ausgebaut, Batterie-Abdeckung und Verbandskasten einsetzen.

Batterie prüfen

Vor Beginn des Winters sollte die Batterie überprüft werden. Bei großer Kälte sinkt die Batteriespannung einer nur mäßig geladenen Batterie während des Anlassvorgangs stark ab.

Batterie mit »magischem Auge«

Falls die Batterie mit einem »magischen Auge« ausgestattet ist, kann durch diese optische Anzeige der Säurestand und der Ladezustand der Batterie geprüft werden. Dazu das magische Auge mit einer Taschenlampe von oben anleuchten.

- ▪ Bevor eine Sichtprüfung am magischen Auge vorgenommen wird, vorsichtig mit dem Griff eines Schraubendrehers auf das magische Auge klopfen. Luftblasen, die die Anzeige beeinträchtigen könnten, steigen hierdurch auf. Die Farbanzeige des magischen Auges wird dadurch genauer.
- ▪ Anzeige **grün**: Batterie ist in gutem Zustand. **Hinweis:** Bei manchen Ausführungen ist die Anzeige »grün« nicht vorgesehen.
- ▪ Anzeige **schwarz**: Batterie muss geladen werden.
- ▪ Anzeige **farblos** oder **gelb**: Kritischer Säurezustand. Die Batterie muss ausgetauscht werden.

Ruhespannung prüfen

Der Batterie-Zustand wird durch Messen der Spannung mit einem Voltmeter zwischen den Batteriepolen überprüft.

- Batteriepole abklemmen, siehe Seite 249.
- Vor der Prüfung muß die Batterie mindestens 2 Stunden abgeklemmt sein.

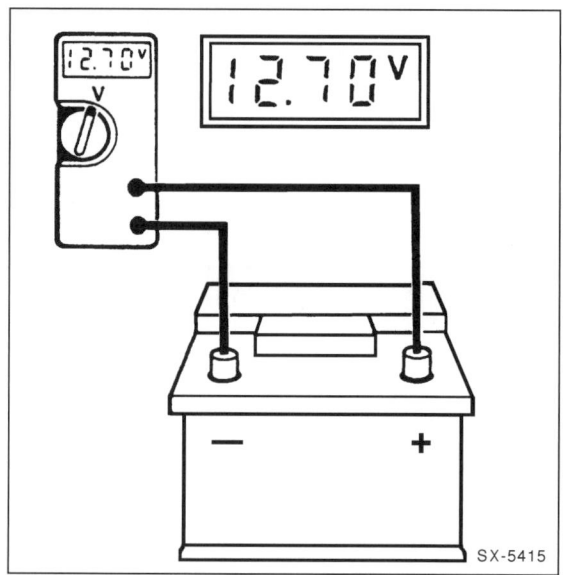

- Voltmeter an die Batteriepole anschließen und Spannung messen.
  Beurteilung:
  12,7 Volt oder darüber = Batterie in gutem Zustand
  12,5 Volt = normal
  12,3 Volt oder darunter = Batterie in schlechtem Zustand, Batterie laden oder ersetzen
- Batterie anklemmen.

Batterie unter Belastung prüfen

- Voltmeter an den Polen der Batterie anschließen.
- Motor starten und Spannung ablesen.
- Während des Startvorganges darf bei einer vollen Batterie die Spannung nicht unter 10 Volt (bei einer Säuretemperatur von ca. +20° C) abfallen.
- Bricht die Spannung sofort zusammen so ist auf eine defekte Batterie zu schließen.

Hinweise zur wartungsarmen Batterie

Der 3er BMW ist serienmäßig mit einer wartungsarmen Batterie ausgestattet. Bei dieser Batterie muß nicht mehr im Rahmen der Wartung destilliertes Wasser nachgefüllt werden, dennoch sind einige Wartungspunkte zu beachten.

- Der Deckel hat eine Entlüftungsöffnung, über die die Batterie atmen kann. Damit keine Batteriesäure austreten kann, darf die Batterie nicht mehr als 45° geneigt werden.
- Zum Laden können die normalen Ladegeräte verwendet werden. Die Batterie darf auch mit einem Schnelladegerät geladen werden. Der Ladestrom soll zwischen 3 und 30 Amp&`ere liegen; die Ladespannung zwischen 14 und 14,5 Volt.
- Batterie zum Laden vom Bordnetz abklemmen.
- Bei zu niedrigem Säurestand, zum Beispiel durch längeren Aufenthalt in heißen Regionen, Batterie ersetzen.
- Wird das Fahrzeug länger als 6 Wochen stillgelegt, Batterie ausgebaut und geladen lagern. Die günstigste Lagertemperatur liegt zwischen 0° C und +27° C. Bei diesen Temperaturen hat die Batterie die günstigste Selbstentladungsrate. Spätestens nach 3 Monaten Batterie erneut aufladen, da sie sonst unbrauchbar wird.
- Batteriepole regelmäßig reinigen und mit Bosch-Polfett einreiben.
- Starthilfegeräte dürfen nur ausnahmsweise verwendet werden, da die Batterie hierdurch kurzfristig einer sehr hohen Stromstärke ausgesetzt wird.

Achtung: Starthilfegerät nicht einschalten, ohne gleichzeitig den Anlasser zu betätigen.

Batterie laden

- Batterie niemals kurzschließen, das heißt Plus- und Minuspol dürfen nicht verbunden werden. Bei Kurzschluß erhitzt sich die Batterie und kann platzen. Nicht mit offener Flamme in Batterie leuchten. Batteriesäure ist ätzend und darf nicht in die Augen, auf die Haut oder die Kleidung gelangen, gegebenenfalls mit viel Wasser abspülen.
- Vor dem Laden Plus- (+) und Massekabel (–) von Batterie abklemmen, Massekabel zuerst.

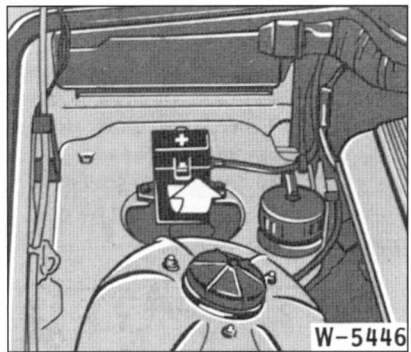

Achtung: Bei Fahrzeugen mit der Batterie im Kofferraum ist ein Plus-Abgriff (+) im Motorraum rechts hinten (wo sonst die Batterie eingebaut wird) vorhanden. Nachladen über diesen Abgriff ist erlaubt, die Batterie muß in diesem Falle nicht abgeklemmt werden.

- Gefrorene Batterie vor dem Laden auftauen. Eine geladene Batterie friert bei ca. –65° C, eine halbentladene bei ca. –30° C und eine entladene bei ca. –12° C. Nach dem Auftauen Batterie auf Gehäuserisse untersuchen, gegebenenfalls ersetzen.
- Batterie nur in gut belüftetem Raum laden. Beim Laden der eingebauten Batterie Motorhaube geöffnet lassen.
- Bei der Normalladung beträgt der Ladestrom ca. 10 % der Kapazität. (Bei einer 50-Ah-Batterie also etwa 5,0 A.) Als Richtwert für die Ladezeit kann dann 10 Stunden genommen werden.
- Pluspol der Batterie mit Pluspol, Minuspol der Batterie mit Minuspol des Ladegerätes verbinden.
- Die Säuretemperatur darf während des Ladens +55° C nicht überschreiten, gegebenenfalls Ladung unterbrechen oder Ladestrom herabsetzen.

Achtung: Der Motor darf nicht bei abgeklemmter Batterie laufen, da sonst die elektrische Anlage beschädigt wird.

Batterie entlädt sich selbständig

Je nach Fahrzeugausstattung addiert sich zur natürlichen Selbstentladung der Batterie auch die Stromaufnahme der verschiedenen Steuergeräte im Ruhezustand. Daher sollte ein stehendes Fahrzeug spätestens alle 6 Wochen nachgeladen werden. Wenn der Verdacht auf Kriechströme besteht, Bordnetz nach folgender Anleitung prüfen:

● Zur Prüfung geladene Batterie verwenden.

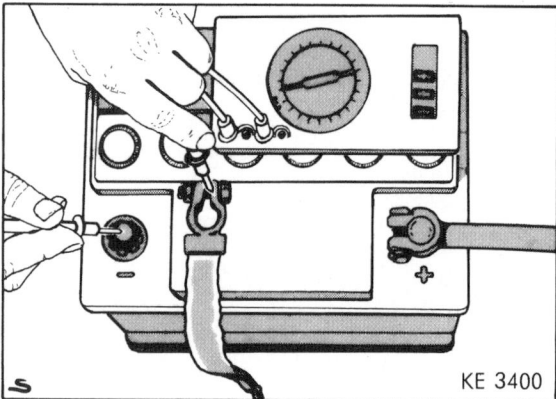

● Am Ampèremeter (Meßbereich von 0–5 mA bis 5 A) den höchsten Meßbereich einstellen. Massekabel (−) von der Batterie abklemmen. **Achtung:** Dadurch wird aus dem Speicher des Radios der Code für die Diebstahlsicherung gelöscht. Die Batterie darf nur bei ausgeschalteter Zündung abgeklemmt werden, da sonst das Steuergerät der Einspritzanlage beschädigt wird. Vor dem Abklemmen sollten auch die Hinweise im Kapitel »Radio« bzw. »Batterie aus- und einbauen« durchgelesen werden.

● Ampèremeter zwischen Batterie-Minuspol und Massekabel schalten. Ampèremeter-Plus-Anschluß an Massekabel und Ampèremeter-Minus-Anschluß an Batterie-Minuspol.

Achtung: Die Prüfung kann auch mit einer Prüflampe durchgeführt werden. Leuchtet die Lampe zwischen Masseband und Minuspol der Batterie jedoch nicht auf, ist auf jeden Fall ein Ampèremeter zu verwenden.

● Alle Verbraucher ausschalten, vorhandene Zeituhr (und andere Dauerverbraucher) abklemmen, Türen schließen.

● Vom Ampèrebereich solange auf den Milliampèrebereich zurückschalten, bis eine ablesbare Anzeige erfolgt (1–3 mA sind zulässig).

● Durch Herausnehmen der Sicherungen nacheinander die verschiedenen Stromkreise unterbrechen. Wenn bei einem der unterbrochenen Stromkreise die Anzeige auf Null zurückgeht, ist hier die Fehlerquelle zu suchen. Fehler können sein: korrodierte und verschmutzte Kontakte, durchgescheuerte Leitungen, interner Schluß in Aggregaten.

● Wird in den abgesicherten Stromkreisen kein Fehler gefunden, so sind die Leitungen an den nicht abgesicherten Aggregaten abzuziehen. Dieses sind: Generator, Anlasser, Zündanlage.

● Geht beim Abklemmen von einem der ungesicherten Aggregate die Anzeige auf Null zurück, betreffendes Bauteil überholen oder austauschen. Bei Stromverlust in Anlasser oder Zündanlage immer auch den Zündschalter nach Stromlaufplan prüfen.

● Batterie-Massekabel (−) anklemmen. **Achtung:** Batterie nur bei ausgeschalteter Zündung anklemmen, sonst kann das Steuergerät der Einspritzanlage beschädigt werden.

● Zeituhr einstellen.

● Diebstahlcode für Radio eingeben, siehe Kapitel »Radio-Codierung eingeben«.

Störungsdiagnose Batterie

Störung	Ursache	Abhilfe
Abgegebene Leistung ist zu gering, Spannung fällt stark ab.	Batterie entladen.	■ Batterie nachladen.
	Ladespannung zu niedrig.	■ Spannungsregler prüfen, ggf. austauschen.
	Anschlußklemmen lose oder oxydiert.	■ Anschlußklemmen reinigen und besonders Unterseite mit Säureschutzfett leicht einfetten, Befestigungsschrauben anziehen.
	Masseverbindungen Batterie-Motor-Karosserie sind schlecht.	■ Masseverbindung überprüfen, ggf. metallische Verbindungen herstellen oder Schraubverbindungen festziehen. Korrodierte oder gelblich schimmernde Befestigungsschrauben durch verzinnte Schrauben ersetzen.
	Zu große Selbstentladung der Batterie durch Verunreinigung der Batteriesäure.	■ Batterie austauschen.
	Evtl. Batterie sulfatiert (grauweißer Belag auf den Plus- und Minusplatten).	■ Batterie mit kleinem Strom laden, damit sich der Belag langsam zurückbildet. Falls nach wiederholter Ladung und Entladung die abgegebene Leistung immer noch zu gering ist, Batterie austauschen.
	Batterie verbraucht, aktive Masse der Platten ausgefallen.	■ Batterie austauschen.
Nicht ausreichende Ladung der Batterie.	Fehler an Generator, Spannungsregler oder Leitungsanschlüssen.	■ Generator und Spannungsregler überprüfen, instand setzen bzw. austauschen.
	Keilrippenriemen locker, Spannvorrichtung defekt.	■ Spannvorrichtung prüfen, ggf. Keilrippenriemen ersetzen.
	Zu viele Verbraucher angeschlossen.	■ Größere Batterie einbauen; evtl. auch größeren Generator verwenden.

Der Generator

Der BMW ist mit einem Drehstromgenerator ausgerüstet. Je nach Modell und Ausstattung kann ein Generator mit einer Nennstromstärke von 65 A bis 140 A eingebaut sein.

Der Generator wird von der Kurbelwelle über den Keilriemen angetrieben. Dabei dreht sich der Läufer mit der Erregerwicklung innerhalb der feststehenden Ständerwicklung mit ca. doppelter Motordrehzahl.

Über Kohlebürsten und Schleifringe fließt der Erregerstrom durch die Erregerwicklung. Dabei bildet sich ein Magnetfeld.

Die Lage des magnetischen Feldes zur Ständerwicklung ändert sich ständig, entsprechend der Umdrehung des Läufers. Dadurch wird in der Ständerwicklung ein Drehstrom erzeugt.

Da die Batterie aber nur mit Gleichstrom geladen werden kann, wird der Drehstrom durch Gleichrichter in der Diodenplatte in Gleichstrom umgewandelt. Der Spannungsregler verändert den Ladestrom durch Ein- und Ausschalten des Erregerstromes, entsprechend dem Ladezustand der Batterie. Gleichzeitig hält der Regler die Betriebsspannung konstant bei ca. 14 Volt, unabhängig von der Drehzahl.

Sicherheitshinweise für den Drehstromgenerator

- Bei Arbeiten an der elektrischen Anlage im Motorraum grundsätzlich das Batterie-Massekabel abklemmen.
- Kabel an Spannungsregler und Generator **nicht** vertauschen. Kabel vor dem Abklemmen mit Tesaband kennzeichnen.
- Batterie oder Spannungsregler **nicht** bei laufendem Motor abklemmen.
- Generator **nicht** bei angeschlossener Batterie ausbauen.
- Beim Elektroschweißen Batterie grundsätzlich abklemmen.

1 – Riemenscheibe
2 – Lüfterrad
3 – Gehäuse vorn
4 – Antriebslager
5 – Abdeckplatte
6 – Scheibenfeder
7 – Läufer
8 – Rillenkugellager hinten
9 – Ringfeder
10 – Ständer
11 – Diodenplatte
12 – Gehäuse hinten
13 – Spannungsregler
14 – Satz Kohlebürsten

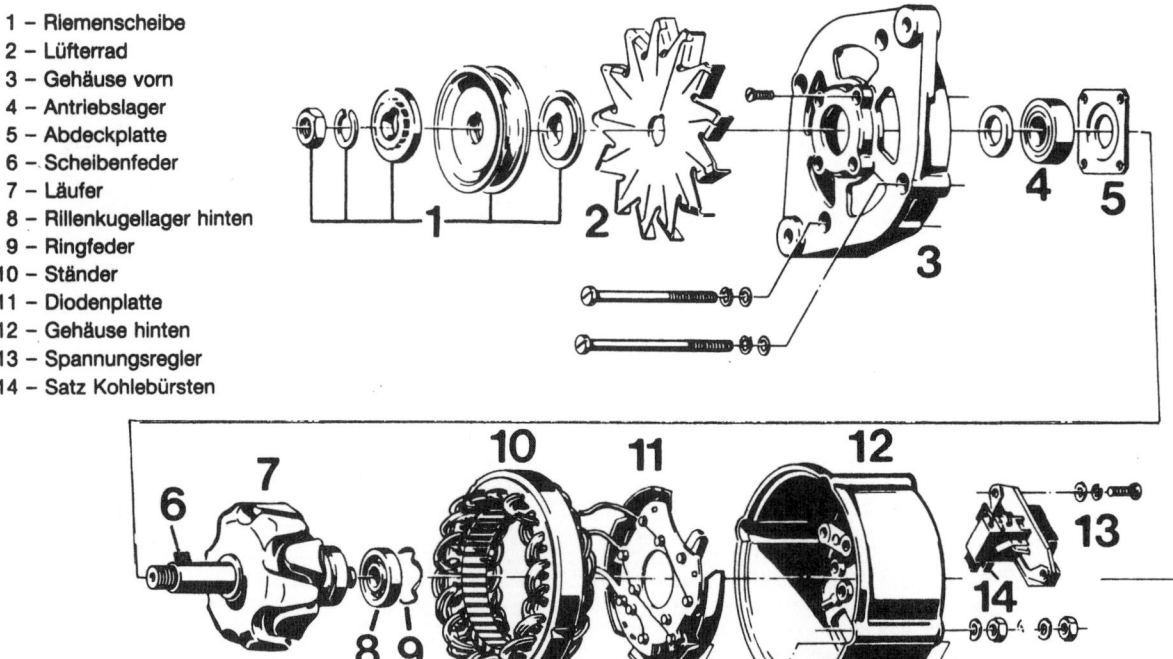

Generatorspannung prüfen

- Voltmeter zwischen Plus- und Minuspol der Batterie anschließen.
- Motor starten. Spannung darf beim Startvorgang bis 9,5 Volt absinken.
- Motordrehzahl auf 3000/min erhöhen. Die Spannung soll 13,5 bis 14,5 Volt betragen. Dies ist ein Beweis, daß Generator und Regler arbeiten.
- Regelstabilität prüfen. Dazu Fernlicht einschalten und Messung bei 3000/min wiederholen. Die gemessene Spannung darf nicht mehr als 0,4 Volt über dem vorher gemessenen Wert liegen.
- Liegen die gemessenen Werte außerhalb der Sollwerte, Generator von Fachwerkstatt überprüfen lassen.

Generator aus- und einbauen

4-Zylinder-Benzinmotoren

Ausbau

- Batterie-Massekabel (–) abklemmen. **Achtung:** Dadurch wird aus dem Speicher des Radios der Code für die Diebstahlsicherung gelöscht. Die Batterie darf nur bei ausgeschalteter Zündung abgeklemmt werden, da sonst das Steuergerät der Einspritzanlage beschädigt wird. Vor dem Abklemmen sollten auch die Hinweise im Kapitel »Radio« bzw. »Batterie aus- und einbauen« durchgelesen werden.
- Luftfilteroberteil mit Luftmengenmesser ausbauen.
- Keilriemen entspannen und abnehmen, siehe Seite 58.
- Schutzkappe für Stromanschluß am Generator abnehmen.

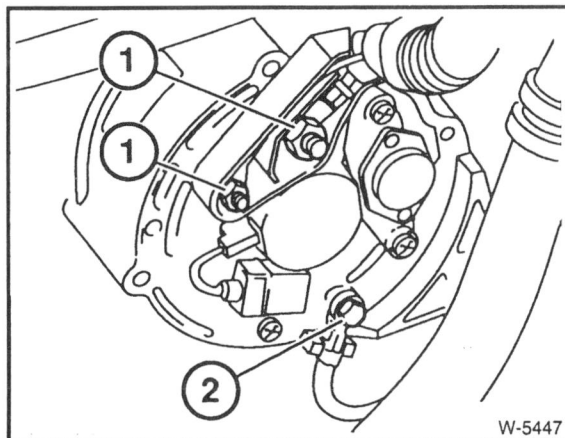

- Leitungen –1– von Anschluß B + (Klemme 30) und D + (Klemme 61) abschrauben. Falls vorhanden, Masseleitung –2– (Klemme 31) abschrauben.

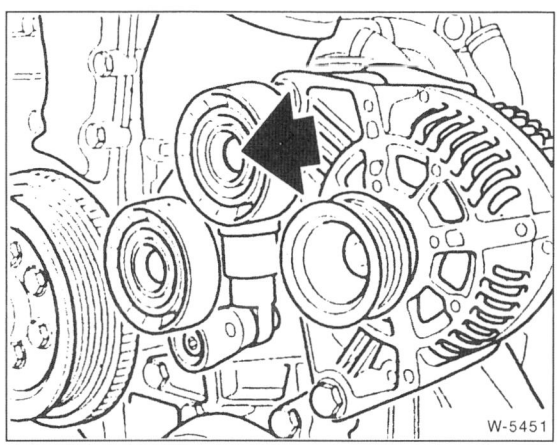

- 316i/318i seit 9/93: Umlenkrolle abschrauben.

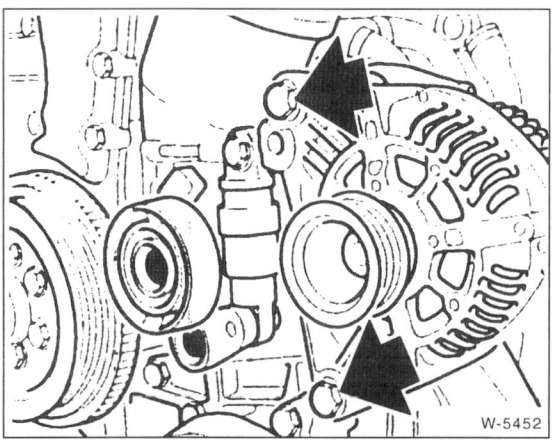

- 316i/318i seit 9/93: Schrauben für Generator abschrauben, Generator herausnehmen.

- 316i/318i bis 8/93: Befestigungsschraube für Generator abschrauben, Generator herausnehmen.

Einbau

- Buchsen für Generatoraufhängung prüfen, gegebenenfalls erneuern.
- Generator einsetzen und mit Schrauben befestigen, siehe unter »Ausbau«.

- Elektrische Leitungen am Generator anschließen: B + (Klemme 30), D + (Klemme 61) und falls vorhanden, Masseleitung (Klemme 31).
- 316i/318i seit 9/93: Umlenkrolle mit **60 Nm** anschrauben.
- Keilriemen auflegen und spannen, siehe Seite 58.
- Luftfilteroberteil mit Luftmengenmesser einbauen.
- Batterie-Massekabel (–) anklemmen. **Achtung:** Batterie nur bei ausgeschalteter Zündung anklemmen, sonst kann das Steuergerät der Einspritzanlage beschädigt werden.
- Zeituhr einstellen.
- Diebstahlcode für Radio eingeben, siehe Kapitel »Radio-Codierung eingeben«.

Generator aus- und einbauen

6-Zylinder-Benzinmotoren

Ausbau

- Batterie-Massekabel (–) abklemmen. **Achtung:** Dadurch wird aus dem Speicher des Radios der Code für die Diebstahlsicherung gelöscht. Die Batterie darf nur bei ausgeschalteter Zündung abgeklemmt werden, da sonst das Steuergerät der Einspritzanlage beschädigt wird. Vor dem Abklemmen sollten auch die Hinweise im Kapitel »Radio« bzw. »Batterie aus- und einbauen« durchgelesen werden.

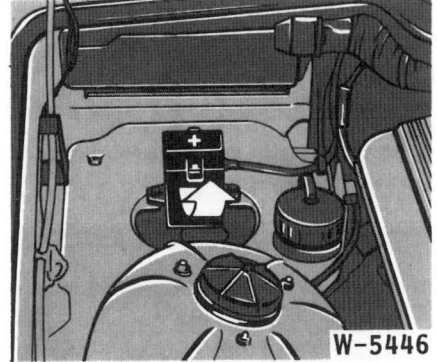

- Falls sich die Batterie im Kofferraum befindet, Batterieklemme am Plus-Verbinder im Motorraum lösen.
- Luftfilter komplett mit Luftmassenmesser abschrauben und zur Seite legen.
- Lüfter ausbauen, siehe Seite 73.

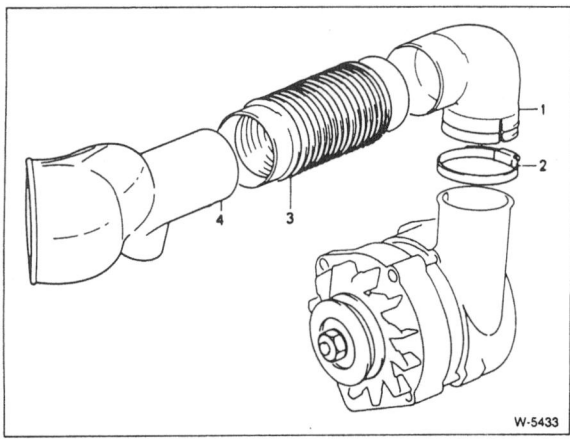

- Schlauchschelle –2– lösen und Luftschlauch –1– am Generator abziehen. Zweckmäßigerweise Schlauch –3– und Schnorchel –4– komplett ausbauen. Schnorchel –4– ist im 3er BMW anders geformt, als in der Abbildung dargestellt.
- Keilrippenriemen entspannen und abnehmen, siehe Seite 58.

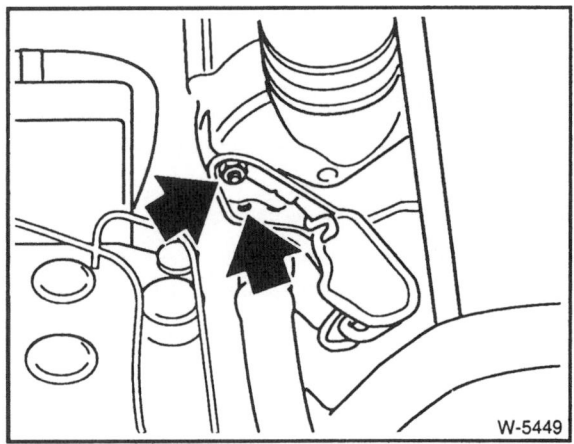

- Schutzkappe für Stromanschluß am Generator abnehmen.
- Leitungen von Anschluß B + (Klemme 30) und D + (Klemme 61) abschrauben. Falls vorhanden, Masseleitung (Klemme 31) abschrauben.

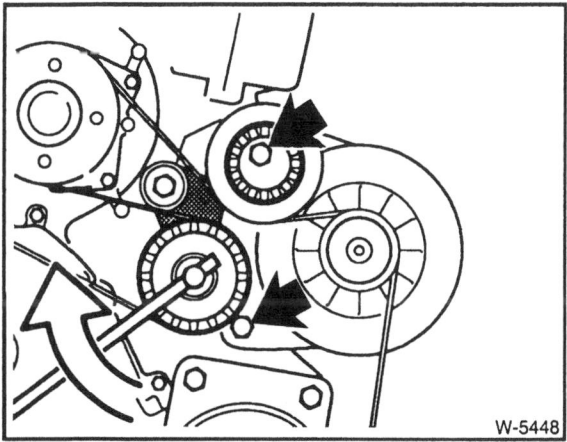

- Befestigungsschrauben für Generator abschrauben, Generator herausnehmen.

Einbau

- Buchsen für Generatoraufhängung prüfen, gegebenenfalls erneuern.

- Generator einsetzen und mit Schrauben befestigen, siehe unter »Ausbau«. Beim Einsetzen der Umlenkrolle beachten, daß die Haltenase in die Aussparung am Lager eingreifen muß.
- Elektrische Leitungen am Generator anschließen: B + (Klemme 30), D + (Klemme 61), Masseleitung (Klemme 31). Abdeckkappe aufdrücken.
- Keilrippenriemen auflegen und spannen, siehe Seite 58.
- Belüftungsschlauch einbauen.
- Lüfter einbauen, siehe Seite 73.
- Luftfilter mit Luftmassenmesser einbauen.
- Batterie-Massekabel (–) anklemmen. **Achtung:** Batterie nur bei ausgeschalteter Zündung anklemmen, sonst kann das Steuergerät der Einspritzanlage beschädigt werden.
- Falls ausgebaut, Pluskabel an Verbinder anschließen.
- Zeituhr einstellen.
- Diebstahlcode für Radio eingeben, siehe Kapitel »Radio-Codierung eingeben«.

Generator aus- und einbauen

6-Zylinder-Dieselmotor

Ausbau

- Batterie-Massekabel (–) abklemmen. **Achtung:** Dadurch wird aus dem Speicher des Radios der Code für die Diebstahlsicherung gelöscht. Vor dem Abklemmen sollten auch die Hinweise im Kapitel »Radio« bzw. »Batterie aus- und einbauen« durchgelesen werden.
- Fahrzeug aufbocken, siehe Seite 123.
- Motorunterschutz abschrauben.
- Keilrippenriemen entspannen und abnehmen, siehe Seite 58.
- Ölfilterdeckel abschrauben und Filtereinsatz abnehmen, siehe Kapitel »Wartung«.
- Halter für Motorölleitungen am Generator abschrauben. Ölleitung unten am Ölfilter abschrauben. **Achtung:** Motoröl fließt aus, Lappen unterlegen.
- Öl-Vorratsbehälter für Servolenkung mit 2 Schrauben abschrauben und mit angeschlossenen Leitungen zur Seite legen.
- Kühlmittel-Ausgleichbehälter ausclipsen und mit angeschlossenen Leitungen zur Seite legen.
- Schrauben für Ladedruckfühler und Abgasrückführungsventil lösen, damit der Generator erreicht wird.

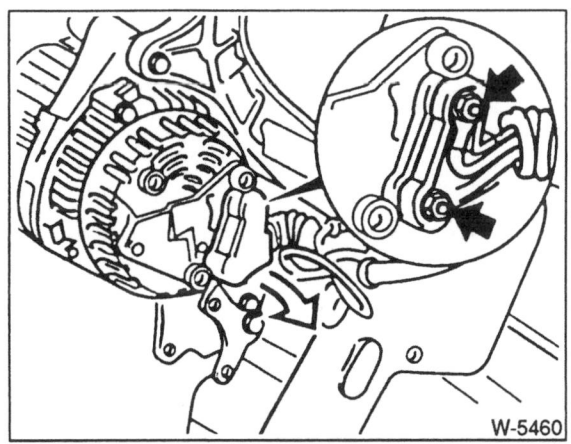

- Schutzkappe für Stromanschluß am Generator abnehmen. Leitungen von Anschluß B + (Klemme 30) und D + (Klemme 61) abschrauben.

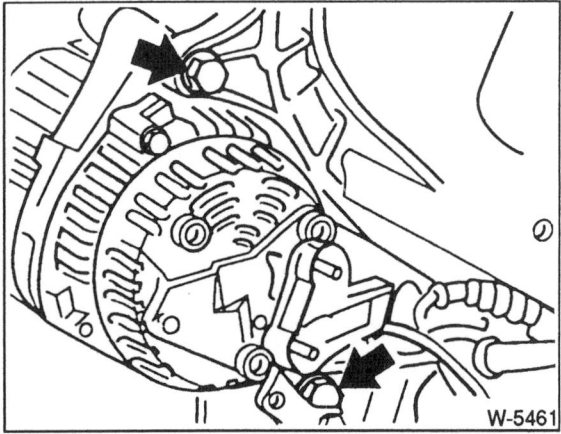

- Befestigungsschrauben für Generator abschrauben, Generator herausnehmen.

Einbau

- Buchsen für Generatoraufhängung prüfen, gegebenenfalls erneuern. Der Generator kann leichter eingesetzt werden, wenn die Buchsen vorher leicht nach vorn geschoben werden.

- Generator einsetzen und mit Schrauben befestigen, siehe unter »Ausbau«.

- Elektrische Leitungen am Generator anschließen: B + (Klemme 30), D + (Klemme 61). Abdeckkappe aufdrücken.

- Keilrippenriemen auflegen und spannen, siehe Seite 58.

- Ölfiltereinsatz einlegen, Ölfilterdeckel aufschrauben.

- Halter für Motorölleitungen am Generator anschrauben. Ölleitung unten am Ölfilter anschrauben.

- Motoröl auffüllen, siehe Kapitel »Wartung«.

- Öl-Vorratsbehälter für Servolenkung und Kühlmittel-Ausgleichbehälter montieren.

- Ladedruckfühler und Abgasrückführungsventil anschrauben.

- Motorunterschutz anschrauben.

- Batterie-Massekabel (–) anklemmen. **Achtung:** Batterie nur bei ausgeschalteter Zündung anklemmen, sonst kann das Steuergerät der Einspritzanlage beschädigt werden.

- Zeituhr einstellen.

- Diebstahlcode für Radio eingeben, siehe Kapitel »Radio-Codierung eingeben«.

Schleifkohlen für Generator/ Spannungsregler für Generator ersetzen/prüfen

Der Spannungsregler hält die Generatorspannung bei allen Drehzahlen und Belastungszuständen nahezu konstant auf der erforderlichen Höhe, damit die Verbraucher keinen Spannungsschwankungen ausgesetzt werden.

BOSCH-Generator

Ausbau

- Generator ausbauen und hintere Abdeckung abbauen.

- Spannungsregler an der Rückseite des Generators abschrauben und vorsichtig herausziehen.

- Schleifkohlen ersetzen, wenn die Länge 5 mm oder weniger beträgt. Dazu Anschlußlitze auslöten.

- Schleifringe auf Verschleiß prüfen, gegebenenfalls feinstüberdrehen und polieren.

- Kontaktfläche reinigen und Vorspannung der Kontaktfeder prüfen, gegebenenfalls erneuern.

Einbau

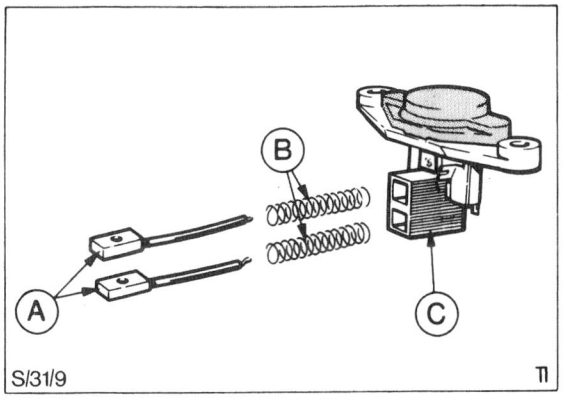

- Kohlebürsten –A– und Federn –B– in den Bürstenhalter –C– einsetzen und Anschlüsse verlöten.
- Damit beim Anlöten der neuen Bürsten kein Lötzinn in der Litze hochsteigen kann, Anschlußlitze der Bürsten mit einer Flachzange fassen. **Achtung:** Durch hochsteigendes Lötzinn würde die Litze steif und die Kohlebürste unbrauchbar werden.
- Der Isolierschlauch über der Litze muß neben der Lötstelle mit der vorhandenen Öse festgeklemmt werden.
- Nach dem Einbau neue Kohlebürsten auf leichten Lauf in den Bürstenhaltern prüfen.
- Spannungsregler erst mit einer Schraube von Hand befestigen, dann vorsichtig in endgültige Einbaulage drücken und festschrauben.
- Generator einbauen und Keilriemen spannen.

Störungsdiagnose Generator

Störung	Ursache	Abhilfe
Ladekontrollampe brennt nicht bei eingeschalteter Zündung	Batterie leer	■ Laden
	Masseband an Generator locker oder korrodiert	■ Masseband auf einwandfreien Kontakt prüfen, Schraube festziehen
	Ladekontrollampe durchgebrannt	■ Ersetzen
	Regler defekt	■ Regler prüfen, gegebenenfalls austauschen
	Unterbrechung in der Leitungsführung zwischen Generator, Zündschloß und Kontrollampe	■ Mit Ohmmeter nach Stromlaufplan untersuchen
	Steckverbindungen zwischen Gleichrichterplatte und Spannungsregler nicht gesteckt	■ Generator demontieren, gegebenenfalls Stecker ersetzen
	Kohlebürsten liegen nicht auf dem Schleifring auf	■ Freigängigkeit der Kohlebürsten und Mindestlänge (5 mm) prüfen
	Erregerwicklung im Generator durchgebrannt	■ Läufer austauschen
Ladekontrollampe erlischt nicht bei Drehzahlsteigerung	Keilriemen locker	■ Keilriemen spannen
	Kohlebürsten abgenutzt	■ Kohlebürsten sichtprüfen, gegebenenfalls austauschen
	Regler defekt	■ Regler prüfen, gegebenenfalls austauschen
	Leitung zwischen Drehstromgenerator und Regler defekt	■ Leitung und Kontakte prüfen, gegebenenfalls Leitungsstrang ersetzen
Ladekontrollampe brennt bei ausgeschalteter Zündung	Plusdiode hat Kurzschluß	■ Dioden prüfen, gegebenenfalls Diodenplatte austauschen

Der Anlasser

Zum Starten des Verbrennungsmotors ist ein kleiner elektrischer Motor, der Anlasser, erforderlich. Der Anlasser muß den Verbrennungsmotor auf eine Drehzahl von mindestens 300 Umdrehungen in der Minute beschleunigen. Das funktioniert aber nur, wenn der Anlasser einwandfrei arbeitet und die Batterie hinreichend geladen ist.

Der Anlasser besteht aus einem Antriebs-, Pol- und Kollektorgehäuse. In dem Antriebs- und dem Kollektorgehäuse ist der Anker mit Kollektor gelagert. Der Bürstenhalter sitzt im Kollektorgehäuse. Im Bürstenhalter befinden sich Kohlebürsten, die ein Verschleißteil darstellen und sich zwar langsam, aber stetig abnutzen. Bei starker Abnutzung der Kohlebürsten kann der Anlasser nicht mehr einwandfrei arbeiten.

In dem vorderen Antriebsgehäuse ist der Ritzelantrieb untergebracht. Wenn über den Zündanlaßschalter der Anlasser Spannung erhält, wird über den Magnetschalter, der auf dem Anlassergehäuse sitzt, das Ritzel auf einem Steilgewinde gegen den Zahnkranz des Schwungrades geschoben. Sobald das Ritzel bis zum Anschlag auf der Spindel vorgelaufen ist, ist es formschlüssig mit dem Schwungrad verbunden. Nun kann der Anlasser den Motor auf die erforderliche Anlaßdrehzahl bringen. Wenn der Verbrennungsmotor angelaufen ist, wird das Ritzel vom Motor her beschleunigt, es läuft also kurzzeitig schneller als der Motor und spurt aus, wodurch die Verbindung zum Verbrennungsmotor aufgehoben ist.

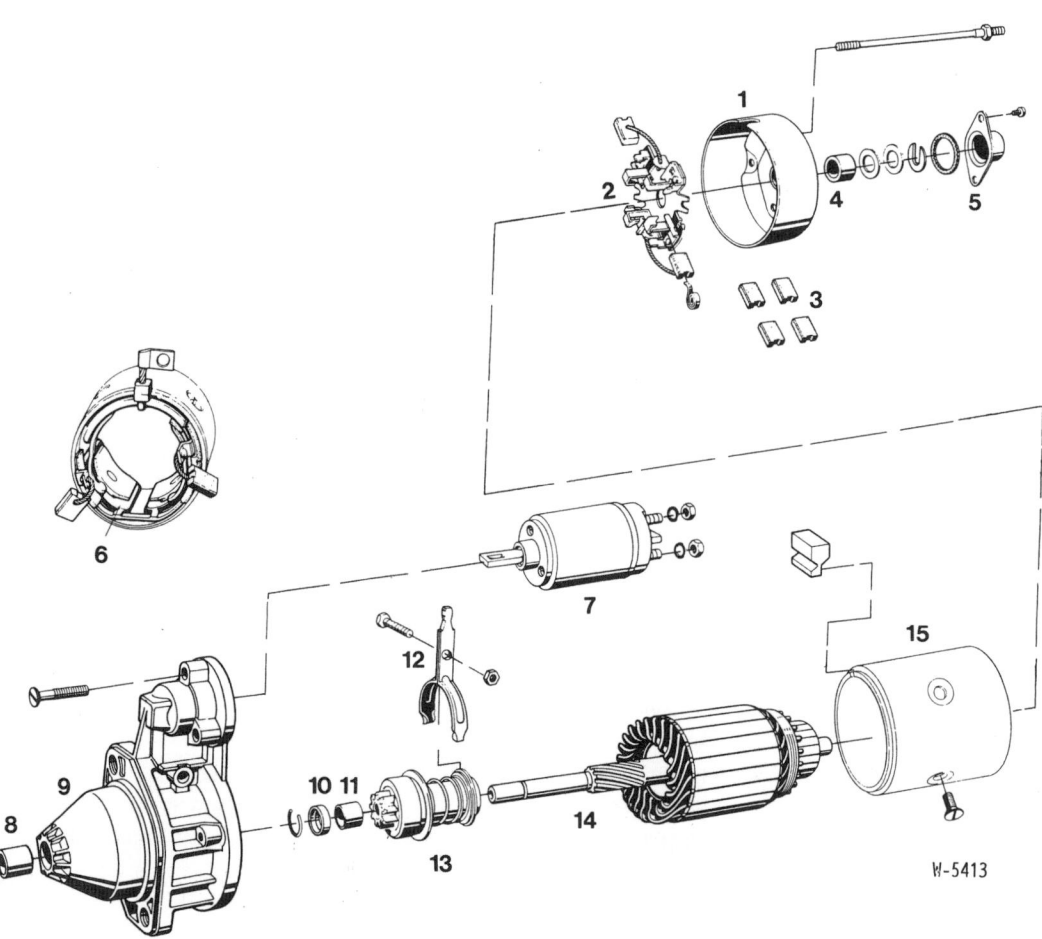

1 – Kollektorgehäuse
2 – Bürstenhalter
3 – Satz Kohlebürsten
4 – Sinterbuchse
5 – Kapsel
6 – Erregerwicklung
7 – Magnetschalter
8 – Sinterbuchse
9 – Antriebsgehäuse
10 – Anschlagring
11 – Sinterbuchse
12 – Gabelhebel
13 – Ritzel
14 – Anker
15 – Polgehäuse

Anlasser aus- und einbauen

316I, 318I

Der Anlasser sitzt seitlich an der Trennstelle Motorblock/Getriebe und wird nach oben ausgebaut.

Ausbau

- Batterie-Massekabel (−) abklemmen. **Achtung:** Dadurch wird aus dem Speicher des Radios der Code für die Diebstahlsicherung gelöscht. Die Batterie darf nur bei ausgeschalteter Zündung abgeklemmt werden, da sonst das Steuergerät der Einspritzanlage beschädigt wird. Vor dem Abklemmen sollten auch die Hinweise im Kapitel »Radio« bzw. »Batterie aus- und einbauen« durchgelesen werden.
- Luftfilteroberteil mit Luftmengenmesser ausbauen.

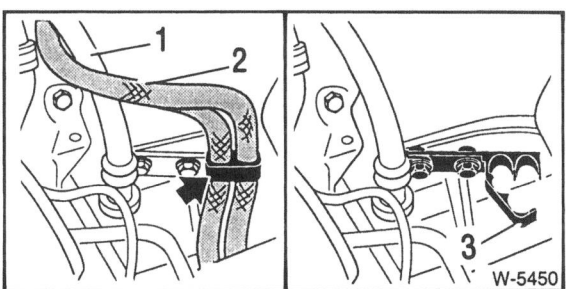

- Schläuche −2− vom Ölmeßstab −1− abbauen, dazu Klammer −3− öffnen.
- Obere Halteklammer für Schläuche öffnen.

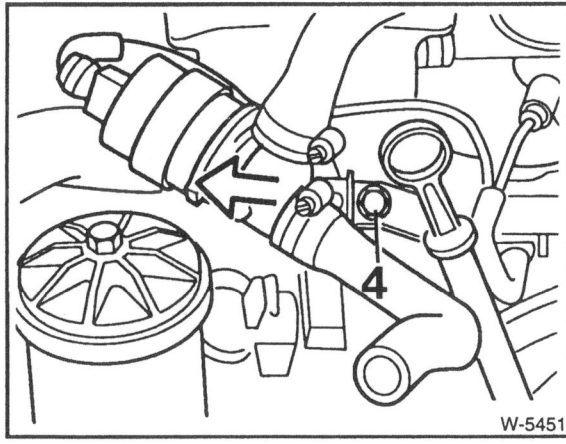

- Leerlaufsteller aus der Gummihalterung herausziehen −Pfeil−.
- Schraube −4− für Halter Ölmeßstab herausdrehen.
- Führungsrohr für Ölmeßstab herausnehmen.

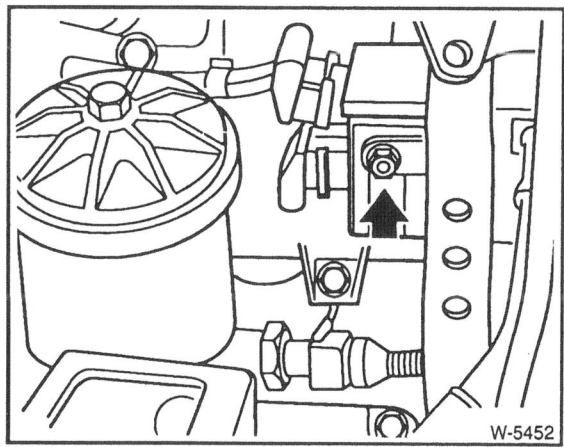

- Kabelkanal unterhalb des Ansaugkrümmers abschrauben.

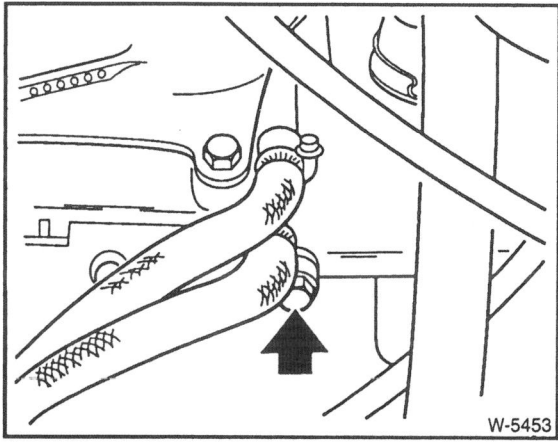

- Mutter −Pfeil− herausdrehen.

- Elektrische Leitungen −Pfeile− am Anlasser mit Tesaband markieren und abschrauben.

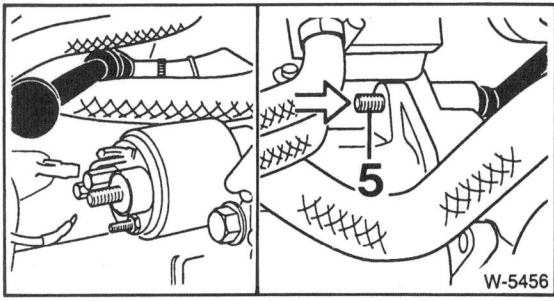

- Obere Anlasserschraube lösen, dabei Kühlmittelschlauch nach unten drücken.
- Schraube –5– zurückziehen.

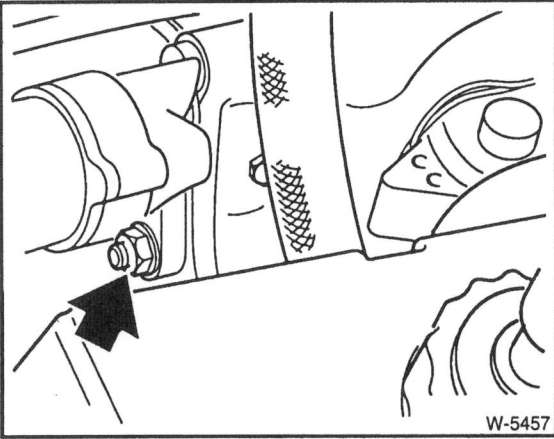

- Untere Befestigungsschraube abschrauben und herausnehmen.
- Anlasser herausziehen, dann nach oben herausnehmen.

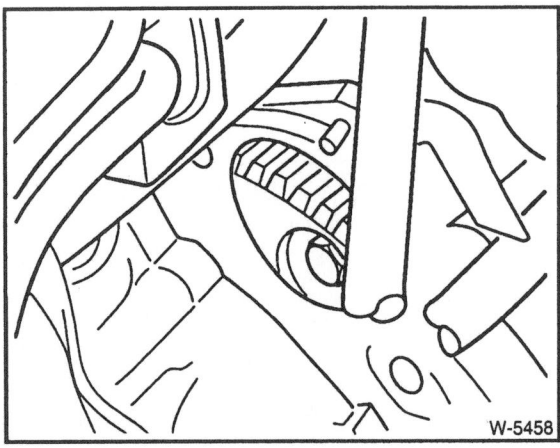

- Ritzel am Anlasser und Anlasser-Zahnkranz auf Beschädigung prüfen.

Einbau

- Der Einbau des Anlassers geschieht in umgekehrter Reihenfolge. Beim Einbau Unterlegscheiben der Befestigungsschrauben nicht vergessen.

- Führungsrohr für Ölmeßstab mit **neuem** O-Ring einbauen.
- Batterie-Massekabel (–) anklemmen. **Achtung:** Batterie nur bei ausgeschalteter Zündung anklemmen, sonst kann das Steuergerät der Einspritzanlage beschädigt werden.
- Zeituhr einstellen.
- Diebstahlcode für Radio eingeben, siehe Kapitel »Radio-Codierung eingeben«.

Magnetschalter prüfen/ aus- und einbauen

Bei einem Defekt des Magnetschalters wird das Ritzel im Anlasser nicht gegen den Zahnkranz des Schwungrades gezogen. Dadurch kann der Anlasser den Motor nicht durchdrehen. Dieser Defekt tritt häufiger auf als daß der Anlassermotor selbst schadhaft ist.

Prüfen in eingebautem Zustand

- Gang herausnehmen, Schalthebel in Leerlaufstellung.
- Prüfvoraussetzung: Batterie voll geladen.

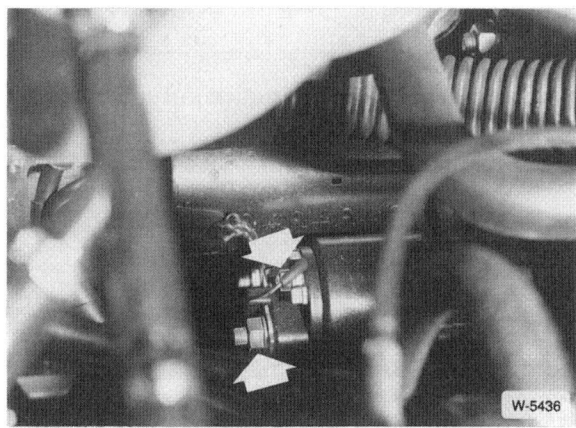

- Mit Hilfskabel Klemme 30 (= dickes Pluskabel) und 50 (= dünnes Kabel, zum Zündschloß) am Anlasser kurz überbrücken, das Anlasserritzel muß nach vorne schnellen (klicken) und der Anlasser anlaufen. Wenn nicht, Anlasser abschrauben und im ausgebauten Zustand überprüfen.

Ausbau

- Anlasser ausbauen und Prüfung bei ausgebautem Anlasser mit einer Autobatterie wiederholen. Als Zuleitung zu Klemme 50 des Anlassers eignet sich ein Starthilfekabel. Schnellt das Ritzel nach vorne, ohne daß der Anlasser anläuft, Anlassermotor von einer Werkstatt überholen lassen.
- Schnellt das Ritzel nicht nach vorn, Magnetschalter abschrauben und ersetzen.

Einbau

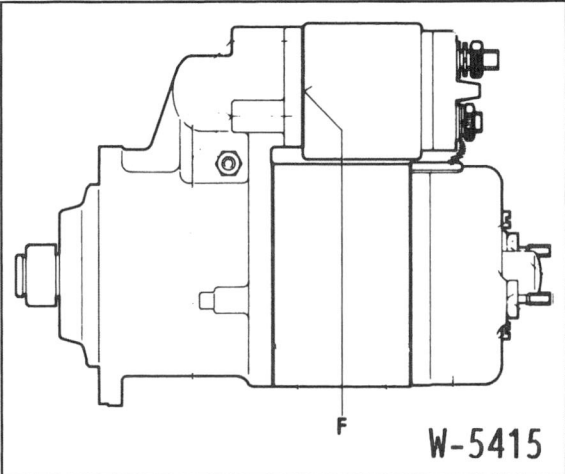

- Trennfuge −F− zum Anlasser mit geeignetem Dichtmittel abdichten.
- Magnetschalter an Gabelhebel im Anlasser einhängen, dann anschrauben.
- Leitung für Magnetschalter anschrauben.
- Anlasser erneut prüfen, wie oben beschrieben.
- Anlasser einbauen.

Störungsdiagnose Anlasser

Wenn ein Anlasser nicht durchdreht, ist zunächst zu prüfen, ob an der Klemme 50 des Magnetschalters die zum Einziehen benötigte Spannung von mindestens 10 Volt vorhanden ist. Liegt die Spannung unter dem genannten Wert, dann müssen die Leitungen, die zum Anlasserstromkreis gehören, nach dem Stromlaufplan überprüft werden. Ob der Anlasser bei voller Batteriespannung einzieht, kann folgendermaßen geprüft werden:

- Keinen Gang einlegen, Zündung eingeschaltet.
- Mit einer Leitung (Querschnitt mindestens 4 mm^2) die Klemmen 30 und 50 am Anlasser überbrücken, siehe auch Stromlaufplan.

Spurt der Anlasser dabei einwandfrei ein, so liegt der Fehler in der Leitungsführung zum Anlasser. Andernfalls Anlasser in ausgebautem Zustand überprüfen.

Prüfvoraussetzung: Leitungsanschlüsse müssen festsitzen und dürfen nicht oxydiert sein.

Störung	Ursache	Abhilfe
Anlasser dreht sich nicht beim Betätigen des Zündanlassschalters.	Batterie entladen.	■ Batterie laden.
	Anlasser läuft an nach Überbrücken der Klemmen 30 und 50; dann ist die Leitung vom Zündanlassschalter unterbrochen, oder der Anlassschalter ist defekt.	■ Unterbrechung beseitigen, defekte Teile ersetzen.
	Kabel oder Masseanschluss ist unterbrochen, oder die Batterie ist entladen.	■ Batteriekabel und Anschlüsse prüfen. Batteriespannung messen, ggf. laden.
	Ungenügender Stromdurchgang infolge lockerer oder oxydierter Anschlüsse	■ Batteriepole und -klemmen reinigen Stromsichere Verbindungen zwischen Batterie, Anlasser und Masse herstellen
	Keine Spannung an Klemme 50 (Magnetschalter)	■ Leitung unterbrochen, Zündanlaßschalter defekt
Anlasser dreht sich zu langsam und zieht den Motor nicht durch	Batterie entladen	■ Batterie laden
	Kein Mehrbereichsöl im Motor	■ Mehrbereichsöl einfüllen
	Ungenügender Stromdurchgang infolge lockerer oder oxydierter Anschlüsse	■ Batteriepole und -klemmen und Anschlüsse am Anlasser reinigen, Anschlüsse festziehen
	Kohlebürsten liegen nicht auf dem Kollektor auf, klemmen in ihren Führungen, sind abgenutzt, gebrochen, verölt oder verschmutzt	■ Kohlebürsten überprüfen, reinigen bzw. auswechseln. Führungen prüfen
	Ungenügender Abstand zwischen Kohlebürsten und Kollektor	■ Kohlebürsten ersetzen und Führungen für Kohlebürsten reinigen
	Kollektor riefig oder verbrannt und verschmutzt	■ Kollektor abdrehen oder Anker ersetzen
	Spannung an Klemme 50 fehlt (mind. 10 Volt)	■ Zündanlaßschalter oder Magnetschalter überprüfen
	Magnetschalter defekt	■ Schalter auswechseln
Anlasser spurt ein und zieht an, Motor dreht nicht oder nur ruckweise	Ritzelgetriebe defekt	■ Ritzelgetriebe ersetzen
	Ritzel verschmutzt	■ Ritzel reinigen
	Zahnkranz am Schwungrad defekt	■ Zahnkranz nacharbeiten, falls erforderlich, Schwungrad erneuern
Ritzelgetriebe spurt nicht aus	Ritzelgetriebe oder Steilgewinde verschmutzt bzw. beschädigt	■ Ritzelgetriebe reinigen, ggf. ersetzen
	Magnetschalter defekt	■ Magnetschalter ersetzen
	Rückzugfeder schwach oder gebrochen	■ Rückzugfeder erneuern
Anlasser läuft weiter, nachdem der Zündschlüssel losgelassen wurde	Magnetschalter hängt, schaltet nicht ab	■ Zündung sofort ausschalten, Magnetschalter ersetzen
	Zündschloß schaltet nicht ab	■ Sofort Batterie abklemmen, Zündschloß ersetzen

Die Beleuchtungsanlage

Zur Beleuchtungsanlage zählen: Hauptscheinwerfer (Abblendlicht und Standlicht), Fernlicht, Heckleuchten, Bremsleuchten, Rückfahrscheinwerfer, Blinkleuchten, Nebelscheinwerfer und Nebelschlußleuchten, Kennzeichenleuchten und Innenleuchten (auch Motorraum- und Gepäckraumleuchten). Die Instrumentenbeleuchtung wird im Kapitel »Armaturen« behandelt.

Normale Glühlampen (nicht Halogenlampen) unterliegen dem Verschleiß. Etwa alle 2 Jahre sollten sie ausgewechselt werden, auch wenn sie noch intakt sind. Eine Glühlampe mit verminderter Leuchtkraft erkennt man auch an schwarzen Ablagerungen auf dem Glaskolben.

Vor dem Auswechseln einer Glühlampe Schalter des betreffenden Verbrauchers ausschalten. **Achtung: Glaskolben nicht mit bloßen Fingern anfassen.** Der Fingerabdruck würde verdunsten und sich – aufgrund der Wärme – auf dem Reflektor niederschlagen und diesen erblinden lassen. Grundsätzlich Glühlampe nur durch eine gleiche Ausführung ersetzen. Versehentlich entstandene Berührungsflecken mit sauberem, nicht faserndem Tuch und Alkohol oder Spiritus entfernen.

Glühlampen auswechseln

Scheinwerfer

- Motorhaube öffnen.
- Schalter der betreffenden Lampe ausschalten, beziehungsweise Massekabel (–) von Batterie abklemmen. **Achtung:** Durch das Abklemmen des Massekabels wird aus dem Speicher des Radios der Code für die Diebstahlsicherung gelöscht. Die Batterie darf nur bei ausgeschalteter Zündung abgeklemmt werden, da sonst das Steuergerät der Einspritzanlage beschädigt wird. Vor dem Abklemmen sollten auch die Hinweise im Kapitel »Radio« bzw. »Batterie aus- und einbauen« durchgelesen werden.

Achtung: Bei Fahrzeugen mit 6-Zylindermotor befindet sich die Batterie im Kofferraum rechts neben dem Reserverad.

Limousine, Coupé (Ellipsoidscheinwerfer):

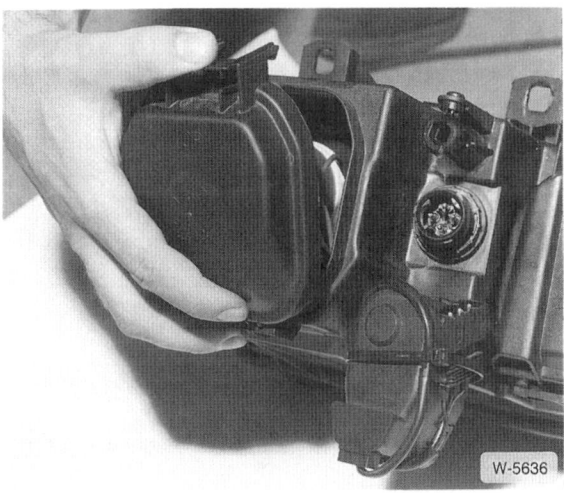

- Kunststoffverkleidung an der Scheinwerferrückseite ausclipsen und abnehmen.

- Stecker von der Lampe –2– abziehen.
- Klemmbügel –1– aushängen und defekte Lampe herausnehmen.

- Die Stand- beziehungsweise Parkleuchte wechseln: Lampenhalter aus dem Reflektor herausziehen. Lampe aus dem Halter herausziehen.
- Glühlampe so einsetzen, daß die Nasen in die entsprechenden Aussparungen am Gehäuse passen. Klemmbügel einrasten.
- Stecker aufschieben.
- Standlichtlampe in den Halter einsetzen und Halter in den Reflektor eindrücken.
- Abdeckung einhängen und einrasten.
- **Compact-Modell (Freiformscheinwerfer):** Jeweiligen Lampensockel an der Scheinwerferrückseite nach links drehen und herausziehen. Stecker abziehen. Die Lampe bildet mit dem Sockel eine Einheit und kann nicht einzeln erneuert werden.

Nebelscheinwerfer

- Nebelscheinwerfer ausbauen.
- An der Scheinwerferrückseite Kunststoffkappe nach links drehen und abnehmen.
- Stecker abziehen.
- Federdrahtbügel aushängen, Halogenlampe ersetzen.
- Drahtbügel einhängen, Abdeckkappe aufdrehen.
- Nebelscheinwerfer einbauen.

Vordere Blinkleuchte

- Blinkleuchte ausbauen.
- Lampenhalter etwas nach links drehen und herausziehen.
- Glühlampe etwas eindrücken, nach links drehen und herausnehmen.
- Neue Glühlampe in die Fassung eindrücken, nach rechts drehen und einrasten.
- Lampenfassung einsetzen, nach rechts drehen und einrasten lassen.
- Blinkleuchte einbauen.

Heckleuchten

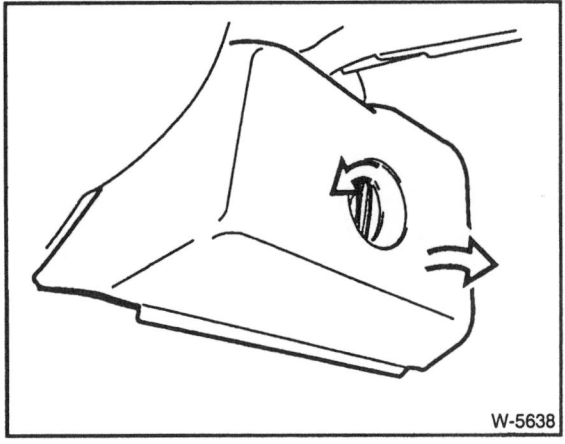

- Clip um 90° drehen und Lampenabdeckung abnehmen.

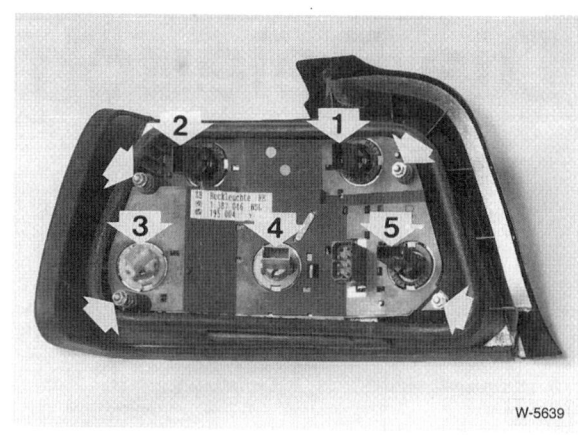

1 – Rückfahrscheinwerfer
2 – Blinklampe
3 – Schlußleuchte, Nebelschlußleuchte
4 – Schlußleuchte, Rückstrahler
5 – Bremslicht

- Entsprechenden Lampenhalter unter leichtem Druck nach links drehen und herausnehmen.

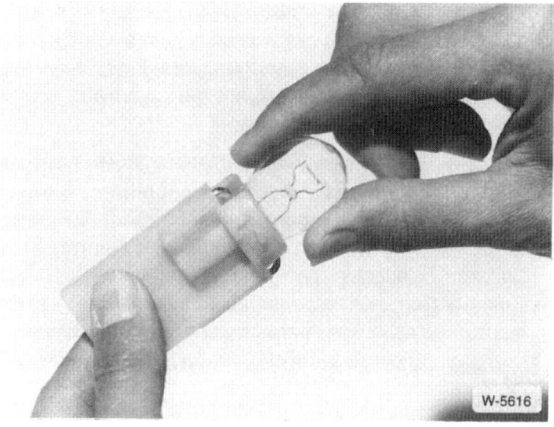

- Defekte Glühlampe leicht eindrücken, nach links drehen und herausnehmen.
- Glühlampe in Fassung eindrücken, nach rechts drehen und einrasten.
- Fassung einsetzen und durch Rechtsdrehen arretieren.

Kennzeichenleuchte

- Kennzeichenleuchte ausbauen.

- Defekte Soffittenlampe herausnehmen.
- Spannung der Kontaktzungen kontrollieren, die Soffittenlampe muß stramm zwischen den Kontaktzungen sitzen. Gegebenenfalls Kontaktzungen nachbiegen.
- Dichtung auf Porosität oder Beschädigung prüfen, gegebenenfalls ersetzen.
- Kennzeichenleuchte einbauen.

Innenleuchten, Kofferraumleuchten, Motorraumleuchte

- Lampenglas von betreffender Innenleuchte mit Schraubendreher am Eingriff abdrücken, Soffittenlampe auswechseln. Gegebenenfalls Kontaktzungen für Soffittenlampe nachbiegen.
- Nur bei Leseleuchte nach Abhebeln des Lampenglases: Lampe unter leichtem Druck nach links drehen und wechseln.
- Lampenglas aufdrücken und einrasten.
- Falls abgenommen, Batterie-Massekabel (−) anklemmen.
  Achtung: Batterie nur bei ausgeschalteter Zündung anklemmen, sonst kann das Steuergerät der Einspritzanlage beschädigt werden.
- Lampe einschalten und Funktion überprüfen.
- Zeituhr einstellen.
- Diebstahlcode für Radio eingeben, siehe Kapitel »Radio-Codierung eingeben«.

Lampentabelle

Um jederzeit eine Lampe auswechseln zu können, sollte stets ein Kasten mit Ersatzlampen im Wagen mitgeführt werden. Der BMW-Kundendienst führt solche Ersatzlampenboxen. Eine Zusammenstellung der im 3er BMW verwendeten Lampen enthält die Tabelle.

12-V-Glühlampe für	DIN-Bezeichnung	
Limousine, Coupé, Touring:		
Fernlicht	H 1	55 W
Abblendlicht	H 1	55 W
Stand- und Parklicht	W 10/5	5 W
Compact-Modell:		
Fernlicht	HB3	65 W
Abblendlicht	HB4	55 W
Alle Modelle:		
Nebelscheinwerfer	H 1	55 W
Blinkleuchten vorn und hinten	P 25-1	21 W
Rückfahrleuchte	P 25-1	21 W
Nebelschlußleuchte	P 25-1	21 W
Bremsleuchte	P 25-1	21 W
Seitliche Blinker	W 10/5	5 W
Schlußleuchte	R 19/10	10 W
Kennzeichenleuchte	C 11	5 W
Innenleuchte vorn	Soffitte	10 W
Innenleuchte hinten	Soffitte	5 W
Handschuhkastenleuchte	Soffitte	5 W
Make-Up-Leuchte	Soffitte	5 W
Leseleuchte vorn	Halogen	10 W
Leseleuchte hinten	Soffitte	10 W
Gepäckraumleuchte	Soffitte	10 W
Motorraumleuchte	Soffitte	10 W
Instrumentenleuchten	–	3 W; 1,2 W

Der Scheinwerfer

Limousine, Coupé

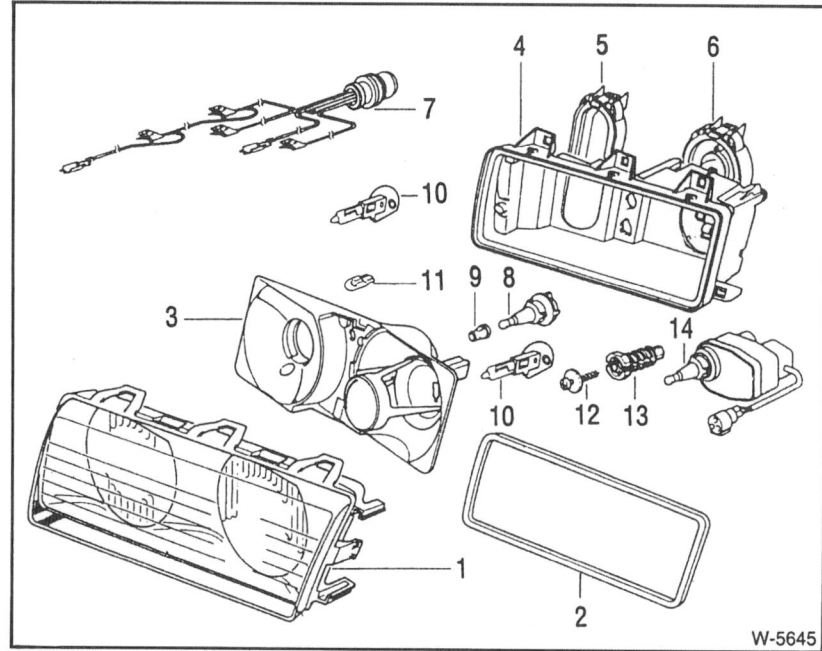

1 – Streuscheibe
2 – Dichtung
3 – Reflektor
4 – Gehäuse
5 – Abdeckkappe Fernlicht
6 – Abdeckkappe Abblendlicht
7 – Kabelbaum
8 – Halterung
9 – Zwischenstück
10 – Halogen-Lampe H1
11 – Standlichtlampe
12 – Schraube
13 – Spreizmutter
14 – Motor für Leuchtweitenregulierung

Fernlicht-/Abblendscheinwerfer aus- und einbauen

Für das Abblendlicht und Nebelscheinwerferlicht werden bei der Limousine und dem Coupé sogenannte Ellipsoidscheinwerfer verwendet. Beim Ellipsoidscheinwerfer sitzt vor der Glühlampe eine Sammellinse, die das Licht bündelt. Die Vorteile der Ellipsoidtechnik sind: Kleiner Scheinwerferdurchmesser bei gleichzeitig großer Lichtstärke; gleichmäßige Fahrbahnausleuchtung, insbesondere im Bereich um 50 Meter Entfernung; reduziertes Streulicht, dadurch weniger Eigenblendung bei Schlechtwetter-Bedingungen und weniger Blendwirkung für den Gegenverkehr.

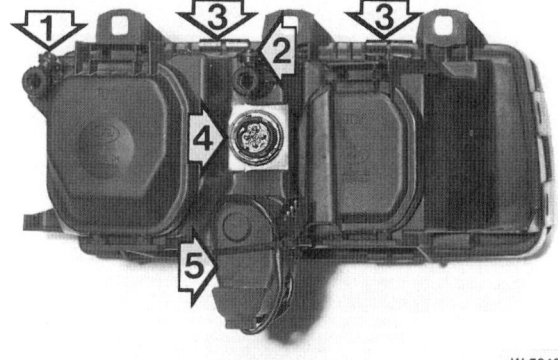

Ausbau

- Motorhaube öffnen.

- Batterie-Massekabel (–) abklemmen. **Achtung:** Dadurch wird aus dem Speicher des Radios der Code für die Diebstahlsicherung gelöscht. Die Batterie darf nur bei ausgeschalteter Zündung abgeklemmt werden, da sonst das Steuergerät der Einspritzanlage beschädigt wird. Vor dem Abklemmen sollten auch die Hinweise im Kapitel »Radio« bzw. »Batterie aus- und einbauen« durchgelesen werden.

Achtung: Bei Fahrzeugen mit 6-Zylindermotor befindet sich die Batterie im Kofferraum rechts neben dem Reserverad.

- Falls erforderlich, Luftansaughutze für Generatorbelüftung oder Luftfiltergehäuse mit Luftmassenmesser ausbauen.

- Blinkleuchte ausbauen.

1 – Scheinwerfer-Einstellschraube – Seiteneinstellung
2 – Scheinwerfer-Einstellschraube – Höheneinstellung
3 – Halteklammern Streuscheibe
4 – Steckanschluß für Mehrfachsteckverbindung
5 – Motor für Leuchtweitenregulierung

- Mehrfachstecker vom Anschluß –4– abziehen, vorher Kunststoff-Überwurfmutter aufschrauben.

- Scheinwerfer mit 5 Schrauben –6– abschrauben. Die Schrauben sind hier bei ausgebautem Scheinwerfer dargestellt. **Achtung:** Dabei die 5 Spreizmuttern –7– mit Maulschlüssel gegenhalten, damit sie sich nicht verdrehen. Mit den Spreizmuttern wird der Scheinwerfer an die Karosserie angepaßt.
- Scheinwerfer herausnehmen.
- Falls der Motor für Leuchtweitenregulierung ausgebaut werden soll, Motor um 90° nach links drehen und herausnehmen.

Einbau

- Falls ausgebaut, Motor für Leuchtweitenregulierung einsetzen und um 90° nach rechts drehen und einrasten.
- Scheinwerfer einsetzen.
- Zuerst die beiden unteren Schrauben bis zum letzten Gewindegang einschrauben. Dabei Spreizmuttern mit Maulschlüssel gegenhalten.

- Spaltmaß prüfen, wie in der Abbildung dargestellt. Sollwert: ca. 2,5 mm. Gegebenenfalls die beiden unteren Spreizmuttern entsprechend verdrehen.
- Scheinwerfer komplett anschrauben, dabei Spreizmuttern gegenhalten.
- Blinkleuchte einbauen.

- Mehrfachstecker aufschieben und mit Kunststoff-Überwurfmutter sichern.
- Falls erforderlich, Luftansaughutze für Generatorbelüftung oder Luftfiltergehäuse mit Luftmassenmesser einbauen.
- Batterie-Massekabel (–) anklemmen. **Achtung:** Batterie nur bei ausgeschalteter Zündung anklemmen, sonst kann das Steuergerät der Einspritzanlage beschädigt werden.
- Scheinwerfer einstellen.
- Zeituhr einstellen. Diebstahlcode für Radio eingeben, siehe Kapitel »Radio-Codierung eingeben«.

Scheinwerfer einstellen

Für die Verkehrssicherheit ist die richtige Einstellung der Scheinwerfer von großer Bedeutung. Die exakte Einstellung der Scheinwerfer ist nur mit einem Spezialeinstellgerät möglich. Es wird deshalb nur gezeigt, wo der Scheinwerfer eingestellt werden kann und welche Bedingungen zum richtigen Einstellen der Scheinwerfer erfüllt sein müssen.

- Reifen müssen den vorgeschriebenen Reifenfülldruck haben.
- Das unbeladene Fahrzeug muß mit 75 kg (eine Person) auf dem Fahrersitz belastet sein.
- Kraftstofftank füllen.
- Fahrzeug auf ebene Fläche stellen.
- Vorderwagen mehrmals kräftig nach unten drücken, damit die Federung der Vorderradaufhängung sich setzt.
- Leuchtweitenregulierung an der Schalttafel auf »0« drehen.
- Korrekte Stellung der Scheinwerfer zur Motorhaube und Frontverkleidung prüfen, siehe »Scheinwerfer einbauen«.
- Die Scheinwerfer dürfen nur bei Abblendlicht eingestellt werden. Das Neigungsmaß beträgt für Normalscheinwerfer 10 cm auf 10 m Entfernung. Für Nebelscheinwerfer: 22 cm auf 10 m Entfernung.

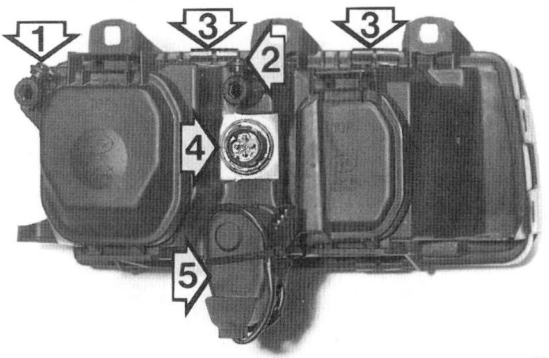

1 – Scheinwerfer-Einstellschraube – Seiteneinstellung
2 – Scheinwerfer-Einstellschraube – Höheneinstellung
3 – Halteklammern Streuscheibe
4 – Steckanschluß für Mehrfachsteckverbindung
5 – Motor für Leuchtweitenregulierung

Blinkleuchte vorn aus- und einbauen

Ausbau

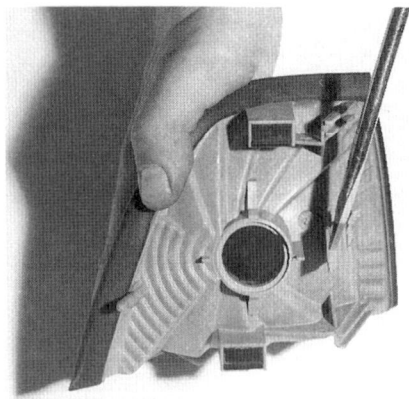

W-5646

- Halteklammer mit Schraubendreher von oben ausheben und Blinker vorziehen. Ansatz des Schraubendrehers zur Verdeutlichung bei ausgebautem Blinker gezeigt.
- Lampenhalter nach links drehen und herausnehmen.

Einbau

- Lampenhalter einsetzen und durch Rechtsdrehen verriegeln.
- Blinkleuchte von vorn in den Karosserieausschnitt und Scheinwerfer einsetzen. Blinkleuchte nach hinten schieben und einrasten.

Nebelscheinwerfer aus- und einbauen

Der Nebelscheinwerfer ist wie das Abblendlicht in Ellipsoidtechnik aufgebaut.

Ausbau

W-5647

- Nebelscheinwerfer mit einem Schraubendreher durch die obere Öffnung aushaken, dabei Schraubendreher in die Öffnung hineindrücken.
- Nebelscheinwerfer herausziehen, Stecker abziehen und Scheinwerfer abnehmen.

Einbau

- Stecker aufschieben.
- Nebelscheinwerfer an der Außenseite einhängen und an der Innenseite hineindrücken und einrasten.

Heckleuchten aus- und einbauen

Ausbau

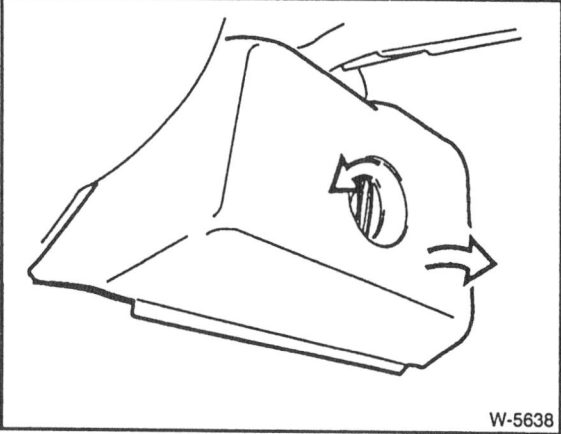

W-5638

- Clip um 90° drehen und Lampenabdeckung abnehmen.
- Mehrfachstecker abziehen.

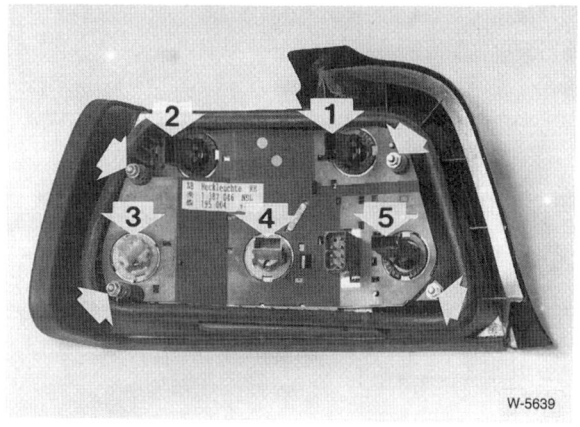

W-5639

- 4 Muttern –Pfeile– lösen und Heckleuchtenkombination nach außen herausziehen.

Einbau

- Dichtung auf Beschädigung und Porosität prüfen, gegebenenfalls ersetzen.
- Der weitere Einbau erfolgt in umgekehrter Ausbaureihenfolge.

Speziell Touring

Ausbau

- Entriegelungsknopf herunterdrücken, Klappe in der Laderaum-Seitenverkleidung öffnen und herausnehmen.

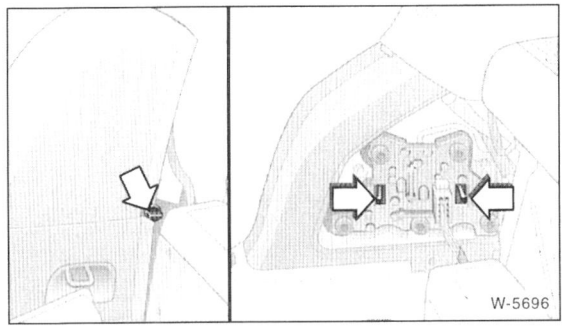

- Drehknopf um 90° drehen und Abdeckung über der Heckleuchte abnehmen.
- 2 Laschen zusammendrücken und Lampenfassung herausnehmen.

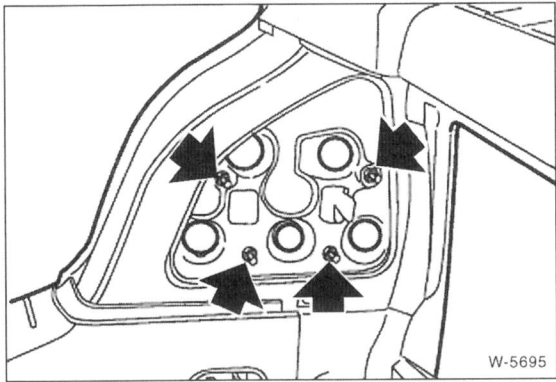

- Muttern –Pfeile– abschrauben und Heckleuchte nach hinten herausdrücken.

Einbau

- Der Einbau erfolgt in umgekehrter Einbaureihenfolge.

Kennzeichenleuchte aus- und einbauen

Ausbau

- 4 Schrauben herausdrehen.
- Blende abnehmen.
- Kennzeichenleuchte von rechts ausclipsen.

Einbau

- Kennzeichenleuchte einclipsen.
- Blende ansetzen und anschrauben.

Mittlere Bremsleuchte Glühlampe wechseln

Limousine, Coupé

1 Lampe, 21 Watt.

- Kofferraumdeckel öffnen.
- Den Lampenhalter unter leichtem Druck nach links drehen und herausnehmen.
- Defekte Glühlampe unter leichtem Druck nach links drehen und herausnehmen.
- Neue Glühlampe in den Lampenhalter einsetzen und unter leichtem Druck nach rechts drehen.
- Lampenhalter wieder einsetzen und unter leichtem Druck nach rechts drehen.

Touring

7 Lampen, à 3 Watt.

- Heckklappe öffnen.
- Leuchtengehäuse abnehmen beziehungsweise mit Hilfe eines Schraubendrehers ausheben.
- Defekte Glühlampe herausziehen. Falls die Glühlampe fest sitzt mit Hilfe eines Schraubendrehers vorsichtig vom Lampensockel ausheben.
- Neue Glühlampe einschieben.
- Leuchtengehäuse ansetzen und festdrücken.

Compact

6 Lampen à 5 Watt.

- Heckklappe öffnen.
- Leuchtengehäuse abnehmen beziehungsweise mit Hilfe eines Schraubendrehers ausheben.
- Defekte Glühlampe herausziehen. Falls die Glühlampe fest sitzt mit Hilfe eines Schraubendrehers vorsichtig vom Lampensockel ausheben.
- Neue Glühlampe einschieben.
- Leuchtengehäuse ansetzen und festdrücken.

Die Armaturen

Beim 3er BMW sind die Armaturen in einem Schalttafeleinsatz zusammengefaßt. Das Ersetzen der einzelnen Armaturen ist nicht vorgesehen. Nur die Glühlampen können nach Ausbau des Schalttafeleinsatzes ausgewechselt werden.

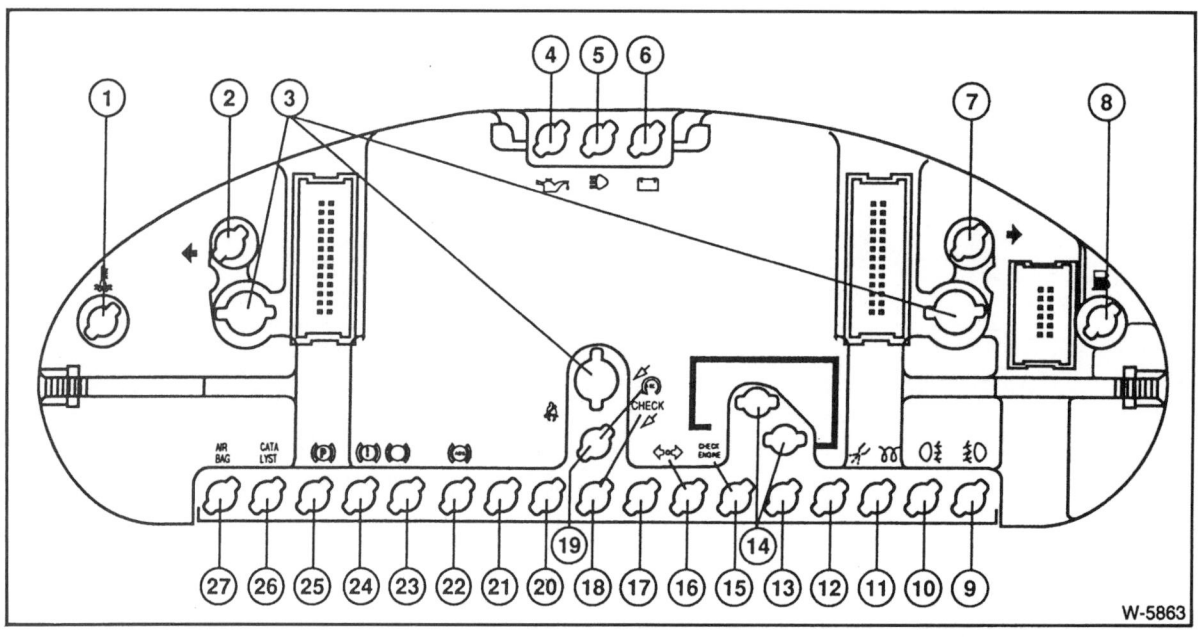

1 – Übertemperaturwarnlampe
2 – Blinker rechts
3 – Beleuchtung für Instrumente
4 – Öldruck
5 – Fernlicht
6 – Ladekontrolle
7 – Blinker links
8 – Kraftstoffreserve
9 – Nebelscheinwerfer
10 – Nebelschlußleuchte
11 – Diesel-Vorglühkontrolle
12 – Diesel-Diagnose
13 – leer
14 – Beleuchtung für LCD-Display
15 – Motorkontrolle
16 – Anhängerblinker
17 – Störung EGS*)
18 – Check
19 – Anti-Schlupf-Kontrolle
20 – Sicherheitsgurt
21 – leer
22 – ABS-Kontrolle
23 – Bremsbelag-Verschleißanzeige
24 – Bremsflüssigkeit
25 – Handbremse
26 – Katalysator-Übertemperatur
27 – Airbag

*) EGS = Elektronische Getriebe-Steuerung

Schalttafeleinsatz aus- und einbauen

Ausbau

- Batterie-Massekabel (–) abklemmen. **Achtung:** Dadurch wird aus dem Speicher des Radios der Code für die Diebstahlsicherung gelöscht. Vor dem Abklemmen sollten auch die Hinweise im Kapitel »Radio« bzw. »Batterie aus- und einbauen« durchgelesen werden.

Achtung: Bei Fahrzeugen mit 6-Zylindermotor befindet sich die Batterie im Kofferraum rechts neben dem Reserverad.

- Modelle außer Compact: Lenkrad ausbauen, siehe Seite 154.

- Lenksäule mit einem Tuch abdecken.
- Befestigungsschrauben –Pfeile– für Schalttafeleinsatz oben abschrauben.
- Schalttafeleinsatz oben etwas ausheben und bis zur Lenksäule vorziehen.

- An der Rückseite 3 Mehrfachstecker abziehen. Dazu am Stecker die Nase eindrücken, den Bügel drüberheben und nach oben klappen. Dadurch wird der Stecker entriegelt. Die Abbildung zeigt das Tempomat-Steuergerät, dessen Stecker auf dieselbe Weise befestigt ist.

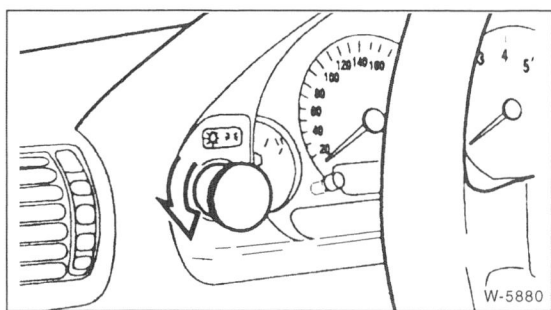

- Schalttafeleinsatz herausnehmen. Beim Modell Compact, Knopf für Lichtschalter abschrauben und Schalttafeleinsatz seitlich herausnehmen.

Einbau

- Alle Stecker auf Schalttafeleinsatz aufschieben. Beim Aufsetzen müssen die Sicherungshebel nach oben stehen. Hebel umlegen und dadurch Stecker arretieren.
- Schalttafeleinsatz in Schalttafel einsetzen und mit 2 Schrauben befestigen.
- Compact: Lichtschalter einschrauben.
- Andere Modelle: Lenkrad einbauen, siehe Seite 154.
- Batterie-Massekabel (–) anklemmen. **Achtung:** Batterie nur bei ausgeschalteter Zündung anklemmen, sonst kann das Steuergerät der Einspritzanlage beschädigt werden.
- Alle Funktionen für Schalttafeleinsatz überprüfen.
- Zeituhr einstellen und Diebstahlcode für Radio eingeben, siehe Kapitel »Radio-Codierung eingeben«.

Glühlampen für Kontrollanzeigen und Instrumentenbeleuchtung aus- und einbauen

Ausbau

- Schalttafeleinsatz ausbauen.

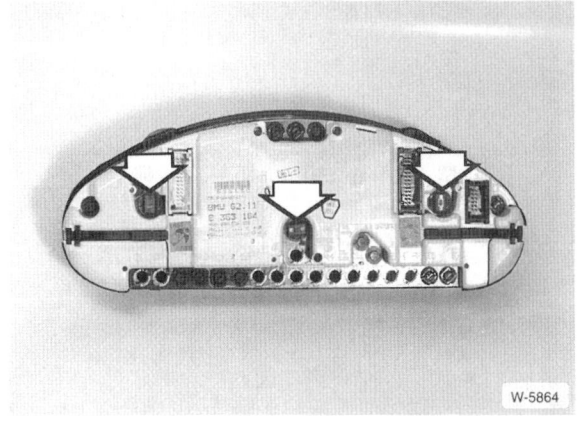

- Defekte Glühlampe um ca. 45° verdrehen und herausziehen.
- Glühlampen für Kontrollleuchten komplett ersetzen.

- Defekte Glühlampe für Instrumentenbeleuchtung −Pfeile− um ca. 45° verdrehen und herausziehen. Die Werkstatt verwendet hierzu ein Spezialwerkzeug, es geht aber auch mit einer flachen Zange.
- Glühlampe aus der Fassung ziehen und ersetzen.

Einbau

Achtung: Beim Einbau auf richtige Glühlampenstärke achten. Bei zu großer Glühlampenleistung kann die Lampenkammer schmelzen.

- Glühlampe für Instrumentenbeleuchtung in die Fassung stecken.
- Glühlampenfassung in den Schalttafeleinsatz einsetzen und durch Drehen um ca. 45° einrasten.
- Schalttafeleinsatz einbauen.

Zeituhr aus- und einbauen

Ausbau

- Arretierung für Zeituhr lösen. Dazu mit einer Fühlerlehre von ca. 0,9 bis 1,0 mm Stärke, wie in der Abbildung gezeigt, zwischen Uhr und Rahmen fahren.

- Uhr auf der linken Seite herausziehen.
- Elektrische Leitung abziehen und Zeituhr abnehmen.

Einbau

- Stecker aufschieben.
- Zeituhr in die Öffnung drücken und einrasten.

Blinker-/Wischerschalter aus- und einbauen

Blink-/Fernlichtschalter und Wischerschalter sind sogenannte Lenkstockschalter und werden zusammen ausgebaut.

Ausbau

- Batterie-Massekabel (−) abklemmen. **Achtung:** Dadurch wird aus dem Speicher des Radios der Code für die Diebstahlsicherung gelöscht. Die Batterie darf nur bei ausgeschalteter Zündung abgeklemmt werden, da sonst das Steuergerät der Einspritzanlage beschädigt wird. Vor dem Abklemmen sollten auch die Hinweise im Kapitel »Radio« bzw. »Batterie aus- und einbauen« durchgelesen werden.

Achtung: Bei Fahrzeugen mit 6-Zylindermotor befindet sich die Batterie im Kofferraum rechts neben dem Reserverad.

- Lenkung in Mittelstellung bringen.
- Lenkrad ausbauen, siehe Seite 154.
- Fußraumverkleidung Fahrerseite ausbauen, siehe Seite 228.

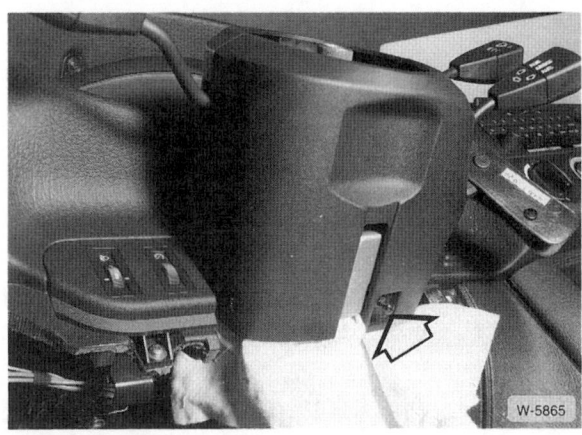

- Untere Lenksäulenverkleidung abschrauben, seitlich von der oberen Verkleidung abclipsen und herausnehmen.

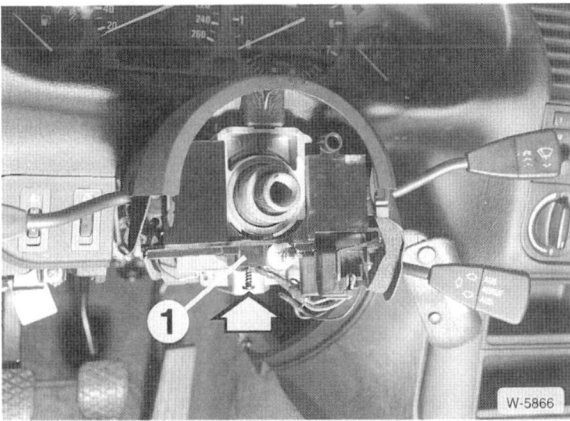

- Halter −1− für Lenkstockschalter mit 1 Schraube abschrauben.
- Halter mit Schraubendreher nach unten abhebeln.

- Rasthaken auf beiden Seiten zusammendrücken und Schalter −2− herausziehen.

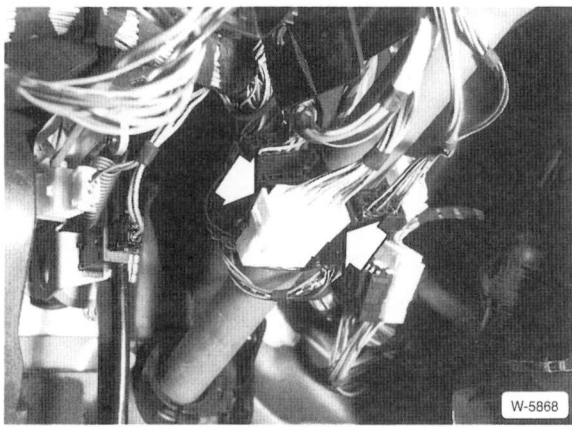

- Zuleitung vom Mantelrohr lösen, dazu Kabelbinder aufschneiden. Klammern eindrücken und Steckverbindung trennen.

Einbau

- Betreffenden Schalter einsetzen und einrasten lassen.
- Steckverbindung zusammenfügen. Leitungen mit Kabelbindern am Mantelrohr verlegen.
- Halter für Lenkstockschalter aufschieben. **Achtung:** Beim Aufschieben muß sich der Blinkerschalter in Mittelstellung befinden, damit Rückstellnocken nicht beschädigt wird.
- Halter festschrauben.
- Untere Lenksäulenverkleidung seitlich einclipsen und anschrauben.
- Batterie-Massekabel (−) anklemmen. **Achtung:** Batterie nur bei ausgeschalteter Zündung anklemmen, sonst kann das Steuergerät der Einspritzanlage beschädigt werden.
- Funktion des jeweiligen Schalters überprüfen.
- Lenkrad einbauen, siehe Seite 154.
- Fußraumabdeckung Fahrerseite einbauen, siehe Seite 228.
- Zeituhr einstellen.
- Diebstahlcode für Radio eingeben, siehe Kapitel »Radio-Codierung eingeben«.

Lichtschalter aus- und einbauen

Ausbau, Modelle außer Compact

- Batterie-Massekabel (−) abklemmen. **Achtung:** Dadurch wird aus dem Speicher des Radios der Code für die Diebstahlsicherung gelöscht. Vor dem Abklemmen sollten auch die Hinweise im Kapitel »Radio« bzw. »Batterie aus- und einbauen« durchgelesen werden.
- Linke Fußraumverkleidung ausbauen, siehe Seite 228.

- Drehgriff −1− mit Klebeband umkleben und abziehen.

- Mutter –2– abschrauben.
- Schalter in die Armaturentafel hineindrücken und nach unten herausnehmen.
- Mehrfachstecker abziehen, vorher Kunststoff-Überwurfmutter abschrauben.

Einbau

- Mehrfachstecker aufschieben und mit Überwurfmutter befestigen.
- Schalter von hinten in die Öffnung einführen. Darauf achten, daß die Nut am Schalter in die Nase unten an der Verkleidung eingreift.
- Befestigungsmutter anschrauben.
- Griff aufdrücken, gegebenenfalls Klebeband abziehen.
- Batterie-Massekabel (–) anklemmen. **Achtung:** Batterie nur bei ausgeschalteter Zündung anklemmen, sonst kann das Steuergerät der Einspritzanlage beschädigt werden.
- Lichtschalter auf Funktion überprüfen.
- Zeituhr einstellen.
- Diebstahlcode für Radio eingeben, siehe Kapitel »Radio-Codierung eingeben«.
- Linke Fußraumverkleidung einbauen, siehe Seite 228.

Ausbau, Modell Compact

- Schalttafeleinsatz ausbauen, siehe Seite 273.
- Lichtschalter von hinten aus der Schalttafel drücken. Mehrfachstecker abziehen.
- Der Einbau erfolgt in umgekehrter Ausbaureihenfolge.

Schalter für Nebelscheinwerfer/Nebelschlußleuchte aus- und einbauen

Ausbau

- Batterie-Massekabel (–) abklemmen. **Achtung:** Dadurch wird aus dem Speicher des Radios der Code für die Diebstahlsicherung gelöscht. Vor dem Abklemmen sollten auch die Hinweise im Kapitel »Radio« bzw. »Batterie aus- und einbauen« durchgelesen werden.
- Linke Fußraumverkleidung ausbauen, siehe Seite 228.

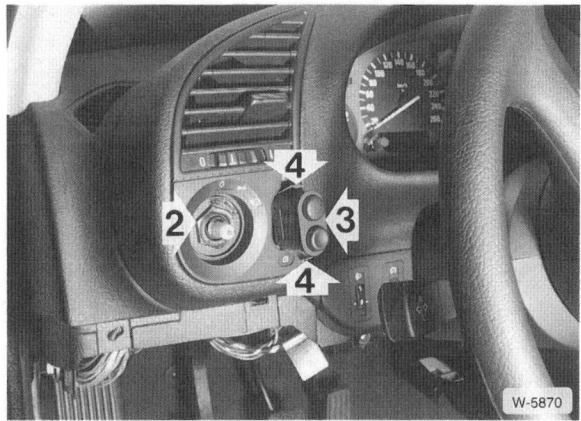

- Sperrhaken –4– zusammendrücken und Schalter –3– herausziehen.
- Mehrfachstecker abziehen.

Einbau

- Mehrfachstecker aufschieben und einrasten.
- Schalter von vorn in die Öffnung einführen und einrasten.
- Batterie-Massekabel (–) anklemmen. **Achtung:** Batterie nur bei ausgeschalteter Zündung anklemmen, sonst kann das Steuergerät der Einspritzanlage beschädigt werden.
- Lichtschalter auf Funktion überprüfen.
- Zeituhr einstellen.
- Diebstahlcode für Radio eingeben, siehe Kapitel »Radio-Codierung eingeben«.
- Linke Fußraumverkleidung einbauen, siehe Seite 228.

Zündschloßschalter aus- und einbauen

Ausbau

- Batterie-Massekabel (−) abklemmen. **Achtung:** Dadurch wird aus dem Speicher des Radios der Code für die Diebstahlsicherung gelöscht. Die Batterie darf nur bei ausgeschalteter Zündung abgeklemmt werden, da sonst das Steuergerät der Einspritzanlage beschädigt wird. Vor dem Abklemmen sollten auch die Hinweise im Kapitel »Radio« bzw. »Batterie aus- und einbauen« durchgelesen werden.

Achtung: Bei Fahrzeugen mit 6-Zylindermotor befindet sich die Batterie im Kofferraum rechts neben dem Reserverad.

- Fußraumverkleidung Fahrerseite ausbauen, siehe Seite 228.

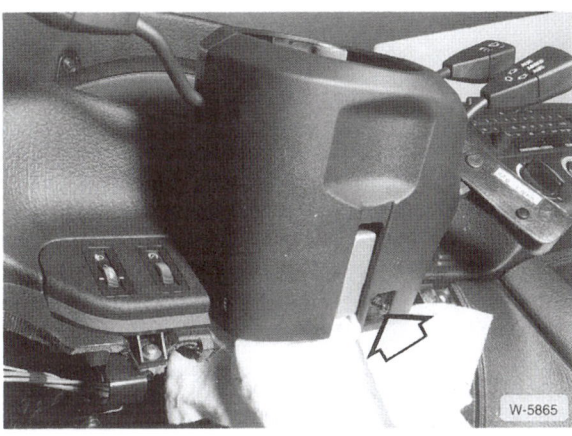

- Untere Lenksäulenverkleidung abschrauben, seitlich von der oberen Verkleidung abclipsen und herausnehmen.

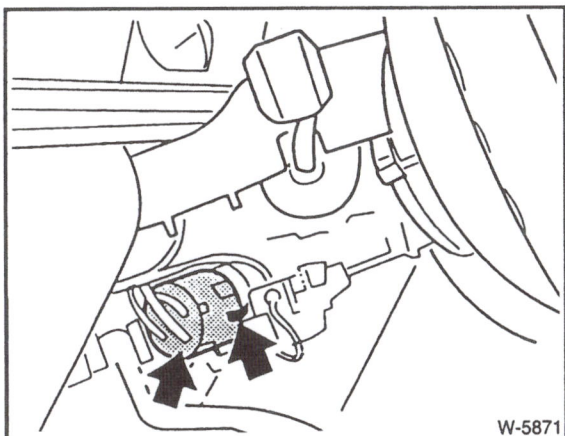

- Madenschrauben auf beiden Seiten herausschrauben.
- Schalter herausziehen.
- Steckverbindung trennen.

Einbau

- Stecker aufschieben und einrasten.
- Schalter ansetzen und festschrauben.
- Madenschrauben mit Lack sichern.
- Untere Lenksäulenverkleidung seitlich einclipsen und anschrauben.
- Batterie-Massekabel (−) anklemmen. **Achtung:** Batterie nur bei ausgeschalteter Zündung anklemmen, sonst kann das Steuergerät der Einspritzanlage beschädigt werden.
- Funktion des Schalters überprüfen.
- Fußraumabdeckung Fahrerseite einbauen, siehe Seite 228.
- Zeituhr einstellen.
- Diebstahlcode für Radio eingeben, siehe Kapitel »Radio-Codierung eingeben«.

Radio aus- und einbauen

Die vom Werk eingebauten Radiogeräte sind mit unterschiedlichen Halterungen befestigt.
Sofern das Gerät mit einer Einschubhalterung ausgestattet ist, erlaubt diese den schnellen Ein- und Ausbau des Radios. Allerdings gelingt das nur mit einem Spezialwerkzeug, welches beim Kauf des Radios beigelegt oder im Fachhandel erhältlich ist.

Ausbau

- Batterie-Massekabel (−) abklemmen. **Achtung:** Dadurch wird aus dem Speicher des Radios der Code für die Diebstahlsicherung gelöscht. Die Batterie darf nur bei ausgeschalteter Zündung abgeklemmt werden, da sonst das Steuergerät der Einspritzanlage beschädigt wird. Vor dem Abklemmen sollten auch die Hinweise im Kapitel »Batterie aus- und einbauen« durchgelesen werden.

Achtung: Bei Fahrzeugen mit 6-Zylindermotor befindet sich die Batterie im Kofferraum rechts neben dem Reserverad.

Radio »Business«

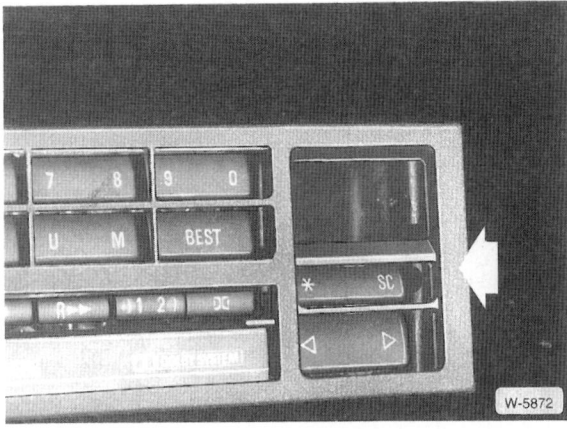

- Radioblende mit schmalem Schraubendreher abheben. Dabei Papierpolster oder Lappen unterlegen, damit die Armaturentafel nicht beschädigt wird.

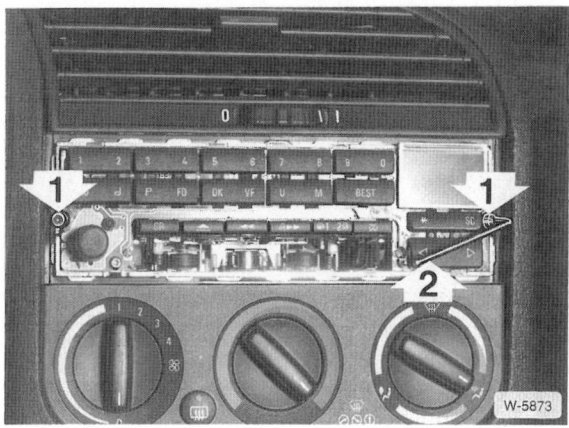

- 2 Innensechskantschrauben −1− mit Innensechskantschlüssel −2−, Schlüsselweite 2,5 mm, so lang herausdrehen, bis sich die seitlichen Befestigungsklammern so weit gelöst haben, daß das Radio herausgezogen werden kann.

- Mehrfachstecker abziehen. Vorher Sicherungsbügel hochziehen.

- Antennenkabel abziehen.

Einbau

- Antennenkabel aufstecken.
- Mehrfachstecker aufschieben, Bügel herunterdrücken und dadurch Stecker sichern
- Radio bis zum Anschlag in die Öffnung schieben.
- 2 Innensechskantschrauben abwechselnd links und rechts anziehen.
- Blende aufdrücken.

Radio Bavaria C II/C Revers II

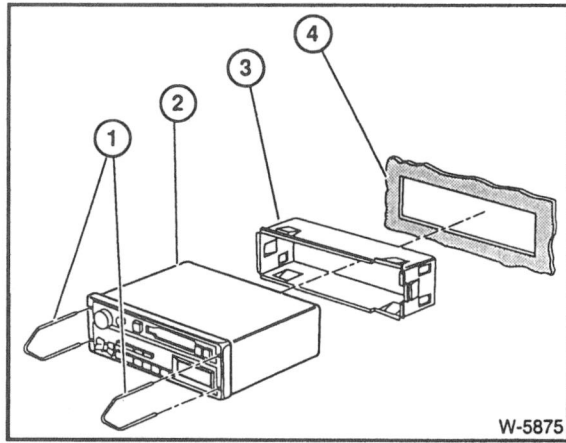

- Beide Auszieher −1− links und rechts in die Öffnungen der Frontplatte einführen.
- Auszieher nach außen drücken, dadurch Haltelaschen ausrasten und Radio gleichmäßig herausziehen. Radio beim Herausziehen nicht verkanten.

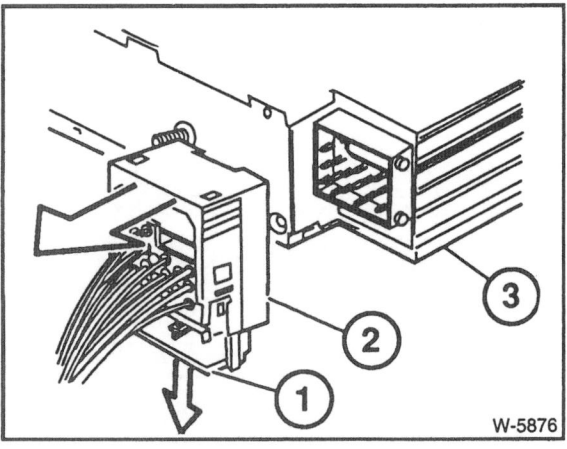

- Mehrfachstecker −2− vom Radio −3− abziehen, vorher Sicherungsbügel −1− herausziehen.
- Antennenkabel abziehen.

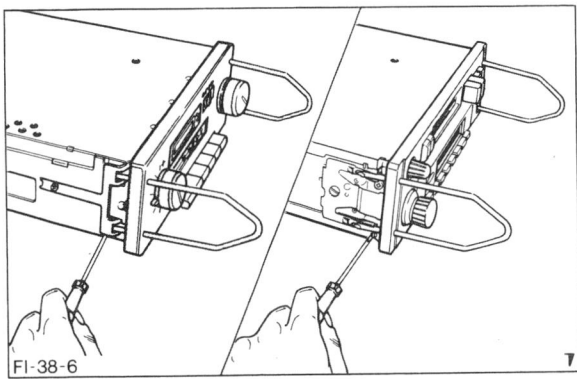

- Auszieher abnehmen. Dazu Halteclipse mit kleinem Schraubendreher zusammendrücken.

Einbau

- Elektrische Anschlüsse und Antennenkabel an der Rückseite des Radiogerätes anbringen, siehe unter »Ausbau«.
- Radio in Armaturentafel eindrücken, bis die Haltefedern einrasten.
- Batterie-Massekabel (−) anklemmen. **Achtung:** Batterie nur bei ausgeschalteter Zündung anklemmen, sonst kann das Steuergerät der Einspritzanlage beschädigt werden.
- Zeituhr einstellen.
- Radio einschalten.
- Diebstahlcode für Radio eingeben.
- Funktion des Radios überprüfen.

Hinweise für den nachträglichen Radioeinbau

- Der serienmäßig eingebaute Mehrfachstecker des Kabelstranges paßt nur zu den Radiogeräten aus dem BMW-Zubehörprogramm. Der Versorgungsstecker hat folgende Belegung:
  Pin 5 = Klemme 75 − geschaltetes Plus
  Pin 9 = Klemme 30 − Dauerplus (+)
  Pin 10 = GAL − Geschwindigkeitssignal für automatische Lautstärkeanpassung (Sonderausstattung)
  Pin 13 = Klemme 58g − Beleuchtung
  Pin 15 = Klemme 31 − Masse (−)

Achtung: Wird das Adapterkabel nicht verwendet, unbedingt darauf achten, daß keine unisolierten Kabel frei herumliegen. Ein sonst möglicher Kurzschluß kann zu einem Kabelbrand führen.

- Darauf achten, daß nur typgeprüfte Entstörsätze (mit allgemeiner Betriebserlaubnis, ABE) verwendet werden, sonst kann die Zulassung des Fahrzeuges erlöschen. Im Handel gibt es speziell auf den BMW abgestimmte Entstörsätze mit Einbauanleitung.

Radio-Codierung eingeben

Gilt nur für BMW-Radio mit Codierung

Die Anti-Diebstahl-Codierung verhindert die unbefugte Inbetriebnahme des Gerätes, wenn die Stromversorgung unterbrochen wurde. Die Stromversorgung ist beispielsweise unterbrochen beim Abklemmen der Batterie, beim Ausbau des Radios oder wenn die Radiosicherung durchgebrannt ist.

Falls das Radio codiert ist, Radiocode vor Abklemmen der Batterie oder Ausbau des Radios feststellen. Ist der Code nicht bekannt, kann nur die BMW-Werkstatt das Autoradio wieder in Betrieb nehmen.

Die individuelle Code-Nummer ist auf dem mitgelieferten Autoradio-Paß angegeben. Sie sollte nicht im Fahrzeug aufbewahrt werden.

Elektronische Sperre aufheben

- Stromversorgung herstellen, Radio einschalten. Es erscheint am Radio die Anzeige »CODE« und 4 Felder, wobei das linke Feld blinkt.
- Mit Hilfe der Stationstasten 1 bis 0 die geheime Code-Nummer eingeben. Die eingegebene Nummer wird dabei im Display nicht angezeigt.
- Nach Eingabe der ersten Code-Ziffer blinkt das zweite Feld, bei weiterer Eingabe entsprechend das dritte beziehungsweise vierte Feld.
- Bei richtiger Code-Nr.-Eingabe ist das Gerät mit der Eingabe der vierten Code-Ziffer funktionsfähig und schaltet automatisch in den normalen Betriebszustand.

Achtung: Nach 2 Falscheingaben blinkt der Schriftzug »CODE«; nach der dritten Falscheingabe kann für 15 Minuten keine neue Eingabe erfolgen: Im Display erscheint der Schriftzug »CODE PAUSE«. Während dieser Wartezeit muß das Gerät eingeschaltet bleiben, danach kann die CODE-Nr.-Eingabe wiederholt werden.

Wird die Stromversorgung während einer Wartezeit unterbrochen, beginnt die Wartezeit ab Wiederherstellung der Stromversorgung erneut.

Lautsprecher aus- und einbauen

Ausbau

- Batterie-Massekabel (−) abklemmen. **Achtung:** Dadurch wird aus dem Speicher des Radios der Code für die Diebstahlsicherung gelöscht. Die Batterie darf nur bei ausgeschalteter Zündung abgeklemmt werden, da sonst das Steuergerät der Einspritzanlage beschädigt wird. Vor dem Abklemmen sollten auch die Hinweise im Kapitel »Radio« bzw. »Batterie aus- und einbauen« durchgelesen werden.

Achtung: Bei Fahrzeugen mit 6-Zylindermotor befindet sich die Batterie im Kofferraum rechts neben dem Reserverad.

- **Fußraumlautsprecher:** Verschlüsse um 90° drehen, seitliche Verkleidung abziehen und aushängen. Lautsprecher abschrauben und Steckverbindung trennen.

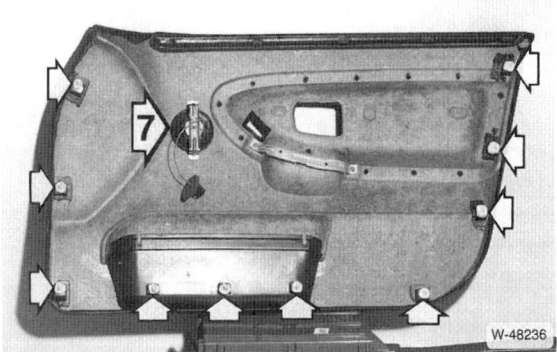

- **Türlautsprecher:** Türinnenverkledung ausbauen, siehe Seite 182.
- Lautsprecher −7− abschrauben.

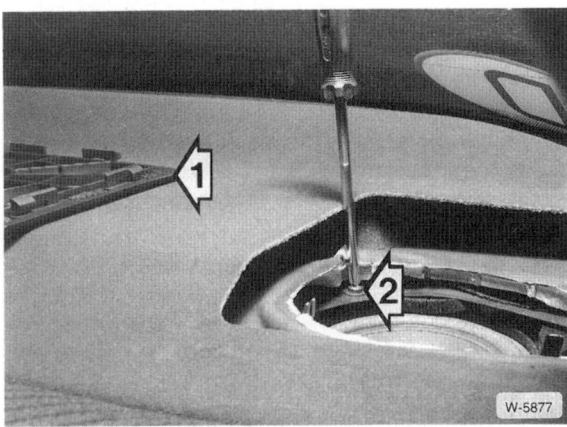

- **Lautsprecher in hinterer Ablage:** Lautsprechergitter −1− vorsichtig heraushebeln.
- Untere Abdeckung mit 2 Schrauben −2− abschrauben.
- Lautsprecher mit 2 Schrauben vom Gehäuse abschrauben. Steckverbindung trennen.

Einbau

- Stecker für Lautsprecher aufschieben, Lautsprecher anschrauben.
- Verkleidung ansetzen und mit Verschlüssen befestigen beziehungsweise anschrauben.
- Türinnenverkledung einbauen.
- Lautsprechergitter aufsetzen und einrasten.
- Batterie-Massekabel (−) anklemmen. **Achtung:** Batterie nur bei ausgeschalteter Zündung anklemmen, sonst kann das Steuergerät der Einspritzanlage beschädigt werden.

- Zeituhr einstellen.
- Diebstahlcode für Radio eingeben, siehe Kapitel »Radio-Codierung eingeben«.

Die Antenne

Im Lieferumfang für BMW-Radiogeräte ist eine Stabantenne enthalten, die im hinteren Kotflügel montiert wird. Auf Wunsch wird für den 3er BMW auch eine Heckscheibenantenne angeboten. Nachträglicher Einbau ist nur möglich, wenn die Heckscheibe bereits mit der Antenne ausgestattet ist. Andernfalls muß die Heckscheibe ausgetauscht werden.

Die Scheibenwischanlage

Der Scheibenwischerantrieb befindet sich im Wasserkasten unterhalb der Windschutzscheibe. Vor der Demontage muß zuerst das Heizgebläse abgebaut und zur Seite gelegt werden. Die Scheibenwischeranlage sowie die Wisch-Wasch-Anlage werden von elektronischen Modulen in Abhängigkeit von der Fahrzeuggeschwindigkeit gesteuert.

- Bei Fahrzeugstillstand wird von Wischgeschwindigkeit 1 auf Intervallwischen umgeschaltet.
- Mit steigender Fahrzeuggeschwindigkeit werden die Intervalle der Stufe Intervallwischen verkürzt.
- Als Sonderausstattung gibt es eine Hochdruck-Waschanlage für alle Frontscheinwerfer. Bei betätigter Wisch-Wasch-Anlage und gleichzeitig eingeschaltetem Licht wird jeder Scheinwerfer über eine entsprechende Spritzdüse mit einem Druck von ca. 2,5 bar gereinigt.

Achtung: Bei Störungen am Wischermotor/Wischerschalter wird das Intervallwischen und die Wischerstufe 1 durch einen **Blockierschutz** automatisch abgeschaltet.

Scheibenwischergummi ersetzen

Ausbau

- Wischerarm hochklappen und einrasten.

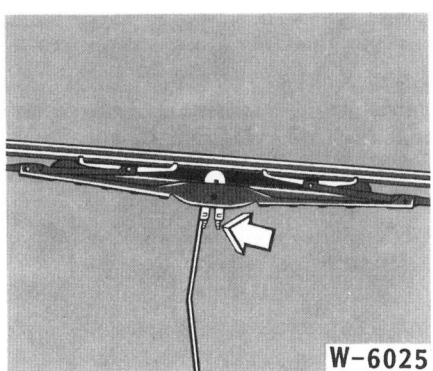

- Wischerblatt im rechten Winkel zum Wischerarm stellen.
- Federklammer in Richtung Wischerarm (Pfeilrichtung) drücken und Wischerblatt nach unten aus dem Haken am Wischerarm schieben.
- Wischerblatt nach oben schieben und vom Haken des Wischerarmes abnehmen.

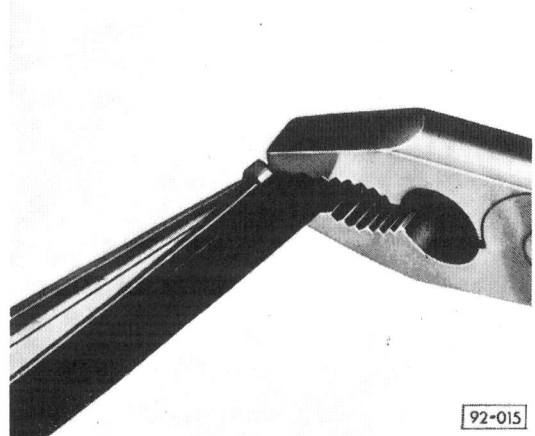

- An der geschlossenen Seite des Wischgummis beide Stahlschienen mit Kombizange zusammendrücken, seitlich aus der oberen Klammer herausnehmen und Gummi komplett mit Schienen aus den restlichen Klammern des Wischerblattes herausziehen –Pfeil a–, siehe Abbildung R-3578.

Einbau

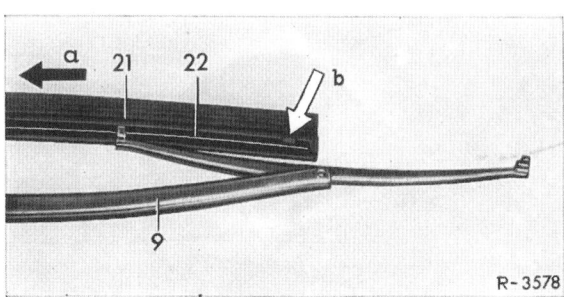

- Neues Wischgummi –21– ohne Halteschienen in die eine Klammer des Wischerblattes lose einlegen.
- Beide Schienen –22– so in das Wischgummi einführen, daß die Aussparungen der Schienen zum Gummi zeigen und in die Gumminasen der Rille einrasten.

- Beide Stahlschienen und das Gummi mit Kombizange zusammendrücken und so in die andere Klammer einsetzen, daß die Klammernasen beidseitig in die Haltenuten des Wischgummis einrasten –Pfeil b–.
- Wischerblatt über den Wischerarm schieben und Federklammer in den Haken des Wischerarms einclipsen.
- Wischerblatt parallel zum Wischerarm stellen, Wischerarm zurückklappen. Darauf achten, daß das Wischgummi überall an der Scheibe anliegt.

Pumpe für Scheibenwaschanlage prüfen/ersetzen

Prüfen

- Mehrfachstecker von der Pumpe abziehen.
- Spannungsprüfer an die Kontakte des Steckers anschließen. Zündung einschalten und Schalter für Scheibenwaschanlage betätigen. Wenn Spannung anliegt, Pumpe ersetzen. Für diese Prüfung kann auch eine Prüflampe verwendet werden.

Ersetzen

- Mehrfachstecker von der Pumpe abziehen.
- Neue Pumpe bereitlegen.
- Bisherige Pumpe herausziehen. Öffnung des Behälters mit dem Finger zuhalten. Gegebenenfalls Gummimuffe für Pumpe abnehmen. Anschließend neue Pumpe mit neuer Gummimuffe einstecken.
- Wasserschlauch umstecken.
- Mehrfachstecker aufschieben und einrasten.
- Falls erforderlich, Scheibenwaschbehälter auffüllen.
- Scheibenwaschpumpe auf Funktion prüfen.

Scheibenwaschdüsen einstellen

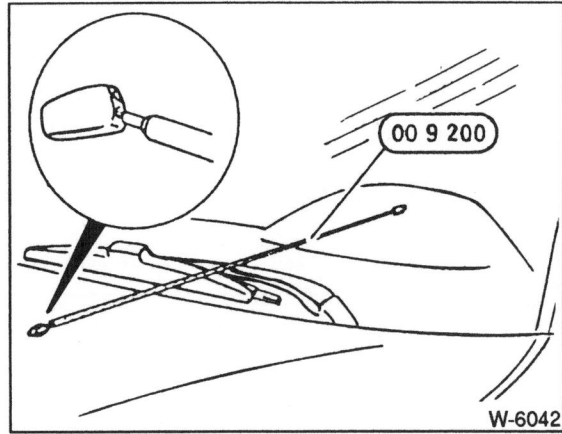

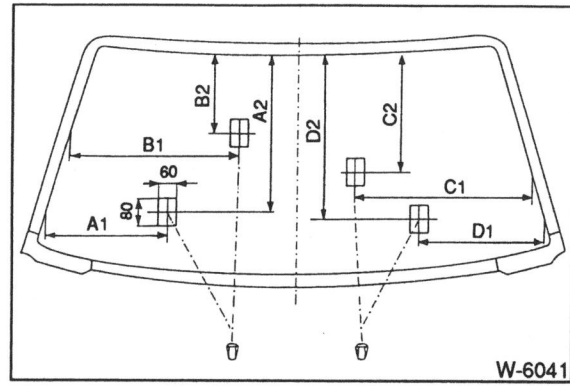

- Die Spritzrichtungen der Düsen können gegebenenfalls mit einer Nadel oder dem BMW-Spezialwerkzeug eingestellt werden.

- Maße für Spritzstrahleinstellung: A1 – 305 mm; A2 – 630 mm; B1 – 550 mm; B2 – 290 mm; C1 – 465 mm; C2 – 290 mm; D1 – 340 mm; D2 – 490 mm.

Scheibenwaschdüse hinten aus- und einbauen/einstellen

Touring

Ausbau

- Heckklappe öffnen und Verkleidung oben ausbauen, siehe Seite 233.

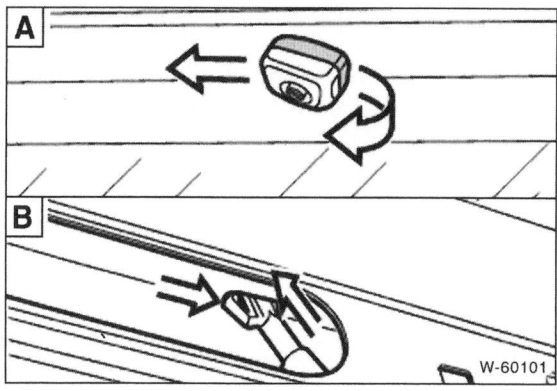

- Scheibenwaschdüse nach links drücken und rechts ausheben –A–.
- An der Innenseite der Heckklappe Klammer eindrücken und Spritzdüse nach außen herausschieben –B–.
- Schlauch mit Kunststoffhülse abziehen.

Einbau

- Der Einbau erfolgt in umgekehrter Ausbaureihenfolge.

Einstellen

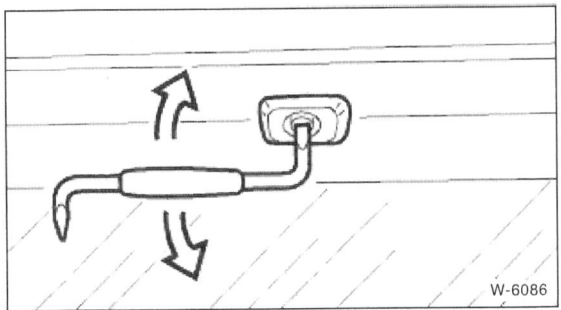

- Winkelschraubendreher (3,5 mm) in Schlitz an der Scheibenwaschdüse einführen und Spritzrichtung einstellen.

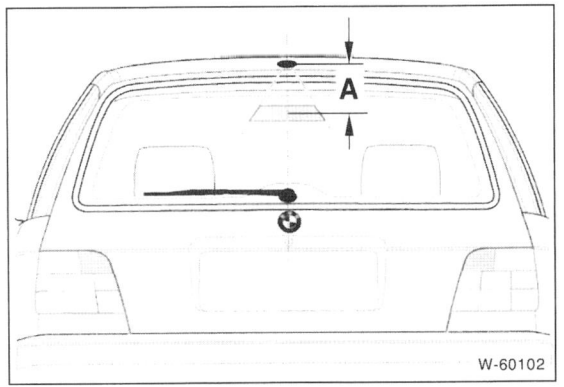

- Maß für Spritzstrahleinstellung: A – 100 mm.

Der Scheibenwischerantrieb

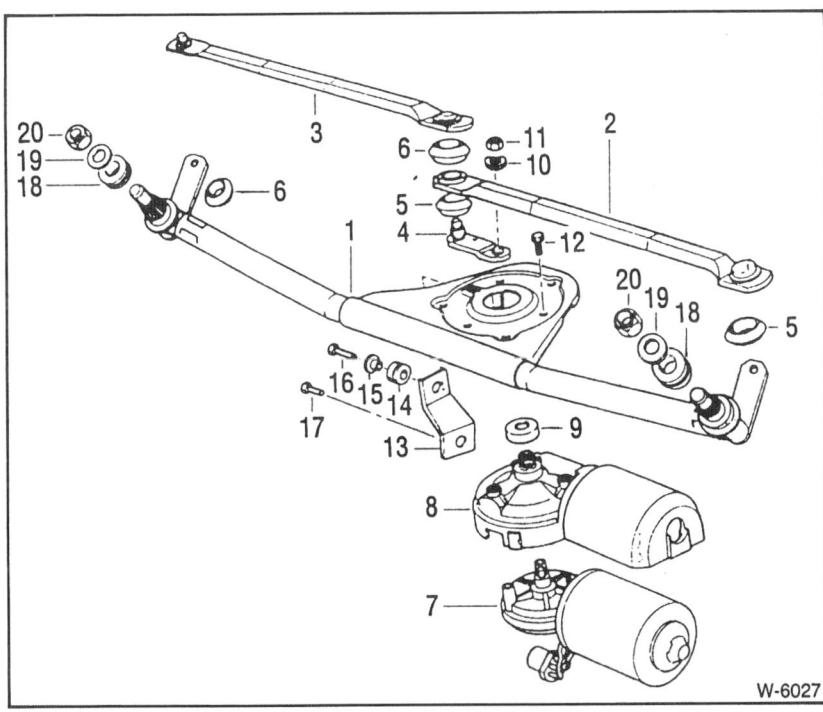

1 – Scheibenwischergestänge
2 – Antriebsstange links
3 – Antriebsstange rechts
4 – Motorkurbel
5 – Faltenbalg links
6 – Faltenbalg rechts
7 – Wischermotor
8 – Abdeckung Motor
9 – Abdeckkappe
10 – Federscheibe
11 – Sechskantmutter M8
12 – Sechskantschraube M6×18
13 – Halterung
14 – Dämpfungsring
15 – Lagerbuchse
16 – Sechskantschraube M6×20
17 – Sechskantschraube mit Scheibe
18 – Dämpfungsring
19 – Beilagscheibe
20 – Sechskantmutter

Scheibenwischermotor / -gestänge aus- und einbauen

Der Wischermotor wird komplett mit dem Gestänge ausgebaut. Vor dem Ausbau Lage der Wischerblätter auf der Scheibe mit Klebeband markieren.

Ausbau

- Windschutzscheibe mit Wasser benetzen.

- Scheibenwischeranlage ca. 2 Minuten laufen lassen und mit dem Scheibenwischerschalter abschalten. Dadurch läuft der Wischer in die Endstellung.

- Ruhestellung der Wischerblätter auf der Windschutzscheibe mit Abdeck-Klebeband markieren. Dazu einen Streifen Klebeband direkt neben das Wischerblatt auf die Windschutzscheibe kleben. Beim Einbau wird der Wischerarm wieder so auf die Verzahnung des Tandemlagers gesetzt, daß sich das Wischerblatt direkt neben dem Klebestreifen befindet.

- **Sicherung für Scheibenwischeranlage** aus dem Sicherungskasten im Motorraum **herausziehen**. Die Sicherungsbelegung ist im Deckel des Sicherungskasten abgedruckt.

- Motorhaube ganz hochklappen.

- Abdeckung für Wischerarmbefestigung mit Schraubendreher abhebeln.
- Darunterliegende Befestigungsmutter ca. 2 Umdrehungen lösen.
- Motorhaube schließen.
- Wischerarme von der Scheibe in die 90°-Position hochklappen.
- Wischerarme durch seitliche Bewegungen vom Konus des Tandemlagers lösen. Festsitzenden Wischerarm mit Schlagauszieher 1966-5 von HAZET lösen. Zum Schutz vor Beschädigung Lappen über die Motorhaubenkante legen.
- Wischerarme wieder zurückklappen.
- Motorhaube ganz öffnen, Mutter abschrauben und Wischerarme abnehmen.

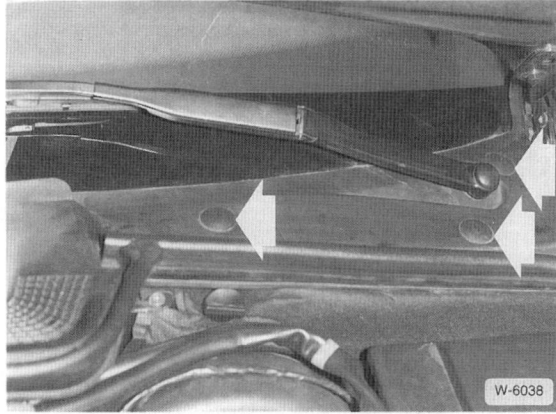

- Coupé-Modell: Windlaufverkleidung ausclipsen.
- Luftsammelkasten ausbauen, siehe Seite 238.
- Beim 6-Zylindermotor Heizgebläse ausbauen und zur Seite legen, siehe Seite 239.

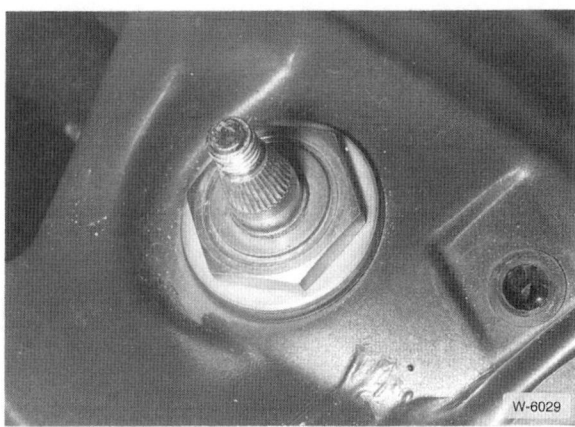

- Beide Tandemlager abschrauben, Schlüsselweite 27.

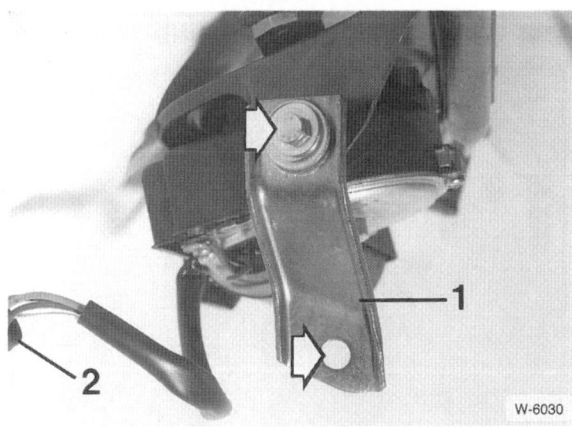

- Abstützung –1– komplett abschrauben, Schlüsselweite 10, lange Verlängerung oder HAZET 428-Lg10.
- Steckverbindung an der Stirnwand abziehen, vorher Kunststoff-Überwurfmutter abschrauben.

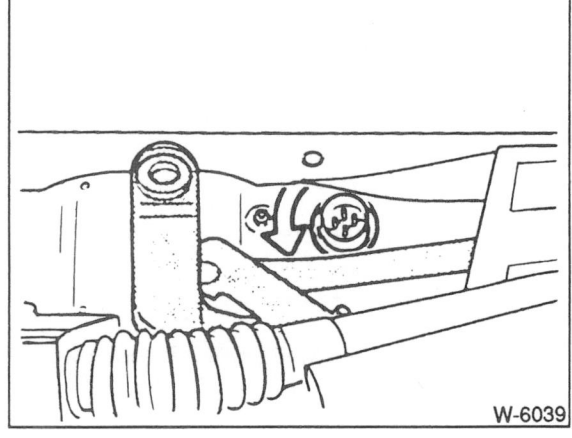

- Halter der Steckverbindung lösen, damit die Wischeranlage herausgenommen werden kann. **Achtung:** Steckverbindung nicht in den Fahrzeuginnenraum drücken.

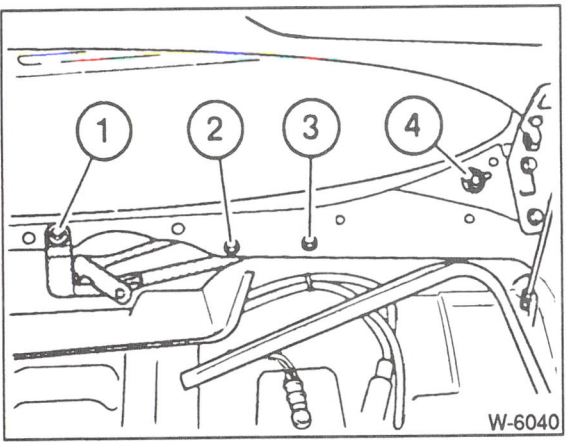

- Nur Coupé-Modell: Schrauben –1– bis –4– der Wischerkonsole lösen.

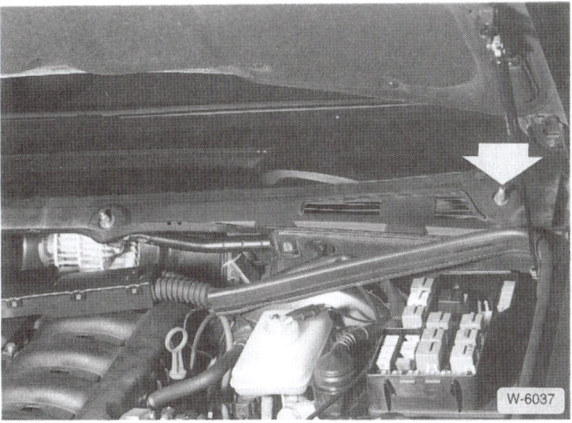

- Wischerachse auf der Fahrerseite mit Isolierband umwickeln, um beim Herausnehmen ein Verkratzen des Windlaufs zu vermeiden.

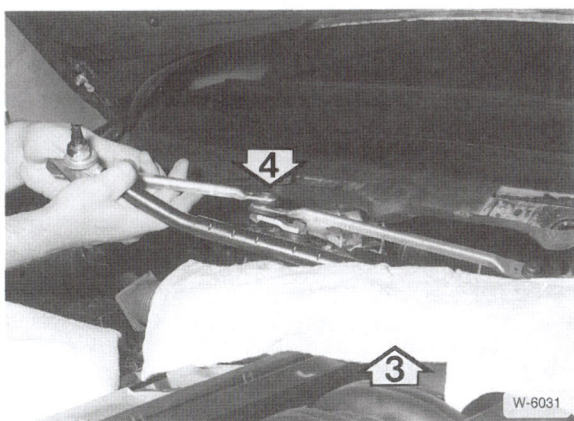

- Windlauf innen und Kanten mit Lappen –3– abdecken, um Beschädigungen und Kratzer zu vermeiden.
- Wischergestänge –4– mit Motor nach rechts aus der Karosserie herausnehmen.

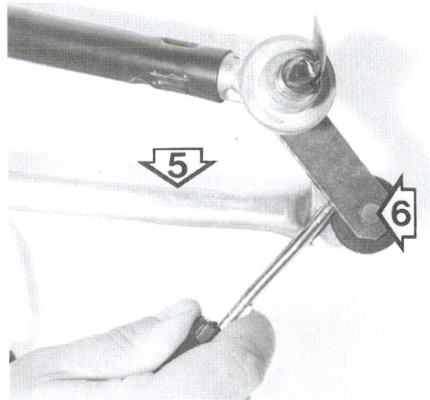

- Antriebsstangen –5– mit Schraubendreher vom Kugelkopf –6– der Tandemachse abdrücken.

Achtung: Falls die Lauffläche eines Kugelkopfes beschädigt ist, muß die Tandemachse beziehungsweise die Kurbel der Antriebswelle erneuert werden.

- Mutter –7– der Motorkurbel abschrauben und Kurbel abheben.
- Motor abschrauben –Pfeile–.

Einbau

Achtung: Vor dem Einbau prüfen, ob sich der Wischermotor in Endstellung befindet. Dazu kurzzeitig Mehrfachstecker aufschieben und Sicherung anschließen. Motor kurz laufen lassen und anschließend mit Wischerschalter ausschalten, damit der Motor in Endstellung stehenbleibt.

- Sicherung herausziehen.
- Mehrfachstecker trennen.
- Wischermotor mit 3 Schrauben und **10 Nm** an der Konsole anschrauben.

- Kurbel so auf Motorachse aufschieben, daß der Dorn –8– durch die Bohrungen von Kurbel und Konsole geschoben werden kann.

- Kurbel mit Dorn in dieser Position festhalten und Mutter –7– mit **30 Nm** festschrauben.

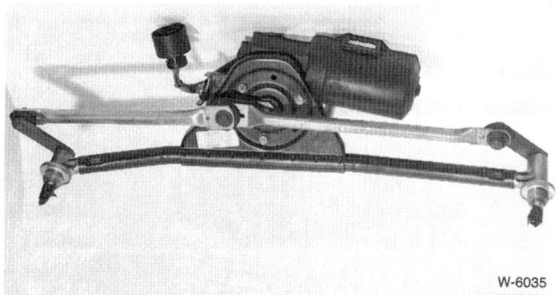

- Antriebsstangen so aufdrücken, daß die Mittelachsen der Motorkurbel und des Antriebsgestänges der Beifahrerseite eine Linie bilden.

- Wischergestänge mit Motor in die Karosserie einführen, Wischerachsen durch die Bohrungen im Windlauf schieben.

- Steckverbindung an der Stirnwand aufschieben und durch Rechtsdrehen der Kunststoff-Überwurfmutter sichern.

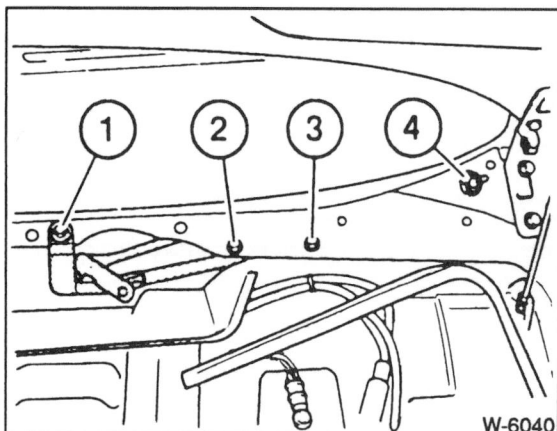

- Coupé-Modell: Befestigungsschrauben unbedingt in richtiger Reihenfolge anziehen: Zuerst Schraube 4, dann 1, dann 2, dann Schraube 3 anziehen.

- Abstützung für Wischerkonsole mit **10 Nm** anschrauben.
- Coupé-Modell: Windlaufverkleidung einclipsen.
- Tandemlager mit Muttern anschrauben.
- Heizgebläse einbauen, siehe Seite 239.
- Luftsammelkasten einbauen, siehe Seite 238.
- Wischerarme entsprechend den vor dem Ausbau angebrachten Markierungen auf die Wischerlager schieben und mit Mutter und **25 Nm** festschrauben. Für die Neueinstellung mit Meßstab Abstand der Wischerblätter zur unteren Scheibenabdeckung messen. Sollwert Limousine: 50 mm Abstand (beide Seiten), Coupé: 40 mm.
- Motorhaube schließen.
- Sicherung einsetzen.
- Windschutzscheibe mit Wasser benetzen. Funktion der Scheibenwischeranlage prüfen, gegebenenfalls Wischerblätter umsetzen.

Achtung: Nach Probelauf der Scheibenwischer in der 1. und 2. Stufe auf nasser Scheibe, Muttern für Wischerblätter mit **25 Nm** nachziehen.

- Abdeckung für Wischerarmbefestigung aufdrücken.

Scheibenwischermotor hinten aus- und einbauen

Touring

Ausbau

- Heckklappe öffnen und Verkleidung unten ausbauen, siehe Seite 233.
- Stecker am Wischermotor abziehen.

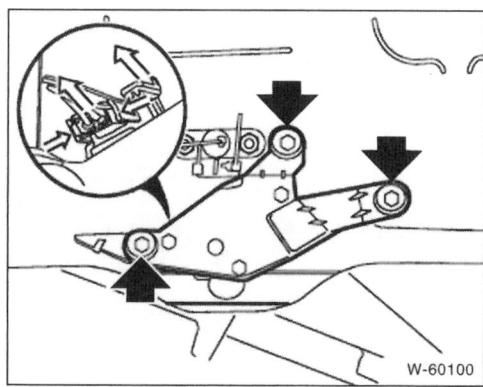

- 3 Schrauben herausdrehen –Pfeile– und Wischermotor von der Heckklappe abnehmen.

Einbau

- Der Einbau erfolgt in umgekehrter Ausbaureihenfolge.

Störungsdiagnose Scheibenwischergummi

Wischbild	Ursache	Abhilfe
Schlieren	Wischgummi verschmutzt	■ Wischgummi mit harter Nylonbürste und einer Waschmittellösung reinigen
	Ausgefranste Wischlippe, Gummi ausgerissen oder abgenutzt	■ Wischgummi erneuern
	Wischgummi gealtert, rissige Oberfläche	■ Wischgummi erneuern
Im Wischfeld verbleibende Wasserreste ziehen sich sofort zu Perlen zusammen	Windschutzscheibe durch Lackpolitur oder Öl verschmutzt	■ Windschutzscheibe mit sauberem Putzlappen und einem Fett-Öl-Silikonentferner reinigen
Wischerblatt wischt einseitig gut - einseitig schlecht, rattert	Wischgummi einseitig verformt, „kippt nicht mehr"	■ Neues Wischgummi einbauen
	Wischerarm verdreht, Blatt steht schief auf der Scheibe	■ Wischerarm vorsichtig verdrehen, bis richtige, senkrechte Stellung erreicht ist
Nicht gewischte Flächen	Wischgummi aus der Fassung herausgerissen	■ Wischgummi vorsichtig in die Fassung einsetzen
	Wischerblatt liegt nicht mehr gleichmäßig an der Scheibe an, da Federschienen oder Bleche verbogen	■ Wischerblatt ersetzen. Dieser Fehler tritt vor allem bei unsachgemäßem Montieren eines Ersatzblattes auf
	Anpreßdruck durch Wischerarm zu gering	■ Wischerarmgelenke und Feder leicht einölen oder neuen Arm einbauen

Die Wagenpflege

Fahrzeug waschen

Aus Umweltschutzgründen ist in den meisten Gemeinden die Wagenwäsche auf öffentlichen Plätzen verboten. Inzwischen gibt es an vielen Tankstellen die Möglichkeit, dort seinen Wagen auch von Hand zu waschen. Da an diesen Tankstellen garantiert ist, daß das Schmutzwasser nicht in der Erde versikkert, sollte die Wagenwäsche dort durchgeführt werden.

- Verschmutzten Wagen möglichst umgehend waschen.
- Tote Insekten **vor** der Wagenwäsche einweichen und abwaschen.
- Reichlich Wasser verwenden.
- Weichen Schwamm oder sehr weiche Waschbürste mit Schlauchanschluß benutzen.
- Lackierung nicht scharf abspritzen, sondern nur abbrausen und Schmutz aufweichen lassen.
- Aufgeweichten Schmutz von oben nach unten mit reichlich Wasser abwaschen.
- Schwamm oft ausspülen.
- Zum Abtrocknen sauberes Leder verwenden.
- Nur gute, rückfettende Markenwaschmittel verwenden (falls überhaupt). Mit klarem Wasser gründlich nachspülen, um die Reste des Waschmittels zu entfernen.
- Zum Schutz der Lackierung kann dem Waschwasser ein Waschkonservierer beigegeben werden.
- Bei regelmäßiger Benutzung von Waschmitteln muß öfter konserviert werden.
- Wagen niemals in der Sonne waschen oder trocknen. Wasserflecken auf der Lackierung sind sonst unvermeidlich.
- Durch Streusalze besonders gefährdet sind alle innenliegenden Falze, Flansche und Fugen an Türen und Hauben. Diese Stellen müssen deshalb bei jedem Wagenwaschen – auch nach der Wäsche in automatischen Waschstraßen – mit einem Schwamm gründlich gereinigt und anschließend abgespült und abgeledert werden.

Achtung: Nach der Wagenwäsche ergibt sich eine verringerte Bremswirkung durch Nässe. Deshalb Bremsscheiben kurz trockenbremsen.

Lackierung pflegen

Konservieren: So oft wie möglich, soll die sauber gewaschene und getrocknete Lackierung mit einem Konservierungsmittel behandelt werden, um die Oberfläche durch eine porenschließende und wasserabweisende Wachsschicht gegen Witterungseinflüsse zu schützen.

Übergelaufenen Kraftstoff, übergelaufenes Öl oder Fett beziehungsweise übergelaufene Bremsflüssigkeit **sofort entfernen,** sonst kommt es zu Lackverfärbungen.

Das Konservieren muß wiederholt werden, wenn Wasser nicht mehr vom Lack abperlt, sondern großflächig verläuft. Regelmäßiges Konservieren bewirkt, daß der ursprüngliche Glanz der Lackierung sehr lange erhalten bleibt.

Eine weitere Möglichkeit, den Lack zu konservieren, bieten Wasch-Konservierer. Wasch-Konservierer schützen die Lackierung jedoch nur ausreichend, wenn sie bei **jeder** Wagenwäsche verwendet werden und der zeitliche Abstand zwischen 2 Wäschen nicht mehr als 2 bis 3 Wochen beträgt. Nur Lackkonservierer verwenden, die Carnauba- oder synthetische Wachse enthalten.

Nach dem Anwenden von Waschmitteln (Schaumwäsche) ist eine Nachbehandlung mit einem Konservierungsmittel besonders zu empfehlen (Gebrauchsanweisung beachten).
Das Konservieren darf nicht in der prallen Sonne erfolgen.

Polieren: Das Polieren der Lackierung ist nur dann erforderlich, wenn der Lack infolge mangelhafter Pflege unter der Einwirkung von Straßenstaub, industriellen Abgasen, Sonne und Regen unansehnlich geworden ist und sich durch eine Behandlung mit Konservierungsmitteln kein Glanz mehr erzielen läßt.
Zu warnen ist vor stark schleifenden oder chemisch stark angreifenden Poliermitteln, auch wenn der erste Versuch damit noch so sehr zu überzeugen scheint.

Vor jedem Polieren muß der Wagen sauber gewaschen und sorgfältig abgetrocknet werden. Im übrigen ist nach der Gebrauchsanweisung für das jeweilige Poliermittel zu verfahren.

Die Bearbeitung soll in nicht zu großen Flächen erfolgen, um ein vorzeitiges Eintrocknen der Politur zu vermeiden. Bei manchen Poliermitteln muß anschließend noch konserviert werden. Nicht in der prallen Sonne polieren! Matt lackierte Teile dürfen nicht mit Konservierungs- oder Poliermitteln behandelt werden.

Leichtmetallteile an der Karosserie brauchen nicht besonders gepflegt zu werden.

Teerflecke entfernen: Teerflecke fressen sich innerhalb kurzer Zeit in den Lack ein und können dann nicht mehr vollkommen entfernt werden. Frische Teerflecke können mit einem in Waschbenzin getränkten weichen Lappen entfernt werden. Notfalls kann auch Tankstellenbenzin, Petroleum oder Terpentinöl verwendet werden. Sehr gut gegen Teerflecke eignet sich auch ein Lackkonservierer. Bei Verwendung dieses Mittels kann auf ein Nachwaschen verzichtet werden.

Insekten entfernen: Die Reste von Insektenleichen tragen Stoffe in sich, die den Lackfilm beschädigen können, wenn sie nicht innerhalb kurzer Zeit entfernt werden. Einmal festgeklebt, lassen sie sich durch Wasser und Schwamm allein nicht entfernen, sondern müssen mit schwacher, lauwarmer Seifen- oder Waschmittel-Lösung abgewaschen werden. Es gibt auch spezielle Insekten-Entferner.

Baumaterial-Spritzer entfernen: Spritzer jeglichen Baumaterials mit einer lauwarmen Lösung neutraler Waschmittel abwaschen. Nur leicht reiben, da sonst die Lackierung zerkratzt werden kann. Nach dem Waschen sorgfältig mit klarem Wasser nachspülen.

Kunststoffteile pflegen: Kunststoffteile, Kunstledersitze, Himmel, Leuchtengläser sowie mattschwarz gespritzte Teile mit Wasser und eventuell einem Shampoo-Zusatz säubern, Himmel nicht durchfeuchten. Kunststoffteile gegebenenfalls mit Kunststoffreiniger behandeln. Keinesfalls Lösungsmittel wie Nitroverdünner, Kaltreiniger oder Kraftstoff verwenden.

Scheiben reinigen: Fensterscheiben innen und außen mit sauberem, weichem Lappen abreiben. Bei starker Verschmutzung helfen Spiritus oder Salmiakgeist und lauwarmes Wasser, oder auch ein spezieller Scheibenreiniger. Beim Reinigen der Windschutzscheibe Scheibenwischerarm nach vorn klappen.

Bei der Reinigung der Windschutzscheibe sind auch die Wischerblätter zu säubern.

Achtung: Bei Verwendung silikonhaltiger Mittel dürfen die zur Reinigung der Lackierung verwendeten Waschbürsten, Schwämme, Lederlappen und Tücher nicht für die Scheiben verwendet werden. Beim Einsprühen der Lackierung mit silikonhaltigen Pflegemitteln sollten die Scheiben mit Pappe oder anderem Material abgedeckt werden.

Gummidichtungen pflegen: Von Zeit zu Zeit Gummidichtungen durch Einpudern der Dicht- und Gleitflächen mit Talkum oder Besprühen mit Silikonspray geschmeidig halten. So werden auch quietschende oder knarrende Geräusche beim Türenschließen vermieden. Auch das Einreiben der betreffenden Flächen mit Schmierseife beseitigt die Geräusche.

Leichtmetall-Scheibenräder mit Felgenreiniger besonders während der kalten Jahreszeit pflegen, jedoch keine aggressiven, säurehaltigen, stark alkalischen und rauhen Reinigungsmittel oder Dampfstrahler über 60° C verwenden.

Sicherheitsgurte nur mit milder Seifenlauge in eingebautem Zustand säubern, nicht chemisch reinigen, da dadurch das Gewebe zerstört werden kann. Automatikgurte nur in trockenem Zustand aufrollen und gegebenenfalls mit Gleitspray einsprühen, um das Zurücklaufen besonders am Umlenkbügel zu erleichtern. Gurtband nicht bei einer Temperatur von über 80° C oder direkter Sonneneinstrahlung trocknen.

Unterbodenschutz/ Hohlraumkonservierung

Die gesamte Bodenanlage einschließlich der hinteren Radkästen ist mit PVC-Unterbodenschutz beschichtet. Überdies sind sämtliche Hohlräume des BMW mit Spezialwachs beschichtet. Vor der kalten Jahreszeit und nach einer Unterbodenwäsche Unterbodenschutz kontrollieren. Beschädigte Stellen reinigen und mit einem Schutzwachs bestreichen.

Die vorderen Radkästen sind zusätzlich mit Kunststoff-Innenkotflügeln geschützt. Im Schleuderbereich des Unterbaues können sich Staub, Lehm und Sand ablagern. Das Entfernen des angesammelten Schmutzes, der während der Winterzeit auch noch mit Salz angereichert sein kann, ist besonders wichtig. Wird der angesammelte Schmutz nicht restlos beseitigt, so besteht die Gefahr, daß diese Stellen ebenfalls nicht austrocknen und die Karosserie von innen durchrostet.

Motorraum konservieren: Motorraum einschließlich der dort befindlichen Teile der Bremsanlage sowie der Vorderachselemente und der Lenkung mit einem hochwertigen Konservierungswachs einsprühen. Vor allen Dingen nach einer Motorwäsche. **Achtung:** Vor der Motorwäsche Generator, Sicherungskasten und Bremsflüssigkeitsbehälter mit Plastikhüllen abzudecken.

Anschließend kann es bei betriebswarmem Motor kurzzeitig zur Geruchsbelästigung kommen, da das Wachs an thermisch stark belasteten Teilen verbrennt.

Polsterbezüge pflegen

Textilbezüge: Polsterbezüge mit Staubsauger absaugen oder mit einer nicht zu weichen Bürste ausbürsten, bei starker Verschmutzung mit Trockenschaum reinigen.

Fett- und Ölflecke mit Reinigungsbenzin oder Fleckenwasser behandeln. Das Reinigungsmittel darf aber nicht unmittelbar auf den Stoff gegossen werden, da sich sonst unweigerlich Ränder bilden. Fleck durch kreisförmiges Reiben von außen nach innen bearbeiten. Andere Verschmutzungen lassen sich meistens mit lauwarmem Seifenwasser entfernen.

Lederbezüge: Bei starker Sonneneinstrahlung und längerer Standzeit Sitze abdecken, damit sie nicht ausbleichen.

Trikot- oder Wollappen mit Wasser leicht anfeuchten und Lederflächen säubern, ohne das Leder oder die Nahtstellen zu durchfeuchten. Anschließend das getrocknete Leder mit einem sauberen und weichen Tuch nachreiben.

Stärker verschmutzte Lederflächen können mit einem milden Feinwaschmittel ohne Aufheller (2 Eßlöffel auf 1 Liter Wasser) gereinigt werden. Fett- und Ölflecke vorsichtig ohne Reiben mit Reinigungsbenzin abtupfen.

Lackierte Lederpolster sollten nach dem Reinigen mit einem handelsüblichen Pflegemittel für Lederflächen behandelt werden. Solche Mittel sind bei den Fachwerkstätten und im Autofachhandel erhältlich. Das Mittel vor Gebrauch gut schütteln und mit einem weichen Lappen dünn auftragen. Nach dem Eintrocknen mit einem sauberen und weichen Tuch nachreiben. Diese Behandlung empfiehlt sich bei normaler Beanspruchung alle 6 Monate.

Das Werkzeug

Der Aufwand an Werkzeug richtet sich ganz nach dem Umfang der Arbeiten, die am 3er BMW ausgeführt werden sollen. Neben einer Grundausstattung ist in jedem Fall ein Drehmomentschlüssel empfehlenswert.

Gutes und stabiles Werkzeug wird von der Firma Hazet (42804 Remscheid, Postfach 100461) angeboten. In den Tabellen sind die Werkzeuge mit der Hazet-Bestellnummer aufgeführt. Vertrieben wird das Werkzeug über den Fachhandel.

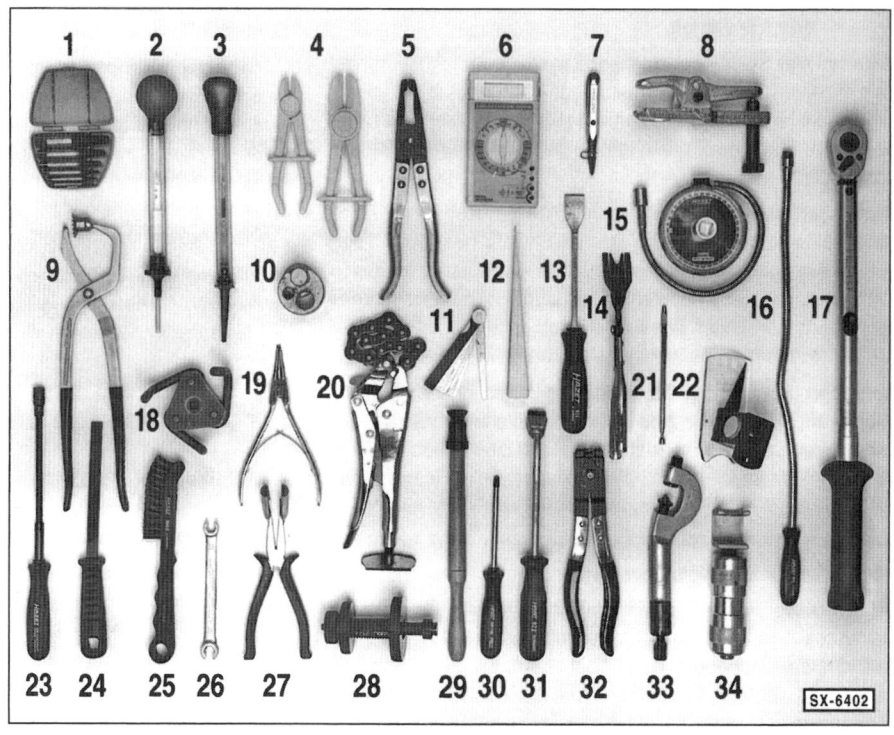

Abb.	Werkzeug	Hazet-Nr.
1	Schraubenausdreher für verschiedene Schrauben	840/5
2	Batteriesäureprüfer	4650-1
3	Kühlmittel-Frostschutzprüfer	–
4	Schlauchklemmen	4590/3
5	Ausziehzange für Ventilschaftabdichtungen	2791
6	Multimeter	–
7	Spannungsprüflampe mit Spitze	2153
8	Ausdrücker für Spurstangenköpfe	1790-7
9	Bremsfedernzange	797
10	Stehbolzenausdreher	845
11	Fühlerblattlehre 0,05–1,0 mm	2147
12	Montagekeil	1965-20
13	Flachschaber zur Beseitigung von Dichtungsrückständen an Zylinderkopf sowie Motorblock	824
14	Abdrückzange für Verkleidungen	799-4
15	Winkelscheibe für drehwinkelgesteuerten Schraubenanzug	6690
16	Magnet-Sucher	1976
17	Drehmomentschlüssel 40 – 200 Nm	6122-1CT
18	Ölfilterschlüssel (nicht für 3er BMW)	2172
19	Spitzzange für Sicherungsringe	1846c-2
20	Ketten-Abgasrohrschneider	4682
21	Spritzdüseneinsteller für Scheibenwaschanlage	4850-1
22	Winkeleinsteller für Scheibenwischerarme	4851-1
23	Steckschlüssel flexibel, 8 und 10 mm	426-8, -10
24	Bremssattelfeile	4968-1
25	Stahldrahtbürste für Bremssattelreinigung	4968-2
26	Offene Doppelringschlüssel für Überwurfmuttern der Bremsleitungen	612-8x10, 612-10x11
27	Zündkerzensteckerzange (nur 2-Ventil-Benzinmotor)	1849-1
28	Kupplungs-Zentrierwerkzeug	2174
29	Ventileinschleifer	795
30	Torxschraubendreher (verschied. Größen)	837-T20....T45
31	Ziehklinge zum Entfernen von Unterbodenschutz etc.	822
32	Klemmzange für Haltebänder der Gelenkwellenmanschetten	1847-1
33	Hydraulischer Mutternsprenger	846-22
34	Schlag-Ausziehgerät für Bremsbeläge, Scheibenwischerarme etc.	1966

Wartungsplan 3er BMW

Die Wartungsintervalle sind beim BMW entsprechend den Einsatzbedingungen in einem Mikroprozessor festgelegt und werden dem Fahrer optisch in der Service-Intervallanzeige angezeigt. Die Service-Intervallanzeige umfaßt fünf grüne, eine gelbe und eine rote LED. Zusätzlich können die Schriftzüge »Oilservice«, »Inspektion«, sowie ein Uhrensymbol (für den fälligen Bremsflüssigkeitswechsel) aufleuchten. Je weniger grüne LED nach Einschalten der Zündung aufleuchten, desto näher rückt die nächste Wartung. Leuchtet die **gelbe** LED in Verbindung mit einem der beiden Schriftzüge, sollte die entsprechend fällige Wartung durchgeführt werden. Dabei ist zu unterscheiden zwischen dem Ölservice, der Inspektion I beziehungsweise II (=jede zweite Inspektion I). Bei Überschreitung des Wartungstermins leuchtet die **rote** LED auf.

Als Maßstab bei der Berechnung der Wartungszyklen nimmt der Mikroprozessor neben den zurückgelegten Kilometern auch die Einsatzbedingungen, wie zum Beispiel Kurzstrecken- oder Langstreckenverkehr oder die Fahrweise des Fahrers. Der Arbeitsumfang der angezeigten Inspektion ist unterschiedlich und im Serviceheft festgehalten.

In der Werkstatt wird nach erfolgtem Ölwechsel beziehungsweise nach erfolgter Inspektion die entsprechende Anzeige gelöscht. Zum Löschen der Anzeige ist ein teures Elektronikwerkzeug erforderlich, das über die BMW-Werkstätten verkauft wird. Die autorisierten BMW-Werkstätten haben sich jedoch verpflichtet, auf Verlangen die Intervallanzeige kostenlos zurückzustellen, auch wenn die Wartung in Eigenregie durchgeführt wurde.

Wer sich **nicht** nach der BMW-Inspektionsanzeige richten will, kann den Pflegedienst beziehungsweise die Wartung nach den hier aufgeführten Intervallen durchführen. Dabei entspricht der hier aufgeführte **Pflegedienst** dem BMW-Motorölservice und die hier aufgeführte **Wartung** der BMW-Inspektion I. Am Ende des Wartungsplanes werden die seltener fälligen Wartungspunkte der BMW-Inspektion II aufgeführt.

Pflegedienst mit Motorölwechsel

Der Pflegedienst mit Motorölwechsel ist für Fahrzeuge mit Benzinmotor alle 10.000 km, beziehungsweise **mindestens einmal im Jahr** (möglichst im Frühjahr) durchzuführen. Beim **Dieselmotor** ist der **Motorölwechsel alle 7.500 km, bei geringerer Jahresfahrleistung mindestens einmal jährlich** erforderlich. Bei erschwerten Betriebsbedingungen, wie überwiegend Stadt- und Kurzstreckenverkehr, häufigen Gebirgsfahrten, Anhängerbetrieb und staubigen Straßenverhältnissen, Pflegedienstintervall auf die Hälfte verkürzen.

- Motor: Öl- und Filterwechsel.
- Dieselmotor: Kraftstoffilter entwässern.
- Ansaugluftfilter: Luftfiltereinsatz kontrollieren.
- Keilriemen: Spannung und Zustand kontrollieren.
- Bremsen: Belagstärke der vorderen und hinteren Bremsbeläge prüfen. Handbremsspiel prüfen.
- Gaszug und Drosselklappenhebel: Gelenke schmieren, auf Leichtgängigkeit und Verschleiß prüfen.
- Fahrgestell- und tragende Karosserieteile: Auf Beschädigung und Korrosion prüfen.
- Servolenkung: Flüssigkeitsstand prüfen, gegebenenfalls Hydrauliköl auffüllen.
- Funktion aller elektrischen Verbraucher überprüfen.
- Kühl- und Heizsystem: Flüssigkeitsstand prüfen, gegebenenfalls auffüllen. Konzentration des Frostschutzmittels prüfen.

Wartung

Die Wartung entspricht der BMW-Inspektion I. Sie ist beim Aufleuchten des Schriftzugs »Inspektion« in Verbindung mit der gelben Leuchtdiode durchzuführen. Wird sich nicht nach der Intervallanzeige gerichtet, ist die Wartung mindestens alle 20000 km oder einmal in 2 Jahren durchzuführen. Wartungsarbeiten, die in größeren Abständen durchzuführen sind (entspricht BMW-Inspektion II), stehen am Ende des Wartungsplanes.

Hinweis: Um eine optimale Funktionsweise des Motors zu gewährleisten, empfiehlt es sich, im Rahmen der Inspektion eine BMW-Vertragswerkstatt aufzusuchen, um dort den Fehlerspeicher des Diagnosesystems abfragen zu lassen. Die elektronische Motorsteuerung schaltet beim Ausfall eines Bauteils, für den Fahrer unbemerkbar, auf ein Notlaufprogramm um. Dies hat zur Folge, daß der Motor nicht mehr unter optimalen Bedingungen arbeiten kann (erhöhter Kraftstoffverbrauch).

Motor und Abgasanlage

- Fehlerspeicher im Diagnosesystem abfragen.
- Motoröl und Ölfilter wechseln.
- Luftfiltereinsatz erneuern (Bei großem Staubanfall früher wechseln, aber spätestens alle 2 Jahre).
- Zündkerzen erneuern.
- Keilriemen: Spannung und Zustand prüfen.
- Kühl- und Heizsystem: Kühlmittel erneuern (alle 3 Jahre). Konzentration des Frostschutzmittels prüfen. Sichtprüfung auf Undichtigkeiten und äußere Verschmutzung des Kühlers.
- Abgasanlage: Auf Beschädigungen prüfen.
- Motor: Sichtprüfung auf Ölundichtigkeiten.
- Kraftstoffleitungen und -Behälter: Schläuche und Leitungen auf Verlegung, Zustand und Dichtheit prüfen.
- Dieselmotor: Kraftstoffilter entwässern.

Kupplung, Getriebe, Achsantrieb

- Kupplung: Schläuche, Leitungen und Anschlüsse auf Undichtigkeiten prüfen, Bremsflüssigkeitsstand prüfen.
- Schalt- und Hinterachsgetriebe: Sichtprüfung auf Undichtigkeiten, Ölstand prüfen.
- Automatisches Getriebe: Flüssigkeitsstand prüfen, gegebenenfalls ATF auffüllen.
- Achswellen: Gelenkschutzhüllen auf Undichtigkeiten und Beschädigungen prüfen.

Vorderachse und Lenkung

- Spurstangenköpfe: Spiel und Befestigung prüfen, Staubkappen prüfen.
- Achsgelenke: Staubkappen prüfen.
- Lenkung: Spiel prüfen, Faltenbälge auf Undichtigkeiten und Beschädigungen prüfen. Befestigungsschrauben mit richtigem Drehmoment nachziehen.
- Servolenkung: Flüssigkeitsstand prüfen, gegebenenfalls Hydrauliköl auffüllen. Lenkgetriebe, Hydraulikpumpe und alle Leitungen und Anschlüsse auf Dichtigkeit kontrollieren.

Karosserie, Ausstattung

- Türscharniere, Türfangbänder: Ölen.
- Front- und Heckklappenscharniere, Deckelschloßober- und -unterteil: Mit Mehrzweckfett fetten.
- Unterbodenschutz und Hohlraumkonservierung: Prüfen.
- Sicherheitsgurte: Auf Beschädigungen prüfen.
- Schiebedach: Gleitschienen und Gleitbacken reinigen und leicht mit Silikonspray einsprühen.
- Heiz- und Klimaanlage: Falls vorhanden, Mikrofilter ersetzen.

Bremsen, Reifen, Räder

- Räder: Abschrauben, Zustand der Felgen (auch innen) prüfen, Räder reinigen und mit vorgeschriebenem Drehmoment anschrauben.
- Bereifung: Profiltiefe und Reifenfülldruck prüfen; Reifen auf Verschleiß und Beschädigungen (einschließlich Reserverad) prüfen.
- Bremsanlage: Bremsflüssigkeitsstand und Dicke der Bremsbeläge kontrollieren. Den Oberflächenzustand der Bremsscheiben prüfen.
- Bremsanlage: Bremsflüssigkeit erneuern (alle 2 Jahre). Leitungen, Schläuche, Bremszylinder und Anschlüsse auf Undichtigkeiten und Beschädigungen prüfen.

Elektrische Anlage

- Beleuchtungsanlage: Sämtliche Scheinwerfer, Schlußleuchten und Blinklampen prüfen, gegebenenfalls Scheinwerfer einstellen.
- Signalhorn: Prüfen.
- Scheibenwischer: Wischergummis auf Verschleiß prüfen.
- Scheiben- und Scheinwerferwaschanlage: Funktion prüfen, Düsenstellung kontrollieren, Flüssigkeit nachfüllen, Scheinwerfer-Waschanlage prüfen.
- Batterie: Spannung und Säurestand prüfen.

Zusätzlich alle 40.000 km

- 316i/318i bis 8/93 (Motor M40): Zahnriemenspannung prüfen.
- Kupplung: Dicke der Kupplungsscheibe prüfen.
- Hinterachse: Hypoidöl wechseln (Fahrzeuge bis 8/95).
- Automatisches Getriebe: ATF wechseln (ab 9/95 nur noch bei 325 tds nötig).
- Dieselmotor: Kraftstoffilter erneuern.

Zusätzlich alle 80.000 km

- Schaltgetriebe: ATF wechseln (Fahrzeuge bis 8/97).
- Hinterachse: Hypoidöl wechseln (Fahrzeuge 9/95 – 8/97).
- Benzinmotor: Kraftstoffhauptfilter erneuern.
- Handbremse: Belagstärke prüfen, gegebenenfalls erneuern.
- Kardanwelle: Gelenkscheiben auf Verschleiß prüfen.
- Vorderradlager: Spiel prüfen.
- Kompression: Prüfen.
- Abgasanlage: Muttern am Flansch Abgaskrümmer/Zylinderkopf und Abgaskrümmer/Vorderes Abgasrohr auf vorgeschriebenes Drehmoment anziehen.
- 316i/318i bis 8/93 (Motor M40): Zahnriemen erneuern (spätestens alle 4 Jahre).

Die Wartungsarbeiten

Nach den verschiedenen Baugruppen des Fahrzeugs aufgeteilt werden hier alle Wartungsarbeiten beschrieben, die gemäß dem Wartungsplan durchgeführt werden müssen. Auf die erforderlichen Verschleißteile sowie das möglicherweise notwendige Sonderwerkzeug wird jeweils hingewiesen.

Es empfiehlt sich, Reifendruck, Motorölstand und Flüssigkeitsstände für Kühlung, Wisch-/Wasch-Anlage etc. alle 4 bis 6 Wochen zu prüfen und ergänzen. Die meisten Flüssigkeitsstände, Bremsbelagverschleiß und andere betriebswichtige Wartungspunkte werden dem Fahrer ohnehin an der Schalttafel angezeigt.

Achtung: Beim **Einkauf von Ersatzteilen** ist zur Identifizierung des Fahrzeuges unbedingt der **KFZ-Schein** mitzunehmen, denn nur durch die Fahrzeug-Identnummer ist eine eindeutige Zuordnung von Ersatzteil und Fahrzeugmodell möglich. Gegebenenfalls das Altteil zum Ersatzteilhändler mitnehmen, um es dort mit dem Neuteil vergleichen zu können.

Motor und Abgasanlage

Folgende Wartungspunkte müssen nach dem Wartungsplan durchgeführt werden:

- Motor: Ölwechsel, Sichtprüfung auf Ölundichtigkeiten.
- Kühl- und Heizsystem: Kühlmittel erneuern (alle 3 Jahre). Konzentration des Frostschutzmittels prüfen. Sichtprüfung auf Undichtigkeiten und äußere Verschmutzung des Kühlers.
- Zündkerzen: erneuern.
- Kompression: prüfen.
- Keilriemen: Spannung und Zustand von allen Riemen prüfen.
- Zahnriemenspannung prüfen.
- Kraftstoffleitungen und -Behälter: Schläuche und Leitungen auf Verlegung, Zustand und Dichtheit prüfen.
- Kraftstoffilter ersetzen beziehungsweise entwässern.
- Gaszug und Drosselklappenhebel: Gelenke schmieren, auf Leichtgängigkeit und Verschleiß prüfen.
- Abgasanlage: Auf Beschädigungen prüfen.

Motorölwechsel

Zum Motorölwechsel ist folgendes Werkzeug erforderlich:

- Eine Grube, ein Ölabsauggerät oder einen hydraulischen Wagenheber mit Unterstellböcken.
- 13er Stecknuß zum Lösen der Zentralschraube des Filtergehäuses.
- 17er oder 19er Stecknuß zum Lösen der Ölablaßschraube sowie eine Ölauffangschale, die je nach Motor mindestens 5 bis 8 Liter Öl faßt (nur wenn Öl nicht abgesaugt wird).

Folgende Verschleißteile werden benötigt:

- Nur wenn Öl nicht abgesaugt wird: Aluminium-Dichtring für die Ölablaßschraube. Die Ölablaßschraube hat ein Gewinde mit 12 mm Außendurchmesser, der Dichtring hat die Größe A12x15,5 und wird manchmal mit dem Ölfilter mitgeliefert.
- Öl-Filtereinsatz.
- Deckeldichtung (O-Ring) für Filtergehäuse und den Dichtring der Zentralschraube.
- Je nach Motor 4,0 bis 7,0 Liter Motoröl. Nur von BMW freigegebenes Motoröl verwenden, siehe Seite 65.

Ölwechselmenge (mit Filterwechsel):

Motor	Füllmenge
316i, 318i	4,0 l
318is/ti bis 12/95	4,5 l
318is/ti ab 1/96	5,0 l
318tds bis 8/94	5,0 l
318tds ab 9/94	5,5 l
325td/tds bis 8/94 320i, 323i/ti, 325i, 328i	6,5 l
325td/tds ab 9/94	7,0 l

Die Mengendifferenz zwischen der Min.- und Max.-Markierung am Ölpeilstab beträgt: **ca. 1 Liter.**

Der Ölwechsel ist nach der BMW-Service-Intervallanzeige durchzuführen beziehungsweise beim Benzinmotor alle 10.000 km und beim Dieselmotor alle 7.500 km. Falls sehr wenig gefahren wird, Ölwechsel und Filterwechsel einmal im Jahr vornehmen.

Bei erschwerten Einsatzbedingungen wie Kurzstreckenverkehr oder staubige Straßenverhältnisse Ölwechsel in kürzeren Abständen durchführen.

Das Motoröl darf auch mittels einer Sonde (an der Tankstelle) über das Ölmeßrohr abgesaugt werden. Allerdings muß das neue Öl dann meistens bei der betreffenden Tankstelle gekauft werden.

Achtung: Altöl muß auf jeden Fall bei den Altöl-Sammelstellen abgegeben werden. Die Öl-Verkaufsstellen nehmen die entsprechende Menge Altöl kostenlos entgegen, daher Quittung und Ölkanister für spätere Altölrückgabe aufbewahren! Außerdem informieren Gemeinde- und Stadtverwaltungen darüber, wo sich die nächste Altöl-Sammelstelle befindet. **Keinesfalls darf Altöl einfach weggeschüttet oder dem Hausmüll mitgegeben werden.** Größere Umweltschäden wie beispielsweise Grundwasserverseuchung wären sonst unvermeidbar.

Motoröl ablassen

- Motor auf Betriebstemperatur bringen (mindestens +60° C Kühlmitteltemperatur).
- Fahrzeug waagerecht aufbocken.
- **Dieselmotor:** Vorderen Motorraumschutz unterhalb der Ölwanne abschrauben.
- Gefäß zum Auffangen des Altöls unter die Ölwanne stellen.

- Ölablaßschraube seitlich an der Ölwanne herausdrehen und Altöl ganz ablassen. **Achtung:** Motoröl ist heiß! Verbrennungsgefahr!

Achtung: Werden im Motoröl Metallspäne und Abrieb in größeren Mengen festgestellt, deutet dies auf Freßschäden hin, zum Beispiel Kurbelwellen- oder Pleuellagerschäden. Um Folgeschäden zu vermeiden, müssen nach der Motorreparatur die Ölkanäle und Ölschläuche sorgfältig gereinigt werden. Zusätzlich muß der Ölkühler, falls vorhanden, erneuert werden.

Ölfilter wechseln

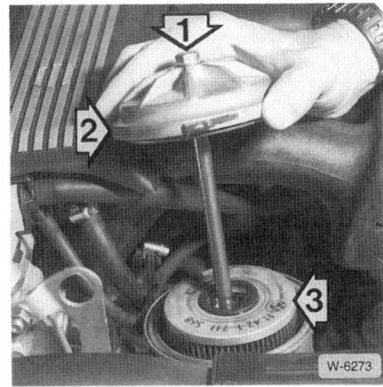

- Zentralschraube –1– in der Mitte des Ölfilterdeckels herausschrauben. **Achtung:** Seit Modell '94 kann alternativ zum abgebildeten Ölfilterdeckel auch ein Schraubdeckel mit Sechskant oder Vielkant eingebaut sein. Schraubdeckel mit passender Stecknuß abschrauben. Es geht auch mit einer Rohrzange, dabei Pappe oder Leder zwischenlegen, um Beschädigungen zu vermeiden.
- Ölfilterdeckel –2– mit Zentralschraube –1– abziehen.
- Warten, bis das Öl aus dem Filtergehäuse abgelaufen ist. Dann Ölfiltereinsatz –3– herausziehen. Abtropfendes Öl mit Lappen auffangen.
- Ölfilterflansch mit Kraftstoff reinigen.
- Neuen Filtereinsatz in das Ölfiltergehäuse einsetzen. **Achtung:** Hinweise auf dem Ölfilter beachten.

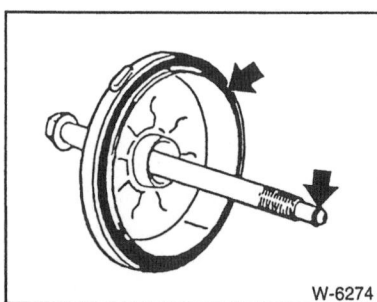

- Ölfilterdeckel reinigen, Gummidichtringe –Pfeile– an der Zentralschraube und am Deckel ersetzen und mit Motoröl einölen.
- Ölfilterdeckel mit Zentralschraube gerade von oben aufsetzen und aufdrücken. Dabei greift die Zentralschraube in die entsprechende Gewindebohrung am Filterboden.
- Zentralschraube beziehungsweise Deckel mit 25 Nm anziehen.

Auffüllen

- Ölablaßschraube mit neuem Dichtring einschrauben und fest, aber nicht mit zu großer Gewalt anziehen. Anzugsdrehmoment bei einer Schraube mit Schlüsselweite 17: 30 Nm, bei Schlüsselweite 19: 60 Nm.
- Je nach Modell vorgeschriebene Menge neues Öl am Einfüllstutzen des Zylinderkopfdeckels einfüllen, siehe Tabelle.
- Motor starten und mit erhöhter Drehzahl (ca. 2500/min) laufen lassen bis die Ölkontrollampe erlöscht (ca. 5 s). Motor abstellen.
- Nach 5minütiger Wartezeit Ölstand mit Meßstab kontrollieren.
- Nach Probefahrt Dichtigkeit der Ablaßschraube und des Ölfilters überprüfen, gegebenenfalls vorsichtig nachziehen.
- Betriebswarmen Motor abstellen und Ölstand nach ca. 2 Minuten nochmals prüfen, gegebenenfalls korrigieren.
- **Dieselmotor:** Untere Motorraumverkleidung anschrauben.
- Falls erforderlich, Service-Intervallanzeige zurückstellen. Dazu ist normalerweise ein spezielles Gerät erforderlich, das von BMW verkauft wird (teuer). Auf Wunsch stellt die BMW-Werkstatt die Anzeige kostenlos zurück.
- Um die Betriebsverhältnisse des Motors besser überwachen zu können, soll beim Ölwechsel immer ein Öl gleichen Typs und möglichst auch gleicher Marke verwendet werden. Daher ist es zweckmäßig, bei jedem Ölwechsel ein Hinweisschild am Motor zu befestigen, auf dem Marke und Viskosität des Öles vermerkt sind.
- Wahllos abwechselnder Gebrauch verschiedener Öltypen ist ungünstig. Motorenöle gleichen Typs, aber verschiedener Marken, sollen möglichst nicht gemischt werden. Motorenöle gleichen Typs und gleicher Marke, aber verschiedener Viskosität können im Bedarfsfall während jahreszeitlicher Überschneidung ohne weiteres nachgefüllt werden.

Sichtprüfung auf Ölverlust

Bei ölverschmiertem Motor und hohem Ölverbrauch überprüfen, wo das Öl austritt. Dazu folgende Stellen überprüfen:

- Öleinfülldeckel öffnen und Dichtung auf Porosität oder Beschädigung prüfen.
- Belüftungsschläuche vom Zylinderkopfdeckel zum Luftfilter auf festen Sitz prüfen.
- Zylinderkopfdeckel-Dichtung
- Zylinderkopf-Dichtung
- Steuerkettengehäuse
- Trennstelle Zündverteilerflansch
- Ölfilterkonsole
- Ölfilterdichtung: Ölfilterdeckel und Ölfiltergehäuse
- Ölablaßschraube (Dichtring)
- Ölwannendichtung
- Vorderer Kurbelwellen-Simmerring
- Trennstelle zwischen Motor und Getriebe (Dichtung an Schwungrad oder Getriebewelle).

Da sich bei Undichtigkeiten das Öl meistens über eine größere Motorfläche verteilt, ist der Austritt des Öls nicht auf den ersten Blick zu erkennen. Bei der Suche geht man zweckmäßigerweise wie folgt vor:

- Motorwäsche durchführen. Motor mit handelsüblichem Kaltreiniger einsprühen und nach einer kurzen Einwirkungszeit mit Wasser abspritzen. Vorher Zündverteiler und Generator mit Plastiktüte abdecken.
- Trennstellen und Dichtungen am Motor von außen mit Kalk oder Talkumpuder bestäuben.
- Ölstand kontrollieren, gegebenenfalls auffüllen.
- Probefahrt durchführen. Da das Öl bei heißem Motor dünnflüssig wird und dadurch schneller an den Leckstellen austreten kann, sollte die Probefahrt über eine Strecke von ca. 30 km auf einer Schnellstraße durchgeführt werden.
- Anschließend Motor mit Lampe absuchen, undichte Stelle lokalisieren und Fehler beheben.

Motorölstand prüfen

Etwa alle 1000 km sollte der Ölstand des Motors überprüft, gegebenenfalls ergänzt werden. Dabei sollte der Motor nicht mehr als 1 Liter Öl auf 1000 Kilometer verbrauchen. Mehrverbrauch ist ein Anzeichen für verschlissene Ventilschaftabdichtungen und/oder Kolbenringe beziehungsweise Öldichtungen.

- Das Fahrzeug muß beim Messen auf einer waagerechten Fläche stehen.
- Nach Abstellen des Motors mindestens 3 Minuten lang warten, damit sich das Öl in der Ölwanne sammelt.
- Ölpeilstab am Motor herausziehen und mit sauberem Lappen abwischen.

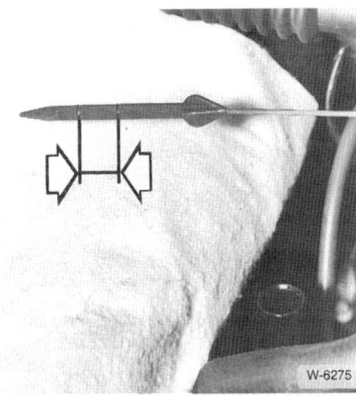

- Anschließend Meßstab bis zum Anschlag einführen und wieder herausziehen. Der Ölstand muß zwischen den beiden Markierungen liegen.
- Neues Öl erst nachfüllen, wenn sich der Ölstand der unteren Marke nähert. Die Ölmenge von der Min.- bis zur Max.-Markierung beträgt **1 Liter**.
- Nachgefüllt wird am Verschluß des Zylinderkopfdeckels. Beim Nachfüllen richtige Ölsorte verwenden, keine Zusätze verwenden, siehe Seite 65.

Kühlmittelstand prüfen

Der Kühlmittelstand sollte in regelmäßigen Abständen – etwa alle vier Wochen – geprüft werden, zumindest aber vor jeder größeren Fahrt.

Zum Nachfüllen – auch in der warmen Jahreszeit – nur eine Mischung aus Kühlerfrostschutzmittel und kalkarmem, sauberem Wasser verwenden.

Dabei nur ein von BMW freigegebenes Marken-Frostschutzmittel verwenden. Eine Auswahl von freigegebenen Produkten: »Aral Antifreeze Extra, DEA Kühlerfrostschutz, GLYCO STAR, GlycoShell, Glysantin Protect Plus, GUSOFROST LV 505, Mobil Frostschutz 600, OMV Kühlerfrostschutz, Veedol ANTIFREEZE NF.« **Achtung:** Kühlkonzentrate unterschiedlicher Marken dürfen **nicht** gemischt werden.

Achtung: Um die Weiterfahrt zu ermöglichen, kann auch, insbesondere im Sommer, reines Wasser nachgefüllt werden. Der Kühlerfrostschutz muß dann jedoch baldmöglichst korrigiert werden.

- Der Kühlmittelstand soll bei kaltem Motor (Kühlmitteltemperatur ca. +20° C) an der Markierung am Ausgleichbehälter beziehungsweise etwas darüber liegen.
- **Kaltes** Kühlmittel nur bei **kaltem Motor** nachfüllen, um Motorschäden zu vermeiden.

Achtung: Verschlußdeckel nicht bei heißem Motor öffnen. Verbrühungsgefahr! Das Kühlsystem steht unter Druck! Verschlußdeckel nur bei einer Kühlmittel-Temperatur unter +60° C öffnen. Zum Öffnen Lappen über den Verschlußdeckel legen.

- Verschlußdeckel –2– beim Öffnen zuerst etwas aufdrehen und Überdruck entweichen lassen. Danach Deckel vorsichtig weiterdrehen und abnehmen.
- Sichtprüfung auf Dichtheit durchführen, wenn der Kühlmittelstand in kurzer Zeit absinkt.

Kühlmittel wechseln

Das Kühlmittel ist im Rahmen der Wartung alle 3 Jahre zu erneuern. Dazu sind folgende Werkzeuge erforderlich:

- Wagenheber und Unterstellböcke.
- Großer Schlitz-Schraubendreher oder eine Münze.
- Sechskant-Ringschlüsselsatz oder Stecknußkasten.
- Auffanggefäß für das Kühlmittel.

Folgende Verschleißteile werden benötigt:

- Zum **Nachfüllen** – auch in der warmen Jahreszeit – nur eine Mischung aus Kühlerfrostschutzmittel und kalkarmem, sauberem Wasser verwenden. Am besten destilliertes Wasser verwenden, damit keine Ablagerungen entstehen. Nur von BMW freigegebenes Frostschutzmittel verwenden. **Achtung:** Um die Weiterfahrt zu ermöglichen, kann auch, insbesondere im Sommer, reines Wasser nachgefüllt werden. Der Kühlerfrostschutz muß dann jedoch baldmöglichst korrigiert werden.
- Für die Ablaßschraube am Motorblock wird ein Aluminium-Dichtring der Größe A 14x18 benötigt.

Inhalt des Kühlsystems:

Modell	Füllmenge
316i/318i bis 8/93	6,0 l
316i/318i ab 9/93, 318is/ti	6,5 l
318tds	7,5 l
320i, 323i, 323ti, 325i, 328i	10,5 l
325td, 325tds	8,75 l

Achtung: Im Handel sind silikathaltige Kühlkonzentrate, erkennbar an der blaugrünen Farbe, und silikatfreie Kühlkonzentrate, erkennbar an der roten Farbe, erhältlich. Diese unterschiedlichen Kühlkonzentrate dürfen auf keinen Fall gemischt werden, sonst können Motorschäden auftreten.

Ablassen

- Heizungsschalter im Innenraum auf maximale Heizleistung stellen.
- Verschlußdeckel des Kühlsystems etwas nach links drehen und Überdruck aus dem Kühlsystem entweichen lassen. Dann Deckel weiterdrehen und ganz abnehmen.

Achtung: Bei heißem Motor Kühlerdeckel nicht öffnen. **Verbrühungsgefahr!** Das Kühlsystem steht unter Druck. Deckel nur bei Kühlmitteltemperaturen unter +60° C abnehmen. Zum Abnehmen des Deckels dicken Lappen auflegen.

- Fahrzeug vorn aufbocken.
- Falls vorhanden, Abdeckung unter dem Kühler ausbauen.

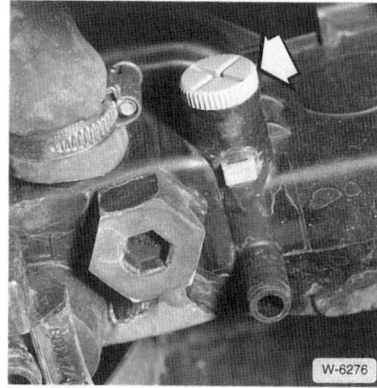

- Sauberes Auffanggefäß unter den Kühler stellen und Ablaßschraube –Pfeil– unten am Kühler lösen. Zum Drehen der Schraube großen Schlitzschraubenzieher oder eine Münze verwenden.

- Auffanggefäß unter den Motor stellen und Ablaßschraube –Pfeil– am Motorblock herausdrehen. Die Schraube sitzt unterhalb vom Abgaskrümmer.
- Kühlmittel ganz ablaufen lassen.

Achtung: Kühlflüssigkeit ist giftig und darf nicht einfach weggeschüttet oder dem Hausmüll mitgegeben werden. Gemeinde- und Stadtverwaltungen informieren darüber, wo sich die nächste Sondermüll-Sammelstelle befindet.

Wird die Kühlflüssigkeit zwischendurch im Rahmen einer Reparatur abgelassen, sollte sie zur Wiederverwendung aufgefangen werden.

- Ablaßschraube mit neuem Dichtring in den Motorblock einschrauben und mit **25 Nm** festziehen.
- Ablaßschraube am Kühler ganz leicht festziehen. Dazu eine Münze in den Schlitz der Schraube stecken und Ablaßschraube handfest anziehen.

Auffüllen

- Frische Kühlflüssigkeit im Ausgleichbehälter randvoll auffüllen.

- Entlüftungsschraube –Pfeil– oben am Kühler neben dem Ausgleichbehälter öffnen, bis Kühlflüssigkeit blasenfrei austritt.
- Entlüftungsschraube am Kühler verschließen.

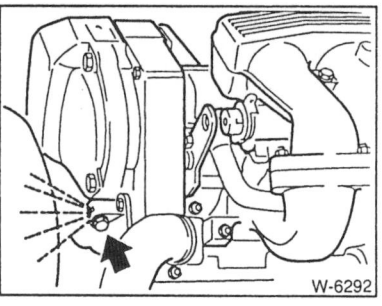

- **316i, 318i:** Zusätzlich Entlüftungsschraube –Pfeil– am Thermostatgehäuse öffnen.
- Entlüftungsschraube am Thermostat verschließen.

- Motor starten, Heizventil auf »WARM« stellen und mit geöffnetem Kühlerdeckel warmlaufen lassen, Drehzahl durch stoßweises Gasgeben über 2500/min halten. Die im System enthaltene Restluftmenge führt zum Absinken des Flüssigkeitsspiegels bis etwa auf die vorgeschriebene Max.-Marke, die am Ausgleichbehälter markiert ist.

- Während des Warmlaufens eventuell fehlendes Kühlmittel nachfüllen.

- Nach Erreichen der Betriebstemperatur den Motor mit leicht erhöhter Leerlaufdrehzahl (etwa 1200/min) weiterlaufen lassen.

- Die Entlüfterschrauben nochmals öffnen und solange offen lassen bis nur noch Kühlflüssigkeit austritt.

Achtung: Rotierender Lüfter und Keilriemen. **Verletzungsgefahr.**

- Eventuell fehlendes Kühlmittel bis auf Max.-Markierung am Ausgleichbehälter auffüllen. Kühlerdeckel –1– verschließen.

- Kühlsystem, insbesondere Schlauchanschlüsse sowie Ablaßschrauben und Kühlmittelpumpe, auf Dichtheit prüfen.

Kühlsystem auf Dichtheit prüfen

- Kühlmittelschläuche durch Zusammendrücken und Verbiegen auf poröse Stellen untersuchen, hartgewordene Schläuche ersetzen.

- Die Schläuche dürfen nicht zu kurz auf den Anschlußstutzen sitzen.

- Festen Sitz der Schlauchschellen kontrollieren.

- Dichtung des Verschlußdeckels am Einfüllstutzen des Kühlers beziehungsweise Ausgleichbehälters auf Beschädigungen überprüfen.

- Motor warmlaufen lassen und prüfen, ob Kühlflüssigkeit im Bereich der Kühlmittelpumpe austritt.

- Wenn bei heißem Motor Kühlmittel aus einer Bohrung unten an der Pumpe läuft, ist in der Regel der Wellendichtring defekt. In diesem Fall Kühlmittelpumpe ersetzen.

- Mitunter ist es schwierig, die Leckstelle ausfindig zu machen. Dann empfiehlt sich eine Druckprüfung (Spezialgerät erforderlich) durch die Werkstatt. Hierbei kann ebenfalls das Überdruckventil des Verschlußdeckels geprüft werden.

Frostschutz prüfen

Folgendes Prüfwerkzeug wird benötigt:

- Prüfspindel zum Messen des Frostschutzanteils.

Regelmäßig vor Winterbeginn sollte sicherheitshalber die Konzentration des Frostschutzmittels geprüft werden, insbesonders wenn zwischendurch reines Wasser nachgefüllt wurde.

- Motor warmfahren, bis der Kühler oben ca. handwarm ist.

- Verschlußdeckel am Ausgleichbehälter vorsichtig öffnen. **Achtung:** Nicht bei heißem Motor öffnen, siehe unter »Kühlmittel wechseln«.

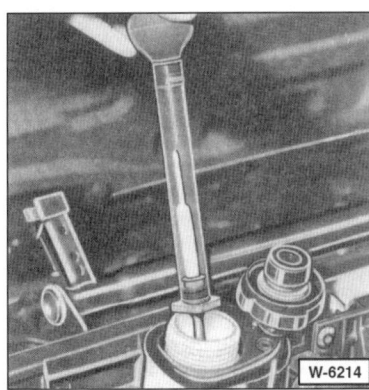

- Mit Meßspindel Kühlflüssigkeit ansaugen und am Schwimmer Kühlmitteldichte ablesen. Der Frostschutz soll in unseren Breiten bis mindestens –30° C reichen.

BMW-Kühlkonzentrat ergänzen

Beispiel: Die Frostschutz-Messung mit der Spindel ergibt einen Frostschutz bis –10° C. In diesem Fall aus dem Kühlsystem 3 l Kühlflüssigkeit ablassen und dafür 3 l reines Frostschutzkonzentrat auffüllen. Die Tabelle gilt für eine Gesamtfüllmenge des Kühlsystems von 10,5 Litern (320i, 325i). Bei allen anderen Fahrzeugen Werte um ca. 1/3 verringern. **Achtung:** Nur von BMW freigegebenes nitritfreies Korrosions- und Frostschutzmittel nachfüllen.

Gemess. Wert in °C	0	-10	-20	-25
Differenzmenge in l	4,2	3,0	1,5	1,0

- Verschlußdeckel am Kühler verschließen und nach Probefahrt Frostschutz erneut überprüfen.

Kompression prüfen

Folgendes Prüfgerät wird benötigt:

- Ein Kompressionsdruckprüfer, der für Benzinmotoren recht preiswert in Fachgeschäften angeboten wird. **Achtung:** Für den Dieselmotor wird ein Kompressionsdruckprüfer mit größerem Meßbereich benötigt.

Der Kompressionsdruck soll alle 80000 km geprüft werden. Bei den Benzinmotoren müssen die Zündkerzen herausgeschraubt werden; hier empfiehlt es sich, diesen Arbeitsgang mit dem fälligen Zündkerzenwechsel zu kombinieren. Beim Dieselmotor werden zur Prüfung die Glühkerzen demontiert.

Die Kompressionsprüfung erlaubt Rückschlüsse über den Zustand des Motors. Und zwar läßt sich bei der Prüfung feststellen, ob die Ventile oder die Kolben (Kolbenringe) in Ordnung beziehungsweise verschlissen sind. Außerdem zeigen die Prüfwerte an, ob der Motor austauschreif ist beziehungsweise komplett überholt werden muß.

Am meisten Aussagekraft hat der Druckunterschied zwischen den einzelnen Zylindern. Er darf maximal 1,5 bar betragen. Falls ein oder mehrere Zylinder gegenüber den anderen einen Druckunterschied von mehr als 1,5 bar haben, ist dies ein Hinweis auf defekte Ventile, verschlissene Kolbenringe beziehungsweise Zylinderlaufbahnen. Ist die Verschleißgrenze erreicht, muß der Motor überholt beziehungsweise ausgetauscht werden.

Die Höhe des angezeigten Kompressionsdrucks ist von untergeordneter Bedeutung, da er unter anderem auch vom verwendeten Meßgerät abhängt. Er soll bei den Benzinmotoren mindestens 10 bar und bei den Dieselmotoren mindestens 20 bar betragen.

- Zur Prüfung der Kompression muß der Benzinmotor betriebswarm sein, der Dieselmotor muß kalt sein.

Benzinmotoren

- Prüfungsbedingung ist eine geladene Fahrzeugbatterie.
- Zündung ausschalten.
- Deckel von der Sicherungsbox abheben. Sie befindet sich im Motorraum hinten links neben dem Hauptbremszylinder.

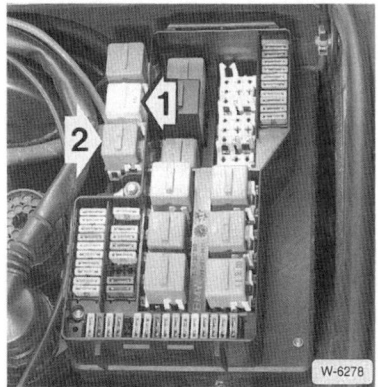

- Hauptrelais –1– und Kraftstoffpumpenrelais –2– abziehen, damit während der Prüfung kein Kraftstoff eingespritzt wird.
- Sämtliche Zündkerzen ausbauen, siehe unter »Zündkerzen ersetzen«.
- Motor mit Anlasser ein paarmal durchdrehen, damit Rückstände und Ruß herausgeschleudert werden. **Achtung:** Getriebe in Leerlaufstellung und Handbremse angezogen.

- Kompressionsdruckprüfer entsprechend der Bedienungsanleitung in die Zündkerzenöffnung drücken oder einschrauben.
- Von Helfer Gaspedal ganz durchtreten lassen und während der ganzen Prüfung mit dem Fuß festhalten.
- Motor ca. 8 Umdrehungen drehen lassen, bis kein Druckanstieg mehr auf dem Meßgerät erfolgt.
- Nacheinander sämtliche Zylinder prüfen und mit Sollwert vergleichen.
- Anschließend Zündkerzen einbauen, siehe unter Zündkerzen ersetzen.
- Hauptrelais und Kraftstoffpumpenrelais aufstecken, Sicherungsbox verschließen.

Dieselmotor

Prüfungsbedingung ist eine geladene Fahrzeugbatterie.

- Deckel von der Elektronik-Box rechts im Motorraum abheben.
- Glüh-Hauptrelais und Stecker vom Glühzeit-Steuergerät abziehen. Lage dieser Teile, siehe Kapitel »Dieselmotor«.
- Elektrisches Kabel an den Glühkerzen abschrauben und Glühkerzen mit passendem Steckschlüssel herausschrauben.
- Kompressionsdruckprüfer anstelle der Glühkerzen einschrauben.
- Anlasser solange betätigen, bis kein Druckanstieg mehr erfolgt, Wert notieren. Nacheinander alle Zylinder prüfen.
- Glühkerzen nach erfolgter Prüfung wieder mit 25 Nm einschrauben. Gewinde vorher mit Kupferpaste »CRC«, erhältlich bei den BMW-Werkstätten, einstreichen.
- Anschlußkabel mit 5 Nm an die Glühkerzen anschrauben.
- Hauptrelais aufstecken, Stecker auf Glühzeit-Steuergerät aufstecken.
- Elektronik-Box verschließen.

Zündkerzen ersetzen/ elektrische Anschlüsse prüfen

Folgendes Spezialwerkzeug wird benötigt:

- Ein Zündkerzenschlüssel, der dem Bordwerkzeug beiliegt oder auch preiswert im Zubehörhandel zu kaufen ist.
- 316i, 318i: Zusätzlich empfiehlt sich der Kauf einer speziellen Zange, zum Beispiel HAZET 1849, die das Abziehen der Kerzenstecker erleichtert.
- 320i, 323i, 323ti, 325i, 328i: Schraubendreher, 10er Stecknuß.

Folgende Verschleißteile müssen gekauft werden:

- Je nach Motor die richtige Zündkerze, siehe Kapitel »Die Zündkerzen«.
- 320i, 323i, 323ti, 325i, 328i: Bei Bedarf 6 Papierunterlagen für die Zündspulen.

Ausbau

- Motor muß mindestens auf Handwärme abgekühlt sein.
- Zum leichteren Einbau die Zündkabel entsprechend der Zylinderreihenfolge mit Tesaband kennzeichnen. Teilweise ist auf den Zündkabeln bereits die Zahl des zugehörigen Zylinders aufgedruckt.

316i, 318i:

- Sämtliche Kerzenstecker abziehen, dabei nur an den Steckern und nicht an den Kabeln ziehen. Die erwähnte Zange erleichtert das Abziehen.

318is/ti:

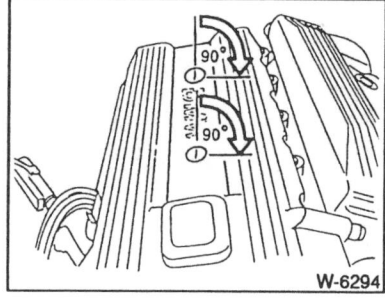

- Zylinderkopfabdeckung abbauen, dazu die beiden Kunststoffclipse mit einer Münze um ¼ Umdrehung drehen.

- Kerzenstecker mit der Kunststoffklammer abziehen. Die Klammer befindet sich als Bordwerkzeug in einer Halterung links neben den Kerzensteckern.

320i, 323i, 323ti, 325i, 328i:

- Öleinfülldeckel abnehmen.

- Abdeckung der Befestigungsschrauben ausclipsen –Pfeil–, 2 darunterliegende Schrauben lösen. Zylinderkopfabdeckung abnehmen.

- Anschlußstecker von jeder Zündspule abziehen, dazu Metallbügel an den Steckern nach oben ziehen.

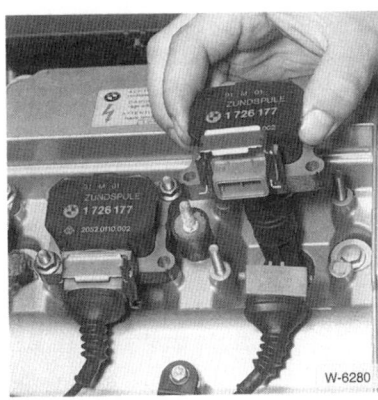

- Befestigungsschrauben an jeder Zündspule lösen, Zündspulen vorsichtig herausziehen, damit keine Papierdichtung beschädigt wird. **Achtung:** Bei den Zündspulen der Zylinder 3 und 6 die Massebänder der Zylinderkopfhaube beachten. Sie müssen beim Einbau wieder an gleicher Stelle angeschraubt werden.

- Zündkerzen Nicchen, wenn möglich, mit Preßluft ausblasen, damit bei ausgebauten Kerzen kein Schmutz in die Gewindebohrung fällt.

- Zündkerzen mit Zündkerzenschlüssel herausschrauben und den Zustand der Kerze (sogenanntes »Kerzengesicht«) prüfen. Mit einiger Erfahrung lassen sich daraus Rückschlüsse auf den Betriebszustand des Motors ziehen. Es gelten folgende Regeln:

Elektroden und Isolierkörper

- Mittelgrau = Richtiges Arbeiten der Zündkerze und richtiges Gemisch
- Schwarz = Gemisch zu fett
- Hellgrau = Gemisch zu mager
- Verölt = Aussetzen der betreffenden Zündkerze oder schlecht abdichtende Kolbenringe (Kompression prüfen).
- Isolatoren der Zündkerzen auf Kriechströme untersuchen. Kriechströme zeigen sich als dünne, unregelmäßige Spuren auf der Oberfläche. Falls sich die Kriechstromspuren nicht vollständig entfernen lassen, betreffende Kerze und eventuell auch undichten Zündkerzenstecker austauschen.
- Falls erforderlich, Zündkerzen mit einer Messingbürste oder einem Sandstrahlgerät reinigen.

Einbau

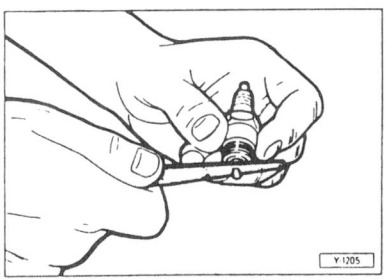

- Elektrodenabstand mit Fühlerblattlehre prüfen. Sollwert bei Einmassenelektroden-Zündkerzen: **0,7–0,8 mm.** Bei Dreiecksmassenelektroden-Zündkerzen: **0,8–0,9 mm** Bei neuen Zündkerzen ist der Elektrodenabstand in der Regel richtig eingestellt.

- Zum Einstellen des Kontaktabstandes Masse-Elektrode nachbiegen. Dazu seitlich gegen die Masse-Elektrode klopfen. Beim Aufbiegen kleinen Schraubendreher am Gewinderand der Kerze abstützen, keinesfalls jedoch an der Mittel-Elektrode, da diese sonst beschädigt wird. Der Abstand der Dreiecksmasseelektroden-Zündkerze ist nicht einstellbar.

- Gewinde an den Kerzen mit sauberem Lappen reinigen.

- Zündkerzen von Hand bis zur Anlage am Zylinderkopf einschrauben. **Achtung:** Dabei Kerzen nicht verkantet ansetzen.

- Zündkerzen mit **25 Nm** festziehen. **Achtung:** Steht kein Drehmomentschlüssel zur Verfügung, neue Zündkerzen mit Kerzenschlüssel um ca. 90° (¼ Umdrehung) anziehen. Gebrauchte Zündkerzen nur ca. 15° anziehen. Zu fest angezogene Zündkerzen können beim Herausschrauben abreißen oder das Gewinde im Zylinderkopf beschädigen. In diesem Fall Kerzengewinde mit UTC- oder Heli-Coil-Einsätzen reparieren.

- **316i, 318i, 318is:** Kerzenstecker entsprechend der Zündfolge 1–3–4–2 aufstecken. Durch leichtes Ziehen festen Sitz der Kerzenstecker prüfen.

320i, 323i, 323ti, 325i, 328i:

- Zündspulen aufschrauben, dabei darauf achten, daß die untergelegten Papierdichtungen richtig sitzen.
- Auf richtigen Sitz der Kabelstecker achten und die Massebänder am 3. und 6. Zylinder montieren.

- Abdeckungen anbringen, in umgekehrter Reihenfolge wie unter »Ausbau« beschrieben.

Elektrische Anschlüsse prüfen

- Sämtliche elektrischen Anschlüsse an der Zündspule sowie am Verteiler auf festen Sitz prüfen.
- Angerissene Klemmen ersetzen.
- Korrodierte Anschlüsse mit einer Drahtbürste oder Schmirgelleinen reinigen, gegebenenfalls mit Kontaktspray einsprühen.
- Die Kontakte dürfen nicht feucht sein, andernfalls Kontakte reinigen und mit Kontaktspray einsprühen.
- Zündkabel auf engen Radius biegen und auf Risse prüfen. Gegebenenfalls alle Zündkabel ersetzen.

Luftfiltereinsatz wechseln

Es wird kein Sonderwerkzeug benötigt.

Folgendes Verschleißteil muß gekauft werden:

- Luftfiltereinsatz. Beim Ersatzteilkauf beachten, daß je nach Motor andere Luftfiltereinsätze benötigt werden.

Ausbau

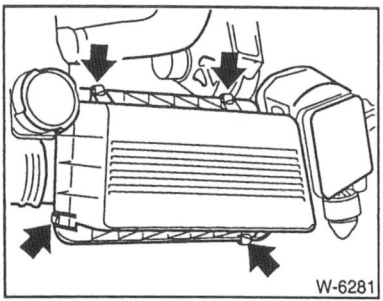

- **316i, 318i, 318is/ti:** 4 Klammern –Pfeile– öffnen. Luftfilteroberteil hochziehen und Luftfiltereinsatz herausnehmen.

- **320i, 323i, 323ti, 325i, 328i:** Haltezungen rechts und links des Luftfiltereinsatzschiebers eindrücken und Schieber herausziehen. Luftfiltereinsatz entnehmen.

- Filtergehäuse mit einem Lappen auswischen.

- Filtereinsatz bei geringer Verschmutzung vorsichtig mit der Schmutzseite nach unten ausklopfen. Verölten Filter auf jeden Fall ersetzen.

Achtung: Filtereinsatz weder mit Benzin reinigen, noch mit Öl benetzen. Filter nicht mit Preßluft ausblasen.

Einbau

- Neuen Filtereinsatz in das Luftfiltergehäuse einlegen. Auf die Einbaulage achten.

- **316i, 318i, 318is:** Deckel von oben ansetzen. Schnappverschlüsse schließen.

- **320i, 323i, 323ti, 325i, 328i:** Schieber einschieben und die beiden Haltenasen einschnappen lassen.

Kraftstoffilter entwässern/ersetzen

Der Kraftstoffilter ist bei Benzinmotoren alle 80.000 km, bei Dieselmotoren alle 40.000 km zu ersetzen. **Beim Dieselmotor ist der Kraftstoffilter im Rahmen der Wartung zusätzlich regelmäßig zu entwässern.**

Kraftstoffilter Benzinmotoren ersetzen

Folgendes Werkzeug wird benötigt:

- Wagenheber und Unterstellböcke.
- 2 Kleine Schraubzwingen zum Schlauch abklemmen.
- Auffangefäß um auslaufendes Benzin aufzufangen.

Folgende Verschleißteile müssen gekauft werden:

- Kraftstoffilter für den jeweiligen Motor.
- Eventuell 2 Schlauchschellen, um die Kraftstoffleitung zu befestigen.

Der Kraftstoffilter sitzt im Motorraum unten am linken Längsträger. Er ist nur von unten zugänglich.

Ausbau

Achtung: Kein offenes Feuer, Brandgefahr! Stets für gute Belüftung des Arbeitsplatzes sorgen. Benzindämpfe sind gesundheitsschädlich!

- Fahrzeug aufbocken.

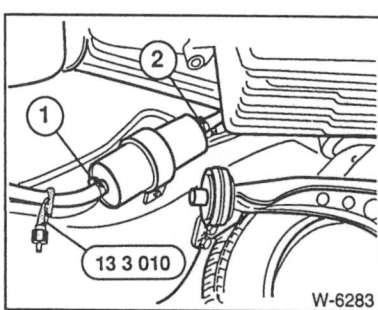

- Kraftstoffschlauch –1– von der Kraftstoffpumpe zum Filter mit Schraubzwinge abklemmen.

- Kraftstoffleitung –2– zum Verteilerrohr abklemmen und am Filter abziehen, vorher Klemmschelle am Anschluß lösen.

- Spannband am Filter lösen, etwas auseinanderdrücken und Filter mit Kraftstoffschlauch –1– nach unten herausziehen.

- Kraftstoffschlauch am Kraftstoffilter abziehen, vorher Klemmschelle lösen und zurückschieben. Auslaufendes Benzin auffangen.

Einbau

- Kraftstoffschlauch zum Verteilerrohr am neuen Filter aufschieben –1– und mit Schelle sichern.

- Kraftstoffilter einsetzen und Halter anschrauben. Dabei auf richtige Einbaulage des Filters achten. Der Pfeil –2– auf dem Filtergehäuse zeigt in Durchflußrichtung.

- Zweiten Kraftstoffschlauch am Kraftstoffilter aufschieben –3– und mit Schelle sichern.

- Klemmwerkzeug abnehmen.

- Leerlauf einlegen und Fahrzeug mit Handbremse sichern, Motor starten und Dichtheit der Kraftstoffanschlüsse kontrollieren.

- Fahrzeug ablassen.

Kraftstoffilter Dieselmotor entwässern/ersetzen

Der Kraftstoffilter muß alle 10.000 km oder spätestens einmal jährlich entwässert und alle 40.000 km ersetzt werden. Er sitzt im Motorraum an der linken Seite. Zum Auffangen des Wassersatzes ist ein geeignetes Auffanggefäß erforderlich. **Achtung:** Auslaufender Dieselkraftstoff muß besonders auf Gummiteilen (Kühlmittelschläuchen) sofort naß abgewischt werden, da er sonst diese Teile im Lauf der Zeit zersetzen kann.

Entwässern

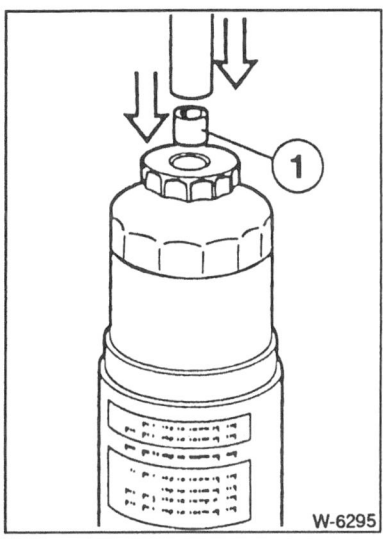

- Passenden Schlauch auf den Ablaufnippel –1–, Ø 8 mm, stecken. Geeignete Auffangwanne unterstellen.

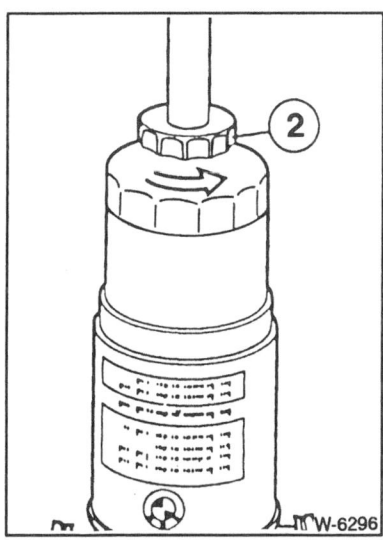

- Schraube –2– unten am Filter mit der Hand einige Umdrehungen lösen. Läßt sich die Schraube nicht lösen, Rohrzange mit Lederzwischenlage verwenden.
- Etwa 200 cm³ Wassersatz ablaufen lassen, bis reiner Dieselkraftstoff austritt. Entwässerungsventil von Hand festziehen.
- Kraftstoffanlage auf Dichtheit prüfen. Dazu Motor starten. Nach mehrmaligem Gasgeben muß der Kraftstoff blasenfrei durch die durchsichtige Leitung zur Einspritzpumpe fließen.

Filterwechsel

- Flüssigkeit im Filter wie beim Entwässern ablassen.

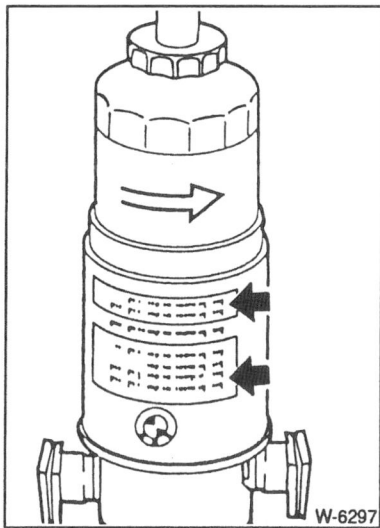

- Kraftstoffilter mit der Hand vom Filterflansch abschrauben. Falls er zu fest sitzt, mit handelsüblichem Spannbandschlüssel, zum Beispiel HAZET 2170, abschrauben.
- Wenn kein Spannbandschlüssel zur Hand ist, 2 Schrauben am Filteroberteil herausdrehen und Filter mit Flansch ausbauen. Vorher die Kraftstoffzuleitung und -ableitung abziehen, dabei Klammern drücken. Außerdem beide Kabelstecker für Filterflanschheizung und Wasserstandgeber trennen. Flansch in Schraubstock spannen.
- Neuen Filter randvoll mit Diesel füllen und mit der Hand am Filterflansch anschrauben. **Achtung:** Filter nicht zu fest anschrauben. Wenn die Dichtung am Filterflansch aufliegt, nur noch 1/2 Umdrehung weiterdrehen. Hinweise auf dem Filter beachten.
- Gegebenenfalls Filterflansch mit Filter einbauen und beide Kabelstecker anschließen.
- Nach Probefahrt Dichtigkeit der Kraftstoffanlage überprüfen.

Keilriemen prüfen/spannen Zahnriemen ersetzen/spannen

Die 4-Zylindermotoren seit 9/93 sowie alle 6-Zylindermotoren sind mit einem Keilrippenriemen ausgestattet. Dieser Keilrippenriemen spannt sich selbständig nach. Werden bei der Prüfung Mängel, z.B. Ölspuren, Porosität, Querschnittbrüche festgestellt, Keilrippenriemen ersetzen, siehe Seite 58.

Keilriemen prüfen, 4-Zylindermotoren bis 8/93

Benötigte Sonderwerkzeuge:

- Die BMW-Werkstatt prüft die Keilriemenspannung mit einem Spezialgerät. Steht das Prüfgerät nicht zur Verfügung, »Daumenprobe« durchführen.

Benötigte Verschleißteile:

- Keilriemen entsprechender Größen. Es empfiehlt sich, immer alle Keilriemen zu erneuern, auch wenn nur einer verschlissen ist. Die richtigen Keilriemengrößen stehen in der Betriebsanleitung.

Der Zustand und die Spannung der Keilriemen für Generator, Servopumpe (für Servolenkung) sowie gegebenenfalls Klimakompressor (für Klimaanlage) müssen geprüft werden. Zu niedrige Keilriemenspannung führt zum erhöhten Verschleiß oder Ausfall des Keilriemens. Bei zu hoher Spannung können Lagerschäden an den betreffenden Aggregaten auftreten.

- Ein Keilriemen muß ersetzt werden bei: Übermäßiger Abnutzung, Ausgefransten Flanken, Ölspuren, Porosität, Querschnittbrüchen.
- Spannung aller Keilriemen prüfen, und zwar durch kräftigen Daumendruck in der Mitte zwischen den beiden Riemenscheiben, die den größten Abstand voneinander haben. Der Keilriemen darf sich um ca. 5 bis 10 mm durchdrücken lassen.
- **Keilriemen für Generator** ersetzen beziehungsweise spannen, siehe Seite 58.
- **Keilriemen für Servopumpe** ersetzen beziehungsweise spannen, siehe Seite 58.
- **Keilriemen für Klimakompressor** ersetzen beziehungsweise spannen, siehe Seite 58.

316i, 318i bis 8/93 (Motor M40): Zahnriemen ersetzen

Der Zahnriemen soll nach BMW-Wartungsplan sicherheitshalber alle 80.000 km oder 4 Jahre ersetzt werden. Da die Arbeit, falsch ausgeführt, zu erheblichen Motorschäden führen kann, ist auf eine exakte Arbeitsweise zu achten. Der Zahnriemenwechsel wird im Kapitel »Motor« beschrieben.

Kupplung/Getriebe/Achsantrieb

Sichtprüfung der Abgasanlage

- Fahrzeug aufbocken.
- Befestigungsschellen auf festen Sitz prüfen.
- Abgasanlage mit Lampe auf Löcher, durchgerostete Teile sowie Scheuerstellen absuchen.
- Katalysator auf äußere Beschädigung, wie Dellen oder Risse, untersuchen. Mit der Hand dagegen klopfen, bei scheppderndem Geräusch ist der Keramikträger des Katalysators gebrochen. Der Katalysator muß dann erneuert werden. **Achtung:** Der Katalysator kann heiß sein.
- Stark gequetschte Abgasrohre ersetzen.

- Gummihalterungen durch Drehen und Dehnen auf Porosität überprüfen und gegebenenfalls austauschen.
- An kompletter Auspuffanlage rütteln, ob sie nirgendwo anstößt. Wenn doch, alle Schrauben lösen, Abgasanlage spannungsfrei ausrichten und wieder anziehen.

■ Kupplung: Schläuche, Leitungen und Anschlüsse auf Undichtigkeiten prüfen, Bremsflüssigkeitsstand prüfen.

■ Schalt- und Hinterachsgetriebe: Sichtprüfung auf Undichtigkeiten, Ölstand prüfen (alle 40 000 km: Hinterachsöl wechseln. Alle 80 000 km: Getriebeöl wechseln).

■ Automatisches Getriebe: Flüssigkeitsstand prüfen, gegebenenfalls ATF auffüllen (alle 40 000 km: ATF wechseln).

■ Achswellen: Gelenkschutzhüllen auf Undichtigkeiten und Beschädigungen prüfen.

■ Kardanwelle: Gelenkscheiben auf Verschleiß prüfen.

Die Motorkraft wird über die Kupplung, das Schaltgetriebe und die Kardanwelle zum Hinterachsgetriebe (Differential) übertragen. Von dort gehen zwei Achswellen zu den beiden Hinterrädern. Alle Teile müssen regelmäßig kontrolliert, das Öl in beiden Getrieben erneuert werden.

Achtung: Altöl muß auf jeden Fall bei den Altöl-Sammelstellen abgegeben werden. In der Regel nehmen die Verkaufsstellen für neues Getriebeöl das Altöl kostenlos entgegen. Außerdem informieren Gemeinde- und Stadtverwaltungen darüber, wo sich die nächste Altöl-Sammelstelle befindet. **Keinesfalls darf Altöl einfach weggeschüttet oder dem Hausmüll mitgegeben werden.** Größere Umweltschäden wie beispielsweise Grundwasserverseuchung wären sonst unvermeidbar.

Kupplungsscheibe/ Dicke prüfen

Als Werkzeug wird benötigt:

- Wagenheber und Unterstellböcke.
- Ein Stecknuß-Satz.
- Eine BMW-Prüflehre.

Als Verschleißteil wird benötigt:

- Nur wenn die Prüfung eine abgenutzte Kupplung ergab: Kupplungs-Mitnehmerscheibe.

Die Kupplung ist selbstnachstellend und wartungsfrei. Der Verschleiß der Kupplungsscheibe ist daher nicht am Spiel des Kupplungspedales erkennbar. Die Dicke der Kupplungsscheibe wird mit einer speziellen Kontroll-Lehre in eingebautem Zustand gemessen.

Die Dicke der Kupplungsscheibe ist im Rahmen der Wartung alle 80 000 km zu prüfen.

- Fahrzeug aufbocken.

- Kupplungsnehmerzylinder an Getriebeglocke ausbauen, dazu 2 Schrauben −Pfeil− lösen. Hydraulikleitung bleibt angeschlossen.

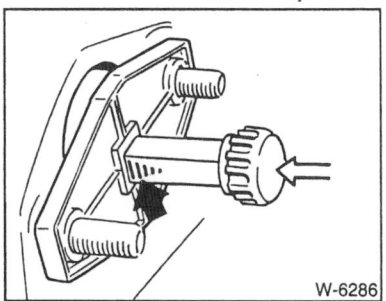

- Kontroll-Lehre wie in Abbildung gezeigt in die Öffnung des Nehmerzylinders einsetzen und in Pfeilrichtung drücken. Nun die Skala −schwarzer Pfeil− ablesen, der Kupplungsbelag muß erneuert werden wenn der rote Bereich sichtbar ist.

Schaltgetriebe: Öl wechseln

Benötigtes Werkzeug:

- Wagenheber mit Unterstellböcken.
- Ein Steckschlüsselsatz.

Verschleißteile:

- Getriebeöl nach hier angegebener Spezifikation.

Das Getriebeöl ist alle 80000 km im Rahmen der Wartung zu wechseln. Zwischendurch sollte das Getriebe bei jeder Wartung auf Undichtigkeiten sichtgeprüft und der Ölstand kontrolliert werden. Er muß bis zur Unterkante der Einfüllschraube reichen.

- Das Getriebe muß vor dem Ölwechsel etwa handwarm sein, ggf. 15minütige Probefahrt durchführen.
- Fahrzeug waagerecht aufbocken, siehe Seite 123.

- Einfüllschraube –1– am Getriebe herausdrehen.
- Ölablaßschraube –2– unten am Getriebe herausdrehen. **Achtung:** Getriebeöl auffangen und bei der Altölsammelstelle abgeben, keinesfalls einfach wegschütten oder dem Hausmüll mitgeben.
- Ölablaßschraube mit **50 Nm** einschrauben.
- Es dürfen nur von BMW freigegebene ATF-Öle verwendet werden. Im allgemeinen sind Automatik-Öle mit der Bezeichnung »Dexron II« zugelassen.

Füllmengen: Alle außer 318tds (Compact), 325 td/tds, 328i: **1,1 Liter**. 318tds, 325td/tds, 328i: **1,2 Liter**.

Achtung: Grundsätzlich darauf achten, daß nicht mehr Öl eingefüllt wird als bis zur Unterkante der Öleinfüllbohrung.

- Einfüllschraube mit 50 Nm festziehen.
- Fahrzeug ablassen.

Automatisches Getriebe: Ölstand prüfen/Öl wechseln

Prüfen

Die Kontrolle des vorgeschriebenen Ölstands ist nur mit einem BMW-Service-Tester über die Statusabfrage möglich.

Folgen von zu hohem Ölstand:
Starke Schaumbildung, Panschverluste, Temperaturerhöhung bei schneller Fahrt, Ölverlust über die Getriebeentlüftung.

Folgen von zu niedrigem Ölstand:
Ventilschnattern, Schaumbildung, Motor dreht durch, allgemeine Funktionsstörungen.

Öl wechseln

Benötigtes Sonderwerkzeug:
- Hydraulik-Wagenheber mit Unterstellböcken.
- 320i, 323i, 323ti, 325i, 328i: Innensechskantschlüsselsatz.

Benötigte Verschleißteile:
- 1 Alu-Dichtring A30x36, 1 Alu-Dichtring A10x14.
- ATF-Öl. Die Füllmenge beträgt ca. 3 Liter. **Achtung:** Es dürfen nur die vom Werk freigegebenen ATF-Öle verwendet werden. Im allgemeinen sind Automatic-Transmission-Öle mit der Bezeichnung »Dexron II« zugelassen. Alle zugelassenen ATF-Öle lassen sich miteinander mischen. Keine Zusatzschmiermittel verwenden.

Die ATF-Füllung wird normalerweise alle 40000 km gewechselt. Bei ATF-Wechsel ist auf allerpeinlichste Sauberkeit zu achten. Selbst geringste Verunreinigungen führen zum Ausfall der Automatik. **Achtung:** Ohne ATF-Füllung darf der Motor nicht laufengelassen werden. Auch darf das Fahrzeug ohne ATF-Füllung nicht abgeschleppt werden.

- Der Ölwechsel soll bei betriebswarmem Getriebe durchgeführt werden.
- Fahrzeug aufbocken, so daß es waagerecht steht, und mit Unterstellböcken sichern.

316i, 318i, 318is/ti, 325td/tds:

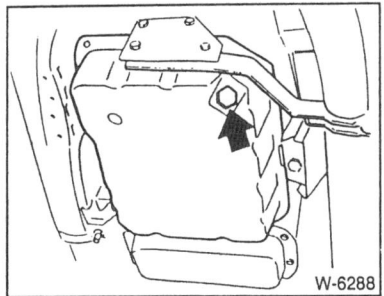

- Ölablaßschraube unten von der Ölwanne abschrauben, ablaufendes Öl auffangen. **Achtung:** Getriebeöl bei der Altölsammelstelle abgeben, keinesfalls einfach wegschütten oder dem Hausmüll mitgeben.

Hat das Öl einen verbrannten Geruch und eine schwärzliche Färbung, muß das Getriebe überholt werden.

- Öleinfüllschraube seitlich an der Ölwanne abschrauben.
- Ölablaßschraube mit neuem Dichtring fest, aber nicht mit zu großer Gewalt anziehen. Das vorgeschriebene Anzugsmoment beträgt **25 Nm**.
- Über die seitliche Öleinfüllöffnung ATF einfüllen bis es zur Einfüllöffnung herausläuft. Überschüssiges Öl auffangen.
- Öleinfüllschraube mit neuem Dichtring fest, aber nicht mit zu großer Gewalt anziehen. Das vorgeschriebene Anzugsmoment beträgt **30 Nm**.

320i, 323i, 323ti, 325i, 328i:

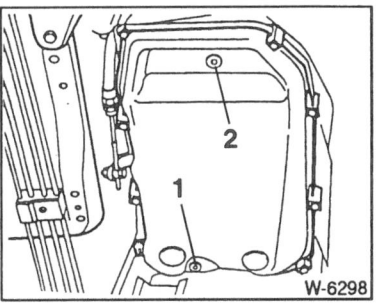

- Ölablaßschraube –1– unten von der Ölwanne abschrauben, ablaufendes Öl auffangen. **Achtung:** Getriebeöl bei der Altölsammelstelle abgeben, keinesfalls einfach wegschütten oder dem Hausmüll mitgeben.

Hat das Öl einen verbrannten Geruch und eine schwärzliche Färbung, muß das Getriebe überholt werden.

- Öleinfüllschraube unten an der Ölwanne abschrauben.
- Ölablaßschraube –1– mit neuem Dichtring gefühlvoll anziehen. Das vorgeschriebene Anzugsmoment beträgt **15 Nm**.
- Über die Öleinfüllöffnung ATF einfüllen, bis es zur Einfüllöffnung herausläuft. Überschüssiges Öl auffangen.
- Öleinfüllschraube –2– mit neuem Dichtring kraftvoll anziehen. Das vorgeschriebene Anzugsmoment beträgt **100 Nm**.

- Ölstand kontrollieren, siehe unter »Prüfen«.

Öl im Ausgleichgetriebe wechseln

Benötigtes Sonderwerkzeug:

● Innensechskantschlüssel für Einfüll- und Ablaßschrauben.

Benötigte Verschleißteile:

● Öl gemäß BMW-Spezifikation.
● 2 Alu-Dichtringe, Größe A22x27.
● Kurze Probefahrt durchführen, damit das Öl im Ausgleichgetriebe Betriebstemperatur erreicht.
● Fahrzeug waagerecht aufbocken.

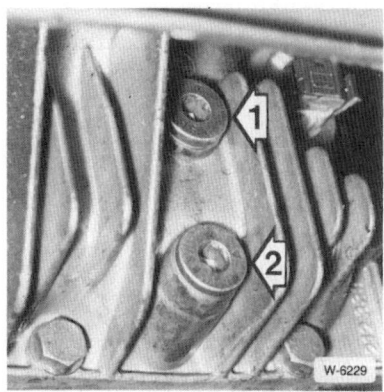

● Öleinfüllschraube –1– mit Innensechskantschlüssel herausdrehen.
● Wenn geringfügig Öl austritt, ist der Ölstand in Ordnung und das Getriebe dicht. Andernfalls mit Finger prüfen, ob der Ölstand bis zur Unterkante der Öffnung reicht.

Achtung: Bei größerem Ölverlust Ursache ermitteln und beseitigen.

● Ölablaßschraube –2– unterhalb der Öleinfüllschraube herausdrehen und Getriebeöl auffangen. **Achtung:** Öl umweltgerecht entsorgen!
● Die Ölablaßschraube ist magnetisch, damit die Metallspäne im Getriebe daran haften bleiben. Metallspäne von der Schraube abwischen. Anschließend Ablaßschraube mit neuem Dichtring und **50 Nm** einschrauben.
● Mit Spritzkanne Öl nachfüllen.

Öl-Spezifikation: Hypoid-Getriebeöl SAE 90. Nur von BMW freigegebenes Öl verwenden (steht auf der Öldose).

Füllmenge:

Die Füllmenge ist abhängig vom Ausgleichgetriebetyp:

Typ K: 1,1 Liter, Typ M: 1,7 Liter.

Typ K hat **4** Schrauben im Seitendeckel.

Typ M hat **6** Schrauben im Seitendeckel.

Achtung: Getriebeöl ist zähflüssig, deshalb nicht zuviel Öl auf einmal einfüllen. Jeweils Wartepausen einlegen und Gefäß unterstellen, um überlaufendes Öl aufzufangen.

● Öleinfüllschraube mit neuem Dichtring und **50 Nm** anschrauben.

Gummimanschetten der Achswellen prüfen

● Fahrzeug aufbocken.
● Auf sichtbare Fettspuren an den Manschetten und in deren Umgebung achten.
● Festen Sitz der Klemmschellen prüfen.
● Gummi der Manschette mit Lampe auf Porosität und Risse untersuchen. Eingerissene Gelenkschutzhüllen umgehend erneuern.
● Sollte die Manschette durch Unterdruck im Gelenk nach innen gezogen oder defekt sein, so ist sie umgehend auszutauschen.

Gelenkscheiben an der Gelenkwelle prüfen

● Fahrzeug aufbocken, siehe Seite 123.

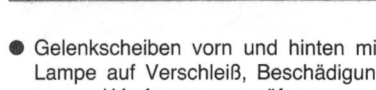

● Gelenkscheiben vorn und hinten mit Lampe auf Verschleiß, Beschädigungen und Verformungen prüfen.
● Zwischenstege im Bereich der Paßhülsen –Pfeile– auf Risse prüfen, gegebenenfalls Gelenkscheibe erneuern.
● Bei Verformungen Gelenkscheibe durch lösen und wieder anziehen der Befestigungsschrauben entspannen; wenn die Verformung bestehen bleibt, Gelenkscheibe ebenfalls ersetzen.
● Fahrzeug ablassen.

Bremsen/Reifen/Räder

■ Bremsanlage: Leitungen, Schläuche, Bremszylinder und Anschlüsse auf Undichtigkeiten und Beschädigungen prüfen.

■ Bremsanlage: Bremsflüssigkeitsstand und Dicke der Bremsbeläge prüfen. Sichtprüfung aller Bremsteilen auf Undichtigkeit und Verschleiß. Die Wartungspunkte der Bremsanlage beziehen sich auf die jeweiligen Anweisungen im Kapitel »Bremsanlage«.

■ Räder: Abschrauben, Zustand der Felgen (auch innen) prüfen, Räder reinigen, an der Radmittenzentrierung fetten und mit vorgeschriebenem Drehmoment anschrauben.

■ Bereifung: Profiltiefe und Reifenfülldruck prüfen; Reifen auf Verschleiß und Beschädigungen (einschließlich Reserverad) prüfen.

■ Vorderradlager: Spiel prüfen.

Bremsflüssigkeitsstand / Warnleuchte prüfen

Der Vorratsbehälter für die Bremsflüssigkeit/Kupplungshydraulik befindet sich im Motorraum. Er hat zwei Kammern, je eine für jeden Bremskreis. Der Schraubverschluß hat eine Belüftungsbohrung, die nicht verstopft sein darf.

Der Vorratsbehälter ist durchscheinend, so daß der Bremsflüssigkeitsstand jederzeit von außen überwacht werden kann. Die Check-Control zeigt ein Absinken der Bremsflüssigkeit unter den Min.-Stand an. Dennoch ist es ratsam, regelmäßig einen Blick auf den Vorratsbehälter zu werfen.

- Der Flüssigkeitsstand soll, bei geschlossenem Deckel, nicht höher als die Max.-Markierung und nicht unterhalb der Min.-Marke (etwa 5 mm oberhalb beziehungsweise unterhalb der Schweißnaht) liegen.
- Nur Bremsflüssigkeit der Spezifikation **DOT 4** einfüllen.
- Durch Abnutzung der Scheibenbremsen entsteht ein geringfügiges Absinken der Bremsflüssigkeit. Das ist normal.
- Sinkt die Bremsflüssigkeit jedoch innerhalb kurzer Zeit stark ab, ist das ein Zeichen für Bremsflüssigkeitsverlust.
- Die Leckstelle muß dann sofort ausfindig gemacht werden. In der Regel liegt es an verschlissenen Manschetten in den Radbremszylindern. Sicherheitshalber sollte die Überprüfung der Anlage von einer Fachwerkstatt durchgeführt werden.

Warnleuchte prüfen

- Zündung einschalten, Feststellbremse lösen.

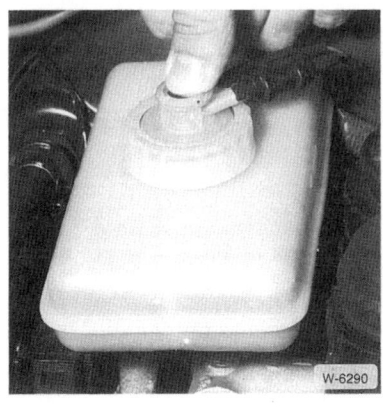

- Kontakt im Verschlußdeckel mit dem Daumen nach unten drücken.
- Ein Helfer kontrolliert, ob die Warnleuchte jeweils aufleuchtet. Falls nicht, elektrische Zuleitung prüfen.

Bremsbelagdicke prüfen
Sichtprüfung Bremsteile

Bei abgefahrenen **vorderen und hinteren** Scheibenbremsbelägen leuchtet in der Armaturentafel eine Warnleuchte auf. In diesem Fall die Bremsbeläge umgehend ersetzen.

- Scheibenrad zur Radnabe mit Farbe kennzeichnen, damit das ausgewuchtete Rad wieder an gleicher Stelle montiert werden kann. Radschrauben lösen.
- Fahrzeug aufbocken, Räder abnehmen.

Scheibenbremse

- Belagdicke – also ohne die metallische Rückenplatte – von oben durch den Bremsträger sichtprüfen. Im Zweifelsfall Bremsbeläge ausbauen und Belagdicke mit Schieblehre messen.
- Die Verschleißgrenze der **Scheibenbremsbeläge** an der Vorder- und Hinterachse ist erreicht, wenn der Belag nur noch eine Dicke von **2 mm** aufweist.

Hinweis: Nach einer Faustregel entspricht 1 mm Bremsbelag bei der Scheibenbremse einer Fahrleistung von mindestens 1000 km. Diese Faustregel gilt unter ungünstigen Bedingungen. Im Normalfall halten die Beläge viel länger. Bei einer Belagdicke der Scheibenbremsbeläge von 5,0 mm (ohne Rückenplatte) beträgt die Restnutzbarkeit der Bremsbeläge also noch mindestens 3000 km.

- Bremssättel auf Bremsflüssigkeitsverlust untersuchen. Staubmanschetten der Bremskolben auf Risse und Porosität untersuchen.
- Bremsscheiben an der Innen- und Außenseite auf Riffen, Rostfraß und Risse sichtprüfen.

Trommel- und Handbremse

- Bei abgenommener Bremstrommel bzw. -scheibe können die Bremsbakken sichtgeprüft werden. Die Verschleißgrenze ist erreicht, wenn der Belag an der dünnsten Stelle eine Stärke von **1,5 mm** hat.
- Ist die Verschleißgrenze erreicht, Bremsbeläge auswechseln. Grundsätzlich alle Beläge einer Achse erneuern.
- Die Bremstrommel und das Ankerblech mit handelsüblichem Bremsenreiniger reinigen.
- Die Staubmanschetten der Radbremszylinder auf Dichtheit und Porosität überprüfen.

Sichtprüfung bei allen
Bremsleitungen

- Fahrzeug aufbocken, siehe Seite 123.
- Bremsleitungen mit Kaltreiniger reinigen.

Achtung: Die Bremsleitungen sind zum Schutz gegen Korrosion mit einer Kunststoffschicht überzogen. Wird diese Schutzschicht beschädigt, kann es zur Korrosion der Leitungen kommen. Aus diesem Grund dürfen Bremsleitungen nicht mit Drahtbürste, Schmirgelleinen oder Schraubendreher gereinigt werden.

- Bremsleitungen vom Hauptbremszylinder zu den einzelnen Radbremszylindern mit Lampe überprüfen. Der Hauptbremszylinder sitzt im Motorraum unter dem Vorratsbehälter für Bremsflüssigkeit.
- Bremsleitungen dürfen weder geknickt noch gequetscht sein. Auch dürfen sie keine Rostnarben oder Scheuerstellen aufweisen. Andernfalls Leitung bis zur nächsten Trennstelle ersetzen.
- Bremsschläuche verbinden die Bremsleitungen mit den Radbremszylindern an den beweglichen Teilen des Fahrzeugs. Sie bestehen aus hochdruckfestem Material, können aber mit der Zeit porös werden, aufquellen oder durch scharfe Gegenstände angeschnitten werden. In einem solchen Fall sind sie sofort zu ersetzen.

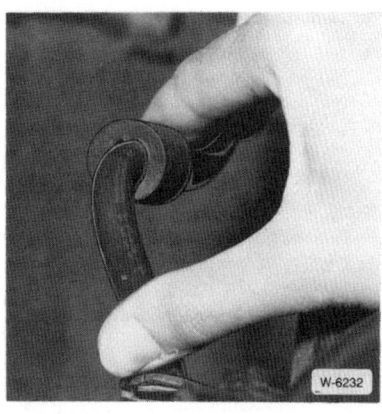

- Bremsschläuche mit der Hand hin- und herbiegen, um Beschädigungen festzustellen. Schläuche dürfen nicht verdreht sein, farbige Kennlinie beachten!
- Lenkrad nach links und rechts bis zum Anschlag drehen. Die Bremsschläuche dürfen dabei in keiner Stellung Fahrzeugteile berühren.
- Anschlußstellen von Bremsleitungen und -schläuchen dürfen nicht durch ausgetretene Flüssigkeit feucht sein.

Achtung: Wenn der Vorratsbehälter und die Dichtungen durch ausgetretene Bremsflüssigkeit feucht sind, so ist das nicht unbedingt ein Hinweis auf einen defekten Hauptbremszylinder. Vielmehr dürfte die Bremsflüssigkeit durch die Belüftungsbohrung im Deckel oder durch die Deckeldichtung ausgetreten sein.

Bremsflüssigkeit wechseln

Benötigtes Sonderwerkzeug:

- Ringschlüssel 10 mm für Entlüfterschrauben.

Benötigte Verschleißteile:

- Bremsflüssigkeit der Spezifikation DOT 4.

Die Bremsflüssigkeit nimmt durch die Poren der Bremsschläuche sowie durch die Entlüftungsöffnung des Vorratsbehälters Luftfeuchtigkeit auf. Dadurch sinkt im Laufe der Betriebszeit der Siedepunkt der Bremsflüssigkeit. Bei starker Beanspruchung der Bremse kann es deshalb zu Dampfblasenbildung in den Bremsleitungen kommen, wodurch die Funktion der Bremsanlage stark beeinträchtigt wird.

Die Bremsflüssigkeit soll alle 2 Jahre, möglichst im Frühjahr, erneuert werden.

- Vorsichtsmaßregeln beim Umgang mit Bremsflüssigkeit beachten, siehe Seite 176.
- Mit einer Absaugflasche aus dem Bremsflüssigkeitsbehälter Bremsflüssigkeit bis zu einem Stand von ca. 10 mm absaugen.

Achtung: Vorratsbehälter nicht ganz entleeren, damit keine Luft in das Bremssystem gelangt.

- Vorratsbehälter bis zur „Max"-Marke mit **neuer** Bremsflüssigkeit füllen.
- Am rechten hinteren Bremssattel sauberen Schlauch auf Entlüfterventil aufschieben, geeignetes Gefäß unterstellen.
- Von Helfer Bremspedal durchdrücken lassen und in dieser Stellung halten lassen.
- Entlüfterventil öffnen und mit ca. 10 Pumpenstößen am Bremspedal alte Bremsflüssigkeit herauspumpen.
- Entlüfterventil schließen, Vorratsbehälter mit **neuer** Bremsflüssigkeit auffüllen.
- Auf die gleiche Weise alte Bremsflüssigkeit aus den anderen Bremssätteln herauspumpen. Reihenfolge beachten: 1.) hinten rechts, 2.) hinten links, 3.) vorne rechts, 4.) vorne links.

Achtung: Die abfließende Bremsflüssigkeit muß in jedem Fall klar und blasenfrei sein.

- Alte Bremsflüssigkeit bei der örtlichen Deponie für Sondermüll abgeben.
Achtung: Alte Bremsflüssigkeit niemals in Trinkgefäßen und für Kinder erreichbar aufbewahren. **Vergiftungsgefahr.**

Feststellbremse prüfen

Die Feststellbremse ist bei Fahrzeugen die rundum mit Scheibenbremsen ausgerüstet sind an den Hinterrädern als separate Trommelbremse ausgebildet. Sie befindet sich in den hinteren Scheibenbremsen. Da bei diesen Modellen der Bremsbelag der Feststellbremse kaum abgenutzt wird, kann es vorkommen, daß die Bremstrommel korrodiert oder die Bremsbeläge verschmutzen. Vor einer Prüfung der Feststellbremse empfiehlt es sich deshalb, bei leicht angezogener Handbremse (anziehen bis ein Widerstand spürbar wird und dann noch eine Raste weiterziehen) ca. 300 m zu fahren.

- Fahrzeug hinten aufbocken.
- Feststellbremse bis zur 5. Raste anziehen. Beide Räder von Hand durchdrehen. An den Hinterrädern muß nun eine leichte Bremswirkung spürbar sein.
- Handbremse 6 Rasten anziehen, die Hinterräder müssen sich jetzt gerade noch von Hand durchdrehen lassen. Muß die Handbremse weiter angezogen werden, bis sich eine Bremswirkung feststellen läßt, Feststellbremse einstellen, siehe Kapitel »Bremsanlage«.
- Fahrzeug ablassen.

Reifenfülldruck prüfen

- Reifenfülldruck nur am kalten Reifen prüfen.
- Reifenfülldruck einmal im Monat sowie im Rahmen der Wartung prüfen. Fülldrucktabelle, siehe Seite 192.
- Zusätzlich sollte der Fülldruck vor längeren Autobahnfahrten kontrolliert werden, da hierbei die Temperaturbelastung für den Reifen am größten ist.

Reifenprofil prüfen

Die Reifen ausgewuchteter Räder nutzen sich bei gewissenhaftem Einhalten des vorgeschriebenen Fülldrucks und bei fehlerfreier Radeinstellung und Stoßdämpferfunktion auf der gesamten Lauffläche annähernd gleichmäßig ab. Bei ungleichmäßiger Abnutzung, siehe Störungsdiagnose im Kapitel »Reifen«. Im übrigen läßt sich keine generelle Aussage über die Lebensdauer bestimmter Reifenfabrikate machen, denn die Lebensdauer hängt von unterschiedlichen Faktoren ab:

- Fahrbahnoberfläche
- Reifenfülldruck
- Fahrweise
- Witterung

Vor allem hektische Fahrweise, scharfes Anfahren und starkes Bremsen fördern den schnellen Reifenverschleiß.

Achtung: Die Rechtsprechung verlangt, daß Reifen lediglich bis zu einer Profiltiefe von 1,6 mm abgefahren werden dürfen, und zwar müssen die Profilrillen auf der gesamten Lauffläche noch mindestens 1,6 mm Tiefe aufweisen. Es empfiehlt sich jedoch, sicherheitshalber die Reifen bereits bei einer Mindestprofiltiefe von 2 mm auszutauschen.

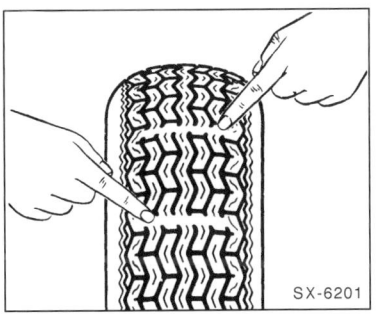

Nähert sich die Profiltiefe der gesetzlich zulässigen Mindestprofiltiefe, das heißt, weist der mehrmals am Reifenumfang angeordnete 1,6 mm hohe Verschleißanzeiger an diesen Stellen kein Profil mehr auf, sollten die Reifen bald gewechselt werden.

Achtung: M + S-Reifen haben auf Matsch und Schnee nur ausreichende Wirkung, wenn ihr Profil noch mindestens 4 mm tief ist.

Achtung: Reifen auf Schnittstellen untersuchen und mit kleinem Schraubendreher Tiefe der Schnitte feststellen. Wenn die Schnitte bis zur Karkasse reichen, korrodiert durch eindringendes Wasser der Stahlgürtel. Dadurch löst sich unter Umständen die Lauffläche von der Karkasse, der Reifen platzt. Deshalb: Bei tiefen Einschnitten im Profil aus Sicherheitsgründen Reifen austauschen.

Reifenventil prüfen

- Staubschutzkappe vom Ventil abschrauben.
- Etwas Seifenwasser auf das Ventil geben. Wenn sich eine Blase bildet, Ventil mit umgedrehter Schutzkappe festdrehen.

Achtung: Zum Anziehen des Ventils kann nur eine Metallschutzkappe verwendet werden. Metallschutzkappen sind an der Tankstelle erhältlich.

- Ventil erneut prüfen. Falls sich wieder Blasen bilden oder sich das Ventil nicht weiter anziehen läßt, Ventil erneuern.
- Grundsätzlich Schutzkappe wieder befestigen.

Lenkung/Vorderachse

- Spurstangenköpfe: Spiel und Befestigung prüfen, Staubkappen prüfen.
- Achsgelenke: Staubkappen prüfen.
- Lenkung: Spiel prüfen, Faltenbälge auf Undichtigkeiten und Beschädigungen prüfen. Befestigungsschrauben mit richtigem Drehmoment nachziehen.
- Vorderräder: Lagerspiel prüfen.
- Servolenkung: Flüssigkeitsstand prüfen, gegebenenfalls Hydrauliköl auffüllen. Lenkgetriebe, Hydraulikpumpe und alle Leitungen und Anschlüsse auf Dichtigkeit kontrollieren.

Staubkappen für Spurstangen-/Achsgelenke prüfen

- Fahrzeug vorn aufbocken.

- Staubkappen links und rechts mit Lampe anstrahlen und auf Beschädigungen überprüfen, dabei auf Fettspuren an den Manschetten und in deren Umgebung achten.
- Bei beschädigter Staubkappe, entsprechendes Gelenk auswechseln. Eingedrungener Schmutz zerstört mit Sicherheit das Gelenk.
- Befestigungsmutter für die Gelenke auf festen Sitz prüfen, dabei Mutter jedoch nicht verdrehen. Lockere Muttern ersetzen.

Radlagerspiel prüfen

- Fahrzeug vorn aufbocken. Die Vorderräder müssen frei drehen.
- Reifen oben mit der einen Hand kräftig nach außen ziehen, gleichzeitig unten mit der anderen Hand zur Fahrzeugmitte drücken. Anschließend oben nach innen drücken, gleichzeitig unten herausziehen. Wenn ein merklicher Ruck spürbar ist, hat das Vorderradlager zuviel Spiel. Vorgang mehrere Male wiederholen. Es darf kein merkliches Spiel vorhanden sein.
- Prüfung am anderen Vorderrad durchführen, gegebenenfalls defekte Lager ersetzen.
- Fahrzeug ablassen.

Lenkungsspiel prüfen

- Lenkrad in Mittelstellung bringen.

- Durch das geöffnete Fenster Lenkrad hin- und herbewegen. Am Lenkrad darf dabei maximal ein Spiel von etwa 25 mm am äußeren Umfang vorhanden sein, ohne daß die Räder sich bewegen.
- Bei größerem Spiel am Lenkrad sind Spurstangen, Lenkgetriebe und die Lagerspiele der Vorderachse zu prüfen.
- Spurstangen kräftig von Hand hin- und herbewegen. Die Kugelgelenke dürfen kein Spiel aufweisen, andernfalls Gelenke oder Spurstange ersetzen.

Ölstand für Servolenkung prüfen

Benötigtes Sonderwerkzeug: Keines.

Benötigte Verschleißteile:

- ATF-Öl nach angegebener Spezifikation.

Der Ölstand für die Lenkhilfe sollte alle 10000 km geprüft werden.

- Der Ölstand kann bei kaltem oder betriebswarmem Öl geprüft werden. Betriebswarmes Öl hat eine Temperatur von ca. +80° C, die Temperatur von kaltem Hydrauliköl entspricht der Umgebungstemperatur.
- Bei abgestelltem Motor Verschlußdeckel für Vorratsbehälter abschrauben. Meßstab am Deckel mit sauberem, fusselfreiem Lappen abwischen.

- Deckel auf den Voratsbehälter auflegen, nicht einschrauben. Dadurch taucht der Meßstab in die Hydraulikflüssigkeit ein. Deckel wieder abnehmen und Ölstand am Meßstab ablesen. Der Ölstand soll zwischen den Markierungen am Meßstab liegen, gegebenenfalls Hydrauliköl nachfüllen.

Ölspezifikation: Automatic-Transmission Fluid (ATF) mit der Bezeichnung Dexron beziehungsweise Dexron II. Das Öl muß von BMW freigegeben sein (steht auf der Öldose). Grundsätzlich nur **neues Öl** nachfüllen, da bereits kleinste Verunreinigungen zu Störungen an der hydraulischen Anlage führen können.

- Die Gesamtfüllmenge beträgt insgesamt ca. 1,2 Liter.
- Motor laufen lassen und gegebenenfalls Öl nachfüllen, bis der Ölstand zwischen den Markierungen liegt.
- Anschließend bei laufendem Motor das Lenkrad mehrmals von Anschlag zu Anschlag bewegen, dadurch entlüftet sich die Anlage.

- Motor abstellen. Der Ölstand darf jetzt ca. 5 mm über die Max.-Markierung ansteigen. Dichtring am Deckel auf Porosität oder Beschädigung prüfen.
- Vorratsbehälter verschließen.

Befestigungsschrauben an der Lenkung nachziehen

Benötigtes Sonderwerkzeug:

- Drehmomentschlüssel mit Stecknußkasten.

Die Schrauben an der Lenkung sind regelmäßig auf das richtige Anzugsdrehmoment nachzuziehen. Aufbau der Lenkung, siehe entsprechendes Buchkapitel.

- Fahrzeug aufbocken, siehe Seite 123.
- Befestigungsschrauben des Lenkgetriebes am Vorderachsträger: **42 Nm**.
- Selbstsichernde Muttern an den Spurstangengelenken: **35 Nm**.
- Spurstangen-Klemmschraube: **15 Nm**.
- Spurstangen-Kontermutter: **45 Nm**.
- Kreuzgelenk beziehungsweise Gelenkscheibe zwischen Lenkgetriebe/Lenksäule: **19 Nm**.

Elektrische Anlage

- Beleuchtungsanlage: Sämtliche Scheinwerfer, Schlußleuchten und Blinklampen prüfen, gegebenenfalls Scheinwerfer einstellen.
- Signalhorn: Prüfen.
- Scheibenwischer: Wischergummis auf Verschleiß prüfen.
- Scheiben- und Scheinwerferwaschanlage: Funktion prüfen, Düsenstellung kontrollieren, Flüssigkeit nachfüllen, Scheinwerfer-Waschanlage prüfen.
- Batterie: Prüfen.

Batterie prüfen

Erforderliches Sonderwerkzeug:

- Spannungsmessgerät.

Batterie sichtprüfen

Bei manchen Modellen befindet sich die Batterie zur besseren Gewichtsverteilung im Kofferraum unter der rechten Seitenverkleidung. Um an die Batterie zu kommen, muß man nur die Haltenase zurückgedrückt und man kann die Verkleidung abnehmen.

- Gehäuse der Batterie auf Beschädigungen sichtprüfen. Bei beschädigtem Gehäuse kann Batteriesäure auslaufen und die umliegenden Bauteile beschädigen. Bei beschädigtem Gehäuse Batterie schnellstmöglich ersetzen.

Batterie/Batterieklemmen auf festen Sitz prüfen

Eine lockere Batterie hat eine verkürzte Lebensdauer durch Rüttelschäden. Lockere Batterieanschlüsse können einen Kabelbrand oder Funktionsstörungen in der elektrischen Anlage nach sich ziehen.

- Batterie kräftig hin- und herbewegen.
- Sitzt die Batterie lose, Batterie-Halteplatte festziehen.
- Falls vorhanden, Abdeckungen über Batterie-Minus- und Plus-Pol öffnen.
- Batterie-Minusklemme (–) hin- und herbewegen und festen Sitz prüfen, gegebenenfalls Befestigungsmutter nachziehen.
Anzugsdrehmoment: **6 Nm**.
- Batterie-Plusklemme (+) hin- und herbewegen und festen Sitz prüfen.

Achtung: Falls die Batterie-Plusklemme (+) locker ist, muss vor dem Festziehen der Plusklemme wegen Kurzschlussgefahr die Masseklemme (–) an der Batterie abgeklemmt werden. Nachdem die Plusklemme festgezogen ist, Massekabel wieder anklemmen.

- Falls erforderlich Batterie-Massekabel abklemmen und Befestigungsmutter der Plusklemme nachziehen. Anzugsdrehmoment: **6 Nm**.
- Batterie-Massekabel wieder anklemmen.
- Falls vorhanden, Abdeckungen über den Batteriepolen zurückklappen.

Ruhespannung prüfen

Darauf achten, dass im Zeitraum von ca. 2 Stunden vor der Prüfung der Motor nicht gelaufen ist beziehungsweise die Batterie nicht geladen wurde.

- Spannung prüfen, siehe Seite 250.

Karosserie/Innenausstattung

- Türscharniere, Türschlösser: Ölen.
- Front- und Heckklappenscharniere, Deckelschloßober- und -unterteil: Mit Mehrzweckfett fetten.
- Unterbodenschutz und Hohlraumkonservierung: Prüfen.
- Sicherheitsgurte: Auf Beschädigungen prüfen.
- Schiebedach: Gleitschienen und Gleitbacken reinigen und leicht mit Silikonspray einsprühen.
- Mikrofilter für Heizung/Klimaanlage ersetzen.

Sichtkontrolle Unterboden/Karosserie

Bei der regelmäßigen Pflege Augenmerk auf Lackbeschädigungen legen und auch Unterboden öfters reinigen, dabei auch auf Beschädigung des Unterbodenschutzes achten, siehe Seite 288.

Prüfung aller Sicherheitsgurte

Da es sich bei den Sicherheitsgurten um sicherheitsrelevante Teile handelt, müssen sie bei fehlerhafter Funktion oder Beschädigung umgehend erneuert werden.

Achtung: Geräusche, die beim Aufrollen des Gurtbandes entstehen, sind funktionsbedingt. Bei störenden Geräuschen kann nur der Sicherheitsgurt ausgetauscht werden. Auf keinen Fall darf zur Behebung von Geräuschen Öl oder Fett verwendet werden. Der Aufrollautomat darf nicht zerlegt werden, da hierbei die vorgespannte Feder herausspringen kann. Unfallgefahr!

- Bei einer Probefahrt Sitzlehne ganz senkrecht stellen und aus doppelter Schrittgeschwindigkeit auf trockener Fahrbahn eine Vollbremsung machen, nun muß die Automatik den Gurt blockieren.
- Ruckartig an dem Sicherheitsgurt ziehen, nun muß die Automatik den Gurt blockieren.
- Sicherheitsgurt ganz herausziehen und Gurtband auf durchtrennte Fasern prüfen. Beschädigungen können zum Beispiel durch Einklemmen des Gurtes oder durch brennende Zigaretten entstehen.
- Sind Scheuerstellen vorhanden, ohne daß Fasern durchtrennt sind, braucht der Gurt nicht ausgewechselt zu werden.
- Gurtbänder nur mit Seife und Wasser reinigen, keinesfalls Lösungsmittel oder chemische Reinigungsmittel verwenden.

Schlösser schmieren

- Schließeinrichtungen für Türen, Front- und Gepäckraumklappe im Rahmen der Wartung nachziehen, ölen beziehungsweise fetten.
- Türschlösser an den Schließzapfen, Schließösen und Anlageflächen der Drehfallen fetten, zum Beispiel mit »Optimol-Optitemp TT 1«.
- Schiebedach-Gleitschienen abwischen und mit Silikonspray einsprühen.

Mikrofilter für Heizung/Klimaanlage ersetzen

Bei Ausstattung mit Klimaanlage, sonst als Sonderzubehör ist ein Mikrofilter eingebaut, der Luftverunreinigungen wie Pollen bis zu 100%, Staubpartikel bis zu 60% ausfiltert. Geringerer Luftdurchsatz als normal deutet auf die Notwendigkeit eines vorzeitigen Filterwechsels hin, sonst Filter im Wartungszyklus wechseln.

Mikrofilter ersetzen bei Modellen ohne Klimaanlage

- Luftsammelkasten unterhalb der Windschutzscheibe ausbauen, siehe Seite 238.

- Mikrofilter links und rechts am Luftansaugstutzen ausclipsen und ausheben.
- Neuen Filter einclipsen und Luftsammelkasten komplettieren.

Mikrofilter ersetzen, Modelle mit Klimaanlage

- Handschuhkasten ausbauen, siehe Seite 227.
- Lüftungskanal für Fußraum hinter dem Handschuhkasten ausclipsen und herausheben.

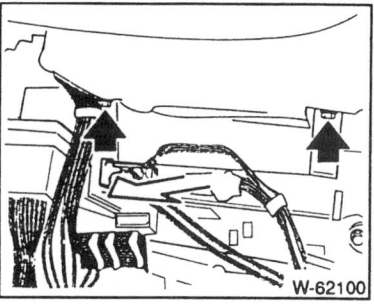

- Schrauben lösen und Steuergerätehalter nach unten klappen.

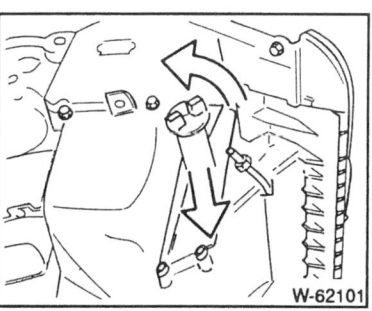

- Verriegelung am Klimaanlagen-Gehäuse um etwa 45° drehen (1/8 Umdrehung) und Deckel abnehmen.

- Mikrofilter seitlich herausziehen.
- Der Einbau erfolgt in umgekehrter Reihenfolge wie der Ausbau.
- Handschuhkasten einbauen, siehe Seite 227.

Schaltpläne

Der Umgang mit dem Schaltplan

Will man einen Fehler in der elektrischen Anlage aufspüren oder nachträglich ein elektrisches Zubehör montieren, kommt man nicht ohne Schaltplan aus; anhand dessen der Stromverlauf und damit die Kabelverbindungen aufgezeigt werden. Grundsätzlich muß der betreffende Stromkreis geschlossen sein, sonst kann der elektrische Strom nicht fließen. Es reicht beispielsweise nicht aus, wenn an der Plusklemme (+) eines Scheinwerfers Spannung anliegt, wenn nicht gleichzeitig über den Masseanschluß (–) der Stromkreis geschlossen ist.

Deshalb ist auch das Massekabel (–) der Batterie mit der Karosserie verbunden. Mitunter reicht diese Masseverbindung jedoch nicht aus, und der betreffende Verbraucher bekommt eine direkte Masseleitung, deren Isolierung in der Regel braun eingefärbt ist. In den einzelnen Stromkreisen können Schalter, Relais, Sicherungen, Meßgeräte, elektrische Motoren oder andere elektrische Bauteile integriert sein. Damit diese Bauteile richtig angeschlossen werden können, haben die einzelnen Anschlußkabel verschiedene Farben und die einzelnen Kontakte haben Klemmennummern.

Um das Kabelgewirr zumindest auf dem Schaltplan übersichtlich zu ordnen, ist das gesamte elektrische System des Fahrzeugs in einzelne Schaltkreise aufgeteilt. Elektrische Bauteile, die zusammenwirken, sind auf einem gemeinsamen Plan dargestellt.

In der Regel sind oben die plusseitigen Anschlüsse (+) des Stromkreises aufgeführt, während unten die Masseanschlüsse (–) gezeichnet sind. Die Masseverbindung wird normalerweise direkt über die Karosserie hergestellt oder aber über eine zusätzliche Leitung von einem an der Karosserie angebrachten Massepunkt.

Achtung: Die Darstellung der Bauteile und Kabel erfolgt nicht maßstabsgerecht. So erscheint zum Beispiel ein Kabel von über 1m Länge nicht anders, als ein Kabel, das nur wenige cm lang ist.

Die wichtigsten Klemmenbezeichnungen sind:

Klemme 15 wird über das Zündschloß gespeist. Die Leitungen führen nur bei eingeschalteter Zündung Strom. Die Kabel sind meist schwarz oder schwarz mit farbigem Streifen.

Klemme 30. An dieser Klemme liegt immer die Batteriespannung an. Die Kabel sind meist rot oder rot mit farbigem Streifen.

Klemme 31 führt zur Masse. Die Masse-Leitungen sind in der Regel braun.

Das folgende Beispiel erklärt, wie ein Schaltplan zu lesen ist:

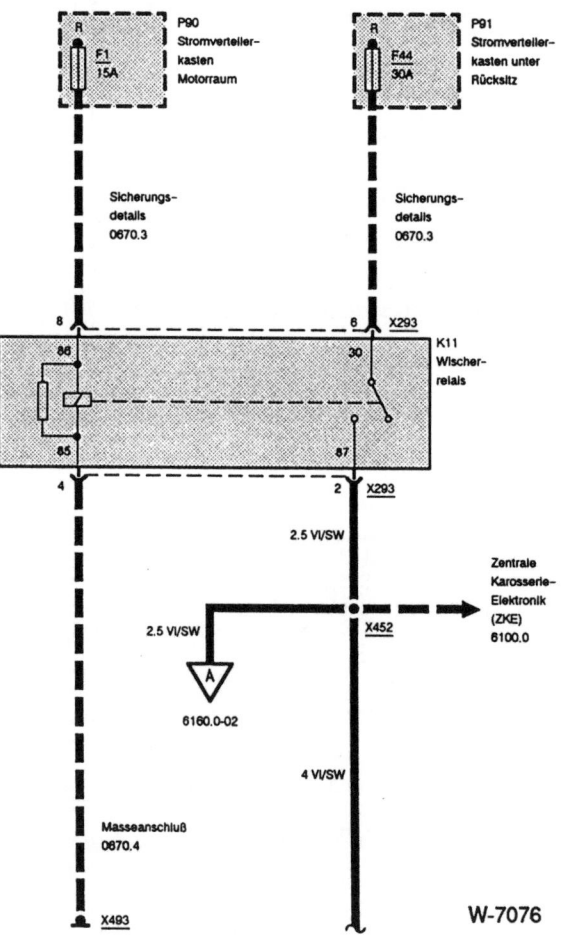

- Schalter und Relais sind immer in Ruhestellung dargestellt, hier z. B. K11.
- Bauteil gestrichelt eingerahmt bedeutet, daß es vollständig dargestellt ist, hier: K11.

- Die gestrichelte Linie zwischen Pin 8 und Pin 6 an Stecker X293 weist darauf hin, daß beide Pins zu Stecker X293 gehören.
- Die gestrichelte Linie von Sicherung F1 zu Pin 8 des Steckers X293 zeigt die Plusversorgung von Relais K11.
- Die gestrichelte Linie mit Pfeil an Verbinder X452 weist darauf hin, daß mehrere Leitungen zu Verbinder C452 führen.
- Die gestrichelte Linie von Pin 4 des Steckers X293 zum Massepunkt X493 zeigt die Masseversorgung von Relais K11.
- Die voll ausgezogene Linie von Verbinder X452 mit einem A im offenen Pfeil weist auf den Strompfad hin, in dem der Stromkreis weitergeführt wird. Der Abschluß der Leitung 4 VI/SW von Verbinder X452 mit einer Wellenlinie weist darauf hin, daß die Leitung auf dem nächsten Schaltplan fortgesetzt wird.

Schaltpläne

Da die Original-Schaltpläne für den 3er BMW ca. 1000 Seiten umfassen, beschränkt sich die hier getroffene Auswahl vorwiegend auf den 316i, 318i und 325td. Bei einer Neuauflage wird jeweils der aktuelle Schaltplan veröffentlicht, an dem sich auch Fahrzeugbesitzer älterer Modelle orientieren können.

Schaltzeichen

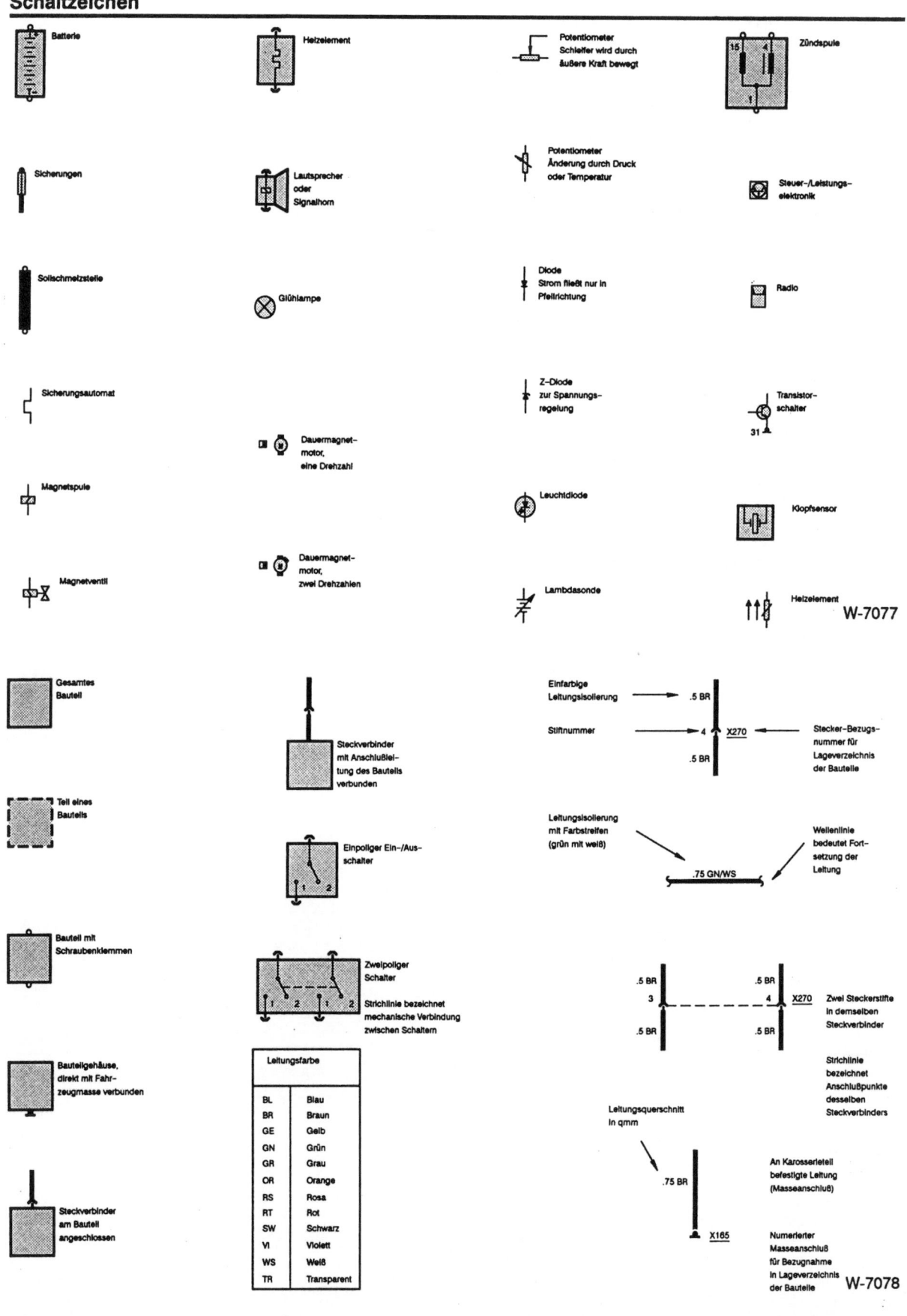